Springer-Lehrbuch

Jürgen Ensthaler

Gewerblicher Rechtsschutz und Urheberrecht

Dritte, überarbeitete und erweiterte Auflage

Professor Dr. jur. Dr. rer. pol. Jürgen Ensthaler
Technische Universität Berlin
Lehrstuhl für Wirtschafts-, Unternehmens- und Technikrecht
Institut für Volkswirtschaftslehre und Wirtschaftsrecht
Fakultät Wirtschaft und Management
Straße des 17. Juni 135
10623 Berlin
j.ensthaler@ww.tu-berlin.de

ISBN 978-3-540-89996-9   e-ISBN 978-3-540-89997-6
DOI 10.1007/978-3-540-89997-6
Springer Dordrecht Heidelberg London New York

Die Deutsche Nationalbibliothek verzeichnet diese Publikation in der Deutschen Nationalbibliografie; detaillierte bibliografische Daten sind im Internet über http://dnb.d-nb.de abrufbar.

© Springer-Verlag Berlin Heidelberg 1998, 2003, 2009
Dieses Werk ist urheberrechtlich geschützt. Die dadurch begründeten Rechte, insbesondere die der Übersetzung, des Nachdrucks, des Vortrags, der Entnahme von Abbildungen und Tabellen, der Funksendung, der Mikroverfilmung oder der Vervielfältigung auf anderen Wegen und der Speicherung in Datenverarbeitungsanlagen, bleiben, auch bei nur auszugsweiser Verwertung, vorbehalten. Eine Vervielfältigung dieses Werkes oder von Teilen dieses Werkes ist auch im Einzelfall nur in den Grenzen der gesetzlichen Bestimmungen des Urheberrechtsgesetzes der Bundesrepublik Deutschland vom 9. September 1965 in der jeweils geltenden Fassung zulässig. Sie ist grundsätzlich vergütungspflichtig. Zuwiderhandlungen unterliegen den Strafbestimmungen des Urheberrechtsgesetzes.
Die Wiedergabe von Gebrauchsnamen, Handelsnamen, Warenbezeichnungen usw. in diesem Werk berechtigt auch ohne besondere Kennzeichnung nicht zu der Annahme, dass solche Namen im Sinne der Warenzeichen- und Markenschutz-Gesetzgebung als frei zu betrachten wären und daher von jedermann benutzt werden dürften.

Einbandentwurf: WMXDesign GmbH, Heidelberg

Gedruckt auf säurefreiem Papier

Springer ist Teil der Fachverlagsgruppe Springer Science+Business Media (www.springer.com)

Vorwort zur 3. Auflage

Solch ein Buch würde nie fertig werden, wenn der Verlag nicht drängen würde. Ein gutes Lehrbuch ist immer ein Kompromiss zwischen Pragmatismus und intellektuellem Anliegen; es gibt immer noch Zweifel, immer noch Ansätze für bessere Erklärungen, immer noch Aufregung über die wirklichen oder vermeintlichen Irrtümer der Anderen und das Bemühen um Korrektur. Das Einzige was hilft, ist die Entwicklung und die Orientierung an einem Konzept, das der eigenen Vorstellung von guter Vermittlung des Lehrstoffes Rechnung trägt. Insofern bleibe ich dem seit der ersten Auflage verfolgten Konzept treu. In erster Linie geht es mir in diesem Lehrbuch darum, dass der Ratsuchende einen guten Zugang zu den Kerngebieten des gewerblichen Rechtsschutzes und des Urheberrechts findet. Es soll verstanden werden, was eigentlich ein Werk, eine geistige persönliche Schöpfung ist und wie sich dieser Begriff bei den durchaus auch urheberrechtlich geschützten Verstandeswerken wieder findet, die so wenig mit Originalität zu tun haben, wie eine neue Buchführungsregel. Es soll verstanden werden, weshalb mathematische Lehren und auch Entdeckungen vom patentrechtlichen Schutz ausgenommen aber computertaugliche Algorithmen und biotechnische Arbeitsergebnisse durchaus patentrechtlichen Schutz erfahren können. Es soll erklärt werden, weshalb das Markenrecht, anders als das abgelöste Warenzeichenrecht, nun ein selbstständiges, vom zugrunde liegenden Produkt oder der zugrunde liegenden Dienstleistung abgelöstes Recht sein soll, auch wenn das zugrunde liegende Produkt mit all seinen bekannten Eigenschaften erst die Marke prägt oder - einfach gewendet - ist es wirklich möglich, dass Coca Cola künftig einer Whisky-Sorte seinen Namen gibt?
Die Generalklausel des UWG soll erklärt und damit verbunden der erneute Versuch unternommen werden, lautere von unlauteren Geschäftspraktiken zumindest so zu unterscheiden, dass die wirtschaftlichen Auswirkungen offen gelegt und bei der Bewertung eine bedeutsame Rolle spielen können.

Damit die Arbeit an diesem Lehrbuch nicht dem Vorwurf der Rosinenpickerei ausgesetzt wird, werden auch zahlreiche Verfahrensregeln und andere Verwaltungsprocedere Berücksichtigung finden, allerdings ohne Anspruch auf Vollständigkeit. Dem geneigten Leser sei insofern versichert, dass ihm dies nicht schaden wird.

Der Abschnitt Produktpiraterie wurde beibehalten. Den Studierenden können damit die Zusammenhänge aller in den vergangenen ca. 20 Jahren geschaffenen Bekämpfungsmaßnahmen erklärt werden und dem Praktiker wird aufgezeigt, welche Maßnahmen vom Auskunftsanspruch bis hin zur Grenzbeschlagnahme möglich sind.

Ich habe meinen Mitarbeitern am Berliner Lehrstuhl für die Hilfe bei der Überarbeitung zu danken. Herr Dipl.-Ing. Synnatzschke hat mir bei der Bearbeitung des patentrechtlichen und Herr Ass. jur. Heinemann bei der des markenrechtlichen Teils geholfen. Frau cand. jur. Ana Vollenbroich hatte die Idee für die Aufnahme von „Open Scource" und „Open Content"; diese Gebiete hat sie dann auch umfangreich mitbearbeitet. Herrn Dipl.-Ing. Robert Jablko habe ich für die Erstellung des Stichwortverzeichnisses und vor allen Dingen für die Arbeit an der äußeren Form des Werkes zu danken. Schließlich danke ich meiner Sekretärin, Frau Karla Zirkel dafür, dass sie die Übersicht behalten und das Manuskript zusammengehalten hat.

Berlin, im Januar 2009

Jürgen Ensthaler

Vorwort zur 1. Auflage

Das Rechtsgebiet „gewerblicher Rechtsschutz" umfasst einen großen und bedeutsamen Bereich des Privatrechts. Es reicht von den Immaterialgüterrechten, wesentlich dem Patentrecht und auch dem Urheberrecht, über das Wettbewerbsrecht einschließlich seiner Nebengesetze, über Bereiche des Handelsrechts bis hin zum neuen Markenrecht.

Wer ein Lehrbuch zum gewerblichen Rechtsschutz schreibt, steht vor der Schwierigkeit, dass die Sachverhalte wegen ihrer Unterschiedlichkeit einer gemeinsamen rechtsdogmatischen Struktur nur sehr schwer zugänglich sind. Es gibt keinen „Allgemeinen Teil" des gewerblichen Rechtsschutzes. Die Generalklausel des § 1 UWG muss nach anderen Kriterien ausgelegt werden, als der Begriff der „geistig persönlichen Schöpfung" in § 2 UrhG, der wiederum anderes meint, als der Begriff „Erfindung" in § 1 PatG.

Der Verfasser hat sich in solch einer Situation zu entscheiden: Entweder er bemüht sich um eine möglichst lückenlose Beschreibung aller in Betracht kommenden Rechtsgebiete und deren Regelungen, oder er ist bemüht, dem Leser die Erkenntnisse zu vermitteln, die erforderlich sind, um Zugang zur Rechtsprechung und wissenschaftlichen Diskussion auf den einschlägigen Gebieten zu erhalten.

Der Verfasser hat seine Entscheidung auf der Grundlage der Differenzierung zwischen Bildung und Ausbildung getroffen. Das Buch richtet sich an Studenten der Rechtswissenschaft und der Wirtschaftswissenschaften und an die Praxis, deren Vertreter nicht nach einem „Überblick", sondern nach verlässlichen Entscheidungsgrundlagen suchen.

Anliegen des Verfassers ist es, die Entscheidungsgrundlagen der Rechtsprechung und die Axiome der wissenschaftlichen Diskussion für die Kernbereiche des gewerblichen Rechtsschutzes dem interessierten Leser nahe zu bringen. Daneben ist der Verfasser bemüht, die Stofffülle zu erledigen. Zu den Kernbereichen gehören in erster Linie die Generalklausel des § 1 UWG und die unbestimmten Rechtsbegriffe in den §§ 1-5 PatG und § 2 Abs. 2 UrhG; ohne Verständnis über den patentrechtlichen Technikbegriff und über den urheberrechtlichen Begriff „Werk" sind diese Rechtsgebiete nicht zu bearbeiten.

Ich habe meinen Mitarbeitern am Lehrstuhl für die Hilfe bei der Korrektur des Manuskripts zu danken, insbesondere Frau Assessorin Dagmar Nuissl. Meine Sekretärin, Frau Gertrud Metzler, musste wieder einmal mehr als die Schreibarbeiten übernehmen; Herr Dr. jur Martin Stopper hat beim markenrechtlichen Teil sehr wertvolle Hilfe geleistet, dafür bedanke ich mich.

Kaiserslautern, im November 1997

Jürgen Ensthaler

Inhaltsverzeichnis

Abkürzungsverzeichnis XV

Verzeichnis häufig zitierter Literatur XIX

Einführung XXI

Teil A: Urheberrecht 1

1. Der urheberrechtliche Werkbegriff 1
   1.1. Persönliche geistige Schöpfung 2
   1.2. Die Freihaltungsinteressen der Allgemeinheit als
        Sozialschranke des Urheberrechts 6
2. Urheber/Miturheber/Gehilfen 39
3. Werkarten 40
   3.1. Die Werkarten des Werkkataloges 40
   3.2. Bearbeitungen 44
   3.3. Sammelwerke/Datenbankwerke 44
4. Inhalte des Urheberrechts 46
   4.1. Urheberpersönlichkeitsrecht und Verwertungsrecht 46
   4.2. Die Verwertungsrechte im Einzelnen 50
   4.3. Besondere Bestimmungen für Computerprogramme 59
   4.4. Erschöpfungsgrundsatz 72
   4.5. Urheberrecht und Internet 74
   4.6. Exkurs: Das Recht der Verwertungsgesellschaften 79
5. Vergabe von Nutzungsrechten 81
6. Multimedia-Erzeugnisse 85
7. Die Schutzdauer des Urheberrechts 86
8. Verwandte Schutzrechte/Leistungsschutzrechte 87
9. Die Schranken des Urheberrechts 91
10. Ansprüche bei Verletzung der Urheberrechte oder verwandter
    Schutzrechte 99

11.	Internationale Abkommen auf dem Gebiet des Urheberrechts	102
12.	„Open Source Software" und „Free Software"	104
	12.1. Open Content	106

Teil B: Patentrecht ... 115

1.	Begründungen für die Patenterteilung	115
2.	Kritik an der Patenterteilung	117
3.	Patent/Erfindung	118
4.	Voraussetzungen der Patenterteilung	119
	4.1. Technische Erfindung	119
5.	Neuheit der Erfindung	146
6.	Erfinderische Tätigkeit	148
7.	Gewerbliche Anwendbarkeit	151
8.	Rechte an der Erfindung	152
	8.1. Patentkategorien	152
	8.2. Schutzbereiche des Patents/Äquivalente	154
	8.3. Prioritätsrecht	156
	8.4. Voraussetzungen für die Entstehung des Entschädigungsanspruchs	158
	8.5. Miterfindergemeinschaft	159
	8.6. Erfinderehre	160
	8.7. Die Erschöpfung von Benutzungsbefugnissen (Erschöpfungsgrundsatz)	160
9.	Übertragung von Erfindung und Patent	163
	9.1. Übertragung der Erfindung	163
	9.2. Übertragung des Patents	163
10.	Die Lizenz	165
11.	Folgen von Rechtsverletzungen	166
	11.1. Unterlassung	166
	11.2. Schadensersatz	166
	11.3. Auskunftsanspruch	167
	11.4. Vernichtungsanspruch	167
	11.5. Strafbarkeit	167
12.	Patenterteilungsverfahren	168
	12.1. Anmeldung	168
	12.2. Verfahrensablauf	171
13.	Schutzrechtsanmeldungen im Ausland und für das Ausland	175
	13.1. Die nationale Auslandsanmeldung	175

13.2. Die internationale Patentanmeldung 175
14. Das Europäische Patentübereinkommen (EPÜ) 178
    14.1. Die Konzeption des koexistenten internationalen
          Einheitsrechts 178
    14.2. Die Harmonisierung des nationalen Rechts 179
    14.3. Das Europäische Patentamt (EPA) 180
    14.4. Das Europäische Patentamt als Organ der EPO 181
    14.5. Organisation und Rechtsstellung des EPA 181
    14.6. Das europäische Patenterteilungsverfahren 183
    14.7. Das europäische Patent im EPÜ 184
15. Patentinformationssysteme 186
    15.1. Patente als Informationsquelle 186
    15.2. Patentdatenbanken 186
    15.3. Patentrecherche am Beispiel von DEPATISNET und
          DPINFO 187
16. Arbeitnehmererfindungen 190
    16.1. Anwendungsbereich 190
    16.2. „Gebundene" und „freie" Erfindungen 190
    16.3. Pflichten von Arbeitnehmer und Arbeitgeber bei der
          „gebundenen Erfindung" 190
    16.4. Vergütungsanspruch des Arbeitnehmers 191
    16.5. Regelung für die „freien Erfindungen" 192

Teil C: Leistungsschutzrechte 193

1. Gebrauchsmustergesetz 193
    1.1. Schutzzweck/Schutzinhalt 193
    1.2. Gebrauchsmusteranmeldung 198
    1.3. Gebrauchsmustereintragung 201
    1.4. Schutz des eingetragenen Gebrauchsmusters 203
    1.5. Löschung 203

2. Halbleiterschutzgesetz 205

3. Geschmacksmustergesetz 206

4. Sortenschutzgesetz 208

Teil D: Produktpiraterie 209

1. Einführung 209

2. Das Phänomen „Produktpiraterie" 211
    2.1. Definition der Produktpiraterie 211
    2.2. Beispiele 212
    2.3. Geschichtliche Entwicklung 212

2.4. Volkswirtschaftliche Schäden 212
3. Ziele und Inhalte der Schutzvorschriften 214
   3.1. Überblick 214
   3.2. Erweiterung des Strafrahmens 216
   3.3. Einführung der Strafbarkeit des Versuchs 216
   3.4. Gestaltung der qualifizierten Straftat als Offizialdelikt 217
   3.5. Erweiterung der Vernichtungs- und
        Einziehungsmöglichkeiten 217
   3.6. Schaffung eines besonderen Auskunftsanspruchs 220
   3.7. Beweisvorlage und -sicherung 223
   3.8. Art und Voraussetzungen der Grenzbeschlagnahme 224
   3.9. Widerspruchsmöglichkeiten des Verfügungsberechtigten
        beim Beschlagnahmeverfahren nach § 146 MarkenG 225
   3.10. Schadensersatzpflicht des Antragstellers 226

Teil E: Wettbewerbsrecht (UWG) 227

1. Das UWG 2004 und 2009 227
   1.1. Strukturelle Änderungen 227
   1.2. Änderung des UWG in 2004 227
2. Der Schutzzweck des UWG 235
   2.1. Vom deliktsrechtlichen Schutz zum Schutz des Wettbewerbs ... 235
   2.2. Rückblick – von der Sittenwidrigkeit zur Unlauterkeit 236
   2.3. Funktionale Interpretation der Generalklausel – Zum
        Verhältnis von Wettbewerbsrecht und Wettbewerbstheorie 244
3. Die geschäftliche Handlung, § 2 Abs. 1 Nr. 1 UWG 258
4. Konkretes Wettbewerbsverhältnis 259
5. Systematik der Generalklausel 262
   5.1. Einführung in die Regelungen des Kataloges von § 4 UWG 263
   5.2. Schutz der Entscheidungsfreiheit (bisherige Fallgruppe
        Kundenfang) 266
   5.3. Behinderung 271
   5.4. § 4 Nr. 9 UWG - Ausbeutung 276
   5.5. Rechtsbruch (§ 4 Nr. 11 UWG) 285
   5.6. Die Marktstörung 288
6. Irreführungstatbestände, irreführende Werbung 293
   6.1. Alleinstellungsbehauptung 294
   6.2. Beschaffenheitsangaben 294
   6.3. Qualitätsangaben 294
   6.4. Angaben über geographische Herkunft 295
   6.5. Lockvogelwerbung 295
   6.6. Angaben über die Händlereigenschaft 296
   6.7. Vergleichende Werbung 296

6.8. Unzumutbare Belästigungen (§ 7 UWG) 298
7. Sonderangebote 300
8. Mitarbeiterbestechung 301
   8.1. Bestechung von Angestellten (§ 299 StGB ff.) 301
   8.2. Rechtsfolgen 304
9. Schutz von Geschäfts- und Betriebsgeheimnissen 305
   9.1. Schutzvoraussetzungen der §§ 17 Abs. 1 und 17 Abs. 2 UWG . 305
   9.2. Zivilrechtlicher Schutz 306
   9.3. Zum Geheimnisbegriff 307

Teil F: Firmenrecht 311

1. Ab- und Eingrenzung des Begriffs „Firma" 311
2. Firmengrundsätze 312
   2.1. Firmeneinheit und Firmenöffentlichkeit 312
   2.2. Firmenwahrheit 312
   2.3. Firmenbeständigkeit 313
   2.4. Firmenausschließlichkeit 314
   2.5. Die Firma im Bereich des Immaterialgüterrechts 315
   2.6. Ordnungsrechtliche Vorschriften des HGB 316
   2.7. Materieller Firmenschutz 317

Teil G: Markenrecht 319

1. Der Markenbegriff 321
   1.1. Markenformen 322
   1.2. Bekannte Marke 326
   1.3. Ausschluss des Markenschutzes 327
   1.4. Geschäftliche Bezeichnungen 328
   1.5. Geographische Herkunftsangaben 330
2. Entstehung des Markenschutzes 332
   2.1. Markeninhaber 332
   2.2. Anmeldung und Eintragung 332
   2.3. Prüfung 333
   2.4. Zurücknahme, Einschränkung und Berichtigung 334
   2.5. Widerspruch 335
   2.6. Absolute Schutzhindernisse 336
   2.7. Verkehrsdurchsetzung 343
   2.8. Relative Schutzhindernisse 345
3. Rechtswirkungen des Markenschutzes 352
   3.1. Unterlassungsanspruch 352
   3.2. Schadensersatzanspruch 353

	3.3.	Vernichtungsanspruch, Rückrufanspruch und Anspruch auf Urteilsveröffentlichung....354
	3.4.	Auskunftsanspruch ...355
	3.5.	Beschlagnahme...357
	3.6.	Straf- und Bußgeldverhängung...358
4.	Schranken des Markenschutzes...360	
	4.1.	Verjährung...360
	4.2.	Verwirkung...361
	4.3.	Anspruchsausschluss bei Bestandskraft prioritätsjüngerer Marken...361
	4.4.	Benutzung durch Dritte...362
	4.5.	Erschöpfung...363
	4.6.	Benutzungszwang...364
5.	Markenübertragung und Lizenz...366	
6.	Beendigung des Markenschutzes...368	
7.	Registrierung nach dem Madrider Markenabkommen...370	
8.	Gemeinschaftsmarken...371	
9.	Registrierung nach dem Madrider Markenabkommen...372	

Stichwortverzeichnis ...373

Abkürzungsverzeichnis

a.A.	anderer Ansicht
a.E.	am Ende
a.F.	alte Fassung
AcP	Archiv für die civilistische Praxis
AD HGB	Allgemeines Deutsches Handelsgesetzbuch
AG	Aktiengesellschaft/Amtsgericht
Alt.	Alternative
AO	Abgabenordnung
BAG	Bundesarbeitsgericht (auch amtliche Sammlung seiner Entscheidungen)
BayObLG	Bayerisches Oberlandesgericht
BB	Betriebs-Berater
BGB	Bürgerliches Gesetzbuch
BGBl.	Bundesgesetzblatt
BGE	Sammlungen der Entscheidungen des schweizerischen Bundesgerichts
BGH	Bundesgerichtshof
BGHZ	Entscheidungen des Bundesgerichtshofs in Zivilsachen
BlPMZ	Blatt für das Patent-, Muster- und Zeichenwesen
BPatG	Bundespatentgericht
BPat(iE	Entscheidungen des Bundespatentgerichts
BT-Drucks.	Bundestags-Drucksache
CC	Code Civil/dreativ commens-Lizenzen
CD-Rom	Compact Disc Read only memory
CuR/CR	Computer und Recht
Diss.	Dissertation
DPA	Deutsches Patentamt
DPK	Deutsche Patentklassifikation
DV-Rechtsprechung	Rechtsprechung zur Datenverarbeitung
e.V	eingetragener Verein
EDV	Elektronische Datenverarbeitung
EFTA	European Free Trade Association
EG	Europäische Gemeinschaft
EGV	Vertrag über die Gründung der EG
EPA/EPO	Europäisches Patentamt/European Patent Office
EPÜ	Europäisches Patentübereinkommen

EU	Europäische Union
EuGH	Europäischer Gerichtshof
EWG	Europäische Wirtschaftsgemeinschaft
EWR	Europäischer Wirtschaftsraum
FGG	Gesetz über die Angelegenheiten der freiwilligen Gerichtsbarkeit
FS	Festschrift
FuR	Film und Recht
GbmAnmV	Gebrauchsmusteranmeldeverordnung
GbR	Gesellschaft bürgerlichen Rechts
GebrMG	Gebrauchsmustergesetz
GEMA	Gesellschaft für musikalische Aufführungs- und mechanische Vervielfältigungsrechte
GeschmMG	Geschmacksmustergesetz
GG	Grundgesetz für die Bundesrepublik Deutschland
GmarkenV	Gemeinschaftsmarkenverordnung
GmbH	Gesellschaft mit beschränkter Haftung
GRUR	Gewerblicher Rechtsschutz und Urheberrecht
GWB	Gesetz gegen Wettbewerbsbeschränkungen (Kartellgesetz)
h.M.	herrschende Meinung
Hdb.	Handbuch
HGB	Handelsgesetzbuch
HRV	Handelsregisterverfügung
IntpatüG	Internationales Patentübereinkommensgesetz
IPC	Internationale Patentklassifikation
IR-Marken	International registrierte Marken
IuKDG	Informations- und Kommunikationsdienstegesetze
JNSt	Jahrbuch für Nationalökonomie und Statistik
JZ	Juristenzeitung
KG	Kammergericht/Kommanditgesellschaft
KPA	Kaiserliches Patentamt
KunstUrhG/KUG	Gesetz betreffend das Urheberrecht an Werken der Bildenden Künste und der Photographie (Kunsturhebergesetz)
LG	Landgericht
Lit.	Literatur
lit.	litera
m.w.N.	mit weiteren Nachweisen
MA	Markenartikel
MarkenG	Gesetz über den Schutz von Marken und sonstigen Kennzeichen (Markengesetz - MarkenG)
MarkenRL	Markenrichtlinie
MarkenV	Verordnung zur Ausführung des Markengesetzes (Markenverordnung - MarkenV)
Mitt.	Mitteilung der deutschen Patentanwälte

MMA	Madrider Markenabkommen
MRRG	Gesetz zur Reform des Markenrechts und zur Umsetzung der Ersten Richtlinie 89/104/EWG des Rates vom 21. Dezember 1988 zur Angleichung der Rechtsvorschriften der Mitgliedstaaten über die Marken (Markerechtsreformgesetz) vom 25. Oktober 1994
MuW	Markenschutz und Wettbewerb
n.F.	neue Fassung
NJW	Neue Juristische Wochenschrift
NJW-RR	NJW-Rechtsprechungs-Report Zivilrecht
0CM	Warenzeichen für Orientteppiche
OHG	offene Handelsgesellschaft
OLG	Oberlandesgericht
OMPI	Organisation Mondiale de la Propriete' Intelectuelle
PaMitt	Mitteilungen des Patentamts
PatknmVO	Patentanmeldeverordnung
PatDPA	eine Patentdatenbank
PatG	Patentgesetz
PCT	Patent Cooperation Treaty
PMMA	Protokoll zum Madrider Markenabkommen
PrPG	Produktpirateriegesetz
PvÜ	Pariser Verbandsübereinkunft vom 20. März 1883 zum Schutz des gewerblichen Eigentums in der Fassung vom 14. Juli 1967
RabattG	Rabattgesetz
RBÜ	Revidiertes Berner Übereinkommen
Rdnr./Rdnrn.	Randnummer/Randnummern
RG	Reichsgericht
RGBl.	Reichsgesetzblatt
RGSt	Entscheidungen des Reichsgerichts in Strafsachen
RGZ	Entscheidungen des Reichsgerichts in Zivilsachen
RPA	Reichspatentamt
Rspr.	Rechtsprechung
Rz.	Randziffer
SortenschG	Sortenschutzgesetz
UFITA	Archiv für Urheber-, Film-, Funk- und Theaterrecht
UNESCO	United Nations Educational, Scientific and Cultural Organization
UrhG	Urheberrechtsgesetz
UWG	Gesetz gegen den unlauteren Wettbewerb
v.H.	vom Hundert
w.N.	weitere Nachweise
WahrnG	Wahrnehmungsgesetz
WIPO	World Intellectual Property Organization, Weltorganisation für geistiges Eigentum

WRP	Wettbewerb in Recht und Praxis
WUA	Welturheberrechtsabkommen
WuW	Wirtschaft und Wettbewerb
WZG	Warenzeichengesetz
ZBW	Zeitschrift des Bernischen Juristenvereins
ZHR	Zeitschrift für das gesamte Handelsrecht und Wirtschaftsrecht
ZugabevO	Zugabeverordnung
ZUM	Zeitschrift für Urheber- und Medienrecht/Film und Recht

Verzeichnis häufig zitierter Literatur

Baumbach/Hefermehl	Wettbewerbsrecht, Kommentar, 22. Auflage, München 2001
Benkard	Patentgesetz, Gebrauchsmustergesetz, Kommentar, 9. Auflage, München 1993, 10. Auflage, München 2006
Bernhard/Krasser	Lehrbuch des Patentrechts, 4. Auflage, München 1986, 5. Auflage, München 2004
Busse (Hrsg.)	Patentgesetz, Kommentar, 6. Auflage, Berlin 2003
Ekey u.a.	Heidelberger Kommentar zum Wettbewerbsrecht, 2. Auflage, Heidelberg 2005
Emmerich	Unlauterer Wettbewerb, 7. Auflage, München 2004
Ensthaler/Bosch/Völker (Hrsg)	Handbuch Urheberrecht und Internet, 2. Auflage, Frankfurt am Main 2002
Fezer	Markenrecht, Kommentar, 3. Auflage, München 2001
Fikentscher	Das Recht des unlauteren Wettbewerbs, Kommentar, 4. Auflage, München 1995
Fromm/Nordemann	Urhebergesetz, Kommentar, 9. Auflage, Stuttgart 1998
v. Gamm	Gesetz gegen den unlauteren Wettbewerb, Kommentar, 3. Auflage, Köln 1993
Gloy	Handbuch des Wettbewerbsrechts, 2. Auflage, München 1997

Gloy / Loschelder	Handbuch des Wettbewerbsrechts, 3. Auflage, München 2005
Götting	Gewerblicher Rechtsschutz, 8. Auflage, München 2007
Hefermehl/Köhler/Bornkamm	Gesetz gegen den unlauteren Wettbewerb, UWG, Kommentar, 26. Auflage, München 8
Köhler/Piper	Gesetz gegen den unlauteren Wettbewerb, Kommentar, 3. Auflage, München 2002
Ohly/Piper	Gesetz gegen den unlauteren Wettbewerb, Kommentar, 4. Auflage, München 2006
Hubmann	Urheber- und Verlagsrecht, 4., 5. und 6. Auflage, München 1987
Rehbinder	Urheberrecht, 15. Auflage, München 2008
Schricker (Hrsg.)	Urheberrecht, Kommentar, 2. Auflage, München 1999, 3. Auflage, München 2006
Wandtke/Bullinger (Hrsg.)	Praxiskommentar zum Urheberrecht, 3. Auflage, München 2009

Einführung

Unter dem Sammelbegriff „Gewerblicher Rechtsschutz" werden eine Reihe dem Privatrecht zugehöriger Rechtsmaterien zusammengefasst. Der gewerbliche Rechtsschutz befasst sich umfassend mit den Immaterialgüterrechten. Die Immaterialgüterrechte lassen sich in zwei Gruppen einteilen. Zur ersten Gruppe gehören die sog. Sonderrechte. Diese Rechte werden durch die Gesetze zum Schutz des geistigen Eigentums eingeräumt, also wesentlich durch das Patentgesetz und das Gebrauchsmustergesetz. Das Urheberecht wird regelmäßig nicht einbezogen; es soll sich dabei weniger um ein gewerbliches als vielmehr um ein die Persönlichkeit des Urhebers schützendes Recht handeln. Dieser Tradition folgend lautet der Buchtitel dann auch „Gewerblicher Rechtsschutz und Urheberrecht". Ansonsten wird die Ansicht vertreten, dass das Urheberrecht sich im Hinblick auf seine wirtschaftliche Bedeutung und auch - bereits seit langer Zeit - hinsichtlich seiner rechtlichen Grundlagen den gewerblichen Schutzrechten annähert. Insbesondere die zunehmende Einbeziehung der sog. Verstandeswerke in das Urheberrecht, gemeint sind Darstellungen wissenschaftlicher/technischer Art, vor allem die Computerprogramme, zeigen die Veränderung auf. Das Urheberrecht dient zu einem bedeutsamen Teil gewerblichen Interessen. Diese Interessen werden nicht erst im Hinblick auf die Verwertung der entsprechenden Werke berücksichtigt, sondern schon bei der Frage nach der Einbeziehung von Inventionen in das Urheberrecht. Das „klassische Recht der Künstler und Literaten" hat sich in den letzten Jahren ein gehöriges Stück in die gewerblichen Schutzrechte eingegliedert.

Zu den Immaterialgüterrechten zählen weiterhin die Vorschriften des Markenschutzgesetzes für den Schutz der Marken für Produkte, Dienstleistungen und Geschäftsbezeichnungen.

Der zweite große Bereich des gewerblichen Rechtsschutzes hat den Schutz des Wettbewerbs zur Aufgabe. Schutzgesetz ist in erster Linie das Gesetz gegen den unlauteren Wettbewerb. Das UWG schützt den fairen, den Leistungswettbewerb, damit der Markt für alle Beteiligten funktionsfähig bleibt.

Gewerblicher Rechtsschutz umfasst demnach den Schutz der gewerblich nutzbaren Inventionen, den Schutz von gewerblich bedeutsamen Kennzeichnungen (Firmennamen, Produkt- und Dienstleistungsbezeichnungen) und den Schutz des „Marktplatzes", auf dem diese Waren und Dienstleistungen getauscht werden.

Teil A: Urheberrecht

1. Der urheberrechtliche Werkbegriff

Nach § 1 UrhG sind allgemein Werke der Literatur, Wissenschaft und Kunst urheberrechtlich geschützt.

Anders als im alten Recht vor 1965 enthält das Urheberrechtsgesetz keinen numerus clausus der Werkarten mehr, sondern in § 2 Abs. 1 UrhG werden nun beispielhaft einzelne Kategorien, die grundsätzlich urheberrechtsschutzfähig sind, genannt. Damit sollte erreicht werden, dass neuen, noch zu schaffenden Werkarten ebenfalls der Schutz des Gesetzes zugute kommt.[1]

Durch das Gesetz zur Änderung von Vorschriften auf dem Gebiet des Urheberrechts vom 24. Juni 1985[2] wurden auch Computerprogramme in den Werkkatalog des § 2 Abs. 1 UrhG aufgenommen. § 2 Abs. 1 Ziffer 1 UrhG lautet nun: „Zu den geschützten Werken der Literatur, Wissenschaft und Kunst gehören insbesondere: Sprachwerke, wie Schriftwerke und Reden sowie Programme für die Datenverarbeitung."

Allein die Zugehörigkeit eines Arbeitsergebnisses zu den Kategorien des Werkkataloges begründet jedoch noch nicht deren urheberrechtlichen Schutz. Nach § 2 Abs. 2 UrhG sind **Werke** im Sinne des Gesetzes nur **„persönliche geistige Schöpfungen"**. Diese Begriffsbestimmung wurde erstmals 1965 gesetzlich festgeschrieben. In den Motiven zur Urheberrechtsreform heißt es erläuternd: Der solcherart gefasste Werkbegriff umgreift Erzeugnisse menschlichen Schaffens, „die durch ihren Inhalt oder durch ihre Form oder durch die Verbindung von Form und Inhalt etwas Neues und Eigentümliches darstellen".[3]

Mit dieser Definition des Werkbegriffs ist nicht allzu viel gewonnen; es fällt nach wie vor Rechtsprechung und Lehre zu, den Begriff des schutzfähigen Werkes näher zu definieren und von Fall zu Fall zu konkretisieren. Insbesondere der Begriff „schöpferische Leistung" ist ein unbestimmter Rechtsbegriff, der weniger durch Subsumtion als in größerem Maße durch Auslegung des Gesetzes, insbesondere durch Berücksichtigung der seitens Rechtsprechung und Rechtslehre vermittelten Erkenntnisse, erfahrbar wird.

---

[1] Vgl. BT-Drucks. IV/270, 38 vom 23. März 65; Motive zur Urheberrechtsreform, UFITA 1965, S. 252.
[2] BGBl. I 1985, S. 1137.
[3] UFITA 1965, S. 242.

1.1. Persönliche geistige Schöpfung

a) Nach h.M. in Literatur und Rechtsprechung sind die urheberrechtlich schützbaren Arbeitsergebnisse (die Werke) die Individualitäten im Bereich der Literatur und Kunst, Gebilde also, die sich als Ergebnis geistigen Schaffens von der Masse alltäglicher Sprachgebilde, gewöhnlicher Bauten, industrieller Erzeugnisse usw. abheben.[4] Das Ergebnis geistigen Schaffens darf sich nicht, zumindest nicht allein, durch bestehende Konventionen erklären lassen, sondern muss Merkmale enthalten, die Ausdruck persönlicher Fähigkeiten, also Merkmale der Persönlichkeit des Schöpfers sind.[5] Die Loslösung von bestehenden Konventionen ist danach für die Schutzbegründung von wesentlicher Bedeutung. Das Werk muss in einem gewissen Grade von der Persönlichkeit des Urhebers geprägt und zumindest nicht allein durch Vorbekanntes oder Nahe liegendes erklärbar sein.

b) Durch diese Definition ist nicht beantwortet, in welchem Umfang das Werk individuelle Züge des Schöpfers zum Vorschein bringen muss. Das Urheberrechtsgesetz gewährt dem Schöpfer ein Ausschließlichkeitsrecht für Arbeitsleistungen – Literatur, Wissenschaft und Kunst –, die das gesamte Kulturleben der Menschen bestimmen. Die Zeitdauer des Schutzes ist im Vergleich zu den anderen Immaterialgüterrechten groß; urheberrechtlicher Schutz wird 70 Jahre post mortem auctoris gewährt (§ 64 UrhG). Damit ist die Frage aufgeworfen, ob die Belohnung des Schöpfers mit dem urheberrechtlichen Ausschließlichkeitsrecht von einer bestimmten Gestaltungshöhe abhängig ist und damit verbunden, ob die Schutzwirkung sich gegenüber der Allgemeinheit nur durch bestimmte Anforderungen an den Umfang des individuellen Schaffens rechtfertigen lässt.

c) Die für den urheberrechtlichen Schutz ausreichende untere Grenze lässt sich generell nur schwer positiv umschreiben, ohne in Leerformeln zu verfallen oder dem Versuch zu unterliegen, qualitative Aspekte in die Betrachtung einzubringen.

Qualitative Anforderungen, darüber herrscht in Rechtsprechung und Literatur Einigkeit, werden durch das Gesetz nicht gestellt.[6] Das Gesetz schützt das individuelle geistige Schaffen und stellt nicht die Frage, ob das Ergebnis von gutem oder schlechtem Geschmack zeugt. Dennoch werden seitens der Rechtsprechung Fragen nach der Gestaltungshöhe mit Kriterien beantwortet, die einer qualitativen Bewertung nahe stehen. Der BGH hat für den Bereich der Kunst definiert: „(...) Der ästhetische Gehalt muss einen solchen Grad erreicht haben, dass nach Auffassung der für Kunst empfänglichen und mit Kunstanschauungen einigermaßen vertrauten Kreise von einer künstlerischen Leistung gesprochen werden

---

[4] *Ulmer*, Urheber- und Verlagsrecht, S. 126 ff.; *Rehbinder*, Urheberrecht, Rdnrn. 145 f.; *Schricker/Loewenheim*, Urheberrechtsgesetz, § 2 Rdnrn. 23 ff., jeweils m.w.N. zur Rechtsprechung.

[5] *Ulmer*, Urheber- und Verlagsrecht, S. 133 f.; *Schricker/Loewenheim*, Urheberrechtsgesetz, § 2 Rdnr. 11; *Fromm/Nordemann - Vinck*, Urheberrechtsgesetz, § 2 Rdnr. 10, 12.

[6] *Fromm/Nordemann - Vinck*, Urheberrechtsgesetz, § 2 Rdnr. 13; *Schricker/Loewenheim*, Urheberrechtsgesetz, § 2 Rdnr. 44; BGH GRUR 1981, 227, 268 – Dirloda; BGH GRUR 1959, 289, 290 – Rosenthal-Vase.

kann."⁷ In der Literatur wird diese Rechtsprechung so erklärt, dass es dem BGH nicht um die Begründung eines qualitativen, sondern eines quantitativen Aspkts gehe, der aber nur durch qualitative Momente gefunden werden kann. Zutreffend meint Vinck,⁸ ein uneingeschränkter Verzicht auf Werturteile ist im Urheberrecht nicht denkbar, sonst wäre eine Abgrenzung des Kunstwerks vom Allerweltserzeugnis nicht möglich. Qualitative Aspekte sind demnach nur Hilfsmittel für die Bestimmung der erforderlichen Gestaltungshöhe.

Anlass zu Missverständnissen gibt die Rechtsprechung auch auf dem Gebiet der **Verstandeswerke**, namentlich im wissenschaftlich/technischen Bereich. In zahlreichen Entscheidungen zum Schutz wissenschaftlicher Werke hat der BGH für die Schutzbegründung eine das Durchschnittskönnen des Fachmanns deutlich überragende Leistung verlangt.⁹ Seitens der Literatur wird die Rechtsprechung überwiegend im Zusammenhang mit der Frage nach der Gestaltungshöhe genannt und konstatiert, dass der BGH für wissenschaftliche Werke allgemein hohe und für die Computerprogramme sogar höchste Qualitätsanforderungen stelle.[10] Hier wird eine andere Auffassung vertreten. Die Rechtsprechung stellt für die wissenschaftlichen Sprachwerke und die Darstellungen wissenschaftlich/ technischer Art hohe Anforderungen an die Ausgrenzung wissenschaftlicher Lehren und Theorien aus dem urheberrechtlichen Schutz. Es werden hohe Anforderungen an die Abgrenzung zu dem Bereich gestellt, der aus Gründen eines überwiegenden Freihaltungsinteresses der Allgemeinheit nicht geschützt werden soll, namentlich wird das Freihaltungsinteresse an wissenschaftlichen Theorien und Lehren in weitem Maße anerkannt. Fasst man die Rechtsprechung in Übereinstimmung mit der wohl überwiegenden Literaturansicht so auf, dass hohe Qualitätsanforderungen an die nach dieser Ausgrenzung verbleibenden Schöpfungen gestellt werden, wäre sie falsch. Ebenso wenig wie sich mittelmäßige Kunst aus dem Urheberrechtsgesetz verbannen lässt, kann auch dem Werk des nur durchschnittlichen Wissenschaftlers der Schutz versagt werden.[11]

Individualität wird gerade dort vorliegen, wo allgemeine Qualitätsmerkmale nicht passen. Allgemeine Wertmaßstäbe sind sozial determiniert; das Festmachen der erforderlichen Gestaltungshöhe an allgemeinen Qualitätsstandards ist deshalb ein perplexes Unterfangen. Überspitzt ließe sich formulieren, wer Originalität qualitativ erfassen will, zeigt, dass er ihre Existenz leugnet. Es ist zuzugeben, dass für bestimmte Werkarten, namentlich für die angewandte

---

[7] BGH GRUR 1983, 377, 378; BGH GRUR 1973, 478, 479.
[8] *Fromm/Nordemann - Vinck*, Urheberrechtsgesetz, § 2 Rdnr. 17
[9] BGHZ 94, 276 – Inkassoprogramm = GRUR 1985, 1041; GRUR 1984, 659 – Ausschreibungsunterlagen; GRUR 1981, 352 – Staatsexamensarbeit; GRUR 1981, 520 – Fragensammlung.
[10] Vgl. nur *Knorr/Schmidt*, IuR 1986, 7, 8; *Bauer*, CuR 1985, 5, 9 f.; *Haberstumpf*, in: Lehmann (Hrsg.) Rechtsschutz und Verwertung von Computerprogrammen, S. 47 f. (1. Aufl.) und II. Rdnrn. 79 ff. (2. Aufl.); *Kindermann*, ZUM 1987, 227 ff.; *Röttinger*, IuR 1986, 12 ff.; *Schulze*, GRUR 1985, 997 ff.
[11] *Fromm/Nordemann - Vinck*, Urheberrechtsgesetz, § 2 Rdnrn. 16, 17, 19 f., 23; *Schricker/Loewenheim*, Urheberrechtsgesetz, § 2 Rdnrn. 31 ff., 81 ff. (85/86).; *Rehbinder*, Urheberrecht, Rdnr. 58.

Kunst, qualitativ orientierte Abgrenzungsmerkmale herangezogen werden müssen. Sie sind dann aber nur Hilfsmittel für die Orientierung, ob die in Rede stehende Leistung überhaupt einer bestimmten Werkart zugeordnet werden kann.[12]

d) Den erforderlichen Mindestgehalt an individueller Prägung beschreibt Hubmann überzeugend dahingehend, dass die individuellen Züge so weit fortgeschritten sein müssen, dass sie „den individuellen Geist in seiner Entfaltung ausdrücken und zum Gegenstand der Befriedigung eines geistigen Bedürfnisses zu machen vermögen".[13] Das bedeutet nicht, dass dies aus dem Werk der Künstler selbst erkennbar sein muss, es genügt, wenn dem Werk die Gedanken, Stimmungen, Vorstellungsbilder, die Anschauungsweise des Schöpfers, eben das, was er ausdrücken will, zu entnehmen sind.[14] Die eigenpersönliche Äußerung muss soweit fortgeschritten sein, dass aus ihr der individuelle Geist des Urhebers im Hinblick auf eine bestimmte kulturelle Leistung erkennbar werden kann. Dem Werk müssen, je nach Werkart, Gedanken, Stimmungen, Vorstellungsbilder, Anschauungsweisen, Fertigkeiten des Schöpfers zu entnehmen sein. Eine bloße Idee, die geäußert wird, einzelne Gedankensplitter, ein Werbeslogan, ein Titel kann regelmäßig nicht Ausdruck der Persönlichkeit des Urhebers sein.[15] Die Verweigerung urheberrechtlichen Schutzes für bloß kurzgriffige Ideen etc. beruht nicht auf einer qualitativen Bewertung der Schöpfung, sondern darauf, dass eine Schöpfung erst als solche erkennbar werden muss, um urheberrechtlichen Schutz zu erfahren.

e) Das Suchen nach weiteren Merkmalen zur positiven Umschreibung der Anforderungen an die Gestaltungshöhe ist wenig erfolgsversprechend. Individualität lässt sich nicht übersetzen mit „statistischer Einmaligkeit", wie es insbesondere der Schweizer Rechtslehrer Kummer lehrt.[16] Es ist zweifelhaft, ob bewusstes menschliches Denken derartigen Originalitätsanforderungen überhaupt zugänglich ist. Die Kummersche These wird dann auch damit begründet, dass das Kriterium der statistischen Einmaligkeit eine verlässliche Grenzziehung zum gemeinfreien Bereich erlaube.[17] Dieses Angebot, zu rechtssicheren Ergebnissen zu gelangen, ist aber vom Gesetzgeber abgelehnt worden. Statistische Einmaligkeit wird sich allenfalls bei künstlerischen Werken nachweisen lassen, kaum jemals bei den ebenfalls im Werkkatalog genannten Verstandeswerken.

Die Potenzierung von Individualität, das Suchen nach besonders originellen Leistungen, nach Eigentümlichkeiten, die fernab des täglich sich vollziehenden kulturellen Schaffens liegen, ist mit dem Urheberrechtsgesetz auch aus anderen

---

[12] So auch *Fromm/Nordemann - Vinck*, Urheberrechtsgesetz, § 2 Rdnr. 17.
[13] *Hubmann*, Urheber- und Verlagsrecht, S. 39.
[14] *Ulmer*, Urheber- und Verlagsrecht, S. 113.
[15] *Schricker/Loewenheim*, Urheberrechtsgesetz, § 2 Rdnr. 50; *Pakuscher*, UFITA 1975, 107, 110.
[16] *Kummer*, Das urheberrechtlich schützbare Werk, 1968, S. 30 ff., vgl. auch *Troller*, Festgabe für Kummer, S. 265 ff.
[17] Dazu *Schricker/Loewenheim*, Urheberrechtsgesetz, § 2 Rdnr. 30; *Ulmer*, Urheber- und Verlagsrecht, S. 127 f.; *ders.* GRUR 1968, 527 ff.; *Brutschke*, Urheberrecht und EDV, S. 52.

Gründen nicht in Einklang zu bringen. Ein Werk, das im höchsten Grade originell ist, bedarf des rechtlichen Schutzes nicht mehr. Wer derart originell ist, hat den Bereich verlassen, in dem seine Arbeitsleistung auf soziale Akzeptanz stößt. Dieser Schöpfer kann sich eines natürlichen Schutzes seines Werkes sicher sein. Das Urheberrechtsgesetz will aber einen Konflikt lösen, der zwischen dem Schöpfer eines Werkes und der Allgemeinheit besteht. Dieser Konflikt ist nur denkbar, wenn das individuell Geschaffene noch irgendwie auf soziale Akzeptanz stößt. Der Zweck des Urheberrechtsgesetzes umfasst demnach beides, individuelles Schaffen und soziale Akzeptanz des Arbeitsergebnisses, und damit relativiert sich auch der Begriff des Schöpferischen vom Einmaligen zum gegenwärtig nicht ohne weiteres Vorhersehbaren.

Im Ergebnis muss es deshalb ausreichen, dass das gegenständliche Werk nicht durch bestehende Konventionen erklärbar sein darf, es muss einen Bereich geben, den allein die Person des Schöpfers ausgefüllt hat. Der Umfang dieses Bereiches, die Gestaltungshöhe, braucht nur so groß zu sein, dass in ihm individuelle Züge des Schöpfers zum Vorschein kommen, das Werk braucht nicht den Stempel der Persönlichkeit des Urhebers zu tragen. Die durchaus herrschende Ansicht in Literatur und Rechtsprechung stellt dann auch mit Recht nicht nur geringe Anforderungen an den Umfang der Originalität, sondern kommt, was die Abgrenzung, insbesondere bei den Verstandeswerken, praktikabel macht, zur Begründung von individuellen Schöpfungen durch eine Gegenüberstellung des Werkes zu bereits vorhandenen Arbeitsergebnissen und der Frage, ob das zum Schutz anstehende Werk dem Gesamteindruck nach sich nicht nur aus den für das jeweilige Gebiet vorhandenen Techniken, Lehren etc. erklären lässt.[18]

f) Stetiges Anliegen vieler Literaturstimmen[19] und bereits der reichsgerichtlichen Rechtsprechung[20] war es, für die Verstandeswerke dort „geringe" Anforderungen an Originalität zu stellen, wo andernfalls schutzbedürftige Werke schutzlos blieben. Mangels eines ausreichenden wettbewerbsrechtlichen Schutzes und des Fehlens von Leistungsschutzrechten hat insbesondere das Reichsgericht besonders großzügig Kataloge, Preislisten, Adressbücher, Formulare, Geschäftsbedingungen und Vertragsvorlagen unter urheberrechtlichen Schutz gestellt (sog. „kleine Münze").[21] Der BGH tendiert hier mit Recht zur Anlegung strengerer

---

[18] *Ulmer*, Urheber- und Verlagsrecht, S. 133 f.; *Hubmann*, Urheber- und Verlagsrecht, S. 36 ff.; *Schricker/Loewenheim*, Urheberrechtsgesetz, § 2 Rdnrn. 32 ff.; *Fromm/Nordemann - Vinck*, Urheberrechtsgesetz, § 2 Rdnrn. 10 ff.; BGHZ 9, 268 f.; BGH GRUR 1980, 231; BGH GRUR 1987, 361.

[19] *Schmieder*, GRUR 1969, 79 ff.; *Loewenheim*, GRUR 1987, 765, 769; *Loewenheim*, GRUR 1987, 761 ff.

[20] RGZ 116, 292; RG GRUR 1937, 742; RGZ 143, 416; RGSt 48, 330.

[21] Der Begriff „kleine Münze" wurde erstmals im Jahre 1921 von *Elster*, Gewerblicher Rechtsschutz, 1921, S. 40, verwendet. Inzwischen hat sich dieser Begriff allgemein eingebürgert. Man bezeichnet damit die Stiefkinder des Urheberrechts, die im Grenzbereich der einfachen, gerade noch geschützten Werke liegen. Siehe auch *Loewenheim*, CuR 1988, 799.

Maßstäbe.[22] Mit Recht deshalb, weil das Argument der Schutzlosigkeit nichts über die urheberrechtliche Schutzwürdigkeit aussagt. Die genannten Werke können urheberrechtlich nicht allein wegen ihrer Anfälligkeit vor Raubkopierern geschützt werden, sondern nur dann, wenn sie wie beschrieben originell sind. Nicht allein das Verhältnis von Produktion zu Reproduktion entscheidet über den urheberrechtlichen Schutz.

Aus gleichen oder ähnlichen Gründen sind auch **Aufwand und Kosten**, die das Leistungsergebnis forderte, für die Schutzbegründung unerheblich;[23] das Urheberrecht schützt zwar – entgegen verbreiteter Auffassung – Mühe und Investitionen, aber nur unter der Voraussetzung, dass sie für eine originelle Schöpfung aufgewandt wurden.

Unerheblich ist schließlich auch, dass bei gleicher Aufgabenstellung eine Vielzahl von Schaffenden unterschiedliche Arbeitsergebnisse hervorgebracht hätten.[24] Die Unterschiedlichkeit kann auch in der handwerklichen Ausformung liegen. Das lässt sich gerade für den Bereich der Computerprogramme nachweisen, wenn es um den Entwicklungsbereich geht, in dem die logische Struktur des Programms maschinenverständlich aufbereitet wird. Darauf wird zurückzukommen sein.

Unerheblich ist auch die **quantitative Dimension** der Arbeitsleistung, weil auch insoweit das Schutzbedürfnis nichts über die Schutzwürdigkeit besagt.[25]

Die bisherige Definition des Begriffs „persönliche Schöpfung" hat den erforderlichen Mindestgehalt an individueller Prägung beschrieben. Unberücksichtigt blieb, ob alle Bereiche menschlichen Kulturschaffens urheberrechtlichen Schutz erfahren können, wenn nur diese Mindestvoraussetzung erfüllt ist, oder ob der Schutzbereich noch innerhalb der einzelnen Werkkategorien begrenzt ist.

1.2. Die Freihaltungsinteressen der Allgemeinheit als Sozialschranke des Urheberrechts

1.2.1. Ausgegrenzte Bereiche

Wie sich allgemein kein Recht denken lässt, das nicht irgendwie durch die Interessen Dritter eingeschränkt ist, so ist auch die Gewährung urheberrechtlichen Schutzes nicht ohne die Berücksichtigung gesellschaftlicher Interessen denkbar. Das Urheberrecht ist wie das Sacheigentum und wie die anderen subjektiven Rechte sozial gebunden.[26] Die Sozialbindung des Urheberrechts zeigt sich nicht nur durch

---

[22] BGHZ 18, 319 – Bebauungsplan; BGH GRUR 1961, 631 – Fernsprechbuch; BGH GRUR 1962, 51 – Zahlenlatte; reichhaltige Rechtsprechungsübersicht bei *Schricker/Loewenheim*, Urheberrechtsgesetz, § 2 Rdnrn. 89 ff.
[23] H.M., siehe nur *Schricker/Loewenheim*, Urheberrechtsgesetz, § 2 Rdnr. 46.
[24] H.M., siehe nur *Schricker/Loewenheim*, Urheberrechtsgesetz, § 2 Rdnr. 46.
[25] H.M., siehe nur *Schricker/Loewenheim*, Urheberrechtsgesetz, § 2 Rdnr. 45; *Fromm/Nordemann - Vinck*, Urheberrechtsgesetz, § 2 Rdnr. 20.
[26] *Ulmer*, Urheber- und Verlagsrecht, S. 119; *ders.*, Der urheberrechtliche Schutz wissenschaftlicher Werke, S. 16 ff.; *Rehbinder*, Urheberrecht, Rdnrn. 103 ff.

die Beschränkung der Verwertungsrechte, wie sie der Gesetzgeber durch die §§ 44a ff. UrhG ausgedrückt hat, sondern beeinflusst schon die Entstehung eines Urheberrechts. Es entspricht herrschender Auffassung in Literatur und Rechtsprechung, dass die in den **wissenschaftlichen Werken** enthaltenen wissenschaftlichen **Lehren, Theorien und Systeme** keinen urheberrechtlichen Schutz erfahren dürfen.[27]

Die Ausgrenzung erstreckt sich nach h.M. nicht nur auf die Forschungsergebnisse selbst, sondern auch auf die Arbeitsergebnisse, die in den Sinngehalt der Lehre insofern eingreifen,[28] dass sie Handlungsanweisungen für den Vollzug der Lehre sind, also darin unterweisen, die Lehre praktisch nutzbar zu machen. Der Ausschluss erstreckt sich darüber hinaus auf das sog. gesellschaftlich bedeutsame Know-how. Wirtschaftliche, politisch bedeutsame Regeln und Programme sollen nach h.M. Gegenstand freier geistiger Auseinandersetzung sein.[29] Auch hier bezieht sich das Freihaltungsinteresse nicht nur auf die Regel oder das Programm an sich, sondern der mit der Freihaltung der Regeln etc. verfolgte Zweck greift auch in die Darstellung der Regel oder in ihre praktische Nutzbarmachung hinein. Der Zweck ist, die Entstehung eines Mitteilungsmonopols dort zu verhindern, wo die jeweilige Lehre oder Regel praktisch nutzbar gemacht wird,[30] weil sie gerade dort die gesellschaftliche Relevanz erhält, derentwegen sie freigehalten wird.

Der Grundsatz, dass die in den wissenschaftlichen Werken enthaltenen Gedanken, Erkenntnisse, Theorien oder Lehren als Gegenstand freizuhalten sind, wird dogmatisch und methodisch in unterschiedlicher Weise erfasst, was zu abweichenden Ergebnissen führt. Die näheren Begründungen für den Ursprung und die Reichweite der Ausgrenzung sollen im Folgenden vorgestellt und erörtert werden.

Die Diskussion soll nicht zu theoretisch geführt werden, deshalb wird sie auch z.T. anhand einer Werkart, der Computerprogramme, vorgestellt und erörtert. Bei den Computerprogrammen bzw. der Computersoftware handelt es sich um die bis in die heutige Zeit wohl umstrittenste Werkart des Werkkataloges. Das Beispiel soll nur helfen, den schwierigen Stoff leichter verständlich zu machen; alle Ausführungen zur Reichweite des Freihaltungsinteresses gelten uneingeschränkt für alle Verstandeswerke.

---

[27] Vgl. nur *Ulmer*, Urheber- und Verlagsrecht, S. 119; BGHZ 73, 288 – Flughafenpläne.
[28] *Schricker/Loewenheim*, Urheberrechtsgesetz, § 2 Rdnr. 58; *Fromm/Nordemann - Vinck*, Urheberrechtsgesetz, § 2 Rdnrn. 22 f., jeweils m.w.N. zur Lit. u. Rspr.
[29] Vgl. nur *Ulmer*, Urheber- und Verlagsrecht, S. 119; *Schricker/Loewenheim*, Urheberrechtsgesetz, § 2 Rdnrn. 58 f.; *Fromm/Nordemann - Vinck*, Urheberrechtsgesetz, § 2 Rdnr. 23.
[30] Grundlegend BGHZ 73, 288 – Flughafenpläne; daran anknüpfend: BGH GRUR 1981, 352 – Staatsexamensarbeit; BGH GRUR 1981, 520 – Fragensammlung und BGH GRUR 1985, 1041 – Inkassoprogramm; OLG Karlsruhe, BB 1983, 986; OLG Frankfurt, BB 1985, 139; abweichend OLG Koblenz, BB 1983, 992, Schutzbedürfnisse können es auch angezeigt sein lassen, inhaltliche Elemente zu schützen.

1.2.2. Zuordnung der Computerprogramme zu den wissenschaftlichen (Sprach-)Werken

a) Computerprogramme sind mit der 1985 erfolgten Novellierung des Urheberrechtsgesetzes den Sprachwerken zugeordnet bzw. diesen gleichgestellt worden. Bereits vor der gesetzgeberisch durchgeführten Einordnung der Programme in den Werkkatalog war es in Rechtsprechung und Literatur h.M., dass es sich bei Programmen um wissenschaftliche Schriftwerke oder Darstellungen wissenschaftlich/technischer Art handelt.[31] Mit dem 2. Gesetz zur Änderung des Urheberrechtsgesetzes vom 9. Juni 1993[32] wurde die EG-Richtlinie vom 14. Mai 1991 über den Rechtsschutz von Computerprogrammen umgesetzt (erläutert unten, Teil A Nr. 4.3.). In der Literatur wird der in direkter Umsetzung der Richtlinie geschaffene § 69a des deutschen Urheberechtsgesetztes hinsichtlich des Freihaltungsinteresses von „Ideen" und „Grundsätzen" dahin erklärt, dass damit – wie bisher – die Algorithmen höherer Allgemeinheitsstufe[33] gemeint sind. Es wurde weiter dahin erörtert, dass nicht danach unterschieden werden kann, dass nur die „Grundsätze" frei bleiben, aber ihre Ausdrucksformen grundsätzlich Schutz erfahren. Wissenschaftliche Theorien, Lehren etc. und das gesellschaftlich bedeutsame Know-how (z.B. Buchhaltungsregeln) müssen gerade dann frei bleiben, wenn sie schriftlich niedergelegt bzw. programmtechnisch aufbereitet wurden. Es macht keinen Sinn, die Grundsätze und Ideen, die wissenschaftlichen Lehrsätze etc., an sich freizuhalten, aber die übliche Form ihrer Perpetuierung unter Schutz zu stellen. Dies würde bedeuten, dass niemand mehr diese Lehre „tatsächlich" für irgendetwas benutzen könnte. Gemeint sein kann also wiederum nur, dass in Anlehnung an die Lehre bzw. unter ihrer Einbeziehung entwickelte, programmtechnische Elemente Schutz erfahren können. Auch hier ist wieder zu beachten, dass § 69a UrhG keinen Anhaltspunkt für einen Schutz von Weiterentwicklungen der Lehren gibt. Weiterentwicklungen führen wieder zur Lehre und sind damit vom Schutz ausgeschlossen. Nahe liegende Verwendungen der Lehren sind nicht eigenschöpferisch und deshalb vom Schutz ausgenommen. Auch die Einbeziehung der Lehre von der „kleinen Münze" des Urheberrechts, wie der BGH sie in seiner neuen Rechtsprechung berücksichtigt hat, führen zu keinen anderen Ergebnissen. Es gilt auch hier wieder abzugrenzen zwischen banalen, alltäglichen Programmierarbeiten, die auch nach dem Recht der „kleinen Münze" nicht schutzfähig sind und Algorithmen bzw. algorithmischen Lösungselementen, die nicht Lehre bzw. nahe liegende Verwendung der Lehre sind. Die Probleme sind also auch unter der Richtlinie dieselben geblieben wie zu Zeiten

---

[31] Die Möglichkeit, einzelne Programmteile als Darstellungen wissenschaftlich/technischer Art zu schützen, steht der Aufführung der Programme in Ziffer 1 des Werkkataloges nicht entgegen. Es ist kein Grund ersichtlich, z. B. die in den Flussdiagrammen enthaltenen graphischen Darstellungen nicht als Darstellung wissenschaftlich/technischer Art aufzufassen. Vgl. dazu *Erdmann*, CuR 1986, 249, 251.
[32] BGBl. I 910.
[33] *Schricker/Loewenheim*, § 69 a Rdnr. 12.

der Inkassoprogramm-Entscheidung. Der urheberrechtliche Schutz der meisten Programme ist nach wie vor nicht sicher ist.

b) Es bestehen schon Bedenken an dem Schutz von Computerprogrammen als **Sprachwerke**, weil es sich bei einem Computerprogramm primär um die Realisierung einer funktionalen Aufgabenstellung, um eine Problemlösung und nicht um dessen Beschreibung handelt. Programme sind zwar im Quellprogramm auch in Sprachform materialisiert, diese Materialisierung erfolgt aber nicht dazu, sie dem Menschen zur Kenntnis zu bringen, sondern zur Vorbereitung auf die direkte Übersetzung der Zahlen, Wörter und Zeichen in eine nur der Maschine verständliche „Sprache", in Steuerbefehle. Die sprachliche Materialisierung stellt somit nur einen Zwischenschritt bei der Programmentwicklung dar, der gegenüber dem funktionalen Zweck des Programms keinen Eigenwert besitzt. Für einen Softwareingenieur besteht die Aufgabe der Entwicklung in einer adäquaten Ausrichtung auf das Problem, in einer zielgerichteten Konstruktion gewünschter funktioneller Eigenschaften. Programme beschreiben nicht, sondern führen aus; ein Schutz eines Programms als Sprachwerk muss auch immer ein Schutz funktionaler Elemente des Programms sein. In der Literatur wird dieses Problem nicht selten verkannt. Kolle führt aus, dass „bei der modernen Programmentwicklung besonderes Gewicht auf Klarheit, Lesbarkeit und Verständlichkeit des Programms, also auf Benutzerfreundlichkeit" gelegt wird.[34] Die Verwendung ersterer Begriffe soll die Eigenschaft als Sprachwerk verdeutlichen, die Verbindung mit dem Wort „Benutzerfreundlichkeit" ist jedoch ein grundlegender Irrtum. Die Benutzerfreundlichkeit stellt eines der primären Ziele der Programmentwicklung dar. Hier ist also auch die Erfüllung einer bedeutsamen Funktion angesprochen. Darüber hinaus sind Klarheit, Lesbarkeit etc. nötig, um das Programm, soweit gewünscht, weiterzuentwickeln, es für die Übernahme weiterer Funktionen vorzubereiten. Haberstumpf hat zutreffend formuliert, dass Programme „andererseits aber auch Steuerungsmittel" sind, die kausal auf eine Maschine Einfluss nehmen.[35] Dieser Befund wird dann dahin verwertet, dass letztlich doch auf die ebenfalls bestehende Sprachwerksqualität abzustellen sei, weil das Urheberrecht Programme nur insoweit schützen kann.[36] Man muss wohl anders argumentieren und aus dem Befund, dass Programme nichts anderes als Steuerungsbefehle für Universalmaschinen sind, schließen, dass es sich bei diesen Sprachwerken um jeweils konkrete Aufgabenlösungen handelt, die von informationstechnischen Regeln diszipliniert sind.

Der Schutz von Programmen verlangt demnach eine Auseinandersetzung darüber, in welchem Umfang auch inhaltliche Elemente, konkrete Aufgabenlösungen, vom urheberrechtlichen Schutz erfasst werden können. Für Computerprogramme ist diese Frage besonders relevant, weil sie nach h.M. den wissenschaftlichen Sprachwerken zuzuordnen sind.

---

[34] *Kolle*, GRUR 1982, 443, 452.
[35] *Haberstumpf* (...), § 69a Rdnr. 4.
[36] *Haberstumpf*, § 69a Rdnr. 4.

Bevor dieser, für alle Verstandeswerke bedeutsamen Frage nachgegangen wird, soll es noch zwei Anmerkungen für die Computerprogramme geben.

c) Die seitens Rechtsprechung und Lehre ganz herrschend vorgenommene Zuordnung der Computerprogramme zu den wissenschaftlichen Sprachwerken[37] ist vertretbar, weil die Erstellung der Programme – mehr oder minder – den Vorgaben der Informatik und des Software-Engineerings nachfolgt. Wenn gesagt wird, Programme seien Mischtypen zwischen wissenschaftlich/technischen Sprachwerken und sonstigen Sprachwerken,[38] so wird damit das Urteil über die Schutzfähigkeit der Programme vorweggenommen. Bei allgemeinen Sprachwerken kann – wie noch auszuführen sein wird – auch der Inhalt urheberrechtlich geschützt sein, bei wissenschaftlich/technischen Sprachwerken nicht. Aus urheberrechtlicher Sicht ist der Begriff „Mischtyp" zwischen wissenschaftlichem und allgemeinem Sprachwerk äußerst missverständlich. Ein wissenschaftliches Sprachwerk kann überhaupt nur insoweit urheberrechtlich geschützt werden wie es Elemente eines allgemeinen Sprachwerks hat.

d) Computerprogramme haben regelmäßig nicht nur eine (software-)technische Ebene, sie sind nicht allein durch die Regeln der Informatik und des Software-Engineerings erklärbar, vielmehr kommen Vorgaben und Kenntnisse des Sachgebietes, dem der Computer durch das Programm dienstbar sein soll, hinzu. Das sind bei kommerziellen, administrativen und organisatorischen Anwendungen z.B. Kenntnisse von Buchhaltung und Bilanz, revisionstechnischen oder anderen betriebswirtschaftlichen Grundlagen für z.B. Organisation, Rechnungswesen, Finanzierung usw. In Rechtsprechung und Literatur ist anerkannt, dass die Grundlagen dieses Wissens aus den gleichen Gründen frei bleiben müssen, wie wissenschaftliche Lehren und Theorien. Da die Grenzziehung bei dem gesellschaftlich bedeutsamen Know-how, wie es beispielhaft vorgestellt wurde, nach den gleichen Grundansichten über die Reichweite des urheberrechtlichen Schutzes erfolgt,[39] ist es methodisch zulässig, die Computerprogramme auch hinsichtlich dieses Inhalts als wissenschaftliche Sprachwerke urheberrechtlich zu würdigen. Damit soll freilich nicht ausgeschlossen sein, dass bei organisatorischen, kaufmännischen und administrativen Anwendungen sich im Hinblick auf das Allgemeininteresse an der Freihaltung der konkreten Arbeitsergebnisse größere Freiräume ergeben als es für die technische Seite der Programmierung der Fall ist, dadurch wird aber keine kategoriale Unterscheidung zwischen wissenschaftlichen Werken und solchen, die gesellschaftlich bedeutsames Know-how verkörpern, begründet.

---

[37] BGH GRUR 1985, 1041 – Inkassoprogramm; OLG Karlsruhe BB 1983, 986 – Inkassoprogramm; *Haberstumpf*, in: Lehmann (Hrsg.) Rechtsschutz und Verwertung von Computerprogrammen, II. Rdnrn. 28 ff., 32.

[38] *Schricker/Loewenheim*, Urheberrechtsgesetz, 1. Aufl., § 2 Rdnr. 117.

[39] *Ulmer*, Urheber- und Verlagsrecht, S. 119; *Wittmer*, Der Schutz von Computersoftware – Urheberrecht oder Sonderrecht?, Bern 1981, S. 36; *Schricker/Loewenheim*, Urheberrechtsgesetz, § 2 Rdnr. 30.

1.2.3. Dogmatische Einordnung des Freihaltungsinteresses

a) Der Ausschluss der Lehren und Theorien wird zum Teil damit begründet, dass sie nicht Ausdruck persönlichen Schaffens sein können.[40] Bei wissenschaftlichen Sprachwerken seien die mitgeteilten Inhalte oder Ergebnisse entweder durch die vorgegebenen Naturgesetze, Gesetze der Logik oder sonstige Zwangsläufigkeiten bestimmt oder doch zumindest in ihrem individuellen Spielraum stark eingeengt. Zwischen einer Schöpfung und derartigen Leistungsergebnissen bestünden wesensmäßige Unterschiede: „Bei ersterer geht der individuelle Geist in eine Ausdrucksform ein und gewinnt dadurch selbst Gestalt, so dass ein neuer geistiger Gegenstand entsteht. Bei letzterer dagegen wird nur eine individuelle Tätigkeit einem geistigen Gut gewidmet, ohne dass der subjektive Geist selbst in das Ergebnis eingeht und ihm das Gepräge gibt."[41]

Der Ausschluss der Lehren und Theorien aus dem Urheberrecht folgt nach dieser Meinung aus dem Begriff „persönlich geistige Schöpfung". Wenn vorbestehende Regeln für die Arbeitsergebnisse bestimmend sind, so sind sie auch – den notwendigen Aufwand an Geist und Mühe vorausgesetzt – von jedermann zu erbringen und insofern Gemeingut.[42]

b) Insbesondere Engel hat dem entgegengesetzt, diese Auffassung könne wohl nur auf einem falschen Verständnis von wissenschaftlicher Tätigkeit beruhen. Das Herausfinden der in der Natur vorhandenen Gesetzmäßigkeiten, die Entwicklung oder Weiterentwicklung technischer und geisteswissenschaftlicher Lehren beruhten nicht nur auf der Grundlage der Zwangsläufigkeiten, die Wissenschaftler gelernt haben.[43]

Die Erarbeitung wissenschaftlicher Theorien und auch das Entdecken von in der Natur vorhandenen Gesetzmäßigkeiten verlangt regelmäßig ein intuitives Einfühlen in das Wesen der Dinge; ein mechanisch anwendbares Verfahren zur Gewinnung von Hypothesen und Theorien existiert nicht. Die wissenschaftliche Arbeit ist schöpferische Tätigkeit, die neben Scharfsinn Fantasie voraussetzt.[44]

---

[40] Siehe die bei *Plander*, UFITA 1976, 25, 35 ff., zusammengefassten Meinungen; insbesondere so *Hubmann*, Urheber- und Verlagsrecht, S. 38; *Troller*, Immaterialgüterrecht, Band I, Basel 1983, S. 354 ff.

[41] *Hubmann*, Urheber- und Verlagsrecht, 4. Auflage, S. 42; Ebenso *Troller*, CuR 1987, 213, 216: „Auch wenn der Wissenschaftler als erster die Existenz des Wissensgehaltes festgestellt hat, so ist nur die Tat des Entdeckens und nicht deren Wissensgehalt sein Werk"; *ders.*, Ontologie, S. 385 ff.; ähnlich *Kummer*, Das urheberrechtlich schützbare Werk, 1968, S. 9 ff.

[42] „Was den Künstler vom Wissenschaftler unterscheidet, ist, dass der Künstler es mit der individuellen Form, dem Stil also, zu tun hat; der Wissenschaftler aber mit dem allgemeinen Stoff, dem Gehalt. Der Wissenschaftler wirkt durch seine Ergebnisse und verschwindet darin. Der Künstler jedoch prägt sich aus in seinem Stil und bleibt darin als Individuum sichtbar und fassbar." *Schiller*, zitiert nach Safranski: Schiller, Biographie, München 2004, S. 429

[43] *Engel*, GRUR 1982, 705; ebenso *Beier/Straus*, Der Schutz wissenschaftlicher Forschungsergebnisse, 1982, S. 7 ff.; *Haberstumpf*, in: Lehmann (Hrsg.), Rechtsschutz und Verwertung von Computerprogrammen, II. Rdnr. 68.

[44] *Haberstumpf*, in: Lehmann (Hrsg.) Rechtsschutz und Verwertung von Computerprogrammen, II. Rdnr. 68 unter Verweis auf *Popper*, Logik der Forschung, 1997, S. 3 ff., 71, 378 und *Al-*

Das wird deutlich, wenn man sich das von Thomas S. Kuhn entwickelte Modell des Entdeckungsablaufs vergegenwärtigt: „Die Entdeckung beginnt mit dem Bewusstwerden einer Anomalie, d.h. mit der Erkenntnis, dass die Natur in irgendeiner Weise die von einem Paradigma erzeugten, die normale Wissenschaft beherrschenden Erwartungen nicht erfüllt hat. Sie geht dann weiter mit einer mehr oder minder ausgedehnten Erforschung des Bereichs der Anomalie und findet erst einen Abschluss, nachdem die Paradigmatheorie so berichtigt worden ist, dass das Anomale zum Erwarteten wird. Das Assimilieren eines neuen Faktums verlangt mehr als eine additive Anpassung der Theorie, und solange diese Anpassung nicht abgeschlossen ist, die Wissenschaftler also nicht gelernt haben, die Natur anders zu sehen, ist die neue Tatsache gar kein richtiges wissenschaftliches Faktum."[45]

Insbesondere empirische Theorien sind nicht bloß Annahmen über die Welt, die aufgrund einer vorgegebenen Bedeutung ihrer Ausdrücke wahr oder falsch sind, „sondern legen gleichzeitig die Bedeutung der in ihnen vorkommenden Terme fest."[46]

Der Grund des Ausschlusses lässt sich deshalb überzeugender damit erklären, dass wissenschaftliche Theorien und Entdeckungen zu den wichtigen gesellschaftlichen Erkenntnissen gehören, an deren Freihaltung ein den Interessen des Urhebers übergeordnetes Interesse besteht. Wissenschaftliche Lehren werden ausgeschlossen, weil sie nicht Gegenstand des urheberrechtlichen Schutzes sein sollen, sie bleiben urheberrechtlich ungeschützt, auch wenn sie das Ergebnis persönlich geistiger Schöpfung sind.

c) In modernen Lehrbüchern und Kommentaren heißt es dann auch, dass nicht alles, was auf der schöpferischen Eingebung des Urhebers beruht, auch schützbar ist. Einschränkungen sind dahingehend zu machen, dass Lehren, Theorien und wissenschaftliche Methoden auch dann Gegenstand freier geistiger Auseinandersetzung bleiben müssen, wenn sie erst vom Urheber geschaffen worden sind.[47] Die Rücksicht auf die Freiheit des geistigen Lebens müsse dazu führen, dass nicht nur der vom Urheber vorgefundene Stoff, sondern auch der Inhalt der wissenschaftlichen Lehren und darüber hinausgehend der politischen und wirtschaftlichen Theorien, Programme etc. frei bleiben muss.[48] Insofern ist der Begriff des Gemeinguts ein normativer Begriff, der dem Tatbestandsmerkmal der „persönli-

---

bert, Traktat über kritische Vernunft, 4. Aufl. 1980, S. 27. Siehe auch *Essler*, Wissenschaftstheorie II, 1971, S. 9.

[45] *Kuhn*, Die Struktur wissenschaftlicher Revolutionen, S. 65, 66.
[46] *Haberstumpf*, in: Lehmann (Hrsg.), Rechtsschutz und Verwertung von Computerprogrammen, II. Rdnr. 68.
[47] *Schricker/Loewenheim*, Urheberrechtsgesetz, § 2 Rdnr. 58; *Ulmer*, Urheber- und Verlagsrecht, S. 119, 123; *Wittmer*, Der Schutz von Computersoftware – Urheberrecht oder Sonderrecht?, 1981, S. 97 ff.; *Reimer*, GRUR 1980, 572 ff.; *Kolle*, GRUR 1982, 443, 449 f.
[48] *Ulmer*, Urheber- und Verlagsrecht, S. 119; *Schricker/Loewenheim*, Urheberrechtsgesetz, § 2 Rdnr. 58; *Fromm/Nordemann - Vinck*, Urheberrechtsgesetz, § 2 Rdnrn. 8ff.

chen geistigen Schöpfung" gegenübersteht, und kein Begriff,[49] der aus diesem Merkmal herleitbar ist.

Anders als im Patentrecht, in dem z.B. als Ausdruck des Freihaltungsinteresses das dichotome Paar Entdeckung/Erfindung erscheint, enthält das Urheberrechtsgesetz keine konkreten Ausschlusstatbestände. Es gibt aber Hinweise im Urheberrechtsgesetz dafür, dass die wissenschaftlichen Lehren und Theorien frei bleiben sollen.

- § 2 Abs. 1 Nr. 7 UrhG schützt die Darstellung wissenschaftlich/technischer Art. **Schutzobjekt ist demnach die Darstellung** als solche, nicht der dargestellte Inhalt. Das in der Darstellung enthaltene technische und wissenschaftliche Gedankengut nimmt nicht am Schutz teil.[50] Die Schutzbegrenzung muss auch Bedeutung für das wissenschaftliche Sprachwerk haben. Es macht keinen Unterschied, ob die (technische) Lehre in Form von Konstruktionsplänen erscheint, d.h. bildlich dargestellt, oder sprachlich vorgestellt wird. Auch insoweit muss zwischen der Lehre und ihrer Darstellung unterschieden werden.
- Das Urheberrechtsgesetz schützt vor **unbefugter Wiedergabe** des Werkes (§§ 15 ff. UrhG), nicht – wie das Patentrecht – vor Verwendung der Erfindung (§ 9 PatG). Beides lässt sich aber nicht mehr trennen, wenn die Verwendung der im Werk niedergelegten wissenschaftlichen Erkenntnisse zu wissenschaftlichen oder praktischen Zwecken nur durch Vervielfältigung des Werkinhalts oder seiner Teile möglich ist. Eine Trennung zwischen Verwendungs- und Darstellungsschutz lässt sich z.B. bei den unter Ziffer 7 des Werkkataloges genannten Schöpfungen nicht mehr durchführen, wenn es zur Planverwirklichung nötig ist, den Plan zu vervielfältigen oder auch nur einzelne technische Werkelemente „abzuschreiben". Wenn die im Plan enthaltenen Anweisungen eine wissenschaftliche bzw. technische Lehre verkörpern und die Darstellungsart dem entspricht, was in dem jeweiligen Wissenschaftsgebiet üblich ist, würde ein urheberrechtlicher Schutz des Plans die Verwendung der Lehre vielfach blockieren. Die Gegenüberstellung von Plan und geplantem Objekt oder Darstellung und dargestelltem Gegenstand[51] berücksichtigt nicht, dass zwischen Anweisung und Anweisungsergebnis regelmäßig ein Informationsbedarf liegt, der nur durch Vervielfältigung des Plans zufrieden gestellt werden kann. Ein Schutz des Plans ohne Ausgrenzung der wissenschaftlichen Lehren aus dem Schutzbereich würde sich als Verwendungsschutz an der mit-

---

[49] *Ulmer*, Urheber- und Verlagsrecht, S. 123; *Schricker/Loewenheim*, Urheberrechtsgesetz, § 2 Rdnr. 58.

[50] BGH GRUR 1979, 464 – Flughafenpläne; RGZ 115, 160; 172, 34; *Schricker/Loewenheim*, Urheberrechtsgesetz, § 2 Rdnr. 194; *Ulmer*, Urheber- und Verlagsrecht, S. 138; a.A. *Reimer*, GRUR 1980, 572, 580 f.; *Haberstumpf*, in: Lehmann (Hrsg.), Rechtsschutz und Verwertung von Computerprogrammen, 2. Aufl., 1. Teil, II, Rdnr. 83.

[51] So *Reimer*, GRUR 1980, 572, 580 f. und im Hinblick auf die Programme *Haberstumpf*, in: Lehmann (Hrsg.), Rechtsschutz und Verwertung von Computerprogrammen, S. 39 ff. (1. Aufl.)

geteilten Lehre auswirken, der urheberrechtliche Schutz würde in den patentrechtlichen Schutzbereich übergreifen.[52]

Beim wissenschaftlichen Sprachwerk ist die Situation gleich. Wenn Ausdrucksform und Systematik der Darstellung der Fachsprache bzw. der in der Lehre enthaltenen Logik folgen, ist mit der Begrenzung des Schutzes auf die Darstellungsform und -art, also die Begrenzung des Schutzes vor Wiedergabe, keine zufrieden stellende Eingrenzung des Freihaltungsinteresses erreicht. Anders ausgedrückt, der durch das Urheberrechtsgesetz gewährte Schutz vor Wiedergabe des Werkes würde zu einem **Mitteilungsmonopol** an der wissenschaftlichen Lehre selbst führen. Erst die Ausgrenzung der Lehrsätze stellt sicher, dass ihre Diskussion, Überprüfung, Weiterentwicklung und auch praktische Nutzbarmachung ungestört möglich ist. Das Vervielfältigungsverbot würde schon den Wissenschaftler erreichen, der den vorgestellten Lehrsatz anlässlich eines (öffentlichen) Vortrages zur Diskussion stellen will, der ihn auf ein Arbeitspapier zur Unterrichtung seiner Studenten überträgt oder ihn in einer wissenschaftlichen Arbeit als Ausgangspunkt seiner anschließenden wissenschaftlichen Diskussion aufführt.

– Das Urheberrechtsgesetz erscheint im System der Immaterialgüterrechte; es muss sich demnach von den anderen vorhandenen Schutzrechten auch abgrenzen lassen. Ein urheberrechtlicher Schutz der z.B. technischen Lehren würde in das bestehende Ordnungssystem der technischen Schutzrechte mit ihren anders gearteten formellen und materiellen Schutzvoraussetzungen und ihrer kürzeren Schutzdauer eingreifen.[53] Das Patentrecht ist zur Bestimmung der Reichweite des urheberrechtlichen Schutzes aber nicht nur heranzuziehen, soweit es um den Schutz von technischen Lehren geht, sondern auch, soweit geisteswissenschaftliche Disziplinen, insbesondere mathematische und betriebswirtschaftliche Lehren angesprochen sind. Aus dem patentrechtlichen Schutz sind diese Lehren selbst ausdrücklich ausgenommen, d.h., sie sind aus einem Schutzgesetz ausgegrenzt, welches den Inhalt der Lehren vor Verwendung seitens Dritter und somit umfassend schützt. Diese Lehren können nicht urheberrechtlich geschützt werden, soweit der urheberrechtliche Schutz den gleichen Umfang hat, wie ein patentrechtlicher Schutz, d.h. zu einem Verwendungsmonopol führen würde. Die Ausgrenzung dieser Lehren aus dem Patentrecht steht dogmatisch für ihre Ausgrenzung aus dem Immaterialgüterrecht, wenn und soweit der Schutz sich wie ein patentrechtlicher auswirkt.

Der Ausschluss mathematischer Lehren, betriebswirtschaftlicher Erkenntnisse etc. ist für ein Gesetz zum Schutz technischer Arbeitsergebnisse nur eine Deklaration dessen, was ohnehin den technischen Bereich vom nichttech-

---

[52] *Wittmer*, Der Schutz von Computersoftware – Urheberrecht oder Sonderrecht?, 1981, S. 102; *Moser*, GRUR 1967, 639.
[53] *Fromm/Nordemann - Vinck*, Urheberrechtsgesetz, § 2 Rdnrn. 80 ff.; *Schricker/Loewenheim*, Urheberrechtsgesetz, § 2 Rdnr. 59; BGH GRUR 1984, 659, 660 – Ausschreibungsunterlagen; BGH GRUR 1979, 464, 465 – Flughafenpläne.

nischen abgrenzt.[54] Die ausdrückliche Ausgrenzung der in Rede stehenden Lehren hat eigenständige Bedeutung, wenn man sie für den Bereich des Immaterialgüterrechts als Grundsatz, als allgemeingültige Regel begreift, die das Freihaltungsinteresse markiert, soweit ein Schutz in Rede steht, der wie der patentrechtliche wirkt.[55]

Das Patentgesetz grenzt in § 1 Abs. 2 nur die geisteswissenschaftlichen Lehren, insbesondere die mathematischen Lehren „als solche" aus dem Schutzbereich aus, die Verbindung mathematischer Formeln mit mechanischen, elektrotechnischen etc. Lehren, der Einsatz der Mathematik zur Entwicklung von Konstruktionen oder deren erfinderische Verwendung ist der Schutzbegründung nicht hinderlich. Das Urheberrechtsgesetz schützt nicht eine bestimmte, z.B. technische Lehre, sondern originelles Schaffen; es ist durchaus denkbar, dass originelle, eigentümliche Verwendungen von Lehrsätzen ebenso wenig die „als solche"-Formel berühren wie mathematische Lehren, die im Zusammenhang mit der Entwicklung oder Verwendung von Konstruktionen erscheinen.

Insbesondere die Charakteristika derjenigen Computerprogramme, die nicht beschreiben, in denen nichts Erklärendes erscheint, sondern die die bloße Realisierung einer funktionellen Aufgabenstellung sind - also eine Problemlösung enthalten und nicht dessen Erklärung - verlangen eine intensive Auseinandersetzung damit, ob und in welchem Umfange innere Elemente eines wissenschaftlichen Sprachwerks geschützt werden können. Sicher ist, dass die Lehren „als solche" aus dem Schutz auszugrenzen sind. Untersucht werden muss, unter welchen Voraussetzungen es möglich ist, dass die Lehre einerseits durch originelle Verwendung benutzt, aber andererseits verhindert wird, dass Mitteilungsmonopole an der Lehre entstehen.

1.2.4. Abgrenzungsmethoden

1.2.4.1. Inhalt und (äußere) Form, das Merkmal „ästhetischer Gehalt"

a) Die unterschiedliche Begründung des Schutzausschlusses hat zu unterschiedlichen Methoden zur Ausgrenzung des gemeinfreien Bereichs aus dem Urheberrecht geführt, die unterschiedliche Ergebnisse hervorbrachten.

Auf der einen Seite steht die im Schrifttum lange Zeit, heute nur noch vereinzelt vertretene Auffassung, das urheberrechtlich schützbare Sprachwerk müsse einen ästhetischen Gehalt haben, wobei das Adjektiv „ästhetisch" nicht nur im

---

[54] In der amtlichen Begründung zur Neufassung des § 1 PatG heißt es: „Die Neufassung von § 1 bedingt im Wesentlichen keine Änderung des bisherigen Rechtszustandes; der Kreis der patentfähigen Erfindungen bleibt praktisch unverändert". Insbesondere zum Negativkatalog wird ausgeführt, dass dieser „lediglich Gegenstände und Tätigkeiten vom Patentschutz ausschließt, die bereits nach geltendem deutschen Recht allgemein nicht als Erfindung angesehen werden (...)" BlPMZ 1976, 322, 332.

[55] Auf die Gefahr, dass das Urheberrecht bei einer Schutzausdehnung auf Programme zu einem ungewollten „Überpatent" würde, hat schon *Moser*, GRUR 1967, 639, 642 hingewiesen. Ähnlich auch *Zahn*, GRUR 1978, 207, 213.

Sinne von überhaupt **sinnlich wahrnehmbar**, sondern als den **Schönheitssinn anregend** verstanden wurde. Schutzgegenstand sollte bei den Verstandeswerken, namentlich bei den wissenschaftlichen Sprachwerken, nur die besondere Ausdrucksform, die so genannte „äußere", den sachlichen Gehalt ausschmückende Form haben, nicht eine durch das Werk mitgeteilte Information oder Handlungsanweisung. Die Ergebnisse wären immer durch vorgegebene Naturgesetze, Gesetze der Logik oder sonstige Zwangsläufigkeiten bestimmt oder doch hinsichtlich des individuellen Spielraums stark eingeengt.[56]

Eigenpersönliches Schaffen sei überhaupt nur möglich, soweit die Schöpfung beim Betrachter nicht auf ein intellektuelles Vorverständnis stoßen muss, um verstanden zu werden, sondern sinnlich wahrnehmbar ist. Alles, was beim Werk Gebrauchszwecken dient oder sich als Anweisung an den menschlichen Geist erweist, ist vom Schutz auszunehmen.

b) Das Freihaltungsinteresse wird nach dieser Lehre auf das nur denkbar höchste Niveau gebracht. Die Unterscheidung zwischen Inhalt und (äußerer) Form erreicht den Ausschluss aller inhaltlichen Elemente der Verstandesleistungen durch die Begründung von Schutzvoraussetzungen, die kategorial neben allen intellektuell wahrnehmbaren Leistungen stehen.

Der Weg dorthin führte über das Verständnis von Verstandesleistungen als zweckgebundene, einer vorgegebenen Logik folgenden Arbeit.

Die Methode kann, nachdem das Axiom nicht stimmt, nur Bedeutung haben, wenn das Freihaltungsinteresse soweit reicht, dass alles, was den sachlichen Gehalt einer Lehre zum Ausdruck bringt, aus dem Schutz ausscheiden muss. Das ist schon wegen der nahezu unerschöpflichen Möglichkeiten, eine Lehre über den Verstand zu vermitteln, ohne dass damit nur Lehrsätze mitgeteilt werden, nicht vorstellbar.

1.2.4.2. Inhalt und innere Form

a) Vorstellung der Methode
Die Unterscheidung von Inhalt und Form wird in Literatur[57] und Rechtsprechung[58] auch außerhalb der Orientierung am bloßen Ausdrucksmittel ohne jeden

---

[56] *Troller*, UFITA 50, 387; *ders.*, Immaterialgüterrecht, Band I, Basel 1983, S. 425.; ihm folgend *Sidler*, Der Schutz von Computerprogrammen im Urheber- und Wettbewerbsrecht, 1968, S. 28. Ähnlich auch *Schulze*, GRUR 1984, 400, 408: „Formen, die der Gebrauchszweck eines Gegenstandes bedingt oder die zur Lösung einer sonstigen Aufgabe unumgänglich sind, entspringen nicht der schöpferischen Phantasie des Urhebers. Vielmehr sind sie von jenem Zweck vorgegeben. Sie gehören als praktische, organisatorische oder technische Neuerung nicht zum urheberrechtlichen Schutzbereich. Insoweit ist die Zweckfreiheit eine Schutzvoraussetzung, die in jedem Fall zu prüfen ist". Vgl. auch OLG Karlsruhe, BB 1983, 986, 988: Wissenschaftliche Lehren und Ideen sind ebenso wenig wie Gebrauchsanweisungen in Bezug auf ihren Inhalt urheberrechtsschutzfähig.

[57] *Rehbinder*, Urheberrecht, Rdnrn. 59 ff.; im Zusammenhang mit den Programmen, *Wittmer*, Der Schutz von Computersoftware – Urheberrecht oder Sonderrecht?, 1981, passim. Nachweise bei *Plander*, UFITA 76, 25 ff. und *Ulmer*, Urheber- und Verlagsrecht, S. 120, ansatzweise auch *Schricker/Loewenheim*, Urheberrechtsgesetz, § 2 Rdnrn. 50 ff.; *Fromm/Nordemann - Vinck*, Urheberrechtsgesetz, § 2 Rdnrn. 24, 28.

Rückgriff auf den sachlichen Sinngehalt durchgeführt. Unabhängig der dogmatischen Ausgangslage, der Begründung der Ausgrenzung wissenschaftlicher Lehren aus dem Urheberrecht, wird unter dem Begriff der „inneren Form" versucht, den Schöpfungsvorgang nur dann gemeinfrei zu stellen, soweit die in dem Werk hervortretenden logischen Gedankengänge in den Sinngehalt einer wissenschaftlichen Lehre übergreifen. **Die schützbare innere Form eines Werkes soll in der Ordnung der Gedanken (Gedankenfolge, Gedankenbewegung, inhaltliche Disposition, Ideengruppierung), in der ein bestimmter Inhalt dargeboten wird, bestehen.** Nicht dazugehören soll diejenige Gliederung der Gedanken, die durch die wissenschaftliche Lehre vorgegeben ist bzw. eine wissenschaftliche Lehre ergänzt.[59] Die Schutzfähigkeit von wissenschaftlich/technischen Werken braucht demnach nicht schon dann zu entfallen, wenn es an der Individualität des Ausdrucksmittels fehlt.[60]

Nicht nur der „ästhetische Überschuss", die Ausschmückung eines wissenschaftlichen Sprachwerkes, soll danach für den Schutz entscheidend sein, sondern auch die Gliederung der Gedanken, die logische Struktur des Werkes, nach der die Aneinanderreihung der einzelnen Worte und Sätze sinnvoll erscheint.

In der heutigen Rechtsprechung findet sich die Lehre insofern wieder, als der Schutzbereich des wissenschaftlichen Sprachwerkes in der **geistvollen Gedankenführung des dargestellten Inhalts und/oder in der geistvollen Art und Weise der Sammlung, Sichtung, Zubereitung und Anordnung des vorhandenen, vorgegebenen Materials** gesehen wird.[61] Der Schutz eines wissenschaftlichen Schriftwerkes erfordert nach Ansicht des BGH dabei aber eine sorgfältige Trennung von wissenschaftlichen Erkenntnissen einerseits und der Darstellung oder Gestaltung der Lehre im Schriftwerk andererseits.[62]

Seit seinem Grundsatzurteil vom 5. Dezember 1978[63] verfolgt der BGH konsequent die Ansicht, dass inhaltliche Elemente des zugrunde liegenden Wissenschaftsgebietes aus dem Schutz auszuscheiden haben; die wissenschaftliche Lehre und das wissenschaftliche Ergebnis sind demnach frei und jedermann zugänglich[64].

---

[58] *Rehbinder*, Urheberrecht, Rdnr. 58; *Wittmer*, Der Schutz von Computersoftware – Urheberrecht oder Sonderrecht?, 1981, S. 103; *Plander*, UFITA 76, 25 ff.; BGHZ 94, 276 – Inkassoprogramm; OLG Karlsruhe – Inkassoprogramm, GRUR 1983, 300 mit vielen Nachweisen zu Rechtsprechung und Literatur.
[59] *Schricker/Loewenheim*, Urheberrechtsgesetz, § 2 Rdnrn. 58 ff.; *Fromm/Nordemann - Vinck*, Urheberrechtsgesetz, § 2 Rdnrn. 22 ff.
[60] *Schricker/Loewenheim*, Urheberrechtsgesetz, § 2 Rdnr. 57; BGH GRUR 1980, 227 – Monumenta Germaniae Historica.
[61] Vgl. nur BGH GRUR 1981, 352, 353 – Staatsexamensarbeit.
[62] Vgl. BGH GRUR 1981, 352, 353 – Staatsexamensarbeit.
[63] BGH GRUR 1979, 464 – Flughafenpläne.
[64] Die Rechtsprechung war sowohl unter dem Reichsgericht als auch unter dem BGH zunächst schwankend, fraglich war, ob neben der Darstellungsart auch das Dargestellte Urheberrechtsschutz genießen könne. RGSt 15, 405, 408 schützte bei technischen Zeichnungen auch das Dargestellte; RGZ 172, 29, 30 f. – Gewehrreinigungshölzer, beschränkte den Schutz auf die Darstellungsart. In BGHZ 18, 319, 322 – Bebauungsplan, wurde entgegen RGZ 172, 29 –

In der Flughafenpläne-Entscheidung[65] ist der BGH der Betrachtungsweise des Berufungsgerichts, welches auf den sachlichen Inhalt der Bauzeichnung für eine Flughafenanlage des Klägers und die darin zum Ausdruck gelangten – originellen (neuen) – technischen Gedanken abgestellt hatte, folgendermaßen entgegengetreten:[66] „Eine solche Betrachtungsweise wird jedoch der Vorschrift des § 2 Abs. 1 Nr. 7 UrhG nicht gerecht. Diese Bestimmung bezieht zwar Darstellungen wissenschaftlicher und technischer Art (wie Zeichnungen, Pläne, Karten, Skizzen, Tabellen und plastische Darstellungen) in den Kreis der urheberrechtlich geschützten Werke mit ein, wobei nach § 2 Abs. 2 UrhG vorausgesetzt wird, dass diese Werke – also die fraglichen Darstellungen – persönlich geistige Schöpfungen sind. Die persönlich geistige Schöpfung des Urhebers muss aber in der Darstellung selbst, also in ihrer Formgestaltung liegen. Dagegen kommt es nicht (...) auf den schöpferischen Gehalt des wissenschaftlichen oder technischen Inhalts der Darstellung an. Eine solche Auslegung des § 2 Abs. 1 Nr. 7 UrhG würde sich in Widerspruch setzen zum Wesen des Urheberrechtsschutzes und seiner Abgrenzung gegenüber den technischen Schutzrechten. Das wissenschaftliche und technische Gedankengut eines Werkes – die wissenschaftliche und technische Lehre als solche – ist nicht Gegenstand des Urheberrechtsschutzes und kann daher auch nicht zur Begründung der Schutzfähigkeit von Skizzen, die die technische Lehre wiedergeben, herangezogen werden. Die Urheberrechtsschutzfähigkeit solcher Skizzen kann allein ihre Grundlage in der (...) schöpferischen Form der Darstellung finden." Schöpferisch ist die Darstellung nicht, wenn sie in dem fraglichen Fachgebiet üblich oder notwendig ist. In nachfolgenden Urteilen[67] macht der BGH jeweils deutlich, dass nicht nur die Lehre „an sich" und die für das jeweilige Fachgebiet übliche Darstellungsart der Lehre nicht schutzfähig sind, sondern in weitem Umfange auch die Verwendungen der Lehre zur Lösung praktischer Aufgaben. Erst wenn die Art und Weise der Sammlung, Sichtung und Anordnung des dargebotenen Stoffes außerhalb der für die Lehre üblichen oder jeweils erforderlichen Gedankenführung liegt, ist urheberrechtlicher Schutz möglich.[68]

Die Differenzierung zwischen Inhalt und Form, wie sie der BGH-Rechtsprechung zugrunde liegt, soll einerseits dazu führen, die wissenschaftlichen Theorien, Lehren und Erkenntnisse aus dem Schutzbereich auszugrenzen, andererseits ist damit keine Ausgrenzung inhaltlicher Elemente generell aus dem

---

Gewehrreinigungshölzer, wieder das Dargestellte für schutzfähig erachtet. Ebenso wurde in BGH GRUR 1956, 284, 285 – Rheinmetall-Borsig II, die darstellerische Form eines „schöpferischen Konstruktionsgedanken" urheberrechtlich geschützt.

[65] BGH GRUR 1979, 464.
[66] BGH GRUR 1979, 464 – Flughafenpläne; vgl. die Kritik an der Entscheidung von *Reimer*, GRUR 1980, 572, 578; vgl. auch BGH GRUR 1981, 352, 353 – Staatsexamensarbeit; BGH GRUR 1984, 659, 660 – Ausschreibungsunterlagen und BGHZ 94, 276, 285 – Inkassoprogramm.
[67] BGH GRUR 1981, 520 – Fragensammlung; BGH GRUR 1981, 352 – Staatsexamensarbeit; BGH GRUR 1986, 739 – Anwaltsschriftsatz.
[68] Deutlich so BGH GRUR 1984, 659 – Ausschreibungsunterlagen.

Schutzbereich bezweckt. Der urheberrechtliche Schutz wird demnach auch bei den Verstandeswerken nicht auf die (äußere) Form beschränkt, sondern kann, eigenschöpferisches Arbeiten vorausgesetzt, mit inhaltlichen Elementen begründet werden, die dann im Verhältnis zu den wissenschaftlichen Elementen als „innere Form" erscheinen.

Damit ist dann auch angesprochen, dass es hinsichtlich des Programmschutzes keine Differenzierung zwischen Algorithmen und sonstigen Elementen geben kann, soweit mit diesen sonstigen Elementen andere als inhaltliche Anweisungen gemeint sein sollten. Seitens der Literatur ist dies auch erkannt worden und die Differenzierung findet nun zwischen Algorithmen höherer Stufen und geringerwertigen Algorithmen bzw. algorithmischen Lösungselementen statt. Gemeint ist damit, es wird noch näher darauf eingegangen, dass es inhaltliche Elemente gibt, die der Lehre bzw. dem bedeutsamen Know-how zuzurechnen und solche gibt, die vielfach austauschbar sind.[69]

Die in Rede stehende Differenzierungsmethode ist in der Literatur vielfach[70] im Hinblick auf den Schutz der Programme namentlich von Haberstumpf[71] angegriffen worden. Nach Haberstumpf ist der Begriff der inneren Form bei wissenschaftlichen Werken „genauso entbehrlich wie die Unterscheidung zwischen Form und Inhalt überhaupt". Es lässt sich nach ihm zwischen dem Wortlaut eines Textes (äußere Form) und dessen Bedeutung (Inhalt) nichts finden, was mit der inneren Form benannt werden könnte. All das, was unter innerer Form verstanden wird, ist nach Haberstumpf nicht nur „Form", sondern selbst „Inhalt". Die Unterscheidung von Inhalt und Form hat nach Haberstumpf nur dort einen Sinn, wo es um die Feststellung geht, ob die schöpferische Geistestätigkeit in dem Werk auch tatsächlich verkörpert ist.[72]

Damit wird aber nicht berührt, was Rechtsprechung und Literatur mit der Unterscheidung von Inhalt und (innerer) Form erreichen wollen. Selbstverständlich muss der in dem Werk verkörperte Gedanke, soll er urheberrechtlichen Schutz erfahren, irgendwie „ausgedrückt werden", sinnlich wahrnehmbar gemacht werden. Demnach kann eine Schöpfung nicht geschützt sein, wenn ihre Perpetuierung nur dem Zweck der Verwirklichung der zugrunde liegenden Idee dient, ohne dass diese Idee kenntlich gemacht wird. Ein urheberrechtlicher Schutz musste z.B. in der Einheitsfahrschein-Entscheidung[73] des BGH ausscheiden, weil die Form hinter dem Inhalt der „an sich" schutzfähigen Gedanken zurückgeblieben

---

[69] Siehe nur *Schricker/Loewenheim*, Urheberrechtsgesetz, §69a Rdnr. 12.
[70] Kritische Anmerkungen finden sich in allen modernen Kommentaren, *Schricker/Loewenheim*, Urheberrechtsgesetz, § 2 Rdnrn. 56 ff.; *Fromm/Nordemann - Vinck*, Urheberrechtsgesetz, § 2 Rdnrn. 22 ff.
[71] *Haberstumpf*, GRUR 1986, 222, 230 f.
[72] Vgl. BGH GRUR 1951, 251, 252 – Einheitsfahrschein; der BGH lehnte den urheberrechtlichen Schutz für ein Fahrscheinsystem ab, weil der ausgedruckte Fahrschein nicht der Mitteilung des Systems dienen konnte. Der Fahrschein diente allein der praktischen Anwendung des Systems; siehe zu der Entscheidung auch die kritische Anmerkung von *Axter* und *Axter*, BB 1967, 606, 611.
[73] BGH GRUR 1951, 251 – Einheitsfahrschein.

war. Das ist aber beim wissenschaftlichen Sprachwerk regelmäßig nicht das Problem. Der Inhalt kann aus Gründen des Gemeingutpostulats bei diesen Werken nicht schon dann geschützt werden, wenn er eine ihn ausdrückende Form bekommen hat; urheberrechtlicher Schutz kommt nicht in Betracht, wenn sich Inhalt und Formgebung entsprechen bzw. die Form mit einer gewissen Zwangsläufigkeit der wissenschaftlichen Idee nachfolgt.[74] Haberstumpfs Kritik ist insofern berechtigt, als der Begriff der inneren Form den Eindruck vermitteln könnte, die bloße, von einem Konzept losgelöste Wort- bzw. Zeichenanordnung könnte hier den Schutz begründen. So ist aber der Begriff von der Rechtsprechung und Literatur gerade nicht interpretiert worden; derartig lässt er sich auch nicht interpretieren.

Ein urheberrechtlicher Schutz von Verstandesleistungen setzt immer ein originelles Konzept voraus, weil sonst nur eine gedankenlose Aneinanderreihung von Worten und Zeichen erscheint, die dem Urheberrecht nicht zugänglich ist. Mit „innerer Form" ist nun gemeint, dass dieses Konzept selbst außerhalb des gemeinfreien Bereichs liegt, also nicht Wiedergabe der Systematik ist, die die Lehre enthält.[75] Insofern ist Haberstumpfs Kritik nur eine Kritik am Begrifflichen. Soweit der Schutz dieses Konzepts begründet wird, wird der Schutz eines Werkinhalts begründet. Eine erneute Unterscheidung zwischen Inhalt und Form kann dann nicht mehr richtig sein, weil wegen der bereits festgestellten Loslösung der Schöpfung von der zugrunde liegenden wissenschaftlichen Lehre die Notwendigkeit dieser Unterscheidung aufgebraucht ist. Aus einem wissenschaftlichen Sprachwerk, das nach dem Herauslösen des gemeinfreien Teils noch schutzfähig ist, ist ein „einfaches Sprachwerk" geworden. Der Urheber lässt sich zwar von der Theorie oder Lehre leiten, er stellt aber etwas anderes dar. Sicher ist es richtig zu sagen, dass diese Darstellung dann inhaltlich geschützt ist. Insofern ist auch die immer wieder in der Literatur auftretende Ansicht, dass der Schutz der Programme sowohl ein urheberrechtlicher wie auch ein patentrechtlicher Schutz sein könne, falsch. Bei den Verstandeswerken werden auch im Urheberrecht Inhalte geschützt, aber diese Inhalte unterscheiden sich ganz wesentlich von denen, die durch das Patentrecht Schutz erhalten. Das Patentrecht schützt die wertvollen Inhalte und würde hier auch die hochwertigen neuen Algorithmen inhaltlich schützen. Durch das Urheberrecht können diese Inhalte gerade nicht geschützt werden. Hier werden über den Begriff der „inneren Form" nur Algorithmen bzw. algorithmische Lösungselemente geschützt, deren Monopolisierung nicht mit dem Allgemeininteresse an der Freihaltung von wissenschaftlichem bzw. gesellschaftlichem Know-how in Konflikt gerät. Es werden auch Inhalte geschützt, aber Inhalte mit ganz anderer „Qualität", nämlich solche die im Hinblick auf die Verwendung der Lehre keine Monopolwirkung haben,

---

[74] So insbesondere BGH GRUR 1981, 352, 353 – Staatsexamensarbeit; BGH GRUR 1981, 520, 522 – Fragensammlung.

[75] *Rehbinder*, Urheberrecht, Rdnr. 58; *Fromm/Nordemann - Vinck*, Urheberrechtsgesetz, § 2 Rdnr. 24; *Wittmer*, Der Schutz von Computersoftware, 1981, S. 103 f.; a.A. *Plander*, UFITA 1976, 25, 57 ff.; im Hinblick auf den urheberrechtlichen Schutz von Programmen wohl auch *Wittmer*, Der Schutz von Computersoftware, 1981, S. 101 f.

weil es auch zahlreiche andere Möglichkeiten gibt (so schon Hubmann, s. unter 1.2.4.2. unten). Damit ist dann auch der Gedanke des Schutzes ästhetischer Leistungen angesprochen; diese können vollumfänglich geschützt werden, weil hier der Formenschatz nicht aufbrauchbar ist; von diesem Schutz geht keine Monopolwirkung aus.[76]

b) Bestimmung des Schutzbereichs
Die Schwierigkeiten sind aber damit noch nicht aus dem Weg geräumt. Es gilt nun, genau den Bereich zu bestimmen, der zwar noch von den freien Lehren berührt wird, nicht das Gebiet der Lehren erweitert, sondern daneben stehend originell ist, ohne dass es auf die originelle Ausdrucksform, die äußere Gestaltung ankommt.

Zu eindeutigen Ergebnissen führt die Differenzierung, wenn das Werk eine Systematik hat, die lediglich dazu dient, die Lehre zu beschreiben, wie es etwa beim wissenschaftlichen Lehrbuch der Fall ist. Dort ist in den meisten Fällen auch dann noch ein Schutzbereich auszumachen, wenn die Lehre mit den Worten der Fachsprache, ohne Verwendung von Grafiken, Tabellen oder sonstigen der (äußeren) Form nach eigenartigen Mitteln dargestellt ist. Schutz kann dann die erdachte Systematik erhalten, unter deren Verwendung versucht wird, die Lehre plausibel zu machen. Die Methode der Darstellung wird sich hier regelmäßig von der Systematik der vorgestellten Lehre unterscheiden.

Der Schutz dieses Konzepts ist bedenkenlos möglich, weil es nur erklärenden Charakter hat, an das Verständnis des Lesers appelliert, um ihm den Sinn der Lehre zu verdeutlichen und ansonsten zweckfrei[77] ist. Die ausdrucksvolle Beschreibung oder Zeichnung wird durch Gedankenschritte ersetzt, ohne dass damit nur der Systematik gefolgt wird, die die Lehre vorgibt.

Das Freihaltungsinteresse ist deshalb nicht berührt, weil die vorgestellte Systematik regelmäßig nur eine unter vielen denkbaren Möglichkeiten ist, eine wissenschaftliche Lehre zu verdeutlichen. Originelle Ausdrucksform und eigentümliche Systematik können hinsichtlich des Freihaltungsinteresses auf eine Stufe gestellt werden.

---

[76] Dieses „Andere" bezeichnet *Vinck* als eigene „charakteristische Art der Darstellung" eines „Werkinhalts", in *Fromm/Nordemann - Vinck*, Urheberrechtsgesetz, § 2 Rdnr. 25 spricht ebenfalls von einem Inhaltsschutz, zu dem die Differenzierung zwischen (gemeinfreiem) Inhalt und innerer Form führen muss. „Diese innere Form bildet sich erst im Geiste des Werkschöpfers, in ihr konzentriert sich seine eigenartige Denk-, Auffassungs- und Vorstellungsweise: Selbst wo der Urheber einen allgemeinen, vielleicht historischen Stoff wiedergibt, gestaltet er ihn doch in seiner eigenen Weise aus. (...) Die innere Form drückt daher in der Regel den individuellen Geist aus und gehört dem Urheber." Urheber- und Verlagsrecht, S. 34.

[77] Mit Zweckfreiheit ist hier die Loslösung des Werkes von den wissenschaftlichen Lehren gemeint. Es ist zumindest missverständlich, wenn heute herrschend vertreten wird, dass das Urheberrecht „zweckneutral" schützt (vgl. nur *Kolle*, GRUR 1982, 443, 452). Wenn der Zweck des Werkschaffens darin liegt, die Lehre mit den Worten der Fachsprache vorzustellen oder sie nahe liegend zu verwenden, kann im Hinblick auf das Freihaltungsinteresse von einem zweckunabhängigen Schutz nicht mehr die Rede sein.

Der Unterschied zu der Lehre, die nur einen äußeren Formenschutz im Bereich der Verstandeswerke anerkennen will, liegt dann darin, dass einerseits eine **völlige Zweckfreiheit** für die Schutzbegrenzung ausschlaggebend sein soll (äußerer Formenschutz),[78] andererseits die Zweckgebundenheit nicht stört, wenn damit kein Mitteilungsmonopol an der Lehre entsteht (innerer Formenschutz). Verlangt ist insofern, dass sich der Schöpfer vom Vorgegebenen oder den in der Natur der Sache liegenden Zwangsläufigkeiten löst und darüber hinaus schöpferisch gestaltet.[79]

Schwieriger wird die Situation dort, wo auf der Grundlage des in Rede stehenden Differenzierungsmaßstabes Verstandeswerke beurteilt werden sollen, die nicht nur erklärenden Charakter haben, sondern im Zusammenhang mit wissenschaftlichen Lehren und Theorien **praktisch verwertbare Ergebnisse** enthalten. Ein Schutz dieser Werke könnte zu einem **Nutzungsmonopol an der Lehre** selbst führen. Es könnte Schritt für Schritt erreicht werden, dass alle praktisch verwertbaren Anwendungen der Lehre unter Einzelne verteilt wären; frei bleiben würde ein Kerngehalt der Lehre, der nur noch der wissenschaftlichen Weiterentwicklung dienen könnte, deren Ergebnisse dann wieder zur Aufteilung anstünden usw.

Nach der hier in Rede stehenden Differenzierungsmethode müsste zwischen gemeinfreien und schützbaren inhaltlichen Elementen zunächst so unterschieden werden, dass Verwendungen oder Handlungsanweisungen schützbar sind, die nur jeweils eine von denkbar vielen Möglichkeiten darstellen, unter Einbeziehung der Lehren zu bestimmten Ergebnissen zu kommen.

Die zwischen Inhalt und innerer Form differenzierende Methode beruht auf dem Axiom, dass es bei dem Vorhandensein zweck-äquivalenter Alternativen nicht mehr geboten erscheint, Verstandesleistungen vom urheberrechtlichen Schutz auszuschließen. Die verstandesmäßig wahrnehmbare Darstellung einer Lehre ist schützbar, weil dem Schöpfer unzählige Möglichkeiten zur Verfügung stehen, sich von den Zwangsläufigkeiten der Lehre zu lösen. Für die Verstandeswerke, die einen anderen als erklärenden Zweck haben, kann dann auch nur erforderlich sein, dass sich der Schöpfer von den durch die Lehre vorgegebenen Zwangsläufigkeiten derart lösen kann, dass Freiheiten in der Auswahl von „Zweckerfüllendem" bestehen.[80]

Freiheiten bei der Anwendung der Lehren sind aber nur dort nachweisbar, wo die Lehrsätze das gefundene Ergebnis nicht erklären können, wo also zwischen dem Wissen, das die Lehre vermittelt, und dem konkreten Ergebnis eine schöpfe-

---

[78] Beim „äußeren" Formenschutz gibt es keine Überschneidung zwischen dem mitgeteilten (wissenschaftlichen) Inhalt und der diesen Inhalt „ausschmückenden" Darstellungsform. Es besteht ein „Überschuss" an formgebenden Elementen; insofern ist der geschützte Bereich „zweckfrei".

[79] Beim „inneren" Formenschutz eines die Lehre eigentümlich erklärenden Werkes gibt es eine Überschneidung mit dem wissenschaftlichen Inhalt; das ist aber im Hinblick auf das Freihaltungsinteresse regelmäßig unschädlich, weil es unzählige Möglichkeiten der Darstellung gibt.

[80] *Wittmer*, Der Schutz von Computersoftware, 1981, S. 93, mit Verweis auf die Spruchpraxis des Schweizerischen Bundesgerichts, insbes. BGE 100 II 171 – Umbaupläne. Zur Anwendung dieser Lehre auf den Schutz von Softwarealgorithmen, siehe die Ausführungen unter 4.3.1.

rische Tätigkeit erscheint, die die Anschauungen bzw. Vorstellungen des Urhebers über die Verwendung wissenschaftlicher Lehren widerspiegelt. Als schutzbegründendes Merkmal bleibt dann nur die originelle Art und Weise der Sammlung, Sichtung und Einteilung des vorgegebenen Materials. Beim wissenschaftlichen Sprachwerk, das nicht nur einen erklärenden Inhalt, sondern Anweisungscharakter hat, muss der Urheber also originelle Anwendungsbeispiele für die Lehre präsentieren. **Der Urheber darf den Lehrsatz zur Erreichung eines praktisch verwertbaren Ergebnisses nicht nur zu Ende gedacht, nahe liegend verwandt haben, sondern muss ihn benutzt haben, um ein Problem eigentümlich, entsprechend seiner Denk-, Auffassungs- und Vorstellungsweise zu lösen.**

c) Zur Bedeutung der vom BGH verwandten Formel vom „erheblich weiten Abstand" vom Können des Durchschnittsfachmanns
Es kann noch präziser gesagt werden, wo die Grenze zwischen bloßer Verwendung der Lehre und deren eigentümlicher Benutzung liegt.

In den Entscheidungen „Staatsexamensarbeit"[81] und „Fragensammlung"[82] hat der BGH zu wissenschaftlich/technischen Werken ausgeführt, dass sie nicht nur wegen einer eigenschöpferischen Gedankenformung und -führung des dargestellten Inhalts schützbar sind, sondern auch im Falle einer geistvollen Art der Sammlung, Einteilung und Anordnung des dargebotenen Stoffes. Das eigenartige Konzept müsse sich aber von dem abgrenzen lassen, was auf wissenschaftlich/technischem Gebiet notwendiger oder auch nur üblicher Arbeitsweise entspricht. Was damit konkret gemeint ist, beantwortete der BGH in zwei Folgeentscheidungen nahezu wortgleich, und zwar in der Entscheidung „Ausschreibungsunterlagen" aus dem Jahre 1984[83] und in der „Inkassoprogramm"-Entscheidung aus dem Jahre 1985.[84] **Formgestaltung, Gedankenführung und/oder Konzeption müssen eine das „durchschnittliche Ingenieurschaffen (...) deutlich überragende Eigenart" aufweisen („Ausschreibungsunterlagen") bzw. erst dort, wo das Können des Durchschnittsprogrammierers in „erheblich weitem Umfange" verlassen ist, beginnt die untere Grenze der Urheberrechtsschutzfähigkeit („Inkassoprogramm").**

Der BGH hat mit den Entscheidungen versucht, den Begriff der wissenschaftlichen Lehre transparent zu machen. Der Durchschnittsfachmann der jeweiligen Disziplin erscheint als Spiegelbild dessen, was nach der Lehre möglich ist; was er kann bzw. was ihm nach dem jeweils aktuellen Stand der Lehre möglich ist, muss aus Gründen des Freihaltungsinteresses aus dem urheberrechtlichen Schutzbereich ausscheiden. Ausscheiden muss dann konsequenterweise auch das, was unter Zugrundelegung der Lehrsätze entwickelbar erscheint; die Weiterentwicklung der Lehre muss aus den gleichen Gründen frei bleiben wie der aktuelle Stand der Lehre.

---

[81] BGH GRUR 1981, 352.
[82] BGH GRUR 1981, 520.
[83] BGH GRUR 1984, 659.
[84] BGH GRUR 1985, 1041.

Die derart umschriebenen Schutzgrenzen für das wissenschaftliche Sprachwerk lassen sich mühelos dem Normbefehl des § 1 Abs. 2 PatG als auch eine für den urheberrechtlichen Schutz wirkende Sozialschranke entnehmen. Soweit ein Arbeitsergebnis vorgestellt wird, dessen Elemente sich nach Form und Inhalt nicht unterscheiden lassen und sachlich das betreffen, was unter den Normbefehl fällt, muss ein Schutz ausscheiden. Der BGH geht dabei auch nicht über den Zweck der Schutzbegrenzung, die Verhinderung von Mitteilungsmonopolen, hinaus. Er lässt den Schutzbereich dort beginnen, wo der wissenschaftliche Bereich in „erheblich weitem Abstand" vom Können des Durchschnittsfachmanns verlassen ist, nicht erst dort, wo die schöpferischen Elemente sich völlig außerhalb der Lehre befinden. Der BGH lässt also Raum für den urheberrechtlichen Schutz von Werken, die sich an wissenschaftliche Lehren etc. anlehnen, d.h. ihren „Sinngehalt" berühren. Eine genaue Grenzziehung zwischen dem Bereich, in dem die Lehre nur durch mechanisch-technische Ausführung verwirklicht oder fortgeführt wird, und dem Bereich, in dem die Lehrsätze nur Grundlage für eine originelle Leistung sind, lässt sich bei abstrakter Umschreibung kaum besser kennzeichnen als durch die Formel vom „erheblich weiten Abstand".[85]

Dass der BGH sehr wohl bereit ist, das Freihaltungsinteresse bei wissenschaftlichen Werken nicht nur auf der Grundlage von (äußerer) Form und Inhalt zu diskutieren, sondern auch inhaltliche Elemente des Werkes berücksichtigt,[86] zeigt insbesondere die Entscheidung „monumenta germaniae historica" aus dem Jahre 1980 auf.

Ausgangspunkt des Sachverhaltes ist ein Registerband für ein historisch-wissenschaftliches Werk.[87]

Dieses Register zu Band 4 der Abteilung Epistolae brachte zum Ausdruck, welche Namen, welche Vokabeln und Begriffe in den gesammelten mittelalterlichen Briefen vorkamen, welche Anfänge die Briefe hatten und wer die Briefe schrieb und empfing. Da diese in dem Register erwähnten Daten in den mittelalterlichen Texten enthalten und vorgegeben waren, konnte die individuelle Leistung des Registerurhebers nur in der Erarbeitung des Konzepts zur Auswahl der im Register verwendeten Stichwörter und deren Anordnung liegen. Der BGH führt dazu wörtlich aus: „Dies zeigt, dass die Erstellung des Registers im vorliegenden Fall keine bloße Zusammenstellung einzelner Fakten ist, sondern auf einem Konzept beruht, welche die wissenschaftliche Bearbeitung der gesammelten

---

[85] Die „Inkassoprogramm"-Entscheidung des BGH wird insofern bis heute von Teilen der Literatur verkannt. So heißt es noch in der 8. Aufl. des Gewerblichen Rechtsschutzes von Götting, dass der BGH ursprünglich nur anspruchsvolle Computerprogramme schützte, Fn. 33, S. 111. Dem BGH wurde vielfach vorgeworfen, dass er nun Qualitätsanforderungen im Urheberrecht stellen würde. Es wird vielfach übersehen, dass der BGH keine Qualitätsanforderungen stellt, sondern eine hinreichende Abgrenzung vom Inhalt der jeweiligen Lehre verlangte, wie dies richtig ist und seiner ständigen Rechtsprechung – bis in die heutige Zeit - entspricht.

[86] Anders *Haberstumpf*, die Rechtsprechung des BGH müsse zu einer völligen Ausgrenzung der wissenschaftlichen Sprachwerke aus dem urheberrechtlichen Schutz führen, in: Lehmann (Hrsg.), Rechtsschutz und Verwertung von Computerprogrammen, II. Rdnr. 52.

[87] BGH GRUR 1989, 231.

und kommentierten Briefe unter verschiedensten Gesichtspunkten (...) berücksichtigt. Das aber ist eine urheberrechtsschutzfähige persönliche geistige Leistung."[88] Der urheberrechtliche Schutz des Registers konnte nach Ansicht des BGH begründet werden, weil die Erstellung des Registers Ideen erforderte, die durch das zugrunde liegende bearbeitete historische Werk nicht vorgegeben sind und die Art der Bearbeitung blockierte nach Auffassung des BGH auch nicht die freie Auswertung der vorgeschaffenen wissenschaftlichen Arbeit. Wissenschaftliche Arbeitsergebnisse waren zwar vorgegeben und die eigene Arbeit war auch daran orientiert, es wurde aber etwas geschaffen, was außerhalb nahe liegender Verwendungen der Lehre stand und nach der Wertung des BGH nicht etwas war, was die Lehre ergänzte.

Genauso verhält es sich, um ein weiteres Beispiel anzuführen, bei den Kartenwerken.

Zu den grundsätzlich schützbaren Darstellungen wissenschaftlich/technischer Art gehören auch die topographischen Werke. Die Schutzgewährung hängt davon ab, ob die Abbildung als ein Erzeugnis selbstständiger Geistestätigkeit anzusehen ist. Dem steht entgegen, dass der Gegenstand der Abbildung, die Landschaft oder das Bild des Stadtgebietes, Gemeingut ist. Gemeingut sind auch die kartographischen Bezeichnungsmethoden. Deshalb genießen die Aufnahmekarten, die unmittelbar auf der Bodenvermessung beruhen, nur in beschränktem Umfang Schutz.[89] Schutzfähig ist nach Ansicht der Rechtsprechung die Darstellungsart „als solche", soweit sie als formgebende kartographische Leistung über die bloße Mitteilung der geographischen Tatsachen hinausgeht. Die Vielfalt der Zwecke, denen eine Landkarte dient, lässt nach Ansicht der Rechtsprechung der Entwicklung selbstständiger Gedanken in vielen Fällen hinreichend Raum. Der Freiraum bei diesen Werken beginne da, wo es um Farbkompositionen, Strichstärkendifferenzierungen, Beschriftungsmerkmale und Ähnliches geht.[90] Dabei wird aber nicht verlangt, dass die zeichnerische Ausführung der ausgewählten Farbkompositionen, Strichstärkendifferenzierungen etc. selbst so anspruchsvoll durchgeführt sind, dass allein diese Formgebung den Schutz begründen kann. Entscheidend für den Schutz ist, dass die genannten Arbeiten auf einem Konzept beruhen, dessen Verwirklichung der Karte ein individuelles Gepräge gibt. Die zur Schutzbegründung erforderliche Schöpfungshöhe kann trotz der geringen Unterscheidungskraft verschiedener kartographischer Darstellungsmethoden erreicht sein, wenn die Karte „als Ganzes eine in sich geschlossene eigentümliche Darstellung (...) ist".[91] Ob eine in Anlehnung an eine solche Karte geschaffene „Zweitschöpfung" bloß ein unzulässiges Plagiat (§ 16 UrhG), eine unfreie Bearbeitung im Sinne von § 23 UrhG ist, oder in „freier Benutzung" (§ 24 UrhG) eines urheberrechtlich geschützten Werkes geschaffen wurde, richtet sich danach, inwieweit der Zweitschöpfer von dem der Erstschöpfung zugrunde liegenden

---

[88] So *Schulze*, Die kleine Münze und ihre Abgrenzungsproblematik bei den Werkarten des Urheberrechts, 1983, S. 256; *Rojahn*, GRUR 1984, 662.
[89] BGH GRUR 1965, 45 ff.; BGH GRUR 1988, 33, 35.
[90] BGH GRUR 1965, 45, 47 f. mit Anm. von *Kleine*.
[91] BGH GRUR 1965, 45, 46; ganz ähnlich BGH GRUR 1986, 361.

Konzept abgewichen ist. Das Konzept selbst ist also für einen Schutz von ausschlaggebender Bedeutung. Der Schutz wird dabei nicht mit einer „künstlerischen" Ausschmückung der aufgenommenen Lagen begründet, sondern kann im Falle einer geschickten Auswahl zumeist vorbestehender und üblicherweise verwandter Verfahrenstechniken begründet werden.[92]

Beide – ganz unterschiedlichen Wissensgebieten zugehörigen – Entscheidungen machen deutlich, wo der Schutzbereich wissenschaftlicher Werke nur liegen kann, nämlich in der eigentümlichen Verwendung der durch den Lehrsatz belassenen Freiräume und was dies voraussetzt. Erstens einen Lehrsatz, der vielfach zu verwirklichen ist und zweitens dessen eigenschöpferischer „Vollzug".

Troller hat in einer Veröffentlichung zum Schutz der Computerprogramme für die Schutzbegründung allein auf den quantitativen Aspekt, also die Möglichkeit, den Lehrsatz unterschiedlich zu verwerten, abgestellt.[93] Im Hinblick auf den ontologischen Befund vom Wesen der Programme als transklassische Maschinen ordnet er die Algorithmen – nach ihm die detaillierten Verhaltensmuster zur automatischen Lösung von Problemen[94] – dem Patentrecht zu: „Der Inhalt ist technisch, d.h., er hat die Wirkung von Naturkräften zum Gegenstand. Das Computerprogramm ist ein vom menschlichen Geist konzipiertes technisches Geschehen".[95] Die zur Durchführung des Programms nötigen Arbeitsvorgänge, „d.h. die für die Lösung des Problems entwickelten Algorithmen, die transklassische Maschine", sind urheberrechtlich nicht schützbar. „Schützbar ist hingegen die Anordnung und Einteilung der funktionellen Elemente dieser Maschine".[96] Schützbar sein soll die im Programm „erscheinende formale Gestaltung des technischen Gehalts".[97] Troller erkennt dabei die Identität dieser formalen Gestaltungsmerkmale mit dem technischen Inhalt, sieht aber in dem Problem der Identität von Form und Inhalt keinen Grund zur Schutzverweigerung, wenn und insoweit derselbe – durch die Algorithmen – vorgegebene funktionelle Zweck auch mit formal anders gestalteten Mitteln erreicht werden kann.[98]

Unabhängig davon, ob eine Unterscheidung zwischen Algorithmus und den „sonstigen Elementen" des Programms sich auf der Ebene formaler Gestaltungen erklären lässt, kann Trollers Ansatzpunkt zum Schutz der Verstandeswerke nicht überzeugen. Solange das Werk kein Beispiel für die originelle Anwendung der Lehre enthält, sondern nur den Lehrsatz zu einem Ergebnis bringt, enthält es eine der Systematik der Lehre folgende Anwendung, die aus den gleichen Gründen frei bleiben muss wie der Lehrsatz selbst, nämlich aus Gründen der Verhinderung von Mitteilungsmonopolen.

---

[92] BGH GRUR 1987, 360, 361 mit Anm. *Stefan*.
[93] CuR 1987, 213, 216 f., 218; 352, 353.
[94] CuR 1987, 278, 282 f.
[95] CuR 1987, 278, 284.
[96] CuR 1987, 352, 353.
[97] CuR 1987, 352, 353.
[98] CuR 1987, 352, 353.

Das Ergebnis reicht nahe an die von Hubmann[99] erarbeiteten Merkmale zur Bestimmung des schützbaren Inhalts beim wissenschaftlichen Sprachwerk heran. Die Essentialia stimmen überein. Hubmanns Ergebnisse sollen zur Verdeutlichung angeführt werden.

- Die zur Verfügung stehenden Ausdrucksformen müssen so viele Wahlmöglichkeiten zulassen, dass für alle Wissenschaftler, „die diese Leistung erbringen können und wollen, eine Ausdrucksform zur Verfügung steht."[100]
- Zur Verhinderung von Mitteilungsmonopolen sei es aber dort, wo die äußere Form nicht für den Schutz ausreicht, erforderlich, dass die für den Schutz mit heranziehbaren inhaltlichen Elementen eigenschöpferisch sein müssen. Allein inhaltliche Elemente können den Schutz aus den erwähnten Gründen nicht begründen.[101]

Hubmann stützt das hier vertretene und vom BGH praktizierte Verfahren, dass erst das Zusammentreffen beider Merkmale, das Bestehen von Wahlfreiheiten hinsichtlich der Benutzung eines Lehrsatzes und die eigenschöpferische Ausfüllung der zur Verfügung stehenden Freiräume, bei den wissenschaftlichen Werken den urheberrechtlichen Schutz begründen kann.

Der quantitative Aspekt allein, also dass der Lehrsatz vielfach dargestellt oder ausgeführt werden kann, kann nicht reichen, weil das Bestehen von Handlungs- oder Gestaltungsalternativen zwar dem besonders fachkundigen Wissenschaftler ausreicht, mit dem Lehrsatz zu arbeiten, ohne Urheberrechte zu verletzen; das Problem des Mitteilungsmonopols ist aber erst gelöst, wenn das Werk nicht nur Vollzug der Erkenntnisse ist, die der Lehrsatz verkörpert. Solange zwischen Lehrsatz und Werk nur die zweckgerichtete Ausführung des Lehrsatzes und nicht dessen eigentümliche Nutzbarmachung erscheint, bleibt das Problem des Mitteilungsmonopols. Wie sollte unterschieden werden zwischen einer Nutzbarmachung der Lehre, die im Hinblick auf den vorgegebenen Erkenntnisstand „perfekt", vielleicht schon wissenschaftliche Weiterentwicklung des Lehrsatzes ist und einer Ausführung, die keinem ideal zu erscheinen braucht, soweit er nicht nur schmarotzen will?

1.2.4.3. Abgrenzungsmethode und Gestaltungshöhe

a) Seitens der Literatur ist die vorgestellte Rechtsprechung – und damit auch der vorgestellte Lösungsansatz –, namentlich die „Inkassoprogramm"-Entscheidung des BGH, dahin kritisiert worden, dass die **Anforderungen an die Gestaltungshöhe erheblich heraufgeschraubt** worden seien. Die Anforderungen an den Eigentümlichkeitsgrad seien zu hoch angesetzt.[102] Das Kriterium des „erheblich

---

[99] *Hubmann*, Urheber- und Verlagsrecht, 4. Aufl., S. 35; *ders.*, UFITA Bd. 24, 1957, S. 7 ff.
[100] *Hubmann*, Urheber- und Verlagsrecht, 4. Aufl., S. 35.
[101] *Hubmann*, Der Rechtsschutz der Idee, UFITA Bd. 24, 1957, S. 7 ff.
[102] *Kindermann*, ZUM 1987, 226; *Schricker/Loewenheim*, Urheberrechtsgesetz, § 2 Rdnr. 80; *Bauer*, CuR 1985, 5, 10 f.; *Schmidt/Knorr*, IuR 1986, 7 f.; *Haberstumpf*, in: Lehmann (Hrsg.), Rechtsschutz und Verwertung von Computerprogrammen, Teil 1, II, Rdnrn. 83 ff. *Preuß*, Der

weiten Abstands" stoße schon auf verfassungsrechtliche Bedenken;[103] derartige Merkmale gehörten in das Patentrecht.[104] Die Kritik ist hier falsch platziert.

Der BGH-Rechtsprechung ist nicht zu entnehmen, dass die Anforderungen an Originalität, an die Qualität einer geistig-schöpferischen Arbeit angehoben worden sind.[105] Dem Tatbestand der Entscheidung „monumenta germaniae historica"[106] ist nicht zu entnehmen, dass das dort gegenständliche Konzept (Register) ein besonders hohes Niveau aufweist. Hohe Anforderungen hat der BGH in den aufgeführten Urteilen insofern gestellt, soweit es um die Abgrenzung zu der Darstellungsform ging, die aus wissenschaftlichen Gründen geboten ist. Wo das Freihaltungsinteresse nicht berührt ist, ist die Frage nach der Schöpfungshöhe eher marginaler Natur.

Die „Inkassoprogramm"-Entscheidung sollte insofern als Novum erscheinen, weil sie sowohl die Abgrenzung zum gemeinfreien Bereich, als auch den dann verbleibenden Freiraum unter hohe (höchste) Qualitätsanforderungen stellt.[107] Die Entscheidung wird verständlich, wenn man sich vergegenwärtigt, dass die negativen Kriterien, die der BGH nennt – insbesondere mathematisch/organisatorische Lehren oder der Algorithmus – in einer besonderen Sachnähe zu den positiven Merkmalen, der „Form und Art der Sammlung, Einteilung und Anordnung des dargebotenen Stoffes" stehen. Bei den Computerprogrammen sind die einzelnen Arbeitsschritte Teile eines zweckgerichteten technischen Geschehens.

Der Algorithmus, die logische Struktur ist – hier noch bewusst zurückhaltend formuliert – bestimmend für die Einteilung und Anordnung des Stoffes. Je nachdem, inwieweit man die Logik der Programme dem gemeinfreien Bereich unterstellt, wirken auch mehr oder minder die Anforderungen, die an die Loslösung von der Lehre gestellt werden, für die Begründung des Schutzes. Das Computerprogramm bietet sich für solch eine Betrachtungsweise geradezu an. Das lässt sich anhand des Aufgabengebietes der Informatik und des Software-Engineerings aufzeigen. Die Informationswissenschaft hat die Aufgabe, aus den ihr vorgegebenen Materialien verschiedener Wissensgebiete maschinell verwertbare Verarbeitungskonzepte zu entwickeln. Dazu ist es erforderlich, das vorhandene Material zu sichten, zu sammeln und in bestimmter Weise anzuordnen. Sichtung, Sammlung und Einteilung des Materials ist demnach Inhalt der Wis-

---

Rechtsschutz von Computerprogrammen, Diss. Erlangen 1987, D II, III, IV; *Herberger*, IuR 1986, 222 f.; a.A. *Erdmann*, CuR 1986, 249 ff.; *Schulze*, GRUR 1985, 997, 1003.

[103] *Moritz/Tybussek*, Computersoftware, Rechtsschutz und Vertragsgestaltung, 1986, Rdnr. 144.
[104] *Haberstumpf*, in: Lehmann, Rechtsschutz und Verwertung von Computerprogrammen, S. 45; (1. Aufl.), *Preuß*, Der Rechtsschutz von Computerprogrammen, Diss. Erlangen 1987, D IV 1; *Kindermann*, ZUM 1987, 226; *Wittmer*, Der Schutz von Computersoftware, 1981, S. 91.
[105] So auch ausdrücklich *Hubmann*, Urheber- und Verlagsrecht, S. 38 f.
[106] BGH GRUR 1989, 231.
[107] Ganz allgemein vertretene Ansicht, vgl. nur *Knorr/Schmidt*, IuR 1986, S. 7; sie fragen, ob bei den Qualitätsanforderungen der von *Kant* geprägte Geniebegriff des 19. Jahrhunderts Pate gestanden hat. Seitens der Literatur ist dem BGH schon vorgeworfen worden, er habe systemwidrig das typisch patentrechtliche Kriterium der Erfindungshöhe in das Urheberrecht eingeführt. *Preuß*, Der Rechtsschutz von Computerprogrammen, Diss. Erlangen 1987, D IV 1; *Kindermann*, ZUM 1987, 226.

senschaftsgebiete Informatik und Software-Engineering. Unter Berücksichtigung der Erkenntnisse und Aufgaben dieser Informationswissenschaften wird der Schutzbereich eines wissenschaftlich/technischen Sprachwerkes notwendigerweise noch mehr eingeengt, als dies sonst der Fall ist.[108]

Der erheblich weite Abstand von den Fähigkeiten eines Durchschnittsprogrammierers wird demnach nicht verlangt, um in den Bereich einzudringen, der außerhalb rein handwerklicher Tätigkeit liegt, die dem Urheberrecht nicht zugänglich ist, sondern ist Voraussetzung der Loslösung von den Lehren der Informatik und des Software-Engineerings.

Um es zu verdeutlichen: Mit der Formel vom „erheblich weiten Abstand vom Können des Durchschnittsprogrammierers" ist nicht die Frage nach der Gestaltungshöhe angesprochen. Dieses Merkmal betrifft vielmehr die Ausgrenzung wissenschaftlicher Lehren aus dem Urheberrecht, um die Entstehung von Mitteilungsmonopolen an der Lehre zu verhindern.[109]

Die Kritik an der BGH-Rechtsprechung im Hinblick auf die Ausgrenzungsmethode bei wissenschaftlich/technischen Leistungen hat wohl auch mit zum Erlass der **EG-Richtlinie vom 14. Mai 1991** über den Rechtsschutz von Computerprogrammen geführt.[110] Die BGH-Rechtsprechung wird sich durch diese Gesetzesfassung kaum ändern. Wie dargelegt, hat der BGH für die Computerprogramme in keiner seiner Entscheidungen höhere Anforderungen gestellt als für die anderen Verstandesleistungen.[111] In der nachfolgenden Entscheidung aus dem Jahre 1990, der „Betriebssystem"-Entscheidung,[112] führt der BGH auch zutreffend aus, es handele sich um eine an der üblichen urheberrechtlichen Diktion ausgerichteten Formulierung, die die allgemeinen Grundsätze auf Datenverarbeitungsprogramme übertrage. Die weiteren bis heute ergangenen Entscheidungen betonen die Möglichkeiten der Einbeziehung auch geringwertiger Arbeitsschritte („Kleine Münze"), begründen aber nicht eine Einbeziehung der Lehre in den Schutz.

b) Schwierig wird es unter den gegebenen Voraussetzungen werden, einen Schutzbereich für die Programme festzustellen. In der Literatur ist im Hinblick auf die „Inkassoprogramm"-Entscheidung mit Recht gesagt worden, „was hier (...) dargelegt wird, ist nichts weniger als die praktische Verweigerung des Urheber-

---

[108] *Ilzhöfer*, CuR 1988, 332, 333 ff.
[109] Der BGH bestätigt damit auch die hier vertretene Auffassung, dass das Vorhandensein von Wahlmöglichkeiten allein noch kein Argument für die Schutzbegründung ist.
[110] Die Richtlinie wurde in Deutschland 1993durch einem neuen achten Abschnitt im ersten Teil des Urheberrechtsgesetzes umgesetzt. Im § 69a Abs. 3 heißt es nun: „Computerprogramme werden geschützt, wenn sie individuelle Werke in dem Sinne darstellen, dass sie das Ergebnis der eigenen geistigen Schöpfung ihres Urhebers sind. Zur Bestimmung ihrer Schutzfähigkeit sind keine anderen Kriterien, insbes. nicht qualitative oder ästhetische, anzuwenden".
[111] Vgl. aber bereits BGH GRUR 1994, 39: zukünftig wegen der Richtlinie „geringere Schutzanforderungen". Ebenso OLG Oldenburg, GRUR 1996, 481: wegen der Richtlinie „deutlich geringere Anforderungen". Im Grundsatz zustimmend: *Erdmann/Bornkamp*, GRUR 1991, 877 ff.: *Ullmann*, CR 1992, 641, 642 f.
[112] BGH CR 1991, 84. Zustimmend *Erdmann/Bornkamp*, GRUR 1991, 878.

rechtsschutzes für Computerprogramme."[113] Wird der handwerkliche Bereich vom Programmierer verlassen, ist die Anordnung, Zuordnung, Verbindung und Kombination des zu ordnenden Materials im Hinblick auf die maschinelle Verwertung besonders gut geglückt, muss doch vermutet werden, dass ein wertvoller Algorithmus entwickelt wurde, dass nun der Wissensstand der Informatik erweitert wurde, d.h. dass wissenschaftliche Lehren ergänzt wurden. An der BGH-Entscheidung verwundert, dass der Bereich des grundsätzlich Schützbaren mit Begriffen umschrieben wird, die doch genau das beinhalten, was Aufgabe der Informatik und in ihrem Gefolge Aufgabe des praktisch tätigen Programmierers ist. Es ergibt keinen Sinn, den Schutzbereich dort beginnen zu lassen, wo der Bereich handwerklich durchgeführter Programmentwicklung in einem erheblich weiten Abstand verlassen ist, wenn die dann entwickelten Arbeitsergebnisse wissenschaftliche Lehren ergänzen, die frei und jedermann zugänglich sein sollen.[114]

Außerhalb der die einzelnen Befehle und Befehlssätze anordnenden Logik wird es schwer möglich sein, schutzbegründende Merkmale zu finden. Außerhalb der Logik ist das Programm eine funktionale Aneinanderreihung der einzelnen Elemente. Eine Vielzahl, jeweils für sich gesehen einfacher und einfachster Arbeitsvorgänge werden unter Optimierung bestimmter Randbedingungen hintereinander geschaltet, eigentümliche Formgestaltungen sind dabei nicht intendiert.

Schützbare Eigentümlichkeiten im Hinblick auf die Art und Weise der Sammlung, Sichtung und Einteilung des dargebotenen Materials werden zumindest für die Masse der auf dem Markt vorhandenen sog. Standardprogramme schwer auszumachen sein, soweit das Freihaltungsinteresse an wissenschaftlichen Lehren und gesellschaftlich bedeutsamem Know-how beachtet wird. Zumindest die Standardsoftware steht inmitten dieser beiden Bereiche. In ihr sind mathematisch/informationstechnische Regeln und aus dem jeweiligen Anwendungsgebiet stammende Organisationen enthalten. Das Verlassen der mathematischen/ informationstechnischen Ebene eröffnet wenig Freiräume, wenn es um Programme für Buchhaltung und Bilanz, internes Rechnungswesen, Verwaltung von Datenbanken u.ä. geht. Ein Buchhaltungsprogramm wird sich an den Regeln ordnungsgemäßer Buchführung orientieren, eine für die EDV eingerichtete Buchhaltungsanwendung wird stets eine Soll- und Haben-Aufteilung enthalten und Buchhaltungstexte, Belegnummern usw. haben. Ein Inkassoprogramm schließlich muss sich am gerichtlichen und außergerichtlichen Mahnverfahren orientieren; die entsprechenden Vorgaben müssen sich dann auch in der programmspezifischen Logik wieder finden. Ob die sog. technischen Optimierungen der Abläufe – hinsichtlich Benutzerfreundlichkeit, Effizienz, Laufzeit, des benötigten Arbeitsspeichers etc. – außerhalb des Freihaltungsinteresses stehen, muss näher un-

---

[113] *Bauer*, CuR 1985, 5, 10.
[114] „Dem Urheberrechtsschutz ist (...) die in einem Computerprogramm berücksichtigte, sich auf einen vorgegebenen Rechner beziehende Rechenregel (...) ebenso wenig zugänglich, wie andere bei der Erstellung des Programms herangezogene mathematische oder technische Lehren oder Regeln (...)", BGH GRUR 1985, 1041, 1047.

tersucht werden; jedenfalls gehören in heutiger Zeit die Entwicklungen solcher Optimierungen neben den Versuchen zur Entwicklung der sog. Künstlichen Intelligenz zum Hauptforschungsgebiet der Informatik und des Software-Engineerings.[115]

1.2.4.4. Schutz der wissenschaftlichen Werke nach der Lehre vom „Verwobensein" (Schutz des „Gewebes")

a) Nach Ulmer kann das Verstandeswerk, insbesondere auch das wissenschaftliche Werk, geschützt werden, weil es auch hier „den Reichtum an Einfällen, eine Fülle von Beispielen und Belegen, eine Vielfalt der gedanklichen Bezüge und Lösungswege" gibt, die trotz des bestehenden Freihaltungsinteresses geschützt werden können, weil freizuhaltende Erkenntnisse und schöpferische Elemente zusammen ein „**Gewebe**" ausmachen, das in seiner konkreten Form urheberrechtlichen Schutz erfahren kann.[116] Wenn ich Ulmer insoweit richtig interpretiere, liegt der Unterschied seiner Lehre zu der, die nach Inhalt und (innerer) Form differenziert, darin, dass ein urheberrechtlicher Schutz der Verstandeswerke auch **ohne einen Konzeptschutz, ohne den Schutz eines Gliederungsschemas**, nach dem die Anordnung der einzelnen Worte und Sätze sinnvoll erscheint, möglich ist. Das lässt sich vielfach begründen. Ein wissenschaftliches Lehrbuch kann allein wegen der dort aufgeführten Beispiele, die den wissenschaftlichen Text verständlich machen, eigentümlich sein; ein topographisches Werk kann seine Originalität schon durch die Auswahl und Anordnung der Farben erhalten; die Darstellung einer mathematischen Formel kann geschützt sein, weil einzelne Erklärungen originell sind. Ulmers Lehre vom „Verwobensein" oder vom „Gewebe" kann aber schlecht weiterreichen, soweit ein Werk zu beurteilen ist, dessen Sinnhaftigkeit sich ausschließlich durch das zugrunde liegende, klar gefasste Konzept erfassen lässt, wo die Aneinanderreihung der einzelnen Worte und Sätze nur unter Beachtung dieses Konzepts verständlich erscheint.[117] So verhält es sich bei den Computerprogrammen. Ein Programm bzw. der Teil des Programms, der die auszuführenden Arbeitsprozeduren beinhaltet, beruht einzig auf einem Konzept, einem Algorithmus, weil es eben diesen Algorithmus beschreibt und darüber hinaus keine Angaben enthält. Das Werk besteht aus der Verkörperung der gefundenen Struktur und beinhaltet keine diese Struktur ausschmückenden Gestaltungen. Inhalt und Form sind nahezu identisch, weil die Formgebung vom behandelten Gegenstand bestimmt ist.

---

[115] *Willmer*, Systematische Software-Qualitätssicherung anhand von Qualitäts- und Produktmodellen, 1985, S. 22 f., 65 ff.; *Sneed*, Software Qualitätssicherung, 1988, S. 33 ff.; *Rothhard*, Praxis der Software-Entwicklung, 1987, S. 88 ff.; *Fairley*, Software Engineering Concepts, New York 1985, S. 2 ff.

[116] *Ulmer*, Der Urheberrechtsschutz wissenschaftlicher Werke unter besonderer Berücksichtigung der Programme elektronischer Rechenanlagen, 1967, S. 15; *ders.*, Urheber- und Verlagsrecht, S. 123; *Ulmer/Kolle*, GRUR Int. 1982, 497.

[117] Den Begriff „Gewebe" hat *Ulmer* von *Ghirhorn*, UFITA 1932, 34 ff., 38, übernommen, der ihn dem Begriff der „inneren" Form untergeordnet hat. *Ghirhorn* spricht insoweit „von einem Komplex von Ideengehalten, (...) von einem inneren Zusammenhang eines wissenschaftlichen Werkes."

Geht man – hier zunächst nur hypothetisch – davon aus, dass die logischen Strukturen der Programme, die sog. Algorithmen, frei bleiben müssen, weil sie nicht schöpferische Verwendung, sondern Weiterentwicklung der Lehre sind, würde die Lehre vom „Verwobensein" ins Leere greifen. Außerhalb der die Befehle und Befehlsfolgen verbindenden Logik erscheint entweder eine willkürliche Aneinanderreihung einzelner Befehle oder eine handwerklich/praktisch-ingenieurmäßig geschaffene Ausdrucksform des Algorithmus.

Die bloße Aneinanderreihung einzelner Befehle, der willkürliche Einsatz von Unterprogrammen, von Routinen, das hierdurch sich ergebende Gepräge des Programms – ohne dass dies auf einer Struktur, einem Konzept beruht – ist keine persönlich geistige Schöpfung.

Die bloße Aneinanderreihung von Fakten (Daten), vermengt mit im Wesentlichen vorgegebenen Operanden, beruht nur auf einer – eventuell mühevollen – Sammlung vorgegebener Daten und Techniken. Das Sammeln des Materials, d.h. der Daten und der entsprechenden Standardalgorithmen, muss aber bei der urheberrechtlichen Würdigung des Werkes außer Betracht bleiben. Zutreffend hat Köhler dazu formuliert: „Man muss sich von der Vorstellung freimachen, dass alles, was beim Schriftwerk Arbeit und Kosten macht, nun durch den Autorenschutz belohnt werden müsse."[118]

Das Urheberrecht schützt das gegenständliche Werk, wie in „Wort und Strich" vollzogen, wenn es sich um ein künstlerisches, ästhetisch wahrnehmbares Werk handelt. Der Schutzbereich liegt dann im konkreten Arbeitsergebnis, in der Art und Weise, wie der Schöpfer das Thema bearbeitet, einen Gedanken zum Ausdruck gebracht hat. Bei reinen Verstandeswerken ist ein derart auf die gegenständliche Niederlegung konzentrierter Schutz nicht möglich. Hier liegt der Wert der Arbeit zu einem großen Teil im Diskreten. Die Worte lassen sich austauschen, die Zahlen verändern, die Einsatzgebiete verschieben, sinnhaft wird die Arbeitsleistung immer erst durch das Konzept, nach dem die Worte, Zahlen und Zeichen angeordnet werden. Die Worte, Zahlen, Zeichen selbst sind hier nicht Ausdruck des schöpferischen Geistes, sie sind keine Ausschmückung einer bestimmten Logik, sondern machen diese Logik nur verständlich. Schöpferisch kann nur die Logik selbst sein.

Troller hat im Hinblick auf die Computerprogramme die Anschauung von der „konkreten Verschmelzung", vom „Verwobensein" als Metapher bezeichnet. Sie lasse nicht erkennen, was denn nun der geschützte Inhalt sei. „Sie verleite vielmehr dazu, bei der Frage nach der Individualität oder Originalität des Programms die große Zahl der möglichen Lösungswege im langwierigen Gestalten des Programms als Rechtfertigung für den urheberrechtlichen Schutz anzuerkennen."[119]

b) Die zweite grundlegende Entscheidung des **BGH** zum urheberrechtlichen Schutz der Programme ist die Entscheidung „**Betriebssystem**" vom 4. Oktober 1990.[120]

---

[118] *Köhler*, Der urheberrechtliche Schutz der Rechnerprogramme, 1968, S. 42.
[119] *Troller*, CuR 1987, 278, 279.
[120] BGH GRUR 1991, 449 – Betriebssystem.

Hier wurden die Grundsätze der Entscheidung „Inkassoprogramm" wieder aufgegriffen, wobei sich der BGH jedoch rechtsmethodisch z.T. verändert hat. Nicht mehr allein die Unterscheidung zwischen Inhalt und (innerer) Form soll für die Bestimmung des Schutzbereiches von Verstandeswerken ausschlaggebend sein, sondern auch die gerade erörterte Lehre vom „Verwobensein" vom schützbaren „Gewebe", das den wissenschaftlichen Kern umlagert.[121] Die Entscheidung „Betriebssystem" ist eine praktische Erprobung der von Ghirhorn stammenden und von Ulmer aufgegriffenen Lehre vom „Verwobensein". Der BGH ist der Ansicht, dass Algorithmen in ihrer besonderen Form der Darstellung, d.h. „ (...) in der Art und Weise der Implementierung und Zuordnung zueinander, urheberrechtsschutzfähig sein können".[122] Mit dem Hinweis auf Ulmers Ausführungen zum Urheberrechtsschutz wissenschaftlicher Werke aus dem Jahre 1967[123] ist nicht die Rechenregel, die Idee, die mathematische Formel Gegenstand des Schutzes, sondern das sog. Gewebe. Die Ausführungen des BGH sind aber praktisch ohne Bedeutung. Der BGH nimmt Ulmers Lehre wohlwollend zur Kenntnis, ohne sie aber in irgendeiner Form für die anstehende Problematik fruchtbar machen zu können. Das was der BGH an grundsätzlich schützbaren Bereichen unter der Methode des Verwobenseins anführt (z.B. die konkrete Art der Implementierung) gehört entweder zum informationstechnischen Handwerkszeug und scheidet insofern aus dem Urheberrechtsschutz aus oder aber, die konkrete Art der Problemlösung führt zu neuen Algorithmen, und dann hat man wiederum das Problem, dass diese Algorithmen – auch nach Ansicht des BGH – nicht schützbar sind. In der Entscheidung wiederholt der BGH im Weiteren seine Rechtsprechung zum Schutz von wissenschaftlichen Werken bzw. Verstandeswerken; auch insofern hat sich gegenüber der Inkassoprogramm-Entscheidung nichts verändert.[124]

1.2.4.5. Differenzierung zwischen Schutzbegründung und Schutzumfang

Ulmers Ausführungen zum Schutz wissenschaftlicher Werke reichen aber über die vorgestellte Abgrenzungsmethode hinaus. Nach Ulmer sind auch die wissenschaftlichen Arbeitsergebnisse schöpferische Leistungen. Vom urheberrechtlichen Schutz sind sie ausgeschlossen, soweit das Freihaltungsinteresse der Allgemeinheit reicht,[125] d.h. soweit der Schutz ein Mitteilungsmonopol an wissenschaftlichen Lehren zur Folge hätte. Das ist bezogen auf die „reinsten Verstandeswerke", die Computerprogramme nur dann der Fall, wenn jeder Algorithmus nur in einer ganz bestimmten, durch seinen Zweck vorgegebenen Form ausgedrückt werden könnte, nicht dann, wenn die Ausdrucksform verschieden sein kann. Wenn es sich so verhält, dass ein und derselbe Algorithmus oder ein und dieselbe logische Struktur der

---

[121] Zur Kritik an dieser Entscheidung, s. *Ensthaler*, GRUR 1991, 881.
[122] BGH GRUR 1991, 449, 453.
[123] *Ulmer*, Der Urheberrechtsschutz wissenschaftlicher Werke unter besonderer Berücksichtigung der programmelektronischen Rechenanlagen, 1967, S. 3.
[124] Siehe die Gegenüberstellung beider Entscheidungen bei *Moritz/Tybusseck*, Computersoftware, Rechtsschutz und Vertragsgestaltung, 2. Aufl., Rdnrn. 151 ff.
[125] *Ulmer*, Urheber- und Verlagsrecht, S. 119, 123.

Programme unterschiedlich mitgeteilt werden kann, würde ein Schutz der Mitteilungsform nicht den Inhalt der Lehre erreichen.

Folgt man der herrschenden Lehre und Rechtsprechung darin, dass die logischen Strukturen der Programme sowie die Mitteilungsform, die aus wissenschaftlichen Gründen geboten wird, frei bleiben müssen, so würde für den Schutz nur eine Darstellungsform in Frage kommen, die handwerklicher Nachvollzug vorhandener Programmierungskonventionen ist. Der Schutz ließe sich wegen § 2 Abs. 2 UrhG nur damit begründen, dass der Formgebung eine originelle Leistung vorausgegangen ist, nämlich die Entwicklung einer neuen logischen Struktur. Ein Schutz wäre somit nur erreichbar, wenn es zulässig ist, zwischen der Schutzbegründung und dem Schutzbereich zu differenzieren. Wenn also die Maßstäbe, anhand derer zu beurteilen ist, ob einem gegebenen Computerprogramm überhaupt Urheberrechtsschutz zukommt, und die Maßstäbe, anhand derer zu beurteilen ist, wie weit der Schutzumfang reicht, unabhängig voneinander sind.

a) **Seitens der Rechtsprechung hat das OLG Karlsruhe[126] in seiner „Inkassoprogramm"-Entscheidung die Auffassung vertreten, dass der Bereich, aus dem die persönlich geistige Schöpfung stammt, nicht mit dem geschützten Bereich deckungsgleich zu sein braucht.**

In der Literatur ist vielfach geäußert worden, dieser Satz sei nicht verständlich. Man müsse eher umgekehrt folgern, und all das, was für den Schutz mitbestimmend ist, auch am Schutz teilnehmen lassen.[127]

Die Ansicht des OLG wird verständlich, wenn man sich von folgender Frage leiten lässt: Stammen die gemeinfreien Teile vom Schöpfer des Werkes oder handelt es sich auch schon insoweit nur um eine Wiedergabe oder nahe liegende Abwandlung von vorbekanntem Wissen? Im letzten Fall ist der Gedanke an einen urheberrechtlichen Schutz abwegig. Weder die Form noch der Inhalt der Arbeitsleistung enthalten eigenschöpferische Arbeiten.

Im erstgenannten Fall, und der bewegt uns, ginge es darum, dem Schöpfer gemeinfreier Lehren einen - wenn auch kleinen - Schutzbereich zu eröffnen, sein Opfer nicht zu groß werden zu lassen. Der Schöpfer hat eine hinreichend anspruchsvolle Arbeitsleistung erbracht. Nun wäre darüber nachzudenken, ob diese Arbeitsleistung innerhalb einer mehr oder minder den Schutzbereich einengenden Form geschützt werden kann. Die Weiterentwicklung der Lehre, die Entwicklung eines neuen Algorithmus, würde schutzbegründend berücksichtigt und seine bloße handwerkliche Darstellung wäre vom Schutz erfasst. Dogmatisch scheint dies nicht abwegig.

Der urheberrechtliche Schutz origineller Arbeitsergebnisse soll um den Inhalt des Freihaltungsinteresses gekürzt werden. Es fällt nicht schwer, die Schutzbegrenzung als Ausnahme von der Regel zu begreifen, dass originelle geistige Leistungen Schutz erfahren sollen. Es muss geprüft werden, ob wir dann auch berechtigt sind, die Frage nach dem Schutzumfang weitestgehend getrennt von

---

[126] OLG Karlsruhe, GRUR 1983, 300.
[127] So *Haberstumpf*, GRUR 1986, 222, 230; *v. Hellfeld*, GRUR 1989, 471, 472 ff.; ablehnend auch *Hubmann*, Urheber- und Verlagsrecht, S. 34.

der Frage nach dem schutzfähigen Gehalt zu behandeln; das soll heißen: Bevor eine originelle Schöpfung völlig der Sozialschranke zum Opfer fällt, wäre zu ermitteln, ob sie nicht in einer ganz konkreten Form Schutz erfahren kann, auch wenn die Formgebung selbst nicht urheberrechtlichen Anforderungen genügt.

b) Grundlegende Kritik an dieser Differenzierung hat Haberstumpf geäußert.[128] Er vertritt die Ansicht, dass bei einem wissenschaftlichen Sprachwerk nur der Inhalt Schutzgegenstand des Urheberrechts sein kann, nicht die äußere, vom Sinngehalt des Konzepts losgelöste Form. Seine Beweisführung lautet:

Wenn die äußere Form eines wissenschaftlichen Werkes auch nur mitbestimmend für dessen urheberrechtliche Schutzfähigkeit sein kann, muss es auch möglich sein, dass zwei Texte, die identische Bedeutung (identischen Inhalt) haben, sich aber in der äußeren Form der Darstellung unterscheiden, jeweils selbstständig schützbare Werke repräsentieren. Sieht man von dem Fall der Doppelschöpfung ab, ist eine solche Möglichkeit nicht denkbar. Wenn schon im Urheberrecht die Verwertung einer Übersetzung, die eine von der Originaläußerung völlig verschiedene äußere Form aufweist, im Inhalt aber dieser sehr ähnlich ist, ausschließlich dem Urheber des Originalwerkes vorbehalten ist, dann muss der Urheber erst recht gegen die Verwertung einer Umformulierung, die sein Werk in identischer Bedeutung repräsentiert, einschreiten können.[129]

Die Beweisführung ist nicht einsichtig. Geschützt wäre nur die handwerklich geschaffene Ausdrucksform der gemeinfreien Schöpfung. Eine neue handwerklich erarbeitete Formgebung des gemeinfreien Inhalts wäre weder ein neues Werk, weil keine originelle Leistung zugrunde liegt, noch eine Verletzung des Urheberrechts am vorbestehenden Werk, weil und soweit die Ausdrucksform anders und der die Ausdrucksform mitbestimmende Inhalt gemeinfrei ist.

c) Durch die Begrenzung des Schutzes auf die Ergebnisse der handwerklichen Tätigkeiten bei der Programmierung wäre ein Mindestschutz der Programme erreicht, nämlich ein Schutz vor unmittelbarer Übernahme des Inhalts der Programme durch Überspielen vom einen auf den anderen Datenträger. Erlaubt wäre das Übernehmen der Logik der Programme unter neuer programmtechnischer Aufbereitung. Das erfordert vom Plagiator analytischen und handwerklichen Aufwand, der bei der Standardsoftware regelmäßig ausreicht, um den Marktvorteil des Raubkopierers für den Ersthersteller in erträglichen Grenzen zu halten.

d) Mit solch einer Lösung begibt man sich in immaterialgüterrechtliches Neuland. Bei allen Immaterialgüterrechten wird selbstverständlich vorausgesetzt, dass an einem Gegenstand im Wesentlichen die gleichen Merkmale geschützt sind, aufgrund derer der Gegenstand auch für den Schutz qualifiziert ist. Die schutzbegründenden Merkmale stecken auch den Schutzumfang ab. Es wird wie selbstverständlich davon ausgegangen, dass zwischen den Merkmalen, aufgrund derer eine Sache sich als schutzwürdig qualifiziert, und denjenigen Merkmalen, deren

---

[128] GRUR 1986, 222, 230 f.; ablehnend auch *v. Hellfeld*, GRUR 1989, 471 ff.
[129] So auch *Fromm/Nordemann - Vinck*, Urheberrechtsgesetz, Anhang zu § 24 UrhG, Anm. 8 ff. und *Hubmann*, Urheber- und Verlagsrecht, S. 34.

Nachahmung aufgrund des Schutzrechts anderer verboten werden kann, ein Zusammenhang bestehen muss.[130]

Als Vorbild für eine Trennung dieser beiden Bereiche kann auch nicht die für den patentrechtlichen Schutz gewählte Konstruktion herhalten, nach der zwischen Algorithmus und technischer Wirkweise des Algorithmus differenziert wird.

Zwar verhält es sich hierbei so, dass für die Feststellung der erforderlichen Erfindungshöhe allein die Qualität des Algorithmus entscheidend ist, durch den ein neuer technischer Effekt erreicht, der Schutz dieses Algorithmus aber nur in dem Maße gewährt wird, wie er das Entstehen der neuen technischen Wirkweise bestimmt. Damit ist aber keine Trennung zwischen Schutzbegründung und Schutzgewährung verbunden, wie sie hier in Rede steht. Die Schutzbegrenzung führt im Patentrecht nicht zu einem Schutz bloß handwerklicher Tätigkeiten, sondern zu einem Schutz des Algorithmus selbst, der nur hinsichtlich seiner über das technische Ausführungsbeispiel hinausgehenden Verwendungsmöglichkeiten ungeschützt bleibt.

Die Trennung erscheint weniger eigentümlich, wenn man sich vor Augen führt, dass Anknüpfungspunkt für die Gewährung des Schutzes eine originelle Schöpfung sein muss. Handwerkliche, praktisch ingenieurmäßige Leistungsergebnisse allein führen nicht zum urheberrechtlichen Schutz Die Differenzierung hilft nur dort, wo eigenpersönliche Schöpfungen der Sozialschranke des Urheberrechts zum Opfer fallen, wo Gedanken, Lehren und Theorien aus Gründen des überwiegenden Freihaltungsinteresses aus dem Schutz ausscheiden müssen.

Ob diese Differenzierung dem Urheberrecht wesensfremd ist - dies war die Ausgangsfrage - lässt sich durch eine Gegenüberstellung des urheberrechtlichen Schutzes zu den Leistungsschutzrechten beantworten.

Folgt man Ulmer, so schützt das Urheberrecht persönlich geistige Schöpfungen bis an die Grenze der Sozialverträglichkeit. Dem Postulat der Sozialverträglichkeit, dem das Prinzip der Freihaltung wissenschaftlicher Lehren und Theorien sowie des gesellschaftlich bedeutsamen Know-hows zugrunde liegt, würde Rechnung getragen, der gedankliche Inhalt der Algorithmen bliebe frei.

Andererseits würde aber nicht die persönlich geistige Schöpfung selbst geschützt, sondern nur ihre handwerkliche, praktisch ingenieurmäßig vollzogene Ausführung. Postulate eines reinen Leistungsschutzes wären demnach für den Schutz mitbestimmend. Wegen der dem deutschen Urheberrechtsgesetz selbst zugrunde liegenden Differenzierung zwischen Leistungsschutzrechten einerseits (§§ 70 ff. UrhG) und klassischen Urheberrechten andererseits (§ 2 UrhG)[131] er-

---

[130] *Hubmann*, Urheber- und Verlagsrecht, S. 36 ff.; *Ulmer*, Urheber- und Verlagsrecht, S. 119 ff.; *Schricker/Loewenheim*, Urheberrechtsgesetz, § 2 Rdnrn. 20 72 ff.; *Fromm/Nordemann - Vinck*, Urheberrechtsgesetz, § 2 Rdnrn. 22 ff.; *Schulze*, Die kleine Münze und ihre Abgrenzungsproblematik bei den Werkarten des Urheberrechts, 1983, S. 136 ff.; kritisch *Reimer*, GRUR 1980, 572, 580 ff.

[131] Die Unterscheidung ist z. B. dem amerikanischen Urheberrecht fremd; Copyright-Act ist nicht gleich Urheberrechtsgesetz, „originality" bedeutet danach nicht Eigentümlichkeit, sondern wird in der amerikanischen Rechtsprechung auf die Anforderung reduziert, dass das Werk des

scheint es fraglich, ob allein der durch die Differenzierung bewirkte mittelbare Schutz von schöpferischen Leistungen ausreicht, einen urheberrechtlichen Schutz für handwerkliche Leistungen zu begründen.

Rechtsdogmatisch ist die Differenzierung zwischen Schutzbegründung und Schutzumfang durch die Möglichkeit, zwischen Leistungsschutzrechten einerseits und Immaterialgüterrechten andererseits zu unterscheiden, aufgearbeitet. Leistungsschutzrechte werden gewährt oder sind möglich, wenn handwerkliche, praktisch ingenieurmäßige Tätigkeiten auf ein Produkt gerichtet sind, das nicht werthaft materialisiert ist, sondern durch einfache, kostengünstige Techniken übernommen werden kann und durch die Gewährung des Schutzes das Freihaltungsinteresse der Allgemeinheit an gesellschaftlich bedeutsamen Know-how beachtet wird.[132]

Die Voraussetzungen der Gewährung eines Leistungsschutzrechtes erfassen die wissenschaftlichen Werke, insbesondere die Computerprogramme, weil bei deren Entwicklung eine Vielzahl von Wahl- und Entscheidungsmöglichkeiten auf der Ebene der Implementierung (tatsächliche Realisierung des Algorithmus auf einem Rechner) bestehen. Es ergibt deshalb keinen Sinn, für Computerprogramme ein Schutzrecht anzuwenden, welches verlangt, dass der handwerklichen Leistung eine schöpferische Leistung vorausgeht.

Die vorgestellte Differenzierung zwischen Schutzbegründung und Schutzumfang besitzt keinen Eigenwert gegenüber der Differenzierung zwischen Immaterialgüterrechten und Leistungsschutzrechten. Die Voraussetzungen, die an ein Leistungsschutzrecht zu stellen sind, sind deckungsgleich mit den Ergebnissen, die sich aufgrund der Differenzierung ergeben. Auch der urheberrechtliche Schutz würde nur den handwerklichen Vollzug der das Programm prägenden Logik erreichen.

Solch eine Lösung könnte aus rechtspolitischer Sicht überzeugen, wenn sie der einzig gangbare Weg für den Schutz der Programme wäre und zu einem wirksamen Schutz der Programme führen würde. Beides ist nicht der Fall. Bei den meisten der auf dem Markt vorhandenen Programme, der Masse der Standardprogramme, lässt sich die jeweils zugrunde liegende Logik durch Softwarekonventionen erklären, sie enthalten Standard-Algorithmen und sind Ausdruck vorgedachter Optimierungsmöglichkeiten.[133] Es wäre zudem ein schwieriges Unterfangen, jeweils festzustellen, ob die dem Programm zugrunde liegende Logik auf schöpferischer Tätigkeit beruht oder nur Nachvollzug vorbekannter Lehren,

---

Autors von ihm selbst stammen müsse. Nachweise bei *Scott*, Computer Law, New York 1984, § 3.7.

[132] *Ulmer*, Urheber- und Verlagsrecht, S. 510 ff.; *Schricker/Loewenheim*, Urheberrechtsgesetz, § 71 Rdnr. 11; *Fromm/Nordemann - Hertin*, Urheberrechtsgesetz, vor § 70 Rdnr. 4; *Schulze*, CuR 1988, 181 ff.; *Bauer*, CuR 1988, 359; BGH GRUR 1967, 316 spricht hinsichtlich der Lichtbilder (§ 72 UrhG) von Leistungen, die im Wesentlichen auf handwerklichem Können beruhen.

[133] *v. Gamm* GRUR 1986, 731; *Jonquères*, GRUR Int. 1986, 458 f.

Theorien und Methoden ist.[134] Die Ausbeute aus dieser Erkenntnis wäre auch gering, weil nur der handwerkliche Vollzug der Logik schützbar wäre.

Der gegen eine solche Verfahrensweise gerichtete Vorwurf liegt auf der Hand: Wenn es im Softwarebereich möglich ist, handwerkliche Leistungen durch ein Leistungsschutzrecht zu schützen, ohne damit den (hochwertigen) Algorithmus zu blockieren, so erscheint es im Hinblick auf die Schutzinteressen gerade der Hersteller von Standardsoftware unangemessen, den Schutz der handwerklichen Leistungen vom Vorliegen einer auch schöpferischen Leistung abhängig zu machen. Der Schutz eines Programms in seiner konkreten Version kann über ein Leistungsschutzrecht sichergestellt werden, wie es auch für andere Produkte, bei denen das Verhältnis zwischen Produktion und Reproduktion besonders hoch ist, vom Gesetzgeber zur Verfügung gestellt wurde, z.B. in den §§ 70 ff. des Urheberrechtsgesetzes und über das Urheberrechtsgesetz hinausgehend z.B. im Halbleiterschutzgesetz[135] und im Sortenschutzgesetz.[136]

---

[134] *Troller*, CuR 1987, 352, 355.; *Schulze*, GRUR 1987, 796, 776.
[135] BGBl. I 1987, S. 2294.
[136] Zur Einordnung des Sortenrechts in das System der Leistungsschutzrechte siehe *Papke*, Mitt. 1988, 61.

2. Urheber/Miturheber/Gehilfen

Urheber ist nach der Legaldefinition des § 7 UrhG „der Schöpfer des Werkes". Das deutsche Urheberrechtsgesetz geht ohne Einschränkung von dem Grundsatz aus, dass die Rechte am geschaffenen Werk dem Schöpfer des Werkes zustehen. Dieser Regelung entsprechend kommen als Urheber eines Werkes nur natürliche Personen, nicht aber juristische Personen in Betracht. Für die Entstehung des Urheberrechts kann es demnach auch keine einschränkenden Regelungen geben; die Regeln über die Rechtsgeschäfte finden auf die Entstehung des Urheberrechts keine Anwendung, nach der Geschäftsfähigkeit des Urhebers ist nicht zu fragen.

Haben mehrere ein Werk gemeinsam geschaffen, so sind sie **Miturheber** (§ 8 UrhG); die Rechte an dem Werk, wenn sich die Anteile nicht gesondert verwerten lassen, stehen ihnen „gesamthänderisch" zu. Durch die Regelung des § 8 Abs. 2 UrhG wird eine Rechtsgemeinschaft zwischen den Miturhebern begründet, die der der Gesamthandsgemeinschaft des bürgerlichen Rechts angenähert ist. Der Anteil, der jedem Urheber (nach seiner Beteiligung) zusteht, ist grundsätzlich nicht übertragbar.

Veröffentlichung und Verwertung des Werkes ist nur mit Zustimmung aller Urheber zulässig. Die Einwilligung zur Veröffentlichung und Verwertung darf nicht wider Treu und Glauben verweigert werden (§ 8 Abs. 2 S. 2 UrhG). Die Erträge aus der Nutzung des Werkes werden auf die Miturheber entsprechend ihres Beitrages an der Werkschaffung verteilt. Im Übrigen bleibt Raum für Regelungen des Innenverhältnisses durch Vereinbarungen der Miturheber. Möglich ist insbesondere die Regelung, dass Beschlüsse über die Verwertung mit Mehrheit gefasst werden. Die Vereinbarungen sind gesellschaftsrechtlicher Natur, die Regeln der §§ 705 ff. BGB sind entsprechend anwendbar.

Gehilfe ist in Abgrenzung zum Miturheber derjenige, der an der Werkschaffung teilgenommen hat, aber nicht durch schöpferische Leistungen. Der Gehilfe arbeitet auf Anweisung; er erbringt Leistungen, die vom Urheber „vorgedacht" sind oder die sich aus den Zwangsläufigkeiten des vorhandenen Wissens ergeben. Der Gehilfe erhält kein Urheberrecht, er ist durch das Urheberrechtsgesetz nicht geschützt.

3. Werkarten

3.1. Die Werkarten des Werkkataloges

Unter dem Begriff Werk wird das Ergebnis einer persönlich geistigen Schöpfung i.S.v. § 2 UrhG verstanden. § 2 UrhG beschreibt die Voraussetzungen für den urheberrechtlichen Schutz und grenzt damit schutzfähige von nichtschutzfähigen Arbeitsergebnissen ab. In § 2 Abs. 1 UrhG wird festgelegt, welche Arbeitsergebnisse für den Schutz in Betracht kommen; es muss sich um Werke der Literatur, Wissenschaft oder Kunst handeln. Absatz 2 bestimmt dann, dass Werke i.S. dieses Gesetzes nur persönlich geistige Schöpfungen sind. Der Begriff der persönlich geistigen Schöpfung, als wesentliche Voraussetzung für den urheberrechtlichen Schutz, wurde in den vorhergehenden Abschnitten erklärt. § 2 UrhG bestimmt also, dass Arbeitsergebnisse der Literatur, Wissenschaft und Kunst urheberrechtlich geschützt werden – also Werke sind – soweit sie persönlich geistige Schöpfungen beinhalten. In § 2 Abs. 1 UrhG werden weitere mögliche Werkarten katalogartig aufgelistet. Dieser **Werkkatalog** besitzt jedoch keine Ausschließlichkeitsfunktion. Es besteht völliges Einvernehmen darüber, dass der Werkkatalog nur eine beispielhafte Aufzählung der möglichen Werkarten enthält, um für später hinzukommende Werkarten Raum zu lassen, auch wenn der Gesetzgeber den Katalog nicht rechtzeitig genug erweitern konnte. Einigkeit besteht aber auch über die Hinweisfunktion des Kataloges: Indem der Gesetzgeber die einzelnen Werkarten aufgenommen hat, hat er zum Ausdruck gebracht, dass er genau bei diesen Raum für persönlich geistige Schöpfungen sieht und dass Schutz gewährt werden soll. Über diesen Punkt ist im Hinblick auf den Schutz von Computerprogrammen, die in den Katalog nunmehr aufgenommen sind, viel diskutiert worden. Die Argumentation ging so weit, dass man allein wegen der Aufnahme der Computerprogramme in den Werkkatalog diese auch in großem Umfange schützen müsse. Das ist jedoch bei Computerprogrammen genauso wie bei anderen Werkarten eine falsche Schlussfolgerung. Der Gesetzgeber hat keine der aufgezählten Werkarten aus den Anforderungen von § 2 Abs. 2 UrhG (persönlich geistige Schöpfung) ausgenommen. Ein im Katalog genanntes Arbeitsergebnis kann demnach nur dann geschützt werden, wenn es – nach den allgemeinen Grundsätzen – auch persönlich geistige Schöpfung ist.

Die Hinweisfunktion des Absatzes 2 bekommt aber dort Bedeutung, wo sich unter Anwendung einer bestimmten Auslegungsmethode für eine bestimmte Werkart überhaupt kein schützbares Arbeitsergebnis mehr denken ließe. In solch einem Fall besteht Anlass, die Arbeitsmethode zu überprüfen. Es ist sicher nicht vom Gesetzgeber gewollt, dass eine ganze, im Werkkatalog aufgeführte Gattung in keinem denkbaren Einzelfall Schutz erfahren kann.

Zu den einzelnen **Werkarten**:

- **Sprachwerke** sind alle persönlichen-geistigen Schöpfungen, bei denen der Werkinhalt durch das Ausdrucksmittel der Sprache ausgedrückt wird. Unerheblich ist, um welche Sprache es sich handelt (Fremdsprachen, „tote" Sprachen, Kunstsprachen wie Esperanto oder Computersprachen). Geschützt sind auch

Sprachsymbole, mathematische Zeichen oder Zahlen. Erforderlich ist die Mitteilung eines verbalen, gedanklichen oder gefühlsmäßigen Inhalts durch das Sprachwerk.[137] Wo Sprache und Sprachsymbole nicht zur Informationsvermittlung, sondern ausschließlich zu anderen Zwecken verwendet werden, liegt kein Sprachwerk vor. An der Mitteilung eines Gedankens fehlt es z.B. dann, wenn sich der Inhalt nicht durch das Gebilde, für welches Schutz beansprucht wird, selbst erschließt, sondern aus zusätzlichen, außerhalb dieses Gebildes liegenden Anweisungen. Von daher ist der Rechenschieber auch kein Sprachwerk.[138]
- Bei **Reden** wird der sprachliche Gedankeninhalt nicht durch Zeichen erkennbar gemacht, sondern mündlich. Der Unterschied zum Sprach- bzw. Schriftwerk liegt bloß in der Art der Wahrnehmbarmachung.
- **Computerprogramme**, s. die Ausführungen unter 1.2.2.
- Werke der **Musik** sind persönlich geistige Schöpfungen, die sich der Töne als Ausdrucksmittel bedienen. Der Begriff ist umfassend: es gehört nicht nur die Instrumentalmusik dazu, sondern auch die menschliche Stimme, elektronisch erzeugte Klänge, Naturgeräusche, ja Schallquellen aller Art können zur musikalischen Schöpfung benutzt werden. Entsprechend § 2 Abs. 2 UrhG muss die Tonfolge aber auch eine persönlich geistige Schöpfung darstellen. Sie muss „in irgendeiner Form" einen geistigen Gehalt aufweisen und von der Individualität des Komponisten geprägt sein. An die Gestaltungshöhe werden eher geringe Anforderungen gestellt. Gerade bei Musikwerken wird die sog. „kleine Münze" geschützt, wie dies bei den oft sehr eingängigen Melodien der Schlagermusik leicht ersichtlich ist.
- **Pantomimische** Werke, einschl. der Werke der Tanzkunst: Pantomimische Werke sind solche, bei denen der geistige Gehalt durch das Ausdrucksmittel der Körpersprache, durch Bewegungen, Gebärden und Mimik wiedergegeben wird. An die erforderliche Gestaltungshöhe werden auch hier geringe Anforderungen gestellt. Geschützt ist hier auch die „kleine Münze". Das rein handwerkliche Können reicht aber nicht aus. Die Verwendung üblicher Tanzschritte oder auch schwieriger, jedoch allgemein bekannter Figuren, unterfällt nicht dem Urheberrechtsschutz.
- Werke der **bildenden Künste**, einschließlich der Werke der **Baukunst** und der **angewandten Kunst** und **Entwürfe** solcher Werke: Unter bildender Kunst ist allgemein die Bildhauerei, die Malerei, die Graphik zu verstehen, ferner die Baukunst und die angewandte Kunst. Bei den Werken der angewandten Kunst handelt es sich um Bedarfs- und Gebrauchsgegenstände mit künstlerischer Formgebung. Diese Werke unterscheiden sich von den Werken der bildenden Kunst durch ihren Gebrauchszweck.

---

[137] BGH GRUR 1959, 251.
[138] BGH GRUR 1963, 633, 634; vgl. auch dazu *Schricker/Loewenheim*, Urheberrechtsgesetz, § 2 Rdnr. 80.

Es ist schwierig, den Begriff der bildenden Kunst zu interpretieren. Was Kunst ist, unterliegt im Wesentlichen dem subjektiven Urteil, für das sich aufgrund der vielfältigen Assoziationen, zu denen der Mensch fähig ist, kein Gerüst definieren lässt. Auch der Jurist ist zu solch einer Definition nicht berufen. Aus diesem Grund ist die Rechtsprechung bei der Einbeziehung der Arbeitsergebnisse unter dieser Ziffer des Werkkataloges großzügig. Grenzen müssen nur gezogen werden, wo es um die Gestaltungshöhe geht. Es kann nicht alles, was irgendwo hingeschmiert ist und irgendwie Ausdruck von Frustration, Freude o.ä. ist und sich nach den – für den Durchschnittsmenschen - nicht mehr nachvollziehbaren Auffassungen des Arbeitenden als Kunst verstehen lässt, auch tatsächlich dem Urheberrecht unterfallen. Die Rechtsprechung[139] definiert von daher wie folgt: Die künstlerische Gestaltungshöhe ist erreicht, wenn "nach Auffassung der für Kunst empfänglichen und mit Kunstanschauungen einigermaßen vertrauten Verkehrskreise" ein Kunstwerk vorliegt. Es wird auf das Urteil des für Kunst empfänglichen Durchschnittsbetrachters abgestellt.

Als Werke der Baukunst kommen Bauten jeglicher Art in Betracht, soweit sie persönlich geistige Schöpfungen sind. Der Zweck des Baus ist unerheblich. Es spielt keine Rolle, ob die Bauwerke einen bestimmten Gebrauchszweck haben (Wohnhäuser) oder ob sie allein der Betrachtung dienen (Denkmäler). Unter den Schutz fallen auch die Arbeitsergebnisse der Innenarchitekten.

- **Lichtbildwerke, Filmwerke**: Mit Lichtbildwerken sind Fotografien gemeint, also einzelne Bilder. Sie können Urheberrechtsqualität erlangen, soweit es sich nicht um rein anspruchslose Routine- und Amateuraufnahmen handelt. Die Lichtbildwerke sind von den Lichtbildern (§ 72 UrhG) abzugrenzen. Der Lichtbilderschutz gehört zu den „verwandten Schutzrechten". Die Besonderheit liegt hier aber darin, dass Lichtbilder hinsichtlich der Rechtsfolgen im Prinzip gleich den Lichtbildwerken geschützt werden. Die Schutzdauer ist allerdings erheblich verkürzt. Für die Lichtbilder ist in § 72 Abs. 3 UrhG eine fünfzigjährige Schutzdauer festgelegt.

  Für die Filmwerke bestimmt das UrhG, dass es für den urheberrechtlichen Schutz gleichgültig ist, wie ein Film hergestellt wird. Es ist ohne Bedeutung, ob die körperliche Festlegung auf Celluloidfilm, auf Magnetband oder auf einen sonstigen Träger von Bild- oder Bild- und Tonfolgen erfolgt. Der neueren Entwicklung entsprechend sind zu den Filmwerken auch die, im UrhG nicht besonders erwähnten, audiovisuellen Schöpfungen zu rechnen. Es kann bei einem Filmwerk auch die körperliche Festlegung völlig fehlen. Als Filmwerke sind u. a. auch die Fernsehwerke, die live ausgestrahlt werden, geschützt. Filme (nicht Filmwerke), bei denen es an einer schöpferischen Gestaltung fehlt, bezeichnet das UrhG nach dem Vorbild des österreichischen UrhG als Laufbilder. Bei ihnen beschränkt sich der Schutz wieder auf ein sog. verwandtes Schutzrecht, welches dem Filmhersteller zusteht, sowie auf den Schutz der einzelnen Lichtbilder (§ 95 UrhG). Für den Filmhersteller ist dieses verwandte Schutzrecht von erheblichem Wert. Der Filmhersteller kann sich aufgrund dieses Rechts auch gegen unzuläs-

---

[139] Übersicht bei *Schricker/Loewenheim*, Urheberrechtsgesetz, § 2 Rdnr. 137.

sige Vervielfältigungen, Verbreitungen und öffentliche Vorführungen wenden. Bei den Laufbildern ist also weniger der Filmhersteller der im Stich Gelassene als die unmittelbar an der Filmherstellung (Laufbilderherstellung) Beteiligten. Da kein Werk geschaffen wurde, können die unmittelbar an der Produktion des Films Beteiligten auch keine Urheberrechte erlangen. Zwar gibt es auch den Lichtbilderschutz für Filmaufnahmen, so dass man meinen könnte, zumindest der Kameramann sei mit seinen Arbeiten in den Kreis der Berechtigten einbezogen. Aufgrund der §§ 72, 89 UrhG gehen die Nutzungsrechte an diesen Lichtbildern aber auf den Filmhersteller über. Im Einzelnen kann es schwierig sein, zwischen bloßer Laufbildqualität und Filmwerksqualität zu unterscheiden. Das gilt insbesondere für die sog. Instruktionsfilme, wie Unterrichtsfilme, wissenschaftliche Filme, politische Bildungsfilme, Industriefilme, Agrarfilme und Naturfilme. Entscheidend ist immer, dass die Filmarbeit eine originelle Verarbeitung der einzelnen Filmaufnahmen erfordert und sich nicht in der bloßen Wiedergabe tatsächlich vorhandener Ereignisse erschöpft. Für Naturfilme hat die Rechtsprechung mehrfach entschieden, dass die den Urheberrechtsschutz begründende Eigenart eines solchen Films in der Auswahl der charakteristischen Lebensform der Tiere, wie auch in der Wahl des Hintergrundes sowie des gesamten Bildrahmens und der zeitlichen Folge der einzelnen Bildmotive liegen kann. Dagegen wurde einzelnen Bildausschnitten – z.B. Bildstreifen fliegender Schwäne – der Werkcharakter abgesprochen.

- **Darstellungen wissenschaftlicher oder technischer Art**: Als Beispiele für solche Darstellungen nennt das Gesetz Zeichnungen, Pläne, Skizzen, Tabellen und plastische Darstellungen. Der Begriff „Darstellung" macht deutlich, dass Schutzobjekt nur die Darstellung als solche, nicht aber der dargestellte Gegenstand ist. Das technische und wissenschaftliche Gedankengut, das in der Darstellung enthalten ist, wird durch das Urheberrecht nicht geschützt. Das Freihaltungsinteresse an wissenschaftlichen Lehren, Methoden und Erkenntnissen verlangt aber grundsätzlich nicht, dass alle Verstandesleistungen aus dem Schutzbereich auszugrenzen sind. Mitteilungsmonopole an wissenschaftlichen Lehren, Methoden etc. entstehen nicht, wenn der dem Werkschaffen zugrunde liegende Lehrsatz im Werk eigentümlich verarbeitet und nicht nur mit den Worten der Fachsprache zum Ausdruck gebracht wird. Schützbar ist demnach hier die Art und Weise der Mitteilung (Erläuterung), insbesondere deren Systematik, aber auch – über die Erläuterung hinausgehend –, die Verwendung der Lehre für praktische Zwecke. Die wissenschaftlichen Lehrsätze dürfen dabei aber nicht nur angewandt worden sein, sondern lediglich einen durch originelles Schaffen ausfüllungsbedürftigen Rahmen bilden. Zur Abgrenzung des gemeinfreien vom schützbaren Bereich sind seitens Rechtsprechung und Literatur verschiedene Methoden entwickelt worden; auf diese Methoden wurde oben ausführlich eingegangen. Am konturenreichsten ist bis in die heutige Zeit die zwischen Inhalt und innerer Form differenzierende Methode. Ein wissenschaftliches Sprachwerk ist danach nicht nur hinsichtlich der eigenartigen Gedankenformung und -führung des dargestellten Inhalts, sondern auch im Falle der geistvollen Art und Weise der Sammlung, Sichtung, Einteilung und Anordnung des vorhandenen oder zum

Gemeingut gehörenden Stoffes schützbar. Geschützt sein soll demnach die außerhalb des Sinngehalts der wissenschaftlichen Lehren liegende Systematik, auf deren Grundlage ein bestimmtes Ergebnis erreicht wird.

3.2. Bearbeitungen

Die Bearbeitung eines Werkes (z.B. eine Übersetzung, die Neubearbeitung eines wissenschaftlichen Werkes) kann wieder geistig persönliche Schöpfung sein und wird dann als selbstständig es Werk geschützt (§ 3 UrhG).

Das Urheberrecht unterscheidet zwischen zwei Arten von Bearbeitungen; der sog. freien Bearbeitung (das Gesetz spricht von „freier Benutzung", § 24 UrhG) und der unfreien Bearbeitung . Die unfreie Bearbeitung wird in enger Anlehnung an das Originalwerk geschaffen. Deshalb ist die Vervielfältigung, Verbreitung und öffentliche Wiedergabe der Bearbeitung von der Zustimmung des Urhebers des Originalwerkes abhängig (§ 23 UrhG). Bei der freien Bearbeitung hingegen (freie Benutzung) hat das Originalwerk nur als Anregung für die eigene Schöpfung gedient; der Urheber des Originalwerkes braucht deshalb nicht der Verwertung und Bekanntmachung zuzustimmen.

3.3. Sammelwerke/Datenbankwerke

Sammlungen von Werken und auch anderen Beiträgen sind nach § 4 UrhG geschützt, wenn die Sichtung und/oder Sammlung des Materials selbst eine geistige persönliche Schöpfung ist. Die Sammlungen können unterschiedliche Werkgattungen enthalten, z.B. Musikwerke, Sprachwerke, Lichtbildwerke. Das Urheberrecht am Sammelwerk schützt die Sammlung, nicht jedoch die in der Sammlung zusammengefassten Einzelwerke. Sind diese Einzelwerke selbst urheberrechtlich geschützt, so muss vor deren Aufnahme in die Sammlung der Urheber zustimmen. Ausgenommen vom Zustimmungserfordernis sind Sammlungen, welche zum Kirchen-, Schul- oder Unterrichtsgebrauch bestimmt sind. An die Stelle der Zustimmung tritt hier der Anspruch des Urhebers des Einzelwerkes auf angemessene Vergütung (§ 46 UrhG, s. u., Nr. 8).

Mit der Novellierung des UrhG durch das Informations- und Kommunikationsdienstegesetz vom 22. Juli 1997[140] wurde (mit Wirkung zum 1. Januar 1998) eine weitere Werkart in das UrhG aufgenommen, die sog. Datenbankwerke. Durch Art. 7 des IuKDG wurde die Europäische Richtlinie aus März 1996 (RL 96/9/EG) umgesetzt. Datenbanken sind Sammlungen von Werken, Daten oder anderen Elementen, die systematisch oder methodisch angeordnet und einzeln mit elektronischen Mitteln oder auf andere Weise zugänglich sind. Ferner müssen sie Ausdruck geistig persönlicher Schöpfung sein, andernfalls sind solche Leistungen noch im Rahmen

---

[140] BGBl. I 1997, S. 1870.

des Leistungsschutzrechtes für Datenbanken (nicht jedoch Datenbankwerke) geschützt.

Zum Schutzumfang des Rechts am Datenbankwerk und des Leistungsschutzrechts s.u., Teil A Nr. 7 a.E.; zu den Schranken des Datenbankwerkeschutzes (§ 53 Abs. 5 n.F. UrhG) s.u., Teil A Nr. 8 a.E.

4. Inhalte des Urheberrechts

4.1. Urheberpersönlichkeitsrecht und Verwertungsrecht

a) Im 4. Abschnitt des Urheberrechtsgesetzes sind die Inhalte des Urheberrechts umschrieben. In § 11 UrhG wird hierzu wie folgt ausgeführt: „Das Urheberrecht schützt den Urheber in seinen geistigen und persönlichen Beziehungen zum Werk und in der Nutzung des Werkes." Die Norm drückt aus, dass das Urheberrecht sowohl dem Schutz der ideellen Interessen als auch der materiellen Interessen des Urhebers dient. Das Urheberrecht enthält demnach zwei wesentliche Schutzbereiche, es sichert dem Urheber die Verwertungsrechte an seinem Werk und es schützt den Urheber im Hinblick auf seine ideellen Interessen an seiner Schöpfung. Die eine Seite des Urheberrechts, das umfassende Verwertungsrecht (§ 15 UrhG), bezieht sich mehr auf die vermögensrechtlichen, die materiellen Interessen des Urhebers. Die andere Seite des Urheberrechts, das Urheberpersönlichkeitsrecht, schützt die geistigen, die ideellen Interessen des Urhebers.

Die Rechte mit der deutlichsten **urheberpersönlichkeitsrechtlichen** Ausprägung sind das Veröffentlichungsrecht (§ 12 UrhG), das Recht auf Anerkennung der Urheberschaft (§ 13 UrhG) und das Recht, Entstellungen und sonstige Beeinträchtigungen zu verbieten (§ 14 UrhG). Weiter von urheberpersönlichkeitsrechtlichem Einschlag sind: das Änderungsverbot im Zusammenhang mit vertraglich und gesetzlich gestatteter Werknutzung (§ 39 UrhG), die Verpflichtung des Zitierenden zur Quellenangabe (§ 63 UrhG) und – wesentlich – die Einschränkung der Zwangsvollstreckung gegen den Urheber (§§ 113 ff. UrhG). Dazuzurechnen ist ebenfalls der Anspruch auf immateriellen Schadensersatz wegen Verletzung des Urheberpersönlichkeitsrechts (§ 97 Abs. 2 UrhG) und das Recht auf Zugang zu den noch vorhandenen Exemplaren des Werkes (§ 25 UrhG).

Die **Verwertungsrechte** werden in § 15 UrhG aufgelistet. Diese Verwertungsrechte umfassen das Recht, das Werk zu vervielfältigen, es zu verbreiten und es öffentlich auszustellen. Ferner gehört zu den Verwertungsrechten auch die ausschließliche Befugnis, das Werk in unkörperlicher Form öffentlich wiederzugeben. § 15 Abs. 2 UrhG nennt dabei das Vortrags-, Aufführungs- und Vorführungsrecht, das Senderecht, das Recht der Wiedergabe durch Bild- und Tonträger und das Recht der Wiedergabe von Funksendungen; hinzugekommen ist das Recht der öffentlichen Zugänglichmachung, wozu insbesondere das Einstellen ins Internet gehört.

b) Aus der Eigenart des Urheberpersönlichkeitsrechts folgt, dass es nur dem Urheber selbst zusteht und zumindest in seinem Kerngehalt nicht übertragbar ist. Diejenigen Rechtsbeziehungen des Urhebers, die auf dessen persönlicher Bindung zum Werk beruhen, lassen sich weder verpfänden noch durch Verzicht zum Erlöschen bringen, noch grundsätzlich auf Dritte übertragen. § 29 UrhG bestimmt aber darüberhinausgehend, „Das Urheberrecht kann in Erfüllung einer Verfügung von Todes wegen oder an Miterben im Wege der Erbauseinandersetzung übertragen werden. Im Übrigen ist es nicht übertragbar". Diese Regelung hat nach wohl völlig herrschender Meinung sowohl für das Urheberpersönlichkeitsrecht wie für die Verwertungsrechte Bedeutung. Im Gegensatz zu einzelnen anderen Ländern ist der Gesetzgeber in Deutschland der so genannten monistischen Theorie gefolgt, die von der Einheit von Persönlichkeits- und Verwertungsrechten ausgeht, vgl. § 29 Abs. 1 UrhG. Aus theoretischer Sicht ist die monistische Lehre sicher angreifbar und aus praktischer Sicht zwingt sie zu gekünstelten Rechtskonstruktionen.

c) Selbstverständlich können die Verwertungsrechte, rechtlich abgesichert bzw. rechtlich begleitet, auch von Dritten ausgeübt werden; andernfalls hätte man diesen Rechten die Verkehrsfähigkeit genommen. Die rechtliche Ausgestaltung geht dann dahin, dass Dritten an den Verwertungsrechten Nutzungsrechte eingeräumt werden können (§§ 29 Abs. 2, 31 UrhG), die dann wiederum weiter übertragen werden können und die auch pfändbar sind (§ 113 UrhG). Die Einräumung dieser Nutzungsrechte ist dann an den Inhalt der einzelnen Verwertungsrechte (§§ 15 ff. UrhG) gebunden. In der Literatur wird insoweit von „gebundenen Rechten" gesprochen.[141] Dies ist auch wieder einmal eine unnötig verklärende Aussage, weil der Inhalt der Verwertungsrechte ja den gesamten urheberrechtlich relevanten Schutzbereich im Hinblick auf die wirtschaftlich verwertbare Nutzung darstellt und nicht mehr, als vorhanden ist, an Dritte vergeben werden kann. Der Schutzbereich eines Immaterialgüterrechts ist die Summe der ausschließlichen Berechtigungen, nicht mehr aber auch nicht weniger.

d) Die Unübertragbarkeit der Urheberpersönlichkeitsrechte kann nur in vollem Umfange gelten, wenn über diese Rechte unabhängig der Einräumung von Nutzungsrechten verfügt werden soll. Im Zusammenhang mit der Einräumung von Nutzungsrechten (Verwertungsrechten) relativiert sich zwangsläufig das Verfügungsverbot. Das muss so sein, weil andernfalls der Urheber nicht geschützt, sondern durch die Einschränkung seiner Verwertungsbefugnisse beeinträchtigt wäre. So kann der Urheber auch wirksam dahin einwilligen, dass sein Werk unter anderen Namen vorgestellt wird, unter einem Pseudonym oder, wie z.B. beim Ghostwriter einer politischen Rede, unter dem Namen eines bestimmten anderen. § 13 UrhG steht dem nicht entgegen, weil der Urheber danach bestimmen kann, ob das Werk mit einer Urheberbezeichnung zu versehen ist und welche Bezeichnung zu verwenden ist. In der Literatur wird die Norm dahin interpretiert, dass der Verzicht des Urhebers auf Namensnennung in einen Zusammenhang zur Übertragung der Verwertungsrechte an dem jeweiligen Werk gebracht wird. Danach ist z.B. bei der Ghostwriter-Abrede im Hinblick auf politische Texte zu beachten, dass der Verzicht auf Namensnennung auf Reden und Texte aktuellen politischen Inhalts beschränkt ist.[142] Bei angestellten Urhebern wird der grundsätzlich anerkannte Verzicht auf Namensnennung dahin eingegrenzt, dass es dem Arbeitgeber nicht erlaubt sei, zu behaupten, das Werk sei von ihm geschaffen worden; er kann aber behaupten, dass das Werk „bei ihm" oder „unter seiner Anleitung" geschaffen worden sei.

---

[141] So z.B. *Rehbinder*, Rdnr. 542.
[142] Vgl. *Schricker/Loewenheim - Dietz*, Urheberrechtsgesetz, § 13 Rdnr. 28.

e) Das Recht des Urhebers, eine „Entstellung oder eine andere Beeinträchtigung seines Werks zu verbieten" (§ 14 UrhG), ist im Hinblick auf die Einräumung von Nutzungsrechten vielfach beschränkt. § 14 UrhG ist nach h.M. einerseits so zu interpretieren, dass jede Veränderung des Werkes zugleich auch eine Entstellung des Werkes ist, andererseits relativiert § 39 UrhG das Verbot für den Nutzungsberechtigten: „Änderungen des Werkes und seines Titels, zu denen der Urheber seine Einwilligung nach Treu und Glauben nicht versagen kann, sind zulässig." (§ 39 Abs. 2 UrhG). Der BGH hat das Spannungsverhältnis zwischen den §§ 14 und 39 UrhG nicht abstrakt gelöst, sondern sich auf den Standpunkt gestellt, allgemeingültige Richtlinien könnten hier nicht aufgestellt werden. Die Interessenabwägung sei definitionsgemäß konkret und einzelfallbezogen.

f) Ein viel zitiertes Beispiel enthält BGH NJW 1974, 138: Ein Architekt hatte Planung und Bauleitung eines Schulgebäudes durchgeführt. Später wurde ein Erweiterungsbau geplant. Dabei sollte in das ursprüngliche Gebäude derart eingegriffen werden, dass in dem atriumartigen Innenhof zwei Gebäude erstellt werden sollten, außerdem sollte an einer Außenecke des Baues ein weiteres Gebäude errichtet werden. Der BGH stellte zunächst fest, dass die Sachherrschaft des Eigentümers des Gebäudes dort ihre Grenze findet, wo das Urheberrecht verletzt wird. Dem Eigentümer des Werkoriginals (Gebäude) steht aufgrund seines Eigentums noch keine urheberrechtliche Nutzung zu (§ 44 UrhG). Umgekehrt muss aber auch der Urheber das Eigentumsrecht und die sich daraus ergebenden Interessen des Werkeigentümers beachten. Der entstehende Interessenkonflikt kann dann im Einzelfall nur durch eine Abwägung der jeweils konkret betroffenen Interessen gelöst werden. Im vorliegenden Fall kam das Gericht zu dem Ergebnis, die Interessen des Schulträgers hätten Vorrang vor denen des Architekten. Begründet wurde dies im Wesentlichen damit, dass das Schulgebäude nur eine relativ geringe schöpferische Individualität aufweist und dass die geplanten Erweiterungen das Bauwerk nicht entstellen bzw. nur unwesentlich in die künstlerische Substanz des Gebäudes eingreifen. Ferner wurde darauf hingewiesen, dass gerade ein Schulgebäude den wechselnden Bedürfnissen des Lebens genügen und von daher auch angepasst werden muss.

g) Bereits oben wurde darauf hingewiesen, dass es zwei - hinsichtlich der rechtlichen Einordnung der Verwertungsrechte - untereinander streitende Theorien gibt: Die seit Inkrafttreten des Urheberrechtsgesetzes 1965 in Deutschland geltende monistische und die dualistische Theorie. Die Unterscheidung beider Theorien hat Bedeutung, weil die dualistische Theorie in vielen ausländischen Rechtsordnungen gilt und weil mit der stärkeren Hinwendung des Urheberrechts zum gewerblichen Schutzrecht die dualistische Theorie dichter an der Wirklichkeit ist.

h) Die unterschiedlichen Auffassungen haben in der bis in die heutige Zeit diskutierten Frage ihre Grundlage, ob die sich aus dem Urheberrecht ergebenden Rechte - Persönlichkeitsrecht und Verwertungsrecht - mehr oder minder beziehungslos nebeneinander stehen oder ob sie auf Grundlage eines einheitlichen Rechts stehen, aus dem die Befugnisse vermögensrechtlicher und ideeller Art fließen. Die dualistische Theorie verlangt die Trennung von Persönlichkeitsrecht und Vermögensrecht, die monistische sieht im Urheberrecht ein einheitliches Recht, das weder reines Vermögensrecht noch reines Persönlichkeitsrecht ist. Die Theorien sind gemeinsamen praktischen Ergebnissen aber nicht mehr verschlossen. Josef Kohler, Begründer und Hauptvertreter der dualistischen Lehre, meint, dass beide Rechte nicht beziehungslos nebeneinander stehen,[143] Ulmer, Vertreter der monistischen Theorie, respektiert (in Grenzen) diese Verschiedenartigkeit der vermögensrechtlichen und persönlichkeitsrechtlichen Elemente.[144] Stimmen in der Literatur, die noch radikal die eine oder andere Ansicht vertreten, sind selten geworden; Hirsch vertrat noch 1956 die Ansicht, dass das Verständnis vom Urheberrecht als ein subjektives Recht „unbrauchbar und fehlerhaft" sei.[145]

Bei der dualistischen Theorie tritt zu dem persönlichkeitsrechtlichen Bezug der immaterialgüterrechtliche dazu. Die Theorie vom Immaterialgüterrecht baut auf die Idee vom geistigen Eigentum auf und bemüht sich um die Heraushebung des geistigen Schutzgegenstandes als ein selbstständiges Verkehrsgut. Josef Kohler umschreibt das so: Das Urheberrecht ist ein „Recht an einem außerhalb des Menschen stehenden, aber nicht körperlichen, nicht fass- und greifbaren Rechtsgute". Kohler wandte sich gegen die reine Theorie vom Persönlichkeitsrecht. Der Gegenstand des Urheberrechts sei von der Persönlichkeit verschieden; das Urheberrecht müsse einen seiner besonderen Art entsprechenden besonderen Inhalt haben. Diesen verkehrsfähigen Inhalt wollte Kohler dann von dem Persönlichkeitsrecht des Urhebers abgrenzen. Das Urheberrecht beziehe sich auf das geistige Werk und daneben steht das Persönlichkeitsrecht, das der Persönlichkeit des Urhebers Schutz gewährt. Beide Rechte seien aber schon mannigfach miteinander verklammert.

Die monistische Theorie hingegen geht von einem einheitlichen Urheberrecht aus, das weder reines Persönlichkeitsrecht noch reines Vermögensrecht sei, sondern vielmehr eine Mischform eigener Art. Besonders deutlich hat Ulmer[146] die monistische Theorie begründet: Er vergleicht die beiden Schutzgüter des Urheberrechts mit den Wurzeln eines Baumes, dessen einheitlicher Stamm das Urheberrecht sei. Die urheberrechtlichen Befugnisse seien die Äste und Zweige, die ihre Kraft bald aus beiden Wurzeln, bald aus einer von ihnen ziehen. Dementsprechend haben auch die Nutzungsrechte einen persönlichkeitsrechtlichen Einschlag und umgekehrt müssen die persönlichkeitsrechtlichen Befugnisse von den Nutzungsrechten beeinflusst sein.

Für keine der beiden Theorien alleine gibt es eine überzeugende Begründung. Man kann eher sagen, dass die Gesetzgebung bzw. die Rechtsprechung sich der monistischen oder der dualistischen Möglichkeit zuwendet. Man könnte für die

---

[143] Zusammenfassende Darstellung in *Kohler*, Urheberrecht an Schriftwerken und Verlagsrecht, 1907.
[144] *Ulmer*, Urheber- und Verlagsrecht, S. 114 ff.; zumindest bei der Übertragung sei zwischen beiden zu unterscheiden.
[145] *Hirsch*, UFITA, 22, 1956, S. 165 f.
[146] *Ulmer*, Urheber- und Verlagsrecht, S. 114 ff.

heutige Zeit durchaus feststellen, dass wieder mehr die dualistische These vertreten wird. Mit der größeren Einbeziehung der Verstandeswerke in das moderne Urheberrecht, zu denken ist insbesondere an die Einbeziehung der Computerprogramme als „reine" Verstandeswerke und an das ständige Bemühen, den Schutzbereich für die Darstellungen wissenschaftlicher und technischer Art zu erweitern, wird der persönlichkeitsrechtliche Bereich schon bei der Schutzbegründung zwangsläufig zurückgedrängt werden. Insbesondere bei den Computerprogrammen handelt es sich um in hohem Maße verkehrsfähige Güter, die bei den Abnehmern ganz bestimmten Gebrauchszwecken dienen. Der Urheber wird dann auch Eingriffe in größerem Maße hinnehmen müssen, z.B. wenn das Computerprogramm irgendeinen Fehler hat und durch einen Fachmann nachgearbeitet werden muss oder aber, wenn es darum geht, bestimmte Verzweigungsmöglichkeiten zu nutzen, das Programm also mit anderen Programmen zu verknüpfen und vieles mehr. Es ist nicht vorstellbar, dass in solchen Situationen der Schöpfer des Werkes sich auf § 14 UrhG berufen könnte oder auch nur wollte. Je mehr das Urheberrecht sich den Verstandeswerken öffnet, desto mehr wird seine Existenz auch mit der dualistischen Theorie erklärt werden können. Es klingt plausibler, wenn man in diesen Fällen das verkehrsfähige Immaterialgut als einen Schutzbereich und danebenstehend das Persönlichkeitsrecht als einen Weiteren betrachtet und nicht beide Rechte als ineinander verwoben interpretiert, weil dies nur zu unnötigen Schwierigkeiten führen würde und weil es vielfach nicht mehr der Realität entspricht.

4.2. Die Verwertungsrechte im Einzelnen

- Das **Vervielfältigungsrecht** ist in § 16 UrhG umschrieben. Vervielfältigung ist danach die Herstellung einer oder mehrerer „Festlegungen", die geeignet sind, das Werk den menschlichen Sinnen auf irgendeine Weise wiederholt unmittelbar oder mittelbar wahrnehmbar zu machen.[147] Die gesetzliche Definition für Bild- und Tonträger ist in § 16 Abs. 2 UrhG abgehandelt. Es handelt sich hierbei um Vorrichtungen zur wiederholten Wiedergabe von Bild- und Tonfolgen.
  Durch das Gesetz „zur Regelung des Urheberrechts in der Informationsgesellschaft"[148] wurde das Vervielfältigungsrecht erweitert. Es ist nicht nur im Bereich der Computerprogramme, sondern generell unerheblich, ob die Vervielfältigung vorübergehend oder dauerhaft ist. Den Erfordernissen der Informationsgesellschaft entsprechend werden aber bestimmte Vervielfältigungshandlungen, die technisch notwendig und nur begleitend sind, freigestellt;
- Das **Verbreitungsrecht** ist in § 17 UrhG beschrieben. Verbreitungsrecht ist demnach das Recht, Original oder Vervielfältigungsstücke des Werkes der Öffentlichkeit anzubieten oder in Verkehr zu bringen. Zur Verbreitung stehen nur körperliche Gegenstände an. Die Aufführung eines Werkes im Theater oder eine

---

[147] *Fromm/Nordemann - Vinck*, Urheberrechtsgesetz, § 16 Rdnr. 1; BGHZ 17, 266.
[148] BT-Drucks. 15/38 v. 6.11.2002.

Sendung im Fernsehen oder Hörfunk ist keine Verbreitung i.S.v. § 17 UrhG. Sie ist eine andere Verwertungsform (§§ 19 Abs. 2 UrhG, 20 UrhG). Der Öffentlichkeit wird das Werk angeboten, wenn es auf Ausstellungen, in Ladengeschäften, Leihbüchereien, Katalogen, Inseraten, Prospekten oder in sonstiger geeigneter Form jedermann zum Besitzerwerb angeboten wird. Der Begriff der Öffentlichkeit entspricht dabei der Legaldefinition des § 15 Abs. 3 UrhG.[149] Durch das Angebot an einen Freund, ihm das Buch zu verkaufen, zu schenken oder es ihm auszuleihen, wird das Werk noch nicht der Öffentlichkeit angeboten. Ebenso nicht, wenn ein Manuskript dem Verlag zur Überprüfung der Verwertungsmöglichkeiten überlassen wird. In Verkehr gebracht wird das Werk, indem es an die Öffentlichkeit verteilt, versandt, verschenkt, vermietet, verliehen oder veräußert wird. Inverkehrbringen ist, wie **Vinck** es ausdrückt, „nichts weiter als die Verwirklichung des Begriffs 'der Öffentlichkeit anbieten'".[150] Auch hier muss die Handlungsweise des Anbietenden über die eigene Privat- oder Betriebssphäre hinausreichen. Eine auf Dauer gerichtete Besitzüberlassung ist nicht erforderlich. Das würde auch nicht mit den Verwertungsmöglichkeiten, die von manchem Werk ausgehen, übereinstimmen. In Verkehr gebracht ist ein Notentext z.B. auch dann, wenn er den Mitgliedern eines Chores für eine Aufführung überlassen wird.[151] Eine gewerbsmäßige Verbreitung ist ebenfalls nicht erforderlich.

– Das **Ausstellungsrecht** wird in § 18 UrhG behandelt. Dieses Recht ist eng begrenzt. Es besteht an den Werken der bildenden Künste und Lichtbildwerken und auch nur, solange sie noch nicht veröffentlicht sind.

Wenn die in § 18 UrhG genannten Werkstücke veräußert werden, so geht das Veröffentlichungsrecht – auch an nicht veröffentlichten Werken – im Zweifel auf den Erwerber über. Nach § 44 Abs. 2 UrhG kann der Urheber dies verhindern, wenn er bei Veräußerung des Originals die Veröffentlichung ausdrücklich ausschließt. Der dem Erwerber gegenüber gemachte Vorbehalt hat dingliche Wirkung; wenn der unter Vorbehalt Erwerbende weiterveräußert, so ist auch der Erwerber an den Veröffentlichungsausschluss gebunden.

– Zu den unkörperlichen Wiedergaben zählen das Vortrags-, Aufführungs- und Vorführungsrecht (§ 19 UrhG), das Senderecht (§ 20 UrhG), das Recht der Wiedergabe durch Bild- und Tonträger (§ 21 UrhG) und das Recht der Wiedergabe von Funksendungen (§ 22 UrhG).

Unter **Vortragsrecht** versteht das Gesetz das Recht, ein Sprachwerk durch persönliche Darbietung öffentlich zu Gehör zu bringen. § 19 UrhG erfasst also nur den persönlichen Vortrag, wie z.B. eine Lesung aus fremden Werken oder das Vortragen eines Gedichts. Nicht angesprochen durch § 19 UrhG ist die Wiedergabe eines Werkes mittels Tonträger oder die Wiedergabe einer Rundfunksendung. § 19 Abs. 3 UrhG erfasst auch den Vortrag, der durch Lautsprecherübertragung bzw. Videoübertragung in andere Räume „transportiert" wird. In §

---

[149] *Fromm/Nordemann*, Urheberrechtsgesetz, § 17 Rdnr. 2.
[150] *Fromm/Nordemann*, Urheberrechtsgesetz, § 17 Rdnr. 3.
[151] Vgl. BGH GRUR 1972, 141.

37 UrhG (Verträge über die Einräumung von Nutzungsrechten) wird noch ergänzend die Bestimmung getroffen, dass die Erlaubnis des Urhebers zum Vortrag seines Werkes im Zweifel nicht die Bild- bzw. Lautsprecherübertragung mit umfasst. Er kann also insofern eine besondere Vergütung verlangen.
- Das **Aufführungsrecht** gewährt dem Urheber das ausschließliche Recht, sein Werk im Theater oder Konzertsaal darzubieten. Es sind also zwei Darbietungsarten erfasst: die bühnenmäßige Wiedergabe (z.B. Schauspiel, Lustspiel, aber auch Oper und Operette) und die konzertmäßige Wiedergabe.

Die Abgrenzung zwischen den beiden Rechten ist wichtig, weil Komponisten und Textdichter das konzertmäßige Aufführungsrecht der GEMA zur Wahrnehmung anvertrauen, während sie das bühnenmäßige Aufführungsrecht i.d.R. einem Bühnenverlag oder Bühnenvertrieb einräumen, der anders als die GEMA, die feste Tarife hat, Honorare individuell verhandelt. Eine bühnenmäßige Aufführung liegt immer dann vor, wenn dem Auge ein bestimmtes bewegtes Spiel in bühnenmäßiger Weise dargeboten wird.[152] Kostümierung, Requisiten etc. sind dabei nicht erforderlich; die handelnden Personen brauchen auch nicht selbst aufzutreten, auch ein Arbeiten mit Marionetten reicht für eine bühnenmäßige Aufführung. Unerheblich ist auch, ob das dargebotene Werk überhaupt ein Bühnenwerk ist oder ob z.B. Schauspieler auf der Bühne einen Briefwechsel kenntlich machen, auch ein epischer Dialog ist Aufführung i.S.v. § 19 Abs. 2 UrhG, soweit er nur als bewegtes Spiel dargeboten wird. Zum Vortrag (i.S.v. § 19 Abs. 1 UrhG) wird wieder gewechselt, wenn es sich um eine bloße Lesung eines Bühnenstücks handelt.[153]

Das bewegte Spiel im Raum, also die **bühnenmäßige Aufführung**, muss der Wiedergabe eines Gedankeninhalts dienen. Wird z.B. eine Eisrevue mit Operettenmusik aufgeführt, so kommt es darauf an, ob die entsprechende Operette durch bewegtes Spiel für Auge und Ohr dem Publikum als eine Handlung vermittelt wird oder ob die Operettenmusik nur der Untermalung bestimmter Tanzfiguren gilt.[154] Musikalisch-dramatische Werke, wie z.B. Opern können konzertmäßig wie auch bühnenmäßig aufgeführt werden. Im Hinblick auf die Möglichkeit der individuellen oder kollektiven (GEMA) Rechtswahrnehmung wird vielfach von sog. „**großen**" und „**kleinen**" **Rechten** gesprochen. Diese Begriffe sind dem UrhG unbekannt und sie werden in der Literatur auch noch unterschiedlich verwandt.[155] Bei Musikaufführungen wird in der Praxis danach unterschieden, ob das Musikwerk als integrierender Bestandteil der bühnenmäßigen Darstellung eines Sprachwerks aufgeführt wird (großes Recht) oder aber ob es allein oder in Verbindung mit dem Vortrag eines Sprachwerkes oder nur als Un-

---

[152] *Ulmer*, Urheber- und Verlagsrecht, S. 248.
[153] Die Bühnenverlage unterliegen nicht dem für Verwertungsgesellschaften nach § 11 WahrnG geltenden Abschlusszwang, deshalb können Sie die Vertragsbedingungen im Einzelfall entsprechend aushandeln.
[154] Vgl. BGH GRUR 1960, 604, 606.
[155] Vgl. die Nachweise bei *Schricker/Loewenheim – v. Ungern-Sternberg*, Urheberrechtsgesetz, § 19 Rdnr. 29.

termalung bzw. Begleitung der bühnenmäßigen Darstellung eines Sprachwerkes verwertet wird (kleines Recht).
- Mit dem **Vorführungsrecht** (§ 19 Abs. 4 UrhG) ist die Wiedergabe des Werkes durch technische Einrichtungen auf der „Fläche" für das Auge oder für Auge und Ohr gemeint, also die Projektion von Bildern, das Zeigen von Bildern durch Stereoskop, die Wiedergabe eines Films. Streitig ist bei den Filmwerken, ob ein Vorführungsrecht an Musik- und Sprachwerken, die für die Herstellung von Filmwerken benutzt werden, bestehen kann. Zutreffend ist die Ansicht, dass die öffentliche Wiedergabe der auf Tonträgern aufgezeichneten Musik bei der Vorführung eines Filmwerkes nicht unter § 19 Abs. 4 UrhG fällt. Die Filmmusik ist nach § 89 Abs. 3 UrhG ein vorbestehendes und für den Film benutztes Werk und daher nicht Teil des Filmwerkes selbst.[156] Das gleiche gilt auch hinsichtlich der anderen zur Herstellung eines Filmwerkes benutzten Werke, die nicht zu den in § 19 Abs. 4 UrhG genannten Gattungen gehören, wie z.B. ein Drehbuch oder ein Roman. Praktische Bedeutung kommt dem Streit wegen § 52 Abs. 3 UrhG, der analog anzuwenden ist, nicht zu.
- Durch das Gesetz zur Regelung des Urheberrechts in der Informationsgesellschaft[157] ist ein neues Verwertungsrecht in das Urheberrechtsgesetz aufgenommen worden. Es handelt sich um das **Recht der öffentlichen Zugänglichmachung**. Im § 19a ist dieses Recht wie folgt ausgestaltet worden: "Das Recht der Öffentlichen Zugänglichmachung ist das Recht, das Werk drahtgebunden oder drahtlos der Öffentlichkeit in einer Weise zugänglich zu machen, dass es Mitgliedern der Öffentlichkeit von Orten und zu Zeiten ihrer Wahl zugänglich ist".[158] Die Regelung knüpft an Art. 3 der Richtlinie vom 22. Mai 2001 an. Nach altem Recht war die urheberrechtliche Qualifizierung der Werkverwertung im Rahmen von On-Demand-Diensten nicht eindeutig geklärt. Überwiegend wurde eine Einordnung bei den Rechten der unkörperlichen Werkverwertung angenommen, wobei entweder das Senderecht für direkt, oder zumindest analog anwendbar gehalten wurde, oder aber es wurde eine Qualifizierung als unbenanntes Recht der öffentlichen Wiedergabe befürwortet. Die maßgebliche Verwertungshandlung bei dem neuen Verwertungsrecht ist bereits das Zugänglichmachen des Werkes für den interaktiven Abruf, wodurch ein frühzeitiger Schutz zugunsten des Urhebers sichergestellt wird.
- Das **Senderecht** (§ 20 UrhG) umfasst die Ausstrahlung des Werkes durch Funk, insbesondere den Ton- oder Fernsehrundfunk, an die Öffentlichkeit. Anders als bei der öffentlichen Zugänglichmachung, wird beim Senden zu einem bestimmten Zeitpunkt ein bestimmtes Programm an die Allgemeinheit übermittelt. Die

---

[156] *Schricker/Loewenheim – v. Ungern-Sternberg*, Urheberrechtsgesetz, § 19 Rdnr. 38; a.A. *Hubmann*, Urheber- und Verlagsrecht, S. 153 f. wie hier wohl auch BGH GRUR 1977, 45.
[157] Das Gesetz dient der Umsetzung der Richtlinie des Rates vom 22. Mai 2001 zur Harmonisierung bestimmter Aspekte des Urheberrechts und der verwandten Schutzrechte in der Informationsgesellschaft - ABl. EG Nr. L 167 S. 10.
[158] BT –Drucks. 15/38 vom 6. November 2002, S. 5.

On-Demand-Dienste im Internet werden dem Internetnutzer auf Abruf übertragen, es handelt sich demnach nicht um „senden" i.S.v. § 20 UrhG. Anders verhält es sich demnach beim sog. Pay-TV. Unabhängig eines Mehrkanaldienstes können die Empfänger zeitgleich das jeweilige Programm abrufen.[159]

Funk ist dabei jede Übertragung von Zeichen, Tönen oder Bildern durch elektromagnetische Wellen, die von einer Sendestelle ausgesandt werden und an anderen Orten durch entsprechende technische Einrichtungen empfangen und wieder in ihre Ursprungszeichen, Töne, Bilder, zurückverwandelt werden können. Funksendungen können drahtlos oder über Leiter ausgestrahlt werden; sie können von terrestrischen Sendern, land- oder seegestützten Sendestationen (oder auch über Satellitensender) empfangen werden. Wer nur empfängt, selbst nicht sendet bzw. weitersendet, benötigt keine Senderechte von Urhebern und Verwertern. Ob nur ein Empfang oder aber ein Weitersenden vorliegt, ist im Hinblick auf die vielen neuen Techniken, die viel zitierten neuen Medien, insbesondere bei dem Gemeinschaftsantennenempfang, beim Kabelfernsehen und bei den Satellitensendungen streitig. Bei den Gemeinschaftsantennen sind kleine Anlagen auf dem Dach eines Mietshauses, die nur den früher üblichen Antennenwald durch eine gemeinsame Sammelantenne ersetzen und keine über die Funktion der Einzelantennen hinausgehende Aufgabe übernehmen, reine Empfangsstellen. Größere Empfangsanlagen (z.B. für eine ganze Gemeinde), die auch noch mit Kabelerweiterung ausgestattet sind und die Sendungen für ein unterversorgtes Gebiet ermöglichen, sind nach Ansicht des BGH Weitersendungseinrichtungen.[160] Der BGH anerkennt aber dennoch keinen Verbotsanspruch der Urheber aus § 20 UrhG; er konstruiert dazu einen „Erschöpfungsgrundsatz", wie er nur in § 17 Abs. 2 UrhG für das Verbreitungsrecht anerkannt ist.[161]

Das „eigentliche" **Kabelfernsehen** ist eine besondere Form des „Drahtfunks" (alte Bezeichnung für die Sendung über Draht oder Glasfaserleitungen); urheberrechtlich handelt es sich bei dieser Übermittlung um die Einspeisung von Sendungen in Kabelnetze. Regelmäßig liegt hierbei, bei dieser Weitersendung, eine mit § 20 UrhG zusammenhängende Vergütungspflicht vor. Unter das Senden fällt auch die Weiterübertragung von Funksendung über eine Verteileranlage, z.B. im Krankenhaus[162] oder in einem Hotel, wenn mit Hilfe dieser Verteileranlage innerhalb des Gebäudekomplexes viele Abhörstellen eingerichtet werden, für die keine gesonderten Rundfunkgebühren bezahlt werden.[163]

Wird aber nur „weitergesendet", um die Empfangsqualität zu verbessern oder überhaupt erst zu ermöglichen, so ist der Erwerb des Senderechts nach § 20 UrhG nicht nötig. Der BGH hat aber angekündigt, seine Rechtsprechung zu ändern.[164]

---

[159] BGH GRUR 2004, 669, 670 – Musikmehrkanaldienst.
[160] BGHZ 79, 350.
[161] Zur Kritik vgl. *Fromm/Nordemann - Vinck*, Urheberrechtsgesetz, § 20 Rdnr. 3.
[162] BGH GRUR 94, 797 – Verteileranlage im Krankenhaus.
[163] BGHZ 36, 171.
[164] BGH ZUM 2000, 749.

Durch die Urheberrechtsnovelle 1998 (Umsetzung der Satelliten- und Kabel-Richtlinie) werden nun auch die zeitgleiche, unveränderte und vollständige (weiterübertragene) Kabelweitersendung sowie die entsprechende Satellitensendung auch als eigenständige Verwertungsrechte benannt, § 20b UrhG.

Auch die **Satellitensendungen** sind Funksendungen i.S.v. § 20 UrhG. Die h.M. sieht bereits die Ausstrahlung der Sendung an den Satelliten als Teil der Satellitensendung an; die Abstrahlung an die Öffentlichkeit sei verbunden mit der Ausstrahlung an den Satelliten ein Gesamtvorgang, der unter den Tatbestand des Senderechts falle.[165] Die h.M. will damit ermöglichen, dass jeweils das Recht des Landes anzuwenden ist, von dem aus die direkte Satellitensendung eingeleitet wurde.[166]

Durch die Satelliten- und Kabel-Richtlinie soll der grenzüberschreitende Kabelfunk innerhalb der Europäischen Gemeinschaft sichergestellt werden. Das ist dadurch erreicht worden, dass die Rechtsstellung der Urheber und die der ausübenden Künstler insoweit auf ein sog. Zweitverwertungsrecht zurückgeführt wurden und damit verbunden, die Geltendmachung von Verbots- und Vergütungsansprüchen den Verwertungsgesellschaften übertragen ist. Ausgenommen davon sind allerdings die Rechte des Sendeunternehmens an seiner Sendung.

– § 20a UrhG regelt dann als Sondervorschrift die „europäische Satellitensendung".

Hinsichtlich der Satelliten- und Kabel-Richtlinie ist eine Harmonisierung der rechtlichen Rahmenbedingungen für die grenzüberschreitenden Satellitensendungen angestrebt worden, die der deutsche Gesetzgeber durch § 20a Abs. 1 UrhG umgesetzt hat. Geregelt ist nun, dass der Ort der Ausführung der Satellitensendung der für die Rechtsanwendung maßgebliche ist. Dadurch wird bei einer Sendung innerhalb der EU bzw. des Europäischen Wirtschaftsraumes (EWR) dem Recht der umgesetzten Satelliten- und Kabel-Richtlinie unterworfen. Soweit Unternehmen von einem anderen Ort, mit niedrigerem Schutzniveau, senden, regelt § 20a Abs. 2 UrhG eine Reihe von Hindernissen: Die Sendung gilt als in dem Mitgliedstaat oder Vertragsstaat erfolgt, in dem die Erdfunkstation liegt, von der aus die Signale zum Satelliten geleitet werden oder in dem das Sendeunternehmen seine Niederlassung hat, wenn die Voraussetzungen nach Nr. 1 nicht gegeben sind.

– Das Recht der **Wiedergabe durch Bild- oder Tonträger** (§ 21 UrhG) ist das Recht, Vorträge oder Aufführungen des Werkes mittels Bild- oder Tonträger öffentlich wahrnehmbar zu machen. Danach bedürfen z.B. Schallplattenwiederga-

---

[165] Vgl. *Ulmer*, Urheber- und Verlagsrecht, § 54 III 2.
[166] Zum Schutz der Satellitensendungen gegen unbefugte Weitersendung wurde am 21. Mai 1974 ein internationales Abkommen unterzeichnet, es ist am 25. August 1979 in Kraft getreten; BGBl. 1979, II; S. 113 ff.; die Kommission der Europäischen Union hat 1984 ein Grünbuch über die Errichtung des Gemeinsamen Marktes für den Rundfunk, über Satellit und Kabel, mit dem Titel „Fernsehen ohne Grenzen" herausgebracht, es hat die Öffnung der Grenzen der EU-Mitgliedstaaten für nationale Fernsehprogramme, ausgestrahlt via Satellit, zum Gegenstand (teilweise abgedruckt in UFITA 99, 1985, 131 f.).

ben in Diskotheken der Zustimmung des Urhebers bzw. einer Verwertungsgesellschaft, die dieses Recht wahrnimmt.
- Das **Recht der Wiedergabe von Funksendungen** (§ 22 UrhG) ist das Recht, Funksendungen des Werkes durch Bildschirm, Lautsprecher o.ä. Einrichtungen öffentlich wahrnehmbar zu machen. Der Hotelier bedarf also zur Wiedergabe von Rundfunk- oder Fernsehsendungen in der Lobby der Zustimmung des Urhebers bzw. der Verwertungsgesellschaften, die dieses Recht wahrnehmen. Das Gesetz behält dem Urheber nur die öffentliche Wiedergabe von Funksendungen vor. Der Begriff der Öffentlichkeit ergibt sich auch hier aus § 15 Abs. 3 UrhG. Der Hotelbesitzer, der Fernsehgeräte in den einzelnen Zimmern aufgestellt hat, die von den Gästen benutzt werden können, gibt insofern nicht öffentlich Funksendungen wieder. Öffentlich ist nur die Übermittlung der Sendung in die Räume des Hotels, nicht der Empfang des z.B. Fernsehprogramms durch einzelne Gäste innerhalb der Zimmer.[167] Anders verhält es sich, wenn z.B. über eine Lautsprecheranlage in die einzelnen Hotelzimmer hinein Musiksendungen übertragen werden.

4.2.1. Der Erschöpfungsgrundsatz

Der Erschöpfungsgrundsatz wird allgemein in § 17 Abs. 2 UrhG (Verbreitungsrecht) und speziell für Computerprogramme durch § 69c Nr. 3 UrhG geregelt. Soweit der Urheber einzelne Werkstücke durch Veräußerung in den Verkehr gebracht hat, können Dritte diese Werkstücke auch ohne Zustimmung des Werkschöpfers weiterverbreiten; das Weiterverbreitungsrecht an dem einzelnen Werkstück ist „erschöpft".[168] Durch den Erschöpfungsgrundsatz wird erreicht, dass die Immaterialgüter verkehrsfähig sind. Jeder nachfolgende Dritte kann an dem Werkstück das einfache Nutzungsrecht erwerben,[169] unabhängig davon, ob der Urheber damit einverstanden ist oder nicht.[170] Es ist demnach für die Wirkung der Übertragung unerheblich, dass es keinen gutgläubigen Erwerb von Urheberverwertungsrechten gibt.[171] Soweit der Berechtigte die Verfügungsmöglichkeit über die einzelnen Werkstücke aber nicht endgültig aufgegeben hat, sondern z.B. nur verliehen oder vermietet hat, ist das Verbreitungsrecht nicht erschöpft. Der Urheber hat dann zu erkennen gegeben, dass er die Verfügungsmöglichkeit über die Vervielfältigungsstücke behalten will.

Nach herrschender Ansicht in Rechtsprechung und Literatur ist es aber möglich, den Umfang der Erschöpfung mit dinglicher Wirkung zu beschränken.[172] Die Wirksamkeit dieser dinglichen Beschränkung der Erschöpfung ist davon abhängig, ob es

---

[167] Vgl. *Fromm/Nordemann*, Urheberrechtsgesetz, § 22 Rdnr. 2.
[168] *Heerma*, in: *Wandtke/Bullinger*, § 17 Rdnr. 16.
[169] *Heerma*, a.a.O., § 17 Rdnr. 19.
[170] *Heerma*, a.a.O., § 17 Rdnr. 13.
[171] *Schack*, Rdnr. 537.
[172] *Schulze*, a.a.O. § 17 Rdnr. 32; *Schricker/Loewenheim*, § 17 Rdnr. 16; *Heerma*, a.a.O., § 17 Rdnr. 17.

sich insofern um eine technisch und wirtschaftlich abspaltbare Nutzungsart handelt, bzw. im rechtsgeschäftlichen Verkehr mit einer solchen Nutzungsbeschränkung gerechnet werden kann. So kann z.B. die Einhaltung bestimmter Preise nicht zum Gegenstand einer dinglichen Beschränkung des Verbreitungsrechts gemacht werden, ebenso wenig die Vereinbarung, die Werkstücke nicht gewerblich zu nutzen. § 17 Abs. 2 UrhG steht allerdings einer entsprechenden schuldrechtlichen Vereinbarung des Berechtigten mit dem Erwerber nicht entgegen.[173]

Bezüglich der Reichweite der dinglich wirksamen Beschränkung ist weiterhin von Bedeutung, dass heute überwiegend die Ansicht vertreten wird, die dinglichen Beschränkungen der Erschöpfung haben nur im Zusammenhang mit der Übertragung vom Urheber auf den ersten Lizenznehmer Bedeutung, also im Begebungsakt.[174] Wird insofern entsprechend der Vorgaben des Urhebers vom (ersten) Lizenznehmer das Werkstück weiter in den Verkehr gebracht, bzw. weiterverbreitet, so kommt es zur vollständigen Erschöpfung des Verbreitungsrechts.[175] Die zulässige Beschränkung kann sich nicht derart auswirken, dass auch jede spätere Weiterübertragung von dem Berechtigten überprüft werden kann; auch im Falle ihrer Abweichung vom ursprünglichen Lizenzvertrag soll die Erschöpfung eintreten.

Der BGH hat sich in seiner „OEM"-Entscheidung im Interesse der Verkehrsfähigkeit der Immaterialgüter ausdrücklich dafür ausgesprochen, dass eine „Zweckbestimmung" nur Bedeutung für den (ersten) Begebungsakt haben darf.[176] Andernfalls wäre die Verkehrsfähigkeit ganz erheblich durch diese dinglichen Beschränkungen gestört. Alle nach der Begebung erwerbenden Dritten, müssten – kaum immer mögliche –Nachforschungen anstellen, um sich ihrer Berechtigung sicher sein zu können.[177]

4.2.2. Erschöpfung bei Online-Übertragung

Die wohl überwiegende Meinung in der Literatur unterscheidet zwischen durch Online-Übertragung zur Verfügung gestellten Werken und Werkstücken, die durch Hardware übertragen werden, also z. B. durch Übergabe einer Diskette, einer CD oder eben durch eine Kopie eines Schriftstückes.[178] Hierbei wird wohl noch von einem überwiegenden Teil der Literatur die Meinung vertreten, dass Erschöpfung nach § 17 Abs. 2 UrhG überhaupt nur im zuletzt genannten Fall eintreten kann,[179] da bei Online-Übertragungen die Erstverbreitung jeweils in unkörperlicher Form erfolgt.

---

[173] OLG Düsseldorf, GRUR 1990, 188; BGH GRUR 1986, 736; *Schricker/Loewenheim*, Urheberrechtsgesetz, § 17 Rdnr. 16.
[174] BGH 145, 7 „OEM-Software"; *Spindler/Wiebe*, a.a.O., 877; *Schiffner*, S. 139.
[175] *Heerma*, a.a.O., § 17 Rdnr. 21; BGH 145, 7 „OEM-Software".
[176] BGH 145, 7 „OEM-Software"; *Jaeger*, ZUM 2000, 1074.
[177] *Heerma*, a.a.O., § 17 Rdnr. 121; *Spindler/Wiebe*, a.a.O., 877; *Spindler*, Open Source Software auf dem gerichtlichen Prüfstand, K&R, 531.
[178] *Schricker/Loewenheim*, § 17 Rdnr. 37; *Spindler*, Rechtsfragen bei Open Source, S. 50; *Spindler/Wiebe*, Open Source-Vertrieb, CR 2003, 876; *Künig*, Medien und Recht 2004, 28.
[179] *Schricker/Loewenheim*, § 17 Rdnr. 37.

Insbesondere wird in diesem Zusammenhang auf Art. 3 III Multimedia-Richtlinie verwiesen, der hierzu vorsieht, dass sich die Rechte der öffentlichen Wiedergabe und der öffentlichen Zugänglichmachung generell nicht erschöpfen.[180] In Erwägungsgrund Nr. 29 der Multimedia-Richtlinie heißt es hierzu: „ Die Frage der Erschöpfung stellt sich weder bei Dienstleistungen allgemein noch bei Online-Diensten im Besonderen".

Konsequent wird daraus in der Literatur gefolgert, dass bei Online-Übertragungen kein einzelnes Werkstück vorliegt, an dem das Verbreitungsrecht erschöpft sein kann und dass das Vervielfältigungsrecht selbst durch § 17 Abs. 2 UrhG nicht eingeschränkt wird.[181] Eine andere Meinung in der Literatur hält die Übergabe eines physischen Werkstückes nicht für erforderlich.[182]

Auch bei der Online-Übertragung komme es zur Festlegung der Daten auf einem Speicher, zumindest auf dem Arbeitsspeicher des Lizenznehmers.[183] Es gäbe keinen Grund, diese Art der Entstehung eines Werkstückes anders zu bewerten, als zum Beispiel die Übergabe einer Diskette. Dieser Ansicht wird hier gefolgt.

Die Argumentation geht dahin, dass bei der Übermittlung von Speicher zu Speicher ein Fall der Fernkopie (Telekopie) vorliegt. Diese Fern- oder Telekopie geschieht sowohl unter Mitwirkung des Urhebers, als auch mit dessen Einverständnis. Der Urheber wirkt mit, in dem er das Werk auf seinem Rechner bereitstellt und er ist damit einverstanden, dass der Lizenznehmer dieses bereit gestellte Werkstück auf seinen Rechner herunterlädt. Es macht in der Tat keinen Unterschied, ob der Urheber eine fertig erstellte Kopie übergibt oder ob er an der Fertigstellung der Kopie mitwirkt bzw. damit einverstanden ist.[184]

Die gegenteilige Auffassung verkennt, dass der Lizenznehmer nicht eigenmächtig vervielfältigt, sondern das Kopieren vom Urheber vorbereitet wird und mit seinem Einverständnis vom Lizenznehmer beendet wird. Es macht keinen Unterschied, ob eine Diskette übergeben, oder ob das Werk im Netz bereitgestellt und dem potentiellen Lizenznehmer das Herunterladen gestattet wird.

Auch der scheinbare Konflikt mit Art. 3 III Multimedia-Richtlinie lässt sich auflösen. Bei § 19a UrhG gewährt der Urheber gerade nicht das Recht zum Herunterladen, also nicht die Berechtigung zum Vervielfältigen bzw. Anfertigen eines neuen Werkstückes; es gibt insofern auch kein Vervielfältigungsstück, an dem die Erschöpfung eintreten könnte. Art. 3 III der RL ist nach zutreffender Ansicht in der Literatur deshalb einschränkend auszulegen,[185] das Eintreten der Erschöpfung im Zusammenhang mit einem erlaubten Herunterladen soll dadurch nicht verhindert werden.

Dem sich auch aus § 17 Abs. 2 UrhG ergebenden Erfordernis, dass beim Lizenznehmer kein Werkstück zurückbleiben darf, wird damit Genüge getan, dass der Lizenznehmer im Falle der Weiterverbreitung die auf seinem Rechner vorhandenen

---

[180] *Dreier*, in: *Dreier/Schulze*, § 19a Rdnr. 11.
[181] *Schulze*, a.a.O., § 17 Rdnrn. 19, 24.
[182] Knies, GRUR Int. 2002, 314; *Künig*, Medien und Recht, 28 f.; *Gerlach*, a.a.O. § 17 Rdnr. 16.
[183] *Gerlach*, a.a.O., § 17 Rdnr. 16.
[184] *Gerlach*, a.a.O., § 17 Rdnr. 16; *Berger*, GRUR 2002, 199.

Daten über das Werk löschen muss. Die für § 17 Abs. 2 UrhG bedeutsame Verkehrsgeltung wird dabei beachtet. Die Situation stellt sich nicht wesentlich anders dar, als im Falle der Weitergabe von verkörperten Werkstücken. Wer sein Werkstück (z.B. Diskette) kopiert und nur das „Original" weitergibt, nutzt im Folgenden hinsichtlich der Kopie als Unberechtigter.

Der Erschöpfungsgrundsatz des § 17 Abs. 2 UrhG (§ 69c Ziff. 3 UrhG) kann somit grundsätzlich sowohl im Fall herkömmlicher Übertragung einfacher Nutzungsrechte, wie auch im Fall der Übermittlung durch Online-Übertragung eingreifen.

4.3. Besondere Bestimmungen für Computerprogramme

4.3.1. Einführung

Im „Grünbuch über Urheberrecht" von 1988 wurde von der Kommission ein urheberrechtlicher Schutz für die Computerprogramme vorgeschlagen. Angestrebt war ein europaweit einheitlicher Schutzmaßstab. Als Schutzvoraussetzung wurde die „Originalität" benannt. 1989 hat die Kommission dann einen Vorschlag für eine entsprechende Richtlinie vorgestellt. Nach zahlreichen Veränderungen kam es dann zur Richtlinie 91/250/EWG vom 14. Mai 1991.[186] Diese Richtlinie wurde durch das 2. Urheberrechtsänderungsgesetz vom 9. Juni 1993 umgesetzt und in der bis heute bestehenden Form in das Urheberrechtsgesetz aufgenommen. Die Richtlinie wurde in der Literatur vielfach als Antwort der Europäischen Kommission auf die Rechtsprechung des BGH, insbesondere die Inkassoprogramm-Entscheidung beurteilt. Wie bereits dargelegt, ging auch die Kommission davon aus, dass die höchstrichterliche Rechtsprechung in Deutschland besondere Anforderungen an den Programmschutz stellt. Insofern heißt es auch in Richtlinie und deutschem Gesetzestext, dass Computerprogramme geschützt werden, „wenn sie individuelle Werke in dem Sinne darstellen, dass sie das Ergebnis der eigenen geistigen Schöpfung ihres Urhebers sind". Zur Bestimmung ihrer Schutzfähigkeit sind keine anderen Kriterien, insbesondere nicht qualitative oder ästhetische, anzuwenden. Der Begriff „Ästhetik" ist auch im Hinblick auf die BGH-Rechtsprechung aufgenommen worden. In seiner Inkassoprogramm-Entscheidung aus dem Jahr 1985 spricht der BGH von einem „geistig-ästhetischen" Gehalt,[187] der gerade nicht Voraussetzung für die Schutzfähigkeit sein soll. Der BGH hat diesen Begriff vielmehr dahingehend verstanden, dass damit Individualität, eigenschöpferische Leistung oder ähnliches gemeint ist. Eindeutig nicht beabsichtigt sei dagegen, dass hier die „Schönheitssinne" angesprochen werden sollen, also der urheberrechtliche Werkbegriff auf die Bereiche Kunst, Belletristik u.ä. beschränkt werden sollte.[188]

Richtlinie und deutscher Gesetzestext haben im Hinblick auf das deutsche Urheberrecht nach den gerade zitierten Inhalten nur klarstellende Bedeutung. Qualitative

---
[186] ABl. EG Nr. L 122 vom 17. Mai 1991, GRUR Int. 1991, 545 ff.
[187] BGH GRUR 1985, 1041, 1047.
[188] Vgl. insoweit die Darstellung von Gernot Schulze, GRUR 1985, 997, 1001.

Kriterien sind auch von der höchstrichterlichen Rechtsprechung, wie ausgeführt, niemals im Urheberrecht verlangt worden. Ästhetische Anforderungen gehörten schon zur Zeit der Inkassoprogramm-Entscheidung der Vergangenheit an, im Grunde genommen seit 1907, als Josef Kohler den Begriff der „inneren Form" „ geprägt hat. Nach dieser Einordnung ist der urheberrechtliche Schutz auch außerhalb des ästhetischen Gehaltes somit bei „reinen Verstandeswerken" möglich.

Richtlinie und deutscher Gesetzestext (§ 69a Abs. 2 UrhG) unterscheiden auch zwischen Ideen und Grundsätzen, die einem Element eines Computerprogramms zugrunde liegen und erklären diese für nicht schützbar. Das bedeutet, dass es auch im wissenschaftlichen Bereich bzw. beim gesellschaftlich bedeutsamen Know-How weiterhin die Unterscheidung zwischen der Lehre und der konkreten Art der Anwendung der Lehre gibt.

Nun kann man Richtlinie und deutsches Ausführungsgesetz nicht dahin interpretieren, dass die Lehre „an sich" schutzunfähig ist, aber ihre konkrete Niederlegung in einem lauffähigen Programm Schutz erfahren kann.[189] Das ist schon deshalb unsinnig, weil eine mathematische Lehre oder eine Lehre, die sich mathematisch darstellen lässt, immer in Form eines konkret im Universalrechner verwendungsfähigen Algorithmus dargestellt werden kann. Eine wissenschaftliche Lehre ist urheberrechtlich aber in jeder Form frei, unabhängig ob sie in Druckform dargestellt wird oder in programmtechnisch aufbereiteter Form. Nahe liegender ist die Auslegung, dass entsprechend den allgemeinen urheberrechtlichen Anforderungen die Lehre und die sich aus der Lehre für den Fachmann ergebenden Anforderungen frei bleiben müssen und nur die eigentümliche Verwendung der Lehre geschützt werden kann. So heißt es denn auch in den Standardkommentaren, schutzfähig könne die konkrete Anwendung (der Lehre) in einem Programm, die Art und Weise ihrer Implementierung und Verknüpfung sein.[190] Dies ist gleichzeitig die einzig mögliche Interpretation auf der Grundlage der Richtlinien- und Gesetzestexte. Die grundlegende Voraussetzung für den Schutz ist nach der Richtlinie und nach § 69a Abs. 3 UrhG, dass es sich bei den Computerprogrammen in jedem Fall um „individuelle Werke" des Urhebers handeln muss. Es gibt somit keinen Unterschied hinsichtlich der Werkqualität zwischen Computerprogrammen und anderen Werkarten; § 2 Abs. 2 UrhG ist nach wie vor der Maßstab. Richtlinie und § 69a UrhG haben nur eine klarstellende Bedeutung, nämlich dass es keine Qualitätsmaßstäbe im Urheberrecht

---

[189] In diese Richtung könnte allerdings BGH GRUR 1991, 449, 453 – „Betriebssystem" interpretiert werden; der BGH unterscheidet hier zwischen Algorithmus, Ideen und mathematischen Lehren als solchen. Dieses wird dahin ergänzt, dass über den Schutz die Art und Weise der Implementierung entscheidet. Demnach ist es wieder die originelle Art und Weise des Einsatzes der Lehre, die sie in dieser Form schützbar macht.

[190] So *Schricker/Loewenheim*, § 69a Rdnrn. 10 f. über die dort genannten Freiräume für individuelle Programmentwicklungen: Auswahl der Eingangs- und Ausgangsgrößen, Anpassung, Abwandlung von Algorithmen bei der Strukturierung von Daten und der Formulierung der für die Nutzung, Wartung und Weiterentwicklung nötigen und nützlichen Zusatzinformationen unter Hinweis auf BGH GRUR 1991, 449, 452 – Betriebssystem; BGH CR 1993, 752, 754 f. – Buchhaltungsprogramm und schließlich BGH GRUR 2005, 860, 861 FASH 2000. Siehe auch *Möhring/Nicolini/Hoeren*, UrhG, 2. Aufl. 2006, *Hoeren*, § 69a, Rdnrn. 2 ff, Rdnrn. 10 ff.; *Dreier/Schulze, Dreier*, § 69a, Rdnrn. 19 ff.

4. Inhalte des Urheberrechts 61

geben darf, und dass auch nicht mehr ein ästhetischer Gehalt (früher: ästhetischer Überschuss) im alten Sinne verlangt werden kann.

Auch aus rechtspolitischer Sicht ist der vorgestellten Auslegung zu folgen. Wie bereits ausgeführt, sollte die Richtlinie einer angeblichen Abkehr der deutschen Rechtsprechung von den urheberrechtlichen Grundsätzen entgegenwirken. Die Richtlinie sollte keinen Sonderschutz für Computerprogramme schaffen, sondern nur gewährleisten, dass sie wie andere urheberrechtliche Werke dem urheberrechtlichen Schutz zugänglich sind.

In der deutschen Literatur wird bei der Interpretation des Richtlinien- und Gesetzestextes der Begriff Algorithmus differenziert ausgelegt. Entsprechend dem Normbefehl, dass Ideen und Grundsätze nicht schützbar sind, werden die Algorithmen höherer Allgemeinheitsstufe [191] von den einfachen, vielfach austauschbaren Algorithmen differenziert. Auch dies entspricht der bisherigen Rechtsprechung. Ein Ausschluss aller Algorithmen vom Urheberrechtsschutz ist unsinnig, weil ein Programm aus nichts anderem als solchen Algorithmen besteht. Es ist wie folgt zu differenzieren: Algorithmen mit der Eigenschaft (Fähigkeit) Basisalgorithmen oder Komplexalgorithmen zu sein,[192] also Grundlagen– und vielfach verwendbare Algorithmen, müssen aus dem urheberrechtlichen Schutz regelmäßig ausscheiden. Algorithmen, die sich nahe liegend aus der Informatik bzw. dem Software-Engineering ableiten lassen, fehlt die persönlich geistige Schöpfung. Die dann noch verbleibenden Algorithmen müssen zumindest einzelne Elemente originellen Schaffens aufweisen und in Abgrenzung zu den o.g. Basis- bzw. Komplexalgorithmen dürfen sie für ihre Einsatzgebiete nach dem Stand der Informationstechnik keine Monopolwirkung haben; es muss alternative Lösungsmöglichkeiten geben.

Soweit die technische und auch wirtschaftliche Möglichkeit für alternative Software besteht, entfallen die eigentlichen Gründe für die Schutzverweigerung. Diese Betrachtungsweise ist rechtsdogmatisch begründbar. Bei den künstlerischen, ästhetisch wahrnehmbaren, Schöpfungen gibt es deshalb kein berechtigtes Freihaltungsinteresse, weil der künstlerische Formenschatz unaufbrauchbar erscheint.

Die Rechtsprechung des BGH hätte sich so wie durch Inkassoprogramm und Betriebsprogramm begonnen, weiterentwickeln können. Wohl unter dem Eindruck der Literatur, welche dem BGH vorgeworfen hat, hier Qualitätsmaßstäbe, die auch noch weit überzogen sind, angesetzt zu haben, hat der BGH jedoch seine Rechtsprechung verändert. Die neue Rechtsprechung steht in Übereinstimmung mit der Literatur, die Richtlinientext und deutschen Gesetzestext vielfach dahin interpretiert, dass nur noch geringe Anforderungen an die Schöpfungshöhe und an die Individualität gestellt werden sollen. Als Maßstab soll die sog. „kleine Münze" dienen.[193]

---

[191] *Schricker/Loewenheim,* Urheberrecht § 69a Rdnr. 12; vgl. auch *Haberstumpf*, Handbuch des Urheberrechts § 69a Rdnr. 9; *Wandtke/Bullinger/Grützmacher,* § 69a Rdnrn. 27 ff.
[192] Zu den Begriffen, s. *Ensthaler, Möllenkamp*, GRUR 1994, 151 ff.
[193] BGH GRUR 1994, 39 – „Buchhaltungsprogramm"; BGH GRUR 2005, 280 – „FASH 2000"; OLG Karlsruhe GRUR 1964, 726 – „Bildschirmmaske"; *Schricker/Loewenheim,* UrhG, § 69a Rdnr. 19; *Grützmacher*: in *Wandtke/Bullinger*, UrhG, § 69a Rdnr. 33.

Gegen diese Auffassung ist grundsätzlich nichts einzuwenden. Es entspricht seit langem urheberrechtlichen Grundsätzen, dass dort, wo kein „unterlegtes" Leistungsschutzrecht vorhanden ist, an die Schöpfungshöhe keine hohen Anforderungen zu stellen sind. Es soll stattdessen auch die „kleine Münze" geschützt sein. Dies ist schon deshalb richtig, weil der Umfang des Schutzbereichs die Menge individueller Merkmale nicht überschreiten kann. Die Eingangsschwelle zum Schutzbereich ist zwar herabgesetzt, der Schutzumfang korrigiert diesen Umstand aber wieder.

Gelöst ist dadurch selbstverständlich nichts. Es ist, wie zu Beginn erörtert, nun wieder die Frage zu stellen, wo der Bereich der freizuhaltenden Lehre, d.h. der höherwertigen Algorithmen endet und wo der Bereich beginnt, der zwar nicht außerhalb des urheberrechtlichen Schutzes liegt, der aber der noch im Sinne der „kleinen Münze" hinreichend individuell ist. Insofern hat immer noch das Bedeutung, was in der Literatur noch vor der Inkassoprogramm-Entscheidung von Gernot Schulze zum Bereich der „kleinen Münze" gesagt wurde: Auch im Bereich der „kleinen Münze" des Urheberrechts gibt es kaum Platz für die Computerprogramme; die Zweckbedingtheit und die Befolgung von Anweisungen sind schutzverneinende Indizien.[194] Was aus wissenschaftlichen Gründen in der gebotenen Form notwendig, durch die Verwendung der im fraglichen technischen Bereich regulären Ausdrucksweise üblich oder zur Lösung einer Aufgabe bereits vorgegeben ist, oder was mechanisch-technisch bedingt ist, kann nicht Gegenstand der „kleinen Münze" sein, sondern hat aus dem urheberrechtlichen Bereich auszuscheiden.

In seiner „FASH"-Entscheidung aus dem Jahre 2005 stellt der BGH für die Gewährung des Schutzes auf die „kleine Münze" ab. Lediglich die einfache, routinemäßige Programmierleistung, die jeder Programmierer auf dieselbe oder ähnliche Weise erbringen würde, soll schutzlos bleiben. Er stellt fest, dass eine „besondere" schöpferische Gestaltungshöhe für die Schutzfähigkeit nicht erforderlich ist. Das Gesetz stelle vielmehr darauf ab, dass es sich um eine individuelle geistige Schöpfung handelt und daher, es sei wiederholt, sei auch die „kleine Münze" geschützt. Wo der Bereich der „kleinen Münze" zu suchen ist, wird nicht gesagt. Der BGH kehrt auch hier insofern an die Anfänge der Diskussion über den urheberrechtlichen Schutz zurück und urteilt dahin, dass bei komplexen Computerprogrammen eine tatsächliche Vermutung für eine hinreichende Individualität bei der Programmgestaltung bestehe. In derartigen Fällen sei es dann Sache des Beklagten, darzulegen, dass das fragliche Programm nur eine gänzlich banale Programmierleistung ist. Ähnliches hatte auch Koehler schon 1968 in seiner Dissertation ausgeführt. Bereits bei Rechnerprogrammen, die zumindest aus 500 bis 1.000 Befehlsschritten bestehen, sei ein hinreichender Spielraum für individuelle Entscheidungsfreiheit gegeben.[195]

---

[194] Die „kleine Münze" und ihre Abgrenzungsproblematik bei den Werkarten, *Freiburg* 1993, S. 256 ff.; so auch in damaliger Zeit *Zahn*, GRUR 1978, 207, *Betten, Mitt.* 1983, 82, 70 und *Nordemann FS Roeber*, 1982, 297, 304.

[195] *Koehler*, Der urheberrechtliche Schutz der Rechenprogramme, München 1968, S. 68.

4.3.2. Zustimmungsbedürftige Handlungen

§ 69c UrhG weist dem Urheber oder seinem Rechtsnachfolger, das ausschließliche Recht zur Vervielfältigung, zur Umarbeitung und Verbreitung der Computerprogramme zu. Durch die Norm wurde Art. 4 der Computerprogramm-Richtlinie der EU in deutsches Recht umgesetzt.[196] § 69c UrhG beinhaltet eine Sondervorschrift für Computerprogramme, welche den Regelungen der §§ 15 ff., 19a, 23 UrhG vorgeht. Dies bedeutet, dass § 69c UrhG nicht zur Auslegung der letztgenannten Vorschriften herangezogen werden kann.[197] Das hat insbesondere für die Reichweite des Vervielfältigungsrechts Bedeutung, das in § 69c Nr. 1 UrhG – der besonderen Interessenlage bei den Programmen folgend – sehr weit gefasst wurde.

Gemäß § 137d UrhG ist § 69c UrhG auch auf die Programme anwendbar, die vor Umsetzung der Richtlinie (vor dem 24. Juni 1993) geschaffen wurden. Das Vermietungsrecht nach Nr. 3 erstreckt sich allerdings nicht auf Programmkopien, die zu Vermietungszwecken vor dem 1. Januar 1993 erworben wurden (§ 137d Abs. 1 S. 2 UrhG).

Die rechtliche Stellung von Urhebern im **Arbeits- und Dienstverhältnis ist durch § 69b UrhG geregelt**. Dem Arbeitgeber stehen die ausschließlichen Rechte am Programm zu, wenn der Arbeitnehmer das Programm in Ausübung seiner Tätigkeit oder nach den direkten Anweisungen seines Arbeitgebers geschaffen hat.

4.3.2.1. Vervielfältigungsrecht

§ 69c UrhG zielt darauf ab, dem Rechtsinhaber einen weitestmöglichen Schutz zu gewährleisten. „Das Gesetz ist ersichtlich um eine wasserdichte Sicherung der Befugnisse des Rechtsinhabers bemüht".[198] Eine eigenständige, von § 16 UrhG losgelöste Definition des Begriffs „Vervielfältigung" wird jedoch nicht geboten, sodass zunächst von § 16 UrhG auszugehen ist. Vervielfältigung ist die körperliche Festlegung des Programms auf einem Datenträger. In Übereinstimmung mit § 16 UrhG ist in § 69c Nr. 1 S. 1 UrhG festgelegt, dass die Vervielfältigung nicht dauerhaft zu sein braucht. Für die Computerprogramme sollte damit klargestellt werden, dass ein Programm – unter Umgehung der entsprechenden Lizenzverträge – nicht etwa gleichzeitig auf mehreren Bildschirmen benutzt werden darf.[199]

Nach § 69c Nr. 1 S. 2 UrhG ist, soweit „das Laden, Anzeigen, Ablaufen, Übertragen oder Speichern des Computerprogramms eine Vervielfältigung erfordert", die Zustimmung des Urhebers erforderlich. Diese Umschreibung ist einerseits schon tautologisch, zeigt aber andererseits deutlich auf, dass der Gesetzgeber keine Einschränkung des Vervielfältigungsrechts im Hinblick auf die Computerprogramme wollte, sondern im Gegenteil eine extensive Auslegung des Begriffs „Vervielfältigung" für richtig hielt.

---

[196] Richtlinie 91/250/EWG, ABlEG Nr. 122 vom 7. Mai 1991, 42; abgedruckt auch in GRUR Int. 1991, 545.
[197] *Schricker/Loewenheim*, § 69c, Rdnr. 1.
[198] *Fromm/Nordemann – Vinck* § 69c, Rdnr. 3.
[199] Amtl. Begründung BT-Drucks. 12/4022, S. 11.

Die h.M. in der Literatur geht deshalb mit Recht davon aus, dass bei allen Zweifelsfragen darauf abzustellen ist, ob durch die erneute körperliche Fixierung des Programms eine zusätzliche Nutzung des Computerprogramms ermöglicht wird; m.a.W.: Die Interpretation des Vervielfältigungsrechts soll sich am Partizipationsinteresse des Urhebers bzw. seiner Rechtsnachfolger an der Verwertung des Schutzrechts orientieren.[200] Eine urheberrechtlich relevante Vervielfältigung liegt vor, wenn durch die körperliche Festlegung des Programms oder seiner schutzfähigen Teile eine zusätzliche Nutzungsmöglichkeit ermöglicht wird.[201]

Deutlich in diese Richtung ging auch Art. 5 Abs. 1 des Richtlinienvorschlages zur Harmonisierung bestimmter Bereiche des Urheberrechts und verwandter Schutzrechte in der Informationsgesellschaft vom Dezember 1997 (97[KOM]628), der darauf abstellte, ob technische Vervielfältigungshandlungen eine eigenständige wirtschaftliche Bedeutung haben. Damit sollten die Fälle entschieden werden, bei denen zwar eine erneute Festlegung durchgeführt wurde, diese aber wenig mit einer Vervielfältigung im Sinne des „klassischen" Vervielfältigungsrechts nach § 16 UrhG gemein hatte. Beispielhaft hierfür ist der Fall, dass die Programme durch (vorübergehendes) Einspeichern auf dem Arbeitsspeicher lediglich benutzt oder auf dem Bildschirm sichtbar gemacht wurden, die Speicherung aber nur flüchtig war, das heißt, mit dem Ausschalten des Rechners beendet wurde. Diese Fälle sind eher einer unkörperlichen Verwertung, z.B. bei der Vorführung eines Films nach § 19 Abs. 4 UrhG oder beim verwertungsrechtlich irrelevanten „Blättern" in einem Buch, vergleichbar. Sie sind andererseits wegen der technischen Notwendigkeit, zumindest den Arbeitsspeicher des Computers zu benutzen, dem Vervielfältigungsbegriff grundsätzlich zugänglich und sollten auch Vervielfältigung im urheberrechtlichen Sinne sein, soweit hierdurch eine wirtschaftlich verwertbare Nutzung möglich erscheint. Rechtsdogmatisch sollte § 69c UrhG demnach so ausgelegt werden, dass jede technische Vervielfältigung auch Vervielfältigung im Rechtssinne ist, soweit durch diese Vervielfältigung ein vermarktungsfähiger wirtschaftlicher Nutzen zugunsten des Vervielfältigers entsteht. So jedenfalls sind die Standardkommentierungen zum Urheberrechtsgesetz zu verstehen.[202]

Die Richtlinie „zur Harmonisierung bestimmter Aspekte des Urheberrechts und der verwandten Schutzrechte in der Informationsgesellschaft" vom 22. Mai 2001[203] sieht eine Anpassung der Vervielfältigungsrechte auf die digitalen und maschinellen Besonderheiten vor und definiert Vervielfältigung in Übereinstimmung mit § 69c UrhG. Es genügt danach auch die nur vorübergehende Übertragung auf den Arbeitsspeicher eines Rechners (Art. 2 RL). Das Vervielfältigungsrecht wird anschließend jedoch – mit Ausnahme der Computerprogramme (Art. 1 (2)a)) – wieder eingeschränkt. Art. 5 (1) RL bestimmt: „Die in Artikel 2 bezeichneten vorüberge-

---

[200] Vgl. *Schricker/Loewenheim,* UrhG, § 69c, Rdnr. 6.
[201] Vgl. so auch *Lehmann,* FS *Schricker,* 1995, S. 565; *Dreier,* in: *Schricker,* Urheberrecht auf dem Weg zur Informationsgesellschaft, 1997, S. 104; *Gloy/Harte-Bavendamm* (Fn. 51), § 43, Rdnr. 216.
[202] Vgl. *Schricker/Loewenheim,* UrhG, § 69c, Rdnrn. 6 ff.; *Fromm/Nordemann - Vinck,* § 69c, Rdnr. 3; *Dreier/Schulze, Dreier,* § 69c, Rdnr. 8.
[203] ABl. EG Nr. L 167 vom 22. Juni 2001, S. 10 bis 19.

henden Vervielfältigungshandlungen, die flüchtig oder begleitend sind (...) und deren alleiniger Zweck es ist, eine Übertragung zwischen Dritten oder eine rechtmäßige Nutzung eines Werkes (...) zu ermöglichen, und die keine eigenständige wirtschaftliche Bedeutung haben, werden von dem Vervielfältigungsrecht ausgenommen."

Durch das Gesetz „zur Regelung des Urheberrechts in der Informationsgesellschaft"[204] ist diese Regelung nahezu wörtlich als § 44a ins Urheberrechtsgesetz übernommen wurden. Bei richtlinienkonformer Auslegung hilft jedoch § 44a UrhG bei der Problematik der Computerprogramme nicht weiter. Nach Art. 1 (2) der RL bleiben die gemeinschaftsrechtlichen Bestimmungen „über den rechtlichen Schutz von Computerprogrammen" unberührt. § 69c UrhG setzt Art. 4 der so genannten Computerrichtlinie um und beruht demnach auf Gemeinschaftsrecht, das in „keiner Weise" durch die neue Richtlinie zum Vervielfältigungsrecht „beeinträchtigt" sein soll.

Zwischen berechtigter Werkinformation und unberechtigter Werknutzung muss anhand der wirtschaftlichen Bedeutung unterschieden werden. In den meisten Fällen wird es sich so verhalten, dass von vorneherein eine berechtigte Nutzung vorliegt. Im Übrigen ist die Sichtung auf dem Bildschirm dem Blättern in einem Buch vergleichbar und stellt somit keine Vervielfältigung dar. Eine lediglich formale Betrachtung führt hingegen zu schwer nachvollziehbaren Ergebnissen

Die Ansicht der herrschenden Meinung, dass auf eine zusätzliche Nutzungsmöglichkeit abzustellen ist, ist durch eine richtlinienkonforme Interpretation des Gesetzes gedeckt, welches dem Urheber einen weit reichenden Schutz einräumen wollte. Einschränkungen können sich aber aus einer interessengerechten Abgrenzung der Werkart „Computerprogramme" zu anderen digitalisierten Werken ergeben. Nicht alles, was digital aufbereitet im Arbeitsspeicher geladen werden kann, ist ein Computerprogramm i.S.d. §§ 69a ff. UrhG, auch wenn die Digitalisierung programmierungstechnisch erklärbare Eigenarten enthält. Das Blättern in einem Buch ist sicherlich keine Verletzung eines Urheberrechts, ebenso wenig kann dann das Betrachten eines digital aufbereiteten Manuskriptes auf dem Bildschirm, trotz des Ladevorgangs im Arbeitsspeicher des Rechners, unter § 69c UrhG fallen. Schwierig wird die Beurteilung dann, wenn ein „in gewöhnlicher" Sprache verfasstes Manuskript nicht nur 1:1 digital aufbereitet, sondern programmtechnisch so bearbeitet wurde, dass es dem Leser bei der Suche nach Informationen durch das Setzen bestimmter Links etc. besonders oder jedenfalls anders, als es herkömmliche Register und Stichwortverzeichnisse vermögen, behilflich ist.

Rechtsdogmatisch ist gefordert, dem besonderen Schutzbedürfnis der Programme, dem der Gesetzgeber in § 69c UrhG nachgekommen ist, eine restriktive Interpretation des Begriffs Computerprogramm gegenüberzustellen, weil andernfalls die Sondervorschrift des § 69c UrhG in weiten Bereichen den § 16 UrhG verdrängen würde, was auch im Hinblick auf das Schutzinteresse des Urhebers vom Gesetzgeber nicht gewollt war. Eine einschränkende Interpretation von § 69c UrhG im Hinblick auf die Abgrenzung digitalisierter Werke und Computerprogramme ist deshalb

---

[204] BT-Drucks. 15/38 vom 6. November 2002.

angezeigt. Am rein technischen, informations- bzw. softwaretechnischen Geschehen orientierte Abgrenzungen werden hierbei kaum weiterhelfen, weil die Informatik bzw. das Software-Engineering mittlerweile zahlreiche Hilfsmittel für die Darstellung eines Sprachwerkes in digitaler Form zur Verfügung gestellt hat, ähnlich der einer Umgangssprache zugrunde liegenden Grammatik oder vergleichbar den Organisationstechniken, die zum Beispiel einem Stichwortverzeichnis zugrunde liegen. Sachgerecht wäre eine Abgrenzung, nach der es das Computerprogramm ist, das menschliche Gedankentätigkeit ersetzt und nicht bloß unterstützt. Ein Rückgriff auf den patentrechtlichen Begriff des Computerprogramms wird insofern hilfreich sein.

4.3.2.2. Bearbeitungsrechte

§ 69c Nr. 2 UrhG privilegiert die an den Computerprogrammen Berechtigten gegenüber den übrigen Urhebern. Untersagt wird bereits die Herstellung von Bearbeitungen, während § 23 UrhG im Wesentlichen nur die Veröffentlichung und Verwertung verbietet. Zu den Bearbeitungen gehören auch die Übersetzungen in eine andere (Computer-)Sprache.[205] Der Begriff bezieht sich u.a. auf das Verbinden von Programmen oder Programmteilen und – weit gefasst – andere Umarbeitungen. Das ausschließliche Umarbeitungsrecht des Urhebers wird durch §§ 69d und 69e UrhG eingeschränkt. Die Umarbeitung ist in § 69c Nr. 2 S. 1 UrhG der Oberbegriff, Übersetzung, Bearbeitung und Arrangements sind Beispiele für das weit gefasste Verbot. Im Verhältnis zu den §§ 23 und 39 ist § 69c Nr. 2 UrhG lex specialis. § 69c Nr. 2 UrhG bezieht sich ebenso wie § 23 UrhG auf alle Umarbeitungen bzw. Bearbeitungen; und zwar unabhängig davon, ob selbst wieder schöpferische Leistungen hervorgebracht werden oder nicht.[206] Für eine Einschränkung ist im Hinblick auf den weit gefassten Schutzbereich von § 69c UrhG auch gar kein Raum. Würden nur schöpferische Bearbeitungen unter § 69c Nr. 2 UrhG fallen, wäre der Schutzbereich geradezu restriktiv gestaltet. Von den Nutzern werden sehr häufig Umarbeitungen angestrebt werden, die keine schöpferischen Leistungen enthalten: Erweiterungen des Funktionsumfanges, die Übertragung in eine andere Sprache, Änderungen zur Portierung auf eine andere Hardware oder ein anderes, neues Betriebssystem. Die Sonderregelung des § 69c Nr. 2 UrhG macht erst dann Sinn, wenn gerade solche – häufig einfachen – Änderungsbefugnisse beim Urheber bzw. Rechtsinhaber verbleiben.

Von § 69c Nr. 2 UrhG abzugrenzen ist die so genannte freie Benutzung eines vorgeschaffenen Programms (§ 24 UrhG). Sie liegt vor, wenn die dem geschützten älteren Werk entnommenen individuellen Züge gegenüber der Eigenart des neu geschaffenen Werkes verblassen.[207] Hier gibt es keine spezielle Regelung für Computer-Programme. Für die Praxis werden vor allem die Fälle der Abänderungen der

---

[205] *Schricker/Loewenheim*, § 69c, Rdnr. 12; die Arrangements, vgl. zur Bedeutung dieses Begriffs für die Software *Koch*, NJW-CoR 1994, 293, 300.
[206] *Schricker/Loewenheim*, § 69c, Rdnr. 13; a.A. *Fromm/Nordemann – Vinck* (Fn. 6), § 69c, Rdnr. 4.
[207] BGH, GRUR 1994, 191/193; gleiche Abgrenzung bei den Computerprogrammen *Gloy/Harte-Bavendamm* (Fn. 51), § 43, Rdnr. 219.

Programme im Hinblick auf bestimmte Benutzerwünsche – außerhalb der Befugnisse, die § 69d UrhG dem Nutzer gewährt – von Bedeutung sein. Wie bereits oben ausgeführt, wird es häufig zu Änderungen kommen, die selbst keine schöpferischen Elemente enthalten. Die Veränderungen nicht schutzfähiger Programmelemente bleiben aber auch im Rahmen von § 69c Nr. 2 UrhG erlaubt.[208]

4.3.2.3. Verbreitungsrecht

Der Regelungsgehalt von § 69c Nr. 3 UrhG stimmt im Wesentlichen mit dem des Verbreitungsrechts nach § 17 UrhG überein. Verbreitung bedeutet demnach auch hier sowohl das In-Verkehr-Bringen als auch ein entsprechendes Angebot an die Öffentlichkeit. Der Erschöpfungsgrundsatz ist in § 69c entsprechend dem § 17 Abs. 2 geregelt, § 69c Nr. 3 S. 2 UrhG.

Hinsichtlich der Online-Übertragung orientiert sich die herrschende Meinung am Wortlaut von § 15 Abs. 1, § 17 Abs. 1, § 16 Abs. 2 UrhG, wonach eine Verbreitung nur dann vorliegt, wenn das Werkexemplar auf einen Datenträger fixiert ist und dergestalt in Verkehr gebracht wird.[209] Die Online-Übertragung soll demnach keine Verbreitung darstellen, sondern eine Verwertung in unkörperlicher Form, geregelt in § 19a UrhG.[210] Die Auffassung ist überholt. Es macht weder für die Vervielfältigung noch für die Verbreitung einen Unterschied, ob auf eine CD übertragen bzw. diese CD veräußert wird oder aber, ob durch Fernübertragung von einem Rechnerspeicher auf einen anderen übertragen wird. Auch der Erschöpfungsgrundsatz lässt sich sachgerecht anwenden. Erschöpfung tritt ein, sobald das Programm auf dem Empfangsrechner gespeichert ist; das Programm kann im Zweifel einmal weiterverbreitet werden.

4.3.2.4. Öffentliche Zugänglichmachung

Durch das Gesetz zur „Regelung des Urheberrechts in der Informationsgesellschaft" wurde dem § 69c UrhG in Nr. 4 als weitere zustimmungsbedürftige Handlung angefügt: „die drahtgebundene oder drahtlos öffentliche Wiedergabe eines Computerprogramms einschließlich der öffentlichen Zugänglichmachung in der Weise, dass es Mitgliedern der Öffentlichkeit an Orten und zu Zeiten ihrer Wahl zugänglich ist." Diese Regelung der „öffentlichen Zugänglichmachung" ist der Regelung im neugeschaffenen § 19a gleich. Vor der Novellierung bestand insbes. Rechtsunsicherheit im Zusammenhang mit der Bereitstellung eines Werkes im Netz, ohne dass es von Dritten heruntergeladen wurde. Zum einen wurde hier von einem Senden, zum anderen von einem in § 15 unbenanntem Recht ausgegangen. Beide Ansichten konnten aber nicht überzeugen (siehe zum Verwertungsrecht die Vorauflage)

---

[208] *Schricker/Loewenheim*, § 69c, Rdnr. 16.
[209] *Schricker/Loewenheim*, § 69c, Rdnr. 25, und *ders.* § 17, Rdnr. 4; *Dreier*, in: *Schricker* (Fn. 65), S. 128; *Hoeren*, in: Kilian/Heussen (Fn. 29), Kap. 141, Rdnr. 12; *Schricker*, FuR 1984, 63/72; *Dreier/Schulze, Schulze*, § 16, Rdnr.6: Vervielfältigung nur bei körperlicher Fixierung.
[210] *Dreier/Schulze, Dreier*, § 69c, Rdnr. 20 und *Dreier/Schulze, Schulze*, § 17, Rdnr. 6.

4.3.3. Dekompilierung von Computerprogrammen, § 69e UrhG

4.3.3.1. Einleitung

Die Zulässigkeit des Reverse Engineering und das damit eng verknüpfte Problem mangelnder Interoperabilität von Computerprogrammen war über lange Zeit ein zentraler Punkt der Diskussion um einen angemessenen rechtlichen Schutz von Computersoftware.[211] Dementsprechend spiegelte sich diese schwierige Problematik dann in grundlegend voneinander abweichenden Formulierungen in den einzelnen Vorschlägen der EG-Kommission[212] zur Richtlinie über den Rechtsschutz von Computerprogrammen und den entsprechenden Änderungswünschen des Europäischen Parlaments[213] wider. Allerdings kann der gefundene Kompromiss des Art. 6 der Richtlinie[214] - bzw. dessen wortgetreue Umsetzung in das deutsche Urheberrecht, § 69e UrhG[215] - kaum zufrieden stellen. Die genannte Regelung lässt einige Fragen unbeantwortet, z.B. die nach einer angemessenen Berücksichtigung des Allgemeininteresses an der Freihaltung wissenschaftlicher Lehren und insbesondere der zugrunde liegenden Ideen und Grundsätzen der Software-Schnittstellen. Weiterhin sind die Bestimmungen des § 69e UrhG geeignet, einen freien Wettbewerb nachhaltig negativ zu beeinflussen.

4.3.3.2. Grundlagen des Reverse Engineering

Standardsoftware wird, unabhängig davon, ob es sich um System- oder Anwendungsprogramme handelt, ganz regelmäßig in Form eines direkt ausführbaren Objektcodes auf dem Markt angeboten. Dieser für den betreffenden Rechner- bzw. Prozessortyp einzig zu verarbeitende Objektcode in der jeweiligen Maschinensprache wird im Rahmen der Softwareentwicklung aus dem ursprünglich in einer höheren Programmiersprache konstruierten Quellcode mit Hilfe von Übersetzungssoftware (Compiler, Assembler) gewonnen. Quellcode und Objektcode unterscheiden sich dabei nicht in ihrer Funktionalität, wohl aber in der Darstellung und ggf. auch in der Struktur. Layout-Aspekte, wie Zeileneinrückungen oder die Hervorhebung von Schlüsselwörtern in der jeweiligen Programmiersprache fallen der eben beschriebenen Transformation ebenso „zum Opfer" wie die Kommentierung des Codes oder die mehr oder minder sinnhafte Namensgebung für Funktionen, Datenstrukturen und dergleichen. Auch die zuerst im Quellcode verwendete Programmiersprache selbst kann nicht mehr ohne weiteres anhand des Objektcodes ermittelt werden; gleiches gilt für die im Rahmen der Kompilierung und Assemblierung möglicherweise optimierten Kontrollstrukturen. Der Quellcode besitzt für den Betrachter nur rudimentären Informationsgehalt.

---

[211] Vgl. für das europäische und insbes. das deutsche Schrifttum nur die Aufstellung bei *Haberstumpf*, CR 1991, 129, Fn. 1.
[212] Vorschlag vom 5. Januar 1989, AblEG 1989 Nr. C 91, 4; geänderter Vorschlag vom 18. Oktober 1990, AblEG 1990 Nr. C 320, 22.
[213] AblEG 1990 Nr. C 231, 78, und Beschluss vom 17. April 1991.
[214] AblEG 1991 Nr. L 122, 42.
[215] Umsetzung der Richtlinie durch Gesetz vom 9. Juni 1993, BGBl. 29/910.

Um die Funktionsweise eines Objektcodes oder auch nur seiner Schnittstellen, d.h. derjenigen Codefragmente, die für die Kommunikation (Interoperabilität und Kompatibilität) des Programms mit der Außenwelt (reale oder potentielle Hard- und Softwareumgebung) verantwortlich sind, zu verstehen, ist die Umkehrung des dargestellten Transformationsprozesses notwendig – jedenfalls dann, wenn kein entsprechendes Dokumentationsmaterial vorliegt. Für die Analyse und Rückübersetzung des Objektcodes („Reverse Analysis", „Reverse Engineering") stehen dabei verschiedene Softwarewerkzeuge und Hilfsmittel zur Verfügung.[216] Sie ermöglichen unter anderem die Protokollierung der Signalkommunikation, das Anfertigen von Hauptspeicherabzügen („dumps") und schrittweise Programmtestläufe („tracing"),[217] insbesondere aber auch die Disassemblierung des Objektcodes. Disassembler leisten die Umwandlung der für den Menschen unverständlichen Maschinencodes in eine nachvollziehbare Codeform, in der z.B. die Trennung von Daten- und Codebereichen und hier wiederum die Aufteilung in einzelne Strukturen und Befehle zu erkennen ist. Relative oder absolute Sprungadressen des Maschinencodes werden durch geeignete Marken ersetzt, Betriebssystemfunktionen können näher erläutert werden usw. Allerdings ist auch das disassemblierte Programm noch weit von dem originären Quellprogramm entfernt. Dieses Manko vermag auch eine weitergehende Dekompilierung nicht vollends zu beseitigen.

Decompiler sind Programme, die den Objektcode in den entsprechenden Quellcode einer höheren Programmiersprache übersetzen. Die dabei auftretenden Probleme, insbesondere hinsichtlich der vom Maschinencode zu erfüllenden Beschränkungen,[218] haben jedoch dazu geführt, dass Decompiler im Wesentlichen nur für unternehmensinterne Zwecke konstruiert wurden; eine vollständige Dekompilierung von nicht trivialen Objektprogrammen scheint kaum möglich. Die Hauptarbeit des Reverse Engineering liegt mithin in der weitergehenden Analyse des disassemblierten oder teilweise dekompilierten Programmcodes. Der Charakter dieses vorläufigen Quellprogramms ist in der Literatur mit dem einer Tageszeitung verglichen worden, „in der alle Namen, Berufe oder Positionen, Orte und Gegenstände durch Geburtsdatum, Gehalt, Postleitzahl bzw. Verkaufspreis" substituiert sind.[219] Dieser Vergleich ist zurückhaltend formuliert. Es bedarf großer Anstrengungen sowie einiger Intuition und Erfahrung, um die Funktionsweise eines solchen Programms im Detail zu ermitteln. Das gilt im Besonderen für diejenigen Programmtei-

---

[216] Vgl. ausführlich *Johnson-Laird*, Reverse Engineering of Software: separating Legal Mythology from Modern Day Technology, Tek-Briefs, Januar/Februar 1991, 7.
[217] Tracingfunktionen sind in jedem Debugger implementiert. Debugger sind Programme, die in erster Linie zur direkten Fehlersuche im Maschinenprogramm dienen. Mit ihrer Hilfe können insbesondere auch die verschiedenen Registerinhalte betrachtet oder verändert werden. Sie werden quasi zwischen Prozessor und Objektprogramm geschaltet, so dass mit ihrer Unterstützung eine schrittweise Analyse und Protokollierung des Programmverhaltens möglich wird. Dabei ist die „Schrittweite", d.h. der Detaillierungsgrad der Analyse im Allgemeinen variierbar.
[218] Probleme bereitet hier z. B. die Trennung von Daten- und Codepartionen, vielfach muss der Objektcode auch bereits disassembliert vorliegen etc. Vgl. dazu *Hollander*, Decompilation of object programs, Stanford University 1973.
[219] *Lietz*, CR 1991, 564, 567.

le, die sich nicht regelmäßig wiederholen oder „alltägliche" Algorithmen widerspiegeln.

Trotz allem kann jedoch davon ausgegangen werden, dass sich der Aufwand für die Analyse ganz regelmäßig geringer bemisst als der für die komplette Eigenentwicklung eines Programms. Das gilt um so mehr, je kleiner der Umfang der detailliert zu analysierenden Codefragmente (beispielsweise bei der Ermittlung von Schnittstellen) ist.

Es ist offensichtlich, dass die vorgestellten Techniken und Hilfsmittel dazu geeignet sind, am Markt erhältliche Computerprogramme rückwärts zu analysieren bzw. zu übersetzen und diese nach einigen mehr oder weniger tief greifenden Modifikationen als eigenes Produkt zu vermarkten. Diese Vorgehensweise versucht § 69c UrhG zu sanktionieren. § 69c Abs. 1 UrhG bestimmt, dass eine dauerhafte oder vorübergehende, partielle oder umfassende Vervielfältigung von geschützten Computerprogrammen **sowie** deren Übersetzung ohne Zustimmung des Rechtsinhabers nur dann über den bestimmungsgemäßen Gebrauch einschließlich der Fehlerbeseitigung hinaus erlaubt ist, wenn diese Handlungen erforderlich sind, um die zur Herstellung der Interoperabilität eines unabhängig geschaffenen Programms mit anderen Programmen notwendigen Informationen zu erhalten. Darüber hinaus dürfen diese Handlungen nur vom Lizenznehmer oder anderen zur Verwendung einer Programmkopie berechtigten Personen vorgenommen werden, soweit ihnen die nötigen Informationen nicht anderweitig zugänglich sind, und sie dürfen sich lediglich auf die zur Herstellung der Interoperabilität notwendigen Programmteile beschränken. Darüber hinaus wird die Verwertungsbefugnis der durch die Vervielfältigung und Übersetzung gewonnenen Ergebnisse dahingehend eingeschränkt, dass diese Informationen einzig zur Herstellung der Interoperabilität des unabhängig entwickelten Programms verwendet und darüber hinaus auch nicht an Dritte weitergegeben werden dürfen. Daraus resultiert – § 69e Abs. 2 Nr. 3 UrhG formuliert es explizit – das Verbot der Verwendung jener durch das Reverse Engineering gewonnenen Erkenntnisse zur Entwicklung, Herstellung oder Vermarktung eines Programms mit „im Wesentlichen ähnlicher Ausdrucksform".

Diese Regelung ist zumindest hinsichtlich der Schnittstellen verfehlt. Nach deutschem Urheberrecht, das insofern auf europäisches Recht zurückgeht, sind die Schnittstellen einerseits (regelmäßig) frei, dürfen aber andererseits mangels Lizenzierung der Software nicht aus dieser heraus gewonnen werden. Die Dekompilierung zu anderen als den in § 69e ausdrücklich gestatteten Zwecken ist ausnahmslos von der Zustimmung des Schutzrechtsinhabers abhängig. Das kann zu ganz erheblichen Wettbewerbsbeschränkungen führen, auf die die Rechtsprechung von EuG und EuGH bereits reagiert hat; in Rede steht die sog. Essential-facility-Rechtsprechung.

4.3.3.3. Die Essential-facility-Rechtsprechung

Besondere Bedeutung erlangen die Schnittstellen von Computersoftware in den Fällen, in denen der Hersteller mit seinem Programm den Markt beherrscht. In diesem Fall werden die Schnittstellen für konkurrierende Softwarehersteller zu einer Einrichtung, welche wesentlich ist, um auf dem Markt für Software derselben Systemart überhaupt bestehen zu können. Diese Problematik wurde aktuell im Fall

4. Inhalte des Urheberrechts 71

Microsoft behandelt und ist im Bereich der Essential-facility-Rechtsprechung im europäischen Wettbewerbsrecht einzuordnen. Diese bezieht sich nicht ausschließlich auf Softwaremärkte, sondern eine wesentliche Einrichtung ist von der Europäischen Kommission als eine „Einrichtung oder Infrastruktur, ohne deren Nutzung ein Wettbewerber seinen Kunden keine Dienste anbieten kann" definiert worden.[220] Dem Missbrauch von Marktmacht im Sinne von Art. 82 EG soll nach der Doktrin dadurch entgegengetreten werden, indem der Zugang zu der wesentlichen Einrichtung Dritten im Wege einer Zwangslizenz gewährt wird. Die Voraussetzungen hierfür sollen anhand insofern grundlegender Entscheidungen der europäischen Gerichte dargestellt werden.

1995 legte der EuGH in der Entscheidung des Falls **Magill** drei Voraussetzungen fest, bei deren Vorliegen – ausnahmsweise - eine Lizenzverweigerung missbräuchlich sein kann: Erforderlich ist danach, dass die Lizenzverweigerung das Auftreten eines neuen Produktes verhindere und dieses Verhalten nicht gerechtfertigt, sondern vielmehr geeignet sei, den Wettbewerb auf einem abgeleiteten Markt zu verhindern.[221] In seinem Urteil zum Fall der **IMS Health** GmbH aus dem Jahr 2004[222] legte der EuGH darüber hinaus fest, dass die in der Entscheidung Magill aufgestellten Kriterien **kumulativ** vorliegen müssen: Durch die Zugangsverweigerung muss verhindert werden, dass die betroffenen Unternehmen auf einem nachgelagerten Markt ein neues Produkt anbieten **und** es muss jeglicher Wettbewerb auf diesem Markt ausgeschlossen werden.[223]

Im Fall **Microsoft** schließlich findet sich die Problematik des Zugangs zu Schnittstelleninformationen wieder. In diesem Fall stellte die Kommission fest, der Missbrauch einer marktbeherrschenden Stellung nach Art. 82 EG liege darin, dass Microsoft die Kompatibilität seiner Software mit der Software konkurrierender Unternehmen durch Geheimhaltung der Schnittstelleninformationen bewusst eingeschränkt habe. Die Schnittstellen bildeten aus der Sicht der Kommission die wesentliche Einrichtung im Sinne der **Essential-facilities-Doktrin** und der Zugang zu ihnen die unabdingbare Voraussetzung für die Wettbewerber von Microsoft, um auf dem Markt für kompatible Systeme zu bestehen.[224] Microsoft verweigerte ab der Einführung der Windows-Version 2000 den Zugang zu den Schnittstelleninformationen und berief sich auf den urheberrechtlichen Schutz dieser technischen Daten. Microsoft wurde 2007 vom EuG in Bestätigung der Entscheidung der Kommission zur Offenlegung der Schnittstellen verpflichtet.[225] Der EuGH sah das Kriterium des neuen Produktes bzw. des nachgelagerten Markts als erfüllt, da die Wettbewerber

---

[220] Komm., 21. Dezember 1993, ABl. 1994 L 15/8 – Sea Containers/Stena Sealink.
[221] EuGH, 6. April 1995, Rs. C-241 und 242/91, Slg. 1995, 743 – Magill TV Guide.
[222] EuGH, 29. April 2004, Slg. 2004, I-5039 – IMS NDC.
[223] Wenn auch die Formulierung in der Entscheidung missverständlich ist: „Ein Missbrauch liegt bereits dann vor, wenn (...)"; siehe dazu Rdnr. 38 der Entscheidung; außerdem *Heinemann*, GRUR 2006, S.710.
[224] Die Kommission stellt dabei auf Arbeitsgruppenserver ab, siehe *Fichert/Sohns*, WuW 2004, S.910.
[225] Entscheidung abrufbar unter: http://europa.eu.int/comm/competition/antitrust/cases/decisions/37792/en.pdf; Zusammenfassung in den Pressemitteilungen der EU IP/04/382.

im Wege der Offenlegung von Schnittstellen lediglich deren Beschreibung, nicht aber deren Anwendung eröffnet bekämen. Sie könnten daher nur ihre eigenen Produkte verbessern, nicht aber die von Microsoft kopieren.[226]

Das Gericht sah es als unerheblich an, dass Microsoft auf dem nachgelagerten Markt bereits mit Windows kompatible Software anbot. Es entschied zutreffend, dass es nicht allein darauf ankommen soll, ob es entsprechende Produkte überhaupt gibt; entscheidend soll sein, ob diese Produkte im Interesse der Verbraucher auch unter Wettbewerbsbedingungen angeboten werden. Der EuG hat im Fall Microsoft dementsprechend einen nachteiligen Effekt für die Verbraucher darin gesehen, dass diese mangels ausreichender Interoperabilität praktisch auf die Microsoft-Betriebssysteme beschränkt und damit von der Auswahl anderer, möglicherweise bevorzugter Systeme ausgeschlossen sind.[227] Darüber hinaus ist zu vermuten, dass ohne die Ausweichmöglichkeit auf kompatible Konkurrenzprodukte die Verbraucherpräferenzen für den marktbeherrschenden Anbieter von Software nicht spürbar und daher auch nicht richtungsweisend für Produktverbesserungen sind.

Die Ausnahme der Schnittstellen vom urheberrechtlichen Schutz nach deutschem Recht ist nach dem oben gesagten in der besonderen Konstellation der wesentlichen Einrichtung nicht ausreichend, um die Einschränkung des Wettbewerbs durch den Missbrauch von Marktmacht zu verhindern. Mangels einer über § 69e UrhG hinausgehenden Regelung müssen daher die Wertungen der Essential-facility-Rechtsprechung von EuGH und EuG herangezogen werden, um den urheberrechtlichen Schutz von Software-Herstellern nicht über Gebühr auszuweiten und um Situationen von Marktversagen entgegentreten zu können. Die Einbeziehung dieser Rechtsprechung bildet keinen Fremdkörper in der bestehenden Regelungssystematik: Man kann durchaus die Wesentlichkeit der Einrichtung gleichsetzen mit der erforderlichen Unerlässlichkeit der Dekompilierung und ebenso das Kriterium des neuen Produktes mit der Unabhängigkeit des geschaffenen Computerprogramms nach § 69e Abs. 1 S. 1 UrhG.

4.4. Erschöpfungsgrundsatz

Im Softwarebereich gibt es zahlreiche Sonderprobleme im Hinblick auf den Erschöpfungsgrundsatz. So hatte der BGH über die Vertriebsstrategie von Microsoft im Zusammenhang mit der sog. OEM-Software zu urteilen (OEM: „Original Equipment Manufacture"). Darunter versteht man Vervielfältigungsstücke eines Programms, die im Hinblick auf Ausstattung und Funktion sich zwar nicht von der auch über den Fachhandel zu beziehenden Softwareversion unterscheiden, aber in verbilligter Form an Hardwarehersteller abgegeben werden, die diese dann auf die neuen PC's installieren. Hier wird dann Software und Hardware zusammen verkauft; dadurch soll der Erwerber eines Rechners von Beginn an an eine bestimmte Software gewöhnt und auf Dauer als Kunde gewonnen werden. Microsoft hatte nun

---

[226] Entscheidung EuG, Rdnrn. 631 ff., 639 ff.
[227] Entscheidung EuG, Rdnrn. 652, 664.

mit in Europa ansässigen Vertragspartnern die Herstellung von Vervielfältigungsstücken vereinbart, und diese autorisierten Partner waren dann zur Weitergabe der OEM-Versionen an Hardwarehersteller bzw. Zwischenhändler befugt. Mit diesen Hardwareherstellern und Zwischenhändlern hatte Microsoft vereinbart, dass diese Software nur zusammen mit der Hardware veräußert werden darf. Ein Zwischenhändler hatte die Version isoliert veräußert und wurde verklagt. Die Entscheidungen der Oberlandesgerichte vielen unterschiedlich aus. Der BGH hat schließlich dahin entschieden, dass das Verbreitungsrecht (§ 69c Nr. 3 S. 2 UrhG und § 17 Abs. 2 UrhG) erschöpft sei. Die Vereinbarung bewirke zwar eine dingliche Beschränkung des Verbreitungsrechts, diese Beschränkung bezieht sich aber nur auf den „Erstverbreiter" und nicht auf den späteren Weitervertrieb. Da der autorisierte Partner von Microsoft mit der entsprechenden Beschränkung an den Zwischenhändler weitergegeben hat, sei das Verbreitungsrecht für den Weitervertrieb erschöpft. Der Zwischenhändler konnte somit seinen Kunden das Urheberrecht an der Software verschaffen.[228] Der BGH hat damit klargestellt, dass eine dingliche Beschränkung des Verbreitungsrechts auch im Rahmen des § 69c Nr. 3 S. 2 UrhG lediglich auf der Ebene der „Erstverbreitung" wirkt. Ausgenommen von dieser „Weiterverbreitungsfreiheit" ist aber das Vermietrecht, das in § 69c Nr. 3 S. 1 bzw. § 17 Abs. 3 UrhG erwähnt ist. Vor der Umsetzung der Verleih- und Vermietrichtlinie in 1995 hatte der BGH auch das Vermietungsrecht als von der Erschöpfung umfasst betrachtet,[229] deshalb ist es zutreffend, dass der BGH auch nur dieses Vermietrecht von der Erschöpfung ausnimmt.

Dieser Microsoft-Fall hätte Anlass geboten, die Frage zu klären, wann ein Inverkehrbringen vorliegt, auf welches dann die Erschöpfung des Verbreitungsrechts zurückgreift. Hier sollen nur kurz die Grundsätze genannt sein: Kein Inverkehrbringen gegenüber der Öffentlichkeit liegt bei rein konzerninternen Warenbewegungen vor.[230] Fraglich ist, ob ein Inverkehrbringen auch dann noch nicht vorliegt, wenn innerhalb vertikaler Vertriebsnetze auf der Grundlage entsprechender schuldrechtlicher Vertragsbeziehungen vom Hersteller weitergegeben wird und eben aufgrund dieser Vertragsbeziehungen eine weit reichende Kontrolle möglich ist. Zum Teil wird in der Literatur angenommen, dass hier die Kontrollmöglichkeiten ähnlich wie im Konzern sind und deshalb auch kein Inverkehrbringen vorliegt. Der Microsoft-Fall hätte dann anders entschieden werden können, weil die autorisierten Vervielfältiger insofern vertraglich eingebunden waren.[231] Diese Ansicht ist abzulehnen. Der Erschöpfungsgrundsatz dient der Marktfähigkeit der Immaterialgüter und damit auch dem Schutz der Verbraucher, diese Güter rechtmäßig erwerben zu können. Es ist deshalb mit diesem Regelungsbereich nicht vereinbar, mittels einer zwischen den Parteien bestehenden Vertriebsvereinbarung das Inverkehrbringen auf eine spätere Stufe zu verlagern, um den Erschöpfungsgrundsatz auszuhöhlen.

---

[228] Anders das Kammergericht, CR 1998, 137.
[229] BGH, GRUR 1986, 736, 737 – „Schallplattenvermietung".
[230] Vgl. BGHZ 81, 228, 288 - = GRUR 1982, 100 – „Schallplattenexport".
[231] Vgl. so wohl *Fezer*, GRUR 1999, 99, 105.

4.5. Urheberrecht und Internet

4.5.1. Problemsituation

Die technische und wirtschaftliche Entwicklung im nationalen und internationalen Bereich fußt in einem bedeutsamen Umfange auf den Möglichkeiten der digitalen Werkverwertung und seiner Verbreitung in Kommunikationsnetzen, wie insbesondere dem Internet. Das insofern relevante Schutzgesetz ist das Urheberrecht, das dadurch bedingt nun zum zweiten Male innerhalb kurzer Zeit mit dem Schutz von insbesondere technisch und betriebswirtschaftlich bedeutsamem Know-how konfrontiert wird. Wie vorhergehend dargelegt, führte die Entwicklung und Weiterentwicklung des Software-Engineering zu einer Ausweitung des urheberrechtlichen Schutzbereiches im Hinblick auf dieses Know-how. Die Entwicklung und die Akzeptanz von weltweit funktionierenden Kommunikationsnetzen wird die Reichweite der Verwertungsrechte, namentlich die des Vervielfältigungs- und Verbreitungsrechts, beeinflussen. Beruhigend ist dabei, dass beide Entwicklungen aus urheberrechtlicher Sicht in einem engen sachlichen Zusammenhang stehen. Der Schutz von Werken in digitalisierter, also dem Netz zugänglicher Form, ist aus heutiger Sicht vielfach verwirklicht bzw. geklärt. Die Diskussion um den Schutz der Computerprogramme hat dies bewirkt. Verändert hat sich durch das Internet die Verbreitung solcher Werke. Die durch das Internet hervorgerufenen neuen urheberrechtlichen Probleme treffen daher zuvörderst die Reichweite der Verwertungsrechte.

Mit dem Stichwort „Globalisierung der Wirtschaft" lässt sich ein weiterer relevanter Problembereich kennzeichnen. Das Internet funktioniert grenzüberschreitend. Die sich daraus ergebenden rechtlichen Probleme sind vielfältig, sie sind für einen wirksamen urheberrechtlichen Schutz fundamental und sie sind aus rechtspolitischer Sicht sehr schwierig zu lösen. Die zunehmende „Europäisierung" des Urheberrechts erreicht nur den Binnenmarkt. Das seit 1994 über die Gründung der WTO in Kraft befindliche TRIPS-Abkommen schützt speziell nur die „Eigentumsrechte" an Computersoftware und Datenbanken. Die international-privatrechtlichen Probleme der Werknutzung in grenzüberschreitenden Netzen sind dagegen noch weitgehend ungelöst.

4.5.2. Schützbare Produkte im Internet

Im Folgenden werden einzelne zum Internet gehörende Produkte vorgestellt und deren schutzfähige Komponenten dargestellt.

Hinsichtlich des Vervielfältigungs- und Verbreitungsrechts im Zusammenhang mit der Internetnutzung, also im Zusammenhang mit der Online-Übertragung, wird auf die vorherigen Ausführungen zum Schutz der Computerprogramme, insbesondere zum Vervielfältigungs- und Verbreitungsrecht, verwiesen. Dort ist die auf die Online-Übertragung abstellende Richtlinie zur Harmonisierung „bestimmter Aspekte des Urheberrechts und der verwandten Schutzrechte in der Informationsgesellschaft" besprochen.[232]

a) **Homepages/Webpages**: Urheberrechtliche Maßstäbe sind anzulegen, wenn es um die Beurteilung von Homepages oder Webpages als solche sowie deren einzelner Elemente geht. Die Texte in den Webpages sind, soweit sie den allgemeinen urheberrechtlichen Anforderungen an Originalität genügen, als Schriftstücke schutzfähig (§ 2 Abs. 1 Nr. 1 UrhG). Dort aufgeführte Graphiken und Fotos sind u.U. als Werke der angewandten Kunst bzw. als Lichtbildwerke oder Lichtbilder schutzfähig. Webpages sind aber darüber hinaus in besonderer Weise organisiert, d.h. aufgebaut. Sie sind durch diese Organisation Ausdrucksmittel desjenigen Computerprogramms, das die Webpages generiert (vgl. § 69a Abs. 2 Satz 1 UrhG). Wenn nun der Text oder die graphische Gestaltung einer Webpage urheberrechtlichen Anforderungen nicht genügt, stellt sich immer noch die Frage nach dem Schutz des der Organisation der Webseite zugrunde liegenden Computerprogramms. Dabei ist zu differenzieren: Verweisungsstrukturen innerhalb der und zwischen den Web-Seiten („Hyperlinks"), also die „anklickbaren" Markierungen vor allem von Textteilen, die zu weiteren Seiten mit anderen Inhalten führen und eine nicht lineare Lektüre ermöglichen, haben grundsätzlich nur rein funktionalen, nicht individuell schöpferisch gestalteten Charakter. Diese „Verweisungstechnik" ist vorbekannt bzw. gehört zum gemeinfreien Bereich des Software-Engineerings. Deshalb besteht für das reine Verweisen (linking) grundsätzlich auch kein Vergütungsanspruch des Betreibers des Host-Rechners, auf dem sich das Dokument befindet, auf das im Link verwiesen wird. Der Einsatz der Verweisungstechnik, also die Benutzung von Hyperlinks als solche und deren nahe liegende Ausgestaltung, kann keinen urheberrechtlichen Schutz erhalten. Anders ist dies bei einer durch mehrere Ebenen reichenden Verweisungsstruktur zwischen den verschiedenen Webpages: Diese kann selbst wieder originell sein als Teil einer technischen Darstellung im Sinne von § 2 Abs. 1 Nr. 7 UrhG. Für die sog. Homepages – sie sind das „Entree" zu den einzelnen Web Sites – gilt grundsätzlich das Gleiche. Wenn ihr Inhalt hinreichend anspruchsvoll ist, kann der Text dieser Homepages als Schriftwerk urheberrechtlich geschützt sein. Daneben besteht die Möglichkeit, sie als Teil einer technischen Darstellung i.S.v. § 2 Abs. 1 Nr. 7 UrhG zu schützen oder eben als Ausdrucksform des Computerprogramms, das diese Homepages mit den einzelnen darauf folgenden Webseiten verknüpft (§ 69a Abs. 2 Satz 1 UrhG).

b) **Bulletin Board Systeme**: Als weiteres Beispiel für netzbezogene Programme können die Bulletin Board Systeme (BBS) genannt werden. Die BBS übernehmen u.a. das Up- und Downloading von Dateien. Das beim Einloggen präsentier-

---

[232] RL zur Harmonisierung „bestimmter Aspekte des Urheberrechts und der verwandten Schutzrechte in der Informationsgesellschaft" vom 22. Mai 2001, ABlEG Nr. L 167 vom 22. Juni 2001, S. 10-19.

te Menü kann als Darstellung wissenschaftlicher oder technischer Art oder eben als Ausdrucksweise des Programms, das es repräsentiert, geschützt sein.[233]

4.5.3. Schutzfreie Produkte im Internet

a) **Netzgenerierende Werke**: Es wurde bereits darauf hingewiesen, dass es für den Bereich der Verstandesleistungen ein sog. gemeinfreies Gebiet gibt. Allgemeiner ausgedrückt, handelt es sich dabei um Grundlagenwissen bzw. gesellschaftlich bedeutsames Know-how, das der Allgemeinheit nicht durch ein Ausschließlichkeitsrecht vorenthalten werden soll. Für den Bereich der Computerprogramme sind dies die Algorithmen „höherer Entwicklungsstufe", d.h. nach der gesetzlichen Umschreibung (§ 69a Abs. 2 UrhG) die „Ideen und Grundsätze, die einem Element eines Computerprogramms zugrunde liegen".

Auch im Bereich der elektronischen Kommunikationsnetze, namentlich dem Internet, gibt es Arbeitsleistungen, die aus Gründen eines übergeordneten Freihaltungsinteresses gemeinfrei bleiben, d.h. außerhalb des Schutzes stehen. Dazu zählen in erster Linie die verschiedenen Internet-Kommunikationsprotokolle. Der Begriff „Kommunikationsprotokolle" steht für eine ganze Gruppe von Protokollen, die in hierarchisch aufeinander aufgebauten Ebenen angeordnet sind. Dabei steht das sog. „Internetprotokoll" ganz unten und regelt die eigentliche Verbindung zwischen zwei durch eine beliebige Technik (Netzwerkkarte/Kabel, Modem, ISDN-Standleitung) miteinander verbundenen Rechnern. Hierzu gehören die Verwaltung der Rechneradressen, Aufbau und Abbau der Verbindung sowie die Fehlererkennung. Über IP residieren dann zwei weitere Protokolle, TCP und UDP. Sie garantieren u.a. die netzwerkunabhängige Übertragung von Daten zwischen zwei Prozessen. Diese Protokolle haben – wie etwa technische Schnittstellenspezifikationen von Computersoftware – urheberrechtlich den Charakter von Grundsätzen oder technischen Verfahrensmethoden. Sie sind gemeinfrei, ähnlich wie mathematische oder naturwissenschaftliche Algorithmen, weil sie Grundlagenwissen enthalten, von dem die Gemeinschaft nicht ausgeschlossen werden darf. Das Partizipationsinteresse der Gemeinschaft wiegt hier schwerer als das Alleinverwertungsinteresse des Werkschaffenden. Die Gemeinfreiheit der Protokolle sichert, dass Anbieter nicht mittels Lizenzverweigerung faktisch Zugangssperren zu den Netzen verhängen können.

Das Internet Relay Chat (IRC) ermöglicht einen weltweiten textbasierten Informationsaustausch. Überall auf der Welt gibt es IRC-Server, in die man sich mit Hilfe eines speziellen Programms einwählen kann, um anschließend mit anderen Personen per Tastatur zu chatten. IRC-Software ist in den meisten Fällen „share-ware". Die Operatoren kontrollieren bestimmte Channels; wer zuerst einen Kanal aktiviert, erhält Operatorenstatus und kann andere teilnehmen lassen oder ausschließen. Er ist deshalb grundsätzlich auch für die Kontrolle des Uploading urheberrechtsverletzender Beiträge (mit) verantwortlich. Zu beachten ist jedoch, dass der übergeordnete IRC-Operator zwar das IRC-Network kontrol-

---

[233] Vgl. *Koch*, GRUR 1997, 417, 420.

liert, nicht aber die Kommunikation in den einzelnen Kanälen; er kann also nicht Teilnehmer oder Beiträge ausschließen.

b) **Public-Domain-Software** ist Software, die der Urheber oder ein sonstiger Berechtigter zur allgemeinen Benutzung freigibt. Sie wird regelmäßig zum Download angeboten. Das Angebot bezieht sich auf die Einräumung eines einfachen Nutzungsrechts. Abzugrenzen ist diese Software von der Open-Source-Software, die zwar auch kostenfrei aber nur auf der Grundlage bestimmter Lizenzen übertragen wird.

Shareware wird ebenfalls unentgeltlich oder gegen eine geringe Gebühr überlassen, aber nur für eine begrenzte Zeit oder eine begrenzte Anzahl von Benutzungshandlungen. Das Überlassen von Shareware ist regelmäßig Teil eines Marketingkonzeptes; die Erprobung der Software soll zu deren Kauf führen. Dem potentiellen Kunden wird zu Erprobungszwecken ein beschränkt einfaches Nutzungsrecht eingeräumt.

4.5.4. Anzuwendendes Recht

Im Bereich der internationalen Datennetze haben die nationalen Grenzen ihre Bedeutung verloren, „Cyperspace knows no national borders".[234] Die Internationalität, als ein besonderes Charakteristikum des Internets sowie die Ubiquität der Werke bedingen, dass bei Werknutzungen und –verletzungen über das Medium Internet häufig mehrere Rechtsordnungen zugleich tangiert sind. Dieser Zustand muss zu kollisionsrechtlichen Fragen führen, wie etwa der nach dem anwendbaren Recht bei grenzüberschreitenden Urheberrechtsverletzungen oder die nach dem zuständigen Gericht im Rahmen der Rechtsverfolgung.

Wie in vielen anderen Staaten findet sich auch im Urheberrechtsgesetz der Bundesrepublik Deutschland keine gesetzliche Regel, welche die Frage nach dem anzuwendenden Urheberrecht bei internationalen Sachverhalten beantwortet. Insbesondere weisen die §§ 120 ff. UrhG nur den so genannten fremdenrechtlichen Gehalt auf.[235] Geregelt ist, welche Personen unter welchen Voraussetzungen den urheberrechtlichen Schutz nach dem deutschen Urheberrechtsgesetz genießen. Es wird insbesondere festgelegt, inwieweit die Urheber aus fremden Ländern im Inland geschützt sind.

Auch die REVIDIERTE BERNER ÜBEREINKUNFT (RBÜ) regelt die Frage nach dem anwendbaren Recht nicht unmittelbar.[236] Die RBÜ gewährleistet ausländischen Urhebern für die von ihnen geschaffenen Werke urheberrechtlichen Schutz auf der Basis des Inländergleichbehandlungsgrundsatzes und durch die Festlegung bestimmter Mindestrechte (Art. 5 Abs. 1 RBÜ).

---

[234] *Ginsburg*, in *Hugenholtz* (ed.), The Future of Copyright in a Digital Environment, 1996, S. 189, 190.
[235] H. M., vgl. *Katzenberger*, in: *Schricker/Loewenheim*, vor §§ 120 ff., Rdnr. 125; *Fromm/Nordemann*, Urheberrecht, vor § 120 Rdnrn. 1 f.; BGH GRUR 1986, 69, 71 – „Pucchini"; NJW 1986, 1253 f. – „Bob Dylan".
[236] *Katzenberger*, in: *Schricker/Loewenheim*, Urheberrecht, vor §§ 120 ff., Rdnrn. 41 ff.

Zur Beantwortung der Frage, welches nationale Urheberrecht über den Schutz eines Werkes entscheiden soll, d.h. nach welcher Urheberrechtsordnung sich die Frage der Entstehung, der Inhaberschaft, des Inhalts, der Schranken und damit der Rechtmäßigkeit der zahlreichen Nutzungshandlungen bestimmt, ist das Internationale Privatrecht (IPR) berufen (Art. 3 Abs. 1 EGBGB).

Die Rechtsprechung[237] und die herrschende Meinung[238] zum (autonomen) deutschen IPR folgen dem Schutzlandprinzip (lex loci protectionis) als der ungeschriebenen Anknüpfungsregel bei internationalen Urheberrechtsstreitigkeiten. Dieses Prinzip besagt, dass sich die Entstehung, die erste Inhaberschaft, die Übertragbarkeit, der Inhalt, der Umfang und die Schutzdauer eines Urheberrechts sowie die Ansprüche aus Urheberrechtsverletzungen nach dem Recht desjenigen Landes richten, „für" dessen Gebiet Schutz in Anspruch genommen wird.[239] In der Regel wird es das Land bzw. die Länder sein, in denen eine Urheberrechtsverletzung stattgefunden hat. Daher wird das Schutzland auch als das Land bezeichnet, in dem die Verletzungshandlung vorgenommen wurde.

Die allgemeine international-privatrechtliche Grundregel für die deliktische Haftung geht von der Maßgeblichkeit des am Begehungsort geltenden Rechts aus.[240] Dabei kann Begehungsort sowohl der Handlungsort als auch der Erfolgsort sein (vgl. Art. 40 Abs. 1 EGBGB). Fallen Handlungs- und Erfolgsort auseinander (Distanzdelikte) oder tritt der Erfolg an mehreren Orten gleichzeitig ein (Streudelikte), so wird dem Geschädigten grundsätzlich die Wahl zwischen den verschiedenen Tatorten gelassen. Bei unerlaubten Handlungen im Internet handelt es sich regelmäßig um solche Delikte, bei denen Handlungs- und Erfolgsort auseinander fallen.[241] Der Server wird z.B. im Ausland aufgestellt (Handlungsort). Der deliktische Erfolg (z.B. das Abrufen einer Homepage) tritt weltweit an den verschiedensten Orten ein. Bei einer solchen Konstellation kommen daher beide Orte als Anknüpfungspunkte für die Bestimmung des Tatortes in Betracht.[242] Das anzuwendende Deliktsrecht kann daher sowohl das des Handlungsortes als auch das des Erfolgsortes sein. Dieser so genannte Ubiquitätsgrundsatz, der sich in der deutschen Gerichtspraxis durchgesetzt hat, führt u.U. zur alternativen Anwendbarkeit einer Vielzahl nationaler Rechtsordnungen, unter denen sich der Verletzte dann diejenige heraussuchen kann, die ihm am günstigsten erscheint.[243] Dies führt regelmäßig zur Anwendung des deutschen Deliktrechts, da sich die Prüfung ausländischen Rechts erübrigt, wenn der geltend gemachte Anspruch bereits nach deutschem Recht begründet ist. Natürlich kann sich der Geschädigte angesichts der weltweiten Abrufbarkeit von Homepages auch auf ein anderes nationales Recht berufen; der Anbieter

---

[237] Vgl. BGH GRUR 1982, 727, 729 – „Altverträge"; BGH MMR 1998, 35, 36 f. – „Spielbankaffäre".
[238] Katzenberger, in: *Schricker/Loewenheim*, Urheberrecht, vor §§ 120 ff., Rdnrn. 124 ff.
[239] BGH MMR 1998, 35, 37 – „Spielbankaffäre".
[240] BGH NJW 1992, 3091 ff.; BGH NJW – RR 1990, 604, 605.
[241] BGH 1992, 3091 ff.
[242] Zur Lokalisierung der einzelnen Tathandlungen im Internet vgl. die Darstellung von *Gesmann-Nuissl*, in: *Ensthaler/Bosch/Völker*, Handbuch Urheberrecht und Internet, S. 412 ff.
[243] Vgl. Junker, in: *Münchener Komm.* – BGB, Art. 40, EGBGB, Rdnrn. 28 f.

müsste dementsprechend sein Verhalten nach dem aus seiner Sicht jeweils strengsten Recht ausrichten.

4.5.5. Bestimmung des Gerichtsstands

Die deutschen Gerichte sind international zuständig in Fällen, in denen der Beklagte seinen Wohnsitz oder seine geschäftliche Niederlassung in Deutschland hat (Art. 2 Abs. 1 EuGVO (Europäische Gerichtsstands- und Vollstreckungsverordnung); §§ 12 ff. ZPO). Bei deliktischen Handlungen, zu denen auch Verletzungen des Urheberrechts zählen, bestimmt sich die internationale Zuständigkeit ferner nach dem Begehungsort als dem Ort, „an dem das schädigende Ereignis eingetreten ist oder einzutreten droht" bzw. „die Handlung begangen wurde" (Art. 5 Nr. 3 EuGVO, § 32 ZPO). Da es im Internationalen Immaterialgüterrecht, das auf das Schutzlandprinzip abstellt (Art. 5 RBÜ), keine echten Distanzdelikte gibt, bei denen alternativ auf den einen oder anderen Handlungs- und Erfolgsort abgestellt werden könnte, erfolgt eine Einschränkung der lex loci delicti dahingehend, dass nur eine im Inland begangene Handlung durch ein deutsches Gericht verfolgt werden kann.[244] Das deutsche Gericht ist danach international zuständig, wenn die konkrete rechtswidrige Verwertungshandlung, die eine Urheberrechtsverletzung begründet, im Inland vorgenommen wurde.

Bei Urheberrechtsverletzungen im Wege der Vervielfältigung, z.B. beim Upload, Browsing und Download, ist ein deutsches Gericht danach international zuständig, wenn sich in Deutschland die rechtswidrige Vervielfältigungshandlung ereignet hat, also die Verkörperung des Werkes dort bewirkt wurde. Dies ist auf der Anbieterseite dann der Fall, wenn der Serverstandort als der Ort des Einscannens oder Eingebens von Texten, Bildern, Fotos, Musikwerken und Filmsequenzen oder des Heraufkopierens von Computerprogrammen in Deutschland liegt; auf der Nutzerseite, wenn sich in Deutschland der Ort befindet, an dem das Material aus dem Netz auf die Festplatte oder einen anderen Datenträger heruntergeladen, die Inhalte ausgedruckt oder nur kurzfristig – wie beim Browsen – im Arbeitsspeicher des Nutzerrechners abgelegt werden.

4.6. Exkurs: Das Recht der Verwertungsgesellschaften

Die wohl bedeutsamste Verwertungsgesellschaft ist die **GEMA** (Gesellschaft für musikalische Aufführungs- und mechanische Vervielfältigungsrechte). Die einzelnen Nutzungsrechte werden insbes. auf dem Gebiet der Musik nicht mehr unmittelbar von den jeweiligen Werkschöpfern vergeben, sondern, nachdem die Rechte der GEMA treuhänderisch übertragen wurden, von dieser als der für diese Werke zuständigen Verwertungsgesellschaft Dritten eingeräumt. Gegenstand der Übertragung sind dabei insbes. die Rechte zur öffentlichen Wiedergabe von Musikwerken

---

[244] Dazu ausführlich *Gesmann-Nuissl*, in: *Ensthaler/Bosch/Völker*, Handbuch Urheberrecht und Internet, S. 437 ff.

mit oder ohne Text sowie die Rechte zur Vervielfältigung der Werke auf Ton- oder Bildträgern und zur Verbreitung der hergestellten Exemplare. In Wahrnehmung der ihr übertragenen (ausschließlichen) Rechte räumt die GEMA den Herstellern von Ton- und Bildträgern einfache Rechte zur Benutzung der Werke ein. Sie kann Verträge abschließen, in denen sie die Benutzung des gesamten, von ihr verwalteten Repertoires oder nur einzelner Werke gestattet.

Den Vertragsabschlüssen legt die GEMA grundsätzlich die Tarife zugrunde, die sie aufgestellt und bekannt gemacht hat, evtl. auch die von der Schiedsstelle festgelegten Tarife. Bei der Verfolgung von Rechtsverletzungen kommt der GEMA das umfassende Repertoire, das sie verwaltet, zustatten. Jedenfalls bei Tanz- und Unterhaltungsmusik spricht eine tatsächliche Vermutung dafür, dass sie zur Geltendmachung der Aufführungsrechte an den dargebotenen Musikwerken berechtigt ist. Bei der Schadensberechnung kann die GEMA eine angemessene Berücksichtigung der Kontrollkosten verlangen, die ihr durch die Unterhaltung der Überwachungsstellen entstehen. Von der Rechtsprechung wird ihr pauschal ein 100%iger Zuschlag zum Normaltarif zugebilligt.

Die Verwertungsgesellschaften sind nach § 11 Abs. 1 Urheberrechtswahrnehmungsgesetz (UrhWG) verpflichtet, jedem Dritten Nutzungsrechte an den von ihr verwalteten Rechten zu angemessenen Bedingungen zu erteilen. Die Zahlungsbedingungen sind in den Tarifen der Verwertungsgesellschaften niedergelegt (§ 13 UrhWG). Die Gestaltung der Tarife wird vom DPA beaufsichtigt.

Wenn der Verwerter Musikaufnahmen benutzt, ohne den geforderten Tarifbetrag zu zahlen oder wenigstens zu hinterlegen, verletzt er die durch die GEMA verwalteten Urheberrechte. Auch für die Geltendmachung der dann ausstehenden Schadensersatzansprüche ist die GEMA zuständig. Im Wege der Schadenshaftung ist der Verwender dann auch zur Zahlung des 100%-igen Kontrollzuschlages an die GEMA verpflichtet.

Kommt es hinsichtlich der Tarifwahl zu Streitigkeiten zwischen der GEMA und dem Verwender, so ist dieser gut beraten, den Weg der Hinterlegung des Geldes oder den der Zahlung unter Vorbehalt zu wählen. Er erwirbt damit ein gesetzliches Nutzungsrecht. In einem gerichtlichen Streitverfahren kann dann geklärt werden, ob die von der Verwertungsgesellschaft geforderten Gebühren als angemessen anzusehen sind oder nicht.

Neben der GEMA gibt es noch eine Anzahl weiterer Verwertungsgesellschaften. Autoren und Übersetzer schöngeistiger, dramatischer und auch wissenschaftlicher Werke sind z.B. in der Verwertungsgesellschaft „WORT" zusammengeschlossen; für die Film- und Fernsehproduzenten nimmt die Verwertungsgesellschaft „Bild und Kunst" und außer ihr noch zwei weitere Verwertungsgesellschaften die Rechte wahr.

5. Vergabe von Nutzungsrechten

Das Urheberrechtsgesetz enthält in den §§ 31 ff. UrhG Bestimmungen über die Vergabe von Nutzungsrechten. Der Urheber kann danach einzelne Verwertungsrechte auf Dritte übertragen. Die Regelungen sind auch nach Inkrafttreten des „Gesetzes zur Stärkung der vertraglichen Stellung von Urhebern und ausübenden Künstlern"[245] knapp gehalten, insbes. enthält der entsprechende Abschnitt des UrhG **keine besonderen Vorschriften für die Gestaltung der Nutzungsverträge**, insofern ist auf die Vorschriften des BGB zu verweisen.

Gesetzlich geregelt ist nur der Verlagsvertrag im Verlagsgesetz. Mit Ausnahme der Bestimmungen über die Insolvenz des Verlegers handelt es sich um nachgiebiges Recht. Eine urheberrechtliche Sonderregelung enthält das **Gesetz über die Wahrnehmung von Urheberrechten und verwandten Schutzrechten,** das für die Verwertungsgesellschaften einen Wahrnehmungszwang vorsieht; der Wahrnehmungszwang ist die Verpflichtung, die zum Tätigkeitsbereich der jeweiligen Wahrnehmungsgesellschaft gehörigen Rechte auf Verlangen des Berechtigten zu angemessenen Bedingungen wahrzunehmen.

Hinsichtlich der Nutzungsarten unterscheidet § 31 UrhG zwischen dem **einfachen und dem ausschließlichen Nutzungsrecht.** § 31 UrhG erlaubt dem Urheber, das jeweilige Nutzungsrecht räumlich, zeitlich oder inhaltlich beschränkt einzuräumen.

a) Mit „einfachem Nutzungsrecht" ist gemeint, dass der Erwerber berechtigt ist, das Werk neben dem Urheber auf die ihm erlaubte Art zu nutzen (§ 31 Abs. 2 UrhG). Der Inhaber eines einfachen Nutzungsrechts kann weder dem Urheber noch anderen Personen die Nutzung des Werkes verbieten; er erhält also nur eine positive Nutzungsbefugnis, nicht aber das im Urheberrecht enthaltene Abwehrrecht.

b) Ein ausschließliches Nutzungsrecht ist gegeben, wenn der Nutzungsberechtigte das Recht erhalten soll, das Werk unter Ausschluss aller anderen Personen einschließlich des Urhebers auf die ihm erlaubte Art zu nutzen und selbst einfache Nutzungsrechte einzuräumen (§ 31 Abs. 3 UrhG). Das ausschließliche Nutzungsrecht ist um die vor seiner Einräumung vom Urheber vergebenden einfachen Nutzungsrechte beschränkt. Die zuvor vergebenen Rechte bleiben wirksam (§ 33 UrhG).

c) § 31 Abs. 5 UrhG enthält eine wichtige Auslegungsregel für die Situation, dass Nutzungsabreden nicht hinreichend bestimmt sind. Der Umfang des Nutzungsrechts bestimmt sich in diesen Fällen „nach dem mit seiner Einräumung verfolgten Zweck". Der Urheber räumt im Zweifel dem Erwerber nur soviel an Rechten ein, wie dieser benötigt, um die in dem Vertrag zum Ausdruck kommenden

---

[245] Vom 22. März 2002, BGBl. I, 1155.

Zwecke zu erreichen (sog. Zweckübertragungslehre[246]). Die Zweckübertragungslehre hat auch Bedeutung für die durch Gesetz bzw. Satzungsrecht abgeforderten Nutzungsrechte. So überträgt auch der Student nur soviel an Nutzungsrechten an seiner Diplomarbeit der Universität, wie es für ein ordnungsgemäßes Prüfungsverfahren erforderlich ist. Die Universität erhält regelmäßig nur ein einfaches Nutzungsrecht für Korrektur- und Archivierungszwecke.

d) § 43 UrhG bestimmt die Anwendbarkeit der allgemeinen Regeln der §§ 31 ff. UrhG auch für Werke, die in Arbeits- oder Dienstverhältnissen geschaffen werden. Vereinbarungen über die Einräumung von Nutzungsrechten an solchen Werken können ausdrücklich oder stillschweigend getroffen werden. Ausdrückliche Vereinbarungen finden sich z.T. in Arbeits- oder Tarifverträgen.[247] Im Übrigen gehen Rechtsprechung und Literatur von der Annahme einer stillschweigenden Nutzungsvereinbarung für solche Werke aus, die Arbeitnehmer in Erfüllung ihrer Arbeitspflichten schaffen, nicht aber bei Werken, die diese aus eigener Initiative schaffen, auch wenn sie dabei an Erfahrungen anknüpfen, die im Arbeitsverhältnis gesammelt wurden.[248] Sind die Werke in Erfüllung der Arbeitspflichten geschaffen, scheidet auch regelmäßig ein Vergütungsanspruch aus. Im Regelfall wird der Arbeitnehmer mit den laufenden Bezügen abgefunden. Dies wurde auch für die Computerprogramme durch den neu ins Urheberrechtsgesetz eingeführten § 69b vom Gesetzgeber bestätigt. Die Regelung ist im Hinblick auf das Gesetz über Arbeitnehmererfindungen, das den Arbeitgeber im Fall der Inanspruchnahme einer Diensterfindung zur Zahlung einer angemessenen Vergütung verpflichtet, zumindest für die „Verstandeswerke" nicht mehr interessengerecht.

e) § 37 Abs. 1 UrhG knüpft an das Bearbeitungsrecht des Urhebers an (§ 3 UrhG) und bestimmt, dass trotz Einräumung eines Nutzungsrecht dem Urheber „im Zweifel" das Recht der Einwilligung zur Veröffentlichung oder Verwertung einer Bearbeitung verbleibt. Gemeint ist damit die sog. unfreie Bearbeitung, die sich eng an das Original anlehnt.

f) Schließlich enthält das Urheberrechtsgesetz in den §§ 41 und 42 Bestimmungen über das **Rückrufsrecht wegen „Nichtausübung"** und wegen **„gewandelter Überzeugung"**. Wegen Nichtausübung kann das Rückrufsrecht nicht vor Ablauf von zwei Jahren seit Einräumung des Nutzungsrechts bzw. seit der Ablieferung geltend gemacht werden. Bei Beiträgen zu einer Zeitung bzw. Zeitschrift sind die Fristen auf drei Monate abgekürzt (§ 41 Abs. 2 UrhG). Das Rückrufsrecht wegen gewandelter Überzeugung ist inhaltlich eng begrenzt. Für den Urheber muss die Verwertung des Werkes „unzumutbar" sein. Der Urheber hat den Inhaber des

---

[246] Erstmals in BGHZ 9, 265 erörtert; siehe auch BGH GRUR 1984, 119, 121 - Synchronisierungssprecher; BGH GRUR 1996, 121, 122 – Pauschale Rechtseinräumung; BGH GRUR 2003, 234 – EROC III; weitere Nachweise in: *Dreier/Schulze, Schulze*, § 31, Rdnr. 110.
[247] Dazu *Rojahn*, FuR 1979, 69 ff.
[248] *Ulmer*, Urheber- und Verlagsrecht, S. 402.

5. Vergabe von Nutzungsrechten 83

Nutzungsrechts angemessen zu entschädigen. § 42 Abs. 3 UrhG enthält Hinweise zur Entschädigungsberechnung.

g) Auch das „Gesetz zur Stärkung der vertraglichen Stellung von Urhebern und ausübenden Künstlern"[249] schafft kein umfassendes Urhebervertragsrecht. Es will sicherstellen, dass der Urheber für jede Nutzung seines Werkes eine angemessene Vergütung erhält.

Zwei Regelungsbereiche sollen dies gewährleisten:

a) Dem Urheber wird ein unverzichtbarer Anspruch auf eine angemessene Vergütung gewährt; der Urheber hat danach einen Korrekturanspruch – einen „Auffüllungsanspruch" -, soweit die vereinbarte Vergütung hinter der angemessenen Vergütung zurückbleibt (§ 32). Darüber hinaus wurde § 36 a.F., der so genannte „Bestsellerparagraph", durch einen „Fairnessausgleich" ersetzt. Der Urheber hat bei einem auffälligen Missverhältnis zwischen Vergütung und Erträgnissen einen Anspruch auf Einwilligung in eine weitere angemessene Vergütung (Beteiligung, § 32a).

b) Das Gesetz regelt weiterhin Maßnahmen, die zur Berechnung einer angemessenen Vergütung dienen (§ 36 n.F.): Die Angemessenheit von Vergütungen soll anhand von Regeln bestimmt werden, welche von Urhebern und Werknutzern gemeinsam aufgestellt werden. Den Urheberverbänden und den Verbänden der Werknutzer wird aufgegeben, gemeinsame Vergütungsregeln aufzustellen (§ 36 Abs. 1 S. 1). Gelingt es den Verbänden nicht, gemeinsame Vergütungsregeln zu schaffen, so kann jeder, der Adressat einer gemeinsamen Vergütungsregel sein kann, eine private, von den Verbänden getragene Schlichtungsstelle anrufen (§ 36 Abs. 3). Diese Schlichtungsstelle, der sich die jeweils andere Partei nicht entziehen kann, unterbreitet dann einen Einigungsvorschlag (§ 36 Abs. 4 S. 1). Wird diesem Vorschlag nicht binnen einer Frist von drei Monaten widersprochen, so gilt er als angenommen (§ 36 Abs. 4 S. 2). Kommt es nicht zu einer gemeinsamen Vergütungsregelung, weil eine Partei den Schlichtungsvorschlag ablehnt, tritt die Wirkung der Regelung nicht ein. Der Regierungsentwurf geht aber davon aus, dass der Vorschlag der Schlichtungsstelle in einem nachfolgenden Rechtsstreit ein indizielles Gewicht haben werde.[250] Soweit die Verbände nach § 36 Abs. 1 gemeinsame Vergütungsregeln aufstellen oder einen Schlichtungsvorschlag annehmen, begründet dies die angemessene Vergütung für alle beteiligten Verwerter und alle betroffenen Urheber und ausübenden Künstler, auch wenn sie

---

[249] Die Bundesjustizministerin Däubler-Gmelin hatte es sich zur Aufgabe gemacht, die „strukturelle Unausgewogenheit" zwischen freiberuflichen Urhebern und Verlegern, Filmverkäufern oder anderen Verwertern „rechtsstaatlich auszugleichen". Dieses mutige Ziel konnte ihr nicht gelingen. Die Medienindustrie hat ihre ganze Werbungs- und Publikationsmacht eingesetzt bzw. mobilisiert. Herausgekommen ist dann schließlich auch ein nur verwässerter Kompromiss, der, wie es einmal in einer großen Tageszeitung zu lesen war, niemanden etwas zuleide tut, aber auch niemanden wirklich hilft. Den Urhebern sollte geholfen werden; die Medienindustrie hat sich nach der Verabschiedung des Gesetzes zufrieden mit dem Erreichten gezeigt.

[250] BT-Drucks. 14/8058 S. 50.

nicht dem Verband angehören. Die Schlichtungsstelle arbeitet nach einem Verfahren, das in § 36a grob skizziert ist. Weiteres können die Parteien vereinbaren. Das BMJ ist ermächtigt, durch Rechtsverordnung weitere Einzelheiten des Verfahrens zu regeln, Abs. 7, 8. § 32 Abs. 2 S. 2 enthält für alle Fälle, in denen keine Vergütungsregelung (§ 36) zustande kam, eine Legaldefinition für das, was unter einer „angemessenen Vergütung" zu verstehen ist. Entspricht die Vergütung dem, was im Zeitpunkt des Vertragsabschlusses im Hinblick auf Art und Umfang der Nutzung geschäftsüblich ist, so ist sie angemessen. Zusätzlich ist für die Ausfüllung des Begriffs auch darauf abzustellen, was „redlicherweise" an den Urheber zu leisten ist. Eine Geschäftsübung, die sich aufgrund der wirtschaftlichen Überlegenheit der Verwerter gebildet hat, darf nicht allein maßgeblich sein.[251] Gibt es keine Branchen- bzw. Geschäftsüblichkeit oder entspricht diese nicht dem Gebot der Redlichkeit, so ist die angemessene Vergütung nach den in § 32 Abs. 2 S. 2 genannten Kriterien nach billigem Ermessen festzusetzen.[252]

---

[251] Vgl. das Beispiel in BT-Drucks. 14/8058 S. 44.
[252] BT-Drucks. 14/8058, S. 44.

6. Multimedia-Erzeugnisse

Multimedia-Erzeugnisse zeichnen sich durch die digitale Herstellung und Übermittlung aus, welche mittels der Kombination bisher getrennter Kommunikationsmedien und unter Einbeziehung des Nutzers (Interaktivität) erfolgt. Die Multimedia-Erzeugnisse werden durch ein Computerprogramm hör- und sichtbar gemacht. Ferner steuert das Programm den Geschehensablauf. Aber auch hier ist zu trennen: Soweit Bild und Ton bzw. Bild oder Ton auf Leistungen beruhen, die geistig-persönliche Schöpfungen i.S.v. § 2 Abs. 2 UrhG sind, so können sie nach § 2 Abs. 1 Nr. 6 UrhG als Filmwerk oder Lichtbildwerke geschützt werden; Bild oder Bildfolgen können, soweit die Voraussetzungen des § 2 Abs. 2 UrhG nicht vorliegen, dann immer noch als Laufbilder oder Lichtbilder geschützt werden (§§ 95, 72 UrhG). Das die Bilder und Tonfolgen generierende bzw. aufeinander abstimmende Computerprogramm ist dann als solches nach § 69a UrhG geschützt. Multimedia-Erzeugnisse beinhalten von daher aus urheberrechtlicher Sicht immer mehrere Werkarten. Dies hat mehrfache Bedeutung. Die sozialen Schranken des Urheberrechts sind unterschiedlich, je nachdem, ob es sich z.B. um ein Computerprogramm oder ein Musikwerk handelt, die Anforderungen an die Werkqualität nach § 2 Abs. 2 UrhG sind unterschiedlich, je nachdem, ob die einzelne Werkart auch noch einem Leistungsschutzrecht zugänglich ist oder nicht; besteht ein Leistungsschutzrecht, so ist nach der Rechtsprechung des BGH das so genannte Recht der „kleinen Münze" nicht zu berücksichtigen. Eine „Verwässerung" der einzelnen Werkarten innerhalb von Multimedia-Erzeugnissen darf daher nicht passieren. Es wäre im Hinblick auf die in diesen Multimedia-Erzeugnissen enthaltenen Werkarten ebenso falsch, sie nur wegen ihrer Computerprogrammabhängigkeit bzw. ihrer Übertragung in digitalem Format nunmehr selbst als Computerprogramm zu bezeichnen und insofern zu schützen.

7. Die Schutzdauer des Urheberrechts

Die regelmäßige Schutzfrist für die urheberrechtlich geschützten Werke dauert nach § 64 UrhG 70 Jahre post mortem auctoris. Bei Miturhebern wird die regelmäßige Schutzfrist vom Tod des längstlebenden Urhebers an berechnet (§ 65 UrhG). Für anonyme und pseudonyme Werke und für nachgelassene Werke gibt es Sonderregelungen im Urheberrechtsgesetz (§ 66 UrhG).

Der Lauf der Schutzfrist beginnt generell mit dem Ablauf des Jahres, in dem der Urheber oder der längstlebende Miturheber verstorben ist, nämlich bei den Sonderregelungen beginnen die Fristen mit dem Ablauf des Kalenderjahres, in dem das für den Beginn der Frist maßgebende Ereignis eingetreten ist (§ 69 UrhG).[253]

---

[253] Eine Ausnahme ist in § 67 UrhG für die Lieferungswerke geschaffen.

8. Verwandte Schutzrechte/Leistungsschutzrechte

Das deutsche Urheberrechtsgesetz unterscheidet zwischen zwei ganz unterschiedlichen Rechten, dem klassischen Urheberrecht und den Leistungsschutzrechten. Letztere nennt das Gesetz „verwandte Schutzrechte".
Diese Leistungsschutzrechte werden für zahlreiche Arbeitsergebnisse gewährt. Leistungsschutzrechte sind z.b. gem. § 95 UrhG im Urheberrechtsgesetz für Laufbilder vorgesehen, d.h. für Filme, deren Schaffung nicht auf persönlich geistiger Leistung i.S.v. § 2 Abs. 2 UrhG beruht, deren Produktionsaufwand es aber angezeigt sein lässt, sie vor unmittelbarer Übernahme zu schützen. Instruktionsfilme, Naturfilme, sog. Industriefilme gehören z.B. zu den Laufbildern. Jeder darf bei diesen Produkten das gleiche Motiv selbst mit der Kamera aufnehmen, die gleiche Konzeption, die der Filmschaffung zugrunde lag, durch eigene Filmarbeit verwerten, nur plagiieren darf er den Filmstreifen nicht. Gleiches gilt z.b. für Tonaufnahmen, die keine urheberrechtlich geschützten Musik- oder Sprachwerke verkörpern, § 85 UrhG.

Auch außerhalb des Urheberrechts gibt es solche Leistungsschutzrechte.[254] Zu nennen ist das Halbleiterschutzgesetz, das die in ihrer Entwicklung aufwendigen Mikrochips unter Schutz stellt. Es ist nach dem Gesetz jedermann erlaubt, die der jeweiligen Chip-Entwicklung zugrunde liegende Idee zu übernehmen, d.h. ähnlich wirksame Chips zu bauen; verboten ist dagegen der identische Nachbau.

Der Gedanke, der jedem Leistungsschutzrecht zugrunde liegt und aus dem sich auch die Voraussetzungen seiner Einrichtung ergeben, ist folgender: Es liegt ein Arbeitsergebnis vor, dessen Inhalt die immaterialgüterrechtliche Schutzgrenze nicht erreicht. Sei es, dass der Inhalt aus Gründen eines berechtigten Freihaltungsinteresses nicht geschützt werden kann oder deshalb, weil er nicht das Niveau hat, das die Sonderrechte zwar verlangen, das aber einerseits entwicklungsaufwendig ist und andererseits relativ aufwandslos von Dritten übernommen werden kann. In Bezug auf dieses Produkt besteht grundsätzlich die Möglichkeit für Dritte zur eigenständigen Nachentwicklung eines ebenso wirksamen Produkts. Hieran ist die Festlegung des Schutzbereichs auszurichten. Der Schutz erfasst demnach die konkrete Ausführungsweise einer bestimmten Produktidee.[255] Die Einrichtung eines Leistungsschutzrechts ist rechtsdogmatisch von den gleichen Voraussetzungen abhängig wie auch der wettbewerbsrechtliche Leistungsschutz. Hier wie dort geht es darum, den einer Produktentwicklung zugrunde liegenden „Kerngedanken" schutzfrei zu lassen, die konkrete Ausführungsweise aber unter Schutz zu stellen, soweit hinreichend viele Ausführungsmöglichkeiten zur Verfügung stehen.[256]

---

[254] Vgl. das Halbleiterschutzgesetz v. 22.10.1987.
[255] *Ulmer*, Urheber- und Verlagsrecht, 15 ff., 510 ff.; *Dreier/Schulze, Schulze*, § 95, Rdnr. 2: „*geschützt ist die wirtschaftliche und organisatorische Leistung"; ders.,* § 85, Rdnr. 1: „*(...) wirtschaftlich aufwändige Leistung, die von Dritten...leicht übernommen werden kann (...)".*
Fromm/Nordemann - Hertin, Urheberrechtsgesetz, vor § 70 Rdnrn. 1 ff.
[256] Aus diesem Grund bildet der wettbewerbsrechtliche Leistungsschutz oft auch die Durchgangssituation bei der Herausbildung neuer Schutzrechte; *Schulze*, Die kleine Münze und ihre Abgrenzungsproblematik bei den Werkarten des Urheberrechts, 1983, S. 295.

So ist z.B. die Leistung der Hersteller von **Tonträgern**, d.h. im Wesentlichen von Schallplatten bzw. CDs, keine schöpferische, sondern eine technisch/ organisatorische. Der Schutz der Hersteller von Tonträgern ist indessen erforderlich, weil hier ohne Schwierigkeiten, billig und schnell kopiert werden kann. Dieses Recht steht jedoch allein dem Hersteller zu; bei Tonträgern, die in einem Unternehmen hergestellt werden, gilt das Unternehmen (besser: Firma) als Hersteller. Der Hersteller erhält nach § 85 Abs. 1 S. 1 UrhG das ausschließliche Vervielfältigungs- und Verbreitungsrecht für 50 Jahre (§ 85 Abs. 3 UrhG).

Weitere Leistungsschutzrechte sind die Folgenden:

a) Der Schutz wissenschaftlicher Ausgaben (§ 70 UrhG). Voraussetzung ist, dass die entsprechende Ausgabe das Ergebnis wissenschaftlich sichtender Tätigkeit ist. Der Verfasser erhält ein Schutzrecht, das sachlich dem des Urheberrechts entspricht; die Schutzfrist ist aber erheblich verkürzt, und zwar auf 25 Jahre gerechnet vom Erscheinen der Ausgabe an, Abs. 3.

b) Der Schutz von Ausgaben nachgelassener Werke (§ 71 UrhG). Auch hier wird allein auf die unternehmerische Leistung abgestellt. Das Schutzrecht steht nicht den Erben des Urhebers zu, sondern dem, der das Werk nach Ablauf des urheberrechtlichen Schutzes hat erscheinen lassen. Dazu ist erforderlich, dass eine genügende Anzahl (vgl. § 6 Abs. 2 UrhG) von Vervielfältigungsstücken angeboten oder in den Verkehr gebracht worden sind. Das Schutzrecht umfasst sachlich und zeitlich weniger als der urheberrechtliche Schutz. Der Herausgeber hat für 25 Jahre (ab dem Erscheinen) das ausschließliche Recht zur Vervielfältigung, Verbreitung sowie das Recht, Vervielfältigungsstücke zur öffentlichen Wiedergabe zu benutzen.

c) Schutz der Lichtbilder (§ 72 UrhG) und der Schutz der „Laufbilder" (§ 95 UrhG). Lichtbilder sind Fotografien die nicht die Qualität von Lichtbildwerken (wesentlich künstlerische Fotografien) haben. Laufbilder sind Filme, die ebenfalls mangels ausreichender geistig-persönlicher Schöpfung die Schwelle zum urheberrechtlichen Schutz nicht überschreiten können. Es werden Leistungsschutzrechte gewährt, die sich sachlich am Urheberrecht orientieren und zeitlich abgekürzt sind, 50 Jahre, §§ 72, 94 Abs. 3 UrhG. Da bei der Laufbilderherstellung kein Filmwerk geschaffen wurde, können die unmittelbar an der Produktion des Films Beteiligten auch keine (Mit-) Urheberrechte erlangen. Zu den unmittelbar Beteiligten gehören regelmäßig der Regisseur, die Kameramänner und Tonmeister. Ein Unterschied besteht auch hinsichtlich der Rechte der ausübenden Künstler. Der Hersteller eines Filmwerkes benötigt vom ausübenden Künstler gem. § 92 UrhG lediglich die Erlaubnis, dessen Darbietung auf Bild- und Tonträger aufzunehmen. Den weiteren Rechten des ausübenden Künstlers aus den §§ 76 und 77 UrhG (Vervielfältigungsrecht, Funksendung, öffentliche Wiedergabe) gebietet § 92 UrhG im Hinblick auf die möglichst ungestörte Verwertung eines Filmwerks durch den Filmhersteller Einhalt und beschränkt deren

Anwendungsbereich von vornherein.[257] (Sind lediglich Laufbilder entstanden, so muss der Hersteller damit rechnen, dass die mitwirkenden Künstler – trotz ihrer gegebenen Einwilligung zur Filmaufnahme selbst – die Vervielfältigung und Aufführung des Films von einer Vergütung abhängig machen.) Als Laufbilder kommen insbes. Instruktionsfilme wie Unterrichtsfilme, wissenschaftliche Filme, politische Bildungsfilme, Industriefilme, Agrarfilme und Naturfilme in Betracht. Natürlich können solche Filme im Einzelfall die Qualität eines Filmwerkes erreichen.

d) Schutz der **ausübenden Künstler** (§§ 73 ff. UrhG): Das Gesetz gewährt den „ausübenden Künstlern" (Musiker, Sänger, Schauspieler, Tänzer, Dirigenten, Regisseure) ein Leistungsschutzrecht. Der Begriff des ausübenden Künstlers ist weit auszulegen. Auch Laienschauspieler, die eine einfache Rolle spielen, fallen darunter. Der BGH vertritt die Auffassung, dass die Leistung hierbei nur einen „künstlerischen Eigenwert" – gleich welcher Qualität – aufweisen müsse; ein künstlerischer Wert und eine besondere Schutzwürdigkeit des Werkvortrages werden von der Rechtsprechung nicht gefordert.[258] Zum Teil wird in der Literatur auch die Auffassung vertreten, der Begriff „künstlerisch" bezwecke lediglich eine Abgrenzung zur technischen Mitarbeit.[259] Hinsichtlich des Schutzumfanges wird danach unterschieden, ob ihre Darbietung unmittelbar (Konzert oder Theateraufführung, Livesendung) oder nur mittelbar (auf Ton- oder Bildträger aufgenommene Darbietung) verwertet werden soll. Im erstgenannten Fall muss der Künstler in die Verwertung einwilligen, im zweitgenannten Fall erhält er nur einen Vergütungsanspruch. § 79 UrhG enthält eine Auslegungsregelung für den Fall, dass der Urheber in einem „Arbeits- oder Dienstverhältnis" steht. Danach kann der Arbeitgeber die Leistung der Künstler zumindest insoweit auswerten, wie es dem unmittelbaren Vertragswerk entspricht (Verweisung auf § 43 UrhG).

e) § 81 UrhG gewährt **Theater- und Konzertveranstaltern** aber auch **Rundfunkanstalten, Tonträgerherstellern und Filmproduzenten** ein Leistungsschutzrecht. Die Bildschirm- und Lautsprecherübertragung, die Vervielfältigung und die Sendung der von einem Unternehmen veranstalteten Darbietung bedarf neben der Einwilligung des Künstlers auch der des Inhabers des Unternehmens.

f) Schutz des **Sendeunternehmens** (§ 87 UrhG): Sendeunternehmen haben hinsichtlich ihrer Funksendungen das ausschließliche Recht auf Weitersendung, Übertragung der Sendung auf Bild- und Tonträger, Lichtbilderherstellung von den Sendungen sowie Vervielfältigung der Aufzeichnungen. Sie können die öffentliche Wiedergabe von Fernsehsendungen an Stellen, die der Öffentlichkeit nur gegen Zahlung eines Eintrittsgeldes zugänglich sind, untersagen (dies gilt nicht in Gaststätten, die kein Eintrittsgeld verlangen).

---

[257] *Fromm/Nordemann - Hertin*, Urheberrechtsgesetz, § 92 Rdnr. 4.
[258] BGH GRUR 1981, 419, 420.
[259] *Fromm/Nordemann - Hertin*, Urheberrechtsgesetz, § 73 Rdnr. 1.

g) Schutz des **Datenbankherstellers** (§§ 87a ff. UrhG).[260] Durch Art. 7 des Informations- und Kommunikationsdienstegesetzes (IuKDG) wurde in Deutschland die Richtlinie des Rates vom März 1996 (RL 96/9/EG) umgesetzt. Mit der Umsetzung wurde ein weiteres Leistungsschutzrecht für die Datenbankhersteller geschaffen. Datenbanken sind nach der Richtlinie Sammlungen von Werken, Daten oder anderen Elementen, die systematisch oder methodisch angeordnet und einzeln mit elektronischen Mitteln oder auf andere Weise zugänglich sind. Datenbanken, die nicht die Schwelle zum urheberrechtlichen Schutz überschreiten, also nicht geistig persönliche Schöpfungen i.S.v. § 2 Abs. 2 UrhG sind, werden geschützt, wenn für die „Beschaffung, die Überprüfung oder die Darstellung ihres Inhalts in quantitativer oder qualitativer Hinsicht eine wesentliche Investition erforderlich ist". Das Leistungsschutzrecht wurde in das UrhG aufgenommen, §§ 87a ff. Nach Maßgabe des seit 1. Januar 1998 geltenden § 87b Abs. 1 UrhG hat der **Datenbankhersteller** das ausschließliche Recht, die Datenbank insgesamt oder einen nach Art und Umfang wesentlichen Teil derselben zu vervielfältigen, zu verbreiten und öffentlich wiederzugeben. § 87c n.F. UrhG enthält eine Aufzählung der **Schranken** des Rechts des Datenbankherstellers. Sie beziehen sich auf den eigenen wissenschaftlichen Gebrauch und auf den Gebrauch im Schulunterricht (das Zitiergebot ist zu beachten); die genehmigungsfreie Vervielfältigung zum privaten Gebrauch bleibt für elektronische Datenbanken ausgeschlossen. Ferner gibt es die bekannten Privilegien für Gerichts- und Behördenverfahren, Abs. 2. Art. 87d n.F. UrhG bestimmt die Schutzdauer. Die Rechte des Datenbankherstellers erlöschen 15 Jahre nach der Veröffentlichung und bereits 15 Jahre nach der Herstellung, wenn innerhalb dieser Frist nicht veröffentlicht wurde. Art. 3 der Richtlinie des Rates sieht einen Schutz solcher Datenbanken vor, die aufgrund der Auswahl oder Anordnung des Stoffes eine eigene (persönliche) geistige Schöpfung darstellen. Die Umsetzung dieses Teils der Richtlinie wäre für die Bundesrepublik Deutschland nicht erforderlich gewesen, weil der Schutz solcher Datenbanken schon durch § 4 UrhG a.F. (Schutz der Sammelwerke) gewährt war. Der Gesetzgeber hat durch Art. 7 IuKDG dennoch die Änderung des UrhG beschlossen. § 4 n.F. UrhG nennt jetzt nicht nur die „Sammelwerke" sondern auch „Datenbank**werke**".

---

[260] Vgl. *Engel-Flechsig/Maennel/Tettenborn*, NJW 1997, 2981, 2991 f.

9. Die Schranken des Urheberrechts

Wie sich allgemein kein Recht denken lässt, dass nicht irgendwie durch die Interessen Dritter eingeschränkt ist, so ist auch die Gewährung urheberrechtlichen Schutzes nicht ohne die Berücksichtigung gesellschaftlicher Interessen denkbar. Das Urheberrecht ist wie das Sacheigentum und wie die anderen subjektiven Rechte sozial gebunden.[261] Die Sozialbindung des Urheberrechts beeinflusst schon dessen Entstehung. Wie oben dargelegt entspricht es der h.M. in Literatur und Rechtsprechung, dass die in den wissenschaftlichen Werken enthaltenen wissenschaftlichen Lehren, Theorien und Systeme keinen urheberrechtlichen Schutz erfahren dürfen.

Die Sozialbindung des Urheberrechts zeigt sich aber auch in der Beschränkung der Verwertungsrechte, wie sie der Gesetzgeber durch die §§ 44a ff. UrhG ausgedrückt hat. In den §§ 44 a bis 63a UrhG werden die Voraussetzungen bestimmt, unter denen Dritte die Werke des Urhebers ohne dessen Einwilligung benutzen dürfen. Davon abgesehen aber hat der Gesetzgeber der Freiheit des Urhebers, über sein Werk und dessen Nutzung nach Belieben zu verfügen, den Vorrang eingeräumt.

Die Schranken des Urheberechts sind unterschiedlich gestaltet; das Urheberrecht kennt Zwangslizenzen, Freistellungen bestimmter Nutzungsarten und Befristungen der Schutzdauer.

Während die Rechte des Urhebers generalklauselartig auf alle denkbaren Rechtsbeziehungen (§ 11 UrhG) und Verwertungsarten (§ 15 UrhG) erstreckt sind, werden die Schranken des Urheberrechts in den §§ 44 a ff. einzeln aufgezählt und inhaltlich genau festgelegt. Die Einschränkungen der Verwertungsrechte in den §§ 44a ff. UrhG bilden demnach Ausnahmen vom Ausschließlichkeitsrecht, die wegen dieses Charakters eng auszulegen sind.[262]

– Bereits durch die Urheberrechtsnovelle von 2003 wurde die Regelung über „vorübergehende" Vervielfältigungshandlungen (§ 44a UrhG) aufgenommen. Danach sind flüchtige bzw. begleitende Vervielfältigungen, die aus einer technischen Notwendigkeit bei der Datenübertragung entstehen und die keinen eigenen wirtschaftlichen Wert haben, zulässig. Die Vorschrift umfasst auch die Situation, dass jemand Informationen im Netz nur liest, so wie man in einem Buch blättert und es dabei zu einer kurzzeitigen Abspeicherung im Arbeitsspeicher kommt. § 44a UrhG ist insofern auch ein Korrektiv zu dem weit reichenden Vervielfältigungsrecht aus § 16 UrhG. Danach kommt es im Hinblick auf die Vervielfältigung nicht darauf an, ob diese nur vorübergehend, d.h. flüchtig ist oder nicht. Die Erfassung jeder Vervielfältigung und sei es nur die im Arbeitsspeicher, um eine Information nur zur Kenntnis zu nehmen (von § 44a Ziff. 1 UrhG erfasst), ohne z.B. mit ihr zwecksentsprechend zu arbeiten, wäre zu weit reichend und war auch nie bezweckt.

---

[261] *Ulmer*, Urheber- und Verlagsrecht, S. 119; *ders.*, Der Urheberschutz wissenschaftlicher Werke, 1967, S. 16 ff.; *Rehbinder*, Urheberrecht, Rdnrn. 103 ff.
[262] Vgl. BGHZ 50, 147, 152 f.; BGHZ 58, 262, 265.

- § 45 bestimmt die Zulässigkeit der Anfertigung von Vervielfältigungsstücken zum Zwecke der **Rechtspflege und der öffentlichen Sicherheit**. Diese ist jedoch nur erlaubt, soweit die Vervielfältigung einem bestimmten Verfahren dient, das vor einem Gericht oder einer Behörde stattfindet. Verwaltungsinterne Vorgänge fallen nicht unter § 45 UrhG. Insbes. ist es nach dieser Norm nicht erlaubt, Vervielfältigungsstücke zu Lehr- und Unterrichtszwecken herzustellen.
- § 45a UrhG erlaubt die nicht Erwerbszwecken dienende Vervielfältigung eines erschienenen Werkes einschließlich deren Verbreitung an behinderte Menschen, denen die bereits zugängliche Werkart aufgrund ihrer Behinderung nichts nützt. Abs. 2 regelt die Vergütungspflicht.
- Nach § 46 UrhG ist es erlaubt, Teile von Werken und z.B. ganze Lichtbildwerke oder Lichtbilder nach dem Erscheinen in eine Sammlung aufzunehmen, in der Werke einer größeren Anzahl von Urhebern vereinigt werden und die nur für den **Schul- oder Unterrichtsgebrauch** bestimmt sind. Anerkannt ist, dass „Sammlung" auch eine Tonbandkassette sein kann, auf der Hörbeispiele verschiedener Komponisten zusammengefasst sind.[263] Auch einzelne Filmszenen bzw. Szenen (Bildfolgen) aus Laufbildern können in eine Sammlung aufgenommen werden. Von einer größeren Anzahl von Urhebern kann erst gesprochen werden, wenn mindestens zehn Urheber – nicht etwa zehn Werke von nur drei Autoren – aufgenommen sind.

Zu dem objektiven Merkmal – größere Anzahl von Urhebern – muss hinzutreten, dass der alleinige Zweck der Sammlung die Verwendung im Schul- oder Unterrichtsgebrauch ist. Es genügt demnach nicht, dass die Sammlung – auch – für die genannten Zwecke geeignet und bestimmt ist. Verlangt wird, dass sich die erforderliche Zweckbestimmung auch objektiv in ihrer inneren und äußeren Beschaffenheit niederschlägt. Erforderlich ist demnach eine Zusammenfassung unter pädagogisch fachlichen Gesichtspunkten. **Schulen** sind alle öffentlichen Schulen, in denen Unterricht erteilt wird, also auch die der Bevölkerung allgemein zur Verfügung stehenden anerkannten Privatschulen, nicht jedoch **Hochschulen** oder **Fachhochschulen**.[264] Für den Unterrichtsgebrauch sind solche Sammlungen bestimmt, die allgemein zu Unterrichtszwecken Verwendung finden sollen, also auch für den Hoch- oder Fachhochschulbereich. Von „Unterricht" kann jedoch nur gesprochen werden, wo ein Lehrer-Schüler-Verhältnis i.e.S. besteht, also nicht im Bereich der Erwachsenenbildung (z.B. in Volkshochschulen).

Nach § 46 Abs. 3 UrhG darf aber erst mit der Vervielfältigung begonnen werden, wenn die Absicht entweder dem Urheber oder, wenn dieser nicht bekannt ist, dem Inhaber des ausschließlichen Nutzungsrechts, i.d.R. der Sendeanstalt, durch eingeschriebenen Brief mitgeteilt worden ist und seit der Absendung des Briefes zwei Wochen verstrichen sind. Für die Vervielfältigung und Verbreitung

---

[263] LG Frankfurt, GRUR 1979, 155, 156 f.
[264] OLG München, FuR 1983, 273, 275.

ist dem Urheber eine angemessene Vergütung zu zahlen. Nach § 63 UrhG müssen die Quellen genannt werden
- § 49 Abs. 1 erlaubt die Vervielfältigung und Verbreitung einzelner Rundfunkkommentare, einzelner Artikel aus Zeitungen oder auch anderen Informationsblättern, die lediglich **Tagesinteressen** dienen; diese Beiträge dürfen auch öffentlich wiedergegeben werden, z.B. durch eine Fernsehsendung, soweit sie politische, wirtschaftliche oder religiöse Tagesfragen betreffen. Die Nutzung ist vergütungspflichtig, es sei denn, es handelt sich um eine übersichtsmäßige Darstellung.

Nach § 49 Abs. 2 ist es unbeschränkt zulässig, **vermischte Nachrichten tatsächlichen Inhalts und Nachrichten von Tagesereignissen**, die durch Presse oder Funk veröffentlicht worden sind, mitzuschneiden, zu veröffentlichen und zu verbreiten. Nach zutreffender Ansicht ist dies auch dann möglich, wenn diese Nachrichtenübermittlung ausnahmsweise einmal Werkcharakter haben sollte. Der letzte Satz von § 49 Abs. 2 UrhG lautet zwar, „ein durch andere gesetzliche Vorschriften gewährter Schutz bleibt unberührt", damit sind aber die Normen anderer Gesetze, insbes. die des UWG und des Deliktsrechts gemeint.
- § 51 regelt das Recht zum **Zitieren**. Durch die Urheberrechtsnovelle 2007 gab es Veränderungen beim sog. Zitateprivileg. Die Änderung ist insbesondere durch Art. 5 Abs. 3 d Info-Richtlinie bedingt, stellt aber im Hinblick auf die Rechtsprechung des BGH[265] für Deutschland keine Änderung dar. Beabsichtigt war durch die Info-Richtlinie, welche vom deutschen Gesetzgeber umgesetzt wurde, die Schranken der Zitierfreiheit zu erweitern und, wie es in der Gesetzesbegründung heißt, auf andere Werkarten als nur Sprachwerke auszudehnen. Gemeint sind damit in erster Linie die Filmzitate. Für weitere Bereiche, etwa Werke der Innenarchitektur, bedarf es noch einer „Erprobung" von § 51 UrhG.

Die neue Regelung stellt eine Generalklausel voran und nennt anschließend drei Fallgruppen, bei denen das lizenzfreie Zitieren zulässig ist (S. 2). In § 51 UrhG wird zwischen dem sog. Kleinzitat und dem Großzitat unterschieden. Das Kleinzitat, § 51 S. 2 Nr. 2 UrhG, bildet den Regelfall. Das Großzitat, das Zitieren ganzer Werke, soll der Wissenschaft vorbehalten bleiben. Das Kleinzitat umfasst nur Ausschnitte bzw. (kleine) Teile eines Werkes. Die Grenze wird schwer zu ermitteln sein. Es kommt auf den Zitatzweck an. Gerade beim Kleinzitat gilt die altbekannte Eingrenzung des Zitierrechts, dass das eigene Werk ohne die Zitate nicht nur ein Torso sein darf, dass die Zitate das Werk nur anreichern oder abrunden dürfen, ohne dass das Hauptwerk durch die Summe und die Länge der Zitate hinsichtlich der eigenen Wirkung in den Hintergrund tritt.

Im beschriebenen Umfang ist auch das Musikzitat erlaubt, § 51 S. 2 Nr. 3 UrhG. Das Bildzitat, das zwar gesetzlich nicht geregelt ist, gilt als grundsätzlich zulässig.[266] Letzteres ist auch nicht so einzuschränken, dass nur einzelne Stellen

---

[265] Vgl. insbesondere BGH Z 99, 162 – Filmzitat.
[266] Vgl. BGH GRUR 1994, 800, 802 – Museumskatalog.

aus einem Bild als Zitat wiedergegeben werden dürfen. Das Recht zu zitieren bezieht sich auf das gesamte Bild.[267]

Lichtbilder (nicht Filmwerke) können im oben beschriebenen Umfang im Fernsehen wiedergegeben werden, § 51 S. 2 Nr. 2 UrhG. Dies dient der Freiheit der Berichterstattung. Die Begrenzung der Zitiererlaubnis nur auf Lichtbilder und insofern auf die Berichterstattung im Fernsehen überzeugt nicht. Das Gesetz schließt Filmzitate nicht aus. Es kann wieder nur darauf ankommen, dass der jeweilige Zweck des Zitierens mit dem Normenzweck harmoniert, und dass entsprechend dem erlaubten Umfang zitiert wird.

Ein Privileg gibt es im Zusammenhang mit der Zitiererlaubnis für den wissenschaftlichen Bereich. Durch § 51 S. 2 Nr. 1 UrhG wird für den wissenschaftlichen Bereich unter bestimmten Voraussetzungen die Aufnahme ganzer Werke erlaubt. Die Norm bringt dies schon durch eine begriffliche Abgrenzung zu den Kleinzitaten (geregelt in Nr. 2 und 3) zum Ausdruck. Dort spricht man von „Anführen" im Zusammenhang mit den wissenschaftlichen Werken dagegen von der „Aufnahme". Die Unterscheidung zwischen wissenschaftlichen und anderen Werken ist aber nicht so zu verstehen, dass ganze Werke aus dem Wissenschaftsbereich stets übernommen und andere Werke nur zum Teil als Zitat wiedergegeben werden dürfen. § 51 S. 2 UrhG will eine Richtschnur für die Auslegung geben, ohne absolute Grenzen zu markieren.

- Mit der Urheberrechtsnovelle 2003 war durch den § 52a UrhG auch eine Privilegierung der **öffentlichen Zugängigmachung für Bildungs- und Forschungseinrichtungen** eingeführt worden.[268] Danach ist es zulässig, veröffentlichte kleine Teile eines Werkes, Werke mit einem nur geringen Umfang, sowie einzelne Beiträge aus Zeitungen oder Zeitschriften in Schulen, Hochschulen und im nichtgewerblichen Bildungs- und Wissenschaftsbereich für einen bestimmt abgegrenzten Personenkreis öffentlich zugänglich zu machen. Dies bedeutet, dass z.B. Lehrer bzw. Professoren ihren Schülern bzw. Studenten die entsprechenden Werke digital am PC anbieten oder auch in ein schulisches oder universitäres Intranet einstellen dürfen. Schulbücher sind allerdings von diesem Privileg ausgenommen und für die Nutzung von Filmwerken gibt es eine Sperrfrist von 2 Jahren nach der Einführung der Filme in den Kinos.
- Der Bildungsbereich wurde durch die Novelle 2007 dann noch einmal privilegiert. § 52b UrhG betrifft Erleichterungen der Werknutzung für Wissenschaft und Forschung, und zwar durch die Ermöglichung elektronischer Leseplätze in öffentlichen Bibliotheken, Museen und Archiven. Nach § 53a UrhG ist außerdem der **Kopienversand** auf Bestellung und in Grenzen die **Übermittlung in elektronischer Form** erlaubt. Dadurch soll der Bildungsauftrag der Bibliotheken berücksichtigt werden; die Regelung zielt erkennbar dahin, die in den Bibliotheken vorhandenen Bestände Dritten leichter verfügbar zu machen. Das **Leseplatzprivileg** des § 52b UrhG begünstigt alle Bibliotheken, Museen und Archi-

---

[267] KG UFITA 54, 296, 300 – Extradienst.
[268] Zur Kritik *Ensthaler*, K u. R 2003, 209 ff.

ve, die keinen wirtschaftlichen bzw. gewerblichen Zweck verfolgen. Die Erhebung von Eintrittspreisen ist unerheblich, soweit diese Preise – wie dies regelmäßig der Fall ist – allenfalls die Kosten decken. Voraussetzung ist allerdings, dass die entsprechenden Einrichtungen öffentlich zugänglich sind. Dieselben Voraussetzungen sind auch für den Kopienversand (§ 53a UrhG) zu verlangen; die Bibliotheken, Museen und Archive müssen der Öffentlichkeit zugänglich sein bzw. das Material muss grundsätzlich an die Öffentlichkeit versandt werden. Die erhobenen Entgelte müssen an einer Kostendeckungs- und nicht an einer Gewinnerzielungsabsicht orientiert sein. Das Leseplatzprivileg bezieht sich nur auf den Bestand der jeweiligen Bibliothek etc. (sog. Bestandsakzessorietät). Die entsprechenden Werkstücke müssen demnach in analoger Form körperlich angeschafft sein. Die **Bestandsakzessorietät** hat der Gesetzgeber in § 52b S. 2 UrhG noch enger gefasst. Die Zahl der gleichzeitig über elektronische Leseplätze möglichen Werknutzungen darf die Zahl der in der Einrichtung vorhandenen Exemplare grundsätzlich nicht übersteigen; Ausnahmen sind nur für sog. Belastungsspitzen zugelassen. § 52b UrhG erlaubt auch nicht eine Online-Nutzung von außen, sondern nur eine Nutzung an den elektronischen Arbeitsplätzen innerhalb der entsprechenden Einrichtung. Diese Nutzung an den elektronischen Leseplätzen wird zusätzlich eingegrenzt. Die Nutzung darf nur für Zwecke der Forschung und für private Studien ermöglicht werden. Eine weitere Einschränkung gibt es dadurch, dass § 52b S. 1 UrhG unter dem Vorrang vertraglicher Regelungen steht. Über den Schul- und Bildungsbereich hinaus gibt es weitere Einschränkungen zugunsten des Sozialbereiches. Nach § 52 Abs. 1 S. 3 UrhG können veröffentlichte Werke lizenz- und vergütungsfrei öffentlich wiedergegeben werden, und zwar im Zusammenhang mit nicht-kommerziellen Veranstaltungen der Jugend- und Sozialhilfe, der Alten- und Wohlfahrtspflege, der Gefangenenbetreuung sowie bei internen Schulveranstaltungen.
- Ohne Einwilligung des Urhebers ist die Vervielfältigung zum Zwecke der **privaten Nutzung** erlaubt (**§ 53 UrhG**). Eine persönliche Nutzung liegt z.B. schon dann nicht mehr vor, wenn die Kopie nur verschenkt werden soll. Soll eine Filmkopie oder ein Tonbandmitschnitt vor einem größeren Bekanntenkreis vorgeführt werden, liegt eine private Nutzung nur dann noch vor, soweit der Vorführende jederzeit die Entscheidung über die Fortführung oder den Abbruch der Veranstaltung hat.
- § 53 UrhG erlaubt weiterhin die Vervielfältigung zum **eigenen wissenschaftlichen Gebrauch**. „Wissenschaftlicher Gebrauch" kann nur vorliegen, wenn die Vervielfältigung im Rahmen einer wissenschaftlichen Betätigung geschieht. Zur Wissenschaft zählt dabei nur, was an Universitäten, Hochschulen, wohl auch Fachhochschulen gelehrt wird, gleichgültig, ob der Vervielfältigende dort tätig ist oder ob es sich um einen externen Forscher handelt, soweit er nur in seiner Arbeit ein Thema wissenschaftlich behandelt. Selbstverständlich gehören auch die Studenten selbst zu diesem Kreis. Auch die Abfassung einer popularwissenschaftlichen Arbeit kann das Kopieren erlauben. Die Vervielfältigung muss „geboten" sein. Wo entsprechende Exemplare leicht und zu einem angemessenen

Preis erhältlich sind, ist das Recht nicht gegeben. Bei der Frage, ob die Vervielfältigung für den beabsichtigten wissenschaftlichen Zweck überhaupt geboten ist, verfahren die Gerichte großzügig. Es genügt, wenn der Wissenschaftler die Vervielfältigung subjektiv für erforderlich hält, mag sie auch objektiv überflüssig gewesen sein.

- Durch die Urheberrechtsnovellen von 2003 und 2007 wurde auch § 53 UrhG verändert. Geregelt wurde dabei der Bereich der **digitalen Privatkopie**. Durch die neue Formulierung „**auf beliebigen Trägern**" wird die digitale Privatkopie der analogen Kopie gleichgestellt, soweit sie vom Nutzer selbst hergestellt wird.

  Geregelt war bereits, dass von offensichtlich illegalen Vorlagen die Kopie nicht abgeleitet werden darf; ergänzt wurde 2007 im Hinblick auf den schon durch die Novelle 2003 eingeführten § 19a UrhG. Auch das Herunterladen eines offensichtlich unerlaubt in das Netz gestellten Werkes ist nun verboten.

  Die Vervielfältigung muss der Befugte gem. § 53 Abs. 1 S.2 UrhG nicht selbst vornehmen, sondern er kann damit auch einen Dritten beauftragen. Die Vervielfältigungen müssen dann allerdings entweder auf Papier oder einem ähnlichen Träger mittels beliebiger photomechanischer Verfahren oder anderer Verfahren mit ähnlicher Wirkung vorgenommen werden, soweit sie nicht unentgeltlich hergestellt werden.[269] Damit bleibt der Kopienversand in Papierform ebenso zulässig wie die Herstellung von Kopien durch Copyshops. Unter Entgelt ist in diesem Zusammenhang die Kopiergebühr in Bibliotheken zu verstehen, es sei denn, diese überschreitet nicht die Kostendeckung. Unter der Voraussetzung der Unentgeltlichkeit sind auch analoge Vervielfältigungen auf Bild- oder Tonträgern und sogar digitale Vervielfältigungen erlaubt.[270]

  Erlaubt ist nach § 53 Abs. 2 UrhG die Herstellung von Vervielfältigungsstücken zum eigenen wissenschaftlichen Gebrauch, zur Aufnahme in ein eigenes Archiv, zur eigenen Unterrichtung über Tagesfragen wie überhaupt zum sonstigen eigenen Gebrauch, soweit es sich um kleine Teile eines Werkes oder um einzelne Beiträge aus Periodika handelt. Ein ganzes Werk kann kopiert werden, wenn es seit mindestens 2 Jahren vergriffen ist.

  Die Vervielfältigungsrechte des § 53 Abs. 2 S. 1 UrhG werden durch S. 2 eingeschränkt. Für die Aufnahme in ein eigenes Archiv ist die Herstellung digitaler Kopien verboten, § 53 Abs. 2 S. 2 Nr. 1 UrhG.

- Durch § 53 Abs. 3 UrhG gibt es eine Freistellung bezüglich des Vervielfältigungsverbotes kleiner Werkteile, von Werken geringen Umfangs und Einzelbeiträgen aus Periodika zugunsten des **Schulbereichs** und, enger gefasst, auch für **Prüfungen an Hochschulen** und im nicht-gewerblichen Bildungsbereich. Durch die Urheberrechtsnovelle 2007 wurde klargestellt, dass der Unterrichtsgebrauch nicht nur den Einsatz im Unterricht selbst, sondern auch die Vor- und Nachbereitung mit umfasst. Allerdings sieht § 53 Abs. 3 Nr. 1 S. 2 UrhG wiederum eine Ausnahme für die Schulbücher vor.

---

[269] *Rehbinder*, Rdnr. 442.
[270] *Dreier/Schulze, Dreier*, § 53, Rdnr. 16.

9. Die Schranken des Urheberrechts

- Der **lizenzfreie Kopienversand** durch öffentliche Bibliotheken wird nach der Urheberrechtsnovelle durch § 53a Abs. 1 UrhG geregelt.[271] Durch die Urheberrechtsnovelle 2007 wird durch § 53a UrhG nun der Versand über Post und Fax erlaubt. Es dürfen einzelne in Zeitungen und Zeitschriften erschienene Beiträge und auch kleine Teile erschienener Werke versandt werden. Über diesen Post- und Faxversand hinaus darf nun auch in sonstiger elektronischer Form, als graphische Datei (pdf-Datei), versandt werden. Der Versand auf Bestellung in dieser elektronischen Form ist nur zulässig zur Veranschaulichung des Unterrichtes oder für Zwecke der wissenschaftlichen Forschung. Dies wird dahingehend eingeschränkt, dass keine gewerblichen Zwecke verfolgt werden dürfen.

  Weiterhin wird der erlaubnisfreie **digitale Versand** von Kopien für die Fälle ausgeschlossen, in denen die Verlage selbst entsprechende elektronische Abrufdienste vorhalten. Das Verlagsangebot muss zu angemessenen Bedingungen erfolgen (kein Zwang, andere Werke mitzubestellen, angemessene Nutzungsgebühr). Weiterhin müssen die Angebote erfahrbar bzw. offensichtlich sein, d.h. sie müssen in einer zentral geführten Datenbank bekannt gegeben werden.

- Die Regelungen der §§ 55 – 58 UrhG beruhen auf der Überlegung, dass keine unzulässige Nutzung fremder Werke vorliegt, wenn die Nutzung zwangsläufig mit der **Wahrnehmung eigener und legitimer Interessen** durch den Nutzer verbunden ist. So ist den Sendeunternehmen gestattet, Rundfunksendungen zu archivieren, § 55 UrhG. Dem berechtigten Datenbankbenutzer wird ein Bearbeitungsrecht eingeräumt, damit er für eigene Zweck nutzen kann, § 55a UrhG. Der Elektrogerätehandel darf öffentlich, im Zusammenhang mit dem Handel, Werkdarbietungen im Zusammenhang mit dem Geräteverkauf vorführen, § 56 UrhG. § 57 UrhG erlaubt die Verwertung von geschützten Werken, wenn sie nur als unwesentliches Beiwerk erscheinen. Nach § 58 UrhG ist die Vervielfältigung, Verbreitung und öffentliche Zugänglichmachung im Wesentlichen von Katalogbildern durch den Veranstalter der Ausstellung zu Zwecken der Werbung erlaubt. Schließlich bestimmt § 59 UrhG die freie Vervielfältigung, Verbreitung und öffentliche Wiedergabe mit Mitteln der Malerei oder Graphik, durch Lichtbild oder durch Film soweit die wiedergegebenen Werke sich auf Dauer an öffentlichen Wegen, Straßen oder Plätzen befinden. Der Gesetzgeber geht hier von einer Art „Widmung" durch den Schöpfer aus, wenn er seine Werke derart zugänglich macht. Von daher unterfallen nicht zugängliche Werkstücke nicht dem § 59 UrhG. Ob sich das Werk „bleibend" an öffentlichen Wegen etc. befindet, soll sich grundsätzlich nach dem Willen des Verfügungsberechtigten richten; wobei zwischen einer befristeten Ausstellung und einer (nach Jahren bemessenen) Dauerpräsentation unterschieden wird. Bei der Dauerpräsentation ist das Merkmal „bleibend" erfüllt.[272]

---

[271] Vgl. zur Rechtsprechung vor der Novelle bzw. zum analogen Versandt: BGH GRUR 99, 1953 – Kopienversand.
[272] Vgl. BGH GRUR 2002, 605 ff.

- Die privaten Nutzerinteressen werden auch durch § 60 UrhG berücksichtigt. Danach ist es bei bestellten **Portraitaufnahmen** mangels anderweitiger vertraglicher Vereinbarung zulässig, dass der Besteller oder Angehörige das Bildnis vervielfältigt. Das Vervielfältigungsstück darf aber nur unentgeltlich weiterverbreitet werden.
- Durch § 95b UrhG wird sichergestellt, dass die Sozialschranken nicht durch **technische Schutzmaßnahmen** ausgehebelt werden. § 95b UrhG enthält eine Liste von berechtigten Nutzungen, bei denen technische Schutzmaßnahmen die Nutzung nicht einschränken dürfen. Dabei umfasst aber der Katalog nicht den gesamten Regelungsumfang der Schrankenbestimmungen. Insbesondere verhält es sich bei § 53 UrhG so, dass nur die Privatkopie im analogen Bereich uneingeschränkt durchsetzbar ist (§ 95b Abs. 1 Nr. 6 UrhG), die digitale Kopie aber nicht. Die Vorschrift stellt zwar kein Privileg für Hacker dar, sie ermöglicht aber den Zugang zu den aufgeführten Werken. Es besteht ein zivilrechtlicher Anspruch auf Eröffnung dieses Zuganges. Die Weigerung ist eine Ordnungswidrigkeit, die mit einer Geldbuße bis zu 100.000 € sanktioniert werden kann (§ 111a Abs. 1 Nr. 2, Abs. 2 UrhG).

10. Ansprüche bei Verletzung der Urheberrechte oder verwandter Schutzrechte

- Wer das Urheberrecht oder ein verwandtes Schutzrecht verletzt, kann vom Berechtigten auf **Vernichtung oder Entfernung der rechtsverletzenden Ware**, sowie auf **Unterlassung** und, wenn dem Verletzer Verschulden, d.h. Vorsatz oder Fahrlässigkeit zur Last gelegt werden kann, auf **Schadensersatz** in Anspruch genommen werden.
- Bei den Unterlassungsansprüchen (nicht Schadensersatzansprüchen) richtet sich der Anspruch in erster Linie gegen denjenigen, der die Rechtsverletzung tatsächlich begangen, d.h. bewusst verwirklicht hat. Dass er mit seiner Handlung Unrecht tut, braucht dem Täter nicht einmal bekannt zu sein. Der Anspruch setzt neben der Verletzungshandlung, z.B. der unzulässigen Vervielfältigung, nur die Gefahr der Wiederholung voraus. Danach kann auch der weisungsgebundene Arbeitnehmer selbst Anspruchsgegner sein. Auch die grundsätzlich bestehende Abhängigkeit zum Arbeitgeber oder dem unmittelbaren Vorgesetzten, der ihm evtl. eine entsprechende Weisung erteilt hat, schützt ihn nicht. Da der Anspruch verschuldensunabhängig ist, kann er sich grds. auch nicht darauf berufen, er hätte darauf vertraut, dass der Arbeitgeber entsprechende Nutzungsverträge mit dem Verletzten abgeschlossen hat.
- Bei der zur Begründung des Anspruchs verlangten **Wiederholungsgefahr** werden von der Rechtsprechung weite Grenzen gesteckt. In aller Regel folgt aus der Tatsache der Rechtsverletzung ohne weiteres die Gefahr ihrer Wiederholung. Dies gilt erst recht, wenn der Verletzer sich auf den Standpunkt stellt, er habe rechtmäßig gehandelt. Nur bei Vorliegen besonderer Umstände kann deshalb angenommen werden, dass es nicht zu weiteren Rechtsverletzungen kommen wird. Die bloße Verpflichtungserklärung des Verletzers, die beanstandete Handlung o.ä. künftig zu unterlassen, reicht jedenfalls nicht aus, um die Wiederholungsgefahr auszuräumen. Etwas anderes gilt nur, wenn der Verletzer ein Vertragsstrafeversprechen abgibt, d.h., wenn er erklärt, für jeden Fall der erneuten Zuwiderhandlung eine bestimmte Vertragsstrafe an den Verletzten zu zahlen.
- Auch der **Beseitigungsanspruch** ist verschuldensunabhängig, richtet sich also auch gegen den Gutgläubigen und gegen den Arbeitnehmer, der etwa Raubkopien fertigte und dabei in dem guten Glauben war, der Arbeitgeber habe die Vervielfältigungsrechte erworben. Der Beseitigungsanspruch wird aber bei vielen Werken, z.B. bei den Filmwerken, durch den sog. Vernichtungs- und Rückrufsanspruch (§ 98 UrhG) bzw. den Anspruch auf Unbrauchbarmachung rechtswidrig hergestellter Vervielfältigungsstücke verdrängt.
- Der Verletzte kann verlangen, dass alle rechtswidrig hergestellten oder auch nur verbreiteten Stücke ganz oder zumindest teilweise zerstört werden. Dieser Anspruch kann sich gegen den Eigentümer der jeweiligen Vervielfältigungsstücke wie auch gegen deren Besitzer richten, § 98 Abs.1 Satz 1 UrhG

- Mit Umsetzung der Enforcement-Richtlinie[273] durch das Gesetz zur Verbesserung der Durchsetzung von Rechten des geistigen Eigentums ist nunmehr nach § 98 Abs. 2 UrhG ausdrücklich auch ein Anspruch auf Rückruf und Entfernung rechtsverletzender Ware aus dem Rechtsverkehr vorgesehen, der sich bisher lediglich aus dem Anspruch auf Beseitigung ergab.
- Das UrhG gewährt auch **Schadensersatzansprüche** (§ 97 Abs. 2 UrhG). Der Schadensersatzanspruch ist allerdings verschuldensabhängig; dem Verletzer muss also eine schuldhafte, zumindest fahrlässige Verhaltensweise vorgeworfen werden können. Die Gerichte legen im Allgemeinen einen strengen Maßstab an die Sorgfaltspflicht. Sie erwarten insbes. von den Fachkreisen, beispielsweise von Verlegern, Schallplatten- und Filmherstellern, dass sie sich mit größter Sorgfalt über die Sach- und Rechtslage unterrichten. Hinsichtlich der Filmwerke hat das Kammergericht beispielsweise einmal entschieden, nicht einmal beim Programmtausch zwischen öffentlich-rechtlichen Rundfunkanstalten, von denen jede über eine eigene Rechtsabteilung verfügt, darf sich die erwerbende Anstalt auf die Prüfung der Rechtslage durch andere verlassen.[274]
- Für die Anfertigung von Videokopien im Auftrage Dritter haben mehrere Gerichte entschieden, dass der Kopierbetrieb sich durch die Einholung von Rechtsrat darüber vergewissern müsse, ob der Auftraggeber über die Vervielfältigungsrechte verfügt.[275]

Hinsichtlich der **Schadensberechnung** führen die Neuregelungen nach Umsetzung der Enforcement-Richtlinie die auf dem Gebiet des Rechts des geistigen Eigentums lange schon richterrechtlich anerkannte Methode der dreifachen Schadensberechnung unmittelbar in das Gesetz ein. Nach dieser Methode können Schadensersatzansprüche verschieden berechnet bzw. geltend gemacht werden: Der Verletzte kann zunächst die erlittene Vermögenseinbuße einschl. des ihm entgangenen Gewinns ersetzt verlangen. Bei den Verwertungsgesellschaften bedeutet dies, dass der Verletzer die Tarifgebühr zweimal zu entrichten hat. Der hundertprozentige Aufschlag wird dem Verletzten zugebilligt. Dort, wo es keine Tarife gibt, ist die Errechnung des entgangenen Gewinns meist schwierig. Dem Verletzten ist es deshalb nach der Rechtsprechung erlaubt, eine angemessene Lizenzgebühr einzufordern, d.h. er kann die übliche Vergütung fordern, ohne konkret nachweisen zu müssen, dass er tatsächlich die Möglichkeit einer anderweitigen entgeltlichen Nutzungsvergabe gehabt hätte.

Als weitere Möglichkeit ist anerkannt, dass der Verletzte **Herausgabe des vom Verletzer erzielten Gewinns** verlangen kann. Allerdings ist der Wortlaut der Neuregelung in § 97 Abs. 2 UrhG nicht von solcher Klarheit, wie es zu wünschen gewesen wäre. Demnach kann der Schadensersatz einerseits nach der Methode der fiktiven Lizenzgebühr „berechnet werden", während andererseits der entgangene Gewinn bei der Berechnung des Schadensersatzes nur „berücksich-

---

[273] Richtlinie 2004/48/EG des Europäischern Parlaments und des Rates zur Durchsetzung der Rechte des geistigen Eigentums vom 29. April 2004, AB1EU Nr. L195, S,.16.
[274] KG UFITA 86, 249, 252 ff.
[275] OLG Köln GRUR 1983, 568 – Video-Kopieranstalt; BGH GRUR 1988, 604 – Kopierwerk.

10. Ansprüche bei Verletzung der Urheberrechte oder verwandter Schutzrechte

tigt" werden kann. Dieser Wortlaut entspricht wohl nicht dem Anliegen der Einführung dreier gleichwertiger Berechnungsmethoden, sondern erweckt den Anschein, die Berechnung des entgangenen Gewinns sei eine im Vergleich zu den anderen unbedeutendere Ermittlungsmethode.

Das Gesetz sieht entgegen der bisherigen Regelung eine niedrigere Entschädigungszahlung nur noch bei unverschuldeten Verletzungen, nicht jedoch bei leichter Fahrlässigkeit des Verletzers vor.

Nach § 101 UrhG besteht bei einer Rechtsverletzung die Möglichkeit, Auskunft über Herkunft und Vertriebsweg vom Rechtsverletzer und auch von einem nur mittelbar beteiligte Dritten zu verlangen.

Neben der Gewährung zivilrechtlicher Ansprüche enthält das UrhG auch noch **strafbewährte Normen**. Wer ohne Einwilligung des Berechtigten ein geschütztes Werk vervielfältigt, verbreitet oder öffentlich wiedergibt, wird mit einer Freiheitsstrafe oder mit Geldstrafe belegt. Strafbar macht sich auch der, der ein Werk mit einer falschen Urheberrechtsbezeichnung versieht.

11. Internationale Abkommen auf dem Gebiet des Urheberrechts

Die beiden bedeutsamsten internationalen Abkommen auf dem Gebiet des Urheberrechts sind die Berner Übereinkunft (Staatenverbund von 1886, mehrfach revidiert) und das Welturheberrechtsabkommen (kein Staatenverband, vertragliche Bindung der „vertragschließenden Staaten" von 1952).

Die Notwendigkeit internationaler Abkommen folgt aus der territorialen Begrenzung des Urheberrechts, nach dem das Schutzrecht an den Grenzen des Staates, der es verliehen oder gewährleistet hat, endet.

Die Berner Übereinkunft verpflichtet jeden Mitgliedstaat, den Angehörigen der anderen Verbandsstaaten den gleichen Schutz zu gewähren, den seine Gesetze den jeweils inländischen Urhebern gewähren. Neben diesem Grundsatz der Inländergleichbehandlung enthält die Übereinkunft ferner sog. Mindestrechte. Diese Mindestrechte, deren Katalog auf den Revisionskonferenzen ständig erweitert wurde, haben auch zur Angleichung der Urheberrechte in der Welt beigetragen (die erste Revisionskonferenz fand bereits 1896 in Paris statt; seitdem spricht man auch von der **„Revidierten Berner Übereinkunft, RBÜ"**).

Das Welturheberrechtsabkommen hat seinen Ursprung in der Verschiedenartigkeit des europäischen und des amerikanischen Urheberrechtssystems. Der Versuch, die Vereinigten Staaten für den Beitritt zum Berner Verband zu gewinnen, scheiterte. Nach dem 2. Weltkrieg ergriff die Organisation der Vereinigten Nationen für Erziehung, Wissenschaft und Kultur (UNESCO) die Initiative, eine Weltkonvention zu schaffen. Um nicht den hohen Stand des in der RBÜ erreichten Urheberschutzes preisgeben zu müssen, entschloss man sich, neben der RBÜ eine neue, mit dem amerikanischen Schutzsystem abgestimmte Konvention zu schaffen. Das „Welturheberrechtsabkommen" wurde von der Bundesrepublik Deutschland mit Gesetz vom 24.2.1955 ratifiziert und trat für die Bundesrepublik am 16.9.1955 in Kraft.

Das WUA baut ebenso wie die RBÜ auf dem Grundsatz der Inländergleichbehandlung auf. Abweichend von der RBÜ wird ein Mindestschutz nicht im gleichen Umfange wie dort gewährt.[276]

Von Bedeutung ist weiterhin das TRIPS-Abkommen (Agreement on Trade-Related Aspects of Intellectual Property Rights, Including Trade in Conterfeit Goods), das im Rahmen der World Trade Organization (WTO, Genf) 1994 geschlossen wurde und das zum 1. Januar 1995 mit Wirkung für Deutschland in Kraft getreten ist. Das Abkommen sieht inhaltlich auf dem Gebiet des Urheberrechts und dem der verwandten Schutzrechte das Prinzip der Inländergleichbehandlung vor (Art. 4 TRIPS). Weiterhin werden Mindestrechte bestimmt (Art. 1 Abs. 1 TRIPS) und zwar auf der Grundlage der RBÜ (Art. 9 ff TRIPS), mit Ausnahme des Urheberpersönlichkeitsrechts. Computerprogramme und auch die Datenbanken werden

---

[276] Ausführlich, *Ulmer*, Urheber- und Verlagsrecht, S. 97 ff.

den literarischen Werken gleichgestellt (Art. 10 TRIPS). Erklärtes Ziel ist die Bekämpfung der Produktpiraterie, u.a. durch Vernichtung der Piraterieware (Art. 46 TRIPS).

12. „Open Source Software" und „Free Software"

Open Source bezieht sich, wie der Name bereits sagt, auf die Offenlegung des Quellcodes eines Computerprogramms (engl. source code).[277] Unter dem Begriff Open Source ist ausschließlich ein Regelungsbereich im Hinblick auf Computersoftware zusammengefasst.

In den Anfängen der Softwareentwicklung in den sechzigerer und siebziger Jahren gab es bei den Computerprogrammen nahezu keine geheimen Quellformate. Software wurde zu dieser Zeit fast ausschließlich an den Universitäten entwickelt, die ihre Forschungsergebnisse zum Zwecke der Weiterentwicklung Forschern und Programmierern „quelloffen", also unter Offenbarung der Algorithmen zur Verfügung stellten. Durch die mangelnde Anwenderfreundlichkeit[278] bestand auch wenig Interesse nichtforschender Abnehmer, wodurch eine Vermarktung kaum möglich und eine Geheimhaltung überflüssig wurde.[279] Jedem Interessierten wurde daher auch ein völlig freies, bedingungsloses Nutzungsrecht an neuer Software eingeräumt.

Das vorläufige Ende dieses Dialogs brachte die Kommerzialisierung des ursprünglich „offenen" Betriebssystems UNIX.[280]

UNIX wurde in erster Linie vom Telefonmonopolist AT&T genutzt, der in seiner kommerziellen Vermarktung des Systems aufgrund seiner Stellung am Markt stark eingeschränkt war. Dies machte das System bei Universitäten und dort insbesondere bei den sog. Hackern beliebt, die es im offenen Dialog weiterentwickelten.[281] Eine Spaltung des Konzerns AT&T 1984 bedingte den Wegfall wettbewerblicher Beschränkungen. Damit verbunden erhöhten sich die Lizenzgebühren für UNIX beträchtlich.[282]

Die ehemals von Gegenseitigkeit und Offenheit geprägte „Hacker-Kultur"[283] wurde nun endgültig durch eine neue Mentalität abgelöst. Als eine der Leitfiguren dieser neuen Programmiererkultur wurde schon weit vor dem endgültigen Bruch Bill Gates ausgemacht. Dieser bezeichnete in seinem 1976 veröffentlichten „An Open Letter to Hobbyists" die damals gängige Praxis der offenen Weitergabe von Programmen als Diebstahl. Die Personen, die Software frei verbreiteten, waren für ihn dieselben Personen, die die Entstehung von guter Software verhindern.[284] Software wurde anschließend zunehmend vermarktet, d.h. der Quellcode wurde als

---

[277] *Schiffner*, Open Source Software, S. 15.
[278] *Schiffner*, Open Source, S. 58.
[279] *Schiffner*, Open Source, S. 57.
[280] Vgl. *Mantz*, Open Source, Open Content und Open Access –Gemeinsamkeiten und Unterschiede, http://www.opensourcejahrbuch.de/portal/articles/pdfs/osjb2007-06-03-mantz.pdf, 07.03.2008; *Jaeger/Metzger*, Open Source Software, S. 10.
[281] *Jaeger/Metzger*, Open Source Software, S. 10.
[282] *Jaeger/Metzger*, Open Source Software, S. 10.
[283] *Jaeger/Metzger*, Open Source Software, S. 8.
[284] Bill Gates, An Open Letter to Hobbyists, http://www.startupgallery.org/gallery/notesViewer.php?ii=76_2&p=3, 07.03.2008.

Betriebsgeheimnis geschützt und Interessierte mussten Lizenzen erwerben, um die entsprechende Software nutzen zu können.[285]

In dieser Situation gründete Richard Stallman 1984 das GNU-Projekt[286] als organisierte Reaktion auf die oben beschriebenen Veränderungen. Er beschloss mit Hilfe anderer Programmierer, die seine Überzeugung teilten, ein UNIX-kompatibles Betriebssystem zu entwickeln, auf dem alle UNIX-Programme laufen können, das aber nicht den Restriktionen des AT&T-UNIX unterliegen sollte.

Die Fertigstellung von LINUX war der Beginn einer Bewegung, die auf den Grundideen und der Philosophie Richard Stallmans fußte, und der Anfang der Free-Software. Kerngedanke der „Free Software" (und der „Open Source Software") war die kostenlose Weitergabe des Quellformats,[287] und zwar unter Einräumung einer umfassenden Nutzungsfreiheit.[288] Damit ist die Freiheit gemeint, die Software zu benutzen, sie zu verändern, zu vervielfältigen oder zu verbreiten. Es sollten den Nutzern über das bloße „Betrachten" hinausgehende Rechte eingeräumt werden.

Stallman selbst formulierte seine Idee folgendermaßen: „Das große Ziel (des GNU-Projektes) ist es, die Freiheit der Nutzer sicherzustellen, indem man ihnen freie Software zur Verfügung stellt und einen möglichst großen Spielraum für die Nutzung (...) bietet".[289]

Die rechtlichen Rahmenbedingungen für die Einräumung dieser relativen Nutzungsfreiheit sind in Lizenzen ausgestaltet. Für den freien Bereich, den „Open Source"- Bereich, hat sich im Wesentlichen die, von Richard Stallman entworfene **GNU General Public License** (GPL) durchgesetzt. Sie ist die weitverbreitetste Lizenz und kann grundsätzlich als Grundtyp eines Großteils von Open Source Lizenzen angesehen werden.[290]

Bei der „Free Software" geht es darum, sich möglichst von der wirtschaftlichen Verwertung von Software abzugrenzen und den Nutzern einen weiten Nutzungsspielraum einzuräumen, ohne die Software allerdings der Public Domain zu unterstellen. Die Software ist nicht „unbedingt" frei, sondern frei bei Beachtung bestimmter Anliegen.

Das wesentliche Element von GPL ist demnach auch, dass der Quellcode unentgeltlich zur Verfügung gestellt wird. Jedem Nutzer ist es außerdem erlaubt, Änderungen vorzunehmen. Jeder Nutzer muss sich aber auch verpflichten, die von ihm vorgenommenen Bearbeitungen Dritten wiederum unentgeltlich zur Verfügung zu stellen.[291] Die GPL's gelten im Deutschen Zivilrecht als AGB.[292]

Wichtiger als die auf die Computerprogramme bezogenen General Public License (GPL) sind die Lizenzentwürfe, die die **open content-Bewegung** begleiten, weil

---

[285] *Jaeger/Metzger*, Open Source Software, S. 11.
[286] *Jaeger/Metzger*, Open Source Software, S. 11.
[287] *Schiffner*, Open Source Software. S. 62.
[288] *Schiffner*, Open Source Software, S. 62
[289] *Glyn Moody, Lutterbeck*, Open Source Jahrbuch 2008, S. 300.
[290] *Jaeger/Metzger*, Open Source Software, S. 20.
[291] Vgl. unter www.gnu.orq/licenses.
[292] Neben der GPL gibt es weitere Lizenzen dieser Art; sie gehen alle von einer Offenlegung des jeweiligen Quellcodes aus; Nachweise unter www.qnu.orq/Licenses/license-list.html.

sie für alle Bereiche, nicht nur für die Computersoftware eingesetzt werden. Sie sollen daher im Folgenden näher dargestellt werden.

12.1. Open Content

Der Gedanke, der Open Source zugrunde liegt, wurde weiterentwickelt und auf alle urheberrechtlich relevanten Inhalte[293] jeglicher Art[294] ausgeweitet. Da Open Source mit seinen Lizenzen aber für den Softwarebereich entwickelt wurde, waren spezifische Entwicklungen erforderlich. Für diese Bewegung hat sich ganz allgemein die Bezeichnung Open Content[295] etabliert. Gemeinsamer Ausgangspunkt von Open Source und Open Content ist es, urheberrechtlich geschützte Werke mit relativ wenigen Beschränkungen, jedoch nicht beschränkungsfrei, Dritten zur Verfügung zu stellen.[296] Grundsätzlich sind also beide Bewegungen von dem gleichen bezeichnenden Gemeinschaftsgedanken geprägt,[297] nämlich zu teilen und einen uneingeschränkten Online-Zugang zu den größten Beständen digitalen Wissens zu ermöglichen.[298]

Die Open Content Bewegung geht davon aus, dass ein wichtiger Teil der Kreativität auf alten Inhalten beruht.[299] Ihre Anhänger leiten hieraus eine Notwendigkeit des freien Zugangs zu Wissen und Kultur ab, da dieses schließlich nur einen momentan erreichten Zwischenstand darstelle, der aus dem entstanden ist, was bereits an Erkenntnissen erarbeitet wurde.[300]

Ein weiterer Gedanke tritt bei Open Content hinzu: das Gewinnen von Reputation. Lange sind die Zeiten vorbei, in denen die Verbreitung von freien Inhalten nur Internet-Communities vorbehalten war, die aus reinem Idealismus oder Freude an freiwilliger Arbeit ihre Werke als Open Content zur Verfügung stellen.[301] Vielmehr hat die Erlangung eines guten Rufes für Autoren von Open Content Werken einen enorm hohen Stellenwert, der nicht mit der eher geringen Bedeutung dieses Motivs im Open Source Bereich zu vergleichen ist. Die Gründe hierfür sind häufig verschiedenster Art. In erster Linie geht es Schöpfern bei dem Gewinn an Reputation um eine innovative Selbstvermarktung.[302] Häufig spielt hierbei die Aussicht auf größeren wirtschaftlichen Erfolg eine Rolle. So hat beispielsweise Lawrence Lessig

---

[293] *Jaeger/Metzger*, Open Content-Lizenzen nach deutschem Recht, MMR 2003, 431.
[294] *Mantz*, Open Source, Open Content und Open Access –Unterschiede und Gemeinsamkeiten, http://www.opensourcejahrbuch.de/portal/articles/pdfs/osjb2007-06-03-mantz.pdf, S. 413.
[295] *Jaeger/Metzger*, Open Content-Lizenzen nach deutschem Recht, MMR 2003, 431.
[296] *Plaß*, Open Contents im deutschen Urheberrecht, GRUR 2002, 670.
[297] *Mantz*, Open Source, Open Content und Open Access –Gemeinsamkeiten und Unterschiede, http://www.opensourcejahrbuch.de/portal/articles/pdfs/osjb2007-06-03-mantz.pdf, S. 414.
[298] *Moody, Richard* Stallmans „Goldene Regel" und das Digital Commons, OpenSourceJahrbuch 2008, S. 300, 14. März 2008.
[299] *John*, Open Content Bestandsaufnahme und der Versuch einer Definition, S. 4.
[300] *Brüning, Kuhlen*, Creative Commons-Lizenzen für Open Access-Dokumente, http://www.inf-wiss.uni-konstanz.de/cc/projektbeschreibung_final09.htm.
[301] *Jaeger/Metzger*, Open Content-Lizenzen nach deutschem Recht, MMR 2003, 432.
[302] *Jaeger/Metzger*, Open Content-Lizenzen nach deutschem Recht, MMR 2003, 432.

seine Bücher unter einer Creative Commons Lizenz frei zur Verfügung gestellt, das heißt, dem Open Content unterstellt. Die Folge war, dass die Verkaufszahlen der gebundenen, kostenpflichtigen Ausgaben seiner Bücher in die Höhe geschnellt sind.

Ein weiterer Aspekt der Eigenvermarktung kann sein, dass Schöpfer, die keinen Verwerter für ihre Werke finden oder eine Eigenverwertung vorziehen, ihre Werke dennoch einem breiten Kreis an potentiellen Interessenten zugänglich machen wollen, indem sie sie unter einer Open Content-Lizenz anbieten.[303]

Auch in der Wissenschaft, in der die monetäre Entschädigung für ein Werk eher im Hintergrund steht, ist Open Content eine willkommene Möglichkeit den eigenen Namen zu vermarkten.

Die hohe Bedeutung der Reputation und Selbstvermarktung für Autoren von Open Content Werken hat zur Folge, dass die persönlichkeitsrechtlichen Aspekte in diesem Bereich eine gewichtigere Rolle spielen als bei proprietärer Software.[304] Gerade, wenn der eigene Name vermarktet werden soll, ist der Wunsch nach einem unverfälschten Werk besonders verständlich.[305] Die Veröffentlichung von qualitativ minderwertigen Modifikationen hat eine negative Auswirkung auf die Reputation des Schöpfers. Daher kann es im Open Content Bereich im Gegensatz zu Open Source durchaus möglich sein, dass zwar die Bearbeitung eines Werkes ausgeschlossen wird, es aber dennoch sinnvoll ist, das Werk unter eine Open Content Lizenz zu stellen. Auch die Offenhaltung der Möglichkeit einer späteren kommerziellen Distribution von kreativen Werken ist im Open Content Bereich gängig. Eine volle Umsetzung des freien Zugangs in Bezug auf Modifikationen, kommerzielle Nutzung und Verwertung bei Open Content kann nicht analog zu Open Source Software geschehen, da sonst aus den oben beschriebenen Gründen zu wenig Anreize für Autoren geschaffen werden, ihr Werk als Open Content zu veröffentlichen.

Vielmehr bedarf es hier einer feineren Abstufung der Lizenzmöglichkeiten, um eine bessere Anpassung an die individuellen Bedürfnisse der Urheber zu gewährleisten. Außerdem ist auf der einen Seite dem öffentlichen Interesse gerecht zu werden, den Bereich des Open Contents und des freien Zugangs zu Werken zu vergrößern und auf der anderen Seite sind Anreize für die Autoren zu schaffen, ihre Werke einer Open Content Lizenz zu unterstellen.[306]

Ebenso wie im Open Source Bereich kann dies auch bei Open Content nur über allgemeingültige „Standard-Lizenzentwürfe" und nicht über individualvertraglich eingeräumte Lizenzen ermöglicht werden.[307] Nur so kann erreicht werden, dass ein relativ großer Nutzerkreis angesprochen wird.

Die ersten Entwürfe für Open Content Lizenzen waren werkübergreifender Natur und wurden 1998 und 1999 unter den Bezeichnungen Open Content License und Open Publication License von David Wiley geschaffen.

---

[303] *Jaeger/Metzger*, Open Content-Lizenzen nach deutschem Recht, MMR 2003, 432.
[304] *Jaeger/Metzger*, Open Content-Lizenzen nach deutschem Recht, MMR 2003, 431.
[305] *John*, Open Content –Bestandsaufnahme und der Versuch einer Definition, S. 4 ff.
[306] Creative Commons, http://www.creativecommons.org.
[307] *Plaß*, Open Contents im deutschen Urheberrecht, GRUR 2002, 670.

Andere bekannte Open Content Lizenzen bezogen sich nur auf spezielle Werkgattungen, wie beispielsweise die GNU Free Documentation License (FDL)[308] für Softwaredokumentationen, die unmittelbar von der Free Software Foundation, der Dachorganisation des GNU-Projekts herausgegeben wird. Ein weiteres Beispiel ist die EFF Open Audio License[309] für Musik.

Diese Vielzahl von Open Content Lizenzen schreckt potentielle Interessenten aufgrund ihrer Undurchsichtigkeit ab und führt zu einer hohen Rechtsunsicherheit auch auf Seiten der Lizenznehmer.[310]

Erst die von Lawrence Lessig entworfenen **Creative Commons Lizenzen** konnten den Interessenausgleich übersichtlicher und effektiver regeln.[311] Heutzutage kommt ihnen schon überwiegend der Rang zu, den die GNU GPL für Open Source genießt.

Es gibt insgesamt vier Lizenzarten bzw. vier Module. Diese Lizenzarten können miteinander kombiniert werden:

12.1.1. Creative Commons Lizenzen - Grundlizenz

Von grundlegender Bedeutung ist die z.T. unter dem Namen „attribution" vorgestellte Grundversion der Lizenzentwürfe.[312] Diese Basisversion (auch genannt: CC-BY) legt dem Nutzer die geringsten Beschränkungen auf. Die Basislizenz stellt die weitestreichende Übertragung der Verwertungsrechte am Werk dar. Im Hinblick auf das deutsche Urheberrecht darf der Nutzer den gesamten Bereich der Verwertungsrechte, wie er im § 15 UrhG aufgezählt ist, in Anspruch nehmen.

Zu den Regelungen im Einzelnen:

Nachdem unter der Ziff. 1 (von insgesamt acht Ziffern) zunächst Begriffsdefinitionen erfolgen, wird in Ziff. 2 auf die Schranken des Urheberrechts und darauf verwiesen, dass diese Lizenz (attribution) „sämtliche Befugnisse unberührt lässt, die sich aus den Schranken des Urheberrechts, aus dem Erschöpfungsgrundsatz oder anderen Beschränkungen der Ausschließlichkeitsrechte des Rechtsinhabers ergeben".

Dadurch wird klargestellt, dass durch die Lizenz keine Vereinbarung geschlossen werden soll, die über die Rechtstellung, die das Urheberrecht dem Schöpfer gewährt, hinausgeht. Dies entspricht, wie bereits oben gesagt, den Interessen der Open Commons-Bewegung. Während kommerzielle Anbieter, insbesondere von Software, sich in den Lizenzverträgen regelmäßig nicht nur auf die Urheberrechte beru-

---

[308] http://www.gnu.org/copyleft/fdl.html.
[309] http://web.archive.org/web/20040803083103/http://www.eff.org/IP/Open_li-censes/eff_oal.html.
[310] *Cramer*, Vom freien Gebrauch von Nullen und Einsen –„Open Content und Freie Software, http://plaintext.cc:70/all/open_content/open_content.pdf, S. 9.
[311] *Cramer*, Vom freien Gebrauch von Nullen und Einsen –„Open Content und Freie Software, http://plaintext.cc:70/all/open_content/open_content.pdf, S. 18.
[312] Auch Basislizenz genannt: *Mantz*, Creative Commons-Lizenzen im Spiegel internationer Gerichtsverfahren, GRUR Int. 2008, S. 20.

fen, sondern auch darauf, dass im Falle eines nicht so weit reichenden Urheberrechtsschutzes durch den Lizenzvertrag entsprechende vertragliche Pflichten vereinbart werden, wird in der Basislizenz gleich zu Beginn darauf hingewiesen, dass keine Rechtspositionen außerhalb des Urheberrechts aufgebaut werden sollen.

Für die Rechtsübertragung ist die Ziff. 3 der Basislizenz (attribution) von Bedeutung. In Ziff. 3 werden dann die Verwertungsrechte, wie sie im Einzelnen übertragen werden, aufgezählt:

a) Das Recht zu vervielfältigen, zu verbreiten und auszustellen (§§ 16, 17, 18 UrhG);

b) Das Recht der Wiedergabe in unkörperlicher Form (§ 19 UrhG);

c) Das Recht der öffentlichen Zugänglichmachung: Dies ist das Recht, das Werk drahtgebunden oder eben auch drahtlos (via Internet) der Öffentlichkeit zugänglich zu machen (§ 19a UrhG wurde durch Novelle vom 10. September 2003 in das deutsche Urheberrechtsgesetz eingeführt);

d) Das Senderecht (§§ 20 ff. UrhG), das Recht der Wiedergabe durch Bild- und Tonträger (§ 21 UrhG) und auch das Recht zur Wiedergabe von Funksendungen (§ 22 UrhG).

Die Begriffe bei den unter Ziff. 1 aufgeführten Definitionen und die bei der Aufzählung der zu übertragenen Verwertungsrechte unter Ziff. 3 verwandten Begriffe entsprechen den Begriffsbestimmungen der §§ 15 ff. des deutschen Urheberrechtsgesetzes. Bei einer sprachlichen Interpretation würde somit keine Veranlassung bestehen, die Übertragung dieser Rechte als Übertragung der in den §§ 15 ff. UrhG genannten Verwertungsrechte einzuordnen. Auch eine teleologische Interpretation, d.h. eine am Zweck der Übertragung orientierte Auslegung, spricht für diesen Gleichklang zwischen Lizenzentwurf und Urheberrechtsgesetz. Die Open Source-Bewegung hat zum Ziel, Dritten möglichst umfangreich die Nutzungsrechte einzuräumen; es besteht außerhalb ausdrücklich aufgenommener Einschränkungen keine Veranlassung, die Verwertungsrechte hier anders als im deutschen Urheberrechtsgesetz, zu interpretieren.

Ziff. 3 lit. d nennt und regelt das Recht zur Bearbeitung und das Recht zur Verwertung dieser Bearbeitung im Rahmen der o.g. Verwertungsarten. Hierdurch wird die Bearbeitung bzw. das Recht zur Verwertung der Bearbeitung i.S.d. §§ 23 und 69c Ziff. 2 UrhG behandelt. § 69c Ziff. 2 UrhG ist eine Spezialregelung für die Computersoftware und stellt schon den Bearbeitungsvorgang selbst, nicht erst die Verwertung, unter Erlaubnisvorbehalt.

In der Basislizenz geregelt ist nicht etwa nur das sog. freie Bearbeitungsrecht bzw. die „freie Benutzung" nach § 24 UrhG, weil zur Ausübung einer solchen Bearbeitung bzw. Verwertung der Bearbeitung (freie Bearbeitung) die Zustimmung des Urhebers nicht erforderlich wäre und Ziff. 2 des Basisvertrages ausdrücklich regelt, dass hier die Schranken des Urheberrechts unberührt bleiben sollen. Soweit also von Bearbeitung die Rede ist, kann es sich nur um eine einwilligungsbedürftige Bearbeitung handeln. Auch diese Einwilligung wird durch Ziff. 3 lit. d erteilt.

Nach der Basisversion der Lizenzvereinbarung (attribution) ist der Nutzer auch zur Bearbeitung, (§ 69c Ziff. 2 UrhG) bzw. zur Verwertung der Bearbeitung (§ 23 UrhG) berechtigt. In der Basislizenz werden alle nach § 23 UrhG erforderlichen Einwilligungen zur Verwertung erteilt. Der Nutzer darf demnach umfassend bearbeiten und auch i.S.v. §§ 15 ff. UrhG umfassend verwerten.

Hinsichtlich der Verwertung ist dem Bearbeiter auch nicht vorgeschrieben, dass er nach einer bestimmten, z.B. der Basislizenz selbst, wieder seine Bearbeitung verwerten muss. Der Bearbeitungsberechtigte, dem die Verwertung umfassend i.S.v. § 23 UrhG erlaubt wurde, kann demnach auf der Grundlage der Basislizenz selbst im eigenen Namen Verwertungsrechte einräumen; der Dritte erwirbt in diesem Fall sein Nutzungsrecht auf der Grundlage des mit dem Bearbeiter selbst geschlossenen Vertrages nach den in diesem Vertrag vereinbarten Bedingungen.

Für den wohl regelmäßig vorliegenden Fall, dass die Bearbeitung selbst eine geistige persönliche Schöpfung und somit wieder Werk im urheberrechtlichen Sinne ist, ist diese Regelung auch die einzig sinnvolle. Wenn etwas anderes verlangt wäre, müsste der Bearbeiter zunächst dem Urheber des Ausgangswerkes die ausschließlichen Rechte an der Bearbeitung übertragen, damit dieser dann wieder einfache Nutzungsrechte an nachfragende Dritte vergeben kann. Eine solche Regelung ergibt sich aus der Basislizenz nicht. In der Basislizenz ist im Zusammenhang mit der Einräumung von Nutzungsrechten nur vom „Schutzgegenstand" die Rede, welcher dann auch bearbeitet werden kann. Es wird also zwischen der ursprünglichen Version und der bearbeiteten Version unterschieden.

Für die Computersoftware besteht nach § 69c UrhG außerdem die Besonderheit, dass bereits der Bearbeitungsvorgang selbst zustimmungsbedürftig ist.

Im Hinblick auf das umfangreich erteilte Bearbeitungsrecht ist dann der letzte Satz unter Ziff. 3 des Lizenzvertrages nur noch eine Deklaration; dort wird das Recht zur Veränderung bzw. Bearbeitung auch insofern eingeräumt, wie technische Änderungen erforderlich sind, um Werke einer bestimmten Nutzungsart zuzuführen. Genannt ist insofern die Anpassung an andere Medien und andere Dateiformate.

Unter Ziff. 4 werden dann die dem Nutzer auferlegten Beschränkungen aufgeführt.

a) Entsprechend dem Open Source-Gedanken beginnen die Beschränkungen mit der Restriktion, dass nur unter der dem jeweiligen Lizenznehmer angebotenen Lizenzvereinbarung weiterverbreitet bzw. angeboten werden darf. Dies erscheint im Hinblick auf den Zweck von Open Source interessengerecht. Der Nutzer soll nicht durch Verwendung einer anderen Lizenz, als sie ihm angeboten wurde, Nutzungsrechte einräumen dürfen. Konkret heißt es insofern: „Sie dürfen keine Vertragsbedingungen anbieten oder fordern, die die Bedingungen dieser Lizenz oder die durch sie gewährten Rechte ändern oder beschränken". Es soll sichergestellt werden, dass ebenso umfangreich weitergegeben (bzw. an der Weiterverbreitung mitgewirkt wird, s.u., Ziff. 2) wie vom Lizenznehmer erworben wurde. Dies bedeutet insbesondere, dass in jedem Fall unentgeltlich bzw. „frei" weitergegeben werden soll.

b) Mit der vorhergehend genannten Beschränkung korrespondiert das Verbot, keine Unterlizenzen einzuräumen. Diese Definition wird nach wohl einhellig vertretener Ansicht in der Literatur dahingehend verstanden, dass der Lizenznehmer selbst nicht berechtigt sein soll, über das ihm gewährte (einfache) Nutzungsrecht weiter zu verfügen, d.h. es auf Dritte zu übertragen. Die Weiterverbreitung soll über den Werkschöpfer erfolgen. Dies geschieht, indem der jeweilige Lizenznehmer eine auf den Werkschöpfer lautende Lizenzversion (diejenige, unter der der Nutzer selbst erworben hat) ins Netz stellt bzw. auf andere Weise dem Werkstück beifügt. Es soll, wie dies in der Literatur beschrieben wird, nicht durch „Ketten", sondern „sternförmig" übertragen werden. Der Lizenznehmer handelt dann als Bote des Schöpfers; er übermittelt dessen Willen auf Abschluss eines Lizenzvertrages.[313] Fraglich ist, ob eine solche Beschränkung dingliche Wirkung, d.h. Wirkung auch gegenüber Dritten haben kann. Der Erschöpfungsgrundsatz (§ 17 Abs. 2 UrhG) kann zwar mit dinglicher Wirkung eingeschränkt werden; dies ist aber im Hinblick auf den Verkehrsschutz davon abhängig, dass die Einschränkung im Hinblick auf übliche (und somit zu erwartende), technisch und wirtschaftlich mögliche Nutzungsarten bezogen ist.[314] Dies ist hier wohl abzulehnen, weil das Publikum mit solch einer Vertriebsform (noch) nicht rechnet. Soweit die Lizenzvereinbarung nicht dinglich wirkt, kann sie dennoch schuldrechtlich zwischen den Parteien wirken. Davon ist auszugehen; insbes. gibt es keinen Grund für die Unwirksamkeit gem. § 307 BGB. Hinsichtlich des weiteren Vertriebs der Werkstücke ist von Bedeutung, dass sich der Erschöpfungsgrundsatz nur auf das Verbreitungsrecht (§ 17 Abs. 1 UrhG) bezieht und nicht auf das Recht der „öffentlichen Zugänglichmachung" (§ 19a UrhG). Für die Computersoftware wird dieses noch einmal durch § 69c UrhG klargestellt. Danach hat der Urheber einer Software das ausschließliche Recht das Werk drahtgebunden oder drahtlos wiederzugeben, während sich der Erschöpfungsgrundsatz auch hier nur auf ein bestimmtes Werkstück bezieht (§ 69c Nr. 3 UrhG).

c) Eine weitere Beschränkung liegt darin, dass der Schutzgegenstand nicht mit Schutzmaßnahmen versehen werden darf, „die den Zugang oder den Gebrauch des Schutzgegenstandes in einer Weise kontrollieren, die mit den Bedingungen dieser Lizenz im Widerspruch stehen". Diese Beschränkung korrespondiert mit der Ersten, nicht unter anderen rechtlichen Bedingungen weiter zu lizenzieren. Es wäre wiederum mit dem Gedanken von Open Content nicht vereinbar, durch technische Sperren die Weiterverbreitung zu verhindern.

d) Ziff. 4 lit. a regelt den Fall, dass das jeweils zur Verwertung dem Nutzer übertragene Werk Bestandteil eines Sammelwerkes ist. Insofern wird bestimmt, dass nicht das gesamte Sammelwerk zum Gegenstand der entsprechenden Lizenz (der Basislizenz) gemacht werden muss. Es wird darauf Rücksicht genommen, dass die übertragende Schöpfung nur ein Teil des Sammelwerkes ist.

---

[313] Dazu *Plaß*, GRUR 2002, 670, 678.
[314] BGHZ 145, 7, 11; BGH GRUR 2003, 416, 418.

e) Korrespondierend mit der zentralen Vorschrift des deutschen Urheberpersönlichkeitsrechts, § 13 UrhG, verlangt Ziff. 4 lit. b von dem Nutzer die Anerkennung aller Urhebervermerke, in welchem der Name (oder das entsprechende Pseudonym des Urhebers) genannt wird, wenn dieses in der Ursprungsversion angegeben ist. Auch auf den Titeln ist die Rechtsinhaberschaft zu nennen, soweit sie angegeben war; diese Beschränkung wird auch im Hinblick auf die mit dem Schutzgegenstand zu verbindende Internetadresse verlangt. Soweit die Internetadresse auf einen Urhebervermerk verweist, ist dieser Vermerk fortzuführen.

Schließlich wird von einem Bearbeiter ein Hinweis darauf verlangt, in welcher Form der Schutzgegenstand in die Bearbeitung eingegangen ist. Die Wirksamkeit einer solchen Regelung steht außer Frage, da sie bei einer derart weit reichenden Einräumung von Nutzungsrechten nur noch einen minimal verbleibenden Rest für den Schöpfer darstellt, der weder unangemessen sein kann, noch ersichtlich gegen irgendeine urheberrechtliche Norm verstößt.

f) Unter Ziff. 4 lit. c wird ebenfalls auf das Urheberpersönlichkeitsrecht Bezug genommen. Die korrespondierende Norm im deutschen Urheberrechtsgesetz ist im Hinblick auf diese Regelung der § 14 UrhG, also das Verbot, das Werk zu entstellen. Dieses Verbot wird im Lizenzentwurf dahin konkretisiert, dass die weit reichende Nutzungserlaubnis einschließlich des Bearbeitungsrechts ihre Grenzen in den Persönlichkeitsrechten des Urhebers und in dessen berechtigtem geistigen und persönlichen Interesse bzw. dessen Ansehen oder Ruf findet. Ruf, Ansehen etc. dürfen durch die Verwendung, und durch die Umgestaltung, nicht gefährdet werden.

g) Ziff. 5 und 6 enthalten **Gewährleistungs- und Haftungsausschlüsse**. Ziff. 5 will die Gewährleistung auch die für den Bestand des erteilten Rechts generell ausschließen, es sei denn, dass der Mangel arglistig verschwiegen wurde. Nach § 444 des Bürgerlichen Gesetzbuches kann die Gewährleistung ebenfalls nur ausgeschlossen sein, soweit der Mangel nicht arglistig verschwiegen wurde bzw. eine Beschaffenheitsgarantie übernommen wurde. Die Klausel in der Basislizenz ist insofern auch im Hinblick auf § 309 BGB rechtskonform. Ziff. 6 behandelt den Haftungsausschluss. Über die Gewährleistung hinaus haftet der Lizenzgeber nach Ziff. 6 nur für vorsätzliches und grob fahrlässiges Verhalten. Diese Regelung ist mit § 309 Ziff. 7 BGB vereinbar, soweit es sich um Sach- bzw. Vermögensschäden handelt („sonstige Schäden", § 309 Ziff. 7 lit. b) BGB). Soweit es bei den Schäden um Verletzungen von Leben, Körper und Gesundheit geht, was hier wohl regelmäßig nicht in Betracht kommt, wäre die Norm unwirksam. Zur Unwirksamkeit des gesamten Vertragswerkes würde es hier generell nicht kommen, weil die Wirksamkeit der Haftungsregelung das Recht zur unentgeltlichen umfangreichen Nutzung nicht berührt.

h) Dem Zweck der Lizenzeinräumung, eine möglichst umfangreiche Nutzung durch Dritte zu ermöglichen, entspricht auch die Regelung, dass nur ein einfaches Nutzungsrecht vergeben wird. § 3 des Basisvertrages regelt dies ausdrücklich. Diese Regelung wird noch einmal in Ziff. 7 lit. b wiederholt, wo es heißt, dass der Lizenzgeber jederzeit auch unter anderen Bedingungen Nutzungsrechte Dritten einräumen kann.

12.1.2. Lizenzentwurf: Nicht kommerzielle Nutzung

Dieser Vertragsentwurf beinhaltet alle Regelungen der Basisversion (attribution); enthält aber die ganz wesentliche Einschränkung, dass alle dem Nutzer eingeräumten Rechte, also alle Rechte i.S.d. §§ 15 ff. UrhG und auch die Bearbeitung bzw. die Verwertung der Bearbeitung nur zu nichtkommerziellen Zwecken durchgeführt werden dürfen. Insofern heißt es unter Ziff. 4 lit. b: „Sie dürfen die in Ziff. 3 gewährten Nutzungsrechte in keiner Weise verwenden, die hauptsächlich auf einen geschäftlichen Vorteil oder eine vertraglich geschuldete geldwerte Vergütung abzielt oder darauf gerichtet ist".

In der Literatur wird mit Recht die Ansicht vertreten, dass die Formulierung weit reichender als ein bloßes Verbot gewerblicher Betätigung ist, bei der neben der Gewinnerzielungsabsicht auch eine dauerhafte Tätigkeit erforderlich ist. Auf eine gewerbliche Tätigkeit allein, wie dies etwa für das Handelsrecht von Bedeutung wäre, ist hier demnach nicht abzustellen. Die Klausel umfasst zumindest auch bereits die einmalige Handlung. Dies folgt auch aus dem Zweck der Regelung. Die Werke sollen in jedem Fall kostenfrei zur Verfügung gestellt werden; es kommt nicht darauf an, ob der Erwerber sich dauerhaft über die entgeltliche Weitervergabe eine Einkommensquelle verschaffen will. Es kommt darauf an, jeweils einzelne Werke in jedem Fall kostenfrei weiter zu übertragen. Weiterhin umfasst Ziff. 4 lit. b nicht nur die Gegenleistung in Geld. Auch das Tauschgeschäft bzw. die Verfolgung „geldwerter Vorteile" ist untersagt.[315]

12.1.3. Lizenzierung ohne Bearbeitungsrecht

Ein weiterer Lizenzentwurf gewährt die Rechte der Grundversion (attribution), schließt aber das Bearbeitungsrecht in jeder Form aus. Ziff. 3 des Vertragsentwurfes regelt, wie auch in den anderen Entwürfen, die einzelnen Nutzungsrechte, die übertragen werden sollen, schließt aber in dieser Version das Bearbeitungsrecht aus bzw. erwähnt dieses überhaupt nicht. Dem Dritten, an einer Veränderung des Grundwerks Interessierten, bleibt somit nur die Möglichkeit einer freien Bearbeitung nach § 24 UrhG („freie Benutzung"). Hierzu bedarf es keiner Einwilligung.

Zu beachten ist allerdings, dass aus der gesetzlichen Regelung des § 23 Satz 1 UrhG folgt, dass nur die Verwertung und die Veröffentlichung an die Einwilligung des Urhebers gebunden sind. Die Herstellung der umgestalteten Fassung selbst ist frei. Jeder darf im Rahmen des § 23 Satz 1 UrhG für seinen privaten Bereich das Originalwerk verändern. Es gibt allerdings Ausnahmen. Die wichtigste Ausnahme von dem Recht, auch ohne Einwilligung herzustellen, gilt für den Bereich der Com-

---

[315] Vgl. insofern *Mantz*, Open Source, Open Content und Open Access – Unterschiede und Gemeimsamkeiten, http://www.opensourcejahrbuch,de/portal/articles/pdfs/osjb2007-06-03-mantz.pdf., S. 63 f.

puterprogramme nach § 69c Nr. 2. Nach dieser Vorschrift erstreckt sich das Recht des Urhebers auch bereits auf die Herstellung der Bearbeitung.[316]

12.1.4. Share Alike

Bei den Share-Alike-Modulen handelt es sich um Restriktionen der Grundversion der CC. Durch Share-Alike-Lizensierung soll erreicht werden, dass im Falle einer Bearbeitung auch das bearbeitete bzw. umgestaltete Werk unter die Bedingungen der „Grundlizenz" gestellt wird. Auch Share-Alike kann mit dem Modul „Nicht-Kommerziell" kombiniert werden. Problematisch gestaltet sich allerdings nur die Auslegung der Kombination Share-Alike/Kommerzielle Nutzung. Bei dieser Version ist es dem Nutzer auch gestattet, die Bearbeitung kommerziell (regelmäßig geschäftlich) zu nutzen; er muss aber dennoch die Bearbeitung unter den gleichen Bedingungen wieder zur Verfügung stellen.

Es lassen sich hier eine Reihe von Situationen denken, bei denen kommerzielle Nutzung einerseits und vergütungsfreies Anbieten andererseits nicht miteinander vereinbar sind. Dies ist zum Beispiel dann der Fall, wenn ein körperlicher Gegenstand (z.B. ein Bild) von einem Künstler weiterbearbeitet bzw. überarbeitet wird. Hier verbinden sich Grundwerk und Bearbeitung untrennbar miteinander. In solchen Fällen kann der potentielle Nutzer einen entsprechenden Lizenzvertrag bei kommerzieller Nutzung nicht abschließen; er könnte aufgrund der Eigenart der Bearbeitung nicht sowohl kommerziell verwerten, wie auch kostenfrei zur Verfügung stellen.

---

[316] *Schricker/Loewenheim*, § 69 c Rdnr. 11.

Teil B: Patentrecht

1. Begründungen für die Patenterteilung

Wie jedes Immaterialgüterrecht so gewährt auch das Patentrecht dem Patentinhaber ein Monopol. Der Patentinhaber kann im Rahmen der ihm vom Gesetzgeber gewährten Rechte jedermann von der Nutzung seiner Erfindung ausschließen, die Erfindung selber verwerten bzw. Dritten die Möglichkeit zur Verwertung einräumen. Es ist daher selbstverständlich, dass der Patentinhaber sich dieses Recht erst „verdienen" muss. Neben dem Merkmal, dass das Patent sozialverträglich und im Hinblick auf das Kartellrecht auch „wirtschaftsverträglich" sein muss (siehe § 20 GWB), muss es auch für die Gemeinschaft lohnend sein, dem Anmelder dieses Monopol zu gewähren. Der Staat vergibt Patente auf Erfindungen, d.h. gewährt und sichert Monopolstellungen, weil er dadurch den Erfinder zur Preisgabe seines neuen Wissens veranlassen möchte. Es soll also ein Tauschverhältnis herbeigeführt werden zwischen dem Staat bzw. der Allgemeinheit und dem Erfinder; der Erfinder gibt sein bislang in der Gemeinschaft noch nicht bekanntes neues technisches Wissen preis und der Staat gewährt dafür eine langjährige Vorzugsstellung.

Die Voraussetzungen, die an eine Patenterteilung gestellt werden, ergeben sich aus § 1 Abs. 1 PatG, dort heißt es: „Patente werden für **Erfindungen** auf allen Gebieten der Technik erteilt, sofern sie **neu** sind, auf einer **erfinderischen Tätigkeit** beruhen und **gewerblich anwendbar** sind."

Das gerade beschriebene Tauschverhältnis zwischen Staat und Erfinder ist eine Erklärung für die Patenterteilung. Selbstverständlich ist weiterhin zu berücksichtigen, dass nach unserer Rechtsauffassung, wie sie auch aus unserer Verfassung hervorgeht, der Schutz des geistigen Gutes vom Staat ebenso zu gewährleisten ist wie der der materiellen Güter. **Artikel 14 GG** schützt neben dem Sacheigentum auch das geistige Eigentum. Natürlich lässt sich mit dieser Begründung nur ein Immaterialgüterrecht dem Grunde nach beanspruchen bzw. man kann dieses Recht nur im Grundsätzlichen dem Recht an den Mobilien und Immobilien zur Seite stellen, im Einzelnen lassen sich sehr viele Unterschiede herausarbeiten. Eines der bedeutsamsten Probleme des gesamten Immaterialgüterrechts ist die Schaffung eines allgemeinverträglichen Schutzbereiches. Auch aus dem geschriebenen PatG folgt, dass nicht alle Ideen, z.B. nicht die Entdeckungen und die mathematischen Lehren, unter Ausschließlichkeitsrecht gestellt werden können. Die Gesellschaft darf nicht zugunsten einzelner von den mathematischen Lehren und von den dem Gebiete der

Naturwissenschaft zugehörenden Erkenntnissen ausgeschlossen werden. In der Patentrechtsliteratur wird aber ganz überwiegend die Ansicht vertreten, dass ein Immaterialgüterrechtsschutz, zumindest dem Grunde nach, schon aus dem Naturrecht hergeleitet werden kann.

2. Kritik an der Patenterteilung

Insbes. die ökonomische Lehre hat sich immer wieder unterschiedlich dazu geäußert, ob der Patentrechtsschutz überhaupt oder zumindest in dem vorhandenen Umfang erforderlich sei. Zugrunde liegt dabei wohl der Gedanke, dass jedes Patent ein Monopol schafft und insofern auch durchaus nachteilige Folgen hat bzw. haben kann. Die ökonomische Literatur, die sich sehr kritisch mit dem Patentrecht auseinandergesetzt hat, verlangt zumindest eine Einschränkung der Patentrechte hinsichtlich Umfang und Zeit. Ihre Ansicht lässt sich durch die Erläuterung bzw. Gegenüberstellung der Begriffe Innovation und Invention am besten erklären. Unter Invention ist die eigentliche Erfindung, der neue technische Gedanke zu verstehen und unter Innovation der Prozess, der regelmäßig erforderlich ist, um aus dieser Erkenntnis ein serienreifes bzw. überhaupt auf dem Markt platzierbares Produkt zu schaffen. Ökonomen folgern nun zum Teil, dass die meisten Inventionen, also Erfindungen, schon auf „natürliche" Art und Weise geschützt sind. Es ist nämlich regelmäßig ein sehr kostenträchtiger Innovationsprozess erforderlich, um aus einer Invention ein verkaufsfähiges Produkt zu machen. Wirtschaftswissenschaftliche Literatur nennt dafür sehr viele Beispiele, einige sind: Die meisten Erfindungen beziehen sich auf schon vorhandene Produkte und es muss sehr viel daran gearbeitet werden, diese neue technische Leistung in ein vorhandenes Produkt einzupassen. Innovationsprozesse lassen sich vielfach nicht vorausplanen, man muss probieren, tüfteln, anpassen und die meisten Innovationsprozesse erfordern sehr hohe Investitionen, die der Plagiator häufig nicht zu leisten vermag. Andererseits wird natürlich auch anerkannt, dass für verschiedene Produkte diese Gegenüberstellung von Innovation und Invention gerade für eine Schutzrechtsgewährung sprechen muss. Zu nennen sind dabei Produkte, bei denen die Produktionskosten immens hoch, aber die Reproduktionskosten sehr niedrig sind; Musterbeispiel dafür ist die Computersoftware. Es bedarf häufig sog. „Mannjahre" um ein Computerprogramm zu entwickeln, plagiiert ist es dann häufig in wenigen Minuten mit einem Kostenaufwand, der nahezu null Euro beträgt.

3. Patent/Erfindung

Die Begriffe Patent und Erfindung bezeichnen ganz unterschiedliche Sachverhalte. Mit der Erfindung ist die technische Lehre gemeint, die sich an den Anforderungen des Patentrechts messen lassen muss und für die, falls alle Voraussetzungen erfüllt sind, das Patent erteilt wird. Die Erteilung des Patents ist ein **Verwaltungsakt**, ein staatlicher Verleihungsakt, durch den die Erfindung als schützbar anerkannt und dem Erfinder bzw. Anmelder das Privileg des Ausschließlichkeitsrechts eingeräumt wird. „Patent" bezeichnet also den staatlichen Verleihungsakt, mit dem die dieser Verleihung zugrunde liegende Leistung, die technische Erfindung, belohnt wird. Im Urheberrecht gibt es solch eine Begriffsbildung nicht. Die geistig-persönliche Schöpfung wird geschützt, soweit das entsprechende Werk vollendet ist, der Schutz ist von einer staatlichen Bestätigung nicht abhängig.

4. Voraussetzungen der Patenterteilung

4.1. Technische Erfindung

4.1.1. Einführung

a) Neben den Schutzvoraussetzungen „Neuheit", „erfinderische Tätigkeit" und „gewerbliche Anwendbarkeit" enthält das PatG eine weitere Einschränkung des Kreises der schutzfähigen Lehren. Geschützt sind nach der gesetzlichen Definition nur technische Erfindungen. Auch vor der Einfügung des Technikbegriffs in § 1 PatG wurde der Begriff „Erfindung" nach allgemeiner Auffassung so verstanden werden, dass nur technische Erfindungen gemeint sind.[1]

Die gesamte Geschichte des Patentwesens zeigt, dass dieses von jeher auf die spezifischen Sachprobleme beim Schutz technischer Neuerungen zugeschnitten ist. Zumindest im Geltungsbereich des deutschen PatG kann hierfür von einem gewohnheitsrechtlichen Grundsatz gesprochen werden, auf den sich bereits 1931 *H. Isay* stützt.[2]

b) § 1 PatG schließt zahlreiche schöpferische Leistungen ausdrücklich vom Patentschutz aus. § 1 Abs. 3 PatG nennt insofern: die Entdeckungen, das sind die in der Natur vorhandenen und in ihrer Wirkweise erkannten (entdeckten) Phänomene; die wissenschaftlichen Theorien und mathematischen Methoden, dies sind die „Algorithmen" von Wissenschaft und Mathematik. Sie stehen im Gegensatz zur Art und Weise ihrer konkreten Verwendung. Selbstverständlich ist die mathematische Unterstützung einer Erfindung, z.B. auf dem Gebiet Elektrotechnik, dem patentrechtlichen Schutz zugänglich, nicht schützbar ist der mathematische Lehrsatz ohne konkrete Verwendung oder wie das Gesetz es ausdrückt, die Lehren sind „als solche" ausgeschlossen. Weiterhin sind „ästhetische Formschöpfungen", „Pläne, Regeln und Verfahren für gedankliche Tätigkeiten, für Spiele oder für geschäftliche Tätigkeiten" ausgeschlossen. Hier fehlt es offensichtlich am technischen Bezug. Die menschliche Gedankentätigkeit zählt nicht zu den Naturkräften, die es zu beherrschen gilt, und „Spiele" sowie „geschäftliche Tätigkeiten" gehören zum Bereich der Organisation, Kalkulation u.ä. Weiterhin sind die Programme für Datenverarbeitungsanlagen vom Schutz ausgenommen, allerdings nur soweit es um die Programme „als solche" geht. Die „als solche"-Formel ist im Zusammenhang mit den Programmen schwer verständlich, sie wird im Folgenden besprochen (unten, unter e)).

---

[1] *Bernhardt/Kraßer*, Lehrbuch des Patentrechts, S. 89; *Benkhard-Bruchhausen*, PatG, § 1 Rdnr. 45; *Beier*, GRUR 1972, 216; *Kolle*, GRUR 1977, 61; BGHZ 67, 22, 33 – Dispositionsprogramm; BGHZ 52, 74 – Rote Taube.

[2] Patentgesetz und Gesetz betreffend den Schutz von Gebrauchsmustern, 5. Aufl. 1931, S. 42. Zum Technigbegriff aus heutiger Sicht, siehe *R. Konig*, GRUR 2001, 577, 580 f.; *Melullis*, GRUR 1999, 843, 845; *v. Hellfeld*, GRUR 1989, 471; *Wiebe*, GRUR 1994, 233 ff.; *Nack*, Die patentierbare Erfindung, Köln 2002.

c) **Der BGH hat in der „Rote-Taube"-Entscheidung (NJW 1969, 1713 ff.) einen recht umfassenden Technikbegriff vorgestellt.** Danach ist Technik Naturbeherrschung ohne ein Dazwischenschalten menschlicher Tätigkeiten. Eine technische Lehre ist demnach die kausal überschaubare Beherrschung eines Naturphänomens im Hinblick auf einen definierten bestimmten Erfolg, der ohne Eingriff menschlicher Tätigkeit eintritt. Dieser Technikbegriff wird als dynamischer Technikbegriff bezeichnet, weil er flexibel ist und sich den technologischen Veränderungen anpassen kann.[3] Das ist sicher so nicht richtig. Die Definition versagt schon bei den bedeutsamsten Industrieprodukten der letzten Zeit und wohl auch der Zukunft, der Computersoftware. Wie die folgenden Ausführungen zum patentrechtlichen Schutz der Computersoftware aufzeigen werden, ist die traditionelle Technikdefinition nicht mehr tauglich, technische von nichttechnischen Lehren zu trennen. Computersoftware ist, je nach Betrachtung technisch wie nichttechnisch. Software, entsprechend digital aufbereitet, „beherrscht" elektrische Energie, also unbelebte Natur. Die Beeinflussung von Strom kann aber zu Ergebnissen führen, die eine geordnete Buchhaltung ermöglichen oder aber ein Antiblockiersystem steuern; in jedem Fall aber werden mathematische Formeln, mathematisch verständliche Algorithmen gerechnet. Je nachdem, von welcher Betrachtungsweise man ausgeht, was man – natürlich auch aus rechtspolitischen Gründen – in den Vordergrund der Betrachtung stellt, ist das jeweilige Programm mehr technisch oder gerade nicht technisch. Auf dem Gebiet der Biologie verhält es sich ähnlich. Wie noch vorgestellt werden wird, hat hier der Gesetzgeber durch rechtspolitisch begründbare Entscheidungen mehr Klarheit bei der Abgrenzung der Biologie zur Biotechnik gebracht; die Beschwerdekammer des EPA hat noch schlicht danach abgegrenzt, wie viel menschliche Entwicklungstätigkeit für das vorgestellte Verfahren nötig war. Das war nicht überzeugend.

d) Mit der „Rote-Taube"-Definition kommt man insbesondere bei den neuen patentrechtlichen Problemen nicht weiter; damit sind die mathematiknahen und die entdeckungsnahen (insbes. im Bereich der Biologie) Erfindungen gemeint. Soweit man es mit dem Mathematikausschluss und dem Ausschluss von „im Wesentlichen biologischen Verfahren" (§ 2a Abs. 1 PatG) ernst nimmt, hätten wir keine Probleme bei der Technikdefinition, die über die Erkenntnisse der „Rote-Taube"-Entscheidung hinausgeht. Eine strikte Begrenzung ist aber nicht möglich, weil bei den Computerprogrammen und auch vielen biologischen Verwendungen viel dafür spricht, dass sie als neuartige Phänomene den Bereich der Mathematik etc. verlassen haben und ein Schutz dieser Industrieprodukte auch vielfach notwendig ist. Sie haben ihren Ursprungsbereich Mathematik, Biologie, aber noch nicht so weit verlassen, dass die Gründe des ursprünglichen Schutzausschlusses sich aufgelöst haben. Bezogen auf die Computersoftware heißt dies, dass es darum gehen muss, eine allgemeinverträgliche Schutzbegrenzung für die in den Programmen enthaltenen mathematischen Algorithmen zu finden. Es ist relativ leicht, einen Schutz zu begründen; es ist häufig schwierig, ihn derart zu begründen, dass er auch nur in einem solchen Umfang gewährt wird, dass das

---

[3] *Götting*, Gewerblicher Rechtsschutz, S. 108.

Interesse der Allgemeinheit an hinreichender Freihaltung von bedeutsamen Lehren beachtet wird. Man kann das Problem auch anders verständlich machen: Der Technikbegriff, nach dem wir suchen, ist nur in Grenzen ein aus dem Bereich der Technik selbst zu gewinnender Begriff; der Technikbegriff, um den es im Patentrecht geht, ist zu einem bedeutsamen Teil ein juristischer Begriff. Viele Irrwege werden im Patentrecht deshalb beschritten, weil immer wieder versucht wird, auch in nahezu ausweglosen Situationen, wie gerade bei den Computerprogrammen, durch neue Erklärungen dafür, dass die zu beurteilenden Phänomene technischer Natur sind, Lösungen zu finden.[4] Dadurch werden keine Probleme gelöst, weil es nur dem Zufall entsprechen würde, wenn die jeweilige Technikdefinition mit den Anforderungen des Patentrechts übereinstimmen würde.

e) Mit dem Ausschluss der „Programme für Datenverarbeitungsanlagen" ist ein für die heutige Zeit äußerst bedeutsamer Bereich vom Patentrecht ausgenommen. Dieser Ausschluss ist aber nicht absolut formuliert, er soll nur in dem Umfang wirksam werden, wie für die Programme „als solche" Patentschutz beansprucht wird (§ 1 Abs. 3 PatG, genauso Art. 52 Abs. 2 EPÜ). Das Gesetz verwendet die „als solche"-Formel (§ 1 Abs. 4 PatG, Art. 52 Abs. 3 EPÜ) nicht nur im Zusammenhang mit den Computerprogrammen. Auch Entdeckungen, mathematische Methoden, ästhetische Formschöpfungen etc. sind „als solche" vom Schutz ausgeschlossen. Die „als solche"-Formel gibt aber nur bei den zuletzt genannten Gegenständen und Tätigkeiten Sinn. Eine mathematische Methode oder Formel hört auf, nur eine solche zu sein, wenn und soweit sie auf einen konkreten (technischen) Zweck hin angewandt wird. Bei den anderen im Gesetz genannten Gegenständen und Tätigkeiten zieht die „als solche"-Formel eine Grenzlinie zwischen dem jeweils aufgeführten Gegenstand und seiner Verwendung zu einem ganz bestimmten konkreten Zweck.

f) Ein Computerprogramm „als solches" ist hingegen schwer vorstellbar. Computerprogramme werden im Hinblick auf ihren Einsatz in einer Datenverarbeitungsanlage geschrieben (quasi konstruiert). Ohne die Datenverarbeitungsanlage wären sie nutzlos. Es sind Anweisungen für eine konkrete Funktionsweise einer offenen, erst durch den Einsatz von Programmen laufenden Maschine.

Ohne die Programme ist der Rechner eine Skulptur aus Silizium, Kupfer, Plastik etc. Das Programm hingegen verfolgt immer einen bestimmten, konkreten Zweck und dieser definiert dann auch sein Wesen, z.B. mathematische Formel, Buchführungsprogramm, Programm für die Steuerung von externen Ma-

---

[4] So wurde versucht, den Begriff Information in die Naturkräfte einzubeziehen, vgl. *Linden*, GRUR Int. 1989, 85; *v. Hellfeld*, GRUR 1989, 471; *Beyer*, GRUR 1990, 399. *Nack*, GRUR Int. 2004, 771, 773, hat vorgeschlagen, einem Konzept der „Wissenstradition" zu folgen, gemeint ist wohl, dass der Schutzbereich anhand von zahlreichen Wertungskriterien zu entwickeln ist, die für das Patentrecht Bedeutung hatten. *Tauchert*, in FS *König*, S. 481 ff., 489, will die mit dem Einsatz beherrschbarer Naturkräfte verbundenen Eigenschaften wie Zweckgebundenheit, Reproduzierbarkeit und Zielorientierung fruchtbar machen. *Schölch* hält die Verwendbarkeit einer Methode im technisch-industriellen Umfeld für ausschlaggebend, *Schölch*, GRUR 2006, 969, 974.

schinen etc. zu sein. Der Begriff „Computerprogramm" ist ein Gattungsbegriff, der für all das steht, was sich normal denken und in der Sprache, die ein Computer versteht, darstellen lässt. Der Begriff „Computerprogramme als solche" lässt sich daher nicht in die logische Reihe bringen, die von den anderen Gegenständen und Tätigkeiten, die unter dieser Formel im Gesetz genannt sind, bestimmt wird.[5]

Aus der gesetzlichen Definition folgt zumindest, dass nicht alle Programme, auch wenn sie wegen ihrer Hardwarebezogenheit technischen Charakters sind, geschützt werden sollen. Sicher erscheint auch, dass Computerprogramme nicht schlechterdings vom Patentschutz ausgenommen sind. Viel mehr können wir dem Wortlaut des Gesetzes nicht entnehmen.

Eine genaue Grenzziehung wird nur durch die Präzisierung der allgemeinen Voraussetzungen des patentrechtlichen Schutzes möglich sein.

Die bedeutsamsten Technikdefinitionen hat die höchstrichterliche Rechtsprechung während der letzten Jahre dann auch auf dem Gebiet der Computerprogramme abgegeben. Das liegt daran, dass die neuen Maschinen („Universalrechner") an das Patentrecht gänzlich neue Anforderungen stellen. Im Rahmen einer ontologisch fundierten Einordnung des Phänomens Computer schreiben *Bammé* u.a.: „Aus der Maschinenentwicklung der letzten Jahre folgt zwingend die Einsicht, dass das Wesen der Maschine nicht in ihrer Körperlichkeit besteht. Die alte Maschine ist nur ein Sonderfall des neuen, viel umfassenderen Maschinentyps (...)", früher waren das „Programm der Maschine, also das, was die Maschine real tut, und ihre materielle Gestalt (...) eins. Das Programm beschrieb gleichzeitig die körperliche Gestalt ebenso, wie durch den Maschinenkörper ihr Programm definiert wurde (...). Heute werden Maschinen angemessener durch ihr Verhalten definiert."[6]

Man kann den Unterschied noch deutlicher machen. Wie *Turing* nachgewiesen hat, lässt sich jede Handlung, die sich durch einen Algorithmus beschreiben lässt, auch durch eine Maschine realisieren, ohne dass die Beschaffenheit einer solchen Maschine von dem Zweck der Handlung abhängig ist. Der wichtigste Schritt bei der Mechanisierung irgendeines Vorgangs ist demnach nicht (mehr) die materielle, die stoffliche oder körperliche Konstruktion, „sondern, dass dieser Vorgang zerlegt wird in eine Abfolge von völlig determinierten, eindeutigen Einzelschritten. Wenn dies geschehen ist, dann ist auch die Frage der Mechanisierbarkeit entschieden."[7] Das Definitionsproblem der Maschine liegt also nicht in ihrer körperlichen Erscheinung, sondern im Programm, das allein die Funktionsweise der Maschine bestimmt. Unter diesen Gegebenheiten wird es aber schwierig, den patentrechtlichen Schutz zu begründen bzw. so zu gestalten, dass der Schutz auch die Interessen der Allgemeinheit an der Freihaltung bedeutsamen Wissens berücksichtigt. Der mit einem entsprechenden Programm geladene

---

[5] Gleicher Ansicht *Beyer*, GRUR 1990, 399; *v. Hellfeld*, GRUR 1989, 471, 475 ff.; *Anders*, GRUR 1989, 861, 867.
[6] *Bammé u.a.*, Mensch-Maschinen, 1983, S. 112.
[7] *Bammé u.a.*, Mensch-Maschinen, 1983, S. 145; ähnlich *Bierter*, Die Herausforderung Computer, gdi-impuls 2/1985, S. 67.

Universalrechner steuert nicht nur zweifelsohne technische Anlagen, die Algorithmen werden bei Weitem nicht nur für regel-, steuer- und messtechnische Zwecke eingesetzt. Der Computer „rechnet" ebenso nichttechnische Verwendungen, er erledigt etwa die Buchhaltung und die entsprechenden Algorithmen beinhalten in wohl allen Fällen mathematische Regeln, die auch noch für viele andere, vielleicht noch nicht einmal bekannte Verwendungen taugen. Aus guten Gründen waren noch zu jeder Zeit und international nichttechnische Anwendungen und mathematische Regeln vom patentrechtlichen Schutz ausgeschlossen. Für die Zwecke des Patentrechts ist es wenig ergiebig, im Zusammenhang mit der Computersoftware von einer neuen Technik zu sprechen, die auch das Recht zur Kenntnis zu nehmen hat, wenn sich für die Juristen nicht einmal wieder „die Sonne um die Erde drehen soll" (so der Patentanwalt Alexander von Hellfeld), soweit keine Kriterien für eine sinnvolle, gemeinverträgliche Schutzbegrenzung gefunden wurden. Wegen der umfassenden Einsatzmöglichkeit der Informatik würde sonst der Schutz ins Uferlose gehen. Darauf wird im Folgenden einzugehen sein.

Weitere Ausschlüsse aus dem Patentrecht sind in § 2 und § 2a PatG genannt. Im Zusammenhang mit dem Technikbegriff interessiert § 2a Abs. 1 Nr. 1PatG: „Pflanzensorten oder Tierrassen sowie für im Wesentlichen biologische Verfahren zur Züchtung von Pflanzen und Tieren" sind nicht patentierbar.

Die Ausführungen zum Technikbegriff bearbeiten auch dieses Gebiet, d.h. die Abgrenzung vom Sortenschutz, vom Artenschutz, von im „wesentlichen biologischen Verfahren zur Züchtung von Pflanzen und Tieren": **Die Patentierbarkeit biotechnischer und, damit verbunden, gentechnischer Erfindungen wird untersucht.**

4.1.2. Technikdefinition am Beispiel der Computerprogramme

4.1.2.1. Das Programm als vorbekannte Nutzungsart des Universalrechners

Der BGH kennzeichnet seit der grundlegenden Entscheidung „Rote Taube"[8] die dem Patentschutz zugängliche Erfindung – in weitgehender Übereinstimmung mit dem Schrifttum[9] – als eine **„Lehre zum planmäßigen Handeln unter Einsatz beherrschbarer Naturkräfte zur Erreichung eines kausal übersehbaren Erfolges"**. Er hat diese Definition in einer Reihe weiterer Entscheidungen in Einzelpunkten präzisiert, insbes. dahin, dass es sich um Naturkräfte außerhalb der menschlichen Verstandestätigkeit handeln und der kausal übersehbare Erfolg die unmittelbare Folge des Einsatzes beherrschbarer Naturkräfte ohne die Zwischenschaltung menschlicher Verstandestätigkeit sein muss.

---

[8] BGHZ 52, 74, 79.
[9] *Kolle*, GRUR 1977, 63; *Engel*, GRUR 1978, 211 ff.; *Kindermann*, GRUR 1977, 443 ff.; *Beier*, GRUR 1972, 217; *Benkhard-Bruchhausen*, PatG, § 1 Rdnr. 45.

Die Entscheidungen sind im Zusammenhang mit Patentanmeldungen für Computerprogramme ergangen.[10] Der BGH hat in zahlreichen Entscheidungen, beginnend mit der „Dispositionsprogrammentscheidung" aus dem Jahre 1976, den patentrechtlichen Schutz der Rechnerprogramme in großem Umfang ausgeschlossen,[11] weil regelmäßig „bei deren Anwendung lediglich von einer in Aufbau und Konstruktion bekannten Datenverarbeitungsanlage der bestimmungsgemäße Gebrauch gemacht wird".[12] Die Programme folgen danach der technischen Erfindung, der Hardware-Entwicklung. Die Erfindung ist bereits erbracht, wenn die Software-Entwicklung beginnt. Es geht nun darum, die technische Erfindung, die Datenverarbeitungsanlage, nutzbringend einzusetzen. Verlangt dieser Einsatz – wie regelmäßig – keine Neuentwicklung des Computers oder seiner Teile, so wird nach Auffassung der höchstrichterlichen Rechtsprechung mit dem Einsatz der Programme lediglich von einer vorbekannten Maschine der „bestimmungsgemäße Gebrauch gemacht". Dieser Satz ist oft kritisiert worden, häufig zu unrecht. Bevor keine gemeinverträgliche Schutzbegrenzung bei den Computerprogrammen erkennbar war, ist es durchaus vertretbar, Programme nur dann und nur insoweit zu schützen, wie sie den Universalrechner selbst in seinen Eigenschaften neu beeinflussen oder außerhalb des Universalrechners unmittelbar auf technische Phänomene einwirken, wie dies z.B. bei einem elektronisch gesteuerten Antiblockiersystem der Fall ist. Dies war lange Zeit die Ansicht des BGH und auch die weitere Entwicklung, die Entwicklung pro patentrechtlichen Softwareschutz, ist immer noch daran orientiert. Der BGH ist bereit Softwareschutz jedenfalls dann zu gewähren, soweit eine realtechnische Einbindung oder eben deren Ersetzung erkennbar ist. Dies geschieht nicht deshalb, es sei wiederholt, weil der BGH nicht bereit wäre, einen neuen Technikbegriff (etwa den der Informationstechnik) zu akzeptieren, sondern aus Gründen einer gemeinverträglichen Schutzbegrenzung oder eben, um nicht Programme „als solche", also mathematische Regeln bzw. geisteswissenschaftliche Verwendungen zu schützen. Die Literatur, in ihrem häufig leichtfertigen Umgang mit dem Begriff „Theorie", hat die Rechtsprechung des BGH mit dem Begriff „Kerntheorie" gekennzeichnet und hat dann später, als die BGH-Rechtsprechung sich weiter entwickelt hat, also über den Schutz von Programmen mit relativ deutlichem realtechnischen Bezug hinaus, Programme geschützt hat, von der Aufgabe dieser Kerntheorie gesprochen. Die Begründung der Kerntheorie wurde harsch kritisiert, ihre angebliche Aufgabe bejubelt. Die entsprechenden Ausführungen hatten jeweils mit der Rechtsprechung des BGH wenig gemein. Der BGH hat seine Rechtsprechung, vorsichtig und zumeist auf hohem Niveau, an den erkennbaren Auswirkungen des potentiellen Schutzes orientiert und hat Schutz insoweit gewährt, wie eine sinnvolle

---

[10] BGHZ 67, 22, 26 f. – Dispositionsprogramm; BGHZ 78, 98, 106 – Walzstabteilung; BGH GRUR 1986, 531 – Flugkostenminimierung; BGH GRUR 1992, 36 – Chinesische Schriftzeichen.
[11] BGHZ 67, 22 – Dispositionsprogramm ausführlich besprochen von *Kolle*, GRUR 1977, 58 ff.; BGH GRUR 1977, 657 – Straken; BGH GRUR 1978, 102 – Prüfverfahren; BGH GRUR 1978, 420 – Fehlerortung; BGH GRUR 1981, 39 – Walzstabteilung; BGH GRUR 1986, 531 – Flugkostenminimierung.
[12] BGHZ 67, 22 – Dispositionsprogramm.

Schutzbegrenzung transparent gemacht werden konnte. Der BGH hat sich insofern durchaus an die rechtlichen Vorgaben gehalten, die die „als solche"-Formel verlangt. Der BGH hat die Formel weder so verstanden, dass ein Anmelder für ein Computerprogramm allein niemals patentrechtlichen Schutz erhalten kann,[13] noch dahin, dass allein wegen der Beeinflussung von Strom ein hinreichender Technikbezug vorhanden ist.[14]

4.1.2.2. Die „Kerntheorie" des BGH

Die den Programmen zugrunde liegenden Algorithmen, die das Programm prägenden Organisations- und Rechenregeln, werden nach Ansicht des BGH auch nicht dadurch zu technischen Regeln, dass bei ihrer Anwendung Technik eingesetzt wird. Es soll nicht genügen, wenn zur Verwirklichung der Lehre technische Geräte, wie insbes. Universalrechner, sinnvoll oder praktisch notwendig sind. Verlangt ist, dass die Lehre den Einsatz von Naturkräften unbedingt notwendig macht.[15]

Nach dieser Auffassung muss der Kern der erfinderischen Lehre, d.h. der kennzeichnende Teil des Anspruchs, technischer Natur sein; es reicht nicht aus, dass der Anspruch „insgesamt" als technische Lehre angesehen werden kann: **„Entscheidend ist, (...) welches der sachliche Gehalt der beanspruchten Lehre ist, auf welchem Gebiet ihr 'Kern' liegt."**[16] Unerheblich soll dabei sein, „(...) ob die Lehre in den Patentansprüchen unter Verknüpfung mit den zu ihrer Ausführung zweckmäßig oder notwendig heranzuziehenden technischen Einrichtungen formuliert worden ist."[17]

Der BGH sah seine Auffassung wesentlich dadurch bestätigt, dass die das Rechnerprogramm prägenden Algorithmen auch an den Menschen gerichtet werden könnten. Der dem Programm zugrunde liegende Algorithmus könnte nicht nur vom Computer, sondern auch vom Menschen befolgt werden, um den gewünschten Erfolg zu erreichen.[18] Erst wenn diese Möglichkeit nicht mehr besteht, wenn also das Programm einen neuen und erfinderischen Aufbau der zu seiner Ausführung benutzten Datenverarbeitungsanlage oder zumindest neue und erfinderische Verwendungen dieser Anlage lehrt, sind die Programme dem Patentschutz zugänglich.[19]

---

[13] *Böcker*, noch unveröffentlichte Diss., FU Berlin, 2008, S. 313 f.
[14] In diese Richtung wohl *Troller*, CR 1987, 278, 284.
[15] Zuletzt so BGH GRUR 1986, 531 – Flugkostenminimierung.
[16] BGH GRUR 1986, 531 – Flugkostenminimierung.
[17] BGH GRUR 1986, 531 – Flugkostenminimierung; inhaltlich ebenso BGH GRUR 1977, 152, 153 – Kennungsscheibe; BGHZ 67, 22, 28 – Dispositionsprogramm.
[18] In der Dispositionsprogramm-Entscheidung des BGH heißt es insoweit: Die anspruchsgemäße Organisations- und Rechenregel sei eine fertige Problemlösung, nach welcher ein über die nötigen kaufmännischen und mathematischen Kenntnisse Verfügender auch ohne Benutzung von Naturkräften verfügen könne; BGHZ 67, 22, 28 – Dispositionsprogramm.
[19] So deutlich in BGHZ 67, 22, 28 – Dispositionsprogramm und BGH GRUR 1981, 39 – Walzstabteilung.

4.1.2.3. Technische Programme

Technischen Charakter billigte der BGH danach einem Antiblockiersystem für druckmittelbetätigte Fahrzeugbremsen zu, bei dem bistabile Schaltvorrichtungen, Drehverzögerungs- und Drehbeschleunigungs-Schaltvorrichtungen so miteinander verbunden waren, dass ein durch das überwachte Rad ausgelöstes Verzögerungs- oder Beschleunigungssignal über die Steuerung von Ventilen den Bremsdruck absenkte oder konstant hielt. Technisch sei das System, weil es im unmittelbaren Zusammenhang mit berechen- und beherrschbaren Naturkräften eingesetzt sei.[20]

Der ABS-Sachverhalt ist für das Problem nicht sehr repräsentativ. Der der Entscheidung zugrunde liegende Sachverhalt offenbart kein Programm, das in heutiger Zeit für technische Anwendungen typisch ist. Dazu ein kurzer Einblick in die Entwicklungsgeschichte der sog. Antiblockiersysteme. Bis vor drei Jahrzehnten waren ABS-Anlagen so beschaffen, dass ohne jedes elektrische Signal Rad-Dreh-verzögerungen mit mechanischen Sensoren gemessen wurden, und entsprechend wurde ein Ventil, durch das Bremsflüssigkeit aus dem Bremszylinder austreten konnte, gesteuert. Messen und Steuern wurde mechanisch durchgeführt. Eine solche klassische ABS-Anlage konnte nur einen einzigen Regelalgorithmus abarbeiten. Die technisch/mechanische Konstruktion verkörperte diesen Algorithmus. Ende der sechziger Jahre – und in diese Zeit fällt die ABS-Anmeldung, die der BGH-Entscheidung zugrunde liegt – fand ein Entwicklungsschub statt. Anstelle der mechanischen Lösungen wurden fest verdrahtete elektrische Schaltungen, bistabile Drehverzögerungs- und Drehbeschleunigungs-Schaltvorrichtungen, in denen Signale verarbeitet wurden, installiert. Diese Schaltvorrichtungen können mehrere Signale empfangen und differenziert, je nach physikalischer Anordnung, weiterleiten.

Das Bundespatentgericht hatte in der angefochtenen ABS-Entscheidung den Anmeldungsgegenstand bis auf eine „Bremsphilosophie" reduziert und diese dann in Anlehnung an die Software-Rechtsprechung des BGH als einen Algorithmus verwandt und daher als nichttechnisch gewertet.[21] Dagegen hat der BGH sich mit Recht gewandt. Die Anordnung bistabiler Steuerungsmittel ist technisch, auch wenn sie auf der Grundlage eines Algorithmus, nach dem ihre Wirkweise berechenbar ist, erscheint.[22] Sie ist schon nach klassischem Verständnis technisch, weil eine neue Verwendung der Steuerungsmechanismen zu einem technischen Zweck aufgezeigt wird.

Solche Schaltungen unterscheiden sich aber grundlegend von dem Einsatz eines programmgespeisten Universalrechners, wie er in heutiger Zeit bei Antiblockiersystemen Verwendung findet. Immer wirksamere Regel-Algorithmen werden dadurch realisiert, dass ohne jegliche Änderung der Hardware und ohne dass die eingesetzten Hardwaremittel technisch anders wirken, nur andere Rechenprogramme in den eingesetzten Prozessor eingespeist werden. Der Algorithmus ist nur noch auf der Ebene des Prozessrechners im klassischen Sinne rein technischer Natur, also auf der

---

[20] GRUR 1980, 849, 850.
[21] BPatG, GRUR 1979, 111; zur Kritik *Kolle*, GRUR 1982, 443, 447, mit Fn. 33.
[22] BGH GRUR, 1980, 849, 850.

Syntaxebene, wo es darum geht, Rechenergebnisse in die der angesteuerten Maschine verständliche Steuersignale zu transformieren.

Über den Sachverhalt der gegenständlichen ABS-Anlage hinausgehend hat der BGH dann auch nur ausgeführt, dass solch ein Programm technisch ist, wenn es unmittelbar und kausal ohne menschliches Dazwischentreten auf Naturkräfte außerhalb des Rechners einwirkt und dadurch die technische Arbeitsweise der verwendeten Hardwaremittel verändere. Soweit das Programm dies in erfinderischer Weise bewirke, ist Patentschutz zu gewähren.[23] Die Tatsache, dass die neue Arbeitsweise durch ein Programm oder einen Algorithmus bewirkt werde, sei dann ebenso unschädlich, wie der Umstand, dass die zum Einsatz gelangten (technischen) Vorrichtungen bekannt sind. Verallgemeinernd heißt es dann: es gebe Programme technischer Natur; insbes. bei Anordnungen zur Durchführung von Verfahren und bei Anordnungen im Bereich der Regeltechnik könnten technische Programme verwirklicht sein.[24] Technisch ist demnach ein Programm nach Auffassung des BGH dann, wenn es integrierter Bestandteil der Arbeitsweise einer externen Maschine ist, deren Wirkweise es erfinderisch verändert.

Ein weiteres Beispiel für eine „neue und erfinderische Verwendung eines Universalrechners" findet sich in der BGH-Entscheidung „Seitenpuffer".[25] Es geht hier um ein Verfahren zum Betreiben eines hierarchisch gegliederten, mehrstufigen Arbeitsspeichersystems und einer Schaltungsanordnung zur Durchführung des Verfahrens. Das Verfahren, das das Problem löste, betraf die Verwaltung eines sog. Pufferspeichers, der bewirkte, dass beim Aktivieren eines Prozesses in der Datenverarbeitungsanlage die Mehrheit der speziell für diesen Prozess benötigten Daten in den Seitenpuffer übertragen werden konnte, um so die wesentlich längeren Zugriffszeiten zum Hauptspeicher zu umgehen. Die Lösung beruhte allein auf einer Softwareinvention. Das BPatG war der Meinung, dass es sich bei der beanspruchten Lehre um ein Verfahren zur Auswahl, Gliederung und Zuordnung von Information handelt und sich das Verfahren demnach in einer Organisationsregel erschöpft. Dem Anmeldungsgegenstand fehle der technische Charakter, er sei deshalb nicht patentfähig.[26] Der BGH war hier anderer Auffassung. Die dem Anmeldungsgegenstand zugrunde liegende Lehre erschöpfe sich nicht in einer bloßen Organisationsregel, sondern beeinflusse **unmittelbar** das Zusammenwirken der Elemente der Datenverarbeitungsanlage ohne Zwischenschaltung der menschlichen Verstandestätigkeit durch den Einsatz technischer Mittel. Der BGH konkretisiert somit den Begriff „neue und erfinderische Verwendungsart" eines Rechners. Er macht deutlich, dass ein Computerprogramm im Bereich der Betriebssysteme patentfähig sein kann, insbes. dann, wenn die Lehre aufgrund des Fortschritts in der Halbleitertechnik keine neuen Hardwareelemente benötigt.[27]

Mit der Entscheidung „Seitenpuffer" bestätigt der BGH auch die Prüfungsrichtlinien des Europäischen Patentamts und die des deutschen Patentamts, die solche

---

[23] GRUR 1980, 849; s. auch BGH GRUR 1978, 420 – Fehlerortung.
[24] GRUR 1980, 849, 850.
[25] BGH GRUR, 1992, 33.
[26] BPatG, CR 1988, 652.
[27] BGH GRUR, 1992, 33. Dazu *Betten*, GRUR 1995, 775, 785 f.

Betriebssystemprogramme als Beispiele für patentfähige Erfindungen im Bereich der Computerprogramme enthalten.[28] Für die Frage der Technizität ist nach den Prüfungsgrundsätzen einzig und allein ausschlaggebend, ob die Lehre die Funktionsfähigkeit der Datenverarbeitungsanlage als solche betrifft und damit unmittelbar auf das Zusammenwirken ihrer Elemente einwirkt.

4.1.2.4. Nichttechnische Programme

In der Entscheidung „Chinesische Schriftzeichen" stellt der BGH deutlich heraus, dass zur Beurteilung des technischen Charakters einer Erfindung der Kerngedanke der Erfindung ausschlaggebend sei. Dieser muss ausgesondert und getrennt beurteilt werden. Ein bestimmtes Verfahren zur geordneten Eingabe/Ausgabe chinesischer Textsysteme ist danach keine Lehre zum technischen Handeln. Das entsprechende Ordnungssystem sei gedanklicher Art und bediene sich keiner Mittel, die sich außerhalb der menschlichen Verstandestätigkeit auf technischem Gebiet befinden. Auch wenn in dem Patentanspruch technische Merkmale genannt seien, so sind diese für den Erfolg von untergeordneter Bedeutung. Der Erfolg der beanspruchten Lehre stehe und falle mit den gedanklichen Maßnahmen des Ordnens der verarbeiteten Daten. Unter dem Begriff „Kerngedanke" wird demnach die Einbindung der neuen Lehre in technische oder eben nicht technische Prozesse behandelt und nicht etwa dahin argumentiert, dass Programme allenfalls als technisches Beiwerk zur Unterstützung realtechnischer Vorgänge geschützt werden können.

In der „Walzstabteilung"-Entscheidung[29] des BGH und in seiner Entscheidung „Flugkostenminimierung"[30] heißt es im Hinblick auf die sog. Kerntheorie: Rechnerprogramme sind auch dann nicht patentfähig, wenn mit Hilfe der DVA ein Herstellungs- oder Bearbeitungsvorgang mit bekannten Steuerungsmitteln unmittelbar beeinflusst wird. Im Fall „Walzstabteilung" wurde der Kern der angemeldeten Lehre als nichttechnisch qualifiziert, weil die Lehre sich darin erschöpft, rechnerische Operationen anzugeben, durch deren Anwendung auf die Messwerte das gewünschte Ergebnis, nämlich die genaue Längeneinteilung von Walzstäben, erzielt wird. Dies ist unmittelbar einsichtig.

Im Fall „Flugkostenminimierung" bestand das der Lehre zugrunde liegende Problem darin, den Treibstoffdurchsatz eines Flugzeugs so zu regeln, dass dieses bezogen auf einen Flug zwischen zwei Flughäfen mit minimalen Kosten fliegt. Dabei war zu berücksichtigen, dass die bei Verringerung des Treibstoffdurchsatzes eintretende Verlängerung der Flugzeit die treibstoffunabhängigen sog. Flugzeitkosten (insbes. Abschreibungen, Versicherungskosten, zeitabhängige Personalkosten sowie flugzeitabhängige Abnutzungs- und Wartungskosten) erhöht. Zur Lösung des

---

[28] Der BGH bestätigt diese Prüfungsrichtlinien noch in einem weiteren Punkt, nämlich bei der Art der grundsätzlich anzuwendenden Prüfungsmethode. Übereinstimmend sagen dabei sowohl der BGH als auch die Prüfungsrichtlinien des deutschen Patentamtes aus, dass für die Frage, ob die dem Anmeldungsgegenstand zugrunde liegende Lehre technisch ist oder nicht, die Frage nach der Neuheit, Fortschrittlichkeit oder Erfindungshöhe ohne Bedeutung ist (BGH GRUR 1992, 35).
[29] GRUR 1981, 39.
[30] GRUR 1986, 531.

Problems wurden einem Rechner der Treibstoffpreis und die Flugzeitkosten eingegeben. Während des Fluges wurden dem Rechner automatisch die Werte des Treibstoffdurchsatzes und der Geschwindigkeit zugeführt. Unter Verarbeitung der genannten Daten beeinflusste der Rechner den Treibstoffdurchsatz im Sinne einer Minimierung der Summe aus Flugzeitkosten und Treibstoffkosten für die gesamte Flugstrecke. Der BGH beurteilte diese Lehre als nichttechnisch; er leitet das daraus ab, dass sie zu Erreichung des angestrebten Erfolgs nicht nur beherrschbare Naturkräfte einsetze, sondern gleichzeitig und wesentlich betriebswirtschaftliche Faktoren heranziehe und „rechne".[31]

Der BGH kommt hier zu einer Ausgrenzung auch technisch wirksamer Programme, indem er jeweils auf den **Kerngehalt** der beanspruchten Lehre abstellt; damit ist eigentlich eine patentrechtliche Selbstverständlichkeit angesprochen:[32] Überwiegen betriebswirtschaftliche,[33] mathematische[34] oder organisatorische Elemente, so ist die Lehre nichttechnisch.

Die bisher genannten Urteilsgrundsätze lassen sich dahingehend zusammenfassen, dass eine mathematische und organisatorische Lehre nicht schon deshalb zur technischen Lehre wird, weil bei ihr Technik eingesetzt wird, sondern erst dann, wenn die Lehre den Einsatz von Naturkräften denkgesetzlich notwendig macht. Diese Auffassung lässt sich im Rahmen des Patentrechts kaum kritisieren; die Kritik kann sich aber damit befassen, was nach den ergangenen Entscheidungen an Technizität verlangt ist. Vorausgesetzt ist, dass die neue Lehre Eingriffe in die jeweilige Rechnerstruktur bewirkt oder eine neue und erfinderische Verwendungsart des Rechners lehren muss. Es gibt hier weitere Argumente; der BGH hat sich der Weiterentwicklung nicht verschlossen.

4.1.2.5. Aufgabe der Kerntheorie oder Weiterentwicklung des technischen Verständnisses?

In der „Tauchcomputer"-Entscheidung hatte der BGH über ein Computerprogramm zu entscheiden, das einerseits technische Wirkungen außerhalb des Universalrechners entfaltet, dass aber andererseits allein Gegenstand der neuen Lehre war. Der BGH sah hier eine hinreichend „enge" Verknüpfung zwischen der technischen Wirkweise und dem neu vorgestellten Algorithmus. Der BGH hat feststellen können, dass das Computerprogramm wegen seiner „engen", einer sehr intensiven Einbindung in ein technisches Geschehen (Anzeigen, Regeln, Steuern) nichts anderes sein kann als ein technisches Programm. Traditionelle Technik und technisches Programm waren hier nach Auffassung des BGH derart ineinander verwoben, dass die Algorithmen allein zur Begründung der neuen technischen Lehre herangezogen werden konnten.

---

[31] BGH CuR 1986, 325, 327 f.
[32] BGH CuR 1986, 325, 327: „Entscheidend ist, (…) welches der sachliche Gehalt der Lehre ist, auf welchem Gebiet ihr Kern liegt."
[33] BGH CuR 1986, 325 – Flugkostenminimierung.
[34] BGH GRUR 1981, 39 – Walzstabteilung.

Mit dieser Entscheidung soll nach Ansicht vieler Stimmen in der Literatur die „Kerntheorie" vom BGH aufgegeben worden sein.[35] Das ist wohl nicht richtig. In der „Tauchcomputer"-Entscheidung hat der BGH sich „lediglich" an der Wirkweise der Algorithmen orientiert und diese als technisch bewertet; er hat das Programm – wegen der engen Verbindung mit den durch das Programm beeinflussten Hardwarekomponenten als technisch bewertet. Man kann auch sagen, der Kern der im Algorithmus enthaltenen Lehre war technisch.

Selbstverständlich war dann auch, dass der BGH den verwandten und beanspruchten Algorithmen nur in dem Umfang Schutz gewährte, wie diese Algorithmen sich technisch auswirkten; andernfalls wäre der Algorithmus gerade nicht als technische, sondern als mathematische Regel geschützt worden.

In Fortführung der „Tauchcomputer"-Entscheidung begründet der BGH dort Schutz, wo mit Hilfe mathematischer Lehren bzw. informationstechnischer, softwaretechnischer Lehren aus tradierter Sicht definierte Technik in ihrer Wirkweise beeinflusst, d.h. verändert oder überflüssig gemacht wird.

Dies wird noch einmal sehr deutlich in der Entscheidung Logikverifikation des BGH aus dem Jahre 1999.[36] Der BGH hat dort geurteilt, dass auch solche Programme patentfähig seien, deren Lehre durch eine auf technischen Überlegungen beruhende Erkenntnis und deren Umsetzung geprägt seien. In der genannten Entscheidung wurde Technik bejaht, weil im Programm Elemente enthalten waren, die es ermöglichen, auf bisher notwendige technische Verfahrensschritte zu verzichten.

Der 20. Senat des BPatG hat die Entscheidung mit vorbereitet durch seine „Viterbi-Algorithmus"-Entscheidung aus dem Jahre 1996. Dort hat der Senat ausgeführt: „Bereits die Notwendigkeit (…) technischer Überlegungen impliziert das Vorhandensein eines zu lösenden technischen Problems (so auch Regel 27 EPÜ) und (zumindest implizierter) technischer Merkmale (Regel 29 EPÜ), die dieses technische Problem lösen."

Der 20. Senat hat dies in einer späteren Entscheidung konkretisiert. Der Senat[37] hat die Patentierbarkeit eines Verfahrens zur „automatischen Absatzsteuerung" von Waren und Dienstleistungen unter Hinweis auf die **„enge Beziehung"** der betriebswirtschaftlichen Regeln zu den technischen Vorgängen bejaht. Dieses Verfahren beruhte zwar auf betriebswirtschaftlichen, also nicht technischen Vorüberlegungen, es konnte jedoch nicht ohne Einsatz einer Datenverarbeitungseinrichtung, in der die Absatzdaten elektronisch erfasst, der Abgabepreis elektronisch ausgewählt und dann automatisch angezeigt werden, bewältigt werden. Ähnlich entschied bereits der 19. Senat des Bundespatentgerichts. Er hat in Übereinstimmung mit dem BGH die Schutzvoraussetzungen treffend dahin formuliert: „Kriterium für die Technizität könne (…) sein, ob die Voraussetzung für Schaffung, Verständnis und Bearbeitung eines Programms für eine Datenverarbeitungsanlage Zusammenhänge

---

[35] Vgl. nur *R. König*, GRUR 2001, 577, 578; *Melullis*, GRUR 1998, 843, 850.
[36] BGH GRUR 2000, 498; dazu *Schölch*, GRUR 2006, 969 ff.; *Krasser*, GRUR 2001, 959, 962.
[37] BPatG GRUR 1999, 1078.

bilden, die nur aufgrund technischer Kenntnisse und technischen Sachverstands verarbeitbar und durchschaubar seien."[38]

Der BGH hat sich diesen Auffassungen in seiner Entscheidung „Sprachanalyseeinrichtung" aus 2000 genähert.[39] In der Entscheidung verfolgt der BGH denselben Ansatz. Auch die über eine Datenverarbeitungsanlage vorgenommene Verarbeitung von Texten könne technisch sein. Allerdings werden hier in der Tat Rätsel aufgegeben: Welche Anforderungen genau werden an „Technik" gestellt?

Der Entscheidung ist wohl zu entnehmen, dass man auch bei geisteswissenschaftlichen Lehren, die sich im Programm wieder finden – außerhalb der Mathematik – nicht per se auf eine nichttechnische Lösung schließen kann, sondern dass auch insofern noch der Universalrechner in seiner technischen Wirkweise beeinflusst werden kann oder aber, dass die softwaretechnische Darstellung einer nichttechnischen Lehre für die Technizität ausreicht.

In seiner Entscheidung „Zeichenketten" verlangt der BGH dann, die Sprachanalyseentscheidung einschränkend, dass ein schützbares Programm der Lösung eines konkreten technischen Problems dienen muss.[40] Ähnlich heißt es dann in der Nachfolgeentscheidung „elektronischer Zahlungsverkehr",[41] dass die Erteilung eines Patents für ein Programm, dass der wirtschaftlichen Betätigung dient, nur in Betracht kommt, wenn der Patentanspruch über den Vorschlag hinaus, für die Abwicklung des Geschäfts Computer einzusetzen, weitere Anweisungen enthält, denen ein konkretes technisches Problem zugrunde liegt.

Die zuletzt genannten Entscheidungen liegen zwischen der Entscheidung „Seitenpuffer" und einer Grauzone. Der BGH will offensichtlich auf der einen Seite den technischen Bereich unabhängig von der Anwendungsbezogenheit der Algorithmen, also ihrer Hinwendung zur Technik, schützen; dieser Schutz steht dann aber unter den Voraussetzungen, dass keine administrative/betriebswirtschaftliche Lehre geschützt wird, dass der Algorithmus dann unabhängig seiner Funktionen, seiner anwendungsbezogenen Grundlagen, geschützt werden soll. Dies konkret auszufüllen wird große Schwierigkeiten machen. Der BGH wird darauf zu achten haben, dass er nicht durch das Software-Engineering übliche Verwendungen von Organisationen, also nichttechnische Anwendungen unter patentrechtlichen Schutz stellt, sondern nur Algorithmen, die informationstechnisch ein Novum darstellen. Ob dieser Weg überhaupt gangbar ist, vermag man noch nicht abzuschätzen. Soweit man die Informationstechnik für bestimmte, auch nichttechnische Bereiche als die grundlegende Verwendungsform, die vierte Dimension der Kulturtechniken versteht, dürfte jede geschickte Art der Darstellung nichttechnischer Lehren eine Darstellungsform eben dieser Lehre sein und somit ebenso aus dem Schutz ausscheiden wie betriebswirtschaftliche administrative, organisatorische Regeln ohnehin keinen Schutz erfahren.

---

[38] BPatG GRUR, 1989, 42, 44.
[39] BGH Mitt. 2000, 359.
[40] BGHZ 149, 68 ff. – „Zeichenketten".
[41] BGHZ 159, 197.

4.1.2.6. Zweck der Schutzbegrenzung bei Programmen

a) Dem BGH geht es in Übereinstimmung mit der durchaus herrschenden Lehre darum, Programme, die geistige Lehren beinhalten, aus dem patentrechtlichen Schutz auszugrenzen. Der Ausschluss bedürfte keiner näheren Begründung, wenn Computerprogramme sich auf der Grundlage ihres Inhalts eindeutig in technische und in nichttechnische unterscheiden ließen. Der patentrechtliche Schutz ist nur den Lehren eröffnet, nach denen Naturkräfte im Hinblick auf einen konkreten Zweck ohne Dazwischentreten menschlicher Verstandestätigkeit beherrscht werden. Die Beeinflussung der Naturkräfte außerhalb der menschlichen Gedankentätigkeit ist Technik.[42] Nichttechnisch sind demnach die Handlungsanweisungen, die sich an den Menschen richten, die nach herkömmlichem Verständnis Mitteilung einer Botschaft „an einen aktiv aufnehmenden und ihren Gehalt auslegenden und diesem Verständnis entsprechend handelnden Geist" gerichtet sind.[43]

Die Ausgrenzung der durch den Menschen ausführbaren Prozessverarbeitung kennzeichnet den Zweck des Patentrechts, den technischen Fortschritt zu fördern. Schutz soll gewährt werden, soweit der Mensch verändernd auf die „Welt der Erscheinungen" und „Dinge" einwirkt; die menschliche Verstandestätigkeit zählt demnach nicht zu den Naturkräften, die es zu beherrschen gilt.

Die Besonderheit bei den Computerprogrammen liegt nun darin, dass die Rechner unmittelbar Befehle verarbeiten, die sich in mehr oder minder veränderter Art auch als Anweisungen an den menschlichen Geist denken lassen. Durch das Zusammenwirken von Programm und Universalrechner entsteht eine Maschine, die menschliche Datenverarbeitung bis zu einem bestimmten Grade simuliert und Verrichtungen ausführt, die vormals nur durch geistige Tätigkeit des Menschen zu erledigen waren. Programme können alles beinhalten, was sich formal denken lässt, d.h. alles, was durch Iteration, Selektion und Sequenz in eine logische Reihe gebracht werden kann, von der mathematischen Lehre bis hin zu Buchführungsregeln. Die Maschine ist in der Lage, diese formale Denkweise nachzuvollziehen. Die Arbeitsweise des Universalrechners ist, wie unterschiedlich der Aufbau zum menschlichen Gehirn auch sein mag, jedenfalls insoweit der menschlichen Gedankentätigkeit gleich, dass ein Abarbeiten der Befehlsfolgen, die ein Computerprogramm enthält, auch durch den Menschen möglich ist. Computerprogramme unterscheiden sich demnach von den technischen Lehren klassischer Art. Dort erscheint eine Maschine oder ein Verfahren zur Beeinflussung der Maschine, die zwar auch dazu entwickelt sein wird, betriebswirtschaftlich vernünftig oder mathematisch exakt zu verarbeiten, zu steuern, zu messen, zu regeln etc.; die Lehre zur Entwicklung der Maschine hat aber nichts mit der Lehre gemein, nach der der bezweckte Erfolg durch menschliche Gedankentätig-

---

[42] BGHZ 52, 74, 79 – Rote Taube; *Bernhardt/Kraßer*, Lehrbuch des Patentrechts, S. 84 f.; *Beyer*, GRUR 1990, 399, 405.

[43] *Troller*, CuR 1987, 278, 282; Grundlegend zur Abgrenzung der Handlungsanweisungen zu den technischen Lehren; *Mediger*, GRUR 1959, 449 ff.; *ders.*, GRUR 1961, 5 ff.; *ders.*, Mitt. 1964, 59 ff.; vgl. auch BGH GRUR 1958, 602 – Wettschein.

keit erreichbar ist. Die Lehre, die zur Herstellung eines „Buchführungsautomaten" führt, ist dem Menschen nicht unmittelbar nützlich, der Buchführung zu erledigen hat. Ausführungen über den Aufbau von Gelenkwellen, Zahnrädern, Schalttafeln etc. führen nicht zur Bilanz.

Diese kategoriale Unterscheidung lässt sich für die Lehren, die Computerprogramme beinhalten, nicht feststellen. Jede Lehre, die ihrer Natur nach dazu bestimmt ist, vom Menschen zur Kenntnis genommen und von ihm verstanden und durch wiederum geistige Tätigkeit befolgt zu werden, kann unter der Voraussetzung, dass sie algorithmisierbar ist, d.h. sich formal darstellen lässt, auch vom Computer „verstanden" und ausgeführt werden, soweit sie nur programmtechnisch aufbereitet, d.h. in eine Computersprache übersetzt ist.[44]

Der Universalrechner reagiert auf die ihm erteilten Befehle mit dem Aufbau von Schaltungen, durch die dann Befehlssätze abgearbeitet werden. Schaltungen werden durch Einsatz von Naturkräften, elektrischem Strom, aufgebaut. Lassen wir den Vorgang der reinen Übersetzung der Algorithmen in eine Programmiersprache außer Betracht, so wäre jede neue Lehre für eine „an sich" geistige Tätigkeit auch technische Lehre, weil die Lehre im Zusammenwirken mit dem Universalrechner zum Aufbau neuer Schaltungen führt.[45]

b) Der Begriff Algorithmus steht demnach für alles, was sich formal denken lässt, also für alles, was durch Selektion, Iteration und Sequenz zu einem Ergebnis führt. Es erscheint unmittelbar einsichtig, dass nicht alles unter Patentrechtsschutz gestellt werden kann, was Algorithmus ist, weil dadurch die dem Patentrecht von jeher zugrunde liegende Unterscheidung zwischen Geist und Technik aufgehoben würde. Das menschliche Denken erscheint vielfach in der Art eines Algorithmus; jede entwickelte mathematische Formel ist z.B. Algorithmus, auch die Arbeitsergebnisse und Methoden der Betriebswirtschaft – für Rechnungswesen, Finanzierung, Marketing, Organisation, Management – sind Algorithmen. Die Gleichsetzung von Algorithmus mit Technik würde auf vielen Gebieten, die genannten bilden nur Beispiele, der Gleichsetzung von menschlicher Verstandestätigkeit mit Technik entsprechen.

---

[44] *Goldschlager/Lister*, Informatik, 1984, S. 81 f., 11; *v. Hellfeld*, GRUR 1989, 471, 477 ff.
[45] Die „Materie des Computers (wird) derart instruiert (…), dass dieser bei Zufuhr von Energie (elektrischem Strom) als verlässliches Werkzeug für Denkprozesse (Denkzeug) zur Lösung einer spezifischen Aufgabe dient." *Beyer*, GRUR 1990, 402, Fn. 27, *Beyer* versuchte den Begriff der Information in die Natur mit einzubeziehen; technisch sei jede Lehre zum planmäßigen Einsatz von Materie, Energie und Information (*Beyer*, FS 25 Jahre PatG, S. 208). *Beyer* sieht dann aber doch die Notwendigkeit der Unterscheidung zwischen patentfähigen und nicht patentfähigen Programmen und will insofern wieder auf den Inhalt der Lösung, seine Zweckbezogenheit, abstellen (a.a.O) und *ders.* GRUR 1990, 393 ff. Damit relativiert er seine Ansicht zu Bedeutungslosigkeit (zur Kritik *Böcker*, unveröffentlichte Diss., „Computerprogramme zwischen Werk und Erfindung", Rechtswiss.-Fak. FU Berlin, 2008).

4.1.2.7. Das Schutzumfangproblem

Die Abgrenzung mathematischer Lehren von softwaretechnischen Ergebnissen erledigt sich noch nicht mit der Überprüfung ihrer Zweckbezogenheit im Hinblick auf das technische Geschehen. Das größere Problem ist die Bestimmung des Schutzumfangs, insbes. bei Software-Erfindungen; es scheint dort keine funktionierende Technizitätsschranke zu geben. Auf die Programme mag – in Grenzen – ein verständlicher Technikbegriff anwendbar sein; es fehlt aber an der genuinen Schutzbegrenzung.[46]

- Aus dem Gedanken, dass eine Patentierung nicht zu einer entwicklungshemmenden Monopolisierung führen darf, folgt, dass zur Patentierung einer Erfindung eine **Konkretisierung** vorliegen muss, die den Rahmen des Schutzgegenstandes klar umreißt. Dies muss in einer Form geschehen, die einem Fachmann das Nachvollziehen der Erfindung und damit die Beurteilung des Schutzumfangs erlaubt. Dadurch ergeben sich keine Behinderungen für Dritte, die aufgrund der der Erfindung zugrunde liegenden Entdeckungen oder anderer Grundlagenkenntnisse andere technische Erfindungen tätigen können.
- Die Anforderungen, die der BGH an die realtechnische Gestaltung, also an die Hardwaregestaltung oder deren erfinderische Verwendung stellt, haben hinsichtlich des Schutzumfangs Bedeutung. Zumindest anspruchsvolle Algorithmen können nicht nur das jeweils gegenständliche Problem lösen, sondern sind regelmäßig darüber hinaus einsetzbar. Jeder Algorithmus ist nicht nur in abstracto auch eine mathematische Regel, weil er auf den Grundsätzen der Booleschen Schaltalgebra beruht, sondern bleibt dies auch in seiner konkreten Erscheinung, weil die Konstruktionselemente des Algorithmus immer an dieser mathematischen Ebene orientiert sein müssen und deshalb zwangsläufig ihre mathematische Dimension behalten, nämlich mächtig genug zu sein, für mehr als nur den gegenständlichen Einsatz zu taugen. Jedes wie beschrieben technische Programm ist zugleich Weiterentwicklung der Booleschen Schaltalgebra und damit über den angewandten konkreten Gegenstand hinaus ein „allgemeines Verfahren zur Lösung aller Aufgaben einer gegebenen Aufgabenklasse."[47] Der den technischen Effekt bewirkende Algorithmus könnte insofern auch als rein mathematische Regel bewertet werden, die bei der Prüfung nach Neuheit und Erfindungshöhe nicht erscheinen darf. Ohne besondere Ansprüche an Neuheit und Erfindungshöhe für die Hardwaregestaltung bzw. deren technische Verwendung könnte der Algorithmus eine Art „Verwendungserfindung für einen nicht schutzfähigen Gegenstand zu einem technischen Zweck" sein.[48]

---

[46] *König* weist mit Recht daraufhin, dass es bei der „als-solche-Formel" im Grunde um die Frage nach dem konkreten Schutzgegenstand und damit um die Frage nach der Begrenzung des Algorithmus geht.
[47] *Gottwald u.a.* (Hrsg.), Handbuch der Mathematik, 1986, S. 345.
[48] *Brandi-Dohrn*, GRUR 1987, 1, 5.

Auch seitens der Literatur ist geäußert worden, ohne besondere Ansprüche an Neuheit und Erfindungshöhe für die technische Hardwaregestaltung oder - Verwendung würde man zwangsläufig zu einer unzulässigen Monopolisierung mathematischer Lehren oder der Programme „als solche" gelangen.[49] Es bestünde die Gefahr, dass durch den Patentschutz für ein Programm auch andere mögliche Verwendungen des Programms oder Algorithmus gesperrt würden.

Die Gefahr mangelnder Überschaubarkeit der Schutzwirkung ist bei den Erfindungen auf dem Gebiet der Informationstechnik in größerem Umfange gegeben als bei den Erfindungen auf den Gebieten der klassischen Ingenieurdisziplinen. Technik erscheint hier in mathematischen Formeln, Hardware wird durch die Berechnung der Funktionen, die sie erfüllen könnte und deren Umsetzung in Steuer- oder Simulationsanweisungen ersetzt.

Wir stünden dann vor dem Ergebnis, dass es ein technisches Programm nicht geben kann. Einen Algorithmus, der nur einen ganz bestimmten technischen Effekt bewirkt und dennoch den Voraussetzungen an Erfindungshöhe genügt, gibt es nicht. Jeder hinreichend anspruchsvolle Algorithmus ist geeignet, für viele Verwendungen zu taugen.

– Die Lösung liegt darin, die mathematische Formel als den zugrunde liegenden allgemeinen Lösungsgedanken bei der Schutzbegründung nicht außer Betracht zu lassen, soweit sie technischen Verwendungen dient. Die Anforderungen an Neuheit und Gestaltungshöhe wären ausgehend von dem der Öffentlichkeit am Anmelde- oder Prioritätstag zugänglichen Stand der Technik zu prüfen. Ist der allgemeine Lösungsgedanke in diesem Stand der Technik nicht enthalten, so ist einer darauf beruhenden, technisch wirksamen Problemlösung der beanspruchte Schutz nicht zu versagen, wenn sie durch spezialisierende Merkmale auf einen überschaubaren Anwendungsbereich begrenzt werden kann.

Dass dies möglich ist, wurde durch die angeführten Beispiele aus der Rechtsprechung für technische Verwendungen des Universalrechners deutlich gemacht. Der neue, z.B. nach außen gerichtete, d.h. sich an einer anderen Maschine als dem Universalrechner realisierende technische Effekt wie auch die vom Computer dem Menschen unmittelbar mitgeteilte Information, soweit sie das Ergebnis der Berechnung von naturgegebenen und/oder technikbezogenen Größen ist, zu deren Errechnung der Computer eingesetzt wird, reichen für die Konkretisierung des darauf gerichteten abstrahierungsfähigen Algorithmus aus. Es wird möglich sein, den allgemeinen Lösungsgedanken nur im Rahmen der darauf beruhenden speziellen technischen Problemlösung zu schützen.

Präzisiert werden muss das dahin, dass eine Verwendung des allgemeinen Lösungsgedankens, die nicht wenigstens funktionsgleiche (äquivalente) Abwandlung ist, nicht mehr im Schutzbereich des Patentrechts liegen darf. Das muss auch für den Fall gelten, dass es für den Fachmann aufgrund des allgemeinen Lösungsgedankens nahe liegt, das eine oder andere Merkmal wegzulassen oder es gegen ein nicht äquivalentes einzutauschen. Jede andere Betrachtungsweise würde an den Voraussetzungen der Patentierbarkeit softwaretechnischer Lösun-

---

[49] *Brandi-Dohrn*, GRUR 1987, 1, 5.

gen vorbeigehen; es würde die Bindung des Schutzbereichs an technische Lehren missachtet, wenn der nichttechnische Teil der Lösung für den Schutzumfang bestimmend sein dürfte.

Wir kommen dann zwangsläufig zu dem Ergebnis, dass die Erfindung nicht in dem Umfang belohnt wird, wie der Erfinder Neues offenbart hat. **Der Lohn entspricht nicht mehr der erbrachten Leistung.** Damit ist aber keine dem Patentrecht atypische Situation aufgezeigt. Die vom Patentrecht verlangte Abgrenzung der Entdeckung zur Erfindung, die Ausgrenzung mathematischer Methoden „als solche" müssen dazu führen, nicht all die Vorarbeiten schützen zu können, die erforderlich waren, eine konkret technischen Zwecken dienende Lösung zu entwickeln. Das Problem kann dadurch bewältigt werden, mathematische Lehren und andere Grundlagenerkenntnisse, die in einer Erfindung verwertet sind und vor dem maßgeblichen Stichtag nicht der Öffentlichkeit zugänglich waren, bei der Schutzbegründung, d.h. bei der Prüfung nach Neuheit und Erfindungshöhe mit zu berücksichtigen, sie aber bei der Festlegung des Schutzumfangs als vorbekannten Stand der Technik zu bewerten.

- Seitens der Literatur wurde hinsichtlich der Software-Erfindungen versucht, das gleiche Ergebnis über eine Beschränkung der Patentkategorien auf Verwendungserfindungen, die sog. Arbeitsverfahren betreffen, zu erreichen.[50] Der Schutz dieser Verfahrenspatente hat seinen Schwerpunkt in der Anwendung des geschützten Verfahrens, um den der Verfahrenserfindung zugrunde liegenden Erfolg zu erreichen; der Schutz ist auf den Verwendungszweck ausgerichtet.[51] Für die Computerprogramme soll dies bedeuten: benutzt jemand die gleiche Rechenregel zu einem anderen Zweck, so wäre dies nicht verletzend. Zweifelhaft erscheint aber die Kategorienbegrenzung für softwaretechnische Lösungen, die sich auch in Software erschöpfen, d.h. nicht die Wirkweise einer externen Maschine beeinflussen. Diese Lösungen erscheinen nicht als Verwendung vorbekannter Techniken, sondern vielmehr – im Zusammenwirken mit dem Universalrechner – als neues Gerät oder Erzeugnis, das nicht real existent ist, aber virtuell, durch Simulation und/oder Berechnung der Funktionen, die die ersetzte reale Maschine erfüllen müsste. Eine andere Betrachtung eröffnet sich hier auch nicht, wenn man auf die Beziehung zwischen Programm und Universalrechner abstellt, d.h. durch die Überlegung, dass der Computer durch das Programm nur einer bestimmten Verwendung zugeführt wird. Dies wäre nach dem vorher Gesagten nicht schlüssig. Danach ist der Rechner kein irgendwelchen Zwecken dienendes Gerät, sondern eine offene, durch die Einspeicherung von Programmen überhaupt erst funktionsfähige Maschine.

Der dann anstehende Schutz der Computerprogramme als Sach- oder Erzeugnispatent kann nicht ohne die genannten Schutzbegrenzungen gewährt werden. Die Schutzwirkung eines Sachpatents umfasst nach wohl herrschender Recht-

---

[50] *Brandi-Dohrn*, GRUR 1987, 1, 5.
[51] BGHZ 68, 156 = GRUR 1977, 652 – Benzolsulfonylharnstoff; GRUR 1972, 638 – Aufhellungsmittel; BGHZ 53, 274 = GRUR 1970, 361 – Schädlingsbekämpfungsmittel.

sprechung[52] alle Funktionen, Wirkungen und Zwecke, Brauchbarkeiten und Vorteile des Erzeugnisses bzw. der Vorrichtung ohne Rücksicht darauf, ob die konkrete Verwendung vom Erfinder erkannt ist oder nicht. Nach dem „Schießbolzen"-Urteil des BGH[53] schränkt selbst die Aufnahme der Zweckbestimmung in den Anspruch bei einem Sachpatent den Schutz der Vorrichtung oder des Erzeugnisses nicht auf die im Anspruch genannte Verwendung ein. Genauso hat bereits das Reichsgericht geurteilt, als es in seiner Entscheidung vom 23. Mai 1914 ausführte, der Schutz eines Patents, das wegen eines technischen Fortschritts des geschützten Erzeugnisses erteilt ist, lasse sich regelmäßig nicht auf den in der Patentschrift bekannt gegebenen Zweck beschränken, es umfasse vielmehr auch die Ausnutzung der Erfindung für andere als die vom Erfinder selbst erkannten Zwecke.[54]

Eine Beschränkung des Schutzbereichs für softwaretechnische Lösungen auf deren konkreten technischen Zweck lässt sich nicht aus der Eigenart der Software als Verwendungserfindung herleiten. Das dann in Rede stehende Sachpatent kann nur unter den Voraussetzungen schützbar sein, wie sie gerade vorgestellt wurden.

4.1.3. Technikdefinition am Beispiel der Biologie: Patentrechtlicher Schutz biotechnischer/gentechnischer Erfindungen

4.1.3.1. Patentfähige Erfindungen auf dem Gebiet der Biologie

Nach heutiger Auffassung gehören zum Bereich patentfähiger Erfindungen auch die, die sich **biologischer Naturkräfte** bedienen. Zum Bereich der Natur gehört auch der Pflanzen- und Tierbereich; das Ausnutzen von diesen Naturkräften gehört im Sinne der Rote-Taube-Rechtsprechung des BGH demnach grundsätzlich auch zur Technik. Andererseits sind Pflanzensorten und Tierarten ausdrücklich vom Schutz ausgenommen. Nur die Sorten und Arten sind ausgeschlossen; schon die Verfahren zur Züchtung sind nur dann ausgeschlossen, wenn sie wiederum „im Wesentlichen biologische" Verfahren zur Züchtung, also durch natürliches Kreuzen, Besamen etc. erklärbar sind (§ 2a Abs. 1 Nr. 1 PatG). Der Bereich der Gentechnik ist nicht vom Ausschluss betroffen und auch die Entwicklung und Verwendung von Mikroorganismen ist schützbar (siehe § 1 Abs. 2 PatG). Weiterhin verhält es sich im biologischen Bereich häufig so, dass auf die lebende Materie mit eigens dafür entwickelten Stoffen Einfluss genommen wird oder umgekehrt belebte Natur und nichtlebende Materie zusammengeführt werden. Drei Bereiche sind zu unterscheiden:

a) Es wird mit anderen Mitteln als lebender Materie auf den Ablauf biologischen Geschehens eingewirkt. Hierzu zählen die durch chemische oder physikalische Mittel hinsichtlich Wachstum, Früchten bzw. sonstiger Beschaffenheit beeinf-

---

[52] BGH GRUR 1979, 149, 151 – Schießbolzen; BGH GRUR 1959, 125 – Textilgarn; BGH GRUR 1956, 77 – Rödeldraht.
[53] BGH GRUR 1979, 149.
[54] RGZ 85, 95.

lussten Pflanzen und Tiere oder auch die Körperfunktionen des Menschen. Bereits das Reichspatentamt hat landwirtschaftliche Kulturverfahren, die die Veredelung von Pflanzen, die Steigerung ihres Ertrags etc. bezweckten, zur Patentierung zugelassen.[55]

b) Es wird mit biologischen Mitteln auf nichtlebende Materie Einfluss genommen. Hierzu rechnen die durch Mikroorganismen beeinflussten biologischen Prozesse, etwa bei der Herstellung von Bier oder von Brot. Man bedient sich hierbei des Umstandes, dass bestimmte Mikroorganismen Stoffwechselprodukte ausscheiden, die wertvolle Eigenschaften aufweisen, z.B. werden Bakterien zur Käsebereitung, bei der Herstellung von Sauerteig oder bei Einsäuerungen verwendet. Es handelt sich um sog. biotechnische Verfahren, die nicht deshalb vom Patentschutz ausgeschlossen sind, weil biologische Naturkräfte ausgenutzt werden. Mikrobiologische Verfahren und die mit ihrer Hilfe geschaffenen Erzeugnisse sind nicht von der Patentierbarkeit ausgeschlossen.[56] In der Natur aufgefundene Mikroorganismen sind allerdings nicht patentrechtlich schützbar; insofern handelt es sich um Entdeckungen.[57]

c) Zur dritten Gruppe gehören die Erfindungen, die die Züchtung von Lebewesen selbst zum Gegenstand haben (Mikroorganismen, Pflanzen und Tiere). Aufgrund der Umsetzung der Biopatentrichtlinie bestimmt nun § 2a Abs. 2 Nr. 1 PatG, dass Patente, deren Gegenstand Pflanzen sind, geschützt werden können, soweit die Ausführung „technisch" ist – also nicht durch im Wesentlichen biologische Verfahren erklärbar – und die Erfindung nicht auf eine bestimmte Pflanzensorte beschränkt ist. Dasselbe gilt im Hinblick auf Tiere. Auch hier sind Tierrassen und im Wesentlichen biologische Verfahren zur Züchtung von Tieren nicht patentfähig (§ 2a Abs. 1 Nr. 1 PatG, eingeführt durch die Biotechnologierichtlinie); technische Züchtungsverfahren aber, deren Ausführung wiederum nicht auf eine Tierrasse beschränkt sein darf, können geschützt werden. Von herausragender Bedeutung ist hier die moderne Gentechnologie. Sie stellt in erster Linie die „Biotechnik" dar, deren Verfahren ein nicht im Wesentlichen biologisches ist, und deren Ergebnisse sich regelmäßig nicht nur für eine Sorte bzw. Rasse verwenden lassen.

4.1.3.2. Die Regelung hinsichtlich Pflanzensorten oder Tierarten sowie im Wesentlichen biologische Verfahren zur Züchtung von Pflanzen und Tieren

Von großer Bedeutung für den patentrechtlichen Schutz ist der Ausschluss von Pflanzensorten, Tierarten und „im Wesentlichen" biologischen Verfahren zur Züchtung von Pflanzen und Tieren.[58] Er wurde bereits oben angesprochen und soll hier noch einmal näher erklärt werden.

---

[55] Vgl. RPA GRUR 1932, 1114, 1115.
[56] Vgl. nur BGH GRUR 1978, 162 „7-Chlor (...)".
[57] Vgl. nur BGH GRUR 1969, 672 – Rote Taube und BGHZ 64, 101, 104 – Bäckerhefe.
[58] Es sei noch einmal zusammengefasst:
Zu den biologischen Erfindungen zählen im Wesentlichen die folgenden drei Gruppen:

4. Voraussetzungen der Patenterteilung 139

Der Ausschluss von Erfindungen, die Pflanzensorten betreffen, hat seine Rechtfertigung darin, dass ein **Spezialgesetz** besteht – das **Sortenschutzgesetz**. Erfindungen, die **Tierzüchtungen** betreffen, sind mehr aus historischen Gründen vom Schutz ausgenommen. Man sah Tierarten nicht als geeignete Objekte für den Patentschutz an. Gewichtig ist das Argument, dass es bei Tierzüchtungen (wie bei neuen Pflanzensorten) am Erfordernis der Wiederholbarkeit des Verfahrens zur Gewinnung des neuen Züchtungsergebnisses regelmäßig fehlen wird. Aus rechtspolitischer Sicht würde dem Züchter ein Monopol auf die Erzeugnisse gewährt werden, das allein aus dem einmaligen Züchtungsvorgang abgeleitet wäre, ohne dass er eine neue Lehre offenbart hätte. Der Gesetzgeber hat den von der Patentierung ausgeschlossenen Gegenständen dadurch die Erfindungsqualität aber nicht abgesprochen. Dies führt in der Praxis dazu, dass sie als Ausnahmen von dem bestehenden allgemeinen Patentierungsgebot gelten (§ 1 Abs. 1 PatG, Art. 52 Abs. 1 EPÜ) und in Anwendung „allgemeiner Rechtsgrundsätze" eng auszulegen sind.

Als Einstieg in die Problematik mag die Anmeldung der sog. „**Harvard-Krebsmaus**" beim Europäischen Patentamt dienen.[59] Die Prüfungsabteilung hat 1989 in einer ersten Entscheidung die Anmeldung zunächst zurückgewiesen. Die Begründung war, das Europäische Patentübereinkommen (wie auch das deutsche Patentgesetz, § 2a Abs. 1 PatG)) schließe Tierarten und biologische Verfahren zur Züchtung von Tieren von der Patentierbarkeit aus. Die Beschwerdekammer des EPA ist dem nicht gefolgt, sondern hat unter „Tierarten", „varieties" oder „races", nur bestimmte Tiergruppen verstanden, also nicht das einzelne manipulierte und damit besondere Tier.[60] Die Beschwerdekammer stellte auch die Frage, „ob der einschlägige Artikel 53b EPÜ überhaupt auf genmanipulierte Tiere angewandt werden kann, weil weder die Verfasser des Straßburger Übereinkommens noch die EPÜ diese Möglichkeit in Betracht ziehen konnten. Die Beschwerdekammer hat schließlich dem Argument eindeutig widersprochen, Tiere könnten als Erzeugnisse von mikrobiologischen Verfahren schon deshalb nicht patentiert werden, weil die Patentierung von mikrobiologischen Verfahren sowie deren Erzeugnisse als eng begrenzte Ausnahme von dem Patentierungsverbot für im Wesentlichen biologische Verfahren zur Züchtung u.a. von Tieren zu verstehen sei,[61] andernfalls würde das Gesetz umgangen. Die Beschwerdekammer sieht hier keine Ausnahme, sondern vielmehr die Wiederherstellung des allgemeinen Patentierungsgebotes.[62]

---

a) Lehren, bei denen mit anderen Mitteln als lebender Materie auf den Ablauf biologischen Geschehens eingewirkt wird,
b) Lehren, bei denen mit biologischen Mitteln nichtlebende Materie beeinflusst wird und
c) Lehren, bei denen mit biologischen Mitteln auf den Ablauf biologischen Geschehens eingewirkt wird, bei denen also sowohl die Mittel als auch das Ergebnis auf dem Gebiet biologischer Erscheinungen liegt. Vgl. dazu *Benkard-Bruchhausen*, PatG, § 2 Rdnrn. 9 ff.

[59] Hierbei handelt es sich um eine gentechnisch veränderte Maus aus dem Versuchslaboratorium der Harvard-Universität (USA), die unter gewissen Voraussetzungen Krebstumore entwickelt und deshalb als Versuchstier eingesetzt werden kann.
[60] ABl. 90, 476, 486 ff.
[61] Vgl. *Straus*, GRUR 1992, 263.
[62] GRUR Int. 1990, 982 f.

Gleiche Wertungen stellt das EPA im Bereich der Pflanzenbiologie an. So können z.B. Hybridsamen und die daraus gezogenen Pflanzen patentiert werden, weil (und soweit) eine Generationspopulation in zumindest einem Merkmal nicht beständig ist.[63]

Weiterhin hat die Beschwerdekammer des EPA in der „Lubrizol"-Entscheidung den Begriff des „technischen" im Gegensatz zum „im Wesentlichen biologischen" Verfahren für die Verfahrenserfindungen wieder dem Technikbegriff des BGH angenähert.[64] Erfindungen, die die Züchtung von Lebewesen (Mikroorganismen, Pflanzen, Tiere) zum Gegenstand haben, sind nicht deshalb vom Patentschutz ausgeschlossen, weil die angewandten Mittel und die dabei erzielten Ergebnisse auf biologischem Gebiet liegen oder das bei ihnen verwandte Ausgangsmaterial und das erreichte Ergebnis sowie die angewandten Mittel dem Bereich der belebten Natur und den biologischen Naturkräften angehören. Entscheidend für die Abgrenzung sollte vielmehr der Gesamtanteil der menschlichen Mitwirkung und deren Auswirkungen auf das erzielte Ergebnis sein. Das Verfahren muss über die bekannten klassischen biologischen Zuchtverfahren hinausreichen. Gentechnologische Verfahren werden von dem Schutzausschluss in § 2a PatG „im Wesentlichen biologische Verfahren" nicht erfasst und sind grds. einer Patenterteilung zugänglich. In ihrer Entscheidung vom 20. Dezember 1999 hat die Große Beschwerdekammer des EPA dann auch entschieden, dass Pflanzen und Tiere patentierbar sind, wenn sie durch neuartige biotechnologische Verfahren hergestellt werden. Dabei wird das neuartige gentechnologische Verfahren auch in seinem (unmittelbaren) Ergebnis, einer veränderten Sorte, geschützt. Geschützt wird demnach ein bestimmtes biotechnisches Verfahren und, wie für den Verfahrensschutz allgemein vorgesehen, auch das unmittelbare Erzeugnis. Ausgeschlossen vom Schutz bleiben aber weiterhin die Pflanzenarten, unabhängig davon, wie sie erzeugt wurden. Der Verfahrensschutz reicht zwar bis zum Schutz des unmittelbar durch das Verfahren geschaffenen Erzeugnisses, er umfasst aber nicht ein anderes Züchtungsverfahren – biologisch oder biotechnologisch, das zu demselben Ergebnis führt.

Durch die Biotechnologierichtlinie[65] bzw. deren Umsetzung durch § 2a Abs. 2 Nr. 1 PatG ist nun geregelt, dass biotechnische Verfahren, die auf Tiere bezogen sind geschützt werden, wenn sie nicht auf eine bestimmte Rasse begrenzt sind; ebenso werden in Umsetzung der Richtlinie durch § 2a Abs. 2 Nr. 1 PatG technische Verfahren geschützt, die sich auf Pflanzen beziehen.

Der Schutz von Mikroorganismen war früher sehr erschwert. Noch 1975 hat der BGH den Schutz für neue Mikroorganismen nur zugelassen, wenn der Erfinder einen mit hinreichender Aussicht auf Erfolg **wiederholbaren** Weg aufzeigt, wie dieser neue Mikroorganismus erzeugt werden kann.[66] 1987 hat der BGH den Patentschutz für einen erzeugten Virus für zulässig gehalten, und zwar ohne Rücksicht

---

[63] „Hybridpflanzen/Lubrizol", GRUR Int. 1990, 629.
[64] In BGHZ 52, 74 – Rote Taube und BGHZ 64, 101 – Bäckerhefe.
[65] Richtlinie 98/44/EG vom 6. Juli 1998 über den rechtlichen Schutz biotechnologischer Erfindungen, ABl. EG Nr. L 213 vom 30. Juli 1998.
[66] BGHZ 64, 101 – Bäckerhefe.

darauf, ob die Erzeugung wiederholbar ist.[67] Den Besonderheiten der mikrobiologischen Verfahren wurde im Hinblick auf das grds. Erfordernis der „Wiederholbarkeit" dadurch entsprochen, dass die im PatG selbst nicht vorgesehene **Hinterlegung** des Organismus an einer geeigneten Stelle zugelassen wird und die Reproduzierbarkeit des Mikroorganismus eine hinreichende Möglichkeit der Benutzung der Erfindung ist (Voraussetzung des sog. Sachschutzes). Geht es nicht um den Schutz der Organismen selbst, sondern um den Einsatz von Organismen zu einem bestimmten Erfolg – der von unterschiedlichen Mikroorganismen herbeigeführt werden kann –, so brauchen sie der Fachwelt nicht durch die Hinterlegung zur Verfügung zu stehen.[68] Die Herstellung und Verwendung von Mikroorganismen ist heute durch den in Umsetzung der Biotechnologierichtlinie novellierten § 1 PatG sichergestellt.

4.1.3.3. Bedeutung der modernen Biotechnologie

Ende der neunziger Jahre hat es allein im Bereich der modernen **Gentechnik** Umsätze mit neuen Pharmazeutika von über 8 Mrd. Euro weltweit gegeben. Der Kern der Bedeutung ist aber nicht einmal in diesen Umsätzen zu sehen, sondern in der Außergewöhnlichkeit der Technologie. Sie erlaubt, für die Menschheit bisher verschlossene Gebiete zu erforschen und zu beherrschen. Zwar hat die Menschheit seit Urzeiten eine gewisse Biotechnologie betrieben, indem sie es verstand, lebende Materie, Bakterien, z.B. bei der Nahrungsproduktion nutzbar zu machen. Auch Verfahren zur gezielten Züchtung von Tieren und Pflanzen besonderer Qualität sind lange gebräuchlich. Die Besonderheit der modernen Gentechnik liegt aber darin, auch über Artgrenzen hinweg und in der Natur so nicht vorkommende Veränderungen der Zellgene vorzunehmen, also z.B. Bakterien wichtige menschliche Blutbestandteile produzieren zu lassen. Mit dieser **Technik zur Veränderung des Erbguts von Zellen** ist eine Entwicklung eingeleitet, die in ihrer zivilisatorischen Bedeutung für die Menschheit nicht hinter der Mikroelektronik oder der Atomtechnik zurücksteht. Allerdings, und dies ist das Problem, steht diese Technologie in besonderer Weise im Spannungsfeld ethischer, religiöser und damit auch politischer Grundanschauungen. Es handelt sich hierbei ja um Eingriffe in lebende Organismen, und die technologischen Grunderkenntnisse sind nicht nur für Eingriffe in einfache, sondern auch für Eingriffe in höher entwickelte Zellstrukturen geeignet, z.B. in die der Säugetiere. Unüberhörbar ist deshalb der Anspruch in der Öffentlichkeit, neben der technischen Komponente stets auch die ethische zu berücksichtigen und mindestens allen berechtigten Sicherheitsanliegen ausreichend Raum zu lassen.

Um klare Verhältnisse zu schaffen, hat die Bundesregierung den Erlass eines eigenen Gentechnikgesetzes forciert, das 1991 in Kraft getreten ist. Es regelt den Bereich gentechnischer Forschungsarbeiten, das Genehmigungsverfahren für gentechnische Produktionsanlagen, das Freisetzen von gentechnisch veränderten Organismen in die Umwelt und das Inverkehrbringen gentechnisch veränderter Orga-

---

[67] BGHZ 100, 67 – Tollwutvirus.
[68] BPatG Bl. 87, 360.

nismen. Dieses Gentechnikgesetz, mit seinen Überarbeitungen, hat Rechtssicherheit für einen großen Teil der praktischen Arbeit geschaffen. Aber mit diesem Gesetz sind keineswegs alle offenen Fragen geklärt. Seine Zielrichtung ist vor allem, den möglichen Gefahren der Gentechnik für Mensch und Natur vorzubeugen. Eine weitere wichtige Aufgabe besteht darin, den rechtlichen Rahmen für die wirtschaftliche Nutzung technischer Innovationen zu schaffen, d.h. die Reichweite der Schutzfähigkeit biotechnologischer Erfindungen muss sicher abgesteckt werden.[69]

Für den Schutz gentechnischer Erfindungen nach dem EPÜ und dem deutschen PatG spielt der Ausschluss von Erfindungen, deren Veröffentlichung oder Verwertung gegen die öffentliche Ordnung oder die guten Sitten verstoßen würde (Art. 53a EPÜ, § 2 Abs. 1 PatG), eine große Rolle.

4.1.3.4. Biotechnische Forschung und Verstoß gegen die öffentliche Ordnung und die guten Sitten[70]

Art. 53a EPÜ und § 2 Abs. 1 PatG schließen Erfindungen, die gegen die öffentliche Ordnung und die guten Sitten verstoßen, von der Patentierbarkeit aus. Beide Vorschriften bestimmen ausdrücklich, dass ein den Ausschluss der Patentierung nach sich ziehender Verstoß nicht schon daraus hergeleitet werden kann, dass die Verwertung der Erfindung durch Gesetz oder Verwaltungsvorschriften verboten ist. Damit wird dem Patentrecht immanenten Grundsatz Rechnung getragen, dass der Schutzrechtsinhaber alle in der Rechtsordnung verankerten Verwertungsverbote selbst beachten muss, ihm also kein positives Recht zur Benutzung seiner Erfindung zusteht. Das ist selbstverständlich; er hat sich bei der Nutzung im Rahmen der Rechtsordnung zu halten. Verwertungsverbote werden aber oft in Abhängigkeit von dem jeweiligen wissenschaftlichen Erkenntnisstand verhängt und auch aufgehoben. Es würde den auf Dauer angelegten Interessen der Allgemeinheit zuwiderlaufen, wenn aus solchen Verboten von kurzer Dauer allgemeine Patentierungsverbote herleitbar wären.

Unter „öffentlicher Ordnung" sind nach dem Willen des Gesetzgebers nur die tragenden Grundsätze der Rechtsordnung zu verstehen. Nach der Rechtsprechung des BGH zählen dazu alle Normen, die Grundlage für die Verwirklichung des staatlichen, wirtschaftlichen oder sozialen Lebens abgeben. Sie sind insbes. im Grundgesetz in Form der Unantastbarkeit der Menschenwürde, des Rechts auf Leben und körperliche Unversehrtheit und persönliche Freiheit und als Schutz überindividueller Interessen enthalten. Solche Grundsätze können sich aber auch aus einfachen Gesetzen ergeben. Rechtsnormen, bei denen Ausnahmegenehmigungen möglich sind, lassen allerdings von sich aus erkennen, dass sie nicht zu den tragenden Grundsätzen der Rechtsordnung gehören. Damit kann das Gentechnikgesetz nicht als Argument für einen Verstoß gegen die öffentliche Ordnung herangezogen werden. Neben dem Verstoß gegen die öffentliche Ordnung lassen Generalklauseln auch den Verstoß gegen die guten Sitten als Grund für den Ausschluss von der

---

[69] Vgl. dazu *Frühauf*, Einführung zum GRUR-Kolloquium „Biotechnologie" am 14. Juni 1991 in Berlin, GRUR 1992, 247 f.

[70] In Anlehnung an *Straus*, Biotechnologische Erfindungen – Ihr Schutz und seine Grenzen, GRUR 1992, 252, 260 ff.

Patentierung gelten. Bekanntlich entnimmt die Rechtsprechung den wandelbaren Begriff der guten Sitten (der sittlichen Auffassung) dem Anstandsgefühl aller billig und gerecht Denkenden. Zu beachten ist dann auch noch, dass es sowohl bei der Beurteilung der möglichen Verstöße gegen die öffentliche Ordnung als auch gegen die guten Sitten nach der höchstrichterlichen Rechtsprechung seit jeher auf den bestimmungsgemäßen Gebrauch des patentierten Erzeugnisses oder Verfahrens ankommt. Da mögliche Missbräuche nicht genügen, wird dadurch die Anwendbarkeit dieses Patentierungsverbotes noch weiter relativiert.[71]
Folgende Gründe bleiben für einen Ausschluss der Patentierbarkeit:

- Ein Verstoß gegen **Sicherheitsvorschriften**, die dem Schutz des Lebens und der Gesundheit dienen, kann einen Verstoß gegen die öffentliche Ordnung darstellen. Deshalb werden auch künftig gentechnologische Erfindungen auf mögliche Verstöße gegen die Vorschriften des Gentechnikgesetzes zu prüfen sein.
- Mit dem **Embryonenschutzgesetz** hat der deutsche Gesetzgeber erstmalig den Begriff der „Menschenwürde" mit Verletzungstatbeständen gestützt. Angesichts der Verbotsnormen des Embryonenschutzgesetzes ist ein Patentierungsverbot bei Erfindungen zu bejahen, die sich auf gentechnische Eingriffe auf menschliche Keimbahnzellen (§ 2 Abs. 2 Nr. 2 PatG), auf künstliche Embryonenerzeugung, Erzeugung von menschlichen-tierischen Chimären oder Hybridwesen beziehen. Das in 1999 vom EPA der Universität Edinburgh erteilte Patent für Züchtung von Stammzellen ist in 2002 von der Beschwerdekammer dann dem deutschen Recht entsprechend dahin eingeschränkt worden, dass es nicht mehr für Embryonen, sondern nur noch für so genannte adulte Stammzellen, die aus Organen von Erwachsenen oder aus Nabelschnurblut gewonnen werden, gilt. Zur Begründung berief sich die Beschwerdekammer wesentlich darauf, dass die Verwendung von menschlichen Embryonen bzw. Keimbahnzellen zu kommerziellen und industriellen Zwecken gegen ethische Grundsätze verstößt.

---

[71] Ein interessanter Gedanke zur unterschiedlichen Bedeutung der Ethikdiskussionen in den USA und in Deutschland hat der Philosoph *Neuser* in einem Arbeitsgespräch mit dem Autor geäußert: „Die sehr viel weitere Diskussion ethischer Fragen im Bereich der Wissenschaften in den USA hat zur Folge, dass die Argumentation in der Bundesrepublik häufig aus der Argumentation in den USA entlehnt wird. Die spezielle Situation der Rechtsprechung in den USA ist aber kaum übertragbar. Unternehmer, Wissenschaftler, Institutionen, die eine Schulung im Bereich der Ethik für ihre Mitarbeiter turnusmäßig abhalten, werden im Schadensfall vor Gericht milder behandelt. Deshalb hat jedes gute Unternehmen in den USA ein *ethical officer*, der juristisch kontrollierbare Kriterien – statt ethischer – innerhalb seines Betriebs anwendet. Die Ethikdiskussion in den USA wird deshalb häufig als Interpretationshilfe oder Interpretationstechnik für das Haftungsrecht angesehen. Ethik wird deshalb nicht als Letztbegründungsinstanz für juristische Überlegungen interpretiert, sondern vielmehr sind juristische Vorgaben Vorgaben für die Ethik. Aus zwei Gründen behindert dies die Übernahme der Diskussion aus den USA: 1) In Europa wird klassischerweise die Ethik als Rahmenbedingung für juristisches Verhalten interpretiert. 2) Ist das Verständnis von Haftung und Haftungsrecht in den USA grundverschieden von dem der Bundesrepublik (und z.T. im Übrigen Europa) mit dem Effekt, dass Vorgehensweisen und Begründungszusammenhänge (der Diskussion in den USA) vor europäischem Kontext nicht verständlich werden."

- Nach der Richtlinie des Rates vom 6. Juli 1998 (**Biotechnologierichtlinie**) über den rechtlichen Schutz biotechnischer Erfindungen ist der menschliche Körper „in allen Phasen seiner Entstehung und Entwicklung einschließlich der Keimzellen, (…) einschließlich der Sequenz oder Teilsequenz eines menschlichen Gens, nicht patentierbar. **Die Richtlinie wurde in Deutschland durch § 1a Abs. 1 PatG umgesetzt**. Ebenso wie in der Richtlinie bestimmt, gibt es für isolierte Bestandteile des menschlichen Körpers einschließlich der Gensequenz Ausnahmen (§ 1a Abs. 2 PatG). Dadurch soll insbesondere sichergestellt sein, dass aus isolierten Bestandteilen des Körpers gewonnene Arzneimittel hergestellt werden dürfen. Keimbahnzellen bzw. menschliche Stammzellen können demnach nicht Gegenstand von Patenten sein, sondern nur adulte Zellen, weil die den gesetzlichen Vorgaben entsprechend isolierte Bestandteile des menschlichen Körpers sind. Aus ihnen lässt sich kein Mensch klonen.
- Hinsichtlich der Patentierung von Tieren ist nach dem Inkrafttreten des Gesetzes zur Verbesserung der Rechtstellung der Tiere im bürgerlichen Recht[72] davon auszugehen, dass Tiere als Gegenstand von verpflichtenden Geschäften und sachenrechtlichen Vorgängen dem Rechtsverkehr zugänglich geblieben sind. Im Umgang mit ihnen als Mitgeschöpfe des Menschen und schmerzempfindlichen Lebewesen sind jedoch die Schutzvorschriften des **Tierschutzgesetzes** zu beachten, die es gebieten, **Tieren Schmerzen, Leiden oder Schäden nicht „ohne vernünftigen Grund" zuzufügen** (siehe dazu insb. § 2 Abs. 2 Nr. 4 PatG). Soweit das Tierschutzgesetz im Umgang mit Tieren die Zufügung von Leiden oder Schmerzen ausnahmsweise zulässt, tut es das nach sorgfältiger Abwägung zwischen der Schwere der Leiden der Tiere und dem Nutzen des Vorgehens für die Menschheit. Ein solcher Nutzen wird insbes. dort erblickt, wo Tierzüchtung und Tierversuche für die notwendige medizinische Forschung vorgenommen werden. In diesem Zusammenhang gestattet das Gesetz auch Züchtung von Versuchstiermutanten. Auf dem Hintergrund des strengen deutschen Tierschutzgesetzes können gegen die Patentierbarkeit der „Harvard-Krebsmaus", in deren Genom ein Oncogen eingeschleust wurde, keine Einwände auch unter dem Gesichtspunkt erhoben werden, dass die Erfindung gezielt zur raschen Tumorbildung führt. Diese und ähnliche Erfindungen verkürzen sowohl die Leidenszeit der Tiere als auch die benötigte Anzahl der Versuchstiere radikal. Da davon ausgegangen werden muss, dass es z. Z. in vielen Bereichen der klinischen Forschung noch keinen gleichwertigen Ersatz für Versuchstiere gibt, kann die Güteabwägung nicht anders ausfallen als zugunsten der Patentierung. Dies deckt sich auch mit der von der Prüfungsabteilung des EPA vertretenen Auffassung.

4.1.3.5. Exkurs: Embryonenschutzgesetz

Mit dem Embryonenschutzgesetz hat der Gesetzgeber in Deutschland einen patentrechtlichen Schutz für menschliche Keimzellen bzw. Stammzellen ausgeschlossen (siehe auch § 2 Abs. 2 Nr. 1, 2 PatG). Es besteht wegen der Vorschriften dieses

---

[72] Vom 20. August 1990, BGBl. I 1990, 1762.

Embryonenschutzgesetzes ein Patentierungsverbot bei Erfindungen, die sich auf gentechnische Eingriffe in menschliche Keimbahnzellen, auf künstliche Embryonenerzeugung, Erzeugung von menschlich-tierischen Chimären oder Hybridwesen beziehen.

Gentechnische Eingriffe in menschliche Keimbahnzellen sind sogar unter Strafe gestellt (§ 1 ESchG).

Vom Embryonenschutzgesetz nicht erfasst sind Experimente an sonstigen körpereignen Keimbahnzellen, die dem Körper einer toten Leibesfrucht, einem Menschen oder einem Verstorbenen entnommen worden sind, wenn ausgeschlossen ist, dass diese Zellen wieder auf einen Embryo, Fötus oder Menschen übertragen werden, oder aus ihnen eine Keimzelle entsteht, sowie Impfungen, strahlen-, chemotherapeutische oder andere Behandlungen, mit denen eine Veränderung der Erbinformation von Keimbahnzellen verbunden ist, nicht beabsichtigt ist (§ 5 ESchG).

Als einen besonders krassen Verstoß gegen die Menschenwürde wertet der Gesetzgeber, einem künftigen Menschen gezielt Erbanlagen zuzuweisen. Deshalb verbietet er die künstliche Embryonenerzeugung – das Klonen (§ 6 ESchG). Auch die Vereinigung embryonaler Karzinomzellen, also Zellen, die sich auf ihrer Zellstufe weiter vermehren, mit einem menschlichen Embryo, ist wegen der damit verbundenen Manipulationsmöglichkeiten verboten.

In der Bundesrepublik Deutschland ist zum 1. Juli 2002 das Gesetz „zur Sicherung des Embryonenschutzes im Zusammenhang mit Einfuhr und Verwendung menschlicher embryonaler Stammzellen" (Stammzellengesetz – StZG)[73] in Kraft getreten. Das Stammzellengesetz bringt keine Änderung des Embryonenschutzgesetzes, es hält sich in seinem Rahmen. Der Regelungsbereich bezieht sich auf die Einführung und Verwendung von menschlichen embryonalen Stammzellen. Einführung und Verwendung von menschlichen embryonalen Stammzellen sind danach grundsätzlich verboten (§ 4 Abs. 1 StZG). Die Möglichkeit zur Genehmigung eines Importes von menschlichen embryonalen Stammzellen ist in dem §§ 4 Abs. 2, 6 StZG für solche Stammzellen vorgesehen, die vor dem 1. Mai 2007 schon vorhanden waren. Diese Stammzellen dürfen nur zu Forschungszwecken zur Verfolgung hochrangiger Forschungsziele verwandt werden und auch nur, sofern gleichwertige Ergebnisse mit anderen Zellen (tierisch/menschlich) nicht erreichbar sind. Die Stammzellen müssen aus Embryonen stammen, die zur Herbeiführung einer Schwangerschaft erzeugt wurden, aber aus Gründen, die nicht an diesen selbst liegen, nicht mehr implantiert wurden (§ 4 Abs. 2 Nr. 1 b) StZG). Die zuständige Genehmigungsbehörde ist das Robert-Koch-Institut/Paul-Ehrlich-Institut in Berlin. Weiter werden durch das Gesetz die Errichtung und die Aufgaben einer zentralen Ethik-Kommission für Stammzellenforschung für die Forschung an menschlichen embryonalen Stammzellen geregelt (§ 8 StZG).[74]

---

[73] Zuletzt geändert durch Artikel 1 des Gesetzes vom 14. August 2008 (BGBl. I 1708).
[74] Das Gesetz war von einer fraktionsübergreifenden Abgeordnetengruppe erarbeitet worden. Für die Abstimmung wurde der „Fraktionszwang" aufgehoben. Vor der Abstimmung gab es eine rund dreistündige, sehr kontroverse Diskussion. Die unterschiedlichen Standpunkte gingen dabei quer durch alle Fraktionen. Das Abstimmungsergebnis lautete schließlich 360 Ja-Stimmen, 190 Nein-Stimmen bei 9 Enthaltungen.

5. Neuheit der Erfindung

§ 3 Abs. 1 PatG definiert den Neuheitsbegriff:
„Eine Erfindung gilt als neu, wenn sie nicht zum Stand der Technik gehört. Der Stand der Technik umfasst alle Kenntnisse, die vor dem für den Zeitrang der Anmeldung maßgeblichen Tag durch schriftliche oder mündliche Beschreibung, durch Benutzung oder in sonstiger Weise der Öffentlichkeit zugänglich gemacht worden sind."

Dieser Neuheitsbegriff wurde 1978 in das PatG eingebracht und verschärft seitdem die Anforderungen an die erfinderische Leistung. Man spricht im Zusammenhang mit § 3 PatG von einem **„absoluten" Neuheitsbegriff**. Absolut deshalb, weil auch eine lange Zeit zurückliegende Vorveröffentlichung, die bereits in Vergessenheit geraten war und vielleicht nie zur Ausführung kam, neuheitsschädlich ist.

Zur Überprüfung der Neuheit können alle Veröffentlichungen weltweit herangezogen werden, die den Gegenstand der Erfindung bereits aufzeigen.

Neuheitsschädlich ist allerdings nur ein öffentlicher Zugang zu den entsprechenden Informationen. Öffentlicher Zugang besteht dann, wenn eine Druckschrift, mechanische oder chemische Vervielfältigung von Schriften und bildlichen Darstellungen der Allgemeinheit, d.h. einem nicht begrenzten Personenkreis, zugänglich gemacht wird.

Wird z.B. im Rahmen einer Tagung die Druckschrift nur an ein begrenztes Auditorium vergeben, so liegt keine Veröffentlichung vor. Anders wiederum, wenn die Druckschrift an eine Bibliothek weitergegeben wird, vielleicht von einem Teilnehmer, und diese die Schrift allgemein zugänglich macht.

Der Stichtag für die Neuheitsprüfung ist der Tag der Anmeldung oder, bei Inanspruchnahme einer Priorität, der Prioritätstag. Andere Regelungen können sich z.B. bei der Unions- und Ausstellungspriorität, der Neuheitsschonfrist und Inlandspriorität ergeben.

Der Stand der Technik kann sich nicht nur aus Druckschriften ergeben, sondern auch aus Vorführungen, Demonstrationen und ähnlichen Aktivitäten des Erfinders, z.B. vor potentiellen Kunden. Unerheblich ist dabei, ob die Hörerschaft die neue technische Lehre überhaupt verstehen konnte.

Es gibt auch unschädliche Mitteilungen. Die Neuheit der Erfindung wird nicht beeinträchtigt:

– wenn sie aufgrund eines offensichtlichen Missbrauchs zum Nachteil des Anmelders oder seines Rechtsvorgängers innerhalb von sechs Monaten vor der Anmeldung offenbart wird;
– wenn die Erfindung auf einer internationalen Ausstellung zur Schau gestellt wird bzw. vorgeführt wird, soweit diese Ausstellung nicht früher als sechs Monate vor der Anmeldung erfolgt ist[75];

---

[75] Vom Bundesjustizministerium wird im Bundesgesetzblatt bekannt gemacht, welche Ausstellungen den Schutz nicht beeinträchtigen. Der Anmelder muss außerdem bei der Anmeldung

– bei der Inanspruchnahme der sog. „Unionspriorität" (Art. 4 Pariser Verbandsübereinkunft[76]) hat die Wirkung, dass eine Vorbenutzung usw. nicht neuheitsschädlich ist, wenn die Nachanmeldung binnen zwölf Monaten erfolgt.

---

angeben, dass er die Erfindung bereits zur Schau gestellt hat, siehe zu den weiteren Voraussetzungen § 3 Abs. 5 Nr. 2 PatG.

[76] Pariser Übereinkunft zum Schutz des gewerblichen Eigentums, revidiert in Stockholm am 14. Juli 1967

6. Erfinderische Tätigkeit

Für die Patentierbarkeit einer Erfindung genügt es nicht und kann es nach Sinn und Zweck des Patentrechts auch nicht genügen, dass die Erfindung nur neu ist. Erforderlich ist weiterhin, dass sie sich von dem der Öffentlichkeit bekannt gemachten Stand der Technik unterscheidet und zwar so, dass sie sich für den jeweiligen Fachmann **in nicht naheliegender Weise** aus dem Stand der Technik ergibt (§ 1 Abs. 1 und § 4 PatG; Art. 52 Abs. 1 und 56 EPÜ).

Aus dem Stand der Technik heraus lässt sich wiederum viel entwickeln, ohne dass dieses Neue auf erfinderischer Tätigkeit beruht. Der mit dem Stand der Technik vertraute Fachmann kann unter Zugrundelegung der Lehren und Regeln Vorhandenes vielfach modifizieren. Der Zweck des Patentschutzes, Ansporn für neue technische Leistungen zu sein, kann nur erreicht werden, wenn neben dem Neuheitserfordernis auch noch der Fortschritt der Technik nachgewiesen werden kann. Andernfalls wäre es den Technikern in den Unternehmen gar nicht mehr möglich, den Stand der Technik für ihre Produkte zu nutzen. Die Unternehmen müssten, um Behinderungen durch fremde Schutzrechte zu vermeiden, für jede noch so nahe liegende Verbesserung, die im Betrieb entsteht, möglichst bald Schutz beantragen, um auch auf Dauer das Verfahren bzw. das Produkt nutzen zu dürfen.

„Fachmann" ist dabei der Durchschnittsfachmann; es wird also nicht auf einen „Experten" des engeren Fachgebietes abgestellt, sondern auf durchschnittliches Können. Wird auf Expertenwissen abgestellt, so würden viele Patentierungen verhindert, weil sehr oft Experten genannt werden könnten, die vom Anmeldungsgegenstand auch ohne dessen Offenlegung gewusst haben. Anders als im Urheberrecht, zumindest traditioneller Art, geht man im Patentrecht davon aus, dass eine Erfindung nichts Einmaliges, vom Wesen des Schöpfers (Erfinders) Abhängiges ist, sondern etwas, was in der Natur vorgegeben ist und deshalb von jedem Fachmann bei gehöriger Anstrengung auch hätte herausgefunden werden können. Ob dies für viele Erfindungen zutrifft, mag dahingestellt bleiben, jedenfalls ist das Zurückgreifen auf den „Durchschnittsfachmann" eine sachgerechte Abgrenzung zwischen erfinderischer Tätigkeit und Stand der Technik.

Die „erfinderische Tätigkeit" hat das Erfordernis der „Erfindungshöhe" abgelöst. Der Begriff „erfinderische Tätigkeit" bezieht sich auch genau auf das Merkmal der „Erfindungshöhe", das dem Zweck des Patentrechts im besonderen Maße entsprach. Besonderer Förderung bedarf der technische Fortschritt, soweit er nicht schon von der laufenden Anwendung des Standes der Technik zu erwarten ist.

Der Begriff „erfinderische Tätigkeit", und dies hat er mit der „Erfindungshöhe" gemein, ist kein quantitatives, sondern ein qualitatives Erfordernis.

In der Literatur sind verschiedene **Methoden** vorgeschlagen worden, die eine zuverlässige Beurteilung dieser erfinderischen Tätigkeit zulassen sollen. Es gab sogar mathematische Formeln zur Bestimmung des erfinderischen Charakters,[77] es wurde auch der Vorschlag unterbreitet, positive und negative Merkmale, die für

---

[77] Einige Vorschläge werden bei *Öhlschlegel* behandelt, GRUR 1964, 477, 478 ff.

bzw. gegen erfinderische Tätigkeit sprechen, aufzulisten und dann das Zahlenverhältnis entscheiden zu lassen.[78]

Ernsthaft wird man sich damit beschäftigen müssen, das genaue Fachgebiet festzulegen, dem die Wissenserweiterung zuzuordnen ist. Dann gilt es zu erkennen, dass die Prüfer bei den Patentämtern Spezialisten sind, also gerade nicht Durchschnittsfachleute und dass diese sich dann in die Wissenswelt des Durchschnittsfachmannes hineindenken müssen. Zutreffend sagte der erste Präsident des Europäischen Patentamtes, *J. B. van Benthem: „Ich meine (...), dass der Prüfer, der abseits der Praxis an seinem Schreibtisch sitzt, eine gewisse Bescheidenheit an den Tag legen sollte. Er sollte sich nicht als Spezialist aufspielen. Sogar Prüfer, die große praktische Erfahrung hinter sich haben, verlieren unweigerlich in gewissem Grade den Kontakt mit den praktischen handwerklichen Problemen, wenn sie erst einige Jahre im Büro verbracht haben".*[79] Der BGH achtet in ständiger Rechtsprechung darauf, dass nicht nach dem Wissen des Wissenschaftlers beurteilt wird. Bei einem Aufhänger für Kleidungsstücke wurde z.B. ein im Wesentlichen handwerklich geschulter Techniker mit praktischen Erfahrungen in der Herstellung von kleinen Stanzteilen angesprochen, bei einem Drehturm zum Stranggießen von Stahl war das Wissen eines bei der Konstruktion von Stranggießanlagen tätigen Ingenieurs mit Hochschulausbildung maßgeblich.[80] Grundsätzlich wird auch nicht damit gerechnet, dass der einfach qualifizierte Fachmann einen höher qualifizierten zu Rate zieht. Anders jedoch, wenn es um Veränderungen etc. geht, die das Hinzuziehen eines qualifizierteren Fachmanns, z.B. unter Sicherheitsaspekten, notwendig erscheinen lassen.[81]

Durch das Fachgebiet und die Qualifikation des auf dem jeweiligen Gebiet arbeitenden Durchschnittsfachmanns wird also das Wissen festgelegt, das den Stand der Technik widerspiegelt. Das, was dieser Fachmann ohne grundsätzlich Neues anzustreben aus dem Stand der Technik entwickeln kann, bleibt außerhalb erfinderischer Tätigkeit, ist also nicht patentierbar.

In der Praxis haben sich **Beweisanzeichen/Indizien** für die erforderliche erfinderische Tätigkeit entwickelt. Wenn diese Anzeichen vorhanden sind, liegt die Lösung der Aufgabe wahrscheinlich nicht nahe. Diese Indizien können zur Objektivierung der zu treffenden Entscheidung beitragen. Diese werden nachfolgend genannt:

Aufgabenneuheit, bisherige Technikirrwege, vorausschauende Tätigkeit, Schwierigkeitsüberwindung, fehlendes gesichertes Fachwissen, überraschende Lösung für den Fachmann, einfachere und billigere Produktion eines Gegenstandes, Fortschritt auf bereits gründlich bearbeiteten Gebieten, entwicklungsraffende Leistung als sprunghafter Fortschritt, Lösung einer Aufgabe durch einen grundsätzlich neuen Weg, überlegene Kombinationsgabe und überlegener Überblick des Erfinders, technischer Fortschritt, z.B. durch fortschrittliche Vereinfachung oder Optimierung bisheriger Lösungen.

---

[78] Vorgeschlagen wurde dies von *Öhlschlegel*, GRUR 1964, 477, 482 f.
[79] *Van Benthem* und *Wallace*, GRUR Int. 1978, 219, 223 1.
[80] BGH GRUR 1979, 224 und BGH GRUR 1981, 43.
[81] BGH GRUR 1978, 37, 38 1.

Information zum Stand der Technik erhält man aus der jeweiligen Fach- und Patentliteratur. Beim Patentamt und bei allen Patentinformationszentren sind die Patentschriften einsehbar, bis 1974 geordnet nach der Deutschen Patentklassifikation (DPK), ab 1975 nach der Internationalen Patentklassifikation (IPC)[82]. Diese Klassifizierung erfolgt hierarchisch von einer Grobeinteilung bis hin zu Untergruppen. Die IPC umfasst in der Feineinteilung über 60.000 Sachgruppen (die DPK etwa 30.000). Das Patentamt betreibt ferner eine Patentdatenbank (DEPATISNET),[83] in der die Offenlegungsschriften, die erteilten Patente und Gebrauchsmuster aufgeführt sind. Den aktuellen Verfahrensstand von Patent- und Gebrauchsmusteranmeldungen erfährt man am besten online aus der EDV-geführten Patentrolle (DPINFO).[84] Die Datenbank DEPATISNET dient vor allem bibliographischen und sachlichen Recherchen. Außerdem bietet das Deutsche Patentamt in München auf CD-ROM wöchentlich einmal die deutsche Offenlegungs-, Patent- und Gebrauchsmusterschriften an. Es ist auch eine Verknüpfung mit der „Espace"-Reihe des Europäischen Patentamts (esp@cenet)[85] möglich, und damit gibt es auch eine länderübergreifende Recherche.

---

[82] abrufbar unter http://www.depatisnet.de/ipc/init.do (Abruf vom 11. November 2008).
[83] erreichbar unter http://depatisnet.dpma.de (Abruf vom 11. November 2008).
[84] erreichbar unter https://dpinfo.dpma.de (Abruf vom 11. November 2008).
[85] erreichbar unter http://ep.espacenet.com (Abruf vom 11. November 2008).

7. Gewerbliche Anwendbarkeit

„Eine Erfindung gilt als gewerblich anwendbar, wenn ihr Gegenstand auf irgendeinem gewerblichen Gebiet einschließlich der Landwirtschaft hergestellt oder benutzt werden kann." (§ 5 PatG).

Der Begriff „gewerbliche Anwendbarkeit" ist weit zu fassen. Ausreichend ist, dass die Erfindung in einem Gewerbebetrieb hergestellt werden kann oder technische Verwendung in einem Gewerbe findet.[86]

Mit Gewerbe bezeichnet man jede auf Gewinn gerichtete Tätigkeit. Freie Berufe stellen kein Gewerbe dar. Dies ist auch mit ein Grund, warum chirurgische oder therapeutische Behandlungsverfahren des menschlichen oder tierischen Körpers nicht patentierbar sind.

---

[86] Vgl. BGH GRUR 1968, 142.

8. Rechte an der Erfindung

Das Patent ist, wie das Urheberrecht, ein sog. absolutes Recht. Wesen des absoluten Rechts ist, dass es gegenüber jedermann wirkt. Es kommt also nicht darauf an, dass noch eine besondere Rechtsbeziehung gegenüber einem Dritten besteht, wie das bei den relativen Rechten (z.B. vertraglich begründeten Rechten) der Fall ist. Mit dem Begriff „absolutes Recht" ist bei einem Immaterialgüterrecht noch wenig gesagt. Vielfach anders als bei körperlichen Gegenständen muss der Schutzgegenstand erst durch Rechtsvorschriften ausgestaltet werden, um Konturen zu erhalten. Die absolute Berechtigung wirkt dann innerhalb des durch die Rechtsvorschriften geschaffenen Schutzbereiches.

8.1. Patentkategorien

Das PatG differenziert dabei zwischen verschiedenen Patentkategorien, die rechtlich unterschiedlich ausgestaltet sind. Das PatG unterscheidet zwischen den Erzeugnispatenten und den Verfahrenspatenten. Bei letzteren ist wiederum zu unterscheiden zwischen Herstellungsverfahren und Arbeitsverfahren.

Bei den Erzeugnispatenten ist der Patentschutz am umfassendsten. Das bedeutet, es ist unerheblich, mit welchem Verfahren der geschützte Gegenstand hergestellt wird bzw. welche Verwendungsmöglichkeiten im Zusammenhang mit dem Schutzgegenstand in Betracht kommen. Patentschutz wird hier für eine neue Sache oder einen neuen Stoff erteilt und umfasst dann auch alle Herstellungs- und Verwendungsmöglichkeiten der Sache, auch dann, wenn diese dem Erfinder nicht bekannt waren, als er die Erfindung zum Patent anmeldete. Unterschieden werden:

- **Sachpatente** im engeren Sinne: Sie beziehen sich auf bewegliche Sachen mit bestimmten Eigenschaften;
- **Vorrichtungs- oder Einrichtungspatente:** Sie beziehen sich auf Arbeitsmittel (Maschinen oder Geräte) für Herstellungs- oder Arbeitsverfahren (nicht geschützt ist hierbei das mit der Vorrichtung hergestellte Erzeugnis);
- **Anordnungspatente** (Schaltungen): Sie werden z.B. erteilt für Spannungsregler, die zusammengesetzt sind aus räumlich und zeitlich nacheinander wirkenden Arbeitsmitteln. Nicht erforderlich ist dabei, dass ein neuer körperlicher Gegenstand entsteht.

Beim sog. Herstellungsverfahren wird mechanisch, physikalisch oder chemisch auf ein Ausgangsmaterial eingewirkt und damit ein neues (vom Ausgangsmaterial unterschiedliches) Erzeugnis hervorgebracht. Der Patentschutz bezieht sich hierbei auf das Herstellungsverfahren und nach § 9 Satz 2 Nr. 3 PatG auf das unmittelbar hergestellte Erzeugnis. Der Schutz für das Erzeugnis besteht aber dann nicht, wenn es nach einem anderen als dem geschützten Verfahren hergestellt worden ist.

Der Patentinhaber wird hier durch die „Umkehr der Beweislast" geschützt. Dem Erzeugnis kann regelmäßig nicht angesehen werden, nach welchem Verfahren es hergestellt worden ist, deshalb gilt bis zum gegenteiligen Beweis des „Patentverletzers" ein gleiches Erzeugnis als nach dem patentierten Verfahren hergestellt.

Beim Arbeitsverfahren wird auf ein Ausgangsmaterial eingewirkt, um ein bestimmtes Arbeitsziel zu erreichen, ohne dass dabei ein neues Erzeugnis entsteht. Der Patentschutz bezieht sich dabei nur auf das Arbeitsverfahren und nicht auf das Erzeugnis.

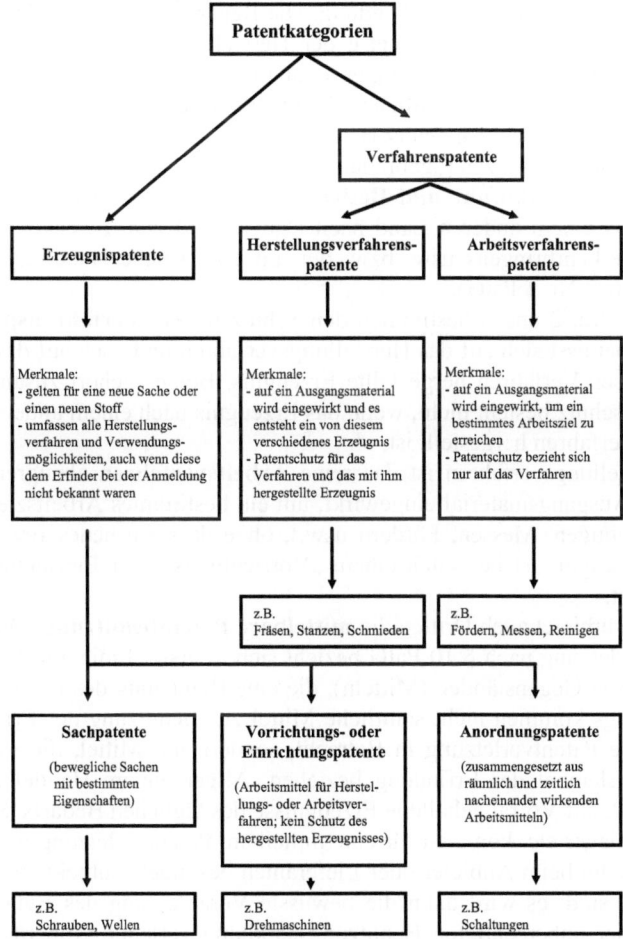

Patentkategorien
Quelle: Hermann Fahse, Patentrecht, 3. Aufl., Kaiserslautern 1994, S. 51

8.2. Schutzbereiche des Patents/Äquivalente

Nach § 9 PatG hat das Patent die Wirkung, dass allein der Patentinhaber befugt ist, die patentierte Erfindung zu benutzen.
Als geschützte Nutzungsarten listet § 9 PatG auf:
Die **Herstellung** eines Erzeugnisses, das Gegenstand des Patents ist. Mit „Herstellen" ist die gesamte Tätigkeit gemeint, durch welche der Gegenstand des Patents geschaffen wird, nicht nur die Vollendung. Die Reparatur allein ist allerdings noch keine Herstellung. Die Art und Weise der Herstellung ist unerheblich, weil bei Sachpatenten jede Art der Herstellung geschützt ist.
Verboten ist ferner das (entgeltliche oder unentgeltliche) **Anbieten** des Patentgegenstandes, sein Inverkehrbringen (z.B. durch Verkauf, Vermietung, Verleihen o.ä.) und sein tatsächliches Nutzen („gebrauchen").
Verboten ist auch **Einfuhr und Besitz** des geschützten Gegenstandes, d.h. das Verbringen aus einem anderen Land nach Deutschland zum Zwecke der Herstellung, des Inverkehrbringens usw. bzw. der auf eine solche Handlung gerichtete Besitz (§ 9 Satz 2 Nr. 1 PatG).
§ 9 Satz 2 Nrn. 2 und 3 bestimmen den Schutz für ein **Verfahrenspatent**. Der Patentschutz bemisst sich auf das Herstellungsverfahren und auch auf das unmittelbar durch dieses Verfahren hergestellte Erzeugnis. Beides gehört zusammen, d.h. der Erzeugnisschutz besteht nicht, wenn das Erzeugnis nach einem anderen als dem geschützten Verfahren hergestellt ist.
Vom Herstellungsverfahren ist das reine **Arbeitsverfahren** abzugrenzen. Hier wird auf ein Ausgangsmaterial eingewirkt, um ein bestimmtes Arbeitsziel zu erreichen (z.B. Reinigen, Messen, Fördern usw.), ohne dass ein neues Erzeugnis entsteht. Das Erzeugnis ist bei solch einem „Vorrichtungs- oder Einrichtungspatent" nicht geschützt.
§ 10 PatG verbietet auch Dritten die **mittelbare Patentbenutzung**. Diese mittelbare Patentverletzung nach § 10 PatG bezieht sich in erster Linie auf das Anbieten oder Liefern von Gegenständen (Mitteln), die eine Benutzung des Patents ermöglichen. Allerdings kommen nicht sämtliche Mittel zur Benutzung der Erfindung für eine mittelbare Patentverletzung in Betracht, sondern nur Mittel, die sich auf ein wesentliches Element der Erfindung beziehen. Allgemein im Handel erhältliche Mittel, wie z.B. auf Vorrat gehaltene Erzeugnisse des täglichen Bedarfs, Schrauben, Bolzen, Kugellager etc. kommen für eine mittelbare Patentverletzung u.a. nur dann in Betracht, wenn beim Anbieter oder Lieferanten besondere subjektive Voraussetzungen erfüllt sind; es wird dann die bewusste Veranlassung des Belieferten zur Vornahme einer unberechtigten Benutzungshandlung verlangt. Außerdem müssen sich solche Gegenstände auch auf ein wesentliches Element der Erfindung beziehen.[87]
Der beschriebene Schutzbereich ist mit dem Vorhergesagten nur im Grundsätzlichen abgesteckt. § 9 PatG bestimmt die mögliche Reichweite des Patentschutzes durch Festlegung des Schutzumfanges unterschiedlicher Patente (Sach- oder Er-

---

[87] *Benkard-Bruchhausen*, PatG, § 10 Rdnrn. 14 f.

zeugnispatent, Verfahrenspatent, unterteilt in Herstellungs- und Arbeitsverfahren). Für die Rechtspraxis schwieriger ist die **konkrete Bestimmung des Schutzumfanges** des innerhalb dieser Patentkategorien einmal erteilten Patents. Die Frage ist im Verletzungsprozess von Bedeutung, wenn der Patentinhaber der Ansicht ist, dass ein Dritter die Erfindung entgegen § 9 PatG und damit verbotenerweise benutzt hat und der Dritte der Auffassung ist, dass seine Nutzungshandlung nicht zum Schutzbereich des Patents gehört.

§ 14 PatG bestimmt, dass mit den **Patentansprüchen** der Schutzbereich des Patents festgelegt wird.[88] Der Wortlaut des bzw. der Patentansprüche kann aber den Schutz des Patents nach allen Seiten hin nicht genau begrenzen. Es ist nicht denkbar, dass bereits bei der Patenterteilung alle Möglichkeiten bedacht werden, die geeignet sind, dass das Patent durch Dritte später verletzt wird. Aus diesem Grund bestimmt § 14 Satz 2 PatG weiterhin, dass die **Beschreibung** des Patents und die eingereichten **Zeichnungen** zur Auslegung der Patentansprüche heranzuziehen sind. Der notwendige Inhalt der Beschreibung wird in § 34 Abs. 3 Nr. 4 PatG, § 5 PatAnmVO, Art. 83 EPÜ, Regel 42 EPÜ bestimmt. Die Beschreibung stützt und kommentiert die knapp gefassten Ansprüche.[89] Die Patentansprüche sind daher immer im Zusammenhang mit der Beschreibung zu lesen, die dann ihrerseits auch durch die Zeichnungen klargestellt werden kann. Die Beschreibung dient also nicht nur dazu, Unklarheiten bei den Ansprüchen zu beheben; § 14 Satz 2 PatG bestimmt vielmehr, dass sich der Schutzbereich erst aus der Zusammenschau von Anspruch und Beschreibung ergibt.[90] So kann sich aus dieser gemeinsamen Betrachtung ergeben, dass z.B. ein im Anspruch genannter Einsatz einer Maschine nur als Beispielsfall einer umfassenden Anwendung erscheint.[91]

Allerdings hat der Anspruch Vorrang vor der Beschreibung. Das bedeutet für den gerade genannten Beispielsfall, dass sich die entsprechende Erkenntnis dem Fachmann ohne weiteres aus der Beschreibung erschließen lassen muss. Das bedeutet weiterhin, dass Angaben in der Beschreibung, die den Ansprüchen widersprechen, unbeachtlich sind,[92] ebenso ist ein gegenüber der Beschreibung weitergefasster Patentanspruch maßgeblich.[93]

Die Beschreibung selbst hat dann wieder Vorrang vor der Zeichnung. Gibt es insofern Widersprüche, geht die Beschreibung vor.[94]

Im Rahmen des derart festgestellten Schutzbereiches ist allein der Patentinhaber zur Nutzung berechtigt bzw. es ist Dritten verboten, derart zu nutzen, es sei denn, sie können ihre Berechtigung vom Patentinhaber ableiten.

Eine verbotene Benutzung, eine Verletzungshandlung, kann sich dabei schon als eine dem Wortsinn[95] gemäße Benutzung der beanspruchten Erfindung oder als eine

---

[88] § 14 PatG findet auf die seit dem 1. Januar 1978 eingereichten Patentanmeldungen und die darauf erteilten Patente Anwendung, Art. XI § 1 Abs. 1, § 3 Abs. 5 IntPatÜG.
[89] BGHZ 98, 12, 18.
[90] Vgl. *Benkard-Bruchhausen*, PatG, § 14 Rdnr. 24.
[91] BGH GRUR 1981, 259, 261.
[92] RG GRUR 1942, 51, 52.
[93] BGH GRUR 1958, 179, 181.
[94] BGH GRUR 1955, 244, 245.

äquivalente (inhaltsgleiche) Verwirklichung des Erfindungsgegenstandes darstellen. Eine äquivalente Verwirklichung ist gegeben, wenn der Fachmann des jeweiligen Gebietes, ausgestattet mit dem Fachwissen zum Prioritätszeitpunkt unter Berücksichtigung des Standes der Technik und ohne erfinderisches Bemühen die ausgetauschten Merkmale den Patentansprüchen als funktionsgleiche Lösungsmittel entnehmen kann.[96] Zu fragen ist, ob dieser Fachmann aufgrund der in den Ansprüchen unter Schutz gestellten Erfindungen dazu gelangt, das durch die Erfindung gelöste Problem mit gleichwirkenden Mitteln zu lösen. Dann liegt eine Verletzungshandlung vor. Auch die Lösungsmittel, die der Fachmann aufgrund von Überlegungen, die sich aber an den in den Patentansprüchen umschriebenen Erfindungen orientieren mit Hilfe seiner Fachkenntnisse als gleichwertig auffinden kann, sind regelmäßig auch noch in den Schutzbereich des Patents über die Äquivalenz einbezogen.[97] Nicht mehr dem Schutzbereich zugehörig sind die Lösungsmittel, die nur bzw. mehr durch Abstrahierung der Merkmale des Patentanspruchs (z.B. durch Ausschalten einzelner Anspruchsmerkmale) zu ermitteln sind.

Der Begriff der Äquivalenz zeichnet also den Bereich nichterfinderischer Abwandlungen des geschützten Erfindungsgegenstandes. Außerhalb eines gemeinsamen Lösungsprinzips gibt es daher auch keine Äquivalenz. Es muss eine Gleichwirkung i.S. des im Patent offenbarten und geschützten Lösungsprinzips vorliegen; das als äquivalent beanspruchte Mittel muss mit den im Patentanspruch genannten Mitteln „in der technischen Funktion übereinstimmen, die gleiche Wirkung erzielen und für den Durchschnittsfachmann aufgrund seines Fachkönnens aus der Patentschrift zur Lösung des technischen Problems als gleichwertig auffindbar sein (...)"[98] Noch einmal anders gewendet: Mit zum Schutzbereich des Patents gehört bzw. Äquivalenz liegt vor, wenn im Hinblick auf einen einheitlichen Erfindungsgedanken gleichwertige Mittel mit praktisch gleichem Erfolg eingesetzt werden. Die Mittel haben also die gleiche oder im Wesentlichen gleiche Wirkung wie die Mittel nach dem Patent und der Fachmann konnte sie nur aufgrund von Überlegungen auffinden, die sich an den Ausführungen in den Patentansprüchen orientieren.

8.3. Prioritätsrecht

Das Patentrecht geht von der Vorstellung aus, dass eine Erfindung, anders als eine urheberrechtlich geschützte Schöpfung, aufgrund der vorliegenden Erkenntnisse des jeweiligen Technikgebietes von einem Fachmann, der sich nur gehörig anstrengt, erbracht werden kann. Es wird unterstellt, dass die Erfindung nicht Ausdruck der Persönlichkeit des Erfinders ist, also im Grunde genommen einmalig ist, sondern

---

[95] Wobei der Wortsinn aus den Ansprüchen und der Beschreibung heraus ermittelt wird; BGH GRUR 1989, 903, 904.
[96] *Benkard-Bruchhausen*, PatG, § 14 Rdnr. 123.
[97] BGHZ 98, 12, 19; BGHZ 105, 1, 10; *Benkard-Bruchhausen*, PatG, § 14 Rdnr. 123.
[98] *Benkard-Bruchhausen*, PatG, § 14 Rdnr. 127 m.H. auf BGH GRUR 1969, 534, 536; 1974, 460, 462; 1975, 484, 486.

von vielen mit der Materie befassten Fachleuten vorgelegt werden kann. Konsequenz dieser Annahme ist, dass nicht bereits das Erfinden geschützt ist, sondern dass der Erfinder belohnt wird, der die Erfindung **zum ersten Mal dem Patentamt vorlegt** bzw. der sie anmeldet. Wenn der Erfinder seine Erfindung zum Patent anmeldet, so erlangt er (mit dem Tag des Eingangs der Anmeldung) das sog. Prioritätsrecht. Dies bedeutet, dass er von nun an der einzig Berechtigte ist, der das Ausschließlichkeitsrecht, das Patent, erwerben kann. Falls unabhängig von ihm und gar zeitlich vor ihm andere dieselbe Erfindung gemacht haben, diese jedoch nicht früher angemeldet haben, so ist das von nun an unschädlich, er erlangt – wegen seiner früheren Anmeldung – allein das Recht auf das Patent. Selbst wenn andere nachweisen (können), dass sie ebenso erfunden haben, vielleicht sogar schon lange Zeit vor dem anmeldenden Erfinder, so werden dennoch die Rechte des vorzeitig anmeldenden Erfinders geschützt. Er hat mit der erstmaligen Anmeldung der entsprechenden Erfindung nicht nur das Recht auf die Patenterteilung zu seinen Gunsten, sondern er kann Dritten, welche dieselbe Erfindung gemacht haben, nach Erteilung des Patents die Verwertung dieser Erfindung verbieten. Das Patent wirkt also auch gegen diejenigen, die nachweisbar vor dem anmeldenden Erfinder die entsprechende Leistung erbracht haben.

Bis zur Erteilung des Patents kann der Erfinder Dritten, welche dieselbe Erfindung gemacht haben, noch nicht die Auswertung ihrer Erfindung verbieten. Der Dritte kann zwar noch die von ihm selbst erbrachte, neue technische Leistung wirtschaftlich verwerten, er muss aber damit rechnen, dass ihm der vorzeitig Anmeldende nach Patenterteilung die Verwertung verbietet. Regelmäßig verhält es sich so, dass die Verwertung einer Erfindung auch erst möglich ist, wenn vorher technische Vorkehrungen, z.B. zur Herstellung des erfundenen Gegenstandes vorgenommen sind. Derartige Investitionen werden sich aber nicht lohnen, wenn der Anmelder nach Erteilung des Patents die weitere Verwertung verbieten kann.

Hinzu kommt, dass der Anmelder vom Zeitpunkt der Veröffentlichung seiner Anmeldung an von demjenigen, der den Gegenstand der Anmeldung benutzt hat, „obwohl er wusste oder wissen musste", dass die benutzte Erfindung Gegenstand der Anmeldung war, eine **„angemessene Entschädigung"** verlangen kann (§ 33 Abs. 1 PatG). Mit der Zurücknahme oder Zurückweisung der Anmeldung entfallen allerdings die vorläufigen Schutzwirkungen der Anmeldung. Dies bedeutet für den Entschädigungsanspruch, dass die etwa bereits gezahlte Entschädigung zu erstatten ist. Der Rücknahme steht die Situation gleich, dass die Erteilungsgebühr oder eine Jahresgebühr nicht rechtzeitig gezahlt wird oder aber der Prüfungsantrag nicht innerhalb von sieben Jahren nach Einreichung der Anmeldung gestellt wird.

Die vorläufigen Rechte des Anmelders stellen einen Kompromiss dar. Weil viele Anmeldungen im Verlauf der Prüfung zurückgewiesen werden, soll der Anmelder noch nicht das Recht erhalten, Dritte von der Ausnutzung des Patents fernzuhalten; andere können die Erfindung aber nutzen und bei unbegründeter Anmeldung bekommen sie auch die Entschädigungsleistung erstattet.

8.4. Voraussetzungen für die Entstehung des Entschädigungsanspruchs

Der Entschädigungsanspruch entsteht, wenn ein anderer – mit oder ohne Kenntnis des Anmelders – den Gegenstand der Anmeldung nach Veröffentlichung des Hinweises auf die Einsichtsmöglichkeit (§ 32 Abs. 5 PatG) benutzt, obwohl er wusste oder wissen musste (Fahrlässigkeit), dass die von ihm benutzte Erfindung Gegenstand der Anmeldung war. Auf die Patentfähigkeit des Gegenstandes der Anmeldung kommt es grundsätzlich nicht an. Die Patentfähigkeit kann und soll erst in einem etwaigen späteren Prüfungsverfahren geklärt werden. Diese spätere Klärung entscheidet nach dem Gesetz grundsätzlich nicht über die Entstehung, sondern über das „Bestehenbleiben" des Anspruchs. Eine Ausnahme gilt für den Fall, dass der Gegenstand der Anmeldung „offensichtlich" nicht patentfähig ist, dann kann die Entschädigung nach § 33 Abs. 2 PatG erst gar nicht entstehen.

Nach der schriftlichen Fassung der Norm (§ 32 Abs. 5 PatG) ist der maßgebende Vorgang für den Entschädigungsanspruch nicht die Offenlegung als solche, sondern die Veröffentlichung des Hinweises auf die Möglichkeit der Akteneinsicht.

Für die „Benutzung" des Gegenstandes der Anmeldung ist jede der in § 9 PatG aufgeführten Benutzungsarten ausreichend. Benutzt werden muss der Gegenstand der Anmeldung. Der Gegenstand der Anmeldung wird in erster Linie durch den Patentanspruch oder die Patentansprüche, die ja Bestandteil der offen gelegten Anmeldungsunterlagen sind, bestimmt. Diese Ansprüche sind dann unter Heranziehung der Beschreibung und etwaiger Zeichnungen auszulegen, und zwar so, wie dies auch für die Ansprüche eines erteilten Patents gilt.

Der Entschädigungsanspruch hat auch subjektive Voraussetzungen. Subjektiv setzt der Entschädigungsanspruch zumindest Fahrlässigkeit des Benutzers voraus.

Es soll eine „den Umständen nach angemessene Entschädigung" gezahlt werden. Die Entschädigung wird in aller Regel nicht den Betrag einer angemessenen Lizenzgebühr erreichen wie sie der Patentinhaber z.B. bei der Berechnung des Schadens einer Patentverletzung zugrunde legen kann. Die Analogie zur Lizenzgebühr kann aber eine Grundlage für die Ermittlung der angemessenen Entschädigung bilden.[99] Bei der Bemessung der angemessenen Entschädigung sollen auch die Umstände des Einzelfalles berücksichtigt werden. Es soll darauf ankommen, ob der Benutzer positive Kenntnis hatte oder nur fahrlässig gehandelt hat; weiter soll es darauf ankommen, ob der Anmelder bei der Formulierung der Ansprüche den Schutzbereich hinreichend klar herausgearbeitet hat und gegenüber dem bisherigen Stand der Technik abgegrenzt hat oder ob er, im Gegenteil, übermäßig weit gefasste Ansprüche vorgelegt hat.[100] Das Hauptargument gegen die Zahlung einer vollen Lizenzgebühr lautet dahin, dass das Gesetz dem Inhaber der offen gelegten, noch nicht bekannt gemachten Anmeldung kein ausschließliches Benutzungsrecht ein-

---

[99] BGHZ 107, 161, 169.
[100] *Benkard-Schäfers*, PatG, § 33 Rdnr. 13.

räumt. Die Benutzung des Anmeldungsgegenstandes durch Dritte ist noch keine widerrechtliche („unbefugte") Benutzung, die einer Gestattung bedürfte.[101]

8.5. Miterfindergemeinschaft

§ 6 Satz 2 PatG bestimmt, dass den Miterfindern „das Recht auf das Patent gemeinschaftlich" zusteht. Miterfinder ist man dann, wenn man einen **erfinderischen Beitrag** zu einer dann gemeinschaftlichen Lösung des technischen Problems geleistet hat. Von dem Miterfinder ist, wie im UrhR auch, der Gehilfe abzugrenzen. Gehilfe ist derjenige, der konstruktive Beigaben gegeben hat, der bei mechanischen Ausführungsarbeiten geholfen hat, der angewiesen wurde, etwas zu tun, der also nicht einmal eigenschöpferische Anregungen für die Invention gegeben hat.

Die Beiträge eines jeden Miterfinders brauchen nicht selbstständig erfinderisch zu sein. Der einzelne Beitrag braucht also für sich allein betrachtet nicht alle Voraussetzungen einer patentfähigen Erfindung zu erfüllen. Es muss eben nur ein schöpferischer Beitrag jedes einzelnen vorliegen, wenn dieser auch nur zusammen mit den Beiträgen anderer den Voraussetzungen des Patentrechts genügt.

Die Beiträge zur Problemlösung können natürlich unterschiedlich groß sein. Das PatG enthält keine Regelung über die Höhe der jeweiligen Beteiligung. Den Parteien ist also gut geraten, wenn sie eine vertragliche Vereinbarung im Hinblick auf die Verwertung der Erfindung treffen bzw. angeben, mit welchen Prozentanteilen jeder Mitwirkende am Erlös beteiligt sein soll. Sind solche Vereinbarungen nicht getroffen, finden die Vorschriften über die Gemeinschaft bürgerlichen Rechts Anwendung (§§ 741 ff. BGB).

Von der Miterfindergemeinschaft ist die Doppelerfindung abzugrenzen. Eine Erfindung kann auch von mehreren Personen unabhängig voneinander gemacht werden, dann ist auch jeder von ihnen ein Erfinder. Jeder Erfinder hat für sich das Recht an der Erfindung und das Recht auf das Patent (§ 6 Satz 1 PatG). Auf der Grundlage des Prioritätsprinzips erhält jedoch nur der Erstanmelder das Patent erteilt (§ 6 Satz 3 PatG). Diese Entscheidung des Gesetzgebers ist dahin zu würdigen, dass das Patentwesen auf der Grundlage eines Tauschverhältnisses zwischen Staat und Erfinder beruht. Der Erfinder offenbart seine Erfindung, das neue technische Wissen, er hilft, dass dieses neue technische Wissen der Allgemeinheit zugänglich wird und der Staat gibt ihm als Gegenleistung dafür ein Verwertungsmonopol. Auf der Grundlage dieser Überlegung ist es dann auch folgerichtig, wenn derjenige Erfinder das Patent erhält, der zuerst anmeldet, also als erster dafür sorgt, dass die neue Technik bekannt gegeben werden kann.

---

[101] BGHZ 64, 101, 116.

8.6. Erfinderehre

Das Recht des Erfinders an seiner Erfindung ist auch persönlichkeitsrechtlicher oder ideeller Natur.[102] Das sog. Erfinderpersönlichkeitsrecht entsteht allein aufgrund der Tatsache des Erfindens oder Miterfindens. Es ist „sonstiges Recht" i.S.v. § 823 Abs. 1 BGB.[103] Es ist den Nichterfindern (nur Anmeldern) nicht zugänglich, es kann nicht durch eine Vereinbarung übertragen werden. Das PatG schützt die Erfinderehre: Der Anmelder hat den Erfinder zu benennen, § 37 Abs. 1 PatG. Bei falscher Benennung hat der Erfinder gegen den Anmelder aus seinem Persönlichkeitsrecht auf Achtung der Erfinderehre einen Anspruch auf Berichtigung.[104] Dieser Anspruch kann auch in entsprechender Anwendung des § 1004 BGB zur Beseitigung des Gefährdungszustandes, der eine Verletzung dieses absoluten Rechts erwarten lässt, schon vor der Nennung des Erfinders bei der Offenlegung der Anmeldung durchgesetzt werden.[105] Das natürliche Recht des Erfinders auf Schutz seiner Erfinderehre ist eine unverzichtbare Rechtsstellung.[106] Die Ansprüche des Erfinders wegen Verletzung des Erfinderpersönlichkeitsrechts durch unrichtige oder unvollständige Nennung bei der Veröffentlichung der Patenterteilung sowie auf der Patentschrift gegen den Anmelder, den Patentinhaber und den zu Unrecht Benannten ergeben sich aus § 63 Abs. 2 und 3 PatG. Auch diese Ansprüche sind höchstpersönlicher Natur, d.h. nicht übertragbar und auch nicht pfändbar. Der Erfinder hat aber keinen Anspruch auf Nennung seines Namens auf der Ware oder deren Verpackung, bei der die Erfindung Anwendung gefunden hat. Sollten aber dort falsche Angaben über die Person des Erfinders gemacht werden oder irgendwie die Erfindereigenschaft bestritten werden, so stehen dem Erfinder wieder Unterlassungs- und Beseitigungsansprüche zu, und zwar auf der Grundlage von § 1004 BGB.[107] Bei Verschulden kann der Erfinder zudem Schadensersatz fordern, aus § 823 Abs. 1 BGB.

8.7. Die Erschöpfung von Benutzungsbefugnissen (Erschöpfungsgrundsatz)

– Die Erschöpfung von Benutzungsbefugnissen wurde bereits im urheberrechtlichen Teil beschrieben; dem Grunde nach gibt es zum Patentrecht wenig Unterschiede. Auch hier geht es darum, dass ein geschützter Gegenstand, der rechtmäßig in den Verkehr gebracht wurde, ohne Genehmigung des Schutzrechtsinhabers weiter veräußert werden darf. Der Erschöpfungsgrundsatz dient auch im Patentrecht der Ermöglichung der Verkehrsfähigkeit der geschützten immateriellen Güter. Soweit ein patentierter Gegenstand, z.B. eine patentierte Maschine,

---

[102] *Brandner*, JZ 1983, 689.
[103] BGH GRUR 1979, 145, 148.
[104] BGH GRUR 1978, 583, 585.
[105] *Benkard-Bruchhausen*, PatG, § 6 Rdnr. 16.
[106] BGH GRUR 1978, 583, 585.
[107] Vgl. OLG Frankfurt, GRUR 1964, 561, 562.

rechtmäßig in den Verkehr gebracht wird, wird sie gemeinfrei. Ähnlich wie im Urheberrecht sind auch hier dingliche Beschränkungen im Hinblick auf die Weiterveräußerung möglich. Soweit ein Erwerber z.B. nur eine örtlich beschränkte Lizenz für die Weiterveräußerung erhalten hat, tritt die Erschöpfung nicht ein, wenn dieser Erwerber rechtswidrig außerhalb seines Gebietes veräußert. Etwas anderes gilt hingegen wieder, soweit der Ersterwerber den Gegenstand innerhalb des ihm zugewiesenen Gebietes veräußert hat; dann kann die Sache von dem Erwerber in andere Gebiete weiter veräußert werden. Die Möglichkeit, mit dinglicher Wirkung die Verfügung über den geschützten Gegenstand zu beschränken, bezieht sich nur auf den Ersterwerb; der Zweiterwerber ist daran nicht mehr gebunden.
- Hinsichtlich des Erschöpfungsgrundsatzes ist die Differenzierung zwischen Sach- bzw. Erzeugnispatenten und Verfahrenspatenten von großer Bedeutung. Die Erschöpfung tritt bei Verfahrenspatenten, also auch bei Arbeitsverfahren, nicht ein. Dies ist eine Selbstverständlichkeit, weil andernfalls das gesamte Verfahren gemeinfrei werden würde, soweit es auch nur in einem Fall einem Dritten lizenziert wurde. Eine Einschränkung von dieser Ausnahme des Erschöpfungsgrundsatzes gibt es aber wieder hinsichtlich der **unmittelbar** durch das Verfahren gewonnenen Erzeugnisse. Soweit diese vom Berechtigten in den Verkehr gebracht werden, dürfen diese einzelnen Erzeugnisse auch weiter veräußert werden. Sie werden gemeinfrei.
- Besondere Erschöpfungsregelungen gibt es für **biologisches** Material. Der durch § 9a PatG geschaffene Schutz erstreckt sich nicht auf biologisches Material das durch generative oder vegetative Vermehrung aus einem mit bestimmten Eigenschaften ausgestatteten biologischen Material gewonnen wurde für das patentrechtlicher Schutz besteht und das im Hoheitsgebiet eines Mitgliedstaates der Europäischen Union vom Patentinhaber in Verkehr gebracht wurde, wenn es zu dieser Vermehrung in den Verkehr gebracht wurde, und wenn das daraus dann gewonnene Material nicht für eine weitere Vermehrung verwendet wird (§ 9b S. 1 PatG). Weiterhin wiederholt § 9c Abs. 1 PatG das im Sortenschutzrecht aufgenommene „Landwirteprivileg". Dem Landwirt ist es gestattet, sein Erntegut für die Vermehrung innerhalb seines Betriebes zu verwenden; selbstverständlich nur dann, wenn das geschützte Vermehrungsmaterial zum landwirtschaftlichen Anbau vom Patentinhaber verkauft wurde. Dies wird auch als sog. berechtigter Nachbau bezeichnet. § 9b PatG erlaubt also die Verwendung des geschützten Materials mit Ausnahme seiner Vermehrung und § 9c Abs. 1 PatG erlaubt dem Landwirt auch noch die durch ihn selbst erfolgte Vermehrung des Saatgutes innerhalb seines Betriebes, soweit ihm das Material für den landwirtschaftlichen Anbau verkauft wurde. § 9c PatG durchbricht also § 9b PatG.
- Im Abs. 2 von § 9c PatG ist dann eine entsprechende Regelung für das geschützte Zuchtvieh aufgenommen.

Der Erschöpfungsrundsatz wird unter verschiedenen Gesichtspunkten diskutiert und kritisiert. Kritisiert wird im Zusammenhang mit dem Erschöpfungsgrundsatz vielfach, dass dadurch die nationale Begrenzung des Schutzes perpetuiert wird. Erschöpfung soll nämlich nur nationalstaatlich begrenzt eintreten, wodurch erreicht wird, dass der Inlandsmarkt dem Schutzrechtsinhaber ungeschmälert erhalten bleibt.[108] Das international seine geschützten Waren anbietende Unternehmen kann den Absatz auf den jeweils nationalstaatlich begrenzten Märkten über diesen Erschöpfungsgrundsatz steuern; Das Inverkehrbringen einer geschützten Ware in den USA berechtigt nicht zur Einfuhr dieser Waren in den deutschen Markt, dies ist wiederum dem berechtigten Unternehmen vorbehalten.[109]

Auch das TRIPS-Abkommen lässt den Grundsatz der Territorialität unberührt (Art. 6), obwohl TRIPS ein Abkommen im Rahmen der WTO, also ein internationales Handelsabkommen ist. Gerade mit dem Erschöpfungsgrundsatz, bzw. seiner nationalen Begrenzung lässt sich belegen, dass die Anerkennung von Ausschließlichkeitsrechten über Techniken und auch Schöpfungen immer noch eine public policy-Entscheidung des jeweiligen Nationalstaates sein soll.[110] Daran haben weder TRIPS noch PVÜ (siehe dort Art. 2) noch RBÜ[111] (Art. 6) und auch nicht WUA[112] (Art. II) etwas geändert.

Anders verhält es sich allerdings mit dem Erschöpfungsgrundsatz innerhalb der Mitgliedstaaten der Europäischen Union; hier waren wegen der mit dem Vertrag vereinbarten Warenverkehrsfreiheit (Art. 28, 81 EGV) Ausnahmen erforderlich.[113] Hier gilt die europaweite Erschöpfung; soweit die geschützte Ware in einem Mitgliedstaat vom Berechtigten in den Verkehr gebracht wird, kann sie grundsätzlich europaweit weitervertrieben werden.[114] Allerdings gibt es wegen des in Art. 30 EGV aufgeführten Bestandsschutzes für das gewerbliche Eigentum Vorbehalte. Sie lassen sich bei Beachtung des allgemeinen Erschöpfungsgrundsatzes leicht unter logischen Gesichtspunkten erfassen. So ist die Einfuhr aus einem anderen Mitgliedstaat, in dem kein Patentschutz für die Ware möglich ist und ohne Zustimmung des Patentinhabers hergestellt wurde, verboten. Bestehen in beiden Mitgliedstaaten Patente, sind die Inhaber aber rechtlich und wirtschaftlich unabhängig voneinander, kann ebenfalls nicht ohne jeweilige Zustimmung ins Inland verbracht werden und schließlich tritt keine Binnenmarkterschöpfung ein, wenn durch Zwangslizenz verbreitet wurde.[115] Diese Einschränkungen lassen sich auch dadurch erklären, dass der Binnenmarkt ein immer noch – oder auf Dauer gewollt – unvollendeter gemeinsamer Markt ist.

---

[108] Vgl. zum Patentrecht nur BGH GRUR 1976, 579 – Tylosin.
[109] BGH GRUR 1968, 195, 196; 1976, 579 – Tylosin.
[110] So auch die Kritik von *Ullrich*, GRUR Int. 1995, 623, 625.
[111] Berner Übereinkunft zum Schutz von Werken der Literatur und Kunst.
[112] Welturheberrechtsabkommen.
[113] Vgl. EuGH GRUR Int. 1974, 454 – NEGRAM II.
[114] Vgl. auch BGH GRUR 2000, 299 – Karate.
[115] Vgl. EuGH GRUR Int. 1974, 454 – NEGRAM II; GRUR Int. 1985, 822 – Pharmann; BGH GRUR 1997, 116 – Prospekthalter.

9. Übertragung von Erfindung und Patent

9.1. Übertragung der Erfindung

§ 6 PatG bestimmt: „Das Recht auf das Patent hat der Erfinder oder sein Rechtsnachfolger (...)"

Das Recht an der Erfindung hat eine Doppelnatur. Es ist Persönlichkeitsrecht (Erfinderehre) und ein Vermögensrecht. § 6 PatG bringt dies zum Ausdruck, indem es den Rechtsnachfolger des Erfinders nennt. Der Erfinder kann zumindest den vermögensrechtlichen Bereich, das Recht auf Patenterteilung, auf Dritte übertragen.[116] Das Recht an der Erfindung ist auch vererbbar. Die persönlichkeitsrechtlichen Befugnisse des Erfinders bleiben von der Veräußerung unberührt.[117] Das Erfinderpersönlichkeitsrecht ist ein höchst persönliches und unverzichtbares Recht, das nicht übertragbar und nicht pfändbar ist.[118] So bleibt das Recht auf Erfinderbenennung dem Erfinder auch nach der Veräußerung seiner Erfindung erhalten. Auf die Erben gehen allerdings auch ideelle Rechte mit der Maßgabe über, dass diese die ideellen Rechte des Erfinders weiterverfolgen können. Die Erben können nach dem Tode des Erfinders zumindest grobe Eingriffe in das – den Tod überdauernde – Erfinderpersönlichkeitsrecht des Erfinders abwehren.[119]

An der Erfindung selbst sind auch schon dingliche Rechte wie Nießbrauch und auch Pfandrecht möglich. Ferner können bereits Lizenzen an der Erfindung bestellt werden.[120] Kommt es zur Patenterteilung, erstrecken sich die Rechte auf das Patent.[121]

9.2. Übertragung des Patents

Nach § 15 PatG kann das Recht aus dem Patent übertragen und vererbt werden, die Rechte aus dem Patent können Gegenstand ausschließlicher oder nicht-ausschließlicher (einfacher) Lizenzen sein.

Wird das Recht aus dem Patent übertragen, so gehen alle Rechte, die das erteilte Patent dem Patentinhaber gewährt, auf den Dritten über. Es handelt sich um Vermögensrechte, die Gegenstand vertraglicher Abreden sein können und die auch im Wege der Gesamtrechtsnachfolge übergehen können. Von dieser Vollrechtsübertragung ist die beschränkte Übertragung der Rechte durch die Einräumung einer Mitberechtigung oder durch die Einräumung des Rechts im Einzelnen seiner Ausstrah-

---

[116] BPatGer GRUR 1987, 234.
[117] BPatGer GRUR 1987, 234.
[118] BGH GRUR 1978, 583.
[119] BGHZ 50, 133.
[120] BGHZ 51, 263.
[121] Das Recht an der Erfindung unterliegt auch der Zwangsvollstreckung, und zwar schon vor Anmeldung. Voraussetzung ist aber, dass der Erfinder seine Absicht kundgetan hat, die Erfindung auch zu verwerten, z. B. durch eigene Auswertungshandlungen. Vgl. zu den – z. T. umstrittenen – Einzelheiten *Benkard-Bruchhausen*, PatG, § 6 Rdnr. 18.

lungen zu unterscheiden. Der wichtigste Fall der beschränkten Rechtsübertragung ist die Bewilligung einer Lizenz. Die Lizenz schafft also – in ihrem Umfange allerdings recht unterschiedliche – Teilberechtigungen, während die Vollrechtsübertragung dazu führt, dass der Patentinhaber wie jeder Dritte während der Laufzeit des Patents an der Herstellung und dem Vertrieb von Erzeugnissen nach seiner Erfindung gehindert ist.

Zur Ermittlung der Reichweite der jeweiligen Parteiabsprache greift der im Immaterialgüterrecht allgemein geltende **Zweckübertragungsgrundsatz** ein. Dieser Erfahrungssatz geht dahin, dass der Schutzrechtsinhaber im Zweifel nur so viel von seinen Rechten überträgt, wie es zur Erreichung des schuldrechtlich festgelegten Zweckes unbedingt erforderlich ist.[122] In der patentrechtlichen Literatur wird der Vollrechtserwerb zumeist mit dem Schuldrechtstyp „Kaufvertrag" gleichgesetzt. Das ist so nicht richtig, weil man sicher auch nur eine Teilberechtigung verkaufen kann. Praktisch lässt sich dies aber nachvollziehen, weil der Lizenzvertrag durch Rechtsprechung und Rechtslehre Eigenarten erhalten hat, die ihn vom Kaufvertrag regelmäßig abgrenzen. Für eine Vollrechtsübertragung bzw. für einen Verkauf des Patents sprechen nach der Literatur die folgenden Umstände bzw. die im Folgenden genannten Umstände sprechen wiederum nicht gegen einen Kauf:

Ein Kauf liegt insbes. vor, wenn die Rechte in ihrem vollen Rechtsbestand als Ganzes auf den Erwerber übergehen und nach Ablauf der Vertragszeit beim Erwerber verbleiben.

Auch die Einräumung einer Rückübertragungspflicht steht der Annahme eines Kaufes nicht entgegen.

Möglich ist auch der Kauf eines Patentes gegen laufende Umsatzbeteiligung, bei dem sich beide Vertragsteile auf bestimmte, lange Zeit verpflichten, Erfahrungen, Verbesserungen und Erfindungen mit Bezug auf den Vertragsgegenstand dem anderen Vertragspartner mitzuteilen, eine Geheimhaltungspflicht übernehmen und der Verkäufer sich auf dem Vertragsgebiet einem Konkurrenzverbot unterwirft.

Von der Vollrechtsübertragung ist die beschränkte Rechtsübertragung, insbes. die Lizenzerteilung, zu unterscheiden. Die Vereinbarungen der Parteien können dabei von der sog. einfachen Lizenz bis zu einer umfassenden ausschließlichen Lizenz reichen. Ausschließliche und einfache Lizenzen können für verschiedene Anwendungen des Patents auch nebeneinander bestehen. Die Vertragsfreiheit gestattet es den Parteien auch, die einfache oder ausschließliche Lizenz bestimmten inhaltlichen Beschränkungen zu unterwerfen, und zwar können zeitliche, räumliche, sachliche oder persönliche Beschränkungen auferlegt werden.

---

[122] Vgl. *Benkard-Ullmann*, PatG, § 15 Rdnr. 13.

10. Die Lizenz

Das Recht auf das Patent und die Rechte aus dem Patent sowie der Anspruch auf Erteilung des Patents können ganz oder teilweise auf andere übertragen werden. Diese Rechte können Gegenstand von ausschließlichen oder nicht ausschließlichen Lizenzen sein.

Bei der **ausschließlichen Lizenz** erhält allein der Erwerber das Nutzungsrecht und darf auch anderen, selbst dem Erfinder bzw. Anmelder, die Nutzung untersagen. Der Lizenzgeber selbst darf also keine Benutzungshandlungen vornehmen, die im Rahmen der Lizenz liegen. Wirtschaftlich gesehen kommt die ausschließliche Lizenz der Schutzrechtsübertragung nahe.

Bei der **nicht ausschließlichen** oder „**einfachen**" **Lizenz** überträgt der Lizenzgeber nur das Recht zur Nutzung des Patents neben anderen bzw. neben dem Lizenzgeber selbst und den Personen, denen vom Lizenzgeber weitere einfache Rechte übertragen wurden. Der Lizenznehmer darf also anderen die Nutzung nicht untersagen und muss damit rechnen, dass ihm seitens des Lizenzgebers Konkurrenz gemacht wird.

Die ausschließliche Lizenz ist nach § 30 Abs. 4 S. 1 PatG in die Patentrolle eintragbar. Grundsätzlich kann der Lizenzvertrag mündlich oder schriftlich geschlossen werden.

Der Lizenzgeber kann den Lizenznehmer dazu verpflichten, ihm keine Konkurrenz auf dem Weltmarkt zu machen, soweit nicht kartellrechtliche Vorschriften entgegenstehen. Falls dem Lizenznehmer die Möglichkeit von Exporten eingeräumt wird, ist zu prüfen, ob nicht eine unerwünschte Konkurrenz mit niedrigeren Preisen und schlechterer Qualität entgegensteht. Auch ist zu prüfen, ob der Auslandsschutz des Patents stark genug ist, um wirksame Gegenmaßnahmen zu ermöglichen. Hier wäre der Fall denkbar, dass sich der Lizenznehmer nicht an den abgeschlossenen Vertrag bezüglich des Exports hält.

Lizenzen können nicht nur als ausschließliche oder einfache Lizenzen vergeben werden, sie können ferner zeitlich und auch örtlich begrenzt werden.[123]

---

[123] Vgl. dazu insbes. *Emmerich*, in: Immenga/Mestmäcker, Kommentar zum Kartellgesetz, 2. Aufl. 1992, § 20 Rdnrn. 184 ff.

11. Folgen von Rechtsverletzungen

11.1. Unterlassung

Wer das Schutzrecht entgegen den §§ 9 bis 13 PatG benutzt, kann nach § 139 Abs. 1 PatG vom Verletzten auf Unterlassung in Anspruch genommen werden. Der Unterlassungsanspruch ist verschuldensunabhängig. Erforderlich für die Entstehung des Anspruchs ist, dass „Benutzungshandlungen" von Nichtberechtigten vorgenommen werden, die nach den §§ 9 bis 13 PatG dem Rechtsinhaber vorbehalten sind.

Der Unterlassungsanspruch besteht auch bereits dann, wenn – mit hinreichender Wahrscheinlichkeit – die Gefahr einer Patentverletzung droht.[124] Bei dem Unterlassungsanspruch geht es zum einen um die Vermeidung einer Wiederholung von patentverletzenden Handlungen. Der Umstand, dass bereits eine Verletzung stattgefunden hat, begründet die Wiederholungsgefahr; zum anderen geht es um die Abwendung einer Begehungsgefahr. Sie liegt vor, wenn die ernstliche Besorgnis besteht, dass solche Handlungen begangen werden.

Wiederholungs- und Begehungsgefahren können zum einen im Wege der Klage begegnet werden, zum anderen – außerhalb des Klageweges – dadurch, dass der Verletzer eine strafbewehrte (Vertragsstrafe verspricht) Unterlassungserklärung zugunsten des Schutzrechtsinhabers abgibt.

11.2. Schadensersatz

Bei schuldhaftem Verhalten (Fahrlässigkeit oder Vorsatz) kann der Schutzrechtsinhaber nach § 139 Abs. 2 PatG Schadensersatz verlangen. Bei der Berechnung des Schadens sind nach den Neuregelungen durch das Gesetz zur Verbesserung der Durchsetzung von Rechten des geistigen Eigentums folgende Berechnungsmethoden in das Gesetz aufgenommen worden.

- Zahlung einer angemessenen Lizenzgebühr. Grundlage der Schadensberechnung (Lizenzanalogie) ist die Schätzung der angemessenen Lizenzgebühr.
- Herausgabe des vom Verletzer gezogenen Gewinns. Der Verletzte muss hier zumindest verlässliche Unterlagen zur Schätzung des Vorteils beim Verletzer beibringen können.
- Konkrete Berechnung des Schadens einschließlich des entgangenen Gewinns (§§ 249 ff. BGB). Der Verletzte kann demnach den Unterschied seines Vermögens vor und nach der Patentverletzung geltend machen.

---

[124] BGHZ 2, 394.

11.3. Auskunftsanspruch

Dem Verletzten wird die Durchsetzung seines Anspruchs dadurch erleichtert, dass er vom Verletzer und nunmehr auch von nur mittelbar beteiligten Dritten „unverzüglich Auskunft über die Herkunft und den Vertriebsweg des benutzten" Erzeugnisses verlangen kann (§ 140b PatG).

11.4. Vernichtungsanspruch

Nach § 140a PatG hat der Verletzte schließlich einen Vernichtungsanspruch im Hinblick auf die im Besitz oder im Eigentum des Verletzers (§ 139 PatG) befindlichen Erzeugnisse, die Gegenstand des Patents sind. Der Anspruch steht aber unter Einschränkungen und Ausnahmen. Die Vernichtung darf insbes. nicht ausgesprochen werden, soweit mildere Maßnahmen möglich sind und die volle Vernichtung unverhältnismäßig wäre. Fehlendes Verschulden schließt allerdings den Vernichtungsanspruch nicht aus.

Des Weiteren besteht nach § 140a Abs. 3 PatG ein Anspruch auf Rückruf und Entfernung der rechtsverletzenden Ware aus dem Rechtsverkehr.

11.5. Strafbarkeit

Die Patentverletzung ist nach § 142 PatG strafbewehrt. Die vorsätzliche Patentverletzung wird mit Freiheitsstrafe bis zu drei Jahren oder mit Geldstrafe sanktioniert. Der Versuch ist strafbar (§ 142 Abs. 3 PatG). Bei gewerbsmäßigem Handeln kann auf Freiheitsstrafe bis zu fünf Jahren erkannt werden. Unter den Voraussetzungen des § 142 Abs. 6 PatG kann die Verurteilung bekannt gemacht werden. Eine fahrlässig begangene Patentverletzung bleibt straffrei.

12. Patenterteilungsverfahren

12.1. Anmeldung

Nach § 36 Abs. 2 PatG muss in der Anmeldung der Erfindungsgegenstand deutlich und vollständig dargestellt sein, und zwar so, dass ein Fachmann sie ohne weiteres ausführen könnte.

In dem Beschreibungsteil, der sich eng auf die Patentansprüche bezieht, erfolgt die eigentliche Offenbarung der Erfindung. Er sollte so abgefasst sein, dass das künftige Patentrecht für die Allgemeinheit so klar und eindeutig wie möglich definiert ist.

§ 5 Abs. 2 PatAnmVO beschreibt den notwendigen Aufbau der Beschreibung. Zur Beschreibung gehört i.d.S. eine Schilderung des Standes der Technik. Dabei gilt es nicht, ausschließlich Mängel bereits bekannter Lösungen aufzuzeigen, sondern vielmehr muss gesagt werden, welche Verbesserungen oder besondere Zwecke mit der Erfindung angestrebt werden. Die der Erfindung zugrunde liegende Aufgabe muss ausdrücklich angegeben werden. Das ist wichtig, weil es oft nur bei Kenntnis der dem Anmeldungsgegenstand zugrunde liegenden Aufgabe gelingen wird, den Anmeldungsgegenstand vom Stand der Technik abzugrenzen. In vielen Fällen sind nämlich die zur Lösung der Aufgabe verwendeten konkreten Merkmale aus der Technik bereits bekannt, sie dienen dort aber anderen Zwecken als bei der Erfindung. Ist die der Erfindung zugrunde liegende Aufgabe nicht klar umrissen, so kann sie häufig trotzdem ermittelt werden, wenn wenigstens die technischen Wirkungen erläutert sind, die mit der Erfindung erzielbar sind.

Die Formvorschriften für die Anfertigung der Zeichnungen ergeben sich aus § 6 PatAnmVO. Ein wesentlicher Unterschied der Patentzeichnung gegenüber der industriellen technischen Zeichnung besteht in der normalerweise fehlenden Maßstabsangabe. Grundsätzlich sollte der theoretische Zusammenhang zwischen Zeichnung und Beschreibungsteil durch Bezugszeichen erhöht werden. Es können allerdings keine technischen Sachverhalte in die Patentansprüche übernommen werden, die nicht im Text des Beschreibungsteils oder der Patentansprüche dargestellt sind.

Nach § 36 Abs. 1 PatG ist der Patentanmeldung eine Zusammenfassung beizufügen. Diese dient allein der technischen Unterrichtung. Für Offenbarungszwecke kann sie nicht herangezogen werden. Dies bedeutet, dass der Anmelder im Laufe des Prüfungsverfahrens weder aus dem Text der Zusammenfassung, noch aus der Zeichnung der Zusammenfassung irgendwelche Argumente für die Patentfähigkeit seines Erfindungsgegenstandes herleiten kann. Die Zusammenfassung soll die Recherche erleichtern. Der formale Aufbau der Zusammenfassung ergibt sich aus § 36 Abs. 2 PatG.

Da der Schutzumfang des Patentes und der Patentanmeldung durch den Inhalt der Patentansprüche bestimmt wird, während die dazugehörige Beschreibung und die Zeichnungen lediglich zur Auslegung der Patentansprüche herangezogen werden, kommt der Formulierung der Patentansprüche eine große Bedeutung zu.

Der Patentanspruch enthält eine Aufzählung all derjenigen Merkmale der Erfindung, die zur Lösung der Aufgabenstellung erforderlich sind. Die verbale Abfassung der Patentansprüche kann wahlweise einteilig oder zweiteilig, gegliedert nach Oberbegriff und kennzeichnendem Teil erfolgen (§ 4 Abs. 1 PatAnmVO).

Der Vorteil der zweiteiligen Fassung besteht in der nützlichen, zusätzlichen Information über den Stand der Technik, die den Kontext der Erfindung deutlich werden lässt. Zunächst werden dabei im klassifizierenden Teil als Oberbegriff (Gattungsbegriff) die durch den Stand der Technik bekannten Merkmale der Erfindung benannt. Er soll das Erfindungsprinzip in seiner größtmöglichen Verallgemeinerung bestimmen und darf der Bezeichnung der Erfindung nicht widersprechen, sondern muss diese Bezeichnung wörtlich enthalten.

Die zweite Kategorie, die meist mit den Worten „gekennzeichnet durch" oder „dadurch gekennzeichnet, dass" eingeleitet wird, bezeichnet man als den kennzeichnenden Teil. Hier sind die Merkmale der Erfindung aufzunehmen, für die in Verbindung mit den Merkmalen des Oberbegriffs Schutz begehrt wird. Während der Oberbegriff die schon bekannten Merkmale der Erfindung enthält, sind im kennzeichnenden Teil die Merkmale anzugeben, die gegenüber dem Stand der Technik als neu anzusehen sind.

Aufgrund dieser Unterteilung ist für einen potentiellen Wettbewerber auch besser ersichtlich, welche Merkmale bei der technischen Weiterentwicklung ohne Gefahr einer Patentverletzung benutzt werden können (nämlich die bekannten Merkmale des Oberbegriffes), und bei der Benutzung welcher Merkmale bereits die Gefahr einer Patentverletzung besteht (Merkmale des kennzeichnenden Teils).

Die Erfinderbenennung nach § 37 PatG ist in der Regel spätestens 15 Monate nach dem Anmeldetag vom Anmelder beim Patentamt einzureichen. Aufgrund der Benennung des Erfinders durch den Anmelder erfolgt die Angabe des Erfinders in den Schriften des Patentamtes, z.B. in der Offenlegungsschrift und in der Patentschrift (Erfindernennung). Auf Antrag kann der Erfinder auf das Recht, seinen Namen zu nennen, verzichten. Zwischen Erfinder und Patentanmelder muss also keine personelle Identität bestehen.

Teil B: Patentrecht

An das
Deutsches Patentamt
80297 München

Deutsches Patentamt

Antrag auf Erteilung eines Patents

① In der Anschrift Straße, Haus-Nr. und ggf. Postfach angeben

Sendungen des Deutschen Patentamts sind zu richten an:

Aktenzeichen (*wird vom Deutschen Patentamt vergeben*)

② Zeichen des Anmelders/Vertreters (max. 20 Stellen) | Telefon des Anmelders/Vertreters | Datum

③ Der Empfänger in Feld ① ist der | ggf. Nr. der Allgemeinen Vollmacht
☐ Anmelder ☐ Zustellungsbevollmächtigte ☐ Vertreter

④ **Anmelder** | **Vertreter**

nur auszufüllen, wenn abweichend von Feld ①

⑤ soweit bekannt | Anmeldercode-Nr. | Vertretercode-Nr. | Zustelladreßcode-Nr. | ERF

⑥ **Bezeichnung der Erfindung** (bei Überlänge auf gesondertem Blatt - 2fach)

Aktenzeichen der Hauptanmeldung (des Hauptpatents)

⑦ s. Erläuterungen u. Kostenhinweise auf der Rückseite

Sonstige Anträge
☐ Die Anmeldung ist **Zusatz** zur Patentanmeldung (zum Patent) →
☐ **Prüfungsantrag** - Prüfung der Anmeldung (§ 44 Patentgesetz)
☐ Rechercheantrag - Ermittlung der öffentlichen Druckschriften ohne Prüfung (§43 Patentgesetz)
  Lieferung von Ablichtungen der ermittelten Druckschriften
  im ☐ Prüfungsverfahren ☐ Rechercheverfahren
☐ **Aussetzung** des Erteilungsbeschlusses auf _____ Monate
  (§ 49 Abs. 2 Patentgesetz) (*Max. 15 Mon. ab Anmelde- oder Prioritätstag*)

Aktenzeichen der Stammanmeldung

⑧ **Erklärungen**
☐ **Teilung/Ausscheidung** aus der Patentanmeldung →
☐ an **Lizenzvergabe** interessiert (unverbindlich)
☐ mit **vorzeitiger Offenlegung** und damit freier Akteneinsicht einverstanden (§ 31 Abs. 2 Nr. 1 Patentgesetz)

⑨ ☐ Inländische **Priorität** (Datum, Aktenzeichen der Voranmeldung)
  bei Überlänge auf gesondertem Blatt-2fach)
☐ Ausländische **Priorität** (Datum, Land, Aktenz. der Voranmeldung)
  bei Überlänge auf gesondertem Blatt-2fach)

⑩ Erläuterung und Kostenhinweise s. Rückseite

Gebührenzahlung in Höhe von _____ DM | **Abbuchung** von meinem/unserem Abbuchungskonto b.d. Dresdner Bank AG,
☐ Nr.:

Scheck | **Überweisung** (nach Erhalt | **Gebührenmarken** sind beigefügt
☐ ist beigefügt | ☐ der Empfangsbescheinigung) | ☐ (bitte **nicht** auf d. Rückseite kleben,.: ggf. auf gesond. Blatt)

Anlagen

Anlagen 3-7 jeweils 3-fach

1. ____ Vertretervollmacht
2. ____ Erfinderbenennung
3. ____ Zusammenfassung (ggf. mit Zeichnung Fig. ____)
4. ____ Seite(n) Beschreibung
5. ____ ggf. Bezugszeichenliste
6. ____ Seite(n) Patentansprüche
   ____ Anzahl Patentansprüche
7. ____ Blatt Zeichnungen
8. ____ Abschrift(en) d. Voranmeld.
9. ____

☐ **Telefax vorab am** _____

_____
Unterschrift(en)

12.2. Verfahrensablauf

12.2.1. Offensichtlichkeitsprüfung

Die Prüfung beim Patentamt beginnt mit der Offensichtlichkeitsprüfung. Dabei wird der Anmelder von der Prüfungsstelle nach § 42 PatG auf offensichtliche Mängel der Anmeldung bzw. zur Einhaltung der Formvorschriften nach den §§ 34 bis 38 PatG hingewiesen und ggf. aufgefordert, diese innerhalb einer bestimmten Frist zu beseitigen. Kommt er dieser Aufforderung nicht nach, kann die Anmeldung zurückgewiesen werden. Die Offensichtlichkeitsprüfung erstreckt sich in erster Linie auf formale Merkmale, wie z.B. zu leistende Unterschriften, Druckqualität, äußere Darstellungsweise etc. In beschränktem Umfange erfolgt auch hier schon eine inhaltliche Prüfung, es soll festgestellt werden, ob der Gegenstand der Anmeldung seinem Wesen nach überhaupt eine Erfindung ist oder nach § 2 PatG von der Anmeldung ausgeschlossen ist.

12.2.2. Offenlegung

Die eigentliche Offenlegung der Patentanmeldung erfolgt erst 18 Monate nach Einreichung der Anmeldungsunterlagen. Nach dieser Frist ist die Patentanmeldung für die Öffentlichkeit freigegeben (§ 31 Abs. 2 Nr. 2 PatG). Durch einen Hinweis im Patentblatt werden interessierte Dritte darauf hingewiesen, Einsicht in die Akten des Patentamtes nehmen zu können. Gleichzeitig erfolgt die Herausgabe der Offenlegungsschrift, welche die für jedermann zur Einsicht freistehenden Unterlagen in der ursprünglich eingereichten Form enthält. Der Offenlegungstermin kann vom Anmelder auf Antrag vorverlegt werden.

Sollte sich der Anmelder zwischenzeitlich dafür entscheiden, dass die Geheimhaltung seiner Erfindung ihm wichtiger ist als die Erlangung des Schutzrechtes, so kann er die Anmeldung bis spätestens acht Wochen vor dem Offenlegungstermin zurückziehen. Gemäß § 33 PatG erhält der Anmelder mit der Offenlegung einen vorläufigen Schutz in Form eines Entschädigungsanspruchs.

12.2.3. Rechercheantrag

Nach § 43 Abs. 1 Satz 1 PatG ermittelt das Patentamt auf Antrag die öffentlichen Druckschriften, die für die Beurteilung der Patentfähigkeit der angemeldeten Erfindung in Betracht zu ziehen sind. Der Antrag kann bereits mit dem Prüfungsantrag gestellt werden.

Die Liste der ermittelten Druckschriften wird dem Antragsteller mitgeteilt. Die ermittelten Schriften können als Ablichtungen vom DPMA oder über Firmen bezogen werden.

Unabhängig von der amtlichen Recherche ist jedermann berechtigt, dem Patentamt Druckschriften anzugeben, die der Erteilung eines Patentes entgegenstehen könnten (§ 43 Abs. 3 Satz 3 PatG).

12.2.4. Prüfungsverfahren

Das mit dem Prüfungsantrag eingeleitete Prüfungsverfahren dient der Klärung, ob die Patentanmeldung den vorgeschriebenen formalen Anforderungen genügt und ob der Anmeldungsgegenstand materiell patentfähig ist (§§ 1 bis 5 PatG). Im Prüfungsverfahren erfolgt grundsätzlich keine Bemessung des Schutzumfangs des Patents.

Genügt die Anmeldung den vorgeschriebenen formalen Erfordernissen nicht, so fordert die Prüfungsstelle ähnlich wie bei der Offensichtlichkeitsprüfung den Anmelder zur Beseitigung der Mängel auf (§ 45 Abs. 1 PatG). Dabei dürfen nur solche Änderungen verlangt werden, die zur Klarstellung erforderlich sind; zweckmäßige Änderungen dürfen nur angeregt werden.

In einem ersten Prüfungsbescheid wird dann zum gesamten Prüfungsbegehren Stellung genommen. Der Patentanmeldung entgegenstehende Druckschriften werden unter Hinweis auf die betreffenden Textstellen und Abbildungen entgegengehalten. Der Anmelder hat dann die Gelegenheit, insbes. die Erfindungshöhe seines Anmeldegegenstandes und ggf. die Abgrenzung gegenüber dem Stand der Technik, also die Neuheit seiner Erfindung, zu verteidigen.

12.2.5. Patenterteilungsbeschluss/Zurückweisungsbeschluss

Die Patenterteilung schließt das Prüfungsverfahren ab. Genügt die Anmeldung zuvor den vorgeschriebenen Anforderungen, sind gerügte Mängel beseitigt und ist der Gegenstand der Anmeldung patentfähig, so wird die Erteilung des Patents beschlossen (§ 49 Abs. 1 PatG). Mit der Veröffentlichung des Erteilungsbeschlusses im Patentblatt treten die gesetzlichen Wirkungen des Patentes ein.

Nach Entrichtung der Erteilungsgebühr wird die Veröffentlichung der Patenterteilung im Patentblatt und der Druck der Patentschrift eingeleitet (§ 58 Abs. 1 PatG). Der Veröffentlichung der Patenterteilung im Patentblatt kommt die eigentliche konstitutive Wirkung zu. Ab diesem Zeitpunkt hat der Patentinhaber gegenüber Benutzern der Erfindung ein Verbietungsrecht und Schadensersatzansprüche.

Werden die von der Prüfungsstelle gerügten Mängel vom Anmelder nicht beseitigt oder kommt die Prüfungsstelle zum Ergebnis, dass aus materiellen Gründen, entweder mangels Neuheit oder Erfindungshöhe eine patentfähige Erfindung nicht vorliegt, so weist sie die Anmeldung durch Beschluss zurück.

12.2.6. Einspruchsverfahren

Gegen die Patenterteilung kann von jedermann innerhalb von drei Monaten nach der Veröffentlichung der Patenterteilung im Patentblatt Einspruch erhoben werden (§ 59 PatG). Der Einspruch ist schriftlich zu erheben und zu begründen. Eine Prüfungsstelle hat dann zunächst darüber zu entscheiden, ob der Einspruch zulässig ist, dann ist der Sachvortrag des Einsprechenden zu prüfen.

12.2.7. Beschwerdeverfahren

Wenn bei der Offensichtlichkeitsprüfung oder im Prüfungsverfahren die von der Prüfungsstelle beanstandeten Mängel der Anmeldung vom Anmelder nicht oder nicht fristgerecht beseitigt werden oder wenn die Bedenken der Prüfungsstelle gegen die Patentfähigkeit des Anmeldungsgegenstandes nicht vom Anmelder ausgeräumt werden können, wird die Anmeldung zurückgewiesen. Gegen diesen Zurückweisungsbeschluss sowie gegen nahezu alle Entscheidungen des Patentamts, die eine abschließende Regelung enthalten, kann der Anmelder das Rechtsmittel der Beschwerde gegen die Entscheidung einlegen.

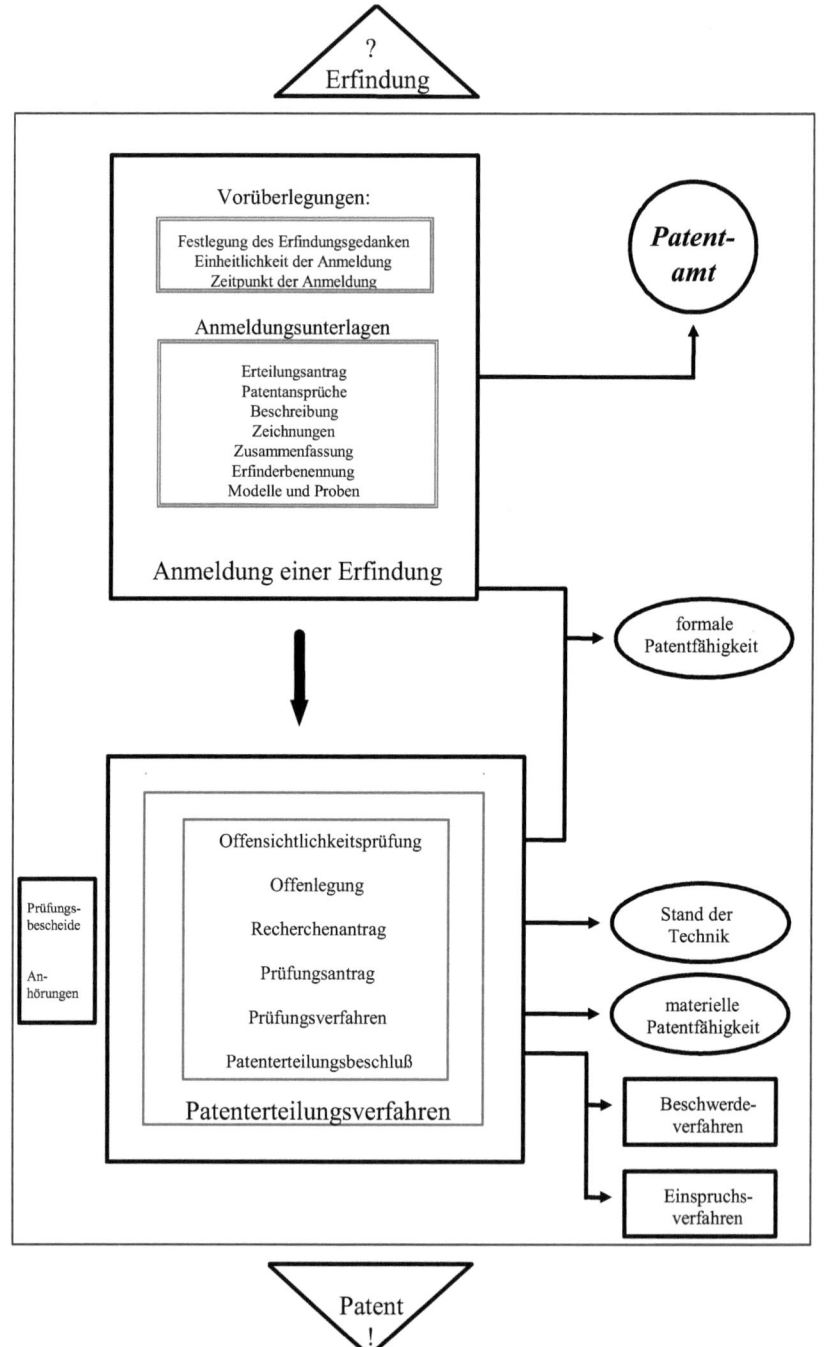

13. Schutzrechtsanmeldungen im Ausland und für das Ausland

Hat der Anmelder sich dazu entschieden, seine Erfindung auch in anderen Staaten schützen zu lassen, stehen ihm drei Möglichkeiten zur Verfügung:

- die nationale Auslandsanmeldung,
- die europäische Patentanmeldung (nach der EPÜ),
- die internationale Patentanmeldung (nach dem PCT).

Im Hinblick auf den Auslandsschutz muss der Anmelder sich darüber im Klaren sein, dass nach dem Territorialprinzip ein Patent, es handelt sich um einen jeweils staatlichen Hoheitsakt, nur im Geltungsbereich des Staates, der das Patent erteilt hat, Schutz verspricht. Der Inhaber eines deutschen Patentes kann daher beispielsweise die Herstellung des patentierten Gegenstandes in Frankreich nicht verbieten, wohl aber dessen Import in die Bundesrepublik Deutschland.

13.1. Die nationale Auslandsanmeldung

Die Anmeldung nationaler Auslandspatente hat den Vorteil, dass in denjenigen EPÜ-Staaten, in denen die Anmeldung nicht auf Neuheit und Erfindungshöhe geprüft wird (sog. Registrierländer), der Anmelder ein Patent erteilt bekommt, sofern die Anmeldung formal korrekt ist. Allerdings fallen für die nationale Auslandsanmeldung jeweils die vollen Bearbeitungskosten und Verfahrensgebühren an. Sofern der Patentschutz nur in einem oder zwei Vertragsstaaten des EPÜ angestrebt wird, wird im Regelfalle anstelle einer europäischen Patentanmeldung die Anmeldung nationaler Patente ausreichen.

Wird außerhalb eines EPÜ-Staates angemeldet, so wird der Anspruch von der jeweiligen Patentbehörde erneut überprüft.

13.2. Die internationale Patentanmeldung

Der „Vertrag über die internationale Zusammenarbeit auf dem Gebiet des Patentwesens" (PATENT COOPERATION TREATY – PCT) bietet die Möglichkeit, durch eine im eigenen Staat einzureichende, internationale Anmeldung in deutscher Sprache eine in ca. 35 Staaten anerkannte Neuheitsprüfung zu erhalten.

Die Anmeldungsunterlagen, die oft als Kopie der nationalen Voranmeldung beim deutschen oder Europäischen Patentamt eingereicht werden, werden an die Weltorganisation für geistiges Eigentum (WIPO/OMPI) in Genf übermittelt.

18 Monate nach dem ersten Prioritätstag wird die Anmeldung incl. Recherchenbericht veröffentlicht. Der Stand der Technik wird dabei in all den Vertragsstaaten des PCT recherchiert, in denen Schutz für die Erfindung begehrt wird (Bestimmungsstaaten). Nach den Recherchenergebnissen muss der Anmelder entscheiden,

ob er die bestimmten Patentämter mit der kostenpflichtigen Weiterbehandlung seiner Anmeldung auf der jeweiligen nationalen Ebene beauftragt.[125] Das „Übereinkommen über die Erteilung europäischer Patente" (EPÜ) bietet die Möglichkeit, mit einer einzigen Anmeldung ein europäisches Patent zu beantragen, das dann ein Bündel nationaler Patente bildet.

Der Anmelder benennt dabei in seinem Antrag die Staaten, in denen er seine Erfindung geschützt haben möchte. In einem zentralen europäischen Patenterteilungsverfahren wird die Patentfähigkeit der Anmeldung beschlossen und ggf. die vom Europäischen Patentamt erteilten Patente in die nationalen Staaten zur Patentverwaltung entlassen. Ein europäisches Patent mit der Benennung eines bestimmten Vertragsstaates hat demnach in diesem Staat die gleichen Wirkungen wie ein entsprechendes nationales Patent. Das gilt allerdings nicht nur im positiven, sondern auch für den Anmelder im durchaus negativen Sinne. Der Anmelder kann sich nicht sicher sein, ob er in dem jeweiligen Nationalstaat das Patent behalten wird oder es in einem Gerichtsverfahren verliert. Wenn auch die Patentrechte der Mitgliedstaaten zumindest dem Wortlaut nach einander angeglichen wurden, so wird dieses materielle Patentrecht von den Gerichten der verschiedenen Mitgliedstaaten noch durchaus unterschiedlich ausgelegt. Das Patent ist demnach für den Anmelder relativ unsicher. Das wird so lange so sein, bis zum Europäischen Patentamt ein europäisches Patentgericht als letzte Instanz gehört, das dann eine Rechtsangleichung durch Vereinheitlichung der Rechtsprechung durchführen kann.[126]

Es bestehen Unterschiede im Verfahren:
- Bei Beanspruchung einer Priorität sind Zeit und Land der Voranmeldung im Gegensatz zu einer deutschen Anmeldung bereits bei Einreichung der europäischen Patentanmeldung anzugeben.
- Die Benennung der Vertragsstaaten, in denen Schutz begehrt wird, muss schon im Antrag erfolgen, entsprechend müssen Gebühren bezahlt werden.[127]

Das Patenterteilungsverfahren gleicht aber im Wesentlichen dem des deutschen Patentrechts. Demzufolge braucht auf Einzelheiten hier nicht eingegangen zu werden. Es soll aber kurz darauf hingewiesen werden, wie sich die Möglichkeiten der nationalen Anmeldung beim DPMA mit der EPÜ-Anmeldung sinnvoll verbinden lassen:

---

[125] Die Gebühren für die Anmeldung (ca. 60 €) und die Recherchegebühr (ca. 250 €) sind einen Monat nach Einreichung der Anmeldung beim DPMA oder EPA zu zahlen. Die internationale vorläufige Prüfung kostet ca. 945 € unabhängig von der Anzahl der ausgewählten Ämter. Nicht alle Mitgliedstaaten werden jedoch die Ergebnisse der vorläufigen Prüfung vorbehaltlos akzeptieren. Der Vorteil an reduzierten Verfahrenskosten und Arbeitsaufwand, der bei der PCT-Anmeldung durch die zentrale Anmeldung entsteht, wird bei Eintritt in die nationale Phase wieder teilweise relativiert.

[126] In Bezug auf die Kosten besteht ein Vorteil der europäischen Patentanmeldung darin, dass Bearbeitungskosten und Verfahrensgebühren insgesamt nur für eine Patentanmeldung anfallen. Allerdings entsteht wegen der höheren Grundkosten dieser Kostenvorteil erst dann, wenn für mehr als drei Vertragsstaaten des EPÜ Patentschutz begehrt wird.

[127] 75 € pro Vertragsstaat.

13. Schutzrechtsanmeldungen im Ausland und für das Ausland 177

Es ist möglich, die Aussichten für die Patentierung einer Erfindung zu testen, indem man gleich mit der Einreichung einer nationalen Anmeldung Prüfungsantrag stellt und den Erlass des ersten Prüfungsbescheides noch vor Ablauf des Prioritätsjahres beantragt. Von dem Ergebnis des ersten Prüfungsbescheids kann man es dann abhängig machen, ob man den kostspieligeren „europäischen Weg" gehen und Patentschutz in mehreren Staaten anstreben will. Man kann dann für die europäische Patentanmeldung die Priorität der nationalen deutschen Erstanmeldung in Anspruch nehmen. Für das weitere Verfahren der deutschen nationalen Patentanmeldung gibt es in diesem Fall die Möglichkeit, das Verfahren nach dem ersten Prüfungsbescheid bis zur Erledigung der europäischen Patentanmeldung ruhen zu lassen. Dadurch lassen sich weitere Verfahrenskosten sparen, weil ein deutsches Patent, welches den gleichen Zeitraum hat wie ein europäisches Patent desselben Erfinders, in dem Umfang keine Wirkung hat, in dem der gleiche Gegenstand durch das europäische Patent geschützt ist.[128]

---

[128] Vgl. *Hellebrand*, Patentanmeldung, 1990, S. 36.

14. Das Europäische Patentübereinkommen (EPÜ)

Das EPÜ ist ein Gebilde des Völkerrechts und geht auf den am 5. Oktober 1973 in München geschlossenen multilateralen Staatsvertrag über die Erteilung europäischer Patente zurück, zu dessen Beitritt gem. Art. 166 EPÜ nur europäische Staaten ermächtigt sind. Das EPÜ geht hierbei von einem rein geographisch verstandenen Europabegriff aus und ist weder auf die Mitgliedstaaten der EU beschränkt, noch ist es Bestandteil des Europäischen Gemeinschaftsrechts. Letzteres ist das Recht der „Europäischen Gemeinschaften" und stellt dem Völkerrecht gegenüber eine eigenständige Rechtsordnung dar. Das EPÜ als völkerrechtlicher Vertrag kann also nicht hinzugerechnet werden.[129]

Das generelle Ziel des EPÜ ist das Bestreben, den Schutz von Erfindungen durch die Zusammenarbeit der europäischen Staaten zu verstärken (Präambel). Um dieses Ziel zu erreichen, wurde ein **einheitliches Patenterteilungsverfahren** durch die Schaffung einheitlicher Vorschriften konzipiert. Aufgrund des im EPÜ geregelten autonomen Verfahrens erteilt das Europäische Patentamt als autonome supranationale Behörde ein Patent, das als **europäisches Bündelpatent** interpretiert werden kann und im Staatsinneren der jeweiligen Vertragsstaaten Gültigkeit besitzt. Das nationale Recht hat auf den Erteilungsakt keine Auswirkungen. Nach seiner Erteilung ist das europäische Patent wie ein im betreffenden Vertragsstaat erteiltes nationales Patent zu behandeln (Art. 2 Abs. 2 EPÜ). Entscheidungsträger in einem möglichen Konfliktfall ist dann nicht mehr das EPA, sondern sind die nationalen Entscheidungsorgane.[130]

14.1. Die Konzeption des koexistenten internationalen Einheitsrechts

Mittels des internationalen Rechts sollen die grenzüberschreitenden Beziehungen erfasst und rechtlich geordnet werden. Als Quellen dienen hierfür u.a. völkerrechtliche Vereinbarungen, die nach Verhandlungen in einem Vertrag fixiert werden, der sodann unterzeichnet und nach den in den Vertragsstaaten vorgesehenen Regelungen ratifiziert wird.[131] Ein rechtsetzender völkerrechtlicher Vertrag mit dem Ziel der Vereinheitlichung des Rechts in den Staatsräumen der Beteiligten bedeutet nicht notwendigerweise eine Verpflichtung zur Aufhebung nationalen Rechts. Eine Harmonisierung kann vielmehr auf freiwilliger Basis erfolgen. Dieser Weg wurde mit dem EPÜ gegangen. Seine Regelungen sind zwar im Staatsraum der beteiligten Vertragsstaaten verbindlich, heben jedoch das nationale Recht nicht auf. Das nationale Patentsystem muss nicht an das europäische angeglichen werden, sondern

---

[129] Vgl. *Cronauer*, Das Recht auf das Patent im Europäischen Patentübereinkommen, 1988, S. 10, 25 f.
[130] Vgl. *Cronauer*, Das Recht auf das Patent im Europäischen Patentübereinkommen, 1988, S. 14 f.
[131] Vgl. *Ballreich/Haertel*, RabelsZ 53/89, 333; *Ballreich*, GRUR Int. 9/90, 667 f.

existiert neben diesem. In diesem Sinne wird das europäische Patentrecht auch als „koexistentes internationales Recht" bezeichnet.[132]

14.2. Die Harmonisierung des nationalen Rechts

Eine Verpflichtung zur Harmonisierung des nationalen Rechts ist im EPÜ nicht vorgesehen. Für die Vertragsstaaten bestand lediglich die völkerrechtliche Verpflichtung, die **europäischen Patente in ihrem Staatsgebiet anzuerkennen** und entsprechenden Schutz zu gewähren. Gleichwohl wurde jedoch ein Harmonisierungseffekt durch die Bemühungen der Vertragsstaaten, ihr nationales Recht in sachlichen Einklang mit dem europäischen Patentrecht zu bringen, erzielt. Da sie Zeitpunkt und Umfang der Angleichung selbst bestimmen konnten, wurden die möglichen Schwierigkeiten in der sofortigen innerstaatlichen Durchsetzung überwunden. Kein Staat hat die Vorschriften des EPÜ unverändert in das nationale Recht aufgenommen, vielmehr reichten die den Vertragsstaaten zur Verfügung stehenden Gestaltungsmöglichkeiten von der wörtlichen oder fast wörtlichen (z.B. Frankreich und die Bundesrepublik Deutschland) bis zur sinngemäßen Übernahme (z.B. Großbritannien und die Schweiz) der Vorschriften des EPÜ.[133]

Neben der Angleichung der nationalen Vorschriften an das europäische Recht bedarf es jedoch noch der einheitlichen Anwendung und Auslegung der europäischen Vorschriften in den einzelnen Staaten des EPÜ, um zu einer vollständigen Harmonisierung zu gelangen. Da mittels des EPÜ keine gemeinsame **richterliche Instanz** geschaffen wurde, die eine einheitliche Auslegung hätte sicherstellen können, kommt der Spruchpraxis der Beschwerdekammern des EPA sowie der harmonisierungsgeneigten Rechtsprechung der nationalen Gerichte eine große Bedeutung zu.[134] Nach dem Grundsatz der Harmonie der Rechtsanwendung muss jede nationale Behörde und jedes nationale Gericht bei der Anwendung des harmonisierten Rechts bemüht sein, das Ziel der Rechtseinheit im Vertragsgebiet zu fördern, indem es entsprechende Entscheidungen der Gerichte der Vertragsstaaten und der Beschwerdekammern des EPA sowie die Literatur zum Patentrecht zu Rate zieht. Um der Gefahr der disharmonischen Rechtsanwendung zu begegnen, sind unter Umständen traditionell nationale Vorstellungen über bestimmte Rechtsbegriffe im Interesse der Rechtseinheit anzupassen. Dem Grundsatz der Harmonie der Rechtsanwendung entspricht jedoch nicht, dass Entscheidungen eines Vertragsstaates oder des EPA für die Auslegung in den anderen Vertragsstaaten bindend wären, sondern lediglich, dass bei der Auslegung im eigenen Staat die Präjudizien der anderen Staaten erwogen werden sollen. Es ist den Behörden und Gerichten der Vertrags-

---

[132] Vgl. *Ballreich/Haertel*, RabelsZ 53/89, 333 f.; *Haertel/Stauder*, GRUR Int. 2/82, 86.
[133] Zu den verschiedenen Arten d. Umsetzung vgl. *Cronauer*, Das Recht auf das Patent im Europäischen Patentübereinkommen, 1988, S. 16 ff.; zu den Änderungen im deutschen Recht vgl. *Krieger*, GRUR Int. 5/81, 273 ff.
[134] Vgl. *Beier*, EPÜ: Münchener Gemeinschaftskommentar, 1984, S. 62.

staaten aber nicht verwehrt, die Behörden und Gerichte der anderen Vertragsstaaten von der Zweckmäßigkeit einer bestimmten Auslegung zu überzeugen.[135]

Die Europäische Kommission hat im Januar 2006 eine öffentliche Konsultation initiiert, um die europäische Patentpolitik zu verbessern. Im April 2007 wurde dann die „Mitteilung über die Vertiefung des Patentsystems in Europa"[136] vorgelegt mit dem primären Ziel, die Arbeiten am Gemeinschaftspatent bzw. der Gemeinschaftspatentgerichtsbarkeit voranzubringen.

Die Ergebnisse sind zur Zeit offen; für 2008 war eine weitere Mitteilung vorgesehen.

Bislang waren die Arbeiten an einem Gemeinschaftspatent nicht erfolgversprechend. Das bereits 1975 vorgestellte und 1989 noch einmal modifizierte Luxemburger Übereinkommen über das Gemeinschaftspatent trat nie in Kraft. Das Scheitern ist wesentlich auf zwei Gründe zurückzuführen. Das Patent sollte in alle Sprachen der Mitgliedstaaten übersetzt werden; die Kosten hätten kleine und mittelständische Unternehmen nur schwer tragen können und es sollte für das Verletzungsverfahren ein Rechtsweg eröffnet werden, nach dem das Gemeinschaftspatent aufgrund einer Widerklage von einem nationalem Gericht für unwirksam erklärt werden konnte.[137] Die Kommission vertritt in ihren Vorschlägen hinsichtlich der Gerichtsbarkeit einen integrierten Ansatz, danach soll ein zentrales Gericht zuständig sein, während zahlreiche Mitgliedstaaten, u.a. die Bundesrepublik, zumindest bei der 1. Instanz für Ortsnähe, Verhandlung in vertrauter Sprache, kostengünstiges Verfahren, eher für ein dezentrales System sind.[138]

14.3. Das Europäische Patentamt (EPA)

Die Vollendung einer Erfindung allein reicht nicht aus, um dem Erfinder ein gesetzliches Ausschließlichkeitsrecht zu gewähren. Zur Erlangung solch eines Rechts bedarf es vielmehr eines förmlichen Verfahrens vor einer Verwaltungsbehörde, die dem Erfinder durch Erteilung eines gewerblichen Schutzrechts (Patent) das alleinige Nutzungsrecht an der Erfindung zuerkennt. Diese Aufgabe übernimmt im Rahmen des EPÜ das Europäische Patentamt (EPA).[139]

---

[135] Vgl. *Bruchhausen*, GRUR Int. 4/83, 208; *Straus*, GRUR Int. 4/83, 217 ff.
[136] Vom 3. April 2007, KOM (2007) 165 endg.
[137] Vereinbarung über ein Gemeinschaftspatent vom 15. Dezember 1989, ABl. EG Nr.L 401 vom 30. Dezember 1989, S. 34.
[138] zu den verschiedenen Ansichten, s. Tilmann, GRUR 2001, 1079, 1080 ff.
[139] Vgl. *Pakuscher*, FS Lorenz, 1991, S. 763. Das Europäische Patentamt wurde 1977 gegründet. Im ersten Jahr gab es 3600 Patentanmeldungen, im Jahr 2000 gab es bereits 140 000 Anträge. Kontrollorgan der Behörde, die außer in München auch in Den Haag, Berlin und Wien Standorte hat, ist ein Verwaltungsrat von Mitgliedern aus 20 Mitgliedsstaaten.

14.4. Das Europäische Patentamt als Organ der EPO

Mittels des EPÜ wurde nicht nur das materielle europäische Patentrecht als eigenständiges, für die Vertragsstaaten verbindliches Recht begründet, sondern das EPÜ ist auch Gründungsinstrument und Satzung **der Europäischen Patentorganisation** (EPO). Der Gründungsklausel des Art. 4 EPÜ zufolge ist die Organisation mit dem Inkrafttreten des EPÜ als **völkerrechtlicher Vertrag** errichtet und ist somit eine Internationale Organisation im Sinne des Völkerrechts. Ihre Aufgabe besteht gem. Art. 4 Abs. 3 EPÜ darin, europäische Patente zu erteilen, wobei sich ihr Kompetenzrahmen auf den Raum der in ihr zusammengeschlossenen Staaten beschränkt. Die EPO ist eine supranationale Einrichtung, die selbst Rechte vergibt, die über nationale Grenzen hinweg wirksam sind.[140]

Die in München ansässige EPO setzt sich aus zwei funktional voneinander abgegrenzten Organen zusammen, dem EPA, dem die Erteilung der europäischen Patente obliegt, und dem Verwaltungsrat als Aufsichts- und Gesetzgebungsorgan (Art. 4, 33 EPÜ). Ihre Ausgaben deckt sie durch die von ihr erwirtschafteten Gebühren, wodurch sie nicht nur organisatorisch, sondern auch finanziell unabhängig ist. Die EPO hat ihre eigenen Bediensteten, die zur Durchführung ihrer Aufgaben die erforderlichen Vorrechte und Immunitäten nach Maßgabe des „Protokolls über Vorrechte und Immunitäten" genießen (Art. 8 EPÜ). Um das Vertrauen der Patentanmelder zu gewinnen, wurde durch die Integration des Internationalen Patentinstituts als Recherchenabteilung in das EPA und durch Übernahme von Bediensteten aus den nationalen Patentämtern von Anfang an fachkundiges Personal zur Verfügung gestellt.[141]

14.5. Organisation und Rechtsstellung des EPA

Das EPA wurde am 2. November 1977 in München eröffnet und nimmt seit dem 1. Juni 1978 europäische Patentanmeldungen entgegen. Seine Leitung obliegt dem Präsidenten, der auch die EPO vertritt und dem Verwaltungsrat gegenüber verantwortlich ist (Art. 5 Abs. 3, Art. 10 Abs. 1 EPÜ). Das Personal des EPA setzt sich aus Bediensteten aller Vertragsstaaten des EPÜ zusammen und unterliegt dem Weisungsrecht, der Aufsicht und der Disziplinargewalt des Präsidenten (Art. 10 Abs. 2 f, h EPÜ).[142]

Das EPA stellt eine autonome, auf der Grundlage des EPÜ Recht erteilende Einrichtung dar und zeichnet sich ferner durch seine finanzielle Unabhängigkeit aus. Es deckt seine Ausgaben ausschließlich über die von Unternehmen und Erfindern zu entrichtenden Gebühren für die Dienstleistungen des Amts, insbes. über die vom

---

[140] Vgl. *Ballreich*, EPÜ: Münchener Gemeinschaftskommentar, 1986, S. 1, 9; zur Rechtsstellung d. EPO als Int. Orga. vgl. S. 5 ff.
[141] Vgl. *Braendli*, GRUR Int. 9/90, 702; *Ballreich*, MGK, 9. Lief., 1986, S. 2.
[142] Vgl. *Bernhardt/Kraßer*, Lehrbuch des Patentrechts, S. 443; *Ballreich*, EPÜ: Münchener Gemeinschaftskommentar, 1986, S. 7 f.

Amt erhobenen Verfahrensgebühren. Ferner stehen dem EPA 50 % der den nationalen Ämtern zustehenden Jahresgebühren für europäische Patente zur Verfügung.[143]

Das EPA verfügt seit dem 1. Januar 1978 über eine Zweigstelle in Den Haag, in die das kurz nach dem Zweiten Weltkrieg aufgrund eines Vertrages zwischen den Benelux-Staaten und Frankreich in Den Haag errichtete Internationale Patentinstitut (IIB) als Generaldirektion 1 des EPA integriert wurde. Der Zweigstelle obliegen neben der Entgegennahme europäischer Patentanmeldungen (Eingangsstelle, Art. 16 EPÜ) die Erstellung der europäischen Recherchenberichte (Art. 17 EPÜ). Zudem wurde am 1. Januar 1978 eine Dienststelle in Berlin eingerichtet, die jedoch keine Dienststelle des EPA i.S.d. Art. 7 EPÜ ist, sondern rechtlich und organisatorisch der Zweigstelle in Den Haag angehört. Ihre Errichtung ist in Abschnitt I Nr. 3 des Zentralisierungsprotokolls vorgesehen. Die Aufgabe der Dienststelle in Berlin liegt in der Erstellung europäischer Recherchenberichte.[144] Am 1. Januar 1991 wurde durch die Übernahme des Internationalen Patentdokumentationszentrums INPADOC eine Dienststelle des EPA in Wien eröffnet. Mit ihrem Angebot an Datenbanken und Dienstleistungen unter dem Konzept EPISDOC (Europäischer Patentinformations- und Dokumentationsservice) gewährt es jedermann Einblick in die aktuellen Ereignisse auf dem Gebiet des europäischen Patentrechts.[145]

Das EPA entscheidet über die Erteilung oder Versagung des europäischen Patents sowie über dessen Aufrechterhaltung oder Widerruf im Falle eines Einspruchs. Seine Entscheidungen entfalten infolge seiner Konzeption als eine supranationale Behörde unmittelbare Rechtswirkungen in den Vertragsstaaten, für die das in Frage stehende europäische Patent beantragt oder erteilt ist. Für die Organisation des Patenterteilungsverfahrens bestehen im EPA mehrere Organe mit unterschiedlichen Zuständigkeiten. Die Eingangsstelle, die Recherchenabteilungen und die Prüfungsabteilungen sind für die Durchführung des Erteilungsverfahrens zuständig (Art. 16 bis 18 EPÜ), während die Entscheidung über Aufrechterhaltung oder Widerruf eines europäischen Patents, gegen das Einspruch erhoben wird, der Einspruchsabteilung obliegt (Art. 19 EPÜ). Die Rechtsabteilung entscheidet über Eintragungen und Löschungen im Patentregister sowie in der Liste der zugelassenen Vertreter (Art. 20, 134 EPÜ).[146]

Beschwerden gegen die Entscheidungen der Eingangsstelle, der Prüfungsabteilungen, der Einspruchsabteilungen und der Rechtsabteilung können bei den Beschwerdekammern des EPA eingereicht werden (Art. 21 EPÜ). Die Große Beschwerdekammer nimmt auf Vorlage einer Beschwerdekammer oder des Präsidenten des EPA zu Rechtsfragen Stellung (Art. 22 EPÜ). Die Kammern sind zwar Organe des EPA, aber im Verhältnis zu dessen anderen Organen verselbstständigt und mit richterlicher Unabhängigkeit ausgestattet. Ihre Richter dürfen keinem Organ angehören und sind in ihren Entscheidungen lediglich dem EPÜ unterworfen.[147] Mittels der Beschwerdekammern ist es möglich, die Entscheidungen des

---

[143] Vgl. Das Europäische Patentamt, hrsg. v. EPA, S. 10 f.
[144] Vgl. *Haertel*, EPÜ: Münchener Gemeinschaftskommentar, S. 10 ff.
[145] Vgl. Jahresbericht EPA 1990, S. 18.
[146] Vgl. *Bernhardt/Kraßer*, Lehrbuch des Patentrechts, S. 443.
[147] Vgl. *Bernhardt/Kraßer*, Lehrbuch des Patentrechts, S. 443 f.

14. Das Europäische Patentübereinkommen (EPÜ) 183

EPA einer richterlichen Kontrolle zu unterwerfen und so die Schaffung eines besonderen Gerichts zu umgehen.[148]

14.6. Das europäische Patenterteilungsverfahren

Für das europäische Patenterteilungsverfahren sind im EPÜ und in seiner Ausführungsverordnung genaue Anweisungen für die Abteilungen des EPA getroffen worden. Diese **Anweisungen** wie auch die Rechtsprechung der Beschwerdekammern sind für die Entscheidungen der Prüfer maßgebend. Ferner sind vom Präsidenten des EPA entsprechend seinen Befugnissen nach Art. 10 Abs. 2 a EPÜ umfangreiche **„Richtlinien für die Prüfung im Europäischen Patentamt"** erlassen worden.[149]

Die Erteilung europäischer Patente erfolgt in mehreren Phasen. Mit der Einreichung der formularmäßigen Anmeldung in einer der drei Vertragssprachen (Deutsch, Englisch, Französisch) beim EPA in München, seiner Zweigstelle in Den Haag oder bei den nationalen Behörden der Vertragsstaaten wird das Patenterteilungsverfahren eröffnet. Die Anmeldung muss den Erfordernissen des Art. 78 EPÜ genügen und die Vertragsstaaten benennen, für die Schutz begehrt wird (Art. 79 Abs. 1 EPÜ). Durch die Eingangsstelle in Den Haag wird geprüft, ob die Anmeldung den Voraussetzungen des Art. 80 EPÜ genügt und ihr ein Anmelde- bzw. Prioritätstag zuerkannt werden kann. Daran anschließend erfolgt die **Formalprüfung**, mittels derer die Einhaltung der Vorschriften über die Form der Anmeldungsunterlagen und die Angaben zur Identität des Anmelders geprüft werden. Nach der fristgerechten Entrichtung der Anmeldegebühren wird von der Recherchenabteilung in Den Haag der europäische Recherchenbericht über den aktuellen Stand der Technik erstellt (Art. 92 EPÜ). 18 Monate nach dem Prioritätstag wird die Anmeldung zusammen mit dem europäischen Recherchenbericht veröffentlicht (Art. 93 EPÜ). Der Anmelder kann sich nun innerhalb von 6 Monaten entscheiden, ob das Verfahren fortgesetzt werden soll (Regel 70 EPÜ). Nach der Stellung des gebührenpflichtigen Prüfungsantrags durch den Patentanmelder endet die Zuständigkeit der Eingangsstelle in Den Haag und die Anmeldungsakten werden zur Prüfungsabteilung nach München weitergeleitet.[150]

In der zweiten Stufe wird die **sachliche Prüfung** auf Patentierbarkeit der Anmeldung, d.h. ihre Prüfung auf Neuheit, erfinderische Tätigkeit und gewerbliche Anwendbarkeit (Art. 52 bis 57 EPÜ) vorgenommen. Sie obliegt einer mit drei technischen (und ggf. einem rechtskundigen) Mitgliedern besetzten Prüfungsabteilung (Art. 97 i.V.m. Art. 18 EPÜ). Bei fehlender Patentfähigkeit der Erfindung wird die Patentanmeldung zurückgewiesen, ansonsten wird das europäische Patent für die vom Anmelder benannten Vertragsstaaten erteilt. Das Patent kann auch auf einen Teil der Anmeldung oder auf eine Anmeldung in einer anderen als der ursprünglich

---

[148] Die Kammern werden deshalb auch als „Quasi-Gerichte" bezeichnet, vgl. *Singer*, Das neue europäische Patentsystem, 1979, S. 81.
[149] Vgl. *Bernhardt/Kraßer*, Lehrbuch des Patentrechts, S. 288.
[150] Vgl. *Benkard-Ullmann*, PatG, Intern. Teil, Rdnrn. 107 ff.

eingerichteten Fassung erteilt werden. Die Erteilung darf jedoch erst erfolgen, wenn der Anmelder der endgültigen Fassung, wie sie die Prüfungsabteilung vorgeschlagen hat, zugestimmt hat (Art. 97 Abs. 2 lit. a EPÜ). Gem. Art. 97 Abs. 4 EPÜ wird die Erteilung des Patents jedoch erst dann wirksam, wenn im Europäischen Patentblatt darauf hingewiesen worden ist. Das EPA gibt eine europäische Patentschrift heraus, in der die Beschreibung, die Patentansprüche und ggf. die Zeichnungen enthalten sind (Art. 98 EPÜ). Für jeden Vertragsstaat besteht die Möglichkeit, die Patentschrift in einer Übersetzung in seine Amtssprache zu fordern. Bei Nichtbeachtung dieser Vorschriften durch den Patentinhaber gilt die Wirkung des europäischen Patents in dem entsprechenden Vertragsstaat als von Anfang an nicht eingetreten (Art. 65 EPÜ).[151]

Die letzte Phase des Erteilungsverfahrens ist durch die Möglichkeit gekennzeichnet, dass Dritte innerhalb von 9 Monaten nach der Erteilung des europäischen Patents **Einspruch** einlegen können. Für die Prüfung sind die Einspruchsabteilungen in München zuständig. Sie können auf Widerruf, Aufrechterhaltung des Patents in geänderter Form oder auf Zurückweisung des Einspruchs urteilen. Ihre Entscheidung ist in allen im europäischen Patent benannten Vertragsstaaten wirksam. Gegen die Beschlüsse der Eingangsstelle, der Prüfungsabteilungen und der Einspruchsabteilungen kann bei den Beschwerdekammern des EPA in München Beschwerde eingelegt werden. Zur Gewährleistung einer einheitlichen Rechtspraxis kann ggf. die Große Beschwerdekammer angerufen werden, die sich aus fünf rechtskundigen und zwei technisch vorgebildeten Mitgliedern zusammensetzt.[152]

14.7. Das europäische Patent im EPÜ

Das europäische Patent gewährt vom Tag der Bekanntmachung des Hinweises auf seine Erteilung an dieselben Rechte und unterliegt denselben Vorschriften wie ein in dem entsprechenden Vertragsstaat erteiltes nationales Patent, soweit das EPÜ nichts Gegenteiliges vorschreibt (Art. 2 Abs. 2, 64 Abs. 1 EPÜ). Es stellt kein einheitliches europäisches Schutzrecht dar, das nach einheitlichen Regeln in allen Vertragsstaaten des EPÜ automatisch dieselbe Wirkung entfaltet. Es ist vielmehr nur in den Vertragsstaaten geschützt, für die es beantragt und erteilt worden ist und unterliegt auch mit Ausnahme seiner Gültigkeit, seines Schutzumfangs und seiner Schutzdauer[153] den unterschiedlichen Vorschriften des jeweiligen nationalen Rechts. Das erteilte europäische Patent muss auch noch in den benannten Staaten geltend gemacht werden (nationale Validierungsphase). Dies geschieht durch das Einreichen des in die jeweilige Landessprache übersetzten Patents.

Das europäische Patent stellt in diesem Sinne ein **Bündel territorial beschränkter**, rechtlich voneinander unabhängiger **Schutzrechte** dar, die in den einzelnen Staaten ihr eigenes rechtliches Schicksal haben. Man spricht deshalb auch von ei-

---

[151] Vgl. *Pakuscher*, FS Lorenz, 1991, S. 766.
[152] Vgl. *Benkard-Ullmann*, PatG, Intern. Teil, Rdnr. 142.
[153] „Maximallösung", vgl. *Cronauer*, Patent im EPÜ, 1988, S. 14 f.; *Haertel*, EPÜ, 1978, S. 14 f.

nem „europäischen Bündelpatent mit europäischen und nationalen Schutzwirkungen".[154]

Die europäischen Patente haben in dem Vertragsstaat, für den sie erteilt sind, die Wirkung eines nationalen Patents (Art. 2 Abs. 2, 3, 64 Abs. 1 EPÜ).

---

[154] Vgl. *Beier*, EPÜ: Münchener Gemeinschaftskommentar, 1984, S. 53 f.

15. Patentinformationssysteme

15.1. Patente als Informationsquelle

Patente und Gebrauchsmuster geben ihrem Besitzer einen zeitlich begrenzten Schutz für die gewerbliche Nutzung einer technischen Erfindung. Nach dem Willen des Gesetzgebers wird dieses zeitliche Marktmonopol durch die Veröffentlichung einer detaillierten Beschreibung der Erfindung erkauft. Auf diese Weise sollen andere Unternehmen bzw. Erfinder zu weiteren Neuentwicklungen angeregt und damit der technische Fortschritt vorangetrieben werden. Dies spiegelt auch das lateinische „patere" wieder, welches für „offen legen" und nicht etwa für „schützen" steht. Die Nutzung der Patentliteratur für solche Informationszwecke ist daher nicht nur eine legitime Nebensächlichkeit, sondern sie ist ausdrücklich erwünscht.

Eine so verstandene Patentinformation ist außerdem unverzichtbares Arbeitsmittel für Patentämter und Wirtschaft zur Prüfung der Neuheit einer Anmeldung bzw. der Verletzung bestehender Ansprüche sowie Planungsinstrument bei der unternehmerischen Entscheidungsfindung.

Häufig stellen die Patente und Gebrauchsmuster jedoch sehr umfassende Dokumentationen technischen Wissens dar, die nur dann im oben genannten Sinne vernünftig nutzbar sind, wenn man die einzelnen Schriften mit vertretbarem Aufwand wieder auffinden kann.

Dieses zu gewährleisten sind zunächst alle Patentanmeldungen in ein technisches Klassifikationssystem mit mehr als 60.000 Stellen, welches in dieser Feinheit einzigartig ist, eingeordnet und erleichtern so die gezielte Patentrecherche. Überdies können einzelne Dokumente bei den verschiedenen Patentdiensten telefonisch bestellt werden und liegen spätestens innerhalb einer Woche, in Eilfällen auch schon am übernächsten Tag, in Papierform oder als Mikrofiche vor.

15.2. Patentdatenbanken

Gegenwärtig existieren weltweit mehr als 100 Datenbanken, die ausschließlich oder teilweise gewerbliche Schutzrechte und die damit im Zusammenhang stehenden Informationen (z.B. Titel, Abstract, Hauptanspruch, sonstige Ansprüche, bibliographische Daten sowie Graphiken) enthalten.

Sie können grundsätzlich unterteilt werden in:

- nationale oder internationale Patentdatenbanken,
- fachgebietsbezogene Patentdatenbanken, sowie
- Spezialdatenbanken.

Der Zugang zu ihnen erfolgt heute weitgehend online über das World Wide Web (WWW) oder über eine Telnet-Session.

15.3. Patentrecherche am Beispiel von DEPATISNET und DPINFO

Nachfolgend wird eine kurze Einführung in die Patentrecherche am Beispiel der kostenlosen Patentdatenbank DEPATISNET[155] und des Patentregisters DPINFO[156] des DPMA vorgestellt.

Wird die Datenbank DEPATISNET aufgerufen, erscheint zuerst eine Begrüßungsseite. Auf dieser Startseite ist der Link „Recherche" anzuwählen. Die nächste Übersichtsseite, die auf diesem Weg erreicht wird, stellt unterschiedliche Recherchemodi zur Auswahl. Da sich diese Einführung in die Patentrecherche an Leser richtet, die zur Patentrecherche keine Vorkenntnisse haben, wird im Folgenden die Bedienung anhand des „Einsteiger"-Recherchemodus beschrieben.[157]

Wurde also der „Einsteiger"-Recherchemodus gewählt, so erscheint die untenstehend wiedergegebene Eingabemaske, mit deren Hilfe die durchzuführende Patentrechercheanfrage an die Patentdatenbank formuliert werden kann.

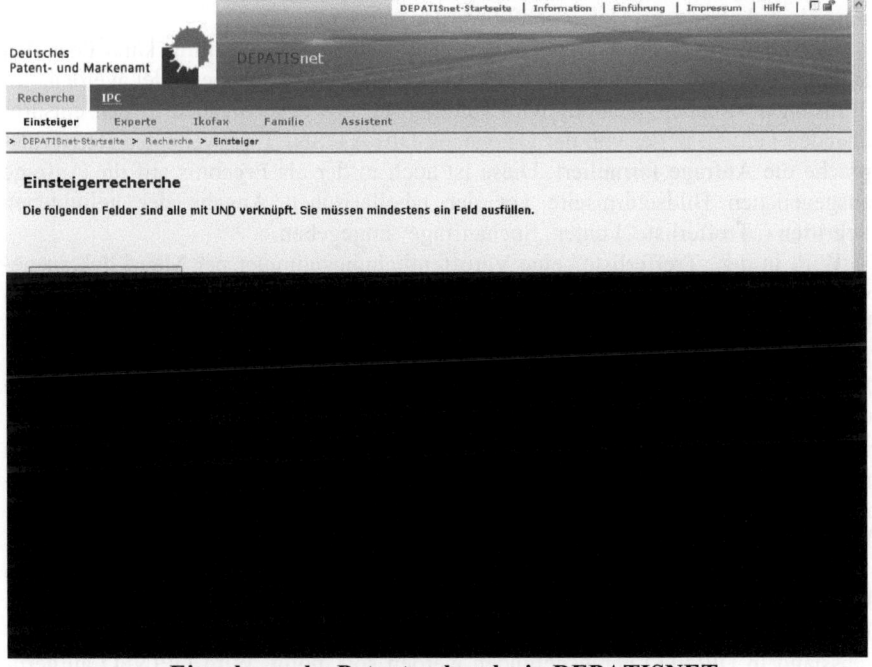

Eingabemaske Patentrecherche in DEPATISNET

---

[155] Erreichbar unter http://depatisnet.dpma.de (Abruf vom 11. November 2008).
[156] Erreichbar unter https://dpinfo.dpma.de (Abruf vom 11. November 2008).
[157] Der wesentliche Unterschied zwischen „Einsteiger"- und „Experten"-Modus liegt in der Formulierung der Suchanfrage. Im „Einsteiger"-Modus sind keine Kenntnisse der unterschiedlichen Feldbezeichnungen und der Retrievalsprache der Datenbank haben. Im „Experten"-Modus können mit diesen Kenntnissen dafür komplexere Anfragen leichter formuliert werden.

Mögliche Eingabefelder, mit denen im „Einsteiger"-Recherchemodus eine Anfrage formuliert werden kann, sind:

- Veröffentlichungsnummer,
- Titel,
- Anmelder,
- Erfinder,
- Veröffentlichungsdatum,
- Patentklassifikation nach IPC,
- Anmeldedatum sowie
- Suche im Volltext.

Je nachdem, welche Daten bekannt sind bzw. mit welcher Zielsetzung recherchiert wird, können die für die jeweilige Anfrage gewünschten Daten in die zugehörigen Felder eingegeben werden, wobei selbstverständlich nicht alle Felder zur Formulierung einer Anfrage mit Daten gefüllt werden müssen.

Sind die gewünschten Felder mit den passenden Daten gefüllt, kann über den Button „Recherche starten" die Anfrage an die Datenbank gesendet werden. Im „Einsteiger"-Recherchemodus wird automatisch aus den Angaben in den entsprechenden Feldern in der von der Datenbank DEPATISNET verwendeten Retrievalsprache die Anfrage formuliert. Diese ist auch in der als Ergebnis auf die Anfrage ausgegebenen Bildschirmseite vor der tabellarischen Angabe der gefundenen Schriften („Trefferliste") unter „Suchanfrage" angegeben.

Wird in der „Trefferliste" eine Veröffentlichungsnummer per Mausklick ausgewählt, werden die zugehörigen bibliographischen Angaben angezeigt. Außerdem kann in der „Trefferliste" unter der Rubrik „Anzeige PDF" Einsicht in die gefundenen Schriften genommen werden. Nur auf diesem Wege ist für den Einsteiger überhaupt erkennbar, ob es sich bei der jeweiligen Veröffentlichungsnummer um eine Offenlegungsschrift oder eine Patentschrift handelt.[158]

Erwähnenswert ist darüber hinaus die Rubrik „Familien-Recherche" über die nach sog. Patentfamilien, also nach weiteren im Zusammenhang mit der gefundenen Schrift stehenden Auslandsanmeldungen recherchiert werden kann. Wenn vorhanden können hierüber zumeist die ausländischen Schriften eingesehen werden.

Interessiert nun der Verfahrensstand der recherchierten deutschen Schriften, so kann über DPINFO im Patentregister recherchiert werden. Hierzu ist die Veröffentlichungsnummer der mit DEPATISNET recherchierten Schrift, zu der der Verfahrensstand in DPINFO herausgefunden werden soll, nötig. Wird DPINFO aufgerufen, so ist zuerst die Rubrik „Patente und Gebrauchsmuster" auszuwählen. In der sich daraufhin öffnenden Eingabemaske wird unter „Aktenzeichen" das in DEPATISNET recherchierte Aktenzeichen des interessierenden Patents eingegeben und über „Suche" die Anfrage an das Register gestellt. Daraufhin werden die zugehöri-

---

[158] Dem fortgeschrittenen Benutzer erschließt sich dies bereits aus der Endung der Veröffentlichungsnummer.

gen Daten zum Verfahrensablauf dargestellt und es kann der Status des Patents (z.B. durch Zeitablauf erloschen) eingesehen werden.

16. Arbeitnehmererfindungen

16.1. Anwendungsbereich

Das Arbeitnehmererfindungsgesetz (ArbNErfG) regelt die Rechtsverhältnisse zwischen Arbeitnehmern (im privaten und öffentlichen Dienst, von Beamten und Soldaten) im Hinblick auf Erfindungen der Arbeitnehmer nach dem Patentgesetz und dem Gebrauchsmustergesetz (§§ 1, 2 ArbNErfG).

Das Arbeitnehmererfindungsgesetz bezieht sich auf technische Entwicklungen, nicht auf urheberrechtlich geschützte Werke. Dies führt im Softwarebereich zu Problemen. Die Unterscheidung zwischen „technischer Software" und „nichttechnischer Software" ist schwer zu treffen und vielfach auch zufällig. Soweit für die Software kein patentrechtlicher, allenfalls urheberrechtlicher Schutz in Betracht kommt, bestimmt § 69b UrhG, dass die Arbeitsergebnisse dem Arbeitgeber zustehen, und zwar ohne dass dieser zu einer weiteren Vergütung verpflichtet ist. In der Literatur wird vorgeschlagen, im Softwarebereich das Arbeitnehmererfindungsgesetz analog anzuwenden (s. Brandi-Dohrn, 2001, 285 ff.). Der BGH hat sich dagegen ausgesprochen. In seiner Entscheidung vom 24. Oktober 2000 (CR 2001, 223 – „Arbeitnehmererfindungsvergütung") hat der BGH im Anwendungsbereich des § 69b UrhG jegliche Sondervergütung ausgeschlossen und auch insofern keinen Raum für die Anwendung von § 242 BGB gesehen. Dies entspricht der wohl immer noch herrschenden Meinung in der Literatur (vgl. Buchner, Der Schutz von Computerprogrammen und Know-how im Arbeitsverhältnis, in: Lehmann, Rechtsschutz und Verwertung von Computerprogrammen, 2. Aufl., S. 447 Rdnr. 77).

16.2. „Gebundene" und „freie" Erfindungen

Das Gesetz unterscheidet zwischen „gebundenen" und „freien" Erfindungen (§ 4 Abs. 1 ArbNErfG). „Gebundene Erfindungen" oder Diensterfindungen sind entweder aus der dem Arbeitnehmer im Betrieb obliegenden Tätigkeit entstanden oder beruhen maßgeblich auf Erfahrungen oder Arbeiten des Betriebes. Sonstige Erfindungen von Arbeitnehmern sind nach § 4 Abs. 3 S. 1 ArbNErfG freie Erfindungen; sie werden zwar auch während der Dauer des Arbeitsverhältnisses erbracht, beruhen aber nicht auf den Umständen, die für die Begründung einer Diensterfindung maßgeblich sind.

16.3. Pflichten von Arbeitnehmer und Arbeitgeber bei der „gebundenen Erfindung"

Pflichten des Arbeitnehmers bei der Diensterfindung:

– Meldepflicht (§ 5 ArbNErfG): Der Arbeitnehmer hat die Erfindung unverzüglich dem Arbeitgeber zu melden, und zwar „gesondert", d.h. nicht vermischt mit anderen Nachrichten. Er muss kenntlich machen, dass er eine Diensterfindung an-

meldet. Die technische Aufgabe, die Lösung und das Zustandekommen der Diensterfindung sind zu beschreiben.
- Geheimhaltungspflicht (§ 24 Abs. 2 ArbNErfG): Die Diensterfindung ist vom Arbeitnehmer geheim zu halten. Die Pflicht besteht auch über die Beendigung des Arbeitsverhältnisses hinaus (§ 26 ArbNErfG).

Pflichten des Arbeitgebers:
- Der Arbeitgeber ist verpflichtet (und auch allein berechtigt), eine ihm gemeldete Diensterfindung im Inland zur Erteilung eines Schutzrechts anzumelden (§ 13 Abs. 1 S. 1 ArbNErfG). Dem Arbeitgeber wird dabei eine angemessene Frist zugebilligt, in der er feststellen kann, ob die gemeldete Erfindung den Anforderungen der Gesetze genügt. Der Arbeitgeber kann auch zu der Feststellung kommen, dass mit der Anmeldung zum Schutzrecht Betriebsgeheimnisse an die Öffentlichkeit gelangen. Er kann dann von der Anmeldung eines Schutzrechts absehen; allerdings nur, wenn er die Schutzfähigkeit der Diensterfindung gegenüber dem Arbeitnehmer anerkennt (§ 17 Abs. 1 ArbNErfG). Er ist auch in diesem Fall dem Arbeitnehmer vergütungspflichtig (§ 17 Abs. 2 und 3 ArbNErfG).

Grundsätzlich ist nach positiv verlaufener Prüfung vom Arbeitgeber anzumelden, und zwar zum Patent. Eine Gebrauchsmusteranmeldung genügt, wenn „bei verständiger Würdigung der Verwertbarkeit der Erfindung" der Gebrauchsmusterschutz „zweckdienlicher erscheint" (§ 13 Abs. 1 S. 2 ArbNErfG).
- Kostentragungspflicht:
Aus der Anmeldeverpflichtung folgt, dass der Arbeitgeber die Kosten der Anmeldung zu tragen hat. Wenn der Arbeitgeber die Anmeldung nicht weiter verfolgen oder das Patent oder Gebrauchsmuster nicht aufrechterhalten will, hat er dies dem Arbeitnehmer mitzuteilen und ihm die entsprechenden Rechte zu übertragen (§ 16 Abs. 1 ArbNErfG).
- Der Arbeitgeber kann die Diensterfindung „unbeschränkt", also in vollem Umfange (§ 6 Abs. 1 ArbNErfG) oder „beschränkt" (§§ 6 Abs. 1 und 7 Abs. 2 S. 1 ArbNErfG) in Anspruch nehmen. Im Falle „beschränkter" Inanspruchnahme erhält der Arbeitgeber die Position eines „einfachen" Lizenznehmers. Der Erfinder ist dann frei, die Erfindung zur Schutzrechtserteilung anzumelden, er kann seine Rechte auch veräußern; der Arbeitgeber behält dann die Rechte aus der Lizenz.

16.4. Vergütungsanspruch des Arbeitnehmers

Mit der Inanspruchnahme der Diensterfindung durch den Arbeitgeber erhält der Arbeitnehmer einen Anspruch auf angemessene Vergütung (§§ 9 ff. ArbNErfG). Das Bundesministerium für Arbeit hat für die Errechnung der Vergütung Richtlinien erlassen.[159]

---

[159] Vom 20. Juli 1959, Beil. BAnz. Nr. 156.

Danach gibt es drei Berechnungsmethoden:

a) Ermittlung des Erfindungswertes nach der Lizenzanalogie,

b) Ermittlung des Erfindungswertes nach dem erfassbaren betrieblichen Nutzen und

c) die Schätzung; hierbei soll von dem Preis ausgegangen werden, den der Betrieb hätte aufwenden müssen, wenn er die Erfindung von einem freien Erfinder erworben hätte.

Können sich die Parteien über die Höhe der Vergütung nicht einigen, bleibt die Klage vor dem Patentgericht (§ 143 PatG). Die Parteien können zuvor die Schiedsstelle (eingerichtet beim Patentamt) anrufen (§§ 28, 29 ArbNErfG).

16.5. Regelung für die „freien Erfindungen"

Für Erfindungen des Arbeitnehmers, die weder aus der dem Arbeitnehmer obliegenden Tätigkeit entstanden sind noch maßgeblich auf Erfahrungen oder Arbeiten des Betriebes beruhen, besteht eine Mitteilungspflicht. Der Arbeitgeber soll überprüfen können, ob die Erfindung frei ist (§ 18 Abs. 1 S. 2 ArbNErfG). Die Verpflichtung zur Mitteilung besteht nicht, wenn die Erfindung offensichtlich im Arbeitsbereich des Unternehmens nicht verwendbar ist (§ 18 Abs. 3 ArbNErfG). Ferner besteht eine Anbietungspflicht. Der Arbeitnehmer hat dem Arbeitgeber zumindest ein nicht ausschließliches Recht zur Benutzung der Erfindung zu angemessenen Bedingungen anzubieten. Dies aber nur, wenn die Erfindung im Zeitpunkt des Angebots in den vorhandenen oder vorbereiteten Arbeitsbereich des Betriebes des Arbeitgebers fällt (§ 18 Abs. 3 ArbNErfG). Der Arbeitgeber hat innerhalb von drei Monaten anzunehmen, sonst erlöschen seine Ansprüche (§ 19 Abs. 2 ArbNErfG).

Teil C: Leistungsschutzrechte

1. Gebrauchsmustergesetz

1.1. Schutzzweck/Schutzinhalt

1.1.1. Einführung

Auch das Gebrauchsmuster ist ein gewerbliches Schutzrecht. Ähnlich wie beim Patent wird dem Inhaber dieses Schutzrechtes ein zeitlich befristetes und ausschließliches Benutzungsrecht gewährt.

Der Grund für die Schutzgewährung bestand ursprünglich darin, solche gewerblichen Erzeugnisse zu schützen, die nicht nur durch eine neue Form die äußere Erscheinung eines Gegenstandes verändern, sondern die mittels einer in der Gestaltung oder Konstruktion vorgenommenen Neuerung die **Verwendbarkeit** erhöhen. Verlangt war bei einem Gebrauchsmuster eine **Lehre zum technischen Handeln.**

Die Bezeichnung „Muster" rührt noch daher, dass das GebrMG ursprünglich zur Ergänzung des Geschmacksmustergesetzes gedacht war.

Weil kleinere technische Erfindungen, für die sich ein Patentschutz nicht lohnte, vielfach als Geschmacksmuster hinterlegt wurden, entsprechender Schutz für technische Neuerungen dadurch aber nicht eintrat, wurde die durch die Praxis aufgezeigte gesetzliche Lücke im gewerblichen Rechtsschutz durch das GebrMG geschlossen. Häufig spricht man deshalb auch heute noch vom **Schutzrecht für kleine Erfindungen, vom kleinen Patent**. Dementsprechend wurde dann auch bei den Qualitätsanforderungen unterschieden. Diese Unterscheidung hat der BGH nun aber aufgegeben. In seiner Entscheidung „Demonstrationsschrank" vom 20. Juni 2006 anerkennt der BGH[1] zunächst, dass der sprachlichen Differenzierung zum Patentrecht durch das Gebrauchsmusterrechtsänderungsgesetz vom 15. August 1986 (BGBl. 1986 I S. 1466) der Wunsch des Gesetzgebers zur Unterscheidung zu entnehmen sei und dass diese Unterscheidung lange Tradition auch in der Lehre habe. Auch der höchstrichterlichen Rechtsprechung sei eine Differenzierung zu entnehmen.

Der BGH bereitet dann den „Umschwung" vor. Er betont, dass auch die frühere Rechtsprechung für das Gebrauchsmusterrecht eine (bestimmte) Erfindungshöhe verlangt habe: Ein erfinderischer Überschuss über das Bekannte sei immer verlangt

---

[1] BGH „Demonstrationsschrank", GRUR 2006, 842. Besprechung von *Goebel*, GRUR 2008, 301 ff.

worden. Dann stellt der BGH fest, dass die Anforderungen an die vom Patengesetz verlangte „erfinderische Tätigkeit" so gering sei, dass sich eine Differenzierung zwischen den beiden Rechten verbiete. Der BGH stellt dabei auf die in das Patentgesetz aufgenommene Umschreibung für die „erfinderische Tätigkeit" ab, nach der es darauf ankommt, dass die Lehre für den Fachmann sich nicht in nahe liegender Weise aus dem Stand der Technik ergibt (§ 4 PatG).

Der BGH untermauert seine Ansicht noch mit der Auffassung, dass das Gebrauchsmuster, dort wo ein entsprechender Schutz gewährt wird, kein gegenüber dem Patenrecht minderes Recht sei. Der BGH ist der Ansicht, dass es für eine unterschiedliche Beurteilung keinen überzeugenden Ansatz gibt.

Die Ansicht des BGH ist rechtsdogmatisch falsch.

Gebrauchmusterrecht und Patentrecht sind aus rechtsdogmatischer Sicht zwei ganz unterschiedliche Regelungsbereiche. Das Patentrecht gehört neben dem Urheberrecht zu den klassischen Immaterialgüterrechten. Bei diesen Gesetzen steht die Qualität der zu schützenden technischen Lehre bzw. die „Originalität" des Werkes im Vordergrund; die Rechte sind deshalb klassische Immaterialgüterrechte, weil sie die neue Idee, die neue Lehre, die neue, eigenartige Schöpfung, als Grundlage für den Schutz bzw. als Rechtfertigung für den weit reichenden Ausschluss Dritter von der Nutzung des neuen Wissens einsetzen. Der Grund für die Schutzgewährung liegt in der Gleichwertigkeit von materiellen Dingen und wertvollen Ideen.

Anders verhält es sich bei den diesen Rechten nachgeordneten Rechten. Die verwandten Schutzrechte des Urheberechts oder die mit diesen Rechten im Zusammenhang stehenden weiteren Rechte (Geschmacksmusterecht) sind Leistungsschutzrechte. Bei ihnen steht weniger die neue Idee, die Schöpfung etc im Vordergrund, sondern der mit der Entwicklung und „Durchsetzung" einer Idee regelmäßig verbundene Aufwand. Der Schutz wird weniger wegen der „Qualität" der neuen Produktidee gewährt, sondern wegen der Notwendigkeit Investitionen zu schützen, damit auch künftig investiert werden wird. Viele dieser Rechte haben ihren Ursprung im UWG, im Bereich der Fallgruppe „sklavische Nachahmung".

Bei dem Gebrauchsmusterrecht verhält es sich ebenso; es ist ein Leistungsschutzrecht zum Schutz von technischen Produkten bzw. Produktideen, bei denen sich regelmäßig eine Anmeldung zum Patent mangels Erfindungshöhe verbietet.

Das Halbleiterschutzgesetz, das in einer sehr engen Beziehung zum Gebrauchsmusterrecht steht, verdeutlicht dies. Erfasst werden neue Halbleitererzeugnisse und zwar in ihrer konkreten (gegenständlichen) Anordnung (§ 1 Abs. 4). Der Schutz ist auf die konkrete Schaltung begrenzt, nicht – wie im Falle einer Erfindung nach dem Patentgesetz – auch noch auf „verwandte" Schaltungsanordnungen, auf eine neue „Schaltungsidee".

Entsprechend gering sind dann auch die Anforderungen an die im Halbleiterschutzgesetz genannten Anforderungen an die Qualität: Es darf sich nicht um Alltägliches handeln und schon gar nicht um eine bloße Nachbildung einer anderen Topographie. Entsprechend knapp ist dann aber auch der Schutz bemessen; im Wesentlichen wird die Topographie nur in ihrer ganz konkreten Art geschützt. Der Schutz reicht für ein Leistungsschutzrecht aus; weil niemand unmittelbar übernehmen darf, ist die Investition geschützt.

Dasselbe gilt für das Gebrauchsmusterrecht. Der Begriff „technischer Schritt" dient auch hier in Abgrenzung zum Patenrecht weniger als Qualitätsmerkmal, sondern hat den Zweck, in gemeinverträglicher Art einen Schutzbereich festzulegen, der dem Anmelder das sichert, was er konkret geschaffen hat. Der „erfinderische Schritt" braucht demnach nur so groß zu sein, dass auf seiner Grundlage ein Schutzbereich überhaupt gekennzeichnet werden kann.

Im Patentrecht steht die erfinderische „Tätigkeit" als Schutzvoraussetzung im Vordergrund; der Schutz gründet sich auf eine solche Tätigkeit. Im Gebrauchsmusterecht wird der Erfindungsbegriff nur eingesetzt, um eine Abgrenzung zum Vorhandenen zu ermöglichen.

Der BGH ist der Auffassung, dass eine Qualitätsanforderung unter dem Niveau des Patentrechts die Gewährung eines Ausschließlichkeitsrechts nicht rechtfertigt.

Diese Auffassung ist nicht verständlich. Der Gesetzgeber hat im Urheberechtsgesetz Leistungsschutzrechte eingeräumt; der Gesetzgeber hat im Technikbereich das besprochene Halbleiterschutzgesetz geschaffen und die Rechtsprechung begründet seit fast 100 Jahren Leistungsschutzrechte, auch für den technischen Bereich, über das UWG. All diese Rechte sind Ausschließlichkeitsrechte, also Rechte die jeden Dritten von der Verwendung der zumeist nicht sehr anspruchsvollen neuen Idee fernhalten, all diese Rechte sind unabhängig von einer anspruchsvollen Lehre bzw. Schöpfung. Der Grund liegt in einer vom Patenrecht und auch vom Urheberrecht unterscheidbaren Begründung des Schutzes. Es geht im Gebrauchsmusterrecht, wie auch bei den anderen Leistungsschutzrechten, um den Schutz des mit der Entwicklung oder der Verwirklichung einer neuen Idee verbundenen Aufwands.

Die Qualität der neuen Idee, des neuen Produkts, ist dabei von geringer Bedeutung. Der Qualitätsbegriff, der sich im Gebrauchmusterrecht als „neuer technischer Schritt" findet, hat nur die Bedeutung der sinnvollen, gemeinverträglichen Eingrenzung eines Schutzbereichs. Es geht nicht um die Qualität der neuen Lehre/Produktenwicklung, sondern darum, dass bisher nicht Vorhandenes, nicht im Alltäglichen Auffindbares, nun entwickelt wurde.

Soweit der BGH der Ansicht ist, die Qualitätsanforderungen von Patent und Gebrauchsmuster müssten gleich sein, weil das Gebrauchsmuster kein „minderes Recht" sei, wird Ursache und Wirkung verwechselt.

Wenn der BGH die Schutzvoraussetzungen gleich machen will, wenn er also unter denselben Voraussetzungen ein Gebrauchsmuster wie auch ein Patent gewähren will, so ist in der Tat das Gebrauchmuster kein „minderes Recht".

Bedeutsamer ist aber, dass der BGH die völlig unterschiedliche Bedeutung der Qualitätsanforderungen in den beiden Gesetzen verkennt. Im Patentrecht ist die Qualität der Erfindung der Grund für die Schutzgewährung, die Erfindung soll belohnt werden; dann muss es selbstverständlich „gewisse" Anforderungen geben. Bei einem Leistungsschutzrecht, wie dem des Gebrauchsmusterrechts, soll der Gewerbefleiss belohnt werden und das Merkmal der Erfindung ist nur Indikator für eine gewerbliche Leistung, also dafür, dass überhaupt etwas Neues geschaffen wurde und insofern auch eine kostenträchtige Investition vorliegt. M.a.W.: Das Patentrecht schützt wegen der neuen Idee, das Gebrauchsmusterrecht wegen des mit der Entwicklung eines neuen Produkts verbundenen Aufwands; aus patentrechtlicher Sicht muss ein Schutz ausscheiden, wenn die neu entwickelte Technik nicht hinreichend anspruchsvoll ist, also sich vom bisherigen nicht deutlich abhebt. Aus gebrauchsmusterrechtlicher Sicht reicht schon jede Abweichung vom Bisherigen aus, um Schutz zu gewähren. Die Schutzbegründungen der beiden Schutzgesetze sind unterschiedlich: Patentrechtlicher Schutz bedeutet Ideenschutz; Gebrauchsmusterschutz bedeutet Aufwandsschutz. Weil der Aufwand nur sehr schwer verifizierbar ist, wird er als Ideenschutz gewährt. Der Unterschied zum Patentrecht liegt darin, das jede Neuerung für die Schutzgewährung ausreicht, weil eben jede Weiterentwicklung mit Aufwand, mit Kosten verbunden ist.

Das Gebrauchsmusterrecht ist auch aus immaterialgüterrechtlicher Sicht, wie alle Leistungsschutzrechte, ein minderes Recht, weil nur „gegenständlich" geschützt wird. Es wird nur die konkrete Ausführungsweise der neuen Idee geschützt. Die Idee wird geschützt, wie sie verwirklicht wird und nicht im Hinblick auf äquivalente Lösungen.

1.1.2. Schutzgegenstand

Nach § 1 GebrMG i.d.F. vom 2. Januar 1968 wurden nur Arbeitsgerätschaften, Gebrauchsgegenstände oder Teile davon geschützt, wenn sie dem Arbeits- oder Gebrauchszweck durch eine neue Gestaltung, Anordnung oder Vorrichtung dienen.

Aufgrund der von der Rechtsprechung geprägten Auslegung wurden unter Arbeitsgerätschaften oder Gebrauchsgegenständen solche verstanden, die sich in einer konkreten **Raumform** verkörpern. Durch ein Gebrauchsmuster geschützt war danach der in einer Raumform in Erscheinung tretende Erfindungsgedanke.[2] Schon nicht durch das Gebrauchsmuster geschützt waren technische Verfahren, wie z.B. Schaltungen, insbes. solche elektrischer Art, weil diese eine konkrete Raumform vermissen lassen.[3] Mit der Novellierung des GebrMG mit Wirkung vom 1. Januar 1987[4] wurde das **Raumerfordernis für Schaltungen aufgegeben**.[5]

Mit der Neufassung des § 1 Abs. 1 GebrMG vom 1. Juli 1990 (Produktpirateriegesetz vom 7. März 1990)[6] wurde dann der Gebrauchsmusterschutz auf alle technischen Neuerungen ausgedehnt. Nach § 1 Abs. 1 GebrMG n.F. werden alle Erfindungen als Gebrauchsmuster geschützt, die neu sind, auf einem **erfinderischen Schritt** beruhen und gewerblich anwendbar sind. Das „Raumerfordernis" wurde überhaupt gestrichen.

§ 1 Abs. 2 GebrMG blieb unverändert. Demnach sind dem Gebrauchsmusterschutz auch weiterhin nicht zugänglich (gleich den patentrechtlichen Regelungen) Entdeckungen, wissenschaftliche Theorien, mathematische Methoden, ästhetische Formschöpfungen, Pläne, Regeln für gedankliche Tätigkeiten, die Wiedergabe von Informationen sowie Programme für Datenverarbeitungsanlagen.

Mikrobiologische Verfahren und auch durch mikrobiologische Züchtungsverfahren gewonnene Erzeugnisse (Mikroorganismen und Verfahren zur Verwendung von

---

[2] BGH GRUR 1957, 270.
[3] BGH GRUR 1965, 239; GRUR 1965, 247.
[4] BGBl. I 1987, S. 1455.
[5] Vgl. zur Änderung des Gesetzes *Winkler*, Mitt. 1987, 3 ff.; *Einsele*, GRUR 1987, 416 ff.
[6] BGBl. I 1990, S. 422.

Mikroorganismen) sind ebenfalls vom Schutz ausgeschlossen (§ 2 Abs. 3 GebrMG). Weiterhin sind Pflanzensorten nicht geschützt (§ 2 Nr. 2, 1. Alt. GebrMG). Ein Schutz neuer Sorten ist nach dem Sortenschutzgesetz möglich (§ 1 SortSchG); Tierarten sind ebenfalls vom Schutz ausgeschlossen (§ 2 Nr. 2 GebrMG).

Ein Schutz kann auch nicht über den Weg des biotechnischen Verfahrens zur Erzeugung neuer Pflanzen oder Tierarten erreicht werden, wie dies patentrechtlich möglich wäre, weil biotechnische Erfindungen vom Gebrauchsmusterschutz ausgenommen sind (§ 2 Nr. 3 GebrMG).

Ferner können „Verfahren" generell weiterhin nicht als Gebrauchsmuster geschützt werden (§ 2 Nr. 3 GebrMG). Von großer Bedeutung ist hier allerdings, dass der Begriff „Verfahren" dem des Patentrechts entspricht und somit im Wesentlichen nur Herstellungs- und Arbeitsverfahren umfasst; die Möglichkeit eines Gebrauchsmusters für Stofferfindungen einzutragen bei denen das Erfinderische über die verfahrensmäßige Anwendung zu beschreiben ist, besteht. Danach ist z.B. die Eintragung eines Gebrauchsmusters für die Verwendung bekannter Stoffe im Rahmen einer (neuen) medizinischen Indikation möglich.[7] Eine weitere Einschränkung gegenüber dem Patentschutz folgt daraus, dass biotechnische Verfahren nicht geschützt sind (§ 1 Abs. 2 Nr. 5 GebrMG).

Das Gebrauchsmuster ist, ebenso wie das Patent, seiner Rechtsnatur nach ein technisches Schutzrecht, mit „Erfindungen" sind nur die technischen Neuerungen angesprochen.

Einteilung und Beispiele im Hinblick auf den erweiterten Schutzbereich:

a) Gebrauchsmusterschutz für **unbewegliche Sachen**
Geschützt werden auch unbewegliche Sachen, wie z.B. Erfindungen an Brücken, Deichen, Kanälen, Tanks u.ä.

Nach alter Rechtslage waren unbewegliche Sachen vom Gebrauchsmusterschutz ausgeschlossen, weil ihnen wegen ihrer „Unbeweglichkeit" die für Arbeitsgerätschaften und Gebrauchsgegenstände notwendige Voraussetzung der Handhabbarkeit fehlt.

b) Gebrauchsmusterschutz für Sachen **ohne gegenständliche Einheit**
Die Schutzvoraussetzung der gegenständlichen Einheit gibt es nicht mehr, da nach neuem Gebrauchsmusterrecht die erfinderische Leistung nicht mehr an Neuerungen von Arbeitsgerätschaften oder Gebrauchsgegenständen gebunden ist.

Durch den Wegfall dieser Schutzvoraussetzung wurden die Gebrauchsmusterschutzmöglichkeiten erheblich erweitert; nunmehr sind auch ganze Anlagen und Anordnungen eintragungsfähig.[8]

c) Gebrauchsmusterschutz für **Stoffe ohne feste Gestalt**
Auch für Stofferfindungen kann ein Gebrauchsmusterschutz erlangt werden.

---

[7] BGH GRUR 2006, 135 – Arzneimittelgebrauchsmuster.
[8] Dazu *Tronser*, GRUR 1991, 11 f.

Früher konnte nur die Auswahl oder Änderung der stofflichen Zusammensetzung eines Gebrauchsmustergegenstandes als sog. Stoffauswahl- oder Stoffaustauscherfindung unter Gebrauchsmusterschutz gestellt werden. Für den Erfinder bedeutete dies eine erhebliche Einschränkung. Er musste oft einen Umweg gehen, indem er einen Gebrauchsgegenstand, für den die Stofferfindung von großer Bedeutung war, zur Anmeldung brachte. Bei einer grundlegenden Stofferfindung können aber die späteren Anwendungen nicht immer abgeschätzt werden. Der Schutzbereich war häufig zu eng bemessen.[9]

d) Gebrauchsmusterschutz für **Nahrungs-, Genuss- und Arzneimittel**
Nach der neuen Rechtslage sind nunmehr auch Nahrungs-, Genuss- und Arzneimittel, wie z.B. Fertiggerichte, Diät- und Babynahrung, Süßigkeiten, Getränke, etc. gebrauchsmusterfähig.

Diese Produkte waren früher vom Gebrauchsmusterschutz ausgeschlossen, weil sie zum Genus oder Verzehr bestimmt sind, was nach allgemeinem Sprachgebrauch ihre Einordnung als Gebrauchsgegenstände oder Arbeitsgerätschaften ausschließt.[10]

e) **Verlängerung der** maximalen Schutzdauer
Die Novellierung aus 1990 hat die Verlängerung der maximalen Schutzdauer eines Gebrauchsmusters von bisher acht auf zehn Jahre gebracht (§ 23 Abs. 2 Satz 1 GebrMG n.F.). Damit kam der Gesetzgeber vor allem den Wünschen der mittelständischen Wirtschaft entgegen. Mit dieser Gesetzesänderung wurde auch eine Einpassung der Schutzfristen in den internationalen Rahmen angestrebt.

1.2. Gebrauchsmusteranmeldung

Das Recht auf das Gebrauchsmuster entsteht – wie beim Patent – mit der Vollendung der Erfindung, sofern diese den §§ 1 bis 3 entspricht. Der Anspruch auf das Recht wird durch Anmeldung der Erfindung zur Eintragung als Gebrauchsmuster beim Deutschen Patent- und Markenamt (DPMA) geltend gemacht.

1.2.1. Anmeldungserfordernisse

In § 4 GebrMG sind die Bestimmungen zur Gebrauchsmusteranmeldung festgehalten. Diese besteht aus:

a) dem Antrag,

b) den Schutzansprüchen,

c) der Beschreibung und

d) der Zeichnung.

---

[9] Vgl. *Tronser*, GRUR 1991, 12 f.
[10] Vgl. *Tronser*, GRUR 1991, 12.

Der **Eintragungsantrag** (§ 4 GebrMAVO) ist auf vorgeschriebenen Formblättern in zwei Exemplaren schriftlich und in deutscher Sprache beim Deutschen Patent- und Markenamt in München oder bei der Dienststelle Berlin einzureichen.

Zum Antrag gehört unter anderem die Bezeichnung, die übereinstimmend mit dem Titel der Beschreibung stichwortartig kurz und technisch genau einen Überblick über den Gegenstand des Gebrauchsmusters und Interessierten Anregung zur weiteren Nachforschung geben soll. Weitere Einzelheiten sind dem § 4 GebrMAVO zu entnehmen.

Die **Schutzansprüche** (§ 5 GebrMAVO) sind zwingend erforderlich. Ihr Inhalt bestimmt den Schutzbereich des Gebrauchsmusters, wobei die Beschreibung und die Zeichnungen zur Auslegung der Schutzansprüche heranzuziehen sind (§ 12a GebrMG). Der Kern der Erfindung soll für den Fachmann erkennbar zum Ausdruck kommen.

In den Schutzansprüchen kann das, was als gebrauchsmusterfähig unter Schutz gestellt werden soll, einteilig oder nach Oberbegriff und kennzeichnendem Teil geteilt (zweiteilig) gefasst sein.

Im Falle der **zweiteiligen** Anspruchsfassung gibt der Oberbegriff grundsätzlich den Gegenstand an, auf den sich die Erfindung gemäß dem Antrag bezieht, und die bekannten Merkmale, die dieser Gegenstand mit dem Stand der Technik gemeinsam hat. Der kennzeichnende Teil gibt die gegenüber dem Stand der Technik neuen Merkmale an, die den im Oberbegriff beschriebenen Gegenstand verbessern oder weiterentwickeln. Sämtliche Merkmale des Oberbegriffs und des kennzeichnenden Teils bilden gemeinsam den geschützten Gegenstand. Formal wird der kennzeichnende Teil für gewöhnlich mit den Worten „dadurch gekennzeichnet, dass" oder „gekennzeichnet durch" eingeleitet.

Ist jedoch die Erfindung der Gattung nach neu, so kann keine Unterteilung in Oberbegriff und kennzeichnenden Teil vorgenommen werden. Die Anspruchsfassung wird dann **einteilig** erstellt.

Eine Anmeldung kann mehrere Schutzansprüche enthalten, soweit der Grundsatz der Einheitlichkeit gewahrt ist. Im ersten Schutzanspruch, im Hauptanspruch, sind die wesentlichen Merkmale der Erfindung anzugeben. Weitere Merkmale können in einheitlichen Nebenansprüchen aufgeführt werden. Zu jedem Haupt- bzw. Nebenanspruch können außerdem ein oder mehrere Unteransprüche aufgestellt werden, die sich auf besondere Ausführungsarten der Erfindung beziehen. Es ist jedoch notwendig, dass die Unteransprüche eine Bezugnahme auf mindestens einen der vorangehenden Schutzansprüche enthalten.

In der Praxis empfiehlt es sich, die Schutzansprüche nicht zu eng zu fassen. Denn je detaillierter diese formuliert sind, desto leichter ist es für Dritte, die Erfindung nachzuahmen, indem sie die Schutzansprüche und damit den Schutzumfang des Gebrauchsmusters geschickt umgehen.

Die **Beschreibung** (§ 6 GebrMAVO) muss erkennen lassen, dass sie zur Anmeldung gehört. Sie soll ferner das technische Gebiet, zu dem die Erfindung gehört, den dem Anmelder bekannten Stand der Technik und das der Erfindung zugrunde liegende Problem angeben. Dabei ist die Erfindung so zu erläutern, dass ihre Nachbildung durch andere Sachverständige möglich ist. Es reicht jedoch nicht aus, lediglich auf die Zeichnung Bezug zu nehmen, da ersichtlich sein muss, welche der Merkmale unter Schutz gestellt werden sollen.

Die **Zeichnung** (§ 7 GebrMAVO) ist – anders als beim Patent – zwingend vorgeschrieben. Alternativ konnte früher auch ein Modell eingereicht werden. Dies ist jedoch heute nicht mehr zulässig. An die Zeichnung wird der Anspruch gestellt, die Erfindung anhand eines Ausführungsbeispiels bildlich darzustellen, ohne Erläuterungen zu verwenden. Ausgenommen sind kurze unentbehrliche Angaben wie „Wasser", „Dampf", „offen", „zu", „Schnitt A–B" sowie in elektrischen Schaltplänen und Blockschaltbildern kurze Stichworte, die für das Verständnis notwendig sind (§ 7 Abs. 6 GebrMAVO). Weitere Einzelheiten, die überwiegend die formale Gestaltung der Zeichnung regeln, sind in § 7 Abs. 1 bis 5 GebrMAVO aufgeführt.

Gemäß § 3 Abs. 1 GebrMAVO sind die Schutzansprüche, die Beschreibung und die Zeichnungen auf gesonderten Blättern und in zweifacher Ausführung beim DPMA einzureichen.

1.2.2. Recherche

Wie bei einer Patentanmeldung ist es auch bei einer Gebrauchsmusteranmeldung für gewöhnlich sinnvoll, diese immer mit einer Recherche zu verbinden, damit der Anmelder sicher sein kann, dass für seine Erfindung auch tatsächlich ein Schutzrecht eintritt. Eine Recherche kann für die Gebrauchsmusteranmeldung und für das bereits eingetragene Gebrauchsmuster gleichermaßen durchgeführt werden. Auf Antrag ermittelt dann das Patentamt aus dem der zuständigen Prüfungsstelle vorliegenden Prüfstoff die inländischen und ausländischen öffentlichen Druckschriften, die für die Beurteilung der Schutzfähigkeit des Gegenstandes der Gebrauchsmusteranmeldung in Betracht zu ziehen sind (§ 7 Abs. 1 GebrMG).

Der Antrag kann schriftlich vom Anmelder oder dem als Inhaber Eingetragenen und jedem Dritten gestellt werden (§ 7 Abs. 2 GebrMG).

Die Recherchegebühr wird mit der Antragstellung fällig. Unterbleibt die Zahlung, so gilt der Rechercheantrag als nicht gestellt.

Nach Abschluss der Ermittlungen wird ein Recherchenbericht erstellt. Dieser nennt die zum Stand der Technik ermittelten Druckschriften ohne eine gebrauchsmusterrechtliche Würdigung. Der Antragsteller erhält diesen Recherchenbericht und auf zusätzlichen Antrag hin und gegen Zahlung einer Pauschalgebühr auch die im Recherchenbericht genannten Druckschriften, um dann selbst eine Bewertung der Schutzfähigkeit des Gebrauchsmustergegenstandes vornehmen zu können.

1.2.3. Anmeldungsgebühren

Zur Zeit sind als Gebühren bei einer Gebrauchsmusteranmeldung folgende Zahlungen zu leisten:

- für eine Gebrauchsmusteranmeldung € 40,00 (Anmeldegebühr)
- für eine Recherche € 250,00 (Antragsgebühr)

1.3. Gebrauchsmustereintragung

1.3.1. Prüfung

Das Patentamt prüft vor der Eintragung lediglich die sog. **absoluten Schutzvoraussetzungen** (§ 1 Abs. 2 und § 2 GebrMG) und die prozessualen Voraussetzungen (formalen Anmeldungserfordernisse). Gemäß § 8 Abs. 1 Satz 2 GebrMG findet eine Prüfung der **relativen Schutzvoraussetzungen** (Neuheit, erfinderischer Schritt und gewerbliche Anwendbarkeit) nicht statt. Erst in einem etwaigen Streitfall (Löschungs- oder Verletzungsverfahren) wird eine Prüfung veranlasst. Somit wird ein Gebrauchsmuster auch dann eingetragen, wenn eine oder mehrere der relativen Schutzvoraussetzungen nicht erfüllt sind. In diesem Fall entsteht jedoch kein Schutzrecht, sondern nur ein **Scheinrecht**, aus dem zu keiner Zeit Rechte hergeleitet werden können. Diese Unsicherheit kann – wenn sie nicht schon durch eigene Nachforschungen beseitigt worden ist – auch durch die auf Antrag vom Patentamt durchgeführte Recherche und die Prüfung des dabei ermittelten Standes der Technik durch den Anmelder vermieden werden.

1.3.2. Eintragungsverfahren

Wenn die Prüfung keine Beanstandungen ergab, so verfügt das Patentamt die Eintragung in die Rolle für Gebrauchsmuster (§ 8 Abs. 1 GebrMG). Dies geschieht in der Regel nach ca. 2 Monaten. Mit der rechtsbegründenden Eintragung entsteht dann das Gebrauchsmuster. Eintragungen werden im Patentblatt in regelmäßig erscheinenden Übersichten bekannt gegeben. Mit der Eintragung kommt das Gebrauchsmuster zur Entstehung; die Eintragung hat demnach konstitutive Wirkung (§ 11 Abs. 1 GebrMG).

Eine Besonderheit liegt aber in den Ausnahmen von dieser konstitutiven Wirkung. Fehlen nämlich materielle Schutzvoraussetzungen, §§ 1 bis 3 GebrMG, so entsteht das Gebrauchmusterrecht nicht. Die Eintragung hat keine Wirkung, das Recht kann jederzeit gelöscht werden (§§ 13 Abs. 1, 15 Abs. 1 Nr. 1 GebrMG). Darin liegt ein großer Unterschied zum Patentrecht; hier kann nur im Nichtigkeitsverfahren vor dem Patentgericht das Fehlen der materiellen Schutzvoraussetzungen gerügt werden. Der Richter im Patentverletzungsprozess hat hingegen keine Verwerfungskompetenz. Er kann allenfalls das Verfahren zur Durchführung des Nichtigkeitsverfahrens vor dem Patentgericht aussetzen.

1.3.3. Schutzdauer

Die höchste Schutzdauer beträgt zehn Jahre; sie wird zunächst für drei Jahre erteilt und kann durch Zahlung einer Aufrechterhaltungsgebühr um weitere drei Jahre und dann um jeweils zwei Jahre bis zur höchsten Schutzdauer verlängert werden; §§ 23 Abs. 1, 2 und 6 GebrMG. Die Verlängerung wird in der Rolle vermerkt. Wird keine Verlängerung vorgenommen, erlischt das Gebrauchsmuster mit Ablauf der ersten Laufzeit. Der Beginn der Ablauffrist ist der Tag nach der Anmeldung. Der Wortlaut des dazugehörigen § 23 Abs. 1 GebrMG kann leicht missverstanden werden. Denn es ist nicht der Gebrauchsmusterschutz, der einen Tag nach der Anmeldung eintritt, sondern die Laufzeit von drei Jahren beginnt an diesem Tag. Die Schutzwirkung selbst tritt erst mit der Eintragung in die Gebrauchsmusterrolle ein. Da Eintragung und Anmeldung zeitlich differieren, ist die tatsächliche Dauer des Schutzes kürzer als drei Jahre (um ca. 2 Monate). In der Zeit zwischen Anmeldung und Eintragung ist die Erfindung anders als im Patentrecht ungeschützt.

Das DPMA verlangt folgende Gebühren:

- für die erste Verlängerung der Schutzdauer € 210,00
- für die zweite Verlängerung der Schutzdauer € 350,00
- für die dritte Verlängerung der Schutzdauer € 530,00

Zu beachten ist, dass die Verlängerungsgebühr bis zum Ablauf von zwei Monaten nach Beendigung der vorangegangenen Schutzfrist zu entrichten ist. Unterbleibt eine termingerechte Zahlung, so wird vom Eingetragenen ein Zuschlag verlangt, der zusammen mit der Gebühr innerhalb von vier Monaten nach Ablauf des Monats, in dem eine Erinnerungsnachricht zugestellt worden ist, zu bezahlen ist. Der Zuschlag beträgt z. Z. 10 v. H. der nachzuzahlenden Gebühr. Kommt der Eingetragene auch diesen Zahlungen innerhalb der Frist nicht nach, wird vom DPMA keine Verlängerung der Schutzdauer bewirkt (§ 23 Abs. 2 GebrMG).

1.3.4. Wirkung der Eintragung

Die Eintragung des Gebrauchsmusters begründet für den Inhaber das ausschließliche Recht, das Muster gewerbsmäßig zu nutzen, d.h. herzustellen, anzubieten, in Verkehr zu bringen oder zu gebrauchen oder zu den genannten Zwecken entweder einzuführen oder zu besitzen (§ 11 Abs. 1 GebrMG). Das Gebrauchsmusterrecht gewährt allerdings nur einen Erzeugnisschutz; Verfahren werden gebrauchsmusterrechtlich, s.o., nicht geschützt. Dies hat dann wieder Bedeutung für den bereits im Urheberrecht und Patentrecht besprochenen Erschöpfungsgrundsatz; genau wie im Patentrecht kann der Dritte, der ein Produkt erworben hat in dem die Erfindung verwirklicht wurde, dieses an beliebige Dritte weiter vertreiben, ohne Einwilligung des Schutzrechtsinhabers. Ebenso wie im Patentrecht gilt auch hier das Territorialprinzip mit Ausnahme des Binnenmarktes bzw. des Europäischen Wirtschaftsraumes.

Die Wirkung des Gebrauchsmusters erstreckt sich jedoch nicht auf Handlungen, die im privaten Bereich zu nicht gewerblichen Zwecken vorgenommen werden, und auch nicht auf solche, die sich für Versuchszwecke auf den Gegenstand des Gebrauchsmusters beziehen (§ 12 GebrMG).

1.4. Schutz des eingetragenen Gebrauchsmusters

Die Ansprüche des Gebrauchsmuster-Inhabers bei widerrechtlicher Verletzung der ihm nach § 11 GebrMG zustehenden Rechte regelt § 24 GebrMG ergänzt durch die §§ 24a bis c GebrMG.
Danach stehen dem Inhaber folgende Ansprüche zu:

- **Unterlassung**, bei objektiv rechtswidriger Verletzung,
- **Schadenersatz**, wenn die Verletzung schuldhaft begangen worden ist,
- **billige Entschädigung** anstelle des Schadenersatzes, wenn der Verletzer nur leicht fahrlässig gehandelt hat,
- **Vernichtung** des im Besitz oder Eigentum des Verletzers befindlichen Erzeugnisses, das Gegenstand des Gebrauchsmusters ist und
- **Auskunft** über Herkunft und Vertriebswege des benutzten Erzeugnisses.

Ein wichtiger Unterschied zwischen dem Gebrauchsmuster- und dem Patentverletzungsprozess besteht darin, dass durch die Eintragung das Gebrauchsmusterrecht nur entsteht, wenn auch die relativen Schutzvoraussetzungen erfüllt sind. Da diese bei der Eintragung nicht geprüft werden, kann im Verletzungsprozess jederzeit die Schutzunfähigkeit des Gebrauchsmusters eingewendet werden, auch wegen der an sich im Eintragungsverfahren zu prüfenden Voraussetzungen nach §§ 1 und 2 GebrMG. Wird die Einrede erhoben, so hat der Verletzungsrichter vor Ermittlung des Schutzbereichs die Schutzfähigkeit des Gebrauchsmusters zu prüfen und festzustellen,[11] jedoch nur, wenn und soweit Einwände erhoben werden.[12]

1.5. Löschung

Zweck der Löschung ist die Beseitigung von Rechtsschein und von Scheinrechten, die dadurch entstanden sind, dass bei der Eintragung die sachlichen Voraussetzungen für die Entstehung eines Gebrauchsmusters nicht vorgelegen haben. Das geschieht grundsätzlich durch Löschung. Sie entspricht der Vernichtung eines Patents, wirkt also auf den Zeitpunkt der Entstehung (Eintragung) zurück (Wirkung „ex tunc").[13]
Im Wesentlichen berücksichtigt das GebrMG vier Löschungsgründe:

- fehlende Gebrauchsmuster- und Schutzfähigkeit (§ 15 Abs. 1 (1) GebrMG),
- Wesensgleichheit mit einem älteren Recht (§ 15 Abs. 1 (2) GebrMG),
- unzulässige Erweiterung (§ 15 Abs. 1 (3) GebrMG) und
- widerrechtliche Entnahme (§ 13 Abs. 2 GebrMG).

---

[11] BGH GRUR 57, 270 – Unfallverhütungsschuh; BGH GRUR 64, 221, 223 – Rolladen.
[12] BGH GRUR 69, 184 – Lotterielos.
[13] *Bühring*, Gebrauchsmustergesetz, S. 188.

Fehlende Gebrauchsmusterfähigkeit bedeutet, dass die absoluten Schutzvoraussetzungen gemäß §§ 1 und 2 GebrMG durch das Gebrauchsmuster nicht erfüllt worden sind, obwohl das DPMA diese vor der Eintragung im Prinzip geprüft hat. Das dürfte wohl in der Praxis heute eher die Ausnahme sein.

Fehlende Schutzfähigkeit bezieht sich dagegen auf die relativen Schutzvoraussetzungen, die bis dahin noch nicht geprüft wurden. Das heißt, das Gebrauchsmuster erfüllt nicht die Anforderungen nach Neuheit, erfinderischem Schritt und gewerblicher Anwendbarkeit.

Wesensgleichheit mit älterem Recht liegt dann vor, wenn die technischen Lehren beider kollidierender Schutzrechte ggf. trotz teilweise unterschiedlicher Wort- und Begriffswahl ihrem wesentlichen Inhalt nach weitgehend übereinstimmen.[14] Wichtig für diesen Löschungsgrund ist, dass das ältere Recht bereits vor dem für die Entscheidung maßgeblichen Zeitpunkt entstanden ist (Erteilung des älteren Patents bzw. Eintragung des älteren Gebrauchsmusters).

Eine **unzulässige Erweiterung** liegt dann vor, wenn der Inhalt des Gebrauchsmusters über den ursprünglichen Inhalt der Anmeldung hinausgeht. Das heißt, der Inhalt des Gebrauchsmusters ist gegenüber der ursprünglichen Offenbarung der Anmeldung so verändert worden, dass das eingetragene Gebrauchsmuster Merkmale enthält, die ein Fachmann mit seinem Fachwissen den ursprünglich eingereichten Anmeldungsunterlagen nicht entnehmen könnte. Damit soll verhindert werden, dass der Anmelder Schutz für Merkmale erhält, die er mit der Anmeldung nicht offenbart hat.

Widerrechtliche Entnahme ist ein selbstständiger Löschungsgrund, der statt oder neben den anderen Antragsgründen geltend gemacht werden kann.

Wird widerrechtliche Entnahme kumulativ in Verbindung mit einem oder mehreren anderen Löschungsgründen geltend gemacht, so sind zunächst die anderen Löschungsgründe auf ihre Begründetheit zu prüfen, da eine Entnahme nur möglich ist, wenn das Gebrauchsmuster schutzfähig ist.[15]

Die sachliche Prüfung, ob eine Entnahme vorliegt, verläuft so, dass die Erfindung des widerrechtlich Entnommenen mit dem Gebrauchsmustergegenstand verglichen wird.[16] Antragsberechtigt ist nur der durch die Entnahme Verletzte oder sein Rechtsnachfolger (§ 15 Abs. 2 GebrMG), d.h. in der Regel derjenige, der die Erfindung gemacht hat, die dann unberechtigt vom Anmelder zum Gebrauchsmuster angemeldet worden ist.

---

[14] OLG Düsseldorf, GRUR 52, 192, 193; BPatGE 24, 36, 37.
[15] RGBl. 30, 311.
[16] Vgl. RGZ 130, 158, 160.

2. Halbleiterschutzgesetz

Am 22. Oktober 1987 hat der Bundestag das „Gesetz über den Schutz der Topographien von mikroelektronischen Halbleitererzeugnissen" (Halbleiterschutzgesetz) beschlossen.[17] Das Gesetz ist zum 1. November 1987 in Kraft getreten. Das Halbleiterschutzgesetz ist seinem Wesen nach ein sog. Leistungsschutzrecht. Der Schutz erstreckt sich nicht auf die „der Topographie zugrunde liegenden Entwürfe, Verfahren, Systeme, Techniken oder auf die in einem mikroelektronischen Halbleitererzeugnis gespeicherte Information, sondern nur auf die Topographie als solche" (§ 1 Abs. 4 Halbleiterschutzgesetz). Der Schutzbereich ist auf die konkrete Schaltung begrenzt und erfasst – in Abgrenzung zum patentrechtlichen Schutz – nicht „verwandte" Schaltungsanordnungen. Die in § 1 Abs. 1 und 2 Halbleiterschutzgesetz genannten Schutzvoraussetzungen – die Schaltung muss „Eigenart" aufweisen, d.h., sie muss das „Ergebnis geistiger Arbeit" sein, sie darf nicht „alltäglich" sein oder nur durch bloße „Nachbildung einer anderen Topographie hergestellt" sein – könnten den Schluss zulassen, der Schaltungsaufbau sei über seine ganz konkrete Beschaffenheit hinaus zu schützen. Das ist aber nicht bezweckt, weil sonst die Abgrenzung zum Patentrecht nicht mehr sinnvoll möglich wäre. Ein über den gegenständlichen Bereich der Schaltung hinausgehender Schutz für Halbleitererzeugnisse ist nur nach diesem Gesetz möglich. Die genannten Schutzvoraussetzungen sollen den Schutz einfachster Schaltungen verhindern.[18]

---

[17] BGBl. I S. 2294, Initiator des Gesetzes war die EG-Kommission. Kurz vor dem Jahresende 1985 hatte die EG-Kommission den „Vorschlag für eine Richtlinie über den Rechtsschutz von Originaltopographien für Halbleitererzeugnisse" veröffentlicht. Auslöser dafür war ein US-amerikanisches Gesetz zum Schutz von Halbleitern, Semiconductor Chip Protection Act, der am 8. November 1984 erlassen worden war und Rückwirkungen für Europa hatte. Ausländern kann nach diesem Gesetz für ihre Microchips in den USA nur Schutz gewährt werden, wenn eine von zwei Bedingungen erfüllt ist. Entweder muss ihr Heimatland einem internationalen Vertrag über den Schutz von Microchips beigetreten sein, einen solchen Vertrag gibt es noch nicht, oder das Heimatland muss Amerikanern auf einer im Wesentlichen gleichen Basis Schutz bieten. Daran fehlte es, denn wie die EG-Kommission feststellt, ist der Rechtsschutz für integrierte Schaltkreise in den meisten Mitgliedstaaten „bestenfalls unklar".

[18] *Steup/Kock*, Der Halbleiterschutz nach nationalem, internationalem und europäischem Recht, in: *Lehmann* (Hrsg.), Rechtsschutz und Verwertung von Computerprogrammen, 1988, S. 183, 201.

3. Geschmacksmustergesetz

Das GeschmMG stellt **Formgestaltungen** unter Schutz. Es besteht ein wirtschaftliches Interesse an einem wirksamen Schutz äußerer Formgestaltungen. Das trifft in erster Linie auf Produkte zu, die allein wegen ihres ästhetischen Gehalts gekauft werden, wie z.B. Bekleidung, wertvolles Geschirr, anspruchsvolle Möbel etc.; das trifft aber auch auf technische Produkte zu, insbes. wenn konkurrierende Produkte gleichwertig sind.

Schutzgegenstand des Geschmacksmusterrechts (genauer: Gesetz betr. das Urheberrecht an Mustern und Modellen) sind zweidimensionale Muster und dreidimensionale Modelle, die zur Nachbildung, Vervielfältigung und Serienfertigung bestimmt sind. Konkreter Schutzgegenstand sind damit die Farb- und Formgestaltungen, die geeignet und dazu bestimmt sind, das geschmackliche Empfinden des Betrachters anzusprechen. Das Erzeugnis muss also den **Farben- und Formensinn** des Betrachters ansprechen, es muss geeignet sein, das ästhetische Empfinden des Betrachters anzusprechen. Daneben muss das Produkt neu und eigenartig sein. D.h. es muss sich seinem Gesamteindruck nach von anderen Mustern unterscheiden. Eigenschöpferisch im Sinne urheberrechtlicher Anforderungen braucht es nicht zu sein. Diese Abkehr vom alten Recht trägt dem Wesen des Geschmacksmusterrechts als Leistungsschutzrecht Rechnung. Der Begriff der Eigenart in § 1 Abs. 2, § 2 Abs. 3 GeschmMG dient nicht irgendwelchen Qualitätsabgrenzungen sondern nur der Abgrenzung zu bereits vorhandenen bzw. zu künftigen Mustern, um den Schutzbereich bestimmen zu können. Dies ist nun durch die grundlegende Reform des Geschmacksmustergesetzes in 2004 klargestellt. Das Geschmacksmusterrecht ist nicht „kleines Urheberecht" für das auch eigenschöpferische Leistungen zu verlangen sind, sondern Leistungsschutzrecht bei dem die Anforderungen an Neuheit und Eigenart nur Bedeutung für die Schutzabgrenzung gegenüber anderen gewerblich verwendbaren Leistungen haben.

Hinsichtlich des Schutzumfanges gibt es hier, wie auch bei allen anderen Leistungsschutzrechten, wie etwa dem Gebrauchsmusterrecht, zwei Feststellungen zu treffen: Ein Leistungsschutzrecht abstrahiert im Hinblick auf den Schutzumfang nicht den jeweils neuen Entwicklungsschritt; es wird gegenständlich geschützt und – damit verbunden – der Schutzumfang folgt der Eigenart im Hinblick auf das Vorbestehende. Die weit gefassten Ausführungen in der Gesetzesbegründung zum Schutzumfang erklären dieselben Ergebnisse, sie zeigen aber auf, dass die Regierung den Unterschied zwischen Leistungsschutzrechten und klassischen Immaterialgüterrechten, nicht verstanden hat; aus den Begründungen folgt, dass die Regierung meinte, hier originär zu regeln.[19] Rechtsdogmatisch war die in Rede stehende Unterscheidung längst abgeklärt.

Eine Abwendung vom Urheberrecht besteht weiterhin darin, dass von der Rechtsgewährung nun auch eine Sperrwirkung ausgeht. Vormals wurde, wie im Urheberrecht, die Doppelschöpfung für möglich angesehen und nur verboten, wenn der Verletzer in Kenntnis der Erstschöpfung entwickelt hatte. Auf die Kenntnis

---

[19] Vgl. Begr.RegE, BlPMZ 2004, 222, 229.

kommt es nicht mehr an und somit verdrängt die Erstschöpfung spätere gleiche Muster (§ 38 Abs. 1 GeschmMG). Die Schutzdauer wurde auf 25 Jahre erhöht (§ 27 Abs. 2 GeschmMG).

Das neue Geschmacksmustergesetz ist am 1. Juni 2004 in Kraft getreten und beruht auf den Vorgaben der Richtlinie 98/71/EG vom 13. Oktober 1998.[20]

Ergänzend zu den nationalen Geschmacksmusterrechten der Mitgliedstaaten der Europäischen Union trat zum 6. März 2002 die **Verordnung über das Gemeinschaftsgeschmacksmuster** der EG in Kraft.[21] Die Verordnung ist in der Gemeinschaft unmittelbar geltendes Recht (Art. 1 Abs. 3 GGVO). Beide Rechte, das jeweils nationale und das europäische Geschmacksmusterrecht, stehen nebeneinander. Die Verordnung regelt dabei die gemeinschaftsweite Anmeldung beim Harmonisierungsamt in Alicante. Außerdem ist das Gemeinschaftsrecht weitergehend; es schützt auch nicht eingetragene Muster, soweit diese der Öffentlichkeit zugänglich gemacht worden sind. Allerdings ist insofern die Schutzdauer auf drei Jahre begrenzt, während die Eintragung maximal 25 Jahre Schutz gewährt. Ansonsten richten sich die Schutzvoraussetzungen nach der in den Nationalstaaten umgesetzten Geschmacksmusterrichtlinie von 1998, auf die auch das deutsche Geschmacksmustergesetz zurückzuführen ist.

Die Wirkung der Geschmacksmustereintragung besteht darin, dass der Inhaber das ausschließliche Recht zur Nutzung hat. Dritte sind insbes. von der Herstellung, dem Anbieten, dem In-Verkehr-Bringen, der Einfuhr, der ausfuhr und dem Gebrauch ausgeschlossen (§ 38 Abs. 1 GeschmMG).

Das Gesetz gewährt zivil- und strafrechtlichen Schutz. Es besteht u.a. ein Unterlassungs- und Beseitigungsanspruch (§ 42 Abs. 1 GeschmMG), bei schuldhaftem Handeln auch ein Anspruch auf Schadensersatz (§ 42 Abs. 1 und Abs. 2 GeschmMG).

---

[20] GRUR Int. 1998, 959.
[21] ABl. EG Nr. 3 L vom 5. Januar 2001, S. 1

4. Sortenschutzgesetz

Für neue Pflanzensorten wird dem „Ursprungszüchter" oder „Entdecker" der Sorte (§ 8 Abs. 1 SortenschutzG) Schutz gewährt, wenn die Pflanze unterscheidbar, homogen und beständig ist (§ 1 Abs. 1 SortenschutzG).

Das SortenschutzG gewährt das ausschließliche Recht, Vermehrungsmaterial der Sorte gewerbsmäßig in Verkehr zu bringen und hierfür zu erzeugen (§ 10 SortenschutzG). Der Sortenschutz dauert 25 Jahre, in Ausnahmefällen 30 Jahre (§ 13 SortenschutzG). Gegen den Verletzer bestehen Unterlassungs- und Schadensersatzansprüche; das Gesetz ist strafbewehrt (§ 39 SortenschutzG). Zuständig für das Verwaltungsverfahren ist das Bundessortenamt mit Sitz in Hannover.

Teil D: Produktpiraterie

1. Einführung

Schutzrechtsverletzungen im Bereich des geistigen Eigentums nehmen seit Jahren ständig zu.[1] Das ist vor allem auf erheblich verbesserte und verbilligte Kopiermöglichkeiten, auf hohe Gewinne durch das Eindringen in bereits erschlossene Märkte sowie auf immense Einsparungen in den Bereichen Forschung, Entwicklung und Marketing zurückzuführen.

Angesichts dieser Tatsachen startete die Bundesregierung bereits im Januar 1985 ein Aktionsprogramm zur Stärkung der gewerblichen Schutzrechte und zur Bekämpfung der Produktpiraterie. Im Rahmen dieses Programms wurde 1985 das Urheberrecht novelliert, 1986 folgte die Geschmacksmuster- und Gebrauchsmusternovelle und 1987 erließ der Gesetzgeber das Halbleiterschutzgesetz und 1989 wurde der Entwurf eines „Gesetzes zur Bekämpfung der Produktpiraterie"[2] in den Deutschen Bundestag eingebracht, dem der Bundesrat im Juni 1989 zustimmte. **Es handelte sich dabei um ein Artikelgesetz, das wesentliche Änderungen und Ergänzungen des Warenzeichengesetzes** (die Änderungen sind in das **Markengesetz** vom 25. Oktober 1994 eingeflossen), **Urheberrechtsgesetzes (UrhG), Patentgesetzes (PatG), Gebrauchsmustergesetzes (GebrMG), Geschmacksmustergesetzes (GeschmMG), Sortenschutzgesetzes (SSchG) und Halbleiterschutzgesetzes (HlSchG) beinhaltete.**[3] Ziel dieses Regierungsentwurfs war in erster Linie die verbesserte Verfolgung und Ahndung von Schutzrechtsverletzungen sowie eine Besserstellung des Geschädigten. Hierzu musste ein rechtliches Instrumentarium zur schnellen und wirkungsvollen Bekämpfung planmäßig und massenhaft begangener Schutzrechtsverletzungen geschaffen werden. Hauptinhalte des Entwurfs waren die Verschärfung der strafrechtlichen Sanktionsmöglichkeiten, die Erweiterung der zivil- und strafrechtlichen Einziehungs- und Vernichtungsmöglichkeiten, die Schaffung eines besonderen Auskunftsanspruchs und verbesserte Maßnahmen der Zollbehörden zur Beschlagnahme schutzrechtsverletzender Güter.[4]

Da jedoch auch eine Verbesserung des Schutzes des geistigen Eigentums in weiteren Bereichen nötig war, beschloss der Rechtsausschuss des Deutschen Bundesta-

---

[1] Dazu:
http://ec.europa.eu/taxation_customs/resources/documents/customs/customs_controls/counterfeit_piracy/statistics/counterf_comm_2006_de.pdf; Abruf vom 14. August 2008.
[2] BT-Drucks. 1989, 11/4792.
[3] Vgl. DB 1988, 695.
[4] Vgl. *Kretschmer,* Aktuelle Berichte, GRUR 1989, 582.

ges das „Gesetz zur Bekämpfung der Produktpiraterie" durch das „Gesetz zur Stärkung des Schutzes des geistigen Eigentums und zur Bekämpfung der Produktpiraterie", kurz „Produktpirateriegesetz (PrPG)" zu erweitern.[5] Diese Ergänzungen beruhten im Gebrauchsmusterrecht auf einem fast völligen Verzicht auf das Raumerfordernis und einer Verlängerung der maximalen Schutzdauer des Gebrauchsmusters von acht auf zehn Jahre. Im Urheberrecht standen vor allem die Verlängerung bestimmter Schutzfristen und eine Verbesserung der Durchsetzungsmöglichkeiten von Vergütungsansprüchen für die private Vervielfältigung im Vordergrund.

In dieser ergänzten Form wurde das PrPG am 7. März 1990[6] vom Deutschen Bundestag verabschiedet und trat am 1. Juli 1990 in Kraft. Seine Regelungen waren strafrechtlicher, verfahrensrechtlicher und materiell sonderrechtlicher Natur und enthielten neben Anhebung der Strafandrohung, der Erweiterung der Vernichtungsansprüche, der Schaffung eines „besonderen" Auskunftsanspruchs auch **Eingriffsmaßnahmen der Zollbehörden**.[7]

Da sich der Anstieg der Produktpiraterie trotz dieser Regelungen nicht verhindern ließ, erschienen weitere Maßnahmen erforderlich.

Deswegen wurden die Vorgaben des Produktpirateriegesetzes durch das am 1. September 2008 in Kraft getretene „**Gesetz zur Verbesserung der Durchsetzung von Rechten des geistigen Eigentums**",[8] welches im Wesentlichen auf einer EG-Richtlinie[9] beruht, erweitert. Die Änderungen durch das „Gesetz zur Verbesserung der Durchsetzung von Rechten des geistigen Eigentums" reichen von der Erweiterung der Auskunftsansprüche nunmehr auch gegenüber Dritten bei unbekannten Schädigern, über Regelungen der Beweisvorlage und -sicherung, Abhilfemaßnahmen zur Rückgängigmachung erfolgter Rechtsverletzungen, Änderungen bei der Schadensberechnung bis hin zur Möglichkeit der Urteilsbekanntmachung im Rahmen von Verletzungsprozessen. Auch führt das neue Gesetz eine Abmahngebühren-Obergrenze für Bagatellfälle ein und es erweitert die Reichweite der Vermutung der Urheberschaft nach § 10 Abs. 1 UrhG auch auf Inhaber verwandter Schutzrechte.

Auch bei dem „Gesetz zur Verbesserung der Durchsetzung von Rechten des geistigen Eigentums" handelt es sich um ein Artikelgesetz, dessen **Vorschriften** (wie schon beim Produktpirateriegesetz) **weit verstreut in den einzelnen Schutzgesetzen untergebracht wurden**. Die Anwendungsbereiche der Gesetze berühren somit alle Sonderrechte.

---

[5] BT-Drucks. 1989, 11/5744.
[6] BGBl. I 1990, S. 422 ff.
[7] Über die Entwicklung und Verabschiedung des Gesetzes wurde in der GRUR berichtet, „Aktuelle Berichte", GRUR 1988, 362; GRUR 1989, 581; GRUR 1990, 181. In GRUR 1989, 29 ff. ist die „Stellungnahme zum Referentenentwurf eines Gesetzes zur Bekämpfung der Produktpiraterie" seitens der Deutschen Vereinigung für gewerblichen Rechtsschutz und Urheberrecht abgedruckt. *Tronser* befasst sich in GRUR 1991, 10 ff. mit den „Auswirkungen des Produktpirateriegesetzes (...) auf das Gebrauchsmusterrecht". *Mühlens* stellt das Gesetz in CuR 1990, 433 ff. vor.
[8] BGBl. I 2008, S. 1191 ff.
[9] Sog. Enforcement-Richtlinie, 2004/48/EG. Außerdem wurden auch die Vorgaben der Verordnungen 1383/2003/EG (Grenzbeschlagnahmeverordnung) und 510/2006/EG (Verordnung zu Herkunfts- und Ursprungsbezeichnungen) in das Gesetz eingearbeitet.

2. Das Phänomen „Produktpiraterie"

2.1. Definition der Produktpiraterie

Für das Phänomen „Produktpiraterie" existiert keine eindeutige, einheitliche und klar abzugrenzende Definition. Selbst das PrPG definiert nicht explizit. Im Sinne des Gesetzes soll unter Produktpiraterie hauptsächlich der Tatbestand der gewerbsmäßigen Schutzrechtsverletzung, d.h. der gezielten, massenhaften und mit Gewinnabsicht begangenen vorsätzlichen Verletzung bestehender Schutzrechte verstanden werden. Vom Pirateriatbestand ist die Verletzung von Schutzrechten durch den im Grunde redlichen, den Schutzumfang eines Schutzrechts unzutreffend beurteilenden Gewerbetreibenden abzugrenzen.

Des Weiteren herrscht im deutschen Sprachgebrauch eine große Verwirrung bzgl. des Pirateriebegriffs. Die Bezeichnungen „Piraterie", „Markenpiraterie" sowie „Produktpiraterie" werden vielfach synonym verwendet und nicht deutlich voneinander abgegrenzt. Hinzu kommt der häufige Gebrauch der angelsächsischen Ausdrücke „counterfeiting" und „piracy".

Ursprünglich wurden in Großbritannien unter „piracy" in erster Linie Urheber- und Patentrechtsverletzungen und unter „counterfeiting" das gesetzwidrige Kopieren von Produkten und Markenzeichen verstanden. Die neuere amerikanische Bedeutung des Counterfeit-Begriffs bezieht sich nur auf die Verletzung von Marken, die beim Amerikanischen Patentamt eingetragen sind.[10] Der Counterfeiting-Tatbestand wird in Deutschland meist mit dem Begriff der „Markenpiraterie" gleichgesetzt. Diese Definition dürfte jedoch zu eng gefasst sein. Vielmehr sollte unter „Markenpiraterie" die vorsätzliche Verwendung der Marke, des Namens oder der Geschäftsbezeichnung eines anderen als auch das Nachahmen von Verpackung und Präsentation von Produkten verstanden werden.[11] Noch weitergefasst ist die „Produktpiraterie". Sie kann als Markenpiraterie plus Nachahmung von Produkten, ohne dass gleichzeitig ein Warenzeichen gefälscht wird, aufgefasst werden. Nach Meister hat die Produktpiraterie zwei Komponenten.[12] Zum Ersten die Imitation eines unter einem gewerblichen Schutzrecht stehenden Produktes und zum Zweiten die Imitation eines Produktes für das kein Schutzrecht besteht, das allenfalls nach den §§ 3, 4 UWG (sklavische Nachahmung, unmittelbare Leistungsübernahme) geschützt ist.

Noch weiter gefasst ist der Begriff „Piraterie". Er geht über die geschilderten Tatbestände hinaus und beinhaltet zusätzlich die Rufausbeutung fremder Marken, auch auf branchenfremden Gebieten, sowie die Übernahme von Ideen und Strategien anderer, was Meister als „Produktpiraterie im weiteren Sinne" beschreibt.[13]

---

[10] *Levin,* GRUR Int. 1987, 21 f.
[11] Vgl. *Levin,* GRUR Int. 1987, 23.
[12] MA 1987, 420.
[13] *Meister,* Leistungsschutz und Produktpiraterie, 1990, 34.

2.2. Beispiele

In der Praxis der Produktpiraterie sind der Fantasie und dem Einfallsreichtum der Schutzrechtsverletzer keine Grenzen gesetzt. Ständig werden neue Ideen und Methoden zur Schädigung von Schutzrechtsinhabern gesucht und auch gefunden. Die Piratenware wird meist in Billiglohnländern der Dritten Welt produziert und weltweit auf den Markt gebracht. Die Palette der Pirateriefälle ist daher außerordentlich umfangreich. Sie reicht von A wie Armbanduhr bis Z wie Zahnpasta.

Betroffen sind nicht nur hochwertige Luxusartikel wie z. B. Uhren, Schmuck, hochwertiger Wein und Whiskey, Textilien, Parfums und andere Kosmetika, Brillen, Lederwaren, Tabakwaren, etc., sondern auch Produkte des täglichen Bedarfs wie Kaffee, Batterien, Audio- und Videokassetten, Filme, Haushaltsgeräte, Büroartikel, etc. Vor allem die Piraterie technischer Produkte, wie z. B. Halbleiter, Ersatzteile für Autos und Flugzeuge, Computer-Hard- und Software, elektronische Schaltanlagen, chemische Erzeugnisse, etc., erfreut sich immer größerer Beliebtheit. Besonders besorgniserregend und skrupellos ist das Vorgehen der Produktpiraten bei der Fälschung von Lebensmitteln und Medikamenten. Als Beispiel dieser lebensbedrohenden Form von Schutzrechtsverletzungen sei die Fälschung einer bekannten Antibiotika-Marke genannt, bei der das Antibiotikum durch ein Gemisch aus pflanzlichen Stoffen und Talkumpulver ersetzt wurde.[14]

2.3. Geschichtliche Entwicklung

Verletzungen des geistigen Eigentums stellen keinen neuen Tatbestand dar. Warenzeichen- und Markennachahmungen traten schon gegen Ende des 19. Jahrhunderts auf.[15] Die Verletzung von Urheberrechten und Patenten gibt es, solange eine gesetzliche Regelung dieser Rechte existiert.

Das Neue an der Produktpiraterie stellt jedoch die Quantität und der Organisationsgrad des Fälscherunwesens dar.[16] Die nahezu identische Nachahmung unterschiedlichster Produkte hat sich zu einem hochrangigen internationalen Problem entwickelt. Während früher nur wenige Luxusartikel kopiert wurden, wobei die Nachahmung oftmals nur in der Anpassung an einen Modetrend bestand, ist heute die massenhafte, originalgetreue Fälschung der verschiedensten Produktkategorien an der Tagesordnung.

2.4. Volkswirtschaftliche Schäden

Der volkswirtschaftliche Gesamtschaden, der durch die Produktpiraterie entsteht, kann nicht exakt angegeben, bestenfalls grob geschätzt werden. Die Piraterie drückt in erster Linie den Umsatz der Originalhersteller und führt zu deren Rufschädigung.

---

[14] *Levin,* GRUR Int. 1987, 19.
[15] Vgl. *Levin,* GRUR Int. 1987, 19.
[16] *Meister,* Leistungsschutz und Produktpiraterie, 1990, 32.

2. Das Phänomen „Produktpiraterie" 213

Aus volkswirtschaftlicher Sicht bedeutet dies eine mittelfristige Reduzierung der unternehmerischen Innovationsbereitschaft, da temporäre Monopolgewinne zur Deckung der enormen Entwicklungs- und Markteinführungskosten nur noch von kurzer Dauer sind. Die Piraten können aufgrund der hoch entwickelten Kopiertechnik meist unmittelbar nach Einführung des Originals die Kopie auf den Markt bringen. Eine Amortisation der zur Innovation nötigen Investition ist daher nicht mehr gesichert.

Nicht nur die Unternehmen, auch die Verbraucher werden durch die Produktpiraterie geschädigt. Sie können zwar vermeintliche Markenware unter Umständen billiger einkaufen und somit einen Prestigezuwachs erlangen. Es handelt sich bei der Pirateriware jedoch meist um Produkte wesentlich minderer Qualität, wobei im Bereich von Lebensmitteln, Medikamenten und Kosmetika eine Gesundheitsgefährdung des Konsumenten nicht ausgeschlossen werden kann.

Nach der Statistik der Europäischen Kommission über die gemeinschaftlichen Zollaktivitäten an den EU-Außengrenzen zur Bekämpfung von Produktfälschungen und -piraterie aus dem Jahre 2006 **verdoppelte sich die Menge der beschlagnahmten Artikel innerhalb eines Jahres** nahezu.

Allein in dem Bereich der gefälschten **Zigaretten** schätzt die Europäische Kommission für das Jahr 2006 **einen Verlust von 230 Mio. Euro an Zöllen und Steuern**.[17]

Weltweit entsteht durch Produktpiraterie ein von der OECD geschätzter Schaden in Höhe von 200 Milliarden US-Dollar. Allein in Deutschland bedeutet dies schätzungsweise ein Minus von 70.000 Arbeitsplätzen.[18]

---

[17] Dazu:
http://ec.europa.eu/taxation_customs/resources/documents/customs/customs_controls/counterfeit_piracy/statistics/counterf_comm_2006_de.pdf: Abruf vom 14. August 2008.
[18] Dazu http://www.dihk.de; Recherche vom 14. August 2008.

3. Ziele und Inhalte der Schutzvorschriften

3.1. Überblick

Zur Verbesserung der Durchsetzung bestehender Schutzrechte enthalten das PrPG sowie das Gesetz zur Verbesserung der Durchsetzung von Rechten des geistigen Eigentums die folgenden Hauptpunkte. Sie werden hier übergreifend und nicht bei der Behandlung der einzelnen Sonderrechte im Zusammenhang vorgestellt, weil sie alle Sonderbereiche betreffen und insofern den Stand des praktisch möglichen Schutzes gegenüber der Produktpiraterie aufzeigen.

- **Verschärfung der strafrechtlichen Sanktionsmöglichkeiten:** Die Strafandrohung bei einfacher Schutzrechtsverletzung wurde auf drei Jahre Höchstfreiheitsstrafe angehoben; gewerbsmäßig begangene Schutzrechtsverletzung, mit der vor allem die sog. Produktpiraten getroffen werden sollen, wird mit einer Strafandrohung von bis zu fünf Jahren Freiheitsstrafe bewehrt; die Strafbarkeit des Versuches wurde eingeführt; die qualifizierte Schutzrechtsverletzung als Offizialdelikt ausgestaltet.
- **Erweiterung der Vernichtungs-/Einziehungsmöglichkeit:** Die zivil- und strafrechtlichen Möglichkeiten der Vernichtung und Einziehung schutzrechtsverletzender Waren sowie der zur Herstellung solcher Waren benutzter Produktionsmittel wurden erweitert. Dem Verletzten wurde ein zivilrechtlicher Anspruch auf Vernichtung eingeräumt, der nur bei Unverhältnismäßigkeit zugunsten weniger einschneidender Maßnahmen zurücktritt.
Ebenso besteht für den Rechtsinhaber ein gesetzlich festgelegter Anspruch auf Rückruf und Entfernung rechtsverletzender Waren aus den Vertriebswegen.
Im Strafverfahren können in erweitertem Umfang die schutzrechtsverletzenden Waren und die Produktionsmittel eingezogen werden.
- **Schaffung eines besonderen Auskunftsanspruchs:** Zur Aufklärung der Quellen und Vertriebswege schutzrechtsverletzender Waren wurde dem Verletzten ein besonderer Auskunftsanspruch eingeräumt, der in Fällen offensichtlicher Rechtsverletzung auch im Wege der einstweiligen Verfügung durchgesetzt werden kann. Zur Steigerung des praktischen Nutzens dieses Auskunftsanspruchs kann der Auskunftsschuldner verpflichtet werden, gleichzeitig mit Erteilung der Auskunft eidesstattlich zu versichern, dass seine Angaben vollständig sind.
Nach dem „Gesetz zur Verbesserung der Durchsetzung von Rechten des geistigen Eigentums" richtet sich dieser auch gegen nicht unmittelbar an der Rechtsverletzung beteiligte Dritte.
- **Schaffung eines materiell-rechtlichen Anspruchs auf Vorlage und Besichtigung:** Seit der Umsetzung der Enforcement-Richtlinie[19] besteht ein materiell-rechtlicher Anspruch des Rechtsinhabers auf Vorlage von Urkunden und Besichtigung von Sachen gegen den Rechtsinhaber. Dieser soll die Erlangung und Si-

---

[19] Vgl. hierzu *Kitz*, NJW 2008, S. 2374 ff.

cherung von Beweisen im Hauptverfahren sowie im einstweiligen Rechtsschutz im Vorfeld desselben erleichtern.
- **Maßnahmen der Zollbehörden:** Die Möglichkeit, offensichtlich schutzrechtsverletzende Waren schon bei ihrer Ein- oder Ausfuhr anzuhalten, wird durch das Neuerungsgesetz noch erweitert. Die bis dahin nur in § 28 des Warenzeichengesetzes vorgesehene Grenzbeschlagnahme wird – unter Umgestaltung des Verfahrens – einheitlich für alle Schutzrechte des geistigen Eigentums eingeführt. Die Beschlagnahme durch die Zollbehörde, die nur auf Antrag und gegen Sicherheitsleistung des Schutzrechtsinhabers erfolgen soll, dient jedoch regelmäßig nur dem kurzzeitigen Anhalten der Ware; sie soll dem Schutzrechtsinhaber Gelegenheit geben, zivilrechtlich gegen die mit der Einfuhr oder Ausfuhr verbundene oder durch sie drohende Schutzrechtsverletzung vorzugehen. Eine – durch Sicherheitsleistung abgestützte – Schadensersatzpflicht des Schutzrechtsinhabers bei ungerechtfertigter Beschlagnahme soll den Missbrauch des Instruments verhindern".[20]
- **Die zur Erreichung der gesteckten Ziele erfolgten Gesetzesänderungen werden exemplarisch am Markengesetz dargestellt, da dessen Schutzbereich in der alltäglichen Praxis wohl auch der größte Stellenwert zukommt.** Die durch das PrPG erfolgten Änderungen hatten sich zunächst im WZG vollzogen, das am 1. Januar 1995 durch das MarkenG abgelöst wurde.

In heutiger Zeit lassen sich viele Produkte einer Gattung allein aufgrund ihrer physischen Eigenschaften kaum noch unterscheiden. Der Marke kommt die wichtige Bedeutung zu, das Produkt eines Herstellers von denen der Konkurrenten eindeutig zu differenzieren. Der Aufbau von Markentreue beim Konsumenten stellt für den Hersteller einen großen Wert dar, da dadurch Wiederholungskäufe, Markenkenntnis sowie Markenverfestigung entstehen. Wenn von Produktpiraten nachgeahmte, minderwertige Produkte mit einem bekannten Markennamen versehen und auf den Markt gebracht werden, so verliert die Marke ihre Garantiefunktion für ein bestimmtes Qualitätsniveau des Originalproduktes sowie ihren informativen Wert für den Konsumenten. Der Käufer kann somit nicht mehr sicher sein, ob sich hinter dem bekannten Markennamen das hochwertige Originalprodukt oder nur eine minderwertige Fälschung verbirgt.

Die Änderungen des Urheberrechtsgesetzes, des Geschmacksmustergesetzes, des Patentgesetzes, des Gebrauchsmustergesetzes, des Halbleiterschutzgesetzes und des Sortenschutzgesetzes zunächst nach PrPG und dann mit dem Gesetz zur Verbesserung der Durchsetzung von Rechten des geistigen Eigentums sind hinsichtlich der vier Hauptziele weitestgehend gleichlautend, wodurch auf deren detaillierte Darstellung verzichtet werden kann.

---

[20] Vgl. BT-Drucks. 1989, 11/4792, S. 15.

3.2. Erweiterung des Strafrahmens

§ 143 Abs. 1 MarkenG[21] hebt die Höchststrafe für das Grunddelikt von bisher sechs Monaten Freiheitsstrafe oder Geldstrafe auf bis zu drei Jahren Freiheitsstrafe oder Geldstrafe an.

Für den besonders schädlichen und deshalb mit einem besonderen Unwerturteil zu versehenden Qualifikationstatbestand der vorsätzlichen gewerbsmäßigen Schutzrechtsverletzung ist gem. § 143 Abs. 2 MarkenG[22] eine Höchstfreiheitsstrafe bis zu fünf Jahren oder Geldstrafe vorgesehen.

Diese generelle Erhöhung der Strafandrohung eröffnet dem Richter im Einzelfall den erforderlichen Spielraum, um in besonders schwerwiegenden Fällen von Schutzrechtsverletzungen eine angemessene und spürbare Strafe verhängen zu können. Der Ausweitung des Strafrahmens steht eine geringere Bestrafung weniger schwerwiegender Fälle nicht entgegen. Um den hierzu nötigen Spielraum zu erhalten, verzichtete das PrPG auf die Einführung einer Mindeststrafe beim qualifizierten Delikt.[23]

Die einzige Änderung, die das Gesetz gegen den unlauteren Wettbewerb gem. Art. 8 PrPG erfahren hat, ist die Anhebung der Strafandrohung des Tatbestandes der strafbaren Werbung nach § 16 UWG (n.F.) von bisher einem Jahr auf zwei Jahre Freiheitsstrafe.

3.3. Einführung der Strafbarkeit des Versuchs

§ 143 Abs. 3 MarkenG[24] erklärt bereits den Versuch des Grunddelikts für strafbar, was vor Einführung des PrPG bei Straftaten zum Schutz des geistigen Eigentums, abgesehen vom Qualifikationstatbestand des § 108a UrhG, nicht vorgesehen war.

Da die Produktpiraten immer mehr dazu übergingen, die bestehenden Lücken des Rechtsschutzes voll auszunutzen, erschien die Vorverlegung der Strafbarkeitsgrenze auf den Versuch für die effektive Bekämpfung von Schutzrechtsverletzungen erforderlich. Die Gesetzesbegründung nennt hierzu die folgenden Beispiele.[25]

Einzelteile der schutzrechtsverletzenden Produkte, die als solche nicht durch ein Schutzrecht geschützt sind, werden bis zuletzt getrennt gehalten und erst kurz vor dem Verkauf oder Vertrieb zu einer schutzrechtsverletzenden Ware zusammengebaut. Weiterhin ist beim Auffinden von offensichtlichen Fälscherwerkstätten eine strafrechtliche Ahndung oftmals nicht möglich, weil die fertige Piratenware nicht aufgefunden werden kann.

---

[21] Analog: §§ 106 bis 108 UrhG n. F., § 14 Abs. 1 GeschmMG n. F., § 142 Abs. 1 PatG n. F., § 25 Abs. 1 GebrMG n. F., § 10 Abs. 1 HlSchG n. F., § 39 Abs. 1 SSchG n. F.
[22] Analog: § 108a Abs. 1 UrhG n. F., § 14 Abs. 2 GeschmMG n. F., § 142 Abs. 2 PatG n. F., § 25 Abs. 2 GebrMG n. F., § 10 Abs. 2 HlSchG n. F., § 39 Abs. 2 SSchG n. F.
[23] BT-Drucks. 11/4792, 24.
[24] Analog: §§ 106 bis 108 Abs. 2 UrhG n. F., § 14 Abs. 3 GeschmMG n. F., § 142 Abs. 3 PatG n. F., § 25 Abs. 3 GebrMG n. F., § 10 Abs. 3 HlSchG n. F., § 39 Abs. 3 SSchG n. F.
[25] BT-Drucks. 1989, 11/4792, S. 24.

3.4. Gestaltung der qualifizierten Straftat als Offizialdelikt

Für das Grunddelikt der einfachen Schutzrechtsverletzung besteht nach § 143 Abs. 4 MarkenG[26] ein Strafantragserfordernis, wobei jedoch die Strafverfolgungsbehörden bei besonderem öffentlichen Interesse auch von Amts wegen einschreiten können. Während somit also das Grunddelikt Privatklagedelikt bleibt, ist der Qualifikationstatbestand des § 145 MarkenG als Offizialdelikt ausgestaltet worden.

Begründet wird die Ausgestaltung des Qualifikationstatbestandes als Offizialdelikt wie folgt:

„Der Schutz der Rechte des geistigen Eigentums liegt aber gerade in einer innovationsorientierten Wirtschaft auch im öffentlichen Interesse. Da die betroffenen Unternehmen aus den verschiedensten Gründen gelegentlich zögern, Strafantrag zu stellen, soll die Möglichkeit geschaffen werden, die Tat, falls die Strafverfolgungsbehörde das besondere öffentliche Interesse bejaht, auch ohne Strafantrag verfolgen zu können. Nicht selten sehen sich nämlich von Piraterie betroffene Unternehmen in der Zwangslage, gegen einen wichtigen Kunden, der neben Originalen auch Piratenware vertreibt, entweder auf die Gefahr hin, diesen Kunden zu verlieren, Strafantrag zu stellen oder aber auf die Verteidigung des Schutzrechts zu verzichten. Daneben ist es in umfangreichen Ermittlungsverfahren nicht immer möglich, die betroffenen Schutzrechtsinhaber innerhalb angemessener Frist zu erreichen, insbesondere dann, wenn sich der Rechtsinhaber im Ausland befindet. In solchen Fällen muss nach geltendem Recht die Strafverfolgung eingestellt und die beschlagnahmte Piratenware freigegeben werden, selbst wenn feststeht, dass eine Schutzrechtsverletzung vorliegt".[27]

Durch die Erklärung des besonderen öffentlichen Interesses, wie sie das PrPG ermöglicht, kann auch in solchen Fällen die Strafverfolgung gesichert werden.

3.5. Erweiterung der Vernichtungs- und Einziehungsmöglichkeiten

a) Der zivilrechtliche Vernichtungsanspruch
   Der mit dem PrPG geschaffene § 18 MarkenG ermöglicht regelmäßig die Vernichtung der widerrechtlich gekennzeichneten Gegenstände, also der Piratenware, und der ausschließlich oder nahezu ausschließlich zu ihrer Herstellung benötigten Vorrichtungen. Durch den Entzug des wirtschaftlichen Vorteils wurde eine zivilrechtlich wirksame Waffe gegen die Produktpiraterie geschaffen.

b) Vernichtung der schutzrechtsverletzenden Ware

---

[26] Analog: § 14 Abs. 4 GeschmG n. F., § 142 Abs. 4 PatG n. F., § 25 Abs. 4 GebrMG n. F., § 10 Abs. 4 HlSchG n. F., § 39 Abs. 4 SSchG n. F.; die entsprechende Vorschrift im UrhG (§ 109 UrhG) besteht schon seit der Novelle vom 24. Juni 1985.
[27] BT-Drucks. 1989, 11/4792, S. 25.

§ 18 Abs. 1 MarkenG[28] regelt die Vernichtung der Piratenware.

§ 18 MarkenG räumt dem Verletzten in der Regel einen verschuldensunabhängigen Anspruch auf Vernichtung der Ware ein. Demnach kann der Verletzte in den Fällen der §§ 14, 15 und 17 MarkenG verlangen, dass die im Besitz oder Eigentum des Verletzers befindlichen widerrechtlich gekennzeichneten Gegenstände vernichtet werden. Dieser Anspruch greift insbesondere dann nicht, wenn die Vernichtung für den Verletzer oder Eigentümer im Einzelfall unverhältnismäßig ist.

Der Gesetzeswortlaut knüpft an den Besitz oder das Eigentum des Verletzers an den widerrechtlich gekennzeichneten Gegenständen an.

Wäre nur das Eigentum an der Piratenware Voraussetzung des Vernichtungsanspruchs, so könnte der Vorschrift leicht durch geschickte Miet- oder Franchisekonstruktionen ausgewichen werden. Deshalb wurde auch der Besitz an der schutzrechtsverletzenden Ware mit einbezogen. Somit ist gegen jeden, der mit der Piratenware handelt, der Anspruch auf Vernichtung durchsetzbar.[29]

Der Vernichtungsanspruch des § 18 MarkenG setzt kein Verschulden des Verletzers voraus. Dafür hat der Gesetzgeber aber den Verhältnismäßigkeitsgrundsatz mit in die Vorschrift aufgenommen. Von einer Vernichtung ist danach abzusehen, wenn der schutzrechtsverletzende Zustand der Ware auf andere Weise beseitigt werden kann und die Vernichtung im Einzelfall unverhältnismäßig ist. Im Rahmen der Verhältnismäßigkeitsprüfung sollten die Geringfügigkeit der Schutzrechtsverletzung und der geringe Grad des Verschuldens positiv berücksichtigt werden. Steht der für den Verletzer durch die Vernichtung eintretende Schaden in einem krassen Missverhältnis zum wirtschaftlichen Schaden des Verletzten, so muss die Vernichtung ausscheiden. Auch sind die Härten, die von der Regelung für den Eigentümer der schutzrechtsverletzenden Ware, der selbst keine Verletzung begangen hat, ausgehen, zu berücksichtigen.[30] Besondere Bedeutung kommt dem Verhältnismäßigkeitsgrundsatz bei den technischen Schutzrechten zu. Der Vernichtungsanspruch für patentverletzende Erzeugnisse nach § 140a PatG n. F. kann, wenn es sich um die Vernichtung ganzer Produktionsanlagen und -apparaturen handelt, durchaus eine unbillige Härte darstellen.

Begründet wird der Vernichtungsanspruch in erster Linie mit der daraus resultierenden Erhöhung des wirtschaftlichen Risikos für den Produktpiraten und der damit verbundenen Abschreckungswirkung. Außerdem kann allein die Vernichtung der Piratenware sicherstellen, dass diese nicht wiederholt, eventuell mit einer neuen Bezeichnung versehen, auf den Markt gebracht wird. Denn gerade in den Fällen, in denen die falsche Kennzeichnung leicht zu entfernen ist, kann diese oder eine andere mit ebenso wenig Aufwand wieder angebracht werden. Weiterhin hat die Vernichtung auch eine Art Sanktionscharakter, welcher gerade im

---

[28] Analog: § 98 UrhG n. F., § 433 GeschMG n. F. ist, § 140a Abs. 1 PatG n. F., § 24a Abs. 1 GebrMG n. F., § 9 Abs. 2 HlSchG n. F. wonach § 24a Abs. 1 GebrMG n. F. entsprechend anzuwenden ist, § 37a Abs. 1 SSchG n. F.
[29] Dazu *Meister,* Leistungsschutz und Produktpiraterie, 1990, 140 f.
[30] Vgl. Gesetzgebungsübersicht in JuS 1990, 857.

Rahmen internationaler Überlegungen zur wirksamen Bekämpfung der Produktpiraterie immer wieder hervorgehoben wird.[31]

c) Vernichtung der Vorrichtungen zur Herstellung schutzrechtsverletzender Waren
Gemäß § 18 Abs. 1 Satz 2 MarkenG n. F.[32] sind die Bestimmungen über die Vernichtung auch auf die im Eigentum des Verletzers stehenden, ausschließlich oder nahezu ausschließlich zur widerrechtlichen Kennzeichnung benutzten oder dafür bestimmten Vorrichtungen anzuwenden.

Voraussetzung dieser Norm bleibt auch nach der Neuregelung des Gesetzes zur Verbesserung der Durchsetzung, dass die betreffenden Vorrichtungen zur Herstellung der Piratenware im Eigentum des Verletzers stehen; der Besitz reicht hier also nicht aus. Die Schwachstelle dieser Vorschrift ist leicht erkennbar. Die Produktpiraten werden in Zukunft ihre Produktionsanlagen nicht mehr kaufen sondern leasen. Es wird nur selten möglich sein, dem Eigentümer gemeinsames Handeln mit dem Schutzrechtsverletzer nachzuweisen, um dadurch den Vernichtungsanspruch durchzusetzen.

Des Weiteren müssen die Vorrichtungen lediglich vorwiegend – und nicht mehr ausschließlich – zur Herstellung der Piratenware dienen.

d) Rückruf und Entfernung
Mit Umsetzung der Enforcement-Richtlinie wird außerdem die Möglichkeit des Rechtsinhabers, markenrechtsverletzende Ware zurückzurufen oder aus dem Vertriebsweg zu entfernen, gesetzlich festgelegt (vgl. § 18 Abs. 2 MarkenG).

Ein entsprechender Anspruch bestand vorher lediglich im Rahmen eines Beseitigungsanspruchs nach § 1004 BGB und setzte voraus, dass der Rechtsverletzer noch Verfügungsgewalt über die verletzende Ware hatte.[33]

Dies ist nach der Manifestierung des Anspruchs im Gesetz nicht mehr erforderlich. Jedoch sind Interessen Dritter nach § 18 Abs. 3 Satz 2 MarkenG n. F. bei der Prüfung der erforderlichen Verhältnismäßigkeit der Abhilfemaßnahme zu berücksichtigen.

e) Die strafrechtliche Einziehung
Die strafrechtliche Einziehung der schutzrechtsverletzenden Ware ist in § 143 Abs. 5 Satz 1 MarkenG[34] geregelt. Demnach können Gegenstände, auf die sich die Straftat bezieht, eingezogen werden.

Diese Regelung soll sicherstellen, dass die Piratenware auch dann eingezogen werden kann, wenn sie nicht beim Hersteller, sondern erst beim Händler aufgefunden und sichergestellt worden ist. Außerdem wird die Dritteinziehung er-

---

[31] So BT-Drucks. 1989, 11/4792, S. 28.
[32] Analog: § 99 Abs.1 Satz 2 UrhG n. F., § 43 Abs.1 Satz 2 GeschmMG n. F., § 140a Abs. 1 Satz 2 PatG n. F., § 24a Abs. 2 GebrMG n. F., § 9 Abs. 2 HlSchG n. F. wonach § 24a Abs. 1 Satz 2 GebrMG n. F. entsprechend anzuwenden ist, § 37a Abs1 Satz 2 SSchG n. F.
[33] *Nägele/Nitsche*, WRP 2007, 1047, 1055; *Bodewig*, GRUR 2005, 636.
[34] Analog: § 110 UrhG n. F., § 14 Abs. 5 GeschmMG n. F. wonach § 110 UrhG n. F. entsprechend anzuwenden ist, § 142 Abs. 5 PatG n. F., § 25 Abs. 5 GebrMG n. F., § 10 Abs. 5 HlSchG n. F. wonach § 25 Abs. 5 GebrMG n. F. entsprechend anzuwenden ist, § 39 Abs. 5 SSchG n. F.

leichtert, weil § 74a StGB für anwendbar erklärt wird. Danach besteht die Möglichkeit der Einziehung eines im Eigentum eines Dritten stehenden Tatprodukts oder Tatwerkzeugs, wenn dieser „leichtfertig" bei der Straftat mitwirkte oder die Tatgegenstände in Kenntnis der Umstände in verwerflicher Weise erworben hat.

Die Einziehung nach § 143 Abs. 5 Satz 1 MarkenG bleibt jedoch fakultativ, sie wird also nicht als strafrechtliche Nebenfolge zwingend vorgeschrieben. Die Konkurrenz zwischen strafrechtlicher Einziehung und zivilrechtlichem Vernichtungsanspruch wird von § 143 Abs. 5 Satz 3 MarkenG derart gelöst, dass dem im Rahmen eines Adhäsionsverfahrens (nach §§ 403 bis 406c StPO) geltend gemachten zivilrechtlichen Vernichtungsanspruch der Vorrang eingeräumt wird. Dies gilt auch im Falle des Überlassungsanspruchs gem. § 98 Abs. 2 UrhG und § 14a Abs. 4 GeschmMG.[35]

Mit dem Vorrang des zivilrechtlichen Vernichtungsanspruchs gegenüber der strafrechtlichen Einziehung wird das PrPG dem in erster Linie auf private Rechtsverfolgung ausgelegten System des Schutzes des geistigen Eigentums gerecht.

3.6. Schaffung eines besonderen Auskunftsanspruchs

Eines der wesentlichen Ziele des PrPG war die Schaffung eines besonderen, verschuldensunabhängigen zivilrechtlichen Auskunftsanspruchs zur Aufdeckung der Quellen und Vertriebswege schutzrechtsverletzender Erzeugnisse, welcher durch die Neuregelungen im Rahmen der Durchsetzung der Enforcement-Richtlinie nun um einen Drittauskunftsanspruch erweitert wurde. Der Anspruch auf Auskunft ist nicht nur auf den Qualifikationstatbestand der Produktpiraterie beschränkt, vielmehr kann dieser Anspruch bei jeder Verletzung eines Schutzrechts geltend gemacht werden, sofern dies nicht im Einzelfall unverhältnismäßig ist. Sein breiter Anwendungsbereich und seine tief greifenden Wirkungen statten diesen Anspruch mit besonders großer praktischer Bedeutung aus. Im Folgenden seien nun die Einzelheiten des Auskunftsanspruchs näher erläutert.

a) **Art** des Auskunftsanspruchs

Der § 19 Abs. 1 MarkenG[36] bestimmt, dass derjenige, welcher im geschäftlichen Verkehr Waren, ihre Verpackung oder Umhüllung oder andere Geschäftsunterlagen wie Ankündigungen, Geschäftsbriefe, Empfehlungen, Rechnungen, etc., widerrechtlich mit einer nach dem Gesetz geschützten Kennzeichnung versieht oder wer solche Waren in Verkehr bringt oder anbietet, vom Verletzten auf Auskunft über die Herkunft und den Vertriebsweg dieser Waren in Anspruch ge-

---

[35] Vgl. die Gesetzgebungsübersicht in JuS 1990, 857.
[36] Analog: § 101a Abs. 1 UrhG n. F., § 14a Abs. 3 GeschmMG n. F. wonach § 101a Abs. 1 UrhG n. F. entsprechend anzuwenden ist, § 140b Abs. 1 PatG n. F., § 24b Abs. 1 GebrMG n. F., § 9 Abs. 2 HlSchG n. F. wonach § 24b Abs. 1 GebrMG n. F. entsprechend anzuwenden ist, § 37b Abs. 1 SSchG n. F.

nommen werden kann. Dies gilt nur dann nicht, wenn die Geltendmachung im Einzelfall unverhältnismäßig ist.

Unter Auskunft versteht man hierbei die Mitteilung des Wissens, das der Auskunftsschuldner über die der Auskunftspflicht unterliegenden Vorgänge hat. Die Auskunft ist grundsätzlich schriftlich zu erteilen; auf die Vorlage von Belegen bestand nach dem PrPG aber in der Regel kein Anspruch. Durch das Gesetz zur Verbesserung der Durchsetzung geistiger Eigentumsrechte kann der Rechteinhaber nunmehr auch Vorlage von Bank-, Finanz- oder Handelsunterlagen verlangen.[37] Berechtigt zur Geltendmachung des Auskunftsanspruchs ist im Allgemeinen der Inhaber des verletzten Immaterialgüterrechts. Er kann jedoch einen Dritten zur Geltendmachung des Anspruchs ermächtigen, wenn dieser ein eigenes rechtliches Interesse an der Rechtsverfolgung hat.

Der zur Auskunft Verpflichtete hat nicht nur darüber Auskunft zu geben, was in seinem unmittelbaren Tätigkeitsbereich stattgefunden hat, sondern auch darüber, was ihm über diejenigen Personen und Unternehmen bekannt ist, die vor und nach ihm mit der Piratenware etwas zu tun gehabt haben.[38] Diese erweiterte Auskunftspflicht steht also im Kontext mit dem Ziel der Aufdeckung von Quellen und Vertriebswegen der schutzrechtsverletzenden Waren.

Der Auskunftsanspruch ist verschuldensunabhängig. Eine tatsächliche Beteiligung an der Herstellung oder Verbreitung der rechtsverletzenden Erzeugnisse genügt.

Die erteilte Auskunft darf in einem Strafverfahren oder in einem Verfahren nach dem Gesetz über Ordnungswidrigkeiten gegen den zur Auskunft Verpflichteten nur mit dessen Zustimmung verwertet werden, § 19 Abs. 4 MarkenG.

b) **Gegenstand** des Auskunftsanspruchs

Der Inhalt des Auskunftsanspruchs wird in § 19 Abs. 3 MarkenG geregelt.[39] Danach hat der Auskunftsschuldner Angaben über Namen und Anschrift des Herstellers, des Lieferanten und anderer Vorbesitzer der Ware, des gewerblichen Abnehmers oder Auftraggebers sowie über die Menge der hergestellten, ausgelieferten oder bestellten Ware zu machen. Die Neuregelung des § 19 Abs. 3 MarkenG[40] nennt neben Waren auch Dienstleistungen, über welche Auskunft verlangt werden kann.

Unter Hersteller ist das Unternehmen, das die schutzrechtsverletzende Ware erzeugt, zu verstehen.

Lieferant ist in erster Linie das Unternehmen, das dem Auskunftsschuldner die Piratenware veräußert hat. Die Rechtsnatur des Vertrages, der der Veräußerung zugrunde liegt, ist unerheblich; es kann sich um einen Kaufvertrag, aber auch um einen Tauschvertrag handeln. Die Eigentumsübertragung an der rechtsverletzenden Ware ist nicht erforderlich. Lieferant ist daher auch das Unterneh-

---

[37] Vgl. exemplarisch § 19a MarkenG; BT-Drucks. 16/8783.
[38] Vgl. *Asendorf*, GRUR 1990, 576.
[39] Vgl. BT-Drucks. 16/8783.
[40] Vgl. BT-Drucks. 16/8783.

men, das die Ware unter Eigentumsvorbehalt veräußert oder in Kommission gegeben hat.

Vorbesitzer sind die Personen und Unternehmen, die – ohne Hersteller oder Lieferant zu sein – Piratenware in Besitz gehabt haben, wie z. B. Spediteure, Frachtführer oder auch Lagerhalter.

Die Auskunftspflicht ist auf den gewerblichen Abnehmer beschränkt. Über private Abnehmer muss keine Auskunft erteilt werden. Der Grund liegt darin, dass bei privaten Abnehmern weitere Verbreitungshandlungen nicht zu erwarten sind. Von der Auskunftspflicht nicht erfasst werden auch solche Letztverbraucher, deren Tätigkeit außerhalb des privaten Bereichs liegt. Beim gewerblichen Abnehmer ist es jedoch regelmäßig unerheblich, ob er die Piratenware zur Weiterveräußerung oder lediglich zum Eigenbedarf erwirbt, denn es kann nicht ausgeschlossen werden, dass ein zunächst für den Eigenbedarf erworbenes Erzeugnis später Bestandteil eines Veräußerungsgeschäfts wird.

Die Auskunft muss auch Angaben über die Menge der hergestellten, ausgelieferten oder bestellten Ware und deren Preis enthalten. Diese Angaben sind zwar nicht unmittelbar zur Aufklärung der Herkunft und der Vertriebswege der Piratenware erforderlich, sie sind jedoch zur Verhinderung weiterer Rechtsverletzungen hilfreich.[41]

c) **Durchsetzung** des Auskunftsanspruchs

Zur Durchsetzung des Auskunftsanspruchs finden die Vorschriften über die Zwangsvollstreckung zur Erwirkung der Herausgabe von Sachen und zur Erwirkung von Handlungen oder Unterlassung der Zivilprozessordnung (8. Buch 3. Abschnitt ZPO) Anwendung.

Die im Regierungsentwurf zum PrPG enthaltene Verpflichtung des Auskunftsschuldners zur Abgabe einer eidesstattlichen Versicherung auf Vollständigkeit der gemachten Angaben wurde nicht in das Gesetz übernommen.[42]

In Fällen offensichtlicher Rechtsverletzung kann gem. § 19 Abs. 7 MarkenG die Verpflichtung zur Erteilung der Auskunft im Wege der einstweiligen Verfügung nach den Vorschriften der Zivilprozessordnung angeordnet werden. Diese Regelung, welche erstmals durch das PrPG eingeführt wurde, stellte ein Novum in den gewerblichen Schutzrechten dar. Hierdurch sollte ermöglicht werden, dass in Fällen offensichtlicher Rechtsverletzung die Verpflichtung zur Auskunftserteilung im Eilverfahren angeordnet werden kann.

Unter offensichtlicher Rechtsverletzung sind solche Fälle zu verstehen, in denen die Rechtsverletzung so eindeutig ist, dass eine Fehlentscheidung oder eine andere Beurteilung im Rahmen des richterlichen Ermessens und somit eine ungerechtfertigte Belastung des Auskunftsschuldners kaum möglich ist. Der Auskunftsgläubiger trägt die Beweislast, d.h. er muss die Umstände der Offensichtlichkeit der Rechtsverletzung glaubhaft machen können. Zum Schutz der Interessen des Auskunftsschuldners muss die Durchsetzung des Auskunftsanspruchs auf das erforderliche Maß begrenzt bleiben.

---
[41] Vgl. *Asendorf*, GRUR 1990, 577 f.
[42] Vgl. § 25b Abs. 3 WZG in der Fassung des Regierungsentwurfs vom Juni 1989.

Deswegen ist zum Schutz des Auskunftspflichtigen die Anordnung der einstweiligen Verfügung von einer Sicherheitsleistung des Antragstellers abhängig zu machen.

3.7. Beweisvorlage und -sicherung

Um die Rechtsposition des Rechteinhabers weiterhin zu erleichtern, ist nunmehr nach der Umsetzung der Enforcement-Richtlinie eine Erleichterung für die Erlangung und Sicherung von Beweismitteln vorgesehen.

So wird in § 19a MarkenG dem Rechtsinhaber ein materiell-rechtlicher Anspruch gegen den Rechtsverletzer auf Vorlage einer Urkunde oder Besichtigung einer Sache, die sich in seiner Verfügungsgewalt befindet, gegeben.

Bei Vorliegen eines gewerblichen Ausmaßes der Rechtsverletzung besteht ein solcher Anspruch sogar auf die Vorlage von Bank-, Finanz- oder Handelsunterlagen.

Bisher bestanden entsprechende Vorlage- und Besichtigungsansprüche allenfalls im Rahmen der §§ 809, 810 BGB, die jedoch aufgrund der engen Tatbestandsvoraussetzungen und der Uneinheitlichkeit der Rechtsprechung im Bereich des gewerblichen Rechtsschutz keine ausreichenden Möglichkeiten zur Beweiserlangung bieten konnten.

Voraussetzung für den Vorlage- und Besichtigungsanspruch nach der Neuregelung ist, dass die Rechtsverletzung hinreichend wahrscheinlich ist, der Rechteinhaber das Beweismittel genau bezeichnen kann und dass keine berechtigten Geheimhaltungsinteressen des vermeintlichen Rechtsverletzers bestehen.

Streitigkeiten wirft hier die genaue Definition der hinreichenden Wahrscheinlichkeit auf. Nach der Begründung des Gesetzesentwurfs findet aufgrund der Anknüpfung der jeweiligen Vorschriften an § 809 BGB eine Orientierung an die Grundsätze der sog. Faxkarten-Entscheidung des BGH statt.[43] Damit ist lediglich erforderlich, dass der Rechtsinhaber eine gewisse Wahrscheinlichkeit der Rechtsverletzung darlegt und ihm keine anderen zumutbaren Beweismittel zur Verfügung stehen.[44]

Zum Schutz des Anspruchsgegners muss der Anspruch auf Vorlage und Besichtigung im Hinblick auf die Schwere der Rechtsverletzung verhältnismäßig sein.

Zudem hat der vermeintliche Rechtsverletzer die Möglichkeit, die Vertraulichkeit der Beweismittel geltend zu machen und dadurch eine Entscheidung des Gerichts über etwaige Schutzmaßnahmen zu erreichen.

Fanden Vorlage oder Besichtigung ohne Vorliegen einer Verletzungshandlung oder der Gefahr einer solchen statt, kann der vermeintliche Rechtsverletzer den Gegner auf Schadensersatz in Anspruch nehmen.

Absatz 3 der jeweiligen Neuregelungen bietet die Möglichkeit, einen Anspruch auf Vorlage und Besichtigung auch im einstweiligen Rechtsschutz zu erlangen.

---

[43] BGH GRUR 2002, 1045 ff.
[44] *Nägele/Nitsche*, WRP 2007, 1047.

Die Vorschriften erweitern die bereits im Zivilprozessrecht vorhandenen Möglichkeiten, schon vor Einleitung des Hauptsacheverfahrens Beweismittel zu sichern und ihre Zerstörung zu verhindern, um dadurch die spätere Klage zu konkretisieren. Bisher war die Sicherung von Beweismitteln entweder nur im einvernehmlichen oder im sichernden Beweisverfahren nach § 485 Abs. 1 ZPO oder im streitschlichtenden Beweisverfahren nach § 485 Abs. 2 ZPO möglich.

3.8. Art und Voraussetzungen der Grenzbeschlagnahme

§ 146 MarkenG[45] bestimmt, dass Waren, die mit einer geschützten Kennzeichnung versehen sind, auf Antrag und gegen Sicherheitsleistung des Rechtsinhabers bei der Ein- und Ausfuhr der Beschlagnahme der Zollbehörden unterliegen, sofern die Rechtsverletzung offensichtlich ist. Dies gilt für den Verkehr innerhalb der Europäischen Union nur, soweit Kontrollen durch die Zollbehörden stattfinden. Ist jedoch die EG-Verordnung Nr. 1383/2003 anzuwenden, so hat diese Vorrang vor § 146 MarkenG. Da die Grenzbeschlagnahmeverordnung (EG) Nr.1383/2003 das Verfahren der Beschlagnahme von Waren, die aus Drittstaaten in die EU gelangen, regelt, ist § 146 MarkenG somit nur auf die Beschlagnahme von Waren an den Binnengrenzen der EU anzuwenden.

Voraussetzung der Beschlagnahme der schutzrechtsverletzenden Ware durch die Zollbehörde ist die Antragstellung und die Sicherheitsleistung des Rechtsinhabers. Die Antragstellung ist notwendig, um die mit der Erweiterung der Grenzbeschlagnahmemöglichkeit auf alle Schutzrechte des geistigen Eigentums verbundene Mehrbelastung des Zolls in einem praktikablen Rahmen zu halten.

Der Antrag ist bei der Oberfinanzdirektion zu stellen. Er gilt für zwei Jahre, sofern keine kürzere Laufzeit vereinbart wurde. Er kann wiederholt werden. Für die mit dem Antrag verbundene Amtshandlung werden vom Antragsteller Gebühren nach Maßgabe des § 178 AO erhoben. Die Gebühr wird mit den Kosten und Auslagen des Zolls, z. B. für die Lagerhaltung, gerechtfertigt. Außerdem dient die Grenzbeschlagnahme in erster Linie den Interessen des Schutzrechtsinhabers, sodass seine finanzielle Beteiligung angemessen erscheint.

Die Zollbehörde darf nur dann einschreiten, wenn durch die Ein- oder Ausfuhr ein in der Bundesrepublik Deutschland bestehendes Schutzrecht offensichtlich verletzt wird.

§ 146 Abs. 2 Satz 2 MarkenG schränkt das Brief- und Postgeheimnis des Art. 10 GG ein, da dem Antragsteller im Falle der Beschlagnahme Herkunft, Menge und Lagerort der Waren sowie Namen und Anschrift des Verfügungsberechtigten mitzuteilen sind. Diese Einschränkung ist nötig, um dem Verletzten Daten zum weiteren Vorgehen gegen die Produktpiraten zur Verfügung zu stellen. Des Weiteren bestimmt diese Vorschrift, dass der Antragsteller und der Verfügungsberechtigte unverzüglich von der Beschlagnahme zu unterrichten sind und dass dem Antragstel-

---

[45] Analog: § 111b Abs. 1 UrhG n. F., § 55 I GeschmG, § 142a Abs. 1 PatG n. F., § 25a Abs. 1 GebrMG n. F., § 9 Abs. 2 HlSchG n. F. wonach § 25a Abs. 1 GebrMG n. F., entsprechend anzuwenden ist, § 40a Abs. 1 SSchG.

ler Gelegenheit gegeben werden muss, die Waren zu besichtigen, soweit dadurch nicht in Geschäfts- oder Betriebsgeheimnisse eingegriffen wird.

Um eine Einführung von rechtsverletzenden Waren bereits direkt an den Außengrenzen der EU zu verhindern, sieht § 150 MarkenG n. F. unter Verweisung auf die Grenzbeschlagnahmeverordnung EG Nr. 1383/2003 ein vereinfachtes Verfahren zur Vernichtung von Piraterieware vor.

Eine Vernichtung der beschlagnahmten Ware ist demnach ohne gerichtlichen Beschluss auf Antrag des Rechtsinhabers mit Zustimmung des Anmelders, Besitzers oder Eigentümers möglich. Widerspricht der Anmelder, Besitzer oder Eigentümer diesem Antrag nicht innerhalb von zehn Tagen, so gilt seine Zustimmung als erteilt und die Piraterieware kann durch die Zollbehörde vernichtet werden.

3.9. Widerspruchsmöglichkeiten des Verfügungsberechtigten beim Beschlagnahmeverfahren nach § 146 MarkenG

Gemäß § 147 Abs. 1 MarkenG hat der von der Beschlagnahme Betroffene beim Beschlagnahmeverfahren nach § 146 MarkenG zwei Wochen ab Zustellung der Mitteilung der Beschlagnahme Zeit, der Maßnahme der Zollbehörde zu widersprechen.

Widerspricht der Verfügungsberechtigte nicht, so ordnet die Zollbehörde die Einziehung der beschlagnahmten Waren an. Die Waren werden dann in der Regel von den Zollbehörden vernichtet, um sicherzustellen, dass sie nicht erneut zum Schaden des Schutzrechtsinhabers auf den Markt kommen.[46]

Widerspricht der Verfügungsberechtigte, so kommt der Beschlagnahme nur eine zeitlich eng begrenzte Anhaltefunktion zu, die dem Schutzrechtsinhaber die Einleitung zivilrechtlicher Schritte gegen die verwirklichte oder bevorstehende Rechtsverletzung ermöglichen soll. In diesem Fall ist der Antragsteller unverzüglich von der Zollbehörde über den Widerspruch des Verfügungsberechtigten zu unterrichten. Der Antragsteller muss daraufhin der Zollbehörde unverzüglich erklären, ob er den Beschlagnahmeantrag aufrechterhalten will (vgl. § 147 Abs. 2 MarkenG).

Wird der Antrag vom Antragsteller zurückgenommen, so hebt die Zollbehörde die Beschlagnahme unverzüglich gem. § 147 Abs. 3 Satz 1 MarkenG auf. Das Verfahren ist mit der Rückgabe der beschlagnahmten Waren für die Zollbehörde abgeschlossen.

Hält der Antragsteller den Antrag aufrecht, so muss er binnen zwei Wochen – gerechnet ab Zustellung der Benachrichtigung über den Widerspruch des Verfügungsberechtigten – eine vollziehbare gerichtliche Entscheidung vorlegen, die die Verwahrung der beschlagnahmten Waren oder eine Verfügungsbeschränkung anordnet. Von der Zollbehörde werden dann die erforderlichen Maßnahmen gem. § 147 Abs. 3 Satz 2 MarkenG eingeleitet. Die zweiwöchige Frist kann für den Fall, dass der Antragsteller die gerichtliche Entscheidung zwar beantragt hat, diese aber noch nicht ergangen ist, um maximal weitere zwei Wochen verlängert werden.

---

[46] Vgl. BT-Drucks. 1989, 11/4792, S. 35.

Nach Ablauf dieser vierwöchigen Frist ist die Beschlagnahme aufzuheben, falls der Schutzrechtsinhaber innerhalb dieses Zeitraums keine zivilrechtliche Sicherstellung der beschlagnahmten Waren erreichen konnte, sinngemäß § 147 Abs. 4 Satz 2 MarkenG.

Im Falle des Widerspruchs gegen die Beschlagnahme durch den Verfügungsberechtigten ist es also die alleinige Aufgabe des Schutzrechtsinhabers gegen den Importeur oder Exporteur der Piratenware die aufgrund der Schutzrechtsverletzung bestehenden zivilrechtlichen Ansprüche geltend zu machen und/oder die Einleitung eines Strafverfahrens zu veranlassen. Der Zoll soll die Beschlagnahme nur solange aufrechterhalten, bis – auf Bewirken des Schutzrechtsinhabers – die Piratenware aufgrund der zwischenzeitlich erwirkten gerichtlichen Entscheidung in Verwahrung genommen oder mit einem Verfügungsverbot belegt worden ist. In diesen Fällen wird der Schutzrechtsinhaber in aller Regel neben dem Unterlassungsanspruch auch den Vernichtungsanspruch geltend machen wollen. Deshalb wird davon ausgegangen, dass durch die zeitlich eng begrenzte Zollbeschlagnahme der Betroffene in jedem Fall den mittelbaren Besitz an den beschlagnahmten Waren behält, sodass der auch allein auf Besitz gestützte Vernichtungsanspruch durch die Beschlagnahme nicht beeinträchtigt wird.[47]

3.10. Schadensersatzpflicht des Antragstellers

Erweist sich die Beschlagnahme als von Anfang an unbegründet, so ist der Antragsteller nach § 149 MarkenG grundsätzlich zum Schadensersatz verpflichtet. Der Anspruch ist jedoch davon abhängig, dass der Antragsteller nach Erhalt der Benachrichtigung über den Widerspruch gegen die zollbehördliche Maßnahme entweder die Beschlagnahme aufrecht erhält oder seine Verpflichtung zur unverzüglichen Rückäußerung verletzt und dadurch die Freigabe der Waren verzögert wird. Begründet wird die Einführung der Schadensersatzpflicht mit der angemessenen Berücksichtigung der Interessen des von einer ungerechtfertigten Beschlagnahme Betroffenen. Außerdem wird der sowohl im Interesse des Antragstellers als auch der Zollbehörde stehende zügige Verfahrensablauf sichergestellt. Neben dem Erfordernis der Sicherheitsleistung trägt diese Vorschrift auch dazu bei, dass das Instrument der Grenzbeschlagnahme nicht zu wettbewerbswidrigen Zwecken missbraucht wird.[48]

---

[47] Vgl. BT-Drucks. 1989, 11/4792, S. 36.
[48] Vgl. BT-Drucks. 1989, 11/4792, S. 36 f.

Teil E: Wettbewerbsrecht (UWG)

1. Das UWG 2004 und 2009

Am 8. Juli 2004 trat das neue UWG in Kraft. Mit der Gesetzesnovelle verfolgt der Gesetzgeber das Ziel, das deutsche Wettbewerbsrecht grundlegend zu modernisieren. Die durch Aufhebung des Rabattgesetzes und der Zugabeverordnung eingeleitete Liberalisierung des Wettbewerbs durch Deregulierung sollte ihre Fortsetzung finden. Gleichzeitig sollte das deutsche Wettbewerbsrecht den Anforderungen, die der Integrationsbedarf eines einheitlichen europäischen Binnenmarkts an die Wettbewerbsregeln der einzelnen Mitgliedsstaaten der Europäischen Union stellt, angepasst werden.

1.1. Strukturelle Änderungen

Augenfällig sind neben den textlichen Änderungen zunächst die strukturellen Neuerungen des neuen UWG.

So enthält das erste Kapitel des Gesetzes als integralen Bestandteil in § 1 UWG nunmehr eine Bestimmung über den Schutzzweck des Gesetzes. In § 2 UWG sind die zentralen Begrifflichkeiten des UWG definiert. Eine Generalklausel, wie sie nach wie vor im UWG enthalten ist, findet sich in § 3 UWG. Die Generalklausel wird zudem – anders als im bisher geltenden Recht – in §§ 4 bis 7 UWG durch katalogartig geregelte Beispielstatbestände flankiert. Es gibt im Anhang zur Generalklausel (§ 3 UWG) 30 weitere Verbotstatbestände, sog. schwarze Klauseln oder „per se" – Verbote, d.h. Verbotsregeln, die ohne Interpretation bzw. Rückgriffe auf Wertungen der Generalklausel auskommen (sollen).

Im zweiten Kaptitel (§§ 8 bis 11 UWG) sind die möglichen Rechtsfolgen von unlauteren Wettbewerbshandlungen sowie deren Verjährung geregelt. Das dritte Kapitel (§§ 12 bis 15 UWG) enthält Verfahrensvorschriften, das vierte Kapitel Strafvorschriften und das fünfte Kapitel Schlussbestimmungen.

1.2. Änderung des UWG in 2004

§ 1 UWG verdeutlicht nunmehr den Schutzzweck des Gesetzes. Geschützt werden sollen danach die Marktteilnehmer, insbesondere die Wettbewerber und die Verbraucherinnen und Verbraucher gleichermaßen und gleichrangig[1]. Die Interessen der Allgemeinheit, soweit sie jedenfalls auf den Erhalt eines unverfälschten und damit funktionsfähigen Wettbewerb gerichtet sind, werden ebenso vom Schutzzweck des UWG erfasst. Die Einschränkung des Schutzes der Allgemeininteressen macht deutlich, dass nicht jedes beliebige auch wettbewerbsferne Allgemeininteresse mit wettbewerbsrechtlichen Mitteln geschützt werden soll. Anliegen beispielsweise des Tier-, Umwelt- oder Arbeitnehmerschutzes werden nicht unmittelbar erfasst, soweit nicht der Wettbewerb als solcher betroffen ist.[2] Damit ist die auch schon bisher in der Rechtspraxis durch die Rechtsprechung entwickelte Schutzzwecktrias Gesetz geworden.[3]

Die wohl markanteste textliche Änderung hat das UWG in § 3 mit der Abkehr von dem seit jeher kontrovers diskutierten Begriff der „guten Sitten" in § 1 UWG a. F. hin zum Begriff der „Unlauterkeit" erfahren. Hierdurch sollten die Kompatibilität des deutschen Wettbewerbsrechts mit dem europäischen Gemeinschaftsrecht verbessert und der durch die Anwendung des alten Rechts implizierte anachronistische Vorwurf der „Unsittlichkeit" beseitigt werden.[4] Zudem setzt das Eingreifen der neuen Generalklausel des § 3 UWG bereits tatbestandlich die Eignung einer Wettbewerbshandlung zu einer nicht nur unerheblichen Wettbewerbsbeeinträchtigung voraus. Die Verfolgung von Bagatellfällen soll ausscheiden. § 3 UWG enthält keine konkrete Rechtsfolgenanordnung mehr, diese findet sich nun vielmehr in den §§ 8 bis 11 UWG.

1.2.1. Erneute Änderung des UWG in 2009

In Umsetzung der Richtlinie über unlautere Geschäftspraktiken[5] aus 2005 hat der Bundestag das UWG erneut geändert. Die Neufassung trat am 30. Dezember 2008 in Kraft. Kritik an dieser erneuten Änderung und an der Einbeziehung der Richtlinie gab es insbesondere vom Bundesrat. Der Bundesrat hat in seiner Stellungnahme zutreffend ausgeführt, dass man mit der Novelle aus 2004 nun ein praktikables Gesetz zum Schutz des lauteren Wettbewerbs geschaffen und die Entwicklung dieses Rechts erst einmal abwarten sollte. Der Bundesrat hatte sich dafür ausgesprochen, die Richtlinie nicht buchstabengetreu, sondern nur hinsichtlich ihrer wesentlichen Teile umzusetzen. Der Bundesrat hatte mit seinen Einwenden keinen Erfolg; das Gesetz wurde entsprechend dem Regierungsentwurf verabschiedet.

Wesentlich ist bei der Neufassung die Überarbeitung der Generalklausel des § 3 UWG. Die Generalklausel ist nun so aufgebaut, dass im ersten Absatz unlautere „geschäftliche Handlungen" unzulässig sind, soweit sie geeignet sind, die Interessen von Mitbewerbern, Verbrauchern oder sonstigen Marktteilnehmern spürbar zu beeinträchtigen.

---

[1] Vgl. BR-Drucks. 12/1487, S. 16.
[2] *Hefermehl/Köhler/Bornkamm*, § 1 UWG, Rdnr. 40.
[3] Vgl. BT-Drucks. 15/1487, S. 16.
[4] Vgl. BT-Drucks. 15/1487, S. 16.
[5] Vgl. hierzu *Steinbeck*, WRP 2006, 632 ff.

Zur Fassung aus 2004 wurde der Begriff „geschäftliche Handlungen" neu eingeführt. Es ist nicht mehr ein Handeln zu Zwecken des Wettbewerbs erforderlich, es reicht geschäftliches Handeln aus. Damit sollten wohl die Handlungen von Monopolisten im Geschäftsverkehr erreicht werden. Es sollte wahrscheinlich auch ein Streit darüber vermieden werden, ob bestimmte Handlungen noch zu Zwecken des Wettbewerbs erfolgen bzw. ob es möglich ist, allein auf den Geschäftszweck abzustellen. Dies ist nun dahin geregelt, dass die geschäftliche Handlung ausreicht. Diese Änderung hat im Hinblick auf die Auslegung des ursprünglichen Begriffes im Grunde nur redaktionelle Bedeutung.

Das konkrete Wettbewerbsverhältnis ist nämlich im Zusammenhang mit § 8 im Falle der Klagen von beeinträchtigten Unternehmen und von Unternehmensverbänden weiterhin erforderlich. § 8 UWG wurde insofern nicht geändert und insofern ist nur der Unternehmer klagebefugt, der im Hinblick auf die gerügte Werbehandlung Mitbewerber ist, es muss demnach ein Konkurrenzverhältnis zwischen den Streitparteien bestehen. Auch hinsichtlich der Unternehmerverbände ist durch § 8 UWG erforderlich, dass ihnen eine erhebliche Zahl von Unternehmern angehört, die Waren bzw. Dienstleistungen „gleicher oder verwandter Art auf demselben Markt vertreiben" (§ 8 Abs. 3 Nr. 2 UWG).

Lediglich für den Fall, dass Verbraucherverbände klagen kommt es dann nicht mehr auf eine Handlung im Wettbewerb an, sondern es genügt eine geschäftliche Handlung – worin immer der Unterschiedlich liegen mag.

Die Generalklausel ist durch ihren Absatz 2 neu gefasst worden. Dort werden die Verbraucher noch einmal als besonders schutzwürdig hervorgehoben. Es heißt jetzt, dass geschäftliche Handlungen gegenüber Verbrauchern „jedenfalls" dann unzulässig sind, wenn sie die Schiedsrichterrolle des Verbrauchers gefährden. Das ist dahin ausgedrückt, dass Handlungen unzulässig sind, die die Fähigkeit des Verbrauchers, „sich aufgrund von Informationen zu entscheiden" spürbar beeinträchtigen. Es wird insofern auch die EuGH-Rechtsprechung aufgegriffen, nach der auf den durchschnittlichen Verbraucher abzustellen ist. Im letzten Satz von Absatz 2 findet sich dann auch noch der Schutz geistiger und körperlich kranker Menschen.

In der Generalklausel wird also die Schiedsrichterrolle der Verbraucher mehr hervorgehoben, als dieses in der allgemeinen Fassung des Absatz 1 von § 3 UWG bzw. in der alten Fassung enthalten war. Materiellrechtlich erforderlich war dies sicherlich nicht. Die Änderung kann dem Laien zur eigenen Information dienen; der Schutzgehalt war vorher auch schon entsprechend ausgeprägt.

Neu ist der Absatz 3, in dem nun auf eine dem Gesetz „angehängte" Liste von geschäftlichen Handlungen verwiesen wird, deren Vornahme stets unzulässig ist. Es soll sich insofern um „per se"-Regeln handeln, in die Liste wird derart eingeführt. Das heißt, die dort konkret beschriebenen Handlungen sollen stets unzulässig sein, unabhängig von einer weiteren Feststellung ihrer Unlauterkeit. Es handelt sich auch insofern um Verbraucherschutzvorschriften, die in Ergänzung zu Absatz 2 die Rolle der Verbraucher noch einmal besonders hervorheben bzw. konkretisieren.

Die wesentliche Änderung im § 4 UWG ist die, dass nicht mehr auf die Generalklausel verwiesen wird. Dies ist auch unnötig, weil § 4 UWG eine Ausprägung unlauterer Handlungen ist. Die einzelnen durch den Katalog von § 4 aufgeführten verbotenen geschäftlichen Handlungen waren schon nach der wohl herrschenden

Lehre zum alten Recht unlauter, ohne dass diese Unlauterkeit noch einmal besonders festgestellt werden musste. Die Novellierung stellt auch keine Einschränkung der Generalklausel und insofern auch keine Regelung hinsichtlich eines möglichen abschließenden Charakters der Fälle von § 4 UWG auf. Es ist auch nach der Gesetzesänderung weiterhin möglich, unabhängig der Aufzählung in § 4 UWG weitere Fallgruppen unter die Generalklausel zu subsumieren; in diesem Fall ist aber dann die Feststellung der Unlauterkeit erforderlich. Insofern dient die Novellierung – wenn man so will – der Klarstellung. § 4 UWG enthält weiterhin nur Beispiele für rechtswidriges Verhalten, schließt aber nun eine Eingrenzung durch eine mögliche Auslegung, der erforderliche Grad der Unlauterkeit sei nicht erreicht, aus. Wegen der Aufhebung des Verweises von § 4 auf § 3 UWG brauchen die Handlungen nicht mehr für den Wettbewerb spürbar zu sein bzw. es werden hier unerhebliche geschäftliche oder Wettbewerbshandlungen nicht mehr vom Verbot ausgenommen.

Schwierigkeiten bei der Interpretation kann es aber dennoch geben. Auch der Katalog des § 4 UWG enthält Regelungen mit generalklauselartigem Inhalt. Es ist nun durchaus möglich, dass man einzelne unter § 4 UWG subsumierbare Handlungen ebenso unter § 3 UWG erfassen kann und dann die Erheblichkeit zum Gegenstand der Entscheidung macht, und dass andererseits diese Handlungen auch noch unter die weit gefassten Regelungsbereiche des § 4 UWG fallen und es dann auf die Spürbarkeit nicht mehr ankommt.

Neu geregelt wurde der Irreführungstatbestand (§ 5 UWG), der auch noch durch einen neuen § 5a UWG (Irreführung durch Unterlassung) erweitert wurde. Diese neue Norm enthält eine Konkretisierung von § 3 Abs. 2 UWG. Jetzt wird es für unlauter erklärt, dass jemand eine Information verschweigt, die für den jeweiligen Geschäftsabschluss wesentlich ist. Die Verpflichtung zu einer sachgerechten Verbraucherinformation wird also auch auf die Fälle unterlassener Information ausgedehnt.

1.2.2. Verbotsliste

Die bedeutsamste Veränderung durch die Novellierung in 2009 ist wohl die Übernahme des Anhangs der Richtlinie mit seinen insgesamt 30 Verbotstatbeständen. Die Einzeltatbestände sind im deutschen Recht im Anhang zu § 3 UWG aufgelistet. Bei diesen Verbotstatbeständen handelt es sich um sog. „per se" Verbote. Damit ist gemeint, dass die entsprechenden Verhaltensweisen unter allen Umständen als unlauter einzuordnen sind. Auf diese Weise soll die Rechtssicherheit erhöht werden. Sachlich sind diese 30 Einzeltatbestände am Verbraucherschutz ausgerichtet. Es wird also festgelegt, welche geschäftlichen Handlungen zum Nachteil der Verbraucher in jedem Fall unzulässig sind.

Da diese Verhaltensweisen in jedem Fall unzulässig sein sollen, kommt es hier auch nicht auf die Erheblichkeitsschwelle des § 3 Abs. 1 und 2 UWG an.

Zu beachten ist allerdings der Grundsatz der Verhältnismäßigkeit. Es kann also auch in Zukunft Fallgestaltungen geben, bei denen ein nach § 3 Abs. 3 UWG oder § 7 UWG (jeweils neue Fassung) unlauteres Verhalten gleichwohl keine wettbewerbsrechtlichen Sanktionen auslöst.

Die einzelnen Verbotstatbestände sind (relativ) klar gefasst. Zum Teil handelt es sich dabei um Verbotstatbestände, die schon vom deutschen UWG her bekannt sind, zum Teil sind neue Situationen angesprochen. So beziehen sich die Nr. 1 – 4 auf falsche Qualitätsanmaßungen. Von besonderer Bedeutung ist dabei die Nr. 2. Hier geht es um die nichtautorisierte Verwendung von Güte- und Qualitätszeichen. Aus europäischer Sicht war die Aufnahme einer solchen Regelung selbstverständlich. Die unter Nr. 2 genannten Güte- und Qualitätszeichen haben insbesondere für die Dienstleistungsfreiheit innerhalb des Binnenmarktes eine große Bedeutung. Art. 26 der Dienstleistungsrichtlinie/EG verlangt von den Mitgliedstaaten der Europäischen Union Maßnahmen zur Förderung der Transparenz hinsichtlich der Qualität der einzelnen Dienstleistungen. Güte- und Qualitätszeichen können dem Verbraucher hinreichende Orientierung über die Qualität der einzelnen Dienstleistung geben; insofern ist es erforderlich, dass von den Unternehmen auch die Anforderungen an die Erlangung solcher Güte- und Qualitätszeichen beachtet werden.

Die Nr. 5 – 7 beziehen sich auf die schon für das Deutsche Recht altbekannten Lockangebote. Nr. 5 bezieht sich auf die Situation, dass die Knappheit der Waren oder Dienstleistungen nur vorgetäuscht wird. Nr. 6 verlangt, dass Ware und Werbung identisch sind und Nr. 7 wendet sich gegen den unredlichen Aufbau eines Zeitdruckes; es soll nicht mit einer zeitlichen Begrenzung geworben werden, wenn der Zeitdruck aus objektiver Sicht nicht besteht.

Nr. 8 regelt die Sprachverwendung. Dies hat gerade im Hinblick auf die Dienstleistungsfreiheit im Binnenmarkt Bedeutung. Wenn der Unternehmer in einer anderen Sprache als sie am Ort seiner Niederlassung gesprochen wird vor Abschluss des Vertrages schreibt oder spricht, so ist diese Sprache auch für die Erbringung von Kundendienstleistungen nach Vertragsabschluss bindend. Die Regelung bezieht sich allerdings nur auf diese Serviceleistungen nach Vertragsabschluss.

Nr. 9 betrifft die Verkehrsfähigkeit der Waren und Dienstleistungen. Besteht ein Genehmigungszwang, so muss dies in der Werbung auch ausgedrückt werden.

Nr. 10 ist wiederum vom deutschen UWG her altbekannt. Die Regelung verbietet die Werbung mit Selbstverständlichkeiten.

Nr. 11 entspricht dem presserechtlichen Gebot der Trennung von Werbung und redaktionellem Teil. Werbung soll nicht im redaktionellen Teil getarnt werden. Dieses Verbot gilt für alle Medien, also auch für die elektronischen Medien.

Nr. 12 verbietet die Werbung, die dem Kunden für den Fall des Nichterwerbs oder der Nichtinanspruchnahme einer Dienstleistung eine bestimmte, konkrete Gefahr vorgaukelt.

Nr. 13 verbietet die Herkunftstäuschung. Die Regelung ähnelt der des § 4 Nr. 9 Buchst. a UWG und auch dem Irreführungstatbestand des § 5 Abs. 1 S. 2 Nr. 1 und Abs. 2 UWG (n.F.). Die Täuschung über die betriebliche Herkunft, um die es hier auch geht, muss aber beabsichtigt sein. Außerdem wird hier nicht die Irreführung durch die Verwendung verwechslungsfähiger Kennzeichen behandelt. Unterschiede lassen sich aber dennoch schwer finden.

Nr. 14 behandelt die Schneeball- und Pyramidensysteme, die für unzulässig erklärt werden. Mit Pyramidensystem ist gemeint, dass der vom Veranstalter unmittelbar geworbene Erstkunde durch eigene Aktivitäten weitere Kunden vermittelt. Mit Pyramidensystemen sind die Maßnahmen gemeint, bei denen die unmittelbar vom Veranstalter geworbenen Kunden selbst gleichlautende Verträge mit anderen Verbrauchern schließen; beim Pyramidensystem wird demnach der ursprünglich eingeworbene Verbraucher selbst Vertragspartner der neu hinzugewonnenen Kunden. Solche Maßnahmen sind bereits nach § 4 Nr. 2 UWG unlauter. Die Unlauterkeit liegt darin, dass bei zunehmender Aktivierung der Systeme es immer schwieriger wird, weitere Kunden einzuwerben bzw. selbst als Vertragspartner zu gewinnen.

Nr. 15 verbietet die Werbung mit der Aufgabe des Geschäftslokals, wenn dies nicht beabsichtigt ist.

Nr. 16 verbietet den Vertrieb von Waren oder Dienstleistungen, die angeblich die Gewinnchancen eines Glücksspiels erhöhen.

Die Nr. 17 (wie auch die Nr. 20) steht im Zusammenhang mit § 4 Nr. 5 und Nr. 6 UWG. Es sind Anforderungen an das Transparenzgebot. Durch Nr. 17 soll verhindert werden, dass der Verbraucher zur Teilnahme an einem Preisausschreiben veranlasst wird, wenn die beschriebenen Preise nicht gewonnen werden können (sie werden nicht vergeben) oder bei denen der Gewinn von einer Geldzahlung oder einer Kostenübernahme abhängt. Schon § 4 Nr. 5 UWG verlangt, dass die Teilnahmebedingungen von Preisausschreiben und Gewinnspielen klar und eindeutig anzugeben sind.

Nr. 18 verbietet unwahre Angaben über die Heilung von Krankheiten oder Funktionsstörungen bzw. Missbildungen.

Nr. 19 verbietet die Werbung mit unrichtigen Angaben über Marktbedingungen und Bezugsmöglichkeiten hinsichtlich Waren und Dienstleistungen, die nicht bestehen und dem Kunden vortäuschen, der Unternehmer habe einen erhöhten Aufwand.

Nr. 20 ergänzt die Nr. 17 hinsichtlich der Gewinnspiele oder Preisausschreiben. Verboten ist die Werbung damit, wenn gar nicht die Absicht besteht, einen Preis zu vergeben.

Nr. 21 verbietet das kostenlose Anbieten, wenn dem Abnehmer trotzdem Kosten entstehen. Dabei bleiben Kosten, die unvermeidbar mit dem Eingehen auf das Angebot oder die Inanspruchnahme der angebotenen Leistung verbunden sind, außer Betracht.

Nr. 22 verbietet, weitergehender als die deutsche Rechtsprechung bisher, den Werbebotschaften eine Rechnung beizufügen um damit den Eindruck zu erwecken, es liege bereits eine Bestellung vor. Erfasst werden auch rechnungsähnlich aufgemachte Angebotsschreiben (s. hierzu auch § 4 Nr. 3 UWG). Es kommt dabei nicht darauf an, ob die Beifügung der Rechnung auf der Grundlage eines Gesamtkonzepts zur Täuschung erfolgt ist oder nicht.

Nr. 23 verbietet insbesondere das Vortäuschen sozialer oder humanitärer Zwecke im Zusammenhang mit dem Warenangebot, wenn solche Zusammenhänge nicht bestehen.

Nr. 24 soll verhindern, dass der Unternehmer wesentlich seinen Gewährleistungsverpflichtungen dadurch ausweicht, dass er dem Kunden vortäuscht, die Leistungen brauchen nur in einem anderen Mitgliedstaat erfüllt zu werden.

Nr. 25 ist wohl die „Kaffefahrtenklausel". Es ist danach verboten, den Verbraucher dadurch unter Druck zu setzen, dass ihm der Eindruck vermittelt wird, er könne das Geschäftslokal erst nach Abschluss eines Vertrages verlassen.

Ähnliches regelt Nr. 26. Der Unternehmer hat danach bei einem Hausbesuch beim Verbraucher die Wohnung auf dessen Aufforderung zu verlassen und er hat – zumindest aus geschäftlichen Gründen – auch nicht dorthin zurückzukehren, wenn der Verbraucher ihm dieses verbietet. Bei solchen Verhaltensweisen liegt bereits ein Verstoß gegen § 4 Nr. 1 und Nr. 11 vor. Außerdem kommt Hausfriedensbruch nach § 123 und Nötigung nach § 240 StGB in Betracht.

Nr. 27 verbietet Versicherern, den Kunden zur Geltungmachung von Rechten dadurch abzuhalten, dass von ihm gar nicht benötigte Unterlagen verlangt werden.

Nr. 28 verbietet die an Kinder gerichtete Werbung, durch die diese unmittelbar zum Erwerb von Waren oder zur Inanspruchnahme von Dienstleistungen aufgefordert werden. Das Verbot ist noch umfassender. Es ist auch die Werbung verboten, in denen die Kinder aufgefordert werden, Eltern oder andere Erwachsene dazu zu veranlassen, für sie entsprechend zu erwerben.

Nr. 29 bezieht sich auf das Abwicklungsprozedere im Zusammenhang mit unbestellten Waren. Die Aufforderung zur sofortigen oder auch späteren Bezahlung, das Verlangen nach Rücksendung oder auch nur Verwahrung unbestellter Waren, sind als aggressive geschäftliche Handlungen unzulässig. Richtig daran ist, dass bei unbestellten Waren keine vertraglichen Beziehungen bestehen und insofern auch keine Pflichten begründet wurden. Nach § 241a BGB wird durch die Lieferung unbestellter Sachen kein Anspruch gegen den Verbraucher begründet. Der Verbraucher hat hingegen hinsichtlich der ihm eventuell mit der Zusage entstehenden Aufwendungen, z.B. für Verwahrung oder Rücksendung einen Anspruch gegen den Unternehmer aus Geschäftsführung ohne Auftrag.

Nr. 30 verbietet eine spezielle Art von gefühlsbetonter Werbung. So ist die ausdrückliche Angabe, der Arbeitsplatz oder der Lebensunterhalt des Unternehmers sei gefährdet, wenn es nicht zum Abschluss komme, verboten. Auch diese Regelung ist überflüssig. Die gefühlsbetonte Werbung wird schon über § 4 Nr. 1 UWG erfasst.

Keine der in den Nr. 1 – 24 des Anhangs zu § 3 Abs. 3 UWG geführten Irreführungstatbestände und keine in den Folgenummern 25 – 30 aufgeführten Verbote für aggressive geschäftliche Handlungen sind konstitutiver Natur. Damit soll gemeint sein, dass alle Handlungen bereits durch die Generalklausel des § 3 UWG verboten werden könnten und die meisten der aufgeführten Verbote lassen sich auch, mehr oder minder deutlich ausgedrückt, im Katalog des § 4 UWG finden.

Dass es sich hierbei um „per se"-Verbote handelt, dass es also nicht mehr auf eine Beurteilung des Einzelfalles ankommen soll, und dass auch die Erheblichkeitsschwelle des § 3 Abs. 1 und 2 UWG nicht überschritten zu werden braucht, geben diesen Regelungen keine besondere Bedeutung. Zum einen lässt sich dahin argumentieren, dass für viele der aufgeführten Fälle kein Platz für eine Einzelfallprüfung mehr ist. Wer z.B. behauptet, er erfülle bestimmte Qualitätskriterien eines Gütesiegels und diese Kriterien offensichtlich nicht erfüllt, wirbt unlauter i.S.v. § 3 bzw. i.S.v. §§ 3 und 5 UWG. Die Erheblichkeitsschwelle ist nicht nur überschritten, wenn die Werbekampagne einen größeren Kreis von Verbrauchern erfasst, sondern auch bereits dann, wenn die Werbung derart anstößig ist, dass eine Nachahmung verhindert werden muss. Bei vielen der im Katalog genannten Werbemaßnahmen kann dies unterstellt werden. Schließlich wird auch in der Begründung der Bundesregierung zum Entwurf des Änderungsgesetzes darauf hingewiesen, dass der Grundsatz der Verhältnismäßigkeit nicht ausgeschlossen worden ist, und dass es deshalb auch in Zukunft Fallgestaltungen geben kann, bei denen gegen einen Verbotstatbestand einer Regelung im Anhang zu § 3 Abs. 3 UWG verstoßen wurde und „gleichwohl keine wettbewerbsrechtlichen Sanktionen" ausgelöst werden (S. 61 Begründung).

2. Der Schutzzweck des UWG

2.1. Vom deliktsrechtlichen Schutz zum Schutz des Wettbewerbs

Die ersten Theorien, die sich mit dem zu schützenden Rechtsgut des UWG beschäftigen, sind auf das Verständnis eines deliktsrechtlichen Konkurrentenschutzes zurückzuführen. Durch den Verzicht auf eine Generalklausel im UWG von 1896 ergab sich die Notwendigkeit eines Rückgriffs auf die Generalklauseln des BGB, insbesondere auf § 823 I BGB, dessen Anwendung aber die Verletzung absoluter Rechte der Konkurrenten voraussetzte. Die Suche nach subjektiven, absoluten Rechten als Schutzgegenstand des UWG stand somit zunächst im Vordergrund der damaligen Überlegungen.[6] Ausgehend vom Gedanken eines Individualschutzes entwickelten sich dann zahlreiche Auffassungen, deren Hauptheorien sich in einem „Persönlichkeitsschutz", dem „Schutz des Unternehmens" oder dem „Schutz der Wettbewerbsstellung" ausdrückten.[7] Die Theorien sind für die Interpretation der Generalklausel nicht mehr verwertbar. Der „Schutz der Wettbewerbsstellung" eines Gewerbetreibenden (Bestandsschutz) entspricht nicht der Vorstellung eines Wettbewerbs, in dem mithilfe lauterer und erlaubter Wettbewerbshandlungen gekämpft wird.[8] „Persönlichkeitsschutz" und „Schutz des Unternehmens" sind in ihrer begrifflichen Fassung zu wenig differenziert, um möglichst allen Erscheinungsformen unlauterer Wettbewerbshandlungen hinreichend begegnen zu können. Bestimmte Handlungen sind danach gar nicht erfassbar. Hierunter fallen z. B. die, die sich in erster Linie gegen die Verbraucher richten und in ihren Auswirkungen für die Konkurrenten unbestimmt sind.

Nach Schaffung der Generalklausel des § 1 UWG a. F. im Jahre 1909 entwickelte sich langsam ein soziales Verständnis von Wettbewerb. Wirkungszusammenhänge wurden erkannt oder zumindest wurde nach ihnen gesucht.

Unter dem Eindruck eines gewandelten Schutzzweckverständnisses war es insbesondere Hefermehl, der sich von subjektiven Aspekten bei der Feststellung des zu schützenden Rechtsgutes gelöst hat. Im Rahmen der Generalklausel seien objektive Verhaltensnormen zu entwickeln, die den Interessen der Mitbewerber, der übrigen Marktbeteiligten sowie der Allgemeinheit entsprechen. Das klingt im Hinblick auf die grundlegende Ordnungsvoraussetzung einer Wettbewerbswirtschaft nicht ungefährlich. Es wäre nicht gut, das Wettbewerbsgeschehen mit Normen zu begleiten, die dem Wettbewerbsprozess selbst fremd sind; das Ergebnis wäre sonst der verwaltete Wettbewerb. Wettbewerb ist in einer marktwirtschaftlichen Ordnung keine staatliche Veranstaltung, sondern entsteht durch sich wechselseitig beeinflussende Handlungen der Mitbewerber und auch der Marktgegenseite. Mit „Objektivierung" kann dann nur die Relativierung subjektiver Rechte gemeint sein, und zwar aufgrund der Rechte der anderen Beteiligten. Mestmäcker spricht deshalb mit Recht von einer Institutionalisierung subjektiver Rechte des Privatrechts, die nach

---

[6] *Emmerich*, Unlauterer Wettbewerb, S. 16 f.; *Merz*, Die Vorfeldthese, 1988, S. 186.
[7] Vgl. *Baumbach/Hefermehl*, UWG, 22. Auflage. Einl. Rdnrn. 44 ff.; *Merz*, a.a.O., S. 186.
[8] Vgl. *Baumbach/Hefermehl*, UWG, 22. Auflage. Einl. Rdnr. 46.

ihm eine größere Beachtung der sozialen Realität impliziert. Diese Institutionalisierung lässt nach ihm erst die Voraussetzungen entstehen, „unter denen die Ausübung subjektiver Rechte mit den gleichen Rechten anderer und mit den öffentlichen Interessen vereinbar bleibt".[9] Für die Institutionalisierung sind Wertungskriterien erforderlich, nach denen Handlungen beurteilt und eingeschränkt werden können. Dabei muss es darum gehen, die Funktionsbedingungen des Wettbewerbs zu erforschen und für die rechtliche Beurteilung heranzuziehen. Die Generalklausel des § 1 a. F. UWG verlangte nach Wortlaut und Zweck für die Einschränkung von Handlungsfreiheiten einen wettbewerblichen Bezug.

2.2. Rückblick – von der Sittenwidrigkeit zur Unlauterkeit

Bis zu der Novellierung des UWG im Jahre 2004 galt im Rahmen der Generalklausel des § 1 UWG a. F. der Begriff der „guten Sitten" als Maßstab zur Bewertung der Zulässigkeit von Handlungen im geschäftlichen Verkehr. Anhand dieses Maßstabes haben Rechtsprechung und Schrifttum im Laufe der Zeit zahlreiche Fallgruppen herausgearbeitet. Der Gesetzgeber hat die entwickelten Fallgruppen weitgehend in die Katalogtatbestände der §§ 4 bis 7 UWG übernommen.

Auch die Katalogtatbestände der §§ 4 Nr. 1 und 10, § 7 Abs. 1 UWG setzen in der Rechtsanwendung aber ebenfalls eine Konkretisierung voraus. Sowohl die neue Generalklausel des § 3 UWG, wie einzelne Regelbeispiele, z. B. § 4 Nr. 1 und Nr. 10 UWG sowie der § 7 Abs. 1 UWG, bedürfen weiterhin der Ausfüllung durch Rechtsprechung und Literatur. Die Frage lautet demnach, haben die unter dem Begriff der „guten Sitten" herausgebildeten Auslegungsmaßstäbe noch Bedeutung? Mit der Einführung der „Unlauterkeit" in § 3 UWG n. F. sollte keine Änderung der Maßstäbe zur Bewertung von Wettbewerbshandlungen vollzogen werden.[10]

Die von Rechtsprechung und Literatur entwickelten Denk- und Lösungsansätze zu den „guten Sitten" können weiterhin Verwendung finden, wesentlich deshalb, weil der Begriff mehr die Bedeutung einer Leerformel hatte. Nahezu alle Begründungen für sittenwidriges Verhalten ließen sich ebenso unter moderneren Wettbewerbskriterien, wie etwa dem Leistungswettbewerb, verwenden.

Unvereinbar mit dem Unlauterkeitsbegriff sind die „guten Sitten" allerdings, wenn man sie in einem ethisch-moralischen, ethisch-rechtlichen Sinne versteht. Dies ist in der Nachkriegszeit nur noch vereinzelt geschehen.[11]

Soweit der Begriff der Ethik verwandt wurde, wurde er regelmäßig als Sozialethik oder – die Begriffe wurden nur selten voneinander geschieden – als Sozialmoral verstanden. Die „guten Sitten" sind danach die „Gesamtheit oder der Inbegriff derjenigen heteronom gesetzten Regeln, die den Grundtatbestand gemeinsamer

---

[9] *Mestmäcker*, Der verwaltete Wettbewerb, 1984, S. 79.
[10] *Hefermehl/Köhler/Bornkamm*, Einleitung, Rdnr. 2.18; Schünemann, WRP 2004, 925 (929); *Sack* WRP 2005, 531 (532).
[11] *Hubmann*, Gewerblicher Rechtsschutz, 1981, S. 245: „jenes ethische Minimum (...), auf dessen Einhaltung der Wettbewerb aufbaue"; *v. Godin/Hoth*, Wettbewerbsrecht, 1974, S. 7 f.: „Entscheidung auf sittlicher Grundlage.".

Anschauungen eines Volkes hinsichtlich des ethisch guten Handelns umfassen."[12]Dabei wurde anerkannt, dass der ethische Maßstab modifiziert und an die Zwecke seiner konkreten Rechtsanwendung angepasst werden muss. Nicht auf die strenge Ethik im philosophischen Sinne sei Bezug zu nehmen, sondern auf eine „der herrschenden Wirtschafts- und Sozialordnung immanente Rechtsethik".[13] Aus der sittlich-moralischen Bewertung wurde eine sittlich-rechtliche Wertung. Die Verbindung von Ethik und Recht sollte zu einer auf die Zwecke der Rechtsanwendung abgestimmten, zu einer funktionalisierbaren Moral führen. Der Sache nach deckt sich der Gedanke des Rückgriffs auf rechtliche Maßstäbe teilweise mit der von Simitis erhobenen Forderung nach der Einbeziehung des „ordre public" (die Grundsätze der geltenden Rechts- und Wirtschaftsordnung) in den Begriff der guten Sitten.[14] Larenz vollzieht die Synthese zwischen rechtlicher und ethischer Wertung, indem er von den „unserer Rechtsordnung immanenten Prinzipien" spricht.[15]

Der Wandel von einer sittlichen zu einer sittlich-rechtlichen Betrachtung der Generalklausel verdeutlicht, wie weit man sich im Wettbewerbsrecht von allgemein sittlichen Maßstäben entfernt hat. Die Aufwertung verloren gegangener Autorität durch das Recht kann aber nur in Grenzen durch eine Einbeziehung der Rechtsordnung immanenter Wertungsprinzipien, des „ordre public" im Sinne Simitis oder durch den Rückgriff auf die Grundrechte, insbes. den Freiheitssatz des Art. 2 GG[16] gelingen, weil diese Prinzipien nicht zu erklären vermögen, warum z. B. – oder warum nicht – Vorspannangebote, vergleichende Werbung, umfangreiche Schenkaktionen, das sklavische Nachahmen fremder Produkte der kritischen Würdigung und auch des Verbots bedürfen, damit der Wettbewerb funktionieren kann. All diese Sachverhalte sind aber unter einer sittlich-rechtlichen Würdigung der Dinge entschieden oder durch die Literatur zur Entscheidung vorgeschlagen worden.

Die ethischen Momente noch weiter zurückdrängen wollte die Auffassung, die unter guten Sitten die Konventionalnormen des Gebräuchlichen, tatsächlich Geübten versteht. Wegbereiter dieser Auffassung, die insbesondere in der Rechtsprechung großen Anklang gefunden hat,[17] ist v. Jhering.[18] Die von ihm entwickelte Theorie der Sitte bildet die Grundlage für die später im Schrifttum geforderte Identifizierung der „guten Sitten" mit den geltenden Normen der Sitte. Erfolg konnte sie vor allem im Wettbewerbsrecht verzeichnen.[19] Bei diesen Normen der Sitte soll es sich um „stillschweigend entstandene, tatsächlich bestehende und als solche feststellbare Konventionalnormen handeln". Der Orientierung an „feststellbaren" Konventionalnormen sind viele Autoren bis in die heutige Zeit gefolgt, insbes. Vogt,

---

[12] Grdl. *Henkel*, Einführung in die Rechtsphilosophie, 1977, S. 71; *Baumbach/Hefermehl*, UWG, 22. Auflage, Einl. Rdnr. 66; *Sack*, GRUR 1970, 496 f.
[13] *Wieacker*, JZ 1961, 339 f.
[14] *Simitis*, Gute Sitten und Ordre Public, 1996, S. 162 ff., 168; s. auch *Sack*, WRP 1985, 1 ff.
[15] *Larenz*, Juristenjahrbuch, Bd. 7, 1966, S. 67, 117.
[16] *Nordemann*, GRUR 1975, 625 ff.
[17] BGHZ 10, 228, 232; 15, 354, 356; 23, 184, 186; w. N. bei *Nordemann*, GRUR 1975, 626 ff.
[18] *v. Jhering*, Der Zweck im Recht, 1923, Bd. 2, S. 189 f.
[19] Vor allem vertreten von *Kirchberger*, Unlauterer, sittenwidriger und unerlaubter Wettbewerb, 1931.

der im Rahmen der Generalklausel das Schlechte, das „Unerträgliche", das aus dem Rahmen des Üblichen fallende Beispiel sanktionieren will.[20] Der BGH verwendete regelmäßig die Formel vom „sittlichen Bewusstsein des redlichen und verständigen Durchschnittsgewerbetreibenden".[21] Neuere BGH-Rechtsprechung unter Verwendung dieser Formel ist nicht bekannt; es ist auch nicht ersichtlich, ob diese Formel in der Rechtsprechung der Instanzengerichte noch Verwendung findet.[22] In der Literatur wird die Formel kritisiert. Begründet wird dies u. a. mit der erschwerten Feststellbarkeit eines „Grundkonsenses", da in der heutigen Zeit kaum noch (tradierte) allgemeingültige Wertevorstellungen – anhand derer sich die Zulässigkeit von Wettbewerbshandlungen beurteilen ließen – ausgemacht werden könnten. Emmerich[23] umschreibt diese Formel als „Muster einer Leerformel". Wir wollen sie hier nicht weiter kritisieren, das ist schon hinreichend geschehen.[24] Betrachtet man die umfangreiche Praxis dieser Formel, insbes. die BGH-Rechtsprechung, so stößt man auf ein Konglomerat kaum zu entwirrender rechtlicher, moralischer und auch wirtschaftspolitischer Erwägungen, die sich sicher nicht auf beachtete Konventionalnormen oder in Wettbewerbskreisen bestehende Vorstellungen über anständiges Verhalten zurückführen lassen. Die Entscheidungen sind vielfach das Ergebnis von Folgeerwägungen darüber, welche Auswirkungen ein bestimmtes Verhalten auf den Marktprozess haben wird, d.h., wie sich das Verhalten auf die Konkurrenz und die Marktgegenseite auswirkt, inwieweit sie dann noch in der Lage sind mitzuwirken[25] oder der Wettbewerb ausgeschaltet wird, indem die Marktgegenseite irregeführt wird oder z. B. dem Originalwarenhersteller durch schnelles Kupfern nicht einmal die Früchte seiner Markteinführung erhalten bleiben.[26] Bei der Irreführung der Verbraucher kommt es dem BGH auch nicht auf einen Verbraucherschutz, nicht auf einen Schutz des privaten Letztverbrauchers an, sondern auf eine möglichst weitgehende Sicherung der Möglichkeiten einer wahrheitsgemäßen Marktinformation. Diese funktionale Bedeutung der Marktinformation steht für den BGH im Mittelpunkt des Irreführungsschutzes,[27] ebenso wird beim wettbewerbsrechtlichen Nachahmungsschutz nicht auf ein im Interesse des Originalwarenherstellers bestehendes „Fruchtziehungsrecht" abgestellt, auch wenn das „Schmarotzen" an fremden Leistungen schon unanständig, sittenwidrig erscheint, sondern es wird erwogen, unter welchen (weiteren) Voraussetzungen das Schmarotzen dazu führen wird, dass sich in Zukunft auf dem entsprechenden Markt ein wenig innovationsfreundliches Klima entwickeln wird. Es werden nicht Konventionalnormen ermittelt, sondern es

---

[20] *Vogt*, NJW 1976, 729 ff.
[21] Beispielhaft BGH GRUR 1973, 210, 211; s. auch OLG Frankfurt GRUR 1983, 557; zur Entwicklungsgeschichte dieses Begriffs *Nordemann*, GRUR 1975, 625, 626 m. w. N. zur Rechtsprechung. Vgl. auch BGHZ 110, 156; der BGH versteht hier den Begriff der „guten Sitten" anders als in § 138 BGB.
[22] Die hierzu unter § 3 Rdnrn. 38, 39 bei *Bornkamm/Hefermehl/Köhler* zitierten Entscheidungen ergingen allesamt vor 2004.
[23] *Emmerich*, Unlauterer Wettbewerb, 6. Aufl. (2002), S. 47.
[24] Lesenswert insoweit *Nordemann*, GRUR 1975, 625 ff.
[25] Vgl. BGHZ 65, 68, 70 ff. – Vorspannangebot; BGHZ 60, 168, 169 ff. – Modeneuheit.
[26] BGHZ 60, 168, 169 ff.; BGHZ 51, 41, 45 ff.
[27] Siehe die Übersicht bei *Tilmann*, ZHR 1987, 462, 482 ff. und BGHZ 65, 68, 70 ff.

wird versucht, ökonomische Gesetzmäßigkeiten aufzuspüren, deren Einhaltung für die Sicherung und Erhaltung des Wettbewerbs, seiner Mechanismen unerlässlich ist. Es werden die Funktionsbedingungen des Wettbewerbs erforscht, die sich nur z. T. mit allgemeinen ethischen Vorstellungen und festen normativen Erwartungen begründen lassen.

Eine Orientierung an ethischen oder ethisch-rechtlichen Bewertungsmaßstäben hatte eine an der Natur der Sache orientierte Auslegung der Generalklausel spätestens seit Einführung des GWB auch nicht mehr nötig. Darüber hinaus ist das UWG, wie schon sein Titel besagt, ein Gesetz zum Schutz des Wettbewerbs gegen unlautere Handlungen. Die Generalklausel des § 1 UWG a. F. ist seinerzeit gerade in das Gesetz eingeführt worden, um durch das alte UWG von 1896 offen gelassene Schutzlücken zu schließen.[28] Ein solcher Schutz des Wettbewerbs kann sich nur an wettbewerbsimmanenten Maßstäben orientieren.

2.2.1. Die Materialisierung der „Unlauterkeit", das Leistungsprinzip

Der Begriff der Unlauterkeit ist nicht weniger eine Leerformel wie der der guten Sitten. Folgt man einer sprachlichen Interpretation, sind sie wesensgleich; es gibt keine beachtlichen Unterschiede zwischen einem unlauteren und einem sittenwidrigen Verhalten soweit man – wie bisher herrschende Meinung – mit den guten Sitten nicht die Anforderungen an ethische Grundlagen meint.

Auch der Begriff der Unlauterkeit kann nur sachbezogen, im Hinblick auf den Gesetzeszweck, den Wettbewerb funktionsfähig zu halten, ausgelegt werden. Die modernen Interpretationen der guten Sitten sind nach wie vor heranzuziehen und weiterzuentwickeln. Von immer noch besonderer Bedeutung sind dabei die Interpretationen, die unter dem Begriff „Leistungswettbewerb" behandelt wurden.

a) Die Hauptschwierigkeit aller Untersuchungen über den Schutz des Leistungswettbewerbs[29] besteht darin, dass der Begriff des Leistungswettbewerbs und seine Abgrenzung von leistungsfremden Wettbewerbspraktiken trotz der verbreiteten und scheinbar selbstverständlichen Verwendung dieser Ausdrücke in Rechtsprechung und Literatur von einer abschließenden Klärung immer noch weit entfernt ist.[30] Ohne Schwierigkeiten lässt sich mit den Begriffen im Unlauterkeitsrecht nur dort arbeiten, wo sie überflüssig sind: in den Fällen des Boykotts, der Diskriminierung, der Anschwärzung, der plumpen Täuschung oder Ähnlichem,

---

[28] *Emmerich*, Unlauterer Wettbewerb, S. 77.

[29] Bereits *Böhm*, Wettbewerb und Monopolkampf, 1933, S. 133, hat darauf hingewiesen, dass das Prinzip des Leistungswettbewerbs nicht ausnahmslos Anwendung finden kann. *Knöpfle*, Kartellrundschau Heft 17, S. 56 ff. plädiert für eine Abwendung von diesem Prinzip; wegen der Schwierigkeiten, den Begriff der wirtschaftlichen Leistungen zu definieren, sei dieses Prinzip unbrauchbar. So auch *Dörinkel*, DB 1967, 1883, 1885. Kritisch auch *Merkel*, BB 1977, 705 ff.

[30] Zur älteren und noch nicht überholten Literatur s. *Ulmer*, GRUR 1977, 565, 567. Kritisch unter Betonung der Unschärfe des Begriffs auch *Ott*, Raiser-Festschrift, 1974, S. 403, 408; seine Eignung als Rechtsbegriff generell verneinend, *Freitag*, Der Leistungswettbewerb als rechtliche Denkfigur, 1968, S. 120 ff., 125; kritisch *Emmerich*, Unlauterer Wettbewerb, S. 75.

also dort, wo das Verhalten des Mitbewerbers unmittelbar und „leistungsfremd" darauf gerichtet ist, den Konkurrenten vom Markt zu bringen. Darüber hinausgehend bestehen in Rechtsprechung und Literatur heute sehr divergierende Ansichten über die Bedeutung dieser Begriffe. Die großen Unterschiede erklären sich insbes. dadurch, dass im Leistungswettbewerb einmal das entscheidende Koordinationsprinzip einer marktwirtschaftlichen Gesellschaft[31] und zum anderen – im herkömmlichen Sinne – ein Beurteilungsmaßstab zur Bewertung konkurrenzbedingter Beeinträchtigungen gesehen wird.[32]

Als marktwirtschaftlicher Ordnungsfaktor verstanden ist der Begriff nicht in der Lage, ohne Weiteres, d.h. ohne die Einbeziehung gesellschaftspolitischer und ökonomischer Funktionen, die der Wettbewerb erfüllen soll, fertige Rezepte für die Lösung des Einzelfalls zu geben.[33] Wenn man bei der Begriffsbestimmung von dem Konkurrenzkampf zwischen einzelnen Gewerbetreibenden ausgeht, kommt man im Einzelfall auch nicht ohne zusätzliche Bewertungsmaßstäbe aus.[34]

Hefermehl hat in der 11. Auflage des „Baumbach-Hefermehl" formuliert: „Es fehlt bei dem Nichtleistungswettbewerb zwar eine unmittelbar gegen den Mitbewerber gerichtete Zielsetzung des Handelnden oder sie ist zumindest nicht nachweisbar, ihm ist aber in objektiver Hinsicht eigentümlich, dass er das Ergebnis des Leistungsvergleichs verfälscht, d.h. die zum Vergleich stehenden Waren oder Leistungen können nicht frei zur Entfaltung kommen. Folge dieses Vorgehens ist insbes., dass das Publikum die ihm in einer marktwirtschaftlich strukturierten Wirtschaftsordnung zugedachte Funktion eines Schiedsrichters nicht erfüllen und dafür Sorge tragen kann, dass sich die beste bzw. effizienteste Leistung auf dem Markt durchsetzt."[35]

Fikentscher[36] hat definiert: „Das Leistungsprinzip ist gewahrt, wenn die Leistung des Mitbewerbers und die wirtschaftlichen Auswirkungen der von dieser

---

[31] So die sogenannte „Freiburger Schule", vgl. z. B. *Eucken*, Grundsätze der Wirtschaftspolitik, 1952, S. 247.
[32] Vgl. zur Kritik insbes. *Knöpfle*, Kartellrundschau 1966, Heft 17, S. 56: „Der Leistungswettbewerb ist ein 'recht schillernder Begriff."
[33] Dazu *Baudenbacher*, ZHR 1980, 145, 155 und *Sack*, GRUR 1975, 302: „Der leistungsgerechte Wettbewerb ist (...) vom Konzept des funktionsfähigen Wettbewerbs her zu interpretieren."
[34] Ursprünglich wurde das Prinzip Leistungswettbewerb nur unter Berücksichtigung der Interessen der untereinander konkurrierenden Gewerbetreibenden eingesetzt. Vgl. *Lobe*, Das Gesetz zur Bekämpfung des unlauteren Wettbewerbs, 1907, S. 7; *Lehmann*, Festschrift E. Ulmer, 1973, S. 326 ff.; vgl. auch *E. Ulmer*, Sinneszusammenhänge, 1932 und *ders.*, GRUR 1937, 769. Heute herrscht Einigkeit darüber, dass erst mit Einbeziehung der Verbraucherinteressen eine den Aufgaben des Wettbewerbsrechts entsprechende Urteilsfindung möglich ist. Vgl. *Schricker*, GRUR 1974, 579 ff.; *v. Hippel*, JZ 1972, 417 ff.; *Nastelski*, GRUR 1969, 322 ff.; *Samwer*, GRUR 1969, 326 ff. Vgl. die Nachweise zur Rechtsprechung bei *Ulmer/Reimer*, Das Recht des unlauteren Wettbewerbs in den Mitgliedstaaten der EWG, Bd. III, 1968, S. 30, Fn. 42; vgl. auch *Hefermehl/Köhler/Bornkamm*, UWG, § 1 Rdnr. 39.
[35] *Baumbach/Hefermehl*, UWG, 11. Aufl., Einl. Rdnr. 72.
[36] *Fikentscher*, Wettbewerb und gewerblicher Rechtsschutz, 1958, S. 116 f.

Leistung getragenen Wettbewerbshandlung auf die übrigen Mitbewerber und die Kunden in einem für die Gesamtheit erträglichen Verhältnis stehen".

Es wird deutlich, dass von einer eigentlichen Definition nur in einem sehr eingeschränkten Maße die Rede sein kann. Nach den Definitionen soll zwischen den einzelnen betroffenen Interessen abgewogen werden. Die Interessenabwägung[37] hat sich als ein Mittel bewährt, Probleme zu analysieren, gleichsam transparent zu machen. Die Kriterien aber, nach denen die Interessen dann zu bewerten sind, die „Bewertungsmaßstäbe", werden nicht durch die Analyse der Interessenkonflikte aufgedeckt. Begriffe wie „erträgliches Ausmaß" u. Ä. sind bloße Leerformeln.

Der Abwägungsgedanke hat allenfalls dort seinen Platz, wo es darum geht, einen Kompromiss zwischen untereinander konfligierenden subjektivistisch konzipierten Rechten zu finden. Dies geht aber im Wettbewerbsrecht an der Sache vorbei. Grundsätzlich koordiniert der Markt die Interessen. Aufgabe des Wettbewerbsrechts ist es, dort zu stützen, wo die „Koordinationsstelle" Schwachpunkte hat, wo z. B. der Verbraucher nicht mehr in der Lage ist zu erkennen, ob er seinen Interessen gerecht bedient wird und seinen Interessen zuwider den Falschen mit der Kaufentscheidung belohnt. Dies kann aber nicht im Wege einer Abwägung gefunden werden. Verbraucherinteressen lassen sich z. B. auch nur unter Berücksichtigung dann zu erwartender unternehmerischer Initiativen bewerten. Werden diese in den „Katalog" von berechtigten Verbraucherinteressen (oder Interessen der Allgemeinheit) mit einbezogen, wird es keinen Raum für eine Interessenabwägung mehr geben, sondern es werden die Sinnzusammenhänge des Wettbewerbskampfes zutage treten.

Der Hinweis auf die Beeinträchtigung der den Verbrauchern obliegenden „Schiedsrichterfunktion" ist auch nicht sehr hilfreich. Es müsste erst einmal gesagt werden, welchen Regeln der Schiedsrichter folgen soll, d.h., ob er seine individuellen Interessen der Bewertung zugrunde legen soll oder eben das Interesse am funktionsfähigen Wettbewerb.

b) Rechtsprechung und Literatur kommen dennoch unter Verwendung des Begriffs Leistungswettbewerb zu Ergebnissen, die der Forderung nach einer an den Funktionsbedingungen des Wettbewerbs orientierten Auslegung der Generalklausel entsprechen. Methodisch geschieht dies so, dass dem Begriff des Leistungswettbewerbs, d.h. nach Hefermehl der „positive Wettbewerb, der in der Förderung der Absatztätigkeit des eigenen Unternehmens mit den Mitteln der eigenen Leistung besteht",[38] nicht nur der Nichtleistungswettbewerb im Sinne eines Wettbewerbs, der erkennbar der Ausschaltung des Konkurrenten dient, um dadurch erst

---

[37] Vgl. zur Interessenabwägung *Hefermehl/Köhler/Bornkamm*, UWG, § 3 Rdnr. 42; *Ulmer/ Reimer*, Das Recht des unlauteren Wettbewerbs in den Mitgliedstaaten der EWG, Bd. III, 1968, S. 34; *Kraft*, Interessenabwägung und gute Sitten im Wettbewerbsrecht, 1963, S. 43; *Nordemann*, GRUR 1975, 625, 629; *Schricker*, GRUR 1974, 579 f.; *Emmerich*, Unlauterer Wettbewerb, S. 73.
[38] *Baumbach/Hefermehl*, UWG, 22. Auflage, Einl. Rdnr. 96.

freie Bahn für den eigenen Absatz zu schaffen,[39] gegenübergestellt wird. Zwischen dem Leistungs- und Nichtleistungswettbewerb wird eine dritte Gruppe für wettbewerbsrechtlich relevant gehalten; ihr gehören alle Wettbewerbshandlungen an, die weder wie beschrieben dem Leistungswettbewerb noch dem Nichtleistungswettbewerb zurechenbar sind, sondern in einer Grauzone zwischen beiden liegen sollen.[40] Gemeint sind damit ganz regelmäßig Strategien, die die Entschließungsfreiheit der Kunden beeinträchtigen und einen echten Leistungsvergleich zumindest erschweren, und in geringerem Maße auch Handlungen, die es dem Mitbewerber erschweren, die eigene Leistung dem Kunden anzubieten.[41] Das Verbot der entsprechenden Maßnahme soll davon abhängig sein, ob die Wettbewerbshandlung zu negativen Marktwirkungen wie „Marktverengung", „Marktverstopfung" u. Ä. führt. Die negative Markt- oder Wettbewerbswirkung soll ausschlaggebendes Indiz für die Zugehörigkeit der fraglichen Wettbewerbshandlung zum unerwünschten Nichtleistungswettbewerb sein; die hinsichtlich ihrer Zugehörigkeit zum Leistungs- oder Nichtleistungswettbewerb ambivalente Wettbewerbshandlung wird anhand ihrer Auswirkungen auf den Wettbewerbsprozess bewertet. Ausdruck hat diese Folgenabwägung mit der Novellierung des UWG im Jahre 2004 auch im Gesetz gefunden, indem die Generalklausel des § 3 UWG um die sog. Bagatellklausel erweitert worden ist. Danach sind nur solche Wettbewerbshandlungen unzulässig, die geeignet sind, den Wettbewerb nicht nur unerheblich zu beeinträchtigen. Dieser Bezug wurde allerdings durch die letzte Novellierung des UWG in 2009 wieder etwas verändert. Statt „nicht nur unerheblich" heißt es nun, dass die Interessen der Mitbewerber „spürbar" beeinträchtigt sein müssen.

Es sind zwei Kriterien, die in ihrem Zusammenwirken das Unlauterkeitsurteil tragen. Ein Kriterium besteht im fehlenden Leistungsbezug der fraglichen Maßnahme. Es lässt sie zwar nicht als schlechthin unlauter gelten, gestattet aber auch nicht ihre Zuordnung zum Bereich des lauteren, grundsätzlich förderungswürdi-

---

[39] *Baumbach/Hefermehl*, UWG, 22. Auflage, Einl. Rdnr. 96.
[40] Deutlich so *P. Ulmer*, GRUR 1977, 565 ff.; *Sack*, GRUR 1975, 302; *ders.* WRP, 1975, 263.
[41] Eine Reihe solcher Beispiele leistungsfremden, wenn auch nicht klassisch unlauteren Wettbewerbsverhaltens lässt sich der BGH-Rechtsprechung entnehmen. Genannt werden kann die Gruppe der sogenannten „Wertreklame". Zu dieser Fallgruppe gehören namentlich die vom BGH grundsätzlich als unlauter beurteilten branchenfremden Vorspannangebote, d.h. die Kopplung der Hauptware mit einer attraktiven, den Kaufanreiz begründenden branchenfremden Ware. Das Unlauterkeitsurteil stützte der BGH jeweils darauf, dass das fragliche Vorgehen zu einer unsachlichen Beeinflussung der angesprochenen Verkehrskreise in ihren wirtschaftlichen Entschließungen führe und dass es dadurch dem Sinn des Leistungswettbewerbs und der Funktion des Verbrauchers im Rahmen der marktwirtschaftlichen Ordnung widerspreche – siehe BGHZ 65, 68, 72; u. BGH NJW 1976, 2013. Eine weitere wesentliche Fallgruppe leistungsfremden Wettbewerbs bildet das Verschenken von Originalware. Das zu Einführungszwecken erfolgte Verschenken ist zwar nicht schon per se unlauter, die Grenze des noch Zulässigen ist nach Ansicht des BGH aber überschritten, wenn es aufgrund des Umfangs der Schenkaktion oder infolge der zu erwartenden Nachahmung durch Mitbewerber zur Marktverstopfung und zur Gefährdung des Wettbewerbsbestandes auf dem betroffenen Markt kommt – siehe BGHZ 43, 278 – Kleenex; vgl. auch BGH GRUR 1969, 295 – Goldener Oktober.

gen Wettbewerbs. Um die Unlauterkeit zu begründen, muss als zweites Kriterium noch die Gefährdung des Wettbewerbsprozesses hinzukommen, sei es unmittelbar aufgrund der fraglichen Maßnahme oder mit Rücksicht auf die mit ihr verbundene Nachahmungsgefahr.

Mit dieser Vorgehensweise wird eine an den Funktionsbedingungen des Wettbewerbs orientierte Auslegung der Generalklausel deutlich, aber auch erkennbar, in welch einem engen Rahmen die funktionale Auslegung nur erfolgen soll. Orientierungspunkt ist immer der Nichtleistungswettbewerb in seiner klassischen, schon mit sittlich-rechtlichen oder lauterkeitsrechtlichen Kategorien erfassbaren Art, der Täuschung, dem psychologischen Kaufzwang oder der Beeinträchtigung des Mitbewerbers, um danach erst freie Bahn für den eigenen Absatz zu haben.

Damit soll freilich nicht gesagt sein, dass die unter dem Prinzip des Leistungswettbewerbs gefällten Entscheidungen sich nachvollziehbar auf diese Bewertungskriterien beschränken ließen, sie werden aber begrifflich darauf zurückgeführt und schaffen aus methodischer Sicht eine Situation, wie sie bei den unter der „Anstandsformel" entschiedenen Fällen gegeben ist, nämlich Unklarheit über die eigentlichen Bewertungskriterien. Bezeichnend für die Situation sind wohl die Ausführungen von Hefermehl in der 22. Auflage des Baumbach/Hefermehl zum Leistungswettbewerb. Einerseits ist danach das Leistungsprinzip noch das wichtigste Kriterium für die Differenzierung zwischen lauterem und unlauterem Wettbewerb, andererseits liegt seine Schwierigkeit „in der wettbewerbskonformen Konkretisierung des Begriffs „Leistungswettbewerb" als der erstrebenswerten und deshalb schutzwürdigen Form des Wettbewerbs".[42]

Das Leistungsprinzip kann demnach auch als „Aufgreiftatbestand" zur Feststellung unlauterer Wettbewerbshandlungen nicht überzeugen. Außerhalb der klassischen Behinderungsfälle, der, wie Kohler es einmal sagte, Feindseligkeiten und Irreleitungen, die „ohne nach vorn oder rückwärts zu sehen" schon „als solche" unlauter sind, erscheint kein Handlungsunwert, der für sich allein schon sicheres Indiz für die Gefährdung des Wettbewerbs ist. Das vermeintlich vorläufige Urteil über die Leistungswidrigkeit wird in Wahrheit nicht über die negativen Wirkungen, die die entsprechende Maßnahme entfaltet, verstärkt, sondern umgekehrt, die negative Wirkung wird zum letztlich ausschlaggebenden Kriterium. So spricht sich nun auch Köhler in der aktuellen Auflage des Hefermehl/Köhler/Bornkamm gegen die Weiterverwendung des Begriffes „Leistungswettbewerb" zur Identifizierung einer Wettbewerbshandlung als unlauter aus.[43]

Misst man den Folgen einer Wettbewerbshandlung für die Frage ihrer wettbewerbsrechtlichen Lauterkeit letztlich die entscheidende Bedeutung bei, ist an der hier vertretenen Auffassung, dass § 3 UWG die Funktionsfähigkeit des Wettbewerbs schützt, nichts auszusetzen. Geklärt werden muss aber, welche Wirkungen von Wettbewerbshandlungen Rückschlüsse auf eine Störung eben dieser Funktionsfähigkeit, d.h. der Bedingungen, unter denen Wettbewerb statt-

---

[42] *Baumbach/Hefermehl*, UWG, 22. Auflage, Einl. Rdnr. 96 a. E.
[43] *Hefermehl/Köhler/Bornkamm*, § 1 Rdnr. 39.

finden kann, zulässt. Es ist anzuerkennen, dass die Funktionsbedingungen nicht ohne Betrachtung der Wirkungen, die von Wettbewerbshandlungen ausgehen, konkretisiert werden können[44]; es ist aber auch der Gefahr zu begegnen, dass die jeweils für erwünscht gehaltenen Wettbewerbsergebnisse mit ihren Funktionen verwechselt und zum Normzweck erhoben werden.[45]

2.3. Funktionale Interpretation der Generalklausel – Zum Verhältnis von Wettbewerbsrecht und Wettbewerbstheorie

Nach vielfach vertretener Auffassung soll sich der Richter bei Anwendung der Generalklausel auf grundlegende ordnungspolitische Überlegungen stützen. So hält Lindacher die Heranziehung solcher Gesichtspunkte nicht nur für legitim, sondern für geboten: „Nicht nur das Beschränkungsrecht, auch das Lauterkeitsrecht ist dem Ordnungsprinzip 'Wettbewerb' verpflichtet."[46] Baudenbacher hält dies für zutreffend, „weil das umfassend verstandene Wettbewerbsrecht ein wichtiger Bestandteil wettbewerblich orientierter Ordnungspolitik ist."[47] Nach Lehmann sind wirtschaftspolitische Überlegungen dort angebracht, „wo es um die Beurteilungen eines die Grundvoraussetzungen des funktionsfähigen Wettbewerbs gefährdenden oder beseitigenden Verhaltens geht."[48]

Fraglich ist dann allerdings, wie dieses ordnungspolitische Konzept im Einzelnen zu konkretisieren ist. Ausgangspunkt sollte sein, dass als unlauter solche Handlungen gelten, die die Funktionsbedingungen des Wettbewerbs aufheben oder gefährden. Daraus erwächst dann die Notwendigkeit der Bestimmung des Ordnungsprinzips, das dem Wettbewerb immanent ist.

In der Sache ist mit Mestmäcker davon auszugehen, dass der Wettbewerb „(...) zugleich Sachverhalt und ein vorgefundener Regelungszusammenhang mit ausgeprägter ökonomischer Eigengesetzlichkeit" ist. Das heißt, das Ordnungsprinzip, das es zu finden gilt, ist zwar dem Phänomen immanent, aber schwer erfahrbar. Die Komplexität des Wettbewerbsprozesses macht es schwer, Kausalzusammenhänge zu isolieren und zu prognostizieren. Wettbewerb ist nicht nur ein dynamischer, sondern ein vielfältig verwobener sozialer Prozess.

Die Frage lautet, ob und in welchem Umfang dieses Ordnungsprinzip erfahrbar werden kann.

---

[44] *Mestmäcker*, Der verwaltete Wettbewerb, 1984, S. 75 mit Fn. 76.
[45] Vgl. hinsichtlich der am Schutzweck orientierten Folgeerwägungen BGH I ZR 96/04, vom 11. Januar 2007
[46] *Lindacher*, BB 1975, 1311, 1312.
[47] *Baudenbacher*, ZHR 1980, 145, 158.
[48] *Lehmann*, Wirtschaftspolitische Kriterien in § 1 UWG, FS *E. Ulmer*, 1973, S. 329, 330. Ebenso *Sack*, WRP 1975, 69, 71; *Raiser*, GRUR Int. 1973, 445.

2.3.1. Unterschiedliche Denkkulturen in Rechts- und Wirtschaftswissenschaften

a) Die unterschiedliche Bewertung wirtschaftlicher Vorgänge führt seit jeher zu Verständigungsschwierigkeiten zwischen Nationalökonomie und Rechtswissenschaft. Das Spannungsverhältnis zwischen juristischer und wirtschaftswissenschaftlicher Betrachtung äußert sich in erster Linie in der Wettbewerbsordnung. Diese Ordnung, die auf ökonomischer Theorie basiert, wird durch staatliche Rechtsetzung und Rechtsanwendung vollzogen.

Wettbewerbspolitik (Rechtsetzung) wird versuchen, ihr Handeln an theoretisch fundierten Vorstellungen bezüglich der Begriffe und Aufgaben des Wettbewerbs zu orientieren. Diese wettbewerbstheoretischen Konzepte stehen in keinem direkten Bezug zur Rechtswissenschaft. Die Umsetzung ökonomischer Zielvorstellungen durch Gerichte und Rechtswissenschaft muss auf erhebliche Schwierigkeiten stoßen.

b) Juristisches Denken ist geprägt durch eine Zivilrechtsdogmatik, die subjektivistisch geprägt ist. Im Vordergrund steht ein nahezu „ethischer Personalismus". Nationalökonomie ist institutionell ausgerichtet. Es geht ihr um die Frage, unter welchen Organisationsbedingungen der wirtschaftlich größte Erfolg zum Nutzen aller erbracht werden kann. Es mag dabei um den Nachweis gehen, dass die Gewährung und der Schutz individueller Freiheit den größtmöglichen Nutzen für das Allgemeinwohl hervorbringen wird (Hoppmann) oder um die Ansicht, dass der Wettbewerb zur Erreichung bestmöglicher Ergebnisse zu „funktionalisieren" ist, also dass ganz bestimmte Rahmenbedingungen herzustellen sind (Kantzenbach); in jedem Fall geht es um eine wettbewerbsspezifische institutionelle Betrachtungsweise bzw. Forschungsrichtung. Wenn der Jurist auf wirtschaftsrechtlichem Gebiet institutionell denkt, so arbeitet er interdisziplinär; methodische Anweisungen für eine „richtige" Einbeziehung von Nationalökonomie in die Rechtsanwendung gibt es nicht.

c) Neben vielen anderen ergibt sich daraus zumindest ein Problem: Es muss geklärt werden, ob Erkenntnisse der Nationalökonomie nur der Rechtspolitik oder – unmittelbar, ohne Umweg über die Politik – der praktischen Rechtsanwendung zugänglich sind; bejahendenfalls wird die Schwierigkeit der Auswahl beginnen. Die Nationalökonomie hat mehr als nur eine Wettbewerbstheorie zu bieten.

2.3.2. Abgrenzung zur Wirtschaftspolitik

a) Inwieweit die Einbeziehung ökonomischer Theorien in die Rechtsanwendung Einmischung in die Wirtschaftspolitik ist, ist bis heute umstritten. Der Streit hat bei Weitem nicht mehr die Dynamik wie in den 70er Jahren, er ist aber nach wie vor relevant. Nach der bis in die 70er Jahre hineinreichenden Auffassung bestand die Aufgabe des UWG darin, unabhängig von der jeweils geltenden Wirtschaftsordnung für Lauterkeit des Wettbewerbs zu sorgen. Das UWG sei wirtschafts- und wettbewerbspolitisch neutral. Die Auffassung hat sich gewandelt. Moderner Interpretation der Generalklausel des UWG entspricht die Ansicht, das „Lauterkeitsrecht" sei dem Ordnungsprinzip Wettbewerb verpflichtet. Ein umfassend verstandenes Wettbewerbsrecht ist Bestandteil wettbewerblich orientierter Ordnungspolitik. Wirtschaftspolitische Überlegungen sollen zumindest dort angebracht sein, wo es um die Beurteilung eines die Grundvoraussetzungen des funktionsfähigen Wettbewerbs gefährdenden oder beseitigenden Verhaltens geht. Das ist einsichtig. Mit den Worten von Mestmäcker gesprochen ist Wettbewerb „zugleich Sachverhalt und ein vorgefundener Regelungszusammenhang mit ausgeprägter ökonomischer Eigengesetzlichkeit".[49] Die Frage nach den Rahmenbedingungen für die Erhaltung oder den Aufbau einer wettbewerblichen Ordnung wäre demnach zuvörderst von den Ökonomen zu beantworten. Es ist die zentrale Aufgabe der Wirtschaftstheorie, den Wirtschaftsprozess zu erklären mit der Absicht, Kriterien zur Beurteilung des Marktgeschehens zu liefern und Instrumente aufzuzeigen, die Marktprozesse in die gewünschten – das soll heißen in die „wettbewerblichen" – Bahnen zu lenken. Damit steht dann die Frage an, wie ökonomische Theorie bzw. Konzepte im Einzelnen zu konkretisieren sind.

b) Als zentrale Schwäche der Ökonomie wird immer wieder ihre Meinungsvielfalt empfunden, die E. S. Mason mit den folgenden Worten karikiert hat: „(...) there are as many definitions of effective or workable competition as there are effective or working economists".[50] Die Meinungsvielfalt wird damit begründet, dass Wettbewerbstheorie selbst einen normativen Gehalt hat. Wettbewerbstheorie ist nach diesem Verständnis ein entwickeltes Hypothesensystem mit normativem Gehalt. Folgt man dieser Ansicht, so ist Wettbewerbstheorie mit Wettbewerbsgestaltung gleichzusetzen. Wettbewerbstheorie wird damit zur „Theorie der Wettbewerbspolitik"; Wettbewerbstheorie wird damit vielfach erst dann justiziabel, wenn sie in die Wettbewerbspolitik Einzug gehalten hat, also Gesetz geworden ist. Wettbewerbstheorie bedarf demnach erst der politischen Autorität, bevor sie für die Rechtsanwendung nutzbar gemacht werden kann. Für die praktische Rechtsanwendung müsste es dann darum gehen, in der Rechtsordnung, namentlich im Kartellrecht, nach Hinweisen zu suchen, die eine jeweils weitergehende Einbeziehung von Wettbewerbstheorie erlaubt.

c) Solche Vorgehensweise stößt auf vielfältige Schwierigkeiten. Es stellt sich zunächst die Frage, ob die beiden Wettbewerbsgesetze (UWG und GWB) eine einheitliche Wettbewerbsordnung darstellen. Das Spektrum der Auffassungen erstreckt sich von vollkommener Ablehnung bis hin zu der Forderung nach einem einheitlichen Marktgesetz unter Zusammenschluss von UWG und GWB.[51] Selbst wenn sich dieser Streit durch die Einbeziehung von wiederum Wettbewerbstheorie überwinden ließe, so steht doch die Tatsache, dass das GWB von 1957 bereits einen Kompromiss aus verschiedenen wettbewerbspolitischen Kon-

---

[49] *Mestmäcker*, Der verwaltete Wettbewerb, 1984, S. 93.
[50] The New Competition, in: *E. S. Mason* (Hrsg.), Economic Concentration and the Monopoly Problem, Cambridge/Mass. 1959, S. 381.
[51] *Baudenbacher*, ZHR 1980 (144), S. 145, 170.

zepten darstellt, gegen eine solche Einbeziehung von Wettbewerbstheorie.[52] Andererseits kann es schlecht angehen, dass die den Sachverhalt „Wettbewerb" durchdringende Wissenschaft als Ratgeber bei der Rechtsanwendung ausscheiden muss, weil sie nicht nur analysiert, sondern auch dort bewertet, wo verschiedene Wertungen zulässig sind. Jede Wettbewerbstheorie, wie jede wissenschaftliche Theorie überhaupt, gibt auch Antworten darauf, was ohne ihre Verwirklichung mit dem vorgefundenen Phänomen passieren wird, was sich ereignet, wenn die Theorie nicht vollzogen wird. Insofern ist die Hauptkritik an der Ökonomie, ihre Meinungsvielfalt, auch eine Aufforderung für interdisziplinäres Arbeiten und keinesfalls Grund dafür, in juristische Autarkie zurückzufallen. Isoliertes Arbeiten ist im Wirtschaftsrecht nur in dem Maße legitim, wie ein Mangel an Erkenntnissen fremder Wissenschaften, hier der Ökonomie, zu verwalten ist. Nur in dem Maße ist juristische Autarkie Notwendigkeit und nicht Überschätzung.

d) Dabei dürfen zur beiderseitigen Zufriedenheit keine zu hohen Anforderungen an die Nationalökonomie gestellt werden. Hoppmann hat vor ca. 20 Jahren überzeugend dargelegt, was von der Nationalökonomie in diesem Zusammenhang mit Sicherheit nicht geleistet werden kann. Er hat aufgezeigt, dass die Nationalökonomie der Aufforderung, „jene wettbewerblichen Prozesse, deren Realisierung das Ziel der Wettbewerbspolitik ist, in positiver Form praktikabel zu beschreiben", nicht nachkommen kann.[53] Aber selbst wenn akzeptiert wird, dass die wettbewerblichen Spielregeln nicht positiv i. S. von Verhaltensgeboten erfasst werden können, so bleibt doch das Feld der Verhaltensverbote, die unerlässlich sind, um Marktprozesse in die gewünschten – das heißt in diesem Zusammenhang in die „wettbewerblichen" – Bahnen zu lenken.

2.3.3. Interpretation der Generalklausel unter Berücksichtigung von Wettbewerbstheorie

2.3.3.1. Entwicklung und Systematik wettbewerbstheoretischer Konzeptionen

Mit dem Beginn der klassischen Nationalökonomie vor über 200 Jahren entwickelte sich die erste Form einer Wettbewerbstheorie. Adam Smith und andere Vertreter der Klassik erblickten im Wettbewerb ein Mittel zur Überwindung merkantilistischer Vorstellungen, die sich im Wesentlichen durch Protektionismus und Reglementierung auszeichneten. Die Organisation ökonomischer Handlungen erfolgt

---

[52] Wettbewerbstheorie als abgeschlossener Regelungskomplex lässt sich für die Auslegung der Generalklausel kaum verwenden; der Nutzen wirtschaftswissenschaftlicher Theorien für die Rechtsanwendung wird sich mehr an ihrem empirischen Gehalt bemessen, je weniger die Theorie auf Prämissen basieren, um so stärker kann sich der Jurist bei der Auslegung (juristischer) Normen an ihnen orientieren.

[53] *Hoppmann*, Zum Problem einer wirtschaftspolitisch praktikablen Definition von Wettbewerb, in: Grundlagen der Wettbewerbspolitik, Schriften des Vereins für Sozialpolitik, Neue Folge, Bd. 48, Berlin 1968, S. 47.

dezentral durch eine Vielzahl unabhängig voneinander agierender Individuen. Die Tauschpläne der Wirtschaftssubjekte werden über Preise, welche sich auf den jeweiligen Märkten unter freien Wettbewerbsbedingungen bilden, aufeinander abgestimmt. Ordnungspolitisch steht dahinter der Gedanke, dass es einen selbst regulierenden Mechanismus, eine „unsichtbare Hand" gibt, welche die individuellen Pläne über einen durch Preise gesteuerten Markt in Übereinstimmung bringt.

Aufgabe des Staates unter diesem „einfachen System" war es, keine Privilegien zu vergeben und staatliche Beschränkungssysteme aufzuheben.

Während die „Klassiker" den Wettbewerb in einem dynamischen Sinn verstanden, setzten sich in der Mitte des letzten Jahrhunderts vorwiegend stationäre Gleichgewichtsmodelle in der Wettbewerbstheorie durch, die schließlich zu der Modellvorstellung einer „vollständigen Konkurrenz" führten. Man sieht den Wettbewerb als vollkommen an, wenn auf der Angebots- und Nachfrageseite eine möglichst große Zahl von Marktpartnern annähernd gleicher Größe vorhanden ist, die angebotenen Güter homogen sind und keine Präferenz irgendwelcher Art (qualitative, räumliche, zeitliche) aufweisen, ein einheitlicher Preis besteht und die Märkte allen offen stehen. Unter diesen vier Voraussetzungen sind die einzelnen Marktteilnehmer machtlos.[54] Die Aufgaben des Wettbewerbsrechts liegen bei diesem Modell also in der Erhöhung der Markttransparenz, dem Sicherstellen eines beidseitigen Polypols und der Abschaffung von Marktein- und Marktaustrittsbarrieren.

Die Verfolgung dieser Ziele würde dem UWG umfangreiche Aufgaben zuweisen. Die Förderung von Markttransparenz für den Nachfrager erinnert an die Diskussion um den Leistungswettbewerb. Es müsste eine Pflicht zum Leistungswettbewerb dergestalt eingeführt werden, dass nur noch mit „objektiven Eigenschaften" eines Produkts geworben werden dürfte. Weiterhin erfordert eine vollkommene Information und Voraussicht, dass auch die Konkurrenten „vollkommen" über die bisherigen Produktionsverfahren über die zukünftigen Entwicklungen von Produktionsverfahren und Produkten informiert werden müssten. Die Forderung des Modells nach einer atomistischen Konkurrenz könnte das UWG im Sinne der Vorfeldthese von Ulmer[55] nachkommen, nach der die Generalklausel bereits dann eingreift, wenn das GWB noch nicht einschlägig ist. So wäre etwa der Versuch, einen Anbieter über Dumpingpreise aus dem Markt zu werfen, als unlauter anzusehen. Wobei sich dann jedoch schon die Frage stellen würde, wie dieser Versuch unter den Bedingungen – vollkommene Markttransparenz, Fehlen jeglicher Präferenzen, atomistische Konkurrenz – überhaupt möglich wäre.

Das Wettbewerbsmodell der vollkommenen Konkurrenz ist unrealistisch und auch so bewertet worden. Dieses Modell kann zwar sehr gut eine stationäre Wirtschaft beschreiben, für die in der Realität vorherrschenden dynamischen Bewegungen innerhalb des Wettbewerbsprozesses bietet es jedoch keine Erklärung. Die Hauptkritik an dieser Theorie ist, dass ihre wettbewerbsrechtliche Vollendung dem

---

[54] Von der Vorstellung eines vollkommenen Wettbewerbs als Idealbild gingen vor allem die Vertreter der Freiburger Schule, *Eucken*, *Böhm* u. a. aus. Nach *Eucken* besteht die primäre Aufgabe der Wettbewerbsordnung in der Herstellung eines „funktionsfähigen Preissystems vollständiger Konkurrenz". *Eucken*, Grundsätze der Wirtschaftspolitik, 1952, S. 254 ff.

[55] *Ulmer*, GRUR 1977, 579.

Wettbewerb selbst seine Dynamik nehmen würde, weil wirtschaftliche und technische Innovationen geradezu verhindert würden. So würden nach diesem Modell z. B. die durch eine Produktentwicklung entstandenen Kosten nicht durch Pioniergewinne aufgefangen werden können. Durch die vollkommene Markttransparenz und die gewünschte hohe Anpassungsgeschwindigkeit würde sich der Mitbewerber die Entwicklung ebenfalls zu Eigen machen.

Mit Beginn der zwanziger Jahre des letzten Jahrhunderts regte sich bei dem Stichwort „unvollkommene bzw. monopolistische Konkurrenz" erste Kritik am Modell der „vollständigen Konkurrenz". In der Kritik wird aber immer noch von dem Gedanken ausgegangen, dass das statische Modell vom vollkommenen Wettbewerb als Ideal anzusehen sei, das aber niemals erreichbar sein wird. Daraus wurde geschlossen: Wenn schon der vollkommene Wettbewerb niemals zu erzielen sei, so soll er doch immer als Ideal angestrebt werden. Um auf dieses Idealbild zuzusteuern, müssten lediglich die Unvollkommenheiten bzw. die Monopolelemente auf ein Minimum reduziert werden.

Im Laufe der Zeit kristallisierte sich jedoch immer mehr heraus, dass in bestimmten Bereichen vollkommener Wettbewerb keinesfalls unerwünscht sei. Diese erwünschten Formen des unvollkommenen Wettbewerbs werden dann als „workable competition" bezeichnet.

Beeinflusst von Schumpeters Idee des wirtschaftlichen Fortschritts entwickelte in den USA vor allem J. M. Clark dieses Konzept weiter. Nach Schumpeter sind Monopolelemente Teil des wirtschaftlichen Fortschritts. Clark formulierte die These, dass der unvollkommene Wettbewerb eine notwendige Voraussetzung des wirtschaftlichen Fortschritts sei. Wenn man bisher sagte, dass vollkommener Wettbewerb zwar erwünscht, jedoch nicht realisierbar sei, so wurde nun gefolgert, dass dieser Wettbewerb auch nicht mehr erwünscht wäre, da ohne Unvollkommenheitselemente Wettbewerb nicht „workable" sei. Zentrales Problem der Theorie der „workable competition" ist es bis in die heutige Zeit, die wirtschaftspolitisch erwünschten, als „workable" benannten Formen der Monopolelemente von den weiterhin unerwünschten Formen zu trennen. Empirisch gewonnene Daten aus Marktstruktur-, Marktverhaltens-, Marktergebnistests sollten hierbei als wichtige Abgrenzungskriterien fungieren. Eine Folge dieser Theorie war die Feststellung, dass es zwischen der Freiheitsfunktion des Wettbewerbs und seiner ökonomischen Funktion einen Konflikt gebe (so genannte Dilemma-These), so dass es gerechtfertigt sei, die wirtschaftliche Freiheit zu beschränken, um gute ökonomische Ergebnisse zu erreichen; behauptetermaßen gegensätzlich wird gefordert, den innovatorischen dynamischen Wettbewerb nicht danach zu untersuchen, ob er funktional i. S. von guten ökonomischen Ergebnissen abläuft, sondern ihn lediglich ordnungspolitisch zu begleiten. Der Unterschied zwischen beiden Auffassungen liegt darin, dass die Aufdeckung der Irrationalität, die dem Modell des vollkommenen Wettbewerbs zugrunde lag, einerseits dahin genutzt wird, Marktstruktur- und Marktverhaltensmodelle zu entwickeln, die (vermeintlich) gute ökonomische Ergebnisse versprechen und andererseits darin, den nunmehr festgestellten dynamischen Wettbewerbslauf ordnungspolitisch zu begleiten. Mit dieser Unterscheidung sind wohl die oben mehrfach zitierten Begriffe wohlfahrtsökonomische und systemtheoretische Konzeption verbunden. Die wohlfahrtsökonomischen Ansätze von „workable competition" gehen alle von einem Strukturverhaltens-Schluss aus; es wird ein Kausalzusammenhang zwischen Marktstruktur, Marktverhalten und (positiven) Marktergebnissen unterstellt; anders ausgedrückt: Eine vorhandene Marktstruktur in Verbindung mit einem bestimmten Marktverhalten legt das zukünftige Ergebnis fest.

Zu den Marktstrukturmerkmalen (market structure) gehören: Zahl und relative Größe der Nachfrager/Anbieter; Ausmaß der Produktdifferenzierung; Grad der Markttransparenz; Vorhandensein von Marktzutrittsbeschränkungen; Verflechtungsumfang zwischen Nachfragern/Anbietern; Alter der Branche. Zu den Marktverhaltensmerkmalen (market conduct) gehören: Preis- und andere Verkaufsstrategien; Neigung zu Wettbewerbsbeschränkungen; Innovationsaktivitäten; Risikoneigung. Zu den Marktergebnismerkmalen (market performance) gehören: Preisniveau; Kostenniveau; Gewinnniveau; Produktqualitäten; Marktversorgung; Produkt- und Verfahrensinnovationstempo; Werbeaufwand; Kapazitätsauslastung.[56]

Die große Zahl von Merkmalen, die Möglichkeit die Merkmalsgruppen unterschiedlich zu gewichten, deutet schon an, dass der Begriff „Workable competition" eine allgemeine, globale Norm darstellt, die sich vielfach konkretisieren lässt. In der Literatur wird gesagt, dass sich im Hinblick auf ihren formalen Aufbau theoretisch sieben verschiedene „Workable-competition"-Definitionen unterscheiden lassen.[57]

Hier sollen nur die drei bedeutsamsten Ausprägungen des „Workable-competition"-Konzeptes vorgestellt werden. Zwei der Ansätze sind eindeutig wohlfahrtsökonomische Konzeptionen, die letzte Theorie ist dem systemtheoretischen Ansatz zuzuordnen:

– Dilemma-Konzept
  Dieses Konzept knüpft an die durch den Wettbewerb zu erzielenden Ergebnisse an. Jede „Workable-competition"-Definition, die auf dieser Ausprägung beruht, muss mit spezifischen Normen bezüglich der „performance" ausgestattet sein. Diese Normen definieren dann die Resultate, die vom Wettbewerb erwartet werden. Die gewünschten Resultate müssen also im Voraus festgelegt werden. Die Funktionsfähigkeitsprüfung des Wettbewerbs wird in Form eines „Market-performance"-Testes praktiziert, der ein kategorischer Ergebnistest ist.
– Das „New-rule-of-reason"-Konzept
  Im Unterschied zum Dilemma-Konzept vollzieht sich der Funktionsfähigkeitstest hier in zwei Schritten: Erst wird mit einem Marktprozesstest (Marktstruktur- und Marktverhaltenstest) eine evtl. Beschränkung des Wettbewerbs ermittelt. Lässt sich eine Beschränkung des Wettbewerbs feststellen, wird ein „Market-performance"-Test durchgeführt. In diesem zweiten Schritt wird das unter der Marktbeschränkung erzielte Marktergebnis beurteilt. Stellt es sich noch als zufrieden stellend heraus, so wird die Wettbewerbsbeschränkung für unbeachtlich erklärt und der Wettbewerb für noch funktionsfähig.

---

[56] Vgl. *Ahrns/Feser*, Wirtschaftspolitik – Problemorientierte Einführung, 1997, S. 43.
[57] *Hoppmann*, Zum Problem einer wirtschaftspolitisch praktikablen Definition des Wettbewerbs, in: Schneider (Hrsg.), Grundlagen der Wettbewerbspolitik, 1968, S. 182 f.

- Das „Workable"-Konzept des „funktionsfähigen Wettbewerbs" (optimale Wettbewerbsintensität)

  Das von Kantzenbach entwickelte Modell der optimalen Wettbewerbsintensität kann als der Versuch angesehen werden, Clarks „workable competition" und Schumpeters dynamisches Verständnis des Wettbewerbs für die wettbewerbstheoretische Diskussion in Deutschland zu übernehmen. Ein funktionierender Wettbewerb hängt nach Kantzenbach von der optimalen Erfüllung bestimmter ökonomischer Funktionen ab.[58] Sein ökonomisch-instrumentaler Einsatz basiert in erster Linie auf dem Verständnis „systematischer Zusammenhänge zwischen Marktformen und Marktergebnissen". Mit Hilfe von Modellüberlegungen untersucht Kantzenbach die Auswirkungen oligopolistischer Marktstrukturen auf das Wettbewerbsverhalten der Wirtschaftssubjekte.[59] Die optimale Wettbewerbsintensität sieht er im Bereich weiter Oligopole mit mäßiger Produktdifferenzierung und unvollkommener Markttransparenz. Dabei misst sich die Intensität des Wettbewerbs anhand der Anpassungszeit imitatorischer Wettbewerbshandlungen als Reaktion auf Innovationsvorsprünge der Konkurrenz.[60] Zur optimalen Erfüllung der dynamischen Wettbewerbsfunktion (Innovation und Anpassungszwang) ist es notwendig, dass bei den Unternehmern sowohl Innovationsneigung und Innovationsmöglichkeit, wie auch Anpassungsneigung und Anpassungsmöglichkeit bestehen. Diese Bedingungen sind nach Kantzenbach in der Marktform des weiten Oligopols mit mäßiger Produktdifferen-zierung am besten gegeben.

- Im Gegensatz zu den drei genannten „workable"-Konzeptionen steht das neoklassische Konzept des funktionsfähigen Wettbewerbs.

  Die Vertreter dieser Konzeption – insbesondere Hayek und Hoppmann – stellen für die Gestaltung der Wettbewerbsordnung ausschließlich auf die Wettbewerbsfreiheit als „Norm der Wettbewerbspolitik" ab und leugnen einen Zielkonflikt zwischen guten ökonomischen Ergebnissen und der Wettbewerbsfreiheit. Die gewünschten Erfolge sollen sich nach der neoklassischen Konzeption weitestgehend von alleine, aufgrund einer spontanen, nicht einer geplanten Ordnung einstellen. Die spontane Ordnung dient keinem bestimmten Zweck, sie setzt daher auch keine Einigung über bestimmte Ziele voraus, die durch sie erreicht werden sollen. Wettbewerbsfreiheit und „ökonomische Vorteilhaftigkeit" sind nach diesem Konzept zwei Seiten derselben Medaille. Der Wettbewerb wird zum „Entdeckungsprozess",[61] was einer Antizipation von Marktergebnissen i. S. einer positiven Umschreibung von Wettbewerbskriterien

---

[58] *Kantzenbach*, Funktionsfähigkeit des Wettbewerbs, 1967, geht dabei von fünf Funktionen aus. Es sind drei statische und zwei dynamische: die funktionelle Einkommensverteilung nach der Marktleistung, die Lenkung des Angebots durch die Nachfrage, die Optimalkombination der Produktionsverfahren sowie die Anpassung der Produktionskapazität an außerwirtschaftliche Daten und die Durchsetzung des technischen Fortschritts.

[59] *Kantzenbach*, Funktionsfähigkeit des Wettbewerbs, 1967, S. 87 ff.

[60] *Kantzenbach* argumentiert dabei ganz i. S. des „Schumpeterschen Pionierunternehmers". Vgl. *Marx*, Wettbewerbsrecht, 1978, S. 50 ff.

[61] Vgl. *von Hayek*, Freiburger Studien, 1969, S. 249 ff.; *Möschel*, Pressekonzentration und Wettbewerbsgesetz, 1978, S. 42.

entgegenläuft. Ursache-Wirkungs-Zusammenhänge werden generell abgelehnt; es können allenfalls Mustervoraussagen, so genannte „pattern predictions" formuliert werden, die Aussagen allgemeiner Art ermöglichen. Es werden Verhaltensspielregeln gefordert, die „generell vollziehbar, allgemein und abstrakt" gestaltet sein müssen.[62] Gefordert werden so genannte Per-se-Verbotsregeln, die willkürlich geschaffene Wettbewerbshemmnisse beseitigen sollen. Die Unterscheidung zwischen natürlichen und willkürlichen Beschränkungen hat ihren Ausgangspunkt in der Abgrenzung dieser Theorie vom Konzept der „vollkommenen Konkurrenz". In Abweichung zu diesem Konzept wird der innovatorische Wettbewerb als natürlicher Bestandteil von Wettbewerbsprozessen bewertet. Hierauf zurückzuführende Wettbewerbsbeschränkungen der Marktteilnehmer sind hinzunehmen. Festzulegen bleibt dann, wo man die Grenze zwischen natürlichen und künstlichen Wettbewerbshemmnissen genau zieht und welche Form der künstlichen Hemmnisse man gerade noch tolerieren will. Eine Untersuchung über die künstlichen Hemmnisse, die durch Unternehmerhandlungen verursacht werden, kann dann nur durch einen Verhaltenstest durchgeführt werden. Anerkannt wird, dass dieses Marktverhalten jedoch auch gleichzeitig von der Marktstruktur abhängig ist. Insofern besteht eine aus dem neoklassischen Konzept entwickelte „Workable-competition"-Definition aus Marktstrukturnormen und aus Marktverhaltensnormen.[63] Diese Marktprozessdefinition steht dann im Gegensatz zu den Marktergebnisdefinitionen der bereits vorgestellten Konzepte.

– Für die Mitgliedstaaten der Europäischen Union gab es in 2004 einen Paradigmenwechsel bei der Wettbewerbspolitik der Europäischen Kommission. Vorausgegangen war insbesondere das Auslaufen der VO 17/62, die die Einzelheiten für die Anwendung des Art. 81 III EG festgelegt hatte. Die VO wurde durch die am 1. Mai 2005 in Kraft getretene Verordnung 1/2003 ersetzt. Dadurch wurde erreicht, dass es keiner Freistellungsentscheidung der Kommission im Hinblick auf mögliche wettbewerbswidrige Verhaltensweisen von Unternehmen mehr bedarf; die Unternehmen haben nun selbst zu „prüfen", ob die Freistellungsvoraussetzungen des Art. 81 III EG vorliegen. Es fand demnach ein Wechsel statt vom Regelanwendungsprinzip des Kartellverbots mit Erlaubnisvorbehalt zum Prinzip der Legalausnahme. Weitere – wesentliche – Änderungen gab es bei der Fusionskontrolle. Zusammenschlüsse werden nicht mehr allein danach bewertet, ob sie eine beherrschende Stellung begründen oder verstärken, sondern danach, ob sie wirksamen Wettbewerb nicht unerheblich beinträchtigen. Damit sollte erreicht werden, dass bei der Fusionskontrolle auch das Verhalten unterhalb der Marktbeherrschungsschwelle Beachtung finden kann (Art. 2 Abs. 2 und 3 FKVO 139/2004).

Diese schon bedeutsamen Veränderungen des Kartellrechts sind unter dem Begriff des „More Economic Approach" vorgestellt bzw. zusammengefasst worden. Dieser More Economic Approach taucht zwar als Formulierung nicht unmittelbar in Rechtsvorschriften auf, Hinweise auf diesen neuen wettbewerbspoli-

---

[62] *Hoppmann*, Fusionskontrolle, 1972, S. 10.
[63] *Hoppmann*, Fusionskontrolle, 1972, S. 214.

tischen Ansatz finden sich aber seit Langem in den sog. Leitlinien, die in Form von Bekanntmachungen durch die Kommission erlassen worden sind.[64]

Die Grundaussage von More Economic Approach zielt auf eine umfangreichere ökonomische Betrachtungsweise von Wettbewerbshandlungen. Explizit finden sich diese Anforderungen an größere Gewichtung ökonomischer Betrachtungen in den Verordnungen und Leitlinien für die Beurteilung horizontaler und vertikaler Zusammenarbeit wie die Fusionskontrollverordnung einschließlich ihrer Leitlinien. Im Zusammenhang mit der neuen VO 1/2003 werden damit von der Kommission den Unternehmen weitere Auslegungshilfen hinsichtlich der Prüfung, ob für Art 81 I EG relevante Wettbewerbsbeschränkungen nach Art. 81 III freistellungsfähig sind, geboten.

Im Zusammenhang mit More Economic Approach sind dann Begriffe wie „Effektivität", „Effizienz" und auch „Rationalität" von Bedeutung. Entsprechende Hinweise finden sich (noch) nicht im Sekundärrecht, aber schon in den Erwägungsgründen der Verordnungen. Hinweise, wie Effizienzgewinne zu erkennen sind, finden sich bereits in einzelnen Leitlinien[65] und die Kommission hat mehrfach zu erkennen gegeben, dass sie neue Gruppenfreistellungsverordnungen unter Berücksichtigung dieses „More Economic Approach" erlassen wird; davon werden dann die beiden in 2010 auslaufenden Vertikal-GVO's betroffen sein (GVO 1400/2002 für den Kraftfahrzeugsektor und die GVO 2790/1999 für Vertikalvereinbarungen).

Die neue Betrachtungsweise bzw. dieser neue theoretische Ansatz zur Beurteilung von Wettbewerbshandlungen steht im diametralen Gegensatz zu insbes. ordoliberalen Ansichten. Beim systemimmanenten oder ordoliberalen Ansatz geht es wesentlich um die Freiheit der Akteure. Es wird unterstellt, dass Wettbewerbsfreiheit zu guten ökonomischen Ergebnissen führt; Freiheit und gute Ergebnisse sind danach bekanntlich zwei Seiten derselben Medaille.

Der neue Ansatz setzt sich damit erst gar nicht auseinander und stellt die guten Ergebnisse über die Wettbewerbsfreiheit. So soll die geplante GruppenfreistellungsVO für den Kfz-Vertrieb die Position des Händlers als Garanten für funktionalen Wettbewerb nicht mehr stärken, soweit sich weiter bestätigen sollte, dass der Markt auch ohne den Schutz des Handels funktioniere.

Inwieweit diese Betrachtungsweise mit dem EG-Vertrag übereinstimmt, der in Art. 4 Abs. 1 i.V.m. Art 98 den Grundsatz einer offenen Marktwirtschaft mit freiem Wettbewerb enthält, soll hier nicht besprochen werden. Es würde sich im Falle einer radikalen Durchsetzung dieser neuen Betrachtungsweise auch eine neue Aufgabenverteilung zwischen Kartellrecht und UWG ergeben; dazu gleich unten.

---

[64] Nachweise bei *Stopper*, Instrumente Europäischer Wettbewerbspolitik, 2007, S. 35 f.
[65] Dazu *Stopper*, a.a.O., S. 35, Fn. 73.

2.3.3.2. Unterschiedliche Bezüge zum Recht

Wettbewerbstheorien stellen den Bezug zum Recht unterschiedlich her. Der systemtheoretische Ansatz stellt das Freiheitsziel in das Zentrum seiner wettbewerbspolitischen Befunde. Den Ausgangspunkt bildet die Hypothese, dass freier Wettbewerb ein Prozess ist, der das Marktsystem als Ganzes im Sinne eines Selbststeuerungssystems funktionsfähig macht und dabei gleichzeitig gute, im Einzelnen aber nicht genau bekannte bzw. vorhersehbare ökonomische Ergebnisse produziert. Die gewünschten ökonomischen Erfolge stellen sich immer dann ein, wenn die zentrale Voraussetzung, nämlich Wettbewerbsfreiheit, gegeben ist. Die Sicherung der persönlichen Freiheit im ökonomischen Bereich wird als „Ursache" für das rein ökonomische Ziel des Wettbewerbs, die Erhaltung und Steigerung der gesellschaftlichen Wohlfahrt, festgeschrieben. Zwischen der Freiheitsfunktion des Wettbewerbs und ihrer ökonomischen Funktion soll es demnach keinen „Zielkonflikt" geben dürfen bzw. geben.

Dieser Auffassung kommt die (überkommene) Ansicht vom Schutz subjektiver Rechte durch die Generalklausel entgegen, weil dadurch am ehesten gewährleistet ist, dass Handlungsfreiheiten nur aufgrund allgemeiner Kriterien beschränkt werden und nicht aufgrund irgendwelcher „Effizienz- bzw. Nutzenerwartungen". Die Auffassung vom Schutz des Wettbewerbs als Institution erweckt bei den Anhängern dieser Theorie die Befürchtung, der Wettbewerb könne „instrumentalisiert", bestimmter ökonomischer Nutzenerwartungen wegen „verfremdet" werden.[66]

Die zweite wettbewerbstheoretische Grundposition ist der sog. wohlfahrtsökonomische Ansatz. Es werden hier Rahmenbedingungen für das Wettbewerbsgeschehen diskutiert und entwickelt, die dann das vermeintlich bessere Ergebnis hervorbringen sollen. Wettbewerbsfreiheit wird hier im Hinblick auf ökonomische Nutzenerwartungen eingeschränkt und der Wettbewerb wird auf der Grundlage der Rahmenbedingungen institutionalisiert. Das klingt nach „verwaltetem Wettbewerb" (Mestmäcker) und scheint zur Freiheitsfunktion des Wettbewerbs im krassen Widerspruch zu stehen, wie das die Vertreter des systemtheoretischen Ansatzes behaupten. Man muss das wohl anders sehen. Wenn in einer Gesellschaft das Markt- oder Wettbewerbsprinzip dominiert, darf wohl angenommen werden, dass in dieser Gesellschaft beides, individuelle Freiheit und individueller Wohlstand, anerkannte Werte sind. Insofern muss man das Interesse an größtmöglicher wirtschaftlicher Betätigungsfreiheit, aber auch das Interesse an größtmöglichem Wohlstand als allgemeine Zielsetzungen der Gesellschaft bezeichnen (Kantzenbach). Davon gehen auch beide wettbewerbstheoretischen Ansätze aus. Die wissenschaftlichen Ausrichtungen sind aber unterschiedlich. Systemtheoretisch steht die Handlungsfreiheit im Vordergrund, wohlfahrtsökonomisch die Diskussion der Rahmenbedingungen, unter denen bessere Ergebnisse zu erzielen sind. Beide Theorien schränken dann ihre Hauptanliegen im Hinblick auf das jeweils andere Ziel wieder ein. Bei den systemtheoretischen Ansätzen wird von der Relativität der Freiheit gesprochen, die es nötig macht, ebenfalls Rahmenbedingungen (Kollisionsnormen) zu entwickeln, und

---

[66] *Hoppmann*, Zum Schutzobjekt des GWB, in: Wettbewerb als Aufgabe, 1968, S. 61 ff., insbesondere S. 75 bis 80.

die Vertreter des wohlfahrtsökonomischen Ansatzes anerkennen den Freiheitsbezug einer Wettbewerbswirtschaft, sehen aber in der „ersten gesellschaftspolitischen Entscheidung" nur die Grenzen für die Beeinflussung des Wettbewerbsprozesses in Einzelfragen, der dann nur am Kriterium „wirtschaftlicher Rationalität" orientiert werden kann (Kantzenbach).

Aus wettbewerbsrechtlicher Sicht lassen sich aus beiden Ansätzen Erkenntnisse herleiten, weil sie in konkreter Form Wirkungszusammenhänge beschreiben und somit den Rückgriff auf ein kurzgriffiges deliktsrechtliches Verständnis von Wettbewerbsrecht verhindern können. Gerade die wohlfahrtsökonomischen Theorien können dazu beitragen, dass das „soziale Verständnis" von Wettbewerb sachbezogen konkretisiert wird, weil hier wettbewerbliche Handlungsabläufe jeweils genau bewertet, Korrekturen erklärt werden und regelmäßig beschrieben wird, was sich ohne diese Korrekturen ereignen wird. Die Ablehnung wohlfahrtsökonomischer Theorien seitens rechtswissenschaftlicher Literatur beruht daher auf einem Missverständnis.

Dem Ansatz des „More Economic Approach" fehlt es an der Nachhaltigkeit. Man kann ökonomische Ergebnisse nicht bewerten ohne herauszufinden, warum sie positiv verlaufen bzw. effizient oder effektiv waren; sie können zufällig derart positiv gewesen sein oder auf Kosten bedeutsamer Marktfaktoren positiv aufgefallen sein. Die gegenwärtige Finanzkrise ist ein Beispiel für diese Kritik.

2.3.4. Überlegungen zur Operationalisierung von Wettbewerbstheorien

a) Im Hinblick auf Workable-Ansätze wohlfahrtsökonomischer Art ist wohl in erster Linie auf Marktstrukturüberlegungen einzugehen. Das ist richtig, soweit bei Auslegung der Generalklausel nicht außerhalb der im Kartellrecht erkennbaren Marktstrukturentscheidungen des Gesetzgebers gehandelt wird. Marktstruktur und Marktverhalten bedingen sich. Soweit Marktstrukturen im Kartellrecht erkennbar sind, sind sie auch im Rahmen des UWG maßgeblich.

Dabei darf nicht verkannt werden, dass dies auch eine mehr theoretische Aussage ist. Wie sehr es im Einzelnen Schwierigkeiten macht, strukturpolitische Aspekte in das UWG einzubringen, zeigt schon allein die Diskussion um die von Peter Ulmer entwickelte Vorfeldthese. Unter dem Begriff „Vorfeldthese" wurde versucht, grundlegende Wertungen aus dem Kartellrecht in den UWG-Bereich zu übertragen. Es sollten die kartellrechtlichen Regelungen zur Missbrauchsaufsicht über marktbeherrschende Unternehmen (§§ 19, 20 GWB) in das UWG übertragen werden und zwar auch für das Verhalten für Unternehmen, die unterhalb der Marktbeherrschungsschwelle liegen (deshalb der Begriff Vorfeldthese). Das ist schon deshalb nicht möglich, weil eine und dieselbe Handlung sich auf das Marktgeschehen völlig unterschiedlich auswirkt, je nachdem, ob sie von einem marktmächtigen oder einem mittelständischen Unternehmen vorgenommen wird. Nicht die Handlung als solche ist im Anwendungsbereich der §§ 19, 20 GWB wettbewerbswidrig, sondern die Handlung ist nachteilig für den Wettbewerb, soweit sie von einem Marktstarken vorgenommen wird.

b) Anknüpfend an die Erkenntnis, dass sich Struktur und Verhalten bedingen bzw. dass eine ausweislich der Gestaltung des Kartellrechts vom Gesetzgeber gewollte Struktur in zahlreichen Wettbewerbssituationen auch ein bestimmtes Marktverhalten als strukturrelevant kennzeichnen kann, hilft das Kartellrecht bei der Auslegung des UWG. Die Formel lautet: Die Aufrechterhaltung bestimmter Marktstrukturen erfordert bestimmte Verhaltensweisen. Verhaltensweisen, die gesetzlich (GWB) legitimierten Strukturentscheidungen zuwiderlaufen sind selbstverständlich unlauter i.S.v. § 3 UWG.

Das GWB trifft, mit Ausnahme der Regelungen in den §§ 19, 20 GWB, keine Aussagen darüber, wie das Wirtschaften innerhalb der gewünschten Strukturen zu verlaufen hat. Dem Kartellrecht sind aber Hinweise auf gewünschte Marktstrukturen zu entnehmen. Strukturen bzw. die Aufrechterhaltung von Marktstrukturen erfordern entsprechend angepasste Marktverhaltensweisen. Insofern gibt es dann eine unmittelbare Verbindung zwischen UWG und GWB. Die besteht darin, dass durch das GWB vorgegebene Marktstrukturen Bedeutung für die Beurteilung wettbewerblich relevanter Verhaltensweisen haben. Wenn Oligopole erwünscht sind, wenn Wettbewerbsdynamik verlangt ist, wenn es aus dem GWB heraus erkennbar darum geht, bis zu einer Marktgrenze Dynamik aufzubauen, wird man bestimmten Wettbewerbspraktiken anders begegnen müssen, als wenn das Polypol bestimmend wäre. Weiterhin ist in heutiger Zeit das dominierende Europäische Kartellrecht bei der Auslegung des UWG zu berücksichtigen. Zu nennen sind insofern die zu Art.81 Abs. 3 EG von der Europäischen Kommission erlassenen Gruppenfreistellungsverordnungen. Die Freistellungsverordnungen regeln für zahlreiche Gebiete die Voraussetzungen, unter denen Wettbewerbsbeschränkungen mit Art. 81 Abs. 3 EG vereinbar sind. So enthält die sogen. Vertikal-GVO (2790/1999 EG) und auch die GVO für den Kfz-Vertrieb (1400/2002 EG) zahlreiche Regeln, die für das Verhältnis Vertriebsbinder (zumeist Herstellerunternehmen) und Händler von Bedeutung sind. Wenn dabei auch der Schutz des Inter-brand-Wettbewerbs und des Intra-brand-Wettbewerbs im Vordergrund dieser kartellrechtlichen Regeln steht, so enthalten sie doch zwangsläufig verhaltensbezogene Wertungen für gewünschtes Marktverhalten. Hinzu kommen die Aussagen in den Erwägungsgründen und den von der Kommission zu den Verordnungen herausgegebenen Leitlinien.

Für die „per se"-Regeln neoklassischer Ansätze bietet das Kartellrecht, durch das Wettbewerbstheorien verwirklicht werden, kaum Erkenntnisse, außer den unmittelbar aus §§ 19, 20 GWB zu entnehmenden Wertungen, soweit es um die Eingrenzung vorhandener Marktmacht geht. Aber auch von den Vertretern des Ordo-Liberliasmus ist anerkannt, dass es im UWG nicht nur um die Bekämpfung der offensichtlichen Feindseligkeiten geht; es gibt auch marktstrukturelle Konstellationen, in denen der Wettbewerb gefährdet ist.[67] Es soll hier nicht über die „Eingriffsschwellen" neoklassischer Art diskutiert werden, es scheint aber

---

[67] *Herdzina*, Möglichkeiten und Grenzen einer wirtschaftstheoretischen Fundierung der Wettbewerbspolitik, 1987, S. 12 f.

selbstverständlich, dass auch nach dieser Theorie bestimmte Marktentwicklungen, bestimmte Marktstrukturen Anlass zum Eingreifen sind.

Der More Economic Approach schließlich würde die Rolle des UWG zwangsläufig stärken. Soweit das Kartellrecht weniger regeln soll, wenn nur die Marktergebnisse aus Verbrauchersicht positiv sind, ist es Angelegenheit des UWG, Verhaltensweisen zu bekämpfen, die geeignet sind, diese positiven Marktergebnisse künftig zu verhindern. Das UWG würde für eine gewisse Nachhaltigkeit der positiven Marktentwicklung sorgen.

Insofern werden auch die durch die Richtlinie über unlautere Geschäftspraktiken aus 2005 in das UWG aufgenommenen zahlreichen „per se"-Regeln verständlich; der im Zusammenhang mit More Economic Approach verbundene Rückgang von Schutzvorschriften im Kartellrecht soll durch die Aufnahme von Schutzvorschriften im Lauterkeitsrecht zum Teil ausgeglichen werden.

3. Die geschäftliche Handlung, § 2 Abs. 1 Nr. 1 UWG

Ein zentraler Rechtsbegriff des Gesetzes gegen den unlauteren Wettbewerb ist der der geschäftlichen Handlung im Sinne der Begriffsbestimmung in § 2 Abs. 1 Nr. 1 UWG. Der Gesetzgeber verwendet diesen Begriff in der Generalklausel des § 3 UWG sowie in den Tatbeständen der §§ 4, 5 und 7 UWG. Die geschäftliche Handlung ersetzt im Zuge der UWG Novellierung in 2009 den bisher verwendeten Begriff der Wettbewerbshandlung.

Geschäftliche Handlung ist nach der Begriffsdefinition des § 2 Abs. 1 Nr. 1 UWG jedes Verhalten einer Person zugunsten des eigenen oder fremden Unternehmens, das mit der Förderung des Absatzes oder des Bezuges von Waren oder Dienstleistungen bzw. mit dem Abschluss oder der Durchführung von Verträgen über solche Leistungen zusammenhängt. Es reicht insoweit ein objektiver Zusammenhang. Eine Absicht zur Absatzförderung ist ausdrücklich nicht mehr erforderlich. Dieser Schritt im Rahmen der Novellierung des UWG in 2009 zeichnete eine ohnehin bereits vorhandene Tendenz in Literatur und Rechtsprechung nach.[68] Schon bisher wurde das wettbewerbsrechtlich relevante Handeln weit ausgelegt und beinhaltete jedes nicht ausschließlich private Handeln, selbst wenn es nicht in Gewinnerzielungsabsicht erfolgt.[69]

Weiterhin verlangt das Gesetz in § 2 Abs. 1 Nr. 1 UWG lediglich ein „Verhalten", womit nun ausdrücklich klar gestellt ist, dass auch ein Unterlassen tatbestandsmäßig sein kann. Auch ein Verhalten nach Vertragsschluss ist nach der Neufassung des § 2 Abs. 1 Nr. 1 UWG erfasst. Die Problematik, ob dem Vertragsschluss nachfolgende Handlungen noch einer Absatzförderung dienen können, dürfte damit erledigt sein.

Im Gegensatz zu diesem „geschäftlichen Verkehr" stehen die privaten, betriebsinternen und amtlichen Betätigungen. Geschäftlicher Verkehr liegt nicht vor, wenn sich das Handeln ausschließlich innerhalb eines Unternehmens auswirkt (z. B. unternehmensintern ausgeschriebene Prämienwettbewerbe, günstige Personalverkäufe). Genauso wenig liegt ein geschäftliches Handeln bei weltanschaulichen, wissenschaftlichen oder redaktionellen Äußerungen von Unternehmen und anderen Personen vor.[70] Der Begriff umfasst auch die Tätigkeit der sog. freien Berufe sowie die wirtschaftliche Betätigung des Staates und der öffentlich-rechtlichen Körperschaften.

---

[68] Vgl. nur MünchKommUWG/*Sosnitza*, § 3 Rdnrn. 95ff.
[69] BGH GRUR 1960, 384, 386 – „Mampe, Halb und Halb".
[70] Vgl. *Sosnitza*, Der Gesetzesentwurf zur Umsetzung der Richtlinie über unlautere Geschäftspraktiken, GRUR 2008, 1041 (1016).

4. Konkretes Wettbewerbsverhältnis

In der Generalklausel wurde der Begriff der unlauteren Wettbewerbshandlung durch die Novellierung in 2009 gestrichen und stattdessen der Begriff, wie gerade erläutert, der geschäftlichen Handlung eingefügt. Dennoch hat die Wettbewerbshandlung für das UWG weiterhin eine zentrale Bedeutung, soweit es um mögliche Anspruchsberechtigungen von Unternehmen nach § 8 Abs. 3 Nr. 1 UWG geht. Dort wird nämlich für die Aktivlegitimation tatbestandlich u. a. vorausgesetzt, dass der Anspruchsteller Mitbewerber des handelnden Anspruchsgegners ist. Der in § 2 Abs. 1 Nr. 3 UWG definierte Begriff des Mitbewerbers setzt ein konkretes Wettbewerbsverhältnis voraus.

Die Rechtsprechung verlangte bisher hinsichtlich des konkreten Wettbewerbsverhältnisses eine Gemeinsamkeit des Kundenkreises, die Gewerbetreibenden müssen um den gleichen Kundenkreis kämpfen.[71] Bei der Bestimmung dieses „Wettbewerbsverhältnisses" verfährt die Rechtsprechung dann allerdings großzügig.

Zur Begründung eines Wettbewerbsverhältnisses reicht es aus, dass sich Waren oder Leistungen gegenüberstehen, die einander nach der „Verkehrsanschauung" im Absatz behindern können. Es ist anerkannt, dass selbst Angehörige verschiedener Wirtschaftsstufen in einem Wettbewerbsverhältnis stehen können. Zunehmend wird anerkannt, dass selbst Angehörige ganz verschiedener Branchen miteinander konkurrieren können.[72] Ein Wettbewerbsverhältnis kann danach bereits dadurch begründet sein, dass der Verletzer sich durch die Übernahme einer fremden Marke an den guten Ruf und das Ansehen der fremden Marke anhängt und diese für den Absatz seiner ungleichartigen und nicht verwandten Ware auszunutzen versucht.[73] In diesen Fällen wird zur Begründung eines Wettbewerbsverhältnisses einzig verlangt, dass dem beeinträchtigten Unternehmer eine wirtschaftliche Verwertung des Rufes bzw. der in Bezug genommenen Ware oder Kennzeichnung möglich wäre, wesentlich durch Lizenzierung.[74] Darauf, ob tatsächlich Lizenzen eingeräumt werden, kommt es nicht an; entscheidend ist die Möglichkeit einer wirtschaftlichen Verwertung.[75] Seitens der Rechtsprechung ist zumindest für diese Fälle die Gemeinsamkeit des Kundenkreises als Voraussetzung eines (konkreten) Wettbewerbsverhältnisses nicht mehr verlangt.

In seiner „Dimple"-Entscheidung aus dem Jahre 1984[76] lässt der Bundesgerichtshof es unter den dargelegten Voraussetzungen ausdrücklich genügen, dass die Wettbewerbsfähigkeit eines Wettbewerbers beeinträchtigt wird. In der Literatur sind die Entscheidungen auf breite Zustimmung gestoßen.[77]

---

[71] BGH GRUR 1951, 283 – Möbelbezugsstoffe; BGH GRUR 1966, 445 – Glutamat.
[72] BGHZ 18, 175, 181 f.; BGH NJW 1983, 2505; OLG Hamm GRUR 1983, 593.
[73] BGH GRUR 1960, 144 – Bambi; BGH GRUR 1981, 529 – Rechtsberatungsanschein;BGH GRUR 1972, 553 – statt Blumen Onko-Kaffee; BGH GRUR 1983, 247 – Rolls-Royce; BGH GRUR 1985, 550 – Dimple.
[74] BGH GRUR 1985, 550 – Dimple; BGH GRUR 1983, 247 – Rolls-Royce.
[75] BGHZ 93, 96, 99 – Dimple; zustimmend insbes. *v. Gamm*, WM 1984, Sonderbeilage 6, S. 6.
[76] BGH GRUR 1985, 550, 552.
[77] Vgl. insbes. *Baumbach/Hefermehl*, UWG, Einl. Rdnr. 238a, 14. Aufl.

Bei einer wirtschaftlichen Betrachtungsweise, die der Bundesgerichtshof für maßgeblich hält, kommt man auch nicht umhin, Gewerbetreibenden, die keine Konkurrenten sind, wettbewerbsrechtliche Ansprüche zur Seite zu stellen. Es gäbe sonst eine Reihe von unlauteren Handlungen, die sanktionslos blieben. Man denke – über die vom BGH angesprochenen Sachverhalte hinaus – nur an die Situation, dass Gewerbetreibende Produkte anderer kupfern, um diese dann selbst in ihrem Betrieb, also intern, zu nutzen. Hier würde es auch an einem „nach außen gerichteten" Wettbewerbsverhältnis fehlen. Es ist nicht anzunehmen, dass sich die Rechtsprechung wegen § 2 Abs. 1 Ziff. 3 UWG ändern wird; „konkretes" Wettbewerbsverhältnis lässt sich auch als „konkretisierbares" Wettbewerbsverhältnis auslegen, soweit eine wirtschaftlich sinnvolle Betrachtungsweise dies erfordert.

Die neuere Rechtsprechung zum „Wettbewerbsverhältnis" hat auch Auswirkungen auf die Anwendbarkeit des Wettbewerbsrechts auf die öffentliche Hand.

Unstreitig war seit jeher, dass das Wettbewerbsrecht auch auf von der öffentlichen Hand betriebene Unternehmen Anwendung findet, soweit diese Leistungen oder Waren aufgrund privatrechtlicher Verträge an ihre Kunden absetzen und dabei im Wettbewerb mit Privatunternehmen stehen. Dies gilt auch, soweit öffentlichrechtliche Körperschaften öffentliche Aufgaben, etwa im Bereich der Daseinsvorsorge, mit privatrechtlichen Mitteln wahrnehmen, da hier die öffentliche Hand, wenn auch zur Erfüllung staatlicher Aufgaben, mit den Mitteln des Privatrechts am Privatrechtsverkehr teilnimmt und in Konkurrenz zu dritten Anbietern auftritt. Daraus wurde umgekehrt gefolgert, dass das UWG dann nicht eingreifen kann, wenn der Staat sich zur Erfüllung seiner Aufgaben hoheitlicher Mittel bedient.[78] Entscheidend war die rechtliche Natur der Leistungsbeziehung.[79] Diese Betrachtungsweise ist heute mit Recht aufgegeben.

Der Bundesgerichtshof[80] stellt mit Zustimmung der Literatur[81] heute darauf ab, ob sich private und öffentlich-rechtliche Anbieter im Prinzip gleichberechtigt gegenüberstehen oder nicht. Gleichberechtigung ist gegeben, wenn die Abnehmer sich frei entscheiden können, ob sie die Leistungen des einen oder des anderen Anbieters bevorzugen.[82]

Auf dieser Grundlage nahm der BGH ein Wettbewerbsverhältnis zwischen den privaten und den öffentlich-rechtlichen Krankenkassen im Wettbewerb um freiwillig Versicherte an.[83]

Konkurrenz lässt sich auch dort denken, wo die öffentliche Hand durch z. B. Einsatz der EDV ihre Organisationen verwaltet. Dafür sind in den letzten Jahren bei vielen Behörden Rechenzentren eingerichtet worden. Solche Zentren könnten vielfach ebenso von privaten Dienstleistungsunternehmen betrieben werden, die dann Serviceleistungen, Verwaltung des Behördenpersonals, Führung von Behördenkarteien u. Ä. übernehmen würden.

---

[78] Beispielhaft KG NJW 1957, 1076.
[79] Zuletzt so BGH LM § 1004 BGB Nr. 25; § 1 UWG Nr. 134.
[80] BGH NJW 1981, 2811.
[81] *Emmerich*, Unlauterer Wettbewerb, S. 51 f.
[82] BGHZ 66, 229.
[83] BGHZ 66, 229.

Wo allerdings die Konkurrenz überhaupt fehlt, bspw. im Bereich gesetzlicher Monopole, beim Anschluss- und Benutzungszwang oder dort, wo eine Behörde zur Erfüllung rein hoheitlicher Aufgaben ihren Eigenbedarf deckt, bleibt für § 3 UWG kein Raum. Es ist zu verlangen, dass der Verletzer zumindest zu irgendjemand in einem Wettbewerbsverhältnis steht, zu irgendjemand eine Wechselbeziehung im Wettbewerb begründet haben muss.[84]

---

[84] Vgl. nur *Hirtz*, GRUR 1988, 173, 176 f.; *Emmerich*, Unlauterer Wettbewerb, 27 f., 28 ff.

5. Systematik der Generalklausel

Um die Übersicht über den richterlichen Normenvorrat und die Suche nach ähnlichen Fällen zu erleichtern, hat die Rechtswissenschaft zum alten UWG mehrfach versucht, das Rechtsprechungsmaterial systematisch zu gliedern. Das Fallmaterial zum § 1 UWG a. F. war bis zur Änderung des UWG im Jahre 2004 nahezu unüberschaubar. Ohne eine innere Ordnung und die Bildung von Fallgruppen war eine Darstellung des Rechts des unlauteren Wettbewerbs nicht mehr möglich. Die Systematik sollte vor allem die Anwendung der Generalklausel erleichtern.

Zur Bildung von Fallgruppen standen verschiedene Systeme zur Verfügung. Welchem Vorschlag zur Systematisierung des Fallmaterials der Vorzug zu geben ist, ist allein eine Frage darstellerischer Zweckmäßigkeiten, wobei man sich bewusst sein muss, dass sich gegen jede Einteilung Einwände vortragen lassen. Stets bleiben auf der einen Seite Fälle übrig, die sich nur schwer einordnen lassen, während zahlreiche andere Fälle durchaus in mehreren Fallgruppen auftauchen.[85] Das erste System stammt von Josef Kohler, dort werden Irreleitungen und Feindseligkeiten unterschieden. Emmerich hat ein dreiteiliges System vorgeschlagen, er unterscheidet dabei die Interessen der Konkurrenten, der Verbraucher und die der Allgemeinheit.

Das von Hefermehl aufgestellte System teilt die Wettbewerbsverstöße nach der Art und Richtung der eingesetzten Wettbewerbsmittel und der berührten Interessen der Marktbeteiligten in fünf Fallgruppen ein: Kundenfang, Behinderung, Ausbeutung, Rechtsbruch, Marktstörung.

Die Rechtsprechung des BGH ist an dieser Fallgruppenbildung orientiert. Der BGH hat eine vorbildliche Rechtsprechung entwickelt, die den Rechtsgehalt der Generalklausel des § 1 UWG a. F. zwar in Fallgruppen verdeutlicht, stets jedoch auch die Besonderheiten des Einzelfalles berücksichtigt.

Das UWG beinhaltet seit 2004 nunmehr erstmals in § 4 UWG einen Katalog von Beispielstatbeständen, die typische, die Unlauterkeit im Sinne des § 3 UWG begründende Wettbewerbshandlungen zum Gegenstand haben. Ziel dieser Neuerung soll die Schaffung größtmöglicher Transparenz durch Präzisierung der Generalklausel des § 3 UWG sein.[86] Durch die Einführung der in § 4 Nr. 1 bis 11 UWG geregelten Fallgruppen ändert sich der Sache nach die praktische Rechtsanwendung kaum, da dort an die bisher von Literatur und Rechtsprechung entwickelten Fallgruppen angeknüpft wird. Dabei wurden keine starren Tatbestände vorgegeben, sondern durch Einfügung von unbestimmten Rechtsbegriffen gewisse einzelfallabhängige Wertungsmöglichkeiten geschaffen. Der Beispielskatalog des § 4 UWG ist keinesfalls abschließend. Letztlich ermöglicht auch die Generalklausel in § 3 UWG die Fortentwicklung des Unlauterkeitsrechts jenseits der Fallgruppen des § 4 UWG. Fraglich wird jedoch sein, inwieweit § 4 UWG den status quo des Unlauterkeits-

---

[85] Vgl. nur *Emmerich*, Unlauterer Wettbewerb, S. 89.
[86] Vgl. BT-Drucks. 15/1487, S. 17.

rechts insoweit festlegt, wie eine Liberalisierung im Anwendungsbereich des § 4 UWG ausgeschlossen bleibt.[87]

Soweit es für die Anwendung des UWG auf den Verbrauchermaßstab ankommt, ist auf das Leitbild des durchschnittlich informierten und verständigen Verbrauchers, der das Werbeverhalten mit einer der Situation angemessenen Aufmerksamkeit verfolgt, abzustellen.[88]

In der Gesetzesbegründung wurde die Frage, ob subjektive Unlauterkeitselemente erforderlich sind, der Rechtsprechung und dem Schrifttum zur Klärung überlassen[89]. Nach der wohl mittlerweile herrschenden Meinung in der Literatur soll es darauf nicht ankommen. Die Begründung ist pragmatisch; eine unlautere Wettbewerbshandlung hat ihre negativen Auswirkungen auf die anderen Marktteilnehmer unabhängig davon, welche Vorstellungen der Handelnde hat[90]. Es ist allerdings kritisch anzumerken, dass schon nach altem Recht die Kenntnis des Handelnden von der unlauteren (sittenwidrigen) Handlung ausgereicht hat und nicht noch ein bewusstes oder auch nur fahrlässiges Verhalten verlangt war. Es ist schon sehr weitgehend, wenn nach nun wohl herrschender Ansicht allein die Verwirklichung der Tatbestandsmerkmale, ohne jegliche subjektive Elemente ausreichen soll.

Der Aufzählung in § 4 UWG liegt kein bestimmtes Sachprinzip zugrunde. Auch der Grad der Bestimmtheit bei den einzelnen Beispielstatbeständen ist unterschiedlich; es gibt generalklauselartig gefasste Tatbestände und dann auch wieder sehr konkrete Verbote.

Köhler erklärt dies mit entsprechenden Vorgaben durch Richtlinien des Gemeinschaftsrechts (Richtlinie über irreführende und vergleichende Werbung; Richtlinie über den elektronischen Geschäftsverkehr; Datenschutzrichtlinie).[91]

Im Folgenden sollen die Beispielstatbestände kurz erläutert werden, insbesondere soweit sie generalklauselartig formuliert sind. Die Ausführungen können nur eine erste Orientierung im Hinblick auf den Normenzweck geben und einige bedeutsame Gerichtsentscheidungen mit einbeziehen; ansonsten gilt wegen der bekanntlich weiten Auslegungsmöglichkeiten, die der Unlauterkeitsbegriff mit sich bringt, dass zumindest der Praktiker sich anhand möglichst aktueller Standardkommentare orientieren sollte, bevor er wohlgemeinte Ratschläge gibt.

5.1. Einführung in die Regelungen des Kataloges von § 4 UWG

§ 4 Nr. 1 UWG enthält einen generalklauselartig formulierten Beispielstatbestand im Hinblick auf die Beeinträchtigung der Entscheidungsfreiheit der Verbraucher und der sonstigen Marktteilnehmer. Man kann sagen, dass die Bedeutung der Beispielstatbestände sich schon bei einer Betrachtung dieser generalklauselartigen Formulierung auflöst. Es handelt sich bei der Nr. 1 von § 4 UWG sicher um die

---

[87] *Ohly*, GRUR 2004, 889 (896).
[88] BT-Drucks. 15/1487, Seite 19 zu § 5 UWG.
[89] Begr. RegE UWG BT-Drucks. 15/1487, S. 40.
[90] *Hefermehl/Köhler/Bornkamm*, 26. Aufl., 2008, § 3 Rdnr. 41.
[91] *Hefermehl/Köhler/Bornkamm*, 26. Aufl. 2008, § 4 Rdnr. 3.

bedeutsamste Regelung in dem gesamten Katalog, schon deshalb, weil hier auf die Schiedsrichterfunktion des Verbrauchers, eine im Wettbewerbsrecht ganz wesentliche Funktion, abgestellt wird. Wenn dem Verbraucher die Möglichkeit zu einer seinen Interessen entsprechenden Entscheidung durch ihn beeinflussende unlautere Handlungen genommen wird, ist ein ganz wesentlicher Wettbewerbsmechanismus ausgeschaltet. Aus diesem Grunde steht dieses Beispiel auch an erster Stelle. Inhaltlich wird aber keine Aussage getroffen. Die Ausfüllung ist wiederum vollständig Literatur und Rechtsprechung überlassen, die auf diesem Gebiet auch nicht zur Ruhe kommt. So hat es insbesondere in jüngster Zeit große Änderungen bei der sog. Schockwerbung gegeben. Das Bundesverfassungsgericht war mit den Entscheidungen des BGH zu dieser schon anstößigen, plumpen und zum Teil menschenverachtenden Werbung nicht einverstanden. Der BGH wollte die Weichenstellung zum unlauteren Verhalten schon im Hinblick auf das unsachliche Ansprechen der Verbraucher erreichen; das Bundesverfassungsgericht ist dem BGH nicht gefolgt. Das auf der Hand liegende Ergebnis ist dann, dass nunmehr die Werbung die Würde des Menschen so eklatant missachten muss, dass sie unabhängig fehlender sachlicher Zusammenhänge (zur Ware bzw. zum Dienstleister) als unlauter erscheint. Dazu wird unten (unter 5.2.3.) noch ausgeführt.

§ 4 UWG mit seinen Nr. 2 – 5 entspricht voll und ganz der bisherigen Rechtsprechung zu den angesprochenen Sachverhalten; hier werden auch Vorgaben aus dem Telemediengesetz und der Richtlinie über den elektronischen Geschäftsverkehr übernommen.

§ 4 Nr. 6 UWG geht auch auf die Rechtsprechung zurück, in dem das dort entwickelte grundsätzliche Verbot der Kopplung des Warenabsatzes mit Preisausschreiben und Gewinnspielen verboten wird. Die Teilnahme an solchen Spielen darf nicht vom Kauf einer Ware abhängig gemacht werden. Eine Ausnahme wird für Preisausschreiben oder Gewinnspiele gemacht, die „naturgemäß mit der Ware oder der Dienstleistung verbunden" sind. Damit sind dann Preisausschreiben bzw. Gewinnspiele gemeint, die selbst Bestandteil redaktioneller Beiträge der Presse oder Programmteile des Rundfunks sind.

§ 4 Nr. 7 behandelt die ungerechtfertigte Herabsetzung der Mitbewerber. Hier wird recht umfassend geregelt. Nicht nur die Tätigkeiten, die persönlichen oder geschäftlichen Verhältnisse eines Mitbewerbers dürfen nicht ungerechtfertigt herabgesetzt bzw. verunglimpft werden, das Verbot bezieht sich auch auf die Verunglimpfung bzw. Herabsetzung seiner Kennzeichen, der von ihm hergestellten oder vertriebenen Waren, seiner Dienstleistungen oder sonstigen Tätigkeiten.

§ 4 Nr. 8 entspricht dem § 14 UWG a.F., betroffen ist die sog. Anschwärzung.

Nr. 9 von § 4 regelt die sklavische Nachahmung, so wie sie bisher durch Rechtsprechung und Literatur anerkannt wurde (ausführlich behandelt unter 5.4.). Angesprochen sind die beiden großen Gebiete der sklavischen Nachahmung, die Herkunftstäuschung und die Rufausbeutung. Beides ist durch Rechtsprechung hinreichend transparent gemacht worden. Auch hier bleibt die Aufzählung im Katalog weit hinter den durch die Rechtsprechung aufgestellten Grundsätzen zurück. Unerwähnt bleibt sogar die unmittelbare Leistungsübernahme, die „per se" verboten ist; unerwähnt bleibt auch die insbesondere bei der Herkunftstäuschung bedeutsame Differenzierung zwischen technischen und ästhetischen Produktmerkmalen, wobei die Nachahmung technischer Merkmale außerhalb des Patents und anderer Sonderrechte weitaus schwieriger über das UWG zu verbieten ist. Das Merkmal der sog. Marktstörung wird nicht erwähnt, obwohl es durch Rechtsprechung im Hinblick auf den wettbewerbsrechtlichen Schutz von geschmacksmusterrechtlich nicht angemeldeten Modeneuheiten und auch der Computersoftware Anwendung gefunden hat. Dies bedeutet aber wegen der nur beispielhaften Bedeutung des Kataloges nicht deren Ausschluss vom wettbewerbsrechtlichen Verbot.

Die „gezielte" Mitbewerberbehinderung ist unter Nr. 10 aufgeführt (ausführlich behandelt unter 5.3.). Eine Voraussetzung der Mitbewerberbehinderung ist, dass zwischen dem Verletzer und dem Verletzten ein konkretes Wettbewerbsverhältnis bestehen muss und sich die Maßnahme „gezielt" gegen einen Mitbewerber i.S.v. § 2 Abs. 2 Nr. 3 richtet. Behinderung ist dabei allgemein die Beeinträchtigung der wettbewerblichen Entfaltungsmöglichkeiten eines Mitbewerbers.[92]

Zu diesen Entfaltungsmöglichkeiten gehören alle Wettbewerbsparameter, die grundsätzlich dem Mitbewerber zur Verfügung stehen, also Absatz, Bezug, Werbung, Produktion, Forschung, Entwicklung, Planung, Finanzierung Personaleinsatz.[93] Anders als bei anderen Beispielstatbeständen genügt hier auch nicht die Eignung der entsprechenden Wettbewerbshandlung zur Behinderung bzw. die potentielle Behinderung, sondern hier muss die Behinderung tatsächlich eingetreten sein.[94]

Üblicherweise findet sich in der Literatur zu dieser Fallgruppe dann der Hinweis, dass damit nicht die allgemeine Marktbehinderung gemeint ist, die im Beispielskatalog überhaupt nicht aufgenommen wurde.[95] „Die individuelle Behinderung, (...), ist abzugrenzen von der allgemeinen Marktbehinderung = Marktstörung". Diese Auffassung gilt nur sehr eingeschränkt. Wettbewerb, dies ist seit den entsprechenden Schriften von Eugen Ulmer aus den dreißiger Jahren auch in der wissenschaftlichen Literatur bekannt, ist ein sozialer Prozess. Negative Auswirkungen auf den Markt entstehen dadurch, dass Marktmechanismen negativ beeinträchtigt werden; dies ist regelmäßig die Beeinträchtigung der Mitbewerber bzw. der Verbraucher. Damit sind die Auswirkungen negativer Wettbewerbshandlungen wohl nahezu ausgeschöpft dargestellt. Entweder wird der Konkurrent so beeinträchtigt, dass er sich nicht in seinem wettbewerblichen Verhalten hinreichend entfalten kann oder aber die Verbraucher werden in ihrer Entscheidungsfreiheit so beeinträchtigt, dass sie ihre Schiedsrichterfunktion im Hinblick auf die qualitativ beste und auch preislich vorteilhafteste Ware wahrnehmen können. Diese beiden Marktmechanismen sind durch die Nr. 1 (Beeinträchtigung der Entscheidungsfreiheit der Verbraucher) und durch die Nr. 10 (gezielte Behinderung der Mitbewerber) dargestellt. Wenn man Freude am Systematisieren hat, so mag dann auch noch die Marktbehinderung (Marktstörung) herangezogen werden, erforderlich ist dies nicht und vor allen Din-

---

[92] BGH GRUR 2001, 1061, 1062 – Mitwohnzentrale.de; BGH GRUR 2002, 902, 905 – Vanity-Nummer; BGH GRUR 2004, 877, 879 – Werbeblocker.
[93] BGH GRUR 2004, 877, 879 – Werbeblocker.
[94] Begr. RegE UWG zu § 4 BT-Drucks. 15/1487 S. 17.
[95] so *Köhler*, NJW 2004 2123; gleichlautend auch in der Kommentierung *Hefermehl/Köhler/Bornkamp*, § 4 Rdnr. 10.12.

gen, ist es schon unlogisch. Der Begriff der Marktstörung hatte unter § 1 UWG a.F. mehr eine Platzhalterstellung für die Phänomene, die man im Hinblick auf Beeinträchtigungssituationen (Mitbewerber, Konsumenten) nicht richtig einordnen konnte, bei denen man aber (relativ) sicher war, dass sie sich auf den Markt negativ auswirken. Die Verwendung der Fallgruppe sklavische Nachahmung im Zusammenhang mit dem Schutz der Computersoftware gehört z.B. dazu. Der Begriff Marktstörung soll die besondere Situation bei Waren kennzeichnen, bei denen die Kosten der Produktion und die der Reproduktion sehr unterschiedlich sind; gemeint sind Produkte, die besonders kostengünstig plagiiert werden können. Wenn solche Produkte den Markt überschwemmen, kommt es sicher zu einer Marktstörung. Zu dieser Marktstörung kommt es aber deshalb, weil der redliche Produzent der Software seine Kosten nicht amortisieren kann; das Plagiieren richtet sich also – wenn man so will – gegen seine wettbewerblichen Entfaltungsmöglichkeiten. Durch dieses Beispiel wird deutlich, dass der Begriff Marktstörung bzw. Marktbehinderung immer seine selbstständige Berechtigung verliert, wenn man weiß, worin jeweils der unlautere Angriff gegen Mitbewerber oder Verbraucher besteht.

§ 4 Nr. 11 verbietet ein Handeln entgegen gesetzlichen Vorschriften, die auch dazu bestimmt sind, „im Interesse der Marktteilnehmer dass Marktverhalten zu regeln" (ausführlich behandelt unter 5.5.). Es muss sich also um Marktverhaltensregeln handeln. Die Regelung bezieht sich darauf, den unredlichen Mitbewerbern keinen Vorsprung auf dem Markt gegenüber den redlich handelnden Teilnehmern dadurch zukommen zu lassen, dass sie das Recht missachten. Die nicht enden wollenden Randziffern in der Kommentierung zu diesem Bereich bei z.B. Hefermehl/Köhler/Bornkamm zeigen auf, wie zahlreich die Regelungen sind, die das Marktverhalten regeln; auch dem redlichsten Marktteilnehmer wird es nicht immer gelingen, alle Regelungen bzw. Regelungskomplexe zu erkennen.

5.2. Schutz der Entscheidungsfreiheit (bisherige Fallgruppe Kundenfang)

Nr. 1 von § 4 UWG hat generalklauselartigen Charakter; deshalb soll die Norm ausführlicher behandelt werden.

Das UWG dient gemäß § 1 UWG auch dem Schutz des Verbrauchers. Im Kern geht es darum, seine Entscheidungsfreiheit vor unsachlicher Beeinflussung zu schützen. Die in diesem Zusammenhang zum früheren Recht gebildete Fallgruppe des sog. Kundenfanges wird nunmehr weitgehend, jedoch keinesfalls erschöpfend, von § 4 Nr. 1 UWG erfasst.

Unter Kundenfang fasste man wettbewerbswidrige Methoden zusammen, die den Kunden mit Mitteln zu beeinflussen suchen, die seine freie Willensentschließung beeinträchtigen oder gar ausschließen. Insoweit beansprucht die bisherige Fallgruppe „Kundenfang" inhaltlich nach wie vor Geltung. Das Kennzeichnende der von ihr erfassten Methoden liegt darin, dass der Absatz weniger durch die Güte und Preiswürdigkeit der Ware oder Leistung als durch unwahre Angaben erreicht werden soll. Der Kunde wird „eingefangen" und nicht umworben.

Kundenfang erfolgt u. a. durch die Irreführung der Verbraucher, die psychologische und auch physische Zwangsausübung, getarnte Werbemaßnahmen oder die Ausnutzung von Gefühlen durch Verlockungen, aleatorische Anreize (Appelle an Spiel- und Gewinnlust) bis hin zu schockierenden Werbemaßnahmen. Es handelt sich um eine sachfremde Beeinflussung des Kunden.

5.2.1. Gefühlsbetonte Werbung

Früher galt eine Werbung, die an das Umweltbewusstsein, die soziale Hilfsbereitschaft oder das Mitgefühl der Werbeadressaten appellierte, um die so provozierte Gefühlslage zu Gunsten des geschäftlichen Umsatzes zu nutzen, bereits dann als sittenwidrig im Sinne des § 1 UWG a.F., wenn ein sachlicher Zusammenhang mit der Leistung des werbenden Unternehmens fehlte. So verstieß nach Auffassung des BGH z. B. die McDonald's-Gruppe gegen § 1 UWG a.F., weil sie eine Spendenaktion zugunsten des Deutschen Kinderhilfswerks e.V. mit der Ankündigung veranstaltete, dass der Erlös aus dem Verkauf jedes „Big Mac's" am Spendentag voll als Spende weitergeben wird.[96]

Das Bundesverfassungsgericht entschied in diesem Zusammenhang jedoch, dass ein solches Verständnis der wettbewerbsrechtlichen Generalklausel nicht der verfassungsrechtlichen Bedeutung der Meinungsfreiheit nach Art. 5 Abs. 1 Satz 1 GG gerecht werde.[97] Der überwiegende Teil der heutigen Werbung ist durch das Bestreben gekennzeichnet, durch gefühlsbetonte Motive Aufmerksamkeit zu erregen. Das Unlauterkeitsurteil aufgrund von Angaben, die keinen unmittelbaren Bezug zu der eigentlich angebotenen Leistung aufweisen, ist verfassungskonform zu begründen und nicht per se anzunehmen. Dieser Auffassung hat sich nunmehr auch der BGH angeschlossen. Sofern keine irreführende Werbung vorliegt und der Leistungswettbewerb nicht gefährdet wird, ist es wettbewerbsrechtlich grundsätzlich unbedenklich, dass sich Werbung nicht auf leistungsbezogene Sachangaben beschränkt, sondern auch Gefühle anspricht.[98]

5.2.2. Geschmacklose Werbung

Geschmacklose Werbung ist nicht grundsätzlich wettbewerbswidrig, da es für die moderne Werbung kennzeichnend ist, dass sie durch drastische Schlagworte, frivole Texte und sexbetonte Bilder die Aufmerksamkeit des Publikums zu wecken sucht.[99] Jedoch zieht auch nach der oben zitierten Entscheidung des Bundesverfassungsgerichts[100] die verfassungsrechtlich in Art. 1 Abs. 1 GG von höchstem Rang geschützte Menschenwürde der Werbung eine absolute Grenze. Diese Grenze wurde im Rahmen des § 4 Nr. 1 UWG ins Lauterkeitsrecht integriert. Danach sind auch

---

[96] BGH GRUR 1987, 534 f. – Mac Happy-Tag.
[97] BVerfG GRUR 2002, 455.
[98] BGH GRUR 2006, 75.
[99] Vgl. BGH NJW 1995, 2487 – Busengrapscher m. w. N.
[100] BVerfG GRUR 2002, 455.

Wettbewerbshandlungen unlauter, die geeignet sind, die Entscheidungsfreiheit der Verbraucher oder sonstiger Marktteilnehmer in menschenverachtender Weise zu beeinträchtigen.

So steht die Anwendbarkeit des § 4 Nr. 1 UWG auch heute für Bezeichnungen wie „Busengrapscher" bzw. „Schlüpferstürmer" in Verbindung mit der Abbildung von sexuell anzüglichen Frauenmotiven auf kleinen Likörfläschchen außer Frage. Hierdurch wird der diskriminierende und die Menschenwürde verletzende Eindruck der sexuellen Verfügbarkeit der Frau als mögliche Folge des Genusses des angepriesenen alkoholischen Getränks vermittelt.[101]

Auch die Vornahme einer Güterabwägung i.S.d. Art. 5 Abs. 1 GG in Bezug auf die Meinungsäußerungsfreiheit und der Freiheit zur Befriedigung des – in weitem Sinne zu verstehenden – Informationsinteresses kann die jeweiligen Bezeichnungen auf den Likörfläschchen nicht erlauben, da die Werbung des Herstellers keinerlei Aussagebedürfnisse befriedigen, sondern allein der Förderung des Absatzes seiner Waren dienen soll.[102]

Die Unlauterkeit nach § 4 Nr. 1 UWG würde nach gegenwärtiger Gesetzesfassung jedoch eine Beeinträchtigung der freien Kaufentscheidung des Verbrauchers voraussetzen. Der „nur" die Menschenwürde verletzende Verstoß gegen den „guten Ton" oder den „guten Geschmack" wird aber über die Generalklausel des § 3 UWG wettbewerbsrechtlich erfasst werden, wenn er geeignet ist, den Wettbewerb nicht nur unerheblich zum Nachteil der Mitbewerber, der Verbraucher oder der sonstigen Marktteilnehmer zu verfälschen.[103] Letzteres dürfte bei menschenverachtender Werbung wohl selten der Fall sein, da sich Verbraucher eher abgestoßen als angezogen fühlen werden.[104]

5.2.3. Schockwerbung

Wie dargestellt, müssen Werbemaßnahmen nicht produkt- oder leistungsbezogen sein. Auch eine reine Imagewerbung, die den Namen des werbenden Unternehmens im Verkehr bekannt machen bzw. den Grad der Verkehrsbekanntheit steigern soll, ist grundsätzlich zulässig.[105] Dabei darf die Werbung in den Grenzen der Meinungsfreiheit nach Art. 5 Abs. 1 GG und der Menschenwürde nach Art. 1 Abs. 1 GG auch schockierende politische oder soziale Äußerungen oder Bildmotive verwenden und ist entgegen der früheren Rechtsprechung wettbewerbsrechtlich nicht zu beanstanden, soweit nicht der Tatbestand des Rechtsbruchs gemäß § 4 Nr.11 UWG erfüllt ist.[106]

In der Vergangenheit erregte die Imagewerbung des Textilherstellers Benetton besonderes Aufsehen. So wurde die fotografische Darstellung eines ölverschmutzten Vogels, der auf einem Ölteppich schwamm, für sittenwidrig i.S.v. § 1 UWG a.

---

[101] BGH NJW 1995, 2487 – Busengrapscher.
[102] BGH NJW 1995, 2487 – Busengrapscher m. w. N.
[103] *Sack* in WRP 2005, 531 (543).
[104] *Hefermehl/Köhler/Bornkamm*, § 3 Rdnr. 24.
[105] BGH NJW 1995, 2488 – Ölverschmutzte Ente.
[106] *Hefermehl/Köhler/Bornkamm*, UWG, § 4 Rdnr. 1.155.

F. erklärt, weil die durch diese Darstellung beim Betrachter ausgelösten Wirkungen, wie Mitleid mit der Kreatur sowie Ohnmacht und Enttäuschung über die eigene Hilflosigkeit gegenüber der Umweltverschmutzung vom Werbenden ohne sachliche Veranlassung zu Wettbewerbszwecken ausgenutzt wurde. Ebenso wurde die Darstellung von schwer arbeitenden Kleinkindern der Dritten Welt als wettbewerbswidrig eingestuft, weil diese Werbung Gefühle des Mitleids zur Steigerung des Ansehens des werbenden Unternehmens kommerziell ausnutzte.[107] Das gleiche galt für die Werbeanzeige der Firma Benetton, die einen menschlichen Körperteil mit dem Stempelaufdruck „HIV-POSITIVE" zeigte.

Die Sittenwidrigkeit dieser Form der Werbung ergab sich nach früherer Auffassung des BGH aus einem groben Verstoß gegen die Grundsätze der Wahrung der Menschenwürde. Zwar anerkannte der BGH unter Anwendung des § 1 UWG a.F. im Lichte des Art. 5 Abs. 1 GG durchaus, dass beispielsweise die HIV-POSITIV-Werbung der Öffentlichkeit einen gesellschaftlichen Missstand vor Augen führte, nämlich die gesellschaftliche Ausgrenzung von HIV-Erkrankten. Da aber - ungeachtet dessen - mit Hilfe des dargestellten Leids die Aufmerksamkeit der Öffentlichkeit zur Absatzförderung auf das werbende Unternehmen gelenkt werden sollte, hielt der BGH diese Form der Aufmerksamkeits- oder Imagewerbung für sittenwidrig und damit für wettbewerbswidrig.[108]

Das Bundesverfassungsgericht beendete jedoch durch Entscheidungen in den Jahren 2000 und 2003 diese Rechtsprechung, indem es betonte, dass auch der Bereich der Werbung der grundrechtlich geschützten Meinungsfreiheit unterfalle.[109] Die Verletzung der Menschenwürde in Werbeanzeigen, etwa durch Erniedrigung, Brandmarkung, Verfolgung oder Ächtung von Menschen, ist als absolute Grenze der Meinungsfreiheit anzusehen. Auch sind sozialkritische Äußerungen im Rahmen von Werbeanzeigen im Kontext der Botschaft, wozu auch der Werbezweck gehört, zu betrachten. Allein der Umstand aber, dass das werbende Unternehmen von der durch die Darstellung erregten Aufmerksamkeit zu profitieren versucht, rechtfertigt den schweren Vorwurf der Menschenwürdeverletzung nicht.[110] Vielmehr liegt eine zulässige sozialkritische Meinungsäußerung vor, die zugleich einen eigennützigen Zweck verfolgt.

5.2.4. Getarnte Werbemaßnahmen

Getarnte Werbemaßnahmen, die sog. Schleichwerbung, sind unzulässig, wenn sie für den Umworbenen nicht erkennbar sind, § 4 I Nr. 3 UWG. Solche Werbung ist häufig in redaktioneller, wissenschaftlicher oder publizistischer Form anzutreffen. Bei Fernseh- bzw. Radiowerbung können Tarnmaßnahmen durch „Product Placement" erfolgen.

---

[107] BGH NJW 1995, 2490 – Kinderarbeit.
[108] BGH NJW 1995, 2492 – HIV- Positive.
[109] BVerfG NJW 2001, 591 und NJW 2003, 1303 (HIV Positiv).
[110] BVerfG NJW 2003, 1303.

Nach dem Gebot der Trennung von Werbung und Programm gemäß Rundfunkstaatsvertrag liegt zudem ein Verstoß gegen § 4 Nr. 11 UWG vor, da es sich beim Rundfunkstaatsvertrag um eine Regelung des Marktverhaltens handelt, die auch dem Schutz der Verbraucher dient. Wird das Vertrauen der Zuschauer, sachgerecht informiert zu werden, missbraucht, obwohl der betroffene Radio- oder Fernsehsender Werbung bestimmter Unternehmen gegen Bezahlung unterstützt, findet eine Irreführung und grob unsachliche Beeinflussung statt.[111] So ist das sichtliche Servieren eines bestimmten Mineralwassers innerhalb einer Diskussionssendung im Fernsehen dann unzulässig, wenn es gegen Bezahlung erfolgt und diese Maßnahme gegenüber dem Zuschauer nicht als Werbung gekennzeichnet ist.[112]

5.2.5. Verlockungen

Die Veranlassung, bestimmte Produkte zu kaufen oder Verträge abzuschließen, kann durch besondere Verlockungen erfolgen. Besondere Werbegeschenke, Prämien, Gratisverlosungen usw. sind jedoch nicht ohne weiteres wettbewerbswidrig. Eine unlautere Verlockung i.S.v. § 4 Nr. 1 UWG muss außerdem die Rationalität der Verbraucherentscheidung ausschalten.[113] Da die Rechtsprechung bei der Beurteilung dessen heute den gewandelten Verbraucherbegriff zu Grunde legt, dürfte die Unlauterkeit aufgrund übertriebenen Anlockens nur noch in Ausnahmefällen in Betracht kommen.[114] Der Kunde wird durch ein Werbegeschenk gefangen, wenn er sich durch dessen Existenz zum Kauf des „Haupt"-Produktes entscheidet und vom Vergleich von Preiswürdigkeit und Güte von Produkten konkurrierender Anbieter abgehalten wird. Solche sachfremden Beeinflussungen sind wettbewerbswidrig.[115]

Wenn ein Modehaus im Rahmen seiner Geschäftswerbung mit einem Kreditkartenunternehmen seinen Kunden anbietet, diese Karte ein Jahr lang kostenlos auszuprobieren (Jahresgebühr 100,- €), handelt es sich um eine unzulässige Beeinflussung des Kunden durch übertriebenes Anlocken.[116]

Um eine unzulässigerweise gekoppelte Vorspannware handelt es sich beim Angebot eines Farbfilms „zum Vorteilspreis von 1,- €" im Rahmen eines Gesamtangebots an Senioren, bestehend aus Fahrpreisermäßigungen und anderen „Vorteils"-Angeboten der Deutschen Bahn.[117]

5.2.6. Aleatorische Anreize

Durch aleatorische Anreize wird der Kunde unter Ausnutzung seiner Spiellust und Gewinnsucht gefangen. Auch diese Lockmethode ist nicht grundsätzlich wettbewerbswidrig, sondern erst bei Übertreten der Schwelle zur Unlauterkeit. Der Ge-

---

[111] *Hefermehl/Köhler/Bornkamm*, UWG, § 4 Rdnr. 3.45 m. w. N.
[112] ÖOGH, GRUR Int 1993, 503 – Römerquelle.
[113] *Hefermehl/Köhler/Bornkamm*, UWG, § 4 Rdnr. 1.35.
[114] *Hefermehl/Köhler/Bornkamm*, aaO.
[115] *Hefermehl/Köhler/Bornkamm*, aaO.
[116] OLG Frankfurt, GRUR 1989, 520.
[117] BGH GRUR 82, 688 – Seniorenpass.

werbetreibende verschafft einen aleatorischen Anreiz, wenn zu Zwecken des Wettbewerbs die Spiellust oder die Gewinnsucht des Kunden mit dem Angebot von Waren oder Dienstleistungen verkoppelt wird. Die Unlauterkeit gemäß § 4 Abs. 1 Nr. 6 UWG ist insoweit dann anzunehmen, wenn der aleatorische Anreiz beim Kunden einen sachlichen Warenvergleich ersetzt. Fehlen Angaben zu den Modalitäten der Teilnahme an einem Gewinnspiel oder einem Preisausschreiben und benötigt der Kunde diese Informationen, um eine informierte Entscheidung zu treffen, greift § 4 Nr. 5 UWG ein.

Nach der früheren BGH Rechtsprechung löste beispielsweise eine „Umgekehrte Autoversteigerung" einen besonderen Spielreiz aus. Ein Kraftfahrzeughändler hat einen Gebrauchtwagen angeboten, der sich bis zum Verkauf täglich um 100,- € verbilligen sollte. Hierin wurde ein Wettbewerbsverstoß gesehen, da sich die Kunden derart mit der „Fang"-Methode auseinandersetzten, dass die Einholung von Vergleichsangeboten zurückgestellt wurde.[118] Diese Rechtsprechung ist inzwischen unter Zugrundelegung des gewandelten Verbraucherleitbildes überholt. Der BGH traut dem durchschnittlich informierten, aufmerksamen und verständigen Verbraucher – nicht zuletzt wegen der mit einem Autokauf verbundenen beträchtlichen Investition – nun zu, dass er trotz des spielerischen Anreizes einen Vergleich mit anderen Gebrauchtwagenangeboten vornimmt.[119]

Wettbewerbswidrig ist es aber, bei Gewinnspielen anzukündigen, Gewinne von nicht unerheblichem Wert auszuspielen, wenn der Hinweis fehlt, dass ein beachtlicher Teil der Gewinne Warengutscheine im Wert von je 5,- € darstellt.[120]

5.3. Behinderung

Der in § 4 Ziff. 10 UWG aufgeführte Behinderungstatbestand hat gleich große Bedeutung wie der in Ziff. 1 von § 4 UWG geregelte Schutz der Entscheidungsfreiheit der Verbraucher, deshalb soll auch diese Regelung umfangreich erklärt werden.

Die Behinderung richtet sich – anders als der Kundenfang – primär gegen die Mitbewerber und wird wettbewerbsrechtlich primär von § 4 Nr. 10 UWG erfasst. Unter „Behinderung" werden die Wettbewerbshandlungen erfasst, die einen Mitbewerber in seiner wettbewerblichen Betätigung behindern oder ihn sogar zur Geschäftsaufgabe zwingen. Der Wettbewerber nutzt Mittel, die einen feindseligen Einschlag haben, um so Vorteile auf dem Markt zu erzielen. Unter Behinderungswettbewerb wird der Einsatz von Mitteln verstanden, die den Mitbewerber vom Leistungswettbewerb ausschalten. Der klassische Behinderungsfall ist der, dass ein Unternehmen eine Strategie entwickelt, durch die ein Konkurrenzunternehmen mit leistungsfremden Mitteln vom Markt verdrängt wird.

---

[118] BGH GRUR 1986, 622 – Umgekehrte Versteigerung I.
[119] BGH GRUR 2003, 626 – Umgekehrte Versteigerung II.
[120] BGH GRUR 1989, 434 – Gewinnspiel I.

5.3.1. Absatzbehinderung

Jede Werbung ist darauf gerichtet, den eigenen Absatz zu steigern und damit auch darauf, den Absatz von Konkurrenten zu verringern. Das ist per se nicht wettbewerbswidrig, sondern gerade Ziel und der Sinn der Werbung. Dieses Ziel darf aber nur mit den zulässigen Mitteln eines reinen Leistungswettbewerbs angestrebt werden, was durch die §§ 4, 5 und 6 UWG zum Ausdruck gebracht wird. Die Grenzen der Wettbewerbsfreiheit sind erreicht, wenn ein Wettbewerber einen Konkurrenten in dessen wettbewerblicher Betätigung gezielt behindert, um auf diese Weise den eigenen Absatz zu steigern. Solche intentionalen Behinderungen, die immer dann vorliegen, wenn die Handlung bei objektiver Betrachtung in erster Linie auf die Störung der fremden wettbewerblichen Entfaltung gerichtet ist, sind nach § 4 Nr. 10 UWG unlauter.[121]

Man spricht von Absatzbehinderung, wenn ein Hersteller von Kfz-Nummernschildern vor einer Zulassungsstelle potenzielle Kunden anspricht, um sie dadurch davon abzuhalten, ein in Sichtweite gelegenes Konkurrenzunternehmen aufzusuchen. Dem Mitbewerber wird dann nämlich die Möglichkeit genommen, die eigene Leistung anzubieten und ein sachlicher Leistungsvergleich kann nicht mehr stattfinden.[122]

Auch eine Rufschädigung kann den Absatz behindern. Versucht etwa ein Unternehmer, einen Mitbewerber oder insbesondere dessen Produkte in unsachlicher Weise gegenüber einem Kunden herabzusetzen, um diesen zum Wechsel des Anbieters zu veranlassen, ergibt sich die Unlauterkeit nicht nur aus § 4 Nr. 10 UWG, sondern zusätzlich aus § 4 Nr. 7 UWG.[123] Im Einzelfall können auch noch andere Tatbestände des UWG hinzutreten.

Wer die Qualität seiner Waren oder Leistungen mit denen sehr positiv bewerteter Konkurrenzerzeugnisse in Beziehung setzt, um den guten Ruf der Waren oder Leistungen eines Mitbewerbers für die eigene Werbung auszunutzen, handelt hingegen wettbewerbswidrig unter dem Gesichtspunkt der Rufausbeutung nach § 4 Nr. 9b UWG.[124] So durfte ein Hersteller das Wortzeichen DIMPLE nicht für eine Herrenkosmetikserie verwenden, da hier die Übertragung des guten Rufs der Whiskymarke DIMPLE durch den Verkehr nahe liegend war.[125]

5.3.2. Boykott

Boykott ist die organisierte Absperrung eines Gegners vom Geschäftsverkehr. Am Boykott sind stets mindestens drei Personen beteiligt: der Boykottierer, der zur Sperre aufruft, der Adressat, der die Sperre ausführt, und der Boykottierte (kollektives Moment).[126] Der Adressat muss die Sperre allerdings nicht selbst ausführen; es

---

[121] *Hefermehl/Köhler/Bornkamm*, UWG, § 4 Rdnr. 10.7.
[122] BGH GRUR 1960, 431 – Kfz-Nummernschilder.
[123] BGH WRP 2002, 524 – Mietwagenkostenersatz.
[124] *Hefermehl/Köhler/Bornkamm*, UWG, § 4, Rdnr. 9.55.
[125] BGH GRUR 1985, 550 – DIMPLE.
[126] *Hefermehl/Köhler/Bornkamm*, UWG, § 4, Rdnr. 10.117.

reicht aus, wenn er veranlasst wird, seinerseits auf die Sperre hinzuwirken.[127] Ein Boykottaufruf kann vom Grundrecht der Meinungs- und Pressefreiheit gemäß Art. 5 Abs. 1 GG gedeckt sein, wenn er nicht zur Durchsetzung eigener Interessen wirtschaftlicher Art eingesetzt wird, sondern politische, soziale, kulturelle oder wirtschaftliche Belange der Allgemeinheit verfolgt, auch wenn dadurch wiederum private Interessen beeinträchtigt werden.[128] Der Boykottierer muss mit seinem Aufruf eine Wettbewerbshandlung im Sinne des § 2 Abs. 1 Nr. 1 begehen, indem er sich gegen einen Mitbewerber richtet. Zielen Boykottaufforderung und Sperre also auf einen eigenen oder fremden[129] wettbewerblichen Vorsprung, der durch die gezielte Ausschaltung eines Mitbewerbers erreicht werden soll, verstoßen sie gegen § 4 Nr. 10 UWG.

So handelte ein die Interessen des mittelständischen Fachhandels vertretendes Presseorgan wettbewerbswidrig, als es den Fachhandel dazu aufforderte, die Wartung von Billiguhren eines Kaffeerösters geschlossen abzulehnen. Die so erschwerte Wartung der batteriebetriebenen Uhren sollte den Käufer für die Zukunft abschrecken, weiter die Billigangebote des Kaffeerösters wahrzunehmen. Dieser Aufruf war durch Art. 5 Abs. 1 GG nicht mehr gedeckt, da die Äußerung über die Meinungskundgabe hinaus dazu diente, in den individuellen Bereich des wirtschaftlichen Wettbewerbs eines bestimmten Konkurrenten einzugreifen. Das Recht auf freie Meinungsäußerung und das Informationsinteresse der Allgemeinheit wurden hier nur zwecks Förderung eigener, privater Wettbewerbsinteressen eingesetzt.[130]

Ebenso durfte in einem Presseorgan kein Aufruf an die Fachhändler ergehen, Markenartikelherstellern eine Auftragssperre anzudrohen, falls sie die großen Verbrauchermärkte weiterbelieferten.[131] Auch hier ging es nicht um die Einwirkung auf die öffentliche Meinung in einer für die Allgemeinheit bedeutsamen Frage, sondern nur um die Auseinandersetzung zweier Unternehmensgruppen auf wirtschaftlichem Gebiet im privaten Interesse, sodass das Verbot dieses Aufrufs nicht gegen das Grundrecht der Pressefreiheit verstieß.[132]

Als unzulässiger Boykott wurde es auch angesehen, dass eine Handwerksinnung ein Rundschreiben an ihre Mitglieder schickte, in dem sie dazu aufforderte, keine Verträge mit einem Versandhaus zu schließen, welches im betreffenden Gebiet eine Vertragswerkstatt suchte.[133] Hier lag neben einem Verstoß gegen § 1 UWG a. F. auch eine Überschreitung der Befugnisse der Innung nach der HandwO vor.

---

[127] BGH GRUR 1980, 242 – Denkzettelaktion; BGH GRUR 1984, 461 – Kundenboykott.
[128] BVerfGE 25, 256 – Blinkfüer.
[129] So bereits BGH GRUR 2000, 344 – Beteiligungsverbot für Schilderpräger.
[130] BVerfG GRUR 1984, 357 – markt-intern; BGH GRUR 1984, 461 – Kundenboykott.
[131] BGH GRUR 1980, 242 – Denkzettel-Aktion.
[132] BVerfGE 62, 230.
[133] OLG Stuttgart NJW 1955, 389.

5.3.3. Diskriminierung

Diskriminierung ist die unterschiedliche Behandlung von Personen im Geschäftsverkehr ohne sachliche Motivation, und zwar hinsichtlich des Preises, der Rabatte oder der Konditionen oder durch Liefer- oder Bezugssperren.[134] Die Wettbewerbsrechtliche Kontrolle erfolgt ebenfalls nach § 4 Nr. 10 UWG. Im Gegensatz zum Boykott setzt die Diskriminierung nur zwei Beteiligte voraus. Soweit eine Diskriminierung durch Eigenunterbietung infrage steht, so darf der eigene Preis zugunsten einzelner Kunden grundsätzlich unterboten werden, soweit nicht Preisbindungen bestehen oder das kartellrechtliche Diskriminierungsverbot eingreift. Das Wettbewerbsrecht enthält kein allgemeines Preisdiskriminierungsverbot. Auch gegenüber Endverbrauchern besteht seit der Aufhebung des RabattG die Freiheit der Preisbestimmung.[135] Eine nach § 4 Nr. 10 UWG als unlauter zu bewertende Preisdiskriminierung kommt daher nur in Betracht, wenn erschwerende Umstände hinzutreten.[136]

Tarnt ein Handelskunde seine Doppelfunktion als Groß- und Einzelhändler und erschleicht sich auf diese Weise Großeinkaufsvorteile beim Lieferanten, so liegt im Unterbieten von Einzelhändlern, die sich diese Vorteile nicht verschaffen konnten, eine unlautere Preisdiskriminierung.[137]

Wen ein Händler beliefern will und von wem er beziehen möchte, kann er grundsätzlich frei entscheiden. Grenzen können sich in diesem Bereich aus dem GWB ergeben. Liefer- und Bezugssperren beurteilen sich meist nicht nach § 3, 4 UWG, da die Beteiligten meist auf verschiedenen Wirtschaftsstufen und daher nicht in einem Wettbewerbsverhältnis im Sinne des § 2 Abs. 1 Nr. 3 zueinander stehen. Letzteres setzt aber der Katalogtatbestand des § 4 Nr. 10 UWG voraus.

Ein Brothersteller, der eine eigene Verkaufsstelle unterhielt, zugleich aber seine Erzeugnisse auch über Lebensmittelgeschäfte und Bäcker absetzte, durfte einem Händler keine Liefersperre androhen und dann auch durchführen, um damit die Einhaltung einer Preisempfehlung zu erzwingen. Nach GWB-Recht darf die Einhaltung einer Preisempfehlung nicht zum Gegenstand einer vertraglichen Bindung gemacht werden. Daher spielte es auch keine Rolle, dass der Händler das Brot billiger anbot, als es der Hersteller selbst in seiner Verkaufsstelle tat, da das gesetzliche Verbot der Preisbindung nicht durch die Errichtung einer eigenen, an den Letztverbraucher liefernden Verkaufsstelle umgangen werden kann.[138]

Der Hersteller des Halbbitterlikörs „Jägermeister", der ohne sachlichen Grund die Ausführung einer Bestellung einer Lebensmittelgroßhandlung verweigerte und sie dadurch gegenüber anderen gleichartigen Unternehmen ungerechtfertigt unterschiedlich behandelte, verstieß wegen dieser unlauteren Liefersperre gegen § 20 GWB.[139]

---

[134] *Hefermehl/Köhler/Bornkamm*, UWG, § 4 Rdnr. 10.208.
[135] *Hefermehl/Köhler/Bornkamm*, UWG, § 4 Rdnr. 10.212.
[136] *Hefermehl/Köhler/Bornkamm*, UWG, § 4 Rdnr. 10.210.
[137] BGHZ 28, 54 – Direktverkäufe.
[138] BGHZ 44, 279 – Brotkrieg.
[139] BGHZ 49, 90 – Jägermeister II.

5.3.4. Geschäftsehrverletzung

Wettbewerbsrechtlich relevant werden Beleidigung, üble Nachrede und Verleumdung dann, wenn sie geschäftliche Handlungen darstellen, es sich also im Gegensatz zur privaten Ehrverletzung um eine Geschäftsehrverletzung handelt, die darauf gerichtet ist, zugunsten des eigenen oder eines fremden Unternehmens den Absatz oder Bezug von Waren oder Dienstleistungen zu fördern.[140] Sie sind nach § 4 Nr. 7 und 8 UWG zu behandeln. Die Behauptung und Verbreitung unwahrer geschäftsschädigender Tatsachen ist gemäß § 4 Nr. 8 UWG immer wettbewerbswidrig. Aber auch die Verbreitung wahrer geschäftsschädigender Tatsachen ist nach § 4 Nr. 7 UWG nur zulässig, wenn sie aus hinreichend sachlichem Anlass geschieht und sich die Äußerung im Rahmen des Erforderlichen hält.[141] Sollen durch die Verbreitung wahrer geschäftsschädigender Äußerungen jedoch persönliche Umstände eines Konkurrenten unnötig in den Wettbewerb hineingezogen werden, die mit der Qualität der Ware in keinem Zusammenhang stehen, um dadurch den Kunden unsachlich zu beeinflussen, so liegt ein Verstoß gegen § 4 Nr. 7 UWG vor.[142]

Besondere Bedeutung erlangen diese Grundsätze bei Presseveröffentlichungen. Besteht ein ernsthaftes Interesse der Allgemeinheit, über bestimmte wettbewerbliche Vorgänge aufgeklärt zu werden, so ist es regelmäßig nicht wettbewerbswidrig, wenn ein Wettbewerber der Presse wahre und sachlich gehaltene Informationen über einen Mitbewerber erteilt, auch wenn diese zwangsläufig zu einem Vergleich durch die Verbraucher führen und geeignet sein können, den Mitbewerber im Wettbewerb zu beeinträchtigen. Andererseits darf unter dem Deckmantel einer angeblich objektiven, neutralen Presseveröffentlichung nicht Eigenwerbung betrieben oder ein Mitbewerber durch Angaben beeinträchtigt werden, die nach den Regeln des lauteren Wettbewerbs unzulässig sind.[143] Daher darf von zwei miteinander in einem Wettbewerbsverhältnis stehenden Presseorganen, die sich mit Anlageempfehlungen und Börseninformationen befassen, das eine das andere nicht in einem Beitrag als „nicht gerade für Seriosität bekanntes Wertpapierjournal" bezeichnen, ohne für diese Klassifizierung Gründe zu nennen oder auch nur anzudeuten. Eine solche pauschal herabsetzende Äußerung ermöglicht kein sachbezogenes Urteil des Lesers. Sie soll vielmehr die eigenen Leistungen – hier die der Börseninformationen und Anlageempfehlungen – gegenüber denen der Konkurrenz vorzugswürdig erscheinen lassen. Eine Pressekritik, durch die ein Konkurrenzblatt pauschal und ohne sachlichen Bezug abgewertet wird, ist daher wettbewerbswidrig i.S.d. § 4 Nr. 7 UWG und vom Grundrecht der Meinungs- und Pressefreiheit nicht gedeckt.[144]

Der Herausgeber eines Apotheken-Brancheninformationsdienstes darf keine „Blitzumfrage" versenden, in der die Apotheker als Adressaten vorformulierte alternative Thesen ankreuzen sollen, die sich mit der Geschäftätigkeit eines Importeurs von Arzneimitteln aus dem EG-Bereich befassen. Deren Importe wurden in der

---

[140] *Hefermehl/Köhler/Bornkamm*, UWG, § 4 Rdnr. 8.11.
[141] BGH GRUR 1982, 234 – Großbanken-Restquoten.
[142] *Hefermehl/Köhler/Bornkamm*, UWG, § 4 Rdnr. 7.16
[143] BGH GRUR 1968, 645 – Pelzversand.
[144] BGH GRUR 1982, 234 – Großbanken-Restquoten.

Bundesrepublik zu Preisen angeboten, die um ca. 15 % unter den Preisen lagen, zu denen die Hersteller unter gleichem Namen entsprechende Arzneimittel in der Bundesrepublik vertrieben. Die anzukreuzenden Thesen waren so formuliert, dass sie die Annahme nahe legten, beim Importeur hätten sie mit Lieferschwierigkeiten, Qualitätseinbußen und schlechter Akzeptanz durch die Käufer zu rechnen. Die Versendung sollte daher nicht Informationen im öffentlichen Meinungskampf verbreiten, sondern allein zu Zwecken des Wettbewerbs erfolgen.[145]

5.4. § 4 Nr. 9 UWG - Ausbeutung

Auch die in Nr. 9 von § 4 UWG behandelte Ausbeutung wird im Folgenden umfangreich besprochen. Produktpiraterie bzw. das Plagiieren fremdgeschaffener Werke etc. ist ein für die Marktordnung sehr bedeutsames Phänomen.

Wegen der Existenz von Sonderrechten, des Urheberrechts, des Patentrechts, des Geschmacks- und Gebrauchsmusterrechts, wird allgemein auf den Grundsatz geschlossen, dass der Gesetzgeber das Problem der Nachahmung bzw. sklavischen Nachahmung oder auch Ausbeutung fremdgeschaffener Güter hinreichend beachtet habe und dass ein Nachahmen außerhalb des Anwendungsbereiches dieser Gesetze grundsätzlich erlaubt sei.[146] Dieser Grundsatz ist wohl die eigentliche Richtschnur des wettbewerbsrechtlichen Nachahmungsschutzes. Nur in besonders gelagerten Fällen könne dieser Grundsatz verlassen werden.[147] Die Besonderheit des Einzelfalles spielt dabei eine herausragende Rolle. Die Rechtsprechung könne deshalb dem Hersteller keine Gewissheit über die genauen Eingriffsvoraussetzungen eines wettbewerbsrechtlichen Nachahmungsschutzes geben, der Nachahmungsschutz sei unsicher.[148]

Zu allen Zeiten unserer im Jahre 1909 geschaffenen Wettbewerbsordnung bestand aber ein Bedürfnis, auch außerhalb der durch die Sondergesetze geregelten Tatbestände gewisse Leistungsergebnisse vor Übernahme, Nachahmung und Ausnutzung durch die Konkurrenz zu bewahren. Das Reichsgericht[149] und der BGH[150] waren bemüht, diesem Bedürfnis mithilfe der Generalklausel des § 1 UWG a. F. Rechnung zu tragen. Auch von der Rechtslehre[151] wurden immer wieder Richtlinien aufgestellt, die dem Gewerbetreibenden und dem Richter im Verletzungsprozess Anhaltspunkte bei der Prüfung der Erlaubtheit oder Unerlaubtheit von Nachahmungen geben und die Rechtssicherheit solcher Fälle gewährleisten sollen. Die Gerichte

---

[145] OLG Düsseldorf, WRP 1984, 22.
[146] Vgl. insbes. OLG Frankfurt, GRUR 1984, 509: Die Vorschriften des UWG dürfen nicht dazu benutzt werden, einen nicht bestehenden Urheberrechtsschutz zu ersetzen.
[147] Vgl. die Übersicht zur höchstrichterlichen Rechtsprechung bei *Hubmann*, GRUR 1975, 230 ff. und bei *Sambuc*, GRUR 1986, 130 ff.
[148] Vgl. die Übersicht zur Rechtsprechung des Reichsgerichts bei *Nerreter*, GRUR 1957, 525 ff.
[149] Eine Übersicht über die Rechtsprechung des Reichsgerichts findet sich bei *Hubmann*, GRUR 1975, 230 ff.
[150] Siehe die Übersicht bei *Sambuc*, GRUR 1986, 130 ff.
[151] Vgl. *Ulmer/Reimer*, Das Recht des unlauteren Wettbewerbs in den Mitgliedstaaten der EWG, Bd. III, 1968, Rdnrn. 266 ff.

haben sich an den zahlreichen Vorschlägen des Schrifttums orientiert, waren aber auch von sich aus immer bestrebt, anhand der Vielzahl von Fällen, die sie zu entscheiden hatten, Grundsätze zu entwickeln. Der Gesetzgeber hat mit der UWG-Novelle 2004 in § 4 Nr. 9 UWG die Rechtsprechung zu § 1 UWG a. F. in ihren Grundzügen übernommen.[152] Grundlegendes hat sich dadurch nicht geändert. Voraussetzung ist dabei stets, dass ein Unternehmer ein Leistungsergebnis eines Mitbewerbers, welches nicht (mehr) unter Sonderrechtsschutz steht, nachahmt und auf dem Markt anbietet. Das nachgeahmte Leistungsergebnis muss wettbewerbliche Eigenart aufweisen. Zudem müssen besondere Umstände das Verhalten des Unternehmers als unlauter erscheinen lassen.

Die Grundzüge lassen sich wie folgt systematisieren.

5.4.1. Unmittelbare Leistungsübernahme

Von einer unmittelbaren Leistungsübernahme, die wettbewerbsrechtlich von § 4 Nr. 9 UWG erfasst wird, ist in Rechtsprechung und Literatur die Rede, wenn die Übernahme mittels eines einfachen technischen, biologischen oder sonstigen Vervielfältigungsverfahren erfolgt, und zwar ohne dass der vorgeschaffenen Leistung irgendetwas hinzugefügt oder sie gar weiterentwickelt wird.[153]

Bis zur Entscheidung des BGH zum fotomechanischen Nachdruck im Jahre 1969[154] galt in Rechtsprechung und Literatur als gesichert, dass das Ausnutzen fremder Leistungsergebnisse in Form dieser unmittelbaren Leistungsübernahme ohne Hinzutreten weiterer Umstände wettbewerbsrechtlich unlauter ist.[155] Demgegenüber hat der BGH dann in der Reprint-Entscheidung geurteilt, dass die Ausnutzung eines fremden Arbeitsergebnisses durch bloße Vervielfältigung nicht stets wettbewerbswidrig ist, auch wenn sie ohne jegliche eigene nachschaffende Leistung erfolgt.[156] Bei Anwendung des § 1 UWG a. F. komme es vielmehr auch in diesen Fällen auf die Umstände des Falles an und die Tatsache, dass der Nachbildende eigene Leistungen erspart, stelle für sich allein noch kein die Unlauterkeit der Leistungsübernahme begründendes Merkmal dar. Nach Ansicht des BGH kommt es nicht allein darauf an, welches Mittel zur Vervielfältigung angewandt wird, sondern entscheidend sei, ob die Anwendung dieses Mittels unter Berücksichtigung der sonstigen Umstände des Falles dazu führt, den Ersthersteller in „unbilliger Weise" um die Früchte seiner Arbeit zu bringen.[157]

Der BGH nennt dann als Unbilligkeitsmerkmale den Zeitfaktor und die Aktualität des konkreten Wettbewerbs. Es sei rechtlich von erheblicher Bedeutung, ob ein gemeinfreies Werk vom Erstverleger soeben auf den Markt gebracht worden ist und dann sogleich fotomechanisch nachgedruckt wird, oder ob das Erscheinen des Erstdruckes schon lange zurückliegt und zu erwarten ist, dass der Erstdrucker hin-

---

[152] Hefermehl/Köhler/Bornkamm, UWG, § 4 Rdnr. 9.3.
[153] Vgl. Gloy/Harte-Bavendamm, Hdb. WettbewerbsR, § 42 Rdnrn. 12 f., 181 ff.
[154] GRUR 1969, 186.
[155] BGH GRUR 1966, 617, 619.
[156] BGH GRUR 1969, 618, 620.
[157] BGH GRUR 1969, 186, 188.

reichend Gelegenheit hatte, zumindest einen wesentlichen Teil seiner Kosten zu amortisieren. Zur näheren Bestimmung des dafür nötigen Zeitraumes ist nach dem BGH eine Anlehnung an die verschiedenen Leistungsschutzrechte, z. B. dem Laufbilderschutz (§ 95 UrhG), dem Leistungsschutzrecht für die Hersteller von Lichtbildern und Tonträgern (§§ 72, 85 UrhG) erlaubt.

In der Saxofon-Entscheidung[158] hat der BGH den Amortisationsgedanken in eine Beziehung zum Innovationswunsch gebracht, der im Unlauterkeitsrecht oft als Argument gerade gegen einen Nachahmungsschutz verwandt wird[159]: Eine unmittelbare mühelose Vervielfältigung „kann (...) sofern sie sich auf ein mit hohen Entwicklungskosten belastetes Arbeitsergebnis bezieht, zu einer so erheblichen, sich im Verkaufspreis niederschlagenden Diskrepanz der Gestaltungskosten der beiderseitigen Erzeugnisse führen, dass im Bereich der lediglich wettbewerbsrechtlich schutzwürdigen Leistungen auf bestimmten Gebieten jeder Anreiz zur Fortentwicklung des Standes der Technik genommen wäre".[160] Der BGH stellt also auch auf die Folgen ab, die ein bedenkenloses Abkupfern fremdgeschaffener Leistungen für die Innovationsbereitschaft der Unternehmen haben könnte. Der Imitator könnte, gerade bei der unmittelbaren Leistungsübernahme, bei der das Plagiieren kostenmäßig kaum ins Gewicht fällt, durch eine dann weitestgehend freie Preiskalkulation den Erstentwickler vom Markt verdrängen. In einer weiteren Entscheidung (Kunststoffzähne)[161] – ein Konkurrent hatte etwa die Hälfte der von einem Mitkonkurrenten geschaffenen Serie von Kunststoffzähnen durch Abguss und Umguss nachgebildet berücksichtigt der BGH in besonderem Maße die durch die Nachahmungshandlung ermöglichte Preisunterbietung. Mit guter Kaufmannssitte sei es nicht vereinbar, wenn die Preisunterbietung nur deshalb möglich ist, weil die Arbeit des Erstschöpfers unmittelbar ausgenutzt und ausgebeutet wird, und zwar mühelos.

Ein Schutz vor unmittelbarer Leistungsübernahme soll aber dann ausscheiden, wenn das übernommene Produkt dem Hersteller nur geringe Kosten gemacht hat; wenn es etwa billiges Machwerk, Massenware ist, die der Konkurrent nur deshalb identisch übernimmt, weil er zu träge ist, ein gleich billiges und gleich unbedeutendes Produkt selbst noch einmal zu entwickeln.[162]

5.4.2. Der wettbewerbsrechtliche Schutz vor sklavischer Nachahmung

Unter dem Stichwort „sklavische Nachahmung" oder „sklavischer Nachbau" wird in Literatur und Rechtsprechung zum Wettbewerbsrecht das Problem behandelt, ob und wieweit es zulässig ist, sondergesetzlich nicht oder nicht mehr geschützte technische oder nichttechnische Arbeitsergebnisse im Wettbewerbsleben nachzumachen. Wie oben angeführt gilt zunächst der Grundsatz, dass Produkte, die nicht oder nicht mehr durch die Sonderrechte (Patentrecht, Urheberrecht etc.) geschützt sind, grundsätzlich sklavisch oder sogar identisch nachgemacht werden. Verboten soll

---

[158] BGH GRUR 1966, 617, 620.
[159] Vornehmlich im Hinblick auf technische Leistungen; vgl. BGH GRUR 1968, 591.
[160] BGH GRUR 1966, 617, 620.
[161] BGH GRUR 1969, 618.
[162] OLG München GRUR 1965, 190.

dies sein, soweit „besondere" Umstände vorliegen, die dieses Nachbilden als wettbewerbsrechtlich unlauter erscheinen lassen. Es werden demnach besondere wettbewerbsrechtliche Umstände verlangt, die dann die Abgrenzung zu dem sonderrechtlichen Schutz möglich machen sollen und zugleich auch die Begründung dafür liefern sollen, weshalb es neben dem sonderrechtlichen Schutz noch einen ergänzenden wettbewerbsrechtlichen Schutz geben darf.

Die wettbewerbsrechtliche Beurteilung des Nachahmens fremder Leistungen soll dabei an die Art und Weise, wie ein fremdes Arbeitsergebnis von einem Mitbewerber ausgenutzt wird, anknüpfen. Die Tatsache allein, dass ein Konkurrent Mühe, Zeit und Kosten aufgewandt hat, die der Nachahmer sich spart, soll grundsätzlich nicht als besonderer Umstand angesehen werden, weil diese Betrachtungsweise fast jede Nachahmung als sittenwidrig brandmarken würde; die Ersparung von Aufwand, Kosten und Mühe liegt in der Natur der Nachahmung.[163] Aus diesem Grund soll auch die Nachahmung nicht unter dem Gesichtspunkt einer dadurch ermöglichten Preisunterbietung unlauter sein. Der BGH hält die Preisunterbietung grundsätzlich für unbeachtlich.[164] Die Preisunterbietung hat nur Bedeutung, wenn sie erst durch eine ihrerseits unzulässige Wettbewerbshandlung ermöglicht wird.[165] Aus diesem Grunde vermag nach Ansicht des BGH auch die Bereicherung des imitierenden Mitbewerbers regelmäßig nicht die Sittenwidrigkeit zu begründen.[166]

Nach diesen Grundsätzen bliebe für einen wettbewerbsrechtlichen Nachahmungsschutz wenig Platz. Der wettbewerbsrechtliche Schutz dürfte wegen der Existenz der Sonderrechte nicht so weit reichend sein, dass eine Nachahmung nicht unter anderen Umständen doch erlaubt wäre, d.h., es dürften nur Unlauterkeitsgründe anerkannt werden, die nicht auf den Umstand der Nachahmung selbst abstellen, sondern auf die Begleitumstände. Dabei dürfte auch nicht berücksichtigt werden, dass der beeinträchtigte Unternehmer durch die Nachahmung Gefahr läuft, vom Markt verdrängt zu werden. Die mit der Nachahmung verbundene Ersparnis des Entwicklungsaufwandes, den der Erstentwickler hatte und die es dem Plagiator ermöglicht, preisgünstiger anzubieten soll ja „grundsätzlich" nicht ins Gewicht fallen. In der Rechtspraxis verhält es sich so, dass in den zur Nachahmung entwickelten Fallgruppen durchaus andere Merkmale wie die gerade genannten als Anknüpfungspunkt für unlauteres Verhalten gesucht werden, dass dann aber durchaus die gerade genannten Begriffe wieder eine Rolle spielen.

Die bedeutendsten Fallgruppen des § 4 Nr.9 a) bis c) UWG sind die der vermeidbaren Herkunftstäuschung, der Rufausbeutung und der Behinderung.

In allen zu diesen Fallgruppen ergangenen Entscheidungen ist Anknüpfungspunkt des Unlauterkeitsurteils die negative Wirkung, die von der Nachahmung selbst ausgeht; verboten werden daher nicht nur die Umstände unter denen nachgeahmt wurde, sondern die Nachahmung des Produkts selbst.

---

[163] BGH GRUR 1970, 244, 246; 1967, 315, 317.
[164] BGH GRUR 1967, 315, 317; 1970, 244, 246.
[165] BGH GRUR 1966, 303, 308.
[166] GRUR 1957, 291, 295.

Der bei Weitem häufigste Fall der wettbewerbsrechtlichen Unlauterkeit durch Nachahmung ist der der vermeidbaren Herkunftstäuschung.

5.4.3. Vermeidbare Herkunftstäuschung (§ 4 Ziff. 9 a) UWG)

Vermeidbare Herkunftstäuschung im Sinne des § 4 Nr. 9 lit a UWG liegt vor, wenn derjenige, der ein eigenartiges oder verkehrsbekanntes Erzeugnis nachgeahmt und dadurch die Gefahr betrieblicher Herkunftsverwechslung begründet hat, es unterlässt, zumutbare und geeignete Maßnahmen zur Beseitigung oder Minderung der Verwechslungsgefahr zu treffen.[167] Oft genug war es dann in der Rechtsprechung so, dass die Eigenarten des nachgeahmten Produkts bzw. seine charakteristischen Merkmale als für die Herkunftstäuschung ausschlaggebend angesehen wurden und die identische oder nahezu identische Nachahmung verboten wurde; vornehmlich auf dem Gebiet der ästhetischen Schöpfungen.

Der Begriff wettbewerblicher Besonderheit oder, auch vielfach verwandt, wettbewerbliche Eigenart, wurde im Zusammenhang mit der Fallgruppe „vermeidbare Herkunftstäuschung" vom BGH grundlegend in der Deutschlanddecke-Entscheidung[168] genannt. Die wettbewerbliche Eigenart (Besonderheit) hatte sich aus der Kennzeichnungskraft des Produkts herzuleiten. Dies setzt nach Ansicht des BGH voraus, dass sich die Abnehmer über die Herkunftsstätte der jeweiligen Waren überhaupt Gedanken machen. Der BGH behandelte dieses Erfordernis in der Vergangenheit oft unter dem Stichwort „Überdurchschnittlichkeit" des nachgeahmten Erzeugnisses.[169] Damit ist nicht eine überdurchschnittliche Produktgestaltung gemeint, es genügt, dass der Verkehr der betrieblichen Herkunft derartiger Erzeugnisse überhaupt Beachtung zu schenken pflegt und sie nicht etwa als bloße Alltags-(Dutzend-)ware betrachtet, bei der ihn die Herkunftsstätte nicht interessiert.[170] Dabei stellt der BGH auch nicht auf die Besonderheit des Einzelstückes ab, sondern die Wertschätzung der gesamten Gattung begründet nach ihm das „Besondere". Oft ist auch die Rede davon, die nachgeahmte Gestaltung müsse „Herkunfts- und damit verbundene Gütevorstellungen" hervorrufen,[171] was ebenfalls dafür spricht, dass sich die „Besonderheiten" oder die „Gütevorstellungen" erst aus dem Schluss auf eine bestimmte Herkunft zu ergeben haben. Nicht die Originalität des einzelnen Artikels, nicht seine Qualitäten sind für die Herkunftstäuschung demnach entscheidend, sondern diese „Besonderheiten" sind nur die Vehikel für den erforderlichen Herkunftsnachweis. Besonders deutlich wird dies in der Zündaufsatz-Entscheidung des BGH.[172] Vermeidbare Herkunftstäuschung setzt also nicht voraus, dass die

---

[167] BGH GRUR 1963, 633, 635.
[168] BGH GRUR 1958, 351, 353.
[169] Vgl. BGH GRUR 1968, 591, 593.
[170] BGH GRUR 1966, 617, 619.
[171] BGH GRUR 1969, 292, 203.
[172] GRUR 1966, 97, 101; dort heißt es: Wenn der Verkehr „das Erzeugnis der Klägerin an der besonderen Gestaltung des Zündaufsatzes erkennen sollte, so würde (...) die Anwendung des § 1 UWG nicht dadurch ausgeschlossen werden, dass die Gütevorstellung des Verkehrs sich auf andere Eigenschaften des Feuerzeuges (...) bezieht (...)".

nachgeahmten Merkmale auf irgendwelche qualitativen Besonderheiten hinweisen, die Eignung zur Erweckung von Herkunftsvorstellungen genügt.[173] Seit einigen Jahren wird in der Rechtsprechung deshalb auch meist von „Besonderheiten" und nicht mehr von der Güte der einzelnen Erzeugnisse gesprochen.[174]

Damit es zu einer Herkunftsverwechslung kommen kann, muss die Ware regelmäßig im Verkehr bekannt sein. In welchem Maße das kopierte Produkt auf den Markt gelangt und bekannt geworden sein muss, soll allerdings vom Grad der ihm ursprünglich anhaftenden Eigenart abhängen; je weniger an Eigenart feststellbar ist, desto mehr muss dieses Defizit durch die Steigerung der Verkehrsbekanntheit ausgeglichen werden.[175] Auch von einer „gewissen Bekanntheit" im Verkehr kann wieder abgesehen werden, wenn das Produkt ganz besonders eigenartig ist.[176]

Zur Vermeidung der Herkunftstäuschung wird vom Nachahmer verlangt, dass er grundsätzlich alle ihm zumutbaren Maßnahmen ergreifen muss, um die Verwechslungsgefahr zu mindern.[177] Von daher ergeben sich auch innerhalb der Fallgruppe „vermeidbare Herkunftstäuschung" große Unterschiede zwischen der Behandlung technischer und nichttechnischer bzw. ästhetischer Produkte. Bei den ästhetischen Produkten ist die Möglichkeit unterschiedliche Formen und Farben zu wählen nahezu unbegrenzt. Jeder nachfolgende Produzent hat die Möglichkeit, zur Vermeidung einer Verwechslungsgefahr, ein anderes Design zu wählen und sich somit von seinem Konkurrenten abzugrenzen. Wer hier eigenartige Merkmale nachahmt, tut dies von der Sache her – ohne Not, er will plagiieren. Anders verhält es sich häufig bei den technischen Leistungen. Wegen der auf technischem Gebiet bestehenden Sachzwänge sei vielfach eine abändernde Gestaltung nicht zumutbar.[178] Die unterschiedliche Behandlung begründet der BGH insbes. mit dem „berechtigten Interesse der Allgemeinheit" an der Weiterentwicklung der Technik, das andernfalls beeinträchtigt sein könnte. In der Pulverbehälter-Entscheidung des BGH wird der Begriff der „technischen Notwendigkeit" ausführlich definiert. Der Beklagte hatte ein wichtiges Aggregat einer sog. Flammenspritzpistole, den Pulverbehälter in seiner technischen Beschaffenheit nahezu identisch nachgebaut. Die Produkte unterscheiden sich z.T. in der Form, aber nicht in ihrer technischen Funktion. Die Klägerin war der Ansicht, dass es der Beklagten zumutbar gewesen wäre, unterscheidungskräftigere Gestaltungsformen zu finden. Die Beklagte bestritt dies, die entsprechenden Einzelteile der Pistole seien technisch bedingt. Der BGH schloss sich in seiner abweisenden Entscheidung der Ansicht des Berufungsgerichts an, dass es der Beklagten nicht zumutbar sei, auch nur auf technisch bedingte **zweckmäßige** Gestaltungen zu verzichten. Er wandte sich dann ausdrücklich gegen eine Würdigung seiner bisherigen Entscheidungen[179] i.d.S., dass dem Schutz nur diejenigen Gestaltungsmerkmale entzogen wären, die technisch unbedingt notwendig sind und all

---

[173] BGH GRUR 1981, 517, 519.
[174] BGH WRP 1976, 370.
[175] BGH GRUR 1981, 517, 519.
[176] BGH WRP 1976, 370, 372.
[177] BGH GRUR 1966, 97, 100 f.
[178] Vgl. insbes. BGH GRUR 1968, 591, 593.
[179] Insbes. BGH GRUR 1954, 121 – Zählkassette.

diejenigen dem Schutz ohne Weiteres zugänglich wären, die zur Förderung der technischen Brauchbarkeit nur geeignet, also technisch lediglich zweckmäßig sind. Aus der Abgrenzung des UWG zum Sonderrechtsschutz folge, dass mangels sonderrechtlichen Schutzes alle neuen technischen Entwicklungen Allgemeingut sind, und deshalb dürfe für die wettbewerbsrechtliche Beurteilung der Übernahme gemeinfreier technischer Mittel nicht die Frage nach der Notwendigkeit die entscheidende sein: „Ob eine technische Gestaltung (...) zweckmäßig dem Gemeingebrauch im Namen des § 1 UWG freizuhalten ist, muss (...) ausschlaggebend danach beurteilt werden, ob ein vernünftiger Gewerbetreibender, der auch den Gebrauchszweck und die Verkäuflichkeit der Ware im Auge hat, diese Gestaltung dem offenbarten Stand der Technik einschließlich der praktischen Erfahrung als angemessene technische Lösung entnehmen kann. Niemand ist gehalten, aus dem Stand der Technik, wenn diese mehrere Lösungen anbietet, die objektiv angeblich beste Lösung zu suchen. Unter mehreren Lösungen, die als angemessene Verwirklichung einer technischen Aufgabe erscheinen, soll frei gewählt werden dürfen."[180]

In einer Entscheidung aus den 80er Jahren wird der starre Standpunkt wieder etwas eingeschränkt.[181] In der sog. Rollhocker-Entscheidung aus dem Jahre 1981 wiederholt der BGH zunächst die in der Brüverbehälter-Entscheidung aufgestellten Grundsätze. Nachdem auch nur zweckmäßig technische Lösungen, soweit sie dem offenbarten Stand der Technik entnommen sind, außerhalb des sonderrechtlichen Schutzes gemeinfrei sind. Der BGH hält aber einen wettbewerbsrechtlichen Nachahmungsschutz nun für möglich, wenn bei einer Vielzahl an sich austauschbarer Gestaltungselemente in allen Punkten die identische Nachahmung des Konkurrenzproduktes gewählt wird. In der Entscheidung wird aber auch deutlich gemacht, dass der Nachahmungsschutz nur für den Fall einer willkürlichen Wählbarkeit der einzelnen Gestaltungsmerkmale in Betracht kommt. Der Zugriff auf den freien Stand der Technik dürfe dem Nachahmer nicht erschwert werden.

In der sog. Saxofon-Entscheidung aus dem Jahre 1966[182] nimmt der BGH auch dazu Stellung, inwieweit etwa durch Hinweisetikettierungen oder Ähnliches bei technischen Produkten die Herkunftstäuschung vermieden werden kann bzw. ob es eine Pflicht zu einer entsprechenden Etikettierung gibt. Der BGH sagt im Hinblick auf dieses technische Produkt, dass auch die Hinweisetikettierung unterbleiben kann, wenn der Verkehr die Instrumente überwiegend nach ihrer Klangfarbe unterscheide. Das soll bedeuten, dort wo das Publikum Augenmerk auf technische Dinge hat, wo also diese technischen Phänomene im Wesentlichen zur Unterscheidung dienen, braucht nicht, wahrscheinlich weil unnützerweise, durch andere Formenwahl bzw. Etikettierung ein Unterschied erreicht zu werden.

---

[180] BGH GRUR 1968, 591.
[181] BGH GRUR 1981, 517.
[182] GRUR 1966, 617.

5.4.4. Rufausbeutung (§ 4 Nr. 9 b) UWG)

Auch bei dieser Fallgruppe steht die Kennzeichnungskraft im Vordergrund der wettbewerbsrechtlichen Bewertung. Anders als bei der zuvor genannten Fallgruppe soll hier aber die Möglichkeit bestehen, wettbewerbsrechtlich gegen Nachahmungen vorzugehen, die „nur" vom guten Ruf eines bestimmten Produkts, nicht aber von Irrtümern über deren Ursprung profitieren wollen. Der Unterschied zur vermeidbaren Herkunftstäuschung liegt darin, dass die übernommenen Merkmale nicht quasi nur Vehikel sind, um bei dem Publikum den Anschein zu erwecken, auch die nachgebaute Ware stamme vom Hersteller der Ursprungsware; bei der Rufausbeutung ist die Übernahme der eigenartigen Merkmale selbst nach § 4 Nr. 9b UWG unlauter. Wettbewerbliche Eigenart bedeutet deshalb in diesen Fällen, dass die Produktkennzeichen, auf die es ankommt, eine bestimmte Qualität haben müssen, eben nicht nur ein Vehikel für Verbrauchervorstellungen über die Herkunft der Ware sein dürfen. Im Falle der Rufausbeutung stehen also die qualitativen Merkmale des nachgeahmten Produkts selbst unter Nachahmungsschutz; das Nachahmungsverbot kann nicht damit unterlaufen werden, dass der Imitator unter deutlichen Herkunftshinweisen vertreibt bzw. darauf aufmerksam macht, dass es sich bei diesem Produkt um ein anderes als das Originalprodukt handelt.

Der bekannteste Fall innerhalb dieser Fallgruppe ist wohl der Tchibo-Rolex-Fall, über den der BGH 1985 entschieden hat. Der BGH stellt in der Entscheidung zunächst einmal klar, dass die Käufer einer beim Kaffeeröster für 39,75 DM erhältlichen Armbanduhr nicht glaubten, damit eine – hundertmal teurere – Rolex-Uhr zu erwerben, obwohl die Modelle sich fast bis aufs Haar glichen. Vermeidbare Herkunftstäuschung musste somit als Anknüpfungspunkt ausscheiden. Der BGH erkannte aber eine unlautere Rufausbeutung, weil Dritte die Träger der Billiguhren für Rolex-Eigentümer hielten. Auf diese Weise beute der Beklagte das Prestige der Luxusuhren für seine eigenen Zwecke aus.[183]

Die Rechtsprechung hat bislang allerdings diese Fallgruppe auf die Nachahmung ästhetischer Merkmale begrenzt.

5.4.5. Systematisches Anhängen (§ 4 Nr. 9 b) UWG)

Unter diesem Begriff werden die Fälle erfasst, bei denen sich der Mitbewerber zielstrebig, systematisch an die Produktpalette des Konkurrenten anhängt. Die Rechtsprechung dazu ist nicht ganz eindeutig.

In der Entscheidung „Hummelfiguren 1" sagt der BGH,[184] es sei unzulässig, sich unter Verlassen der eigenen Entwicklungslinie an eine andere, allgemein bekannte zugkräftige Linie des Mitbewerbers planmäßig anzunähern, um von dessen Ruf Nutzen zu ziehen. Im Klemmbausteine-Urteil[185] betrachtet er es als sittenwidrig, dass der Nachahmer sein Erzeugnis u. a. durch die Wahl völlig gleicher Abmessungen in die fremde auf Ergänzungsbedarf zugeschnittene Serie einschob und dadurch

---
[183] BGH GRUR 1985, 876.
[184] GRUR 1953, 516, 520.
[185] GRUR 1964, 621, 624.

den Erfolg der fremden Leistung auf sich ableitete und für sich ausbeutete, obwohl ihm genug technisch völlig gleichwertige Ausweichmöglichkeiten zur Verfügung standen.

Andererseits wurde seit Langem von der Rechtsprechung[186] die Herstellung und Lieferung von Ersatz- und Zubehörteilen für fremde Erzeugnisse zugelassen, sofern das Ersatzteil nicht sondergesetzlich geschützt ist, obwohl der Hersteller der Hauptware das Bedürfnis nach Ersatz- und Zubehörteilen geweckt hat. Der BGH hat auch ausgesprochen[187], dass niemand Schutz seines Kundenstammes allein deshalb verlangen könne, weil er einen neuen Markt erschlossen und mit Mühe aufgebaut hat. Er hält es aber für sittenwidrig, und darin liegt wohl das Gemeinsame der Urteile, wenn sich der Nachahmer identisch oder nahezu übereinstimmend an diejenigen Muster anlehnt, mit denen der Vorgänger sich den Markt erschlossen hat. Verlangt ist hier wohl, ein über eine längere Zeit andauerndes oder ein sich über viele Produkte erstreckendes identisches oder nahezu identisches Nachmachen um sich der Erfolgslinie des Konkurrenten anzuschließen und den gleichen Erfolg ohne jegliche Planungskosten zu erhalten.

5.4.6. Marktschwierigkeit/Behinderung

Entscheidend für das Nachahmungsverbot der in § 4 Nr. 9 UWG nicht genannten Fallgruppe ist zum Einen eine Qualität des entsprechenden Erzeugnisses, es muss sich in seiner Eigenart von den üblichen Durchschnittserzeugnissen abheben [188] Zum Anderen muss es sich so verhalten, dass im Hinblick auf die Vermarktung dieses Produkts eine „Marktschwierigkeit" besteht. Diese Marktschwierigkeit hat sich in der Modeneuheiten-Entscheidung des BGH insbes. daraus ergeben, dass die Amortisationszeit für Modekleidung besonders kurz sei und dass deshalb ein Nachahmen der Produkte noch für die gleiche Saison den Erstentwickler schwer beeinträchtigen müsse. Es heißt in der Modeneuheiten-Entscheidung „der wettbewerbliche Vorsprung, der grundsätzlich dem gebührt, auf dessen Initiative das Muster zurückgeht, wird diesem abgeschnitten, und er wird um die Früchte seiner Arbeit gebracht, wenn Mitbewerber ihm in der gleichen Saison mit identischen oder nahezu identischen Nachahmungen – unter Einsparung der Entwurfskosten – Konkurrenz machen."[189] Zumindest für eine Modesaison sei deshalb Nachahmungsschutz zu gewähren. In der sog. Hemdblusenkleid-Entscheidung aus dem Jahre 1984[190] hielt es der BGH auch für erforderlich, den Nachahmungsschutz über eine Saison hin auszudehnen, weil das entsprechende Modell nach seiner Art- und Zweckbestimmung auch über diesen Zeitraum hinaus abgesetzt werden konnte.

In der Fallgruppe Behinderung, die in die wettbewerbsrechtliche Bewertung nach § 4 Nr. 9 UWG einzubeziehen ist, haben wohl alle die Nachahmungsfälle Platz, bei der das nachgeahmte Produkt gewisse Qualitätsanforderungen erfüllt, es

---

[186] GRUR 1958, 343.
[187] GRUR 1966, 503, 508.
[188] BGH WRP 1976, 370, 372.
[189] BGH GRUR 1973, 478, 480.
[190] BGH GRUR 1984, 453, 455.

darf sich also hier nicht um Dutzendware handeln, und dass darüber hinaus ein Plagiieren dem Hersteller die Möglichkeit nimmt, zumindest die Entwicklungskosten zu amortisieren. Der Begriff „wettbewerbliche Besonderheit" wird also hier auch schon auf die Situation ausgedehnt, dass der Ersthersteller in seiner Erwartung, der Markt werde ihn für seine Aufwendungen entschädigen, durch das Plagiieren enttäuscht wird. Es soll demnach schon berücksichtigt werden, dass bestimmte Güter im privatwirtschaftlichen Bereich nicht produziert werden, wenn die entsprechenden Investitionen nicht nur unbelohnt bleiben, sondern geradezu für den Konkurrenten gemacht wurden, der wegen des billigen Imitierens eine ungleich stärkere Position auf dem Markt erhält. Der in den Entscheidungen auftauchende Begriff „Marktschwierigkeit" muss dann im Zusammenhang mit dem Nachahmungsschutz so gedeutet werden, dass der Unternehmer durch eine Investition in ein faktisch und sonderrechtlich nicht geschütztes Gut Gefahr läuft, vom Markt verdrängt, mit den „eigenen Waffen" geschlagen zu werden. Diese „Marktschwierigkeit" müsste jeden vernünftig kalkulierenden Unternehmer davon abhalten, entsprechende Güter zu entwickeln und zu produzieren, d.h. davon abhalten, innovativ zu sein. Auch wenn bislang noch keine Rechtsprechung zu technisch funktionalen Nachahmungen vorliegt, ist zu erwarten, dass die Behinderungs-Fallgruppe auch auf technisch-funktionale Arbeitsergebnisse Anwendung finden muss. In der Saxofon-Entscheidung[191] klingt die mögliche Reichweite dieses wettbewerbsrechtlichen Nachahmungsschutzes auch schon etwas durch. Dort wird zumindest gesagt, dass ein bedenkenloses Imitieren in der Konstruktion aufwendiger Güter zu dem unerwünschten Ergebnis führen kann, dem Erbringer der ersten Leistung den Anreiz zu weiteren Initiativen zu nehmen.

5.4.7. Erschleichen und Vertrauensbruch (§ 4 Nr. 9c UWG)

Hier ist es eindeutig so, dass nur die Art und Weise, wie nachgeahmt wurde, d.h. die Begleitumstände der Nachahmung, ganz im Vordergrund des Unlauterkeitsurteils stehen. Das Verbot wird aus Gründen „persönlicher Unlauterkeit" ausgesprochen.[192]

5.5. Rechtsbruch (§ 4 Nr. 11 UWG)

Auch die Verletzung von Vorschriften außerhalb des UWG (z. B. Gewerbeordnung, Preisangabenverordnung, Textilkennzeichnungsgesetz, Ladenschlussgesetz, Arzneimittelgesetz usw.) kann zugleich einen Verstoß gegen § 4 Nr. 11 UWG darstellen.

Der Begriff „Rechtsbruch" soll aber nicht zu der Ansicht verleiten, jeder Verstoß gegen eine außerhalb des UWG bestehende Rechtsnorm sei zugleich eine unlautere Handlung. Die Fallgruppe wird dann auch besser durch den Begriff „Vorsprung

---

[191] GRUR 1966, 617.
[192] BGH GRUR 1972, 189, 190.

durch Rechtsbruch" vorgestellt. Wenn sich ein Gewerbetreibender bewusst und planmäßig über eine Vorschrift hinwegsetzt, um sich dadurch einen Vorsprung vor seinen gesetzestreuen Mitbewerbern zu verschaffen, handelt er wettbewerbswidrig.

Nicht nur ein Verstoß gegen gesetzliche Vorschriften kann unlauter i.S.v. § 4 Nr. 11 UWG sein, sondern auch bereits das Eingreifen in vertragliche Bindungen. Beispiel hierfür ist das „Verleiten zum Vertragsbruch". Verleiten zum Vertragsbruch liegt vor, wenn z. B. ein außenstehender Händler, also ein Gewerbetreibender, der nicht zu einem bestimmten Vertriebssystem gehört, einen einem Vertriebssystem angehörigen Händler dazu verleitet, mit ihm Geschäfte zu machen, die er nach den Vertragsregelungen des Vertriebssystems nicht darf. Solch ein Verhalten ist in letzter Zeit den sog. Re-Importeuren vorgeworfen worden, wenn diese im europäischen Ausland ansässige Vertragshändler dazu überredet haben, ihnen Neufahrzeuge zu verkaufen. Nach dem Vertriebssystem der meisten Automobilhersteller ist der Verkauf von Neufahrzeugen an Händler, die nicht dem Vertriebssystem angehören, untersagt. Von diesem „Verleiten" zum Vertragsbruch ist das bloße Ausnutzen eines Vertragsbruchs zu unterscheiden, das von der Rechtsprechung des BGH nicht als unlauter bewertet wird (s. unter 5.5.4.).

5.5.1. Außervertragliche Bindungen

Wettbewerbshandlungen, die gegen eine gesetzliche Vorschrift verstoßen und somit außervertragliche Bindungen verletzen, können über diesen Gesetzesverstoß hinaus unlauter i.S.v. § 4 Nr. 11 UWG sein. Die Überschreitung der Schwelle zur Unlauterkeit erfolgt wie bei der Bewertung von Rechtsgeschäften nach §§ 134, 138 BGB.[193]

So kann ein Verstoß gegen § 3 LadenschlussG[194] gleichzeitig einen Verstoß gegen § 3 UWG begründen.[195] In diesem Fall hat ein Einkaufszentrum mit Selbstbedienung in der örtlichen Tagespresse u. a. Folgendes verkünden lassen: „Wenn Sie um 18.29 Uhr unser Haus betreten haben, können Sie noch in aller Ruhe, ohne jede Hetze, einkaufen. Viel Vergnügen!" Der BGH hat insoweit ausgeführt, dass es nicht dem Sinn und Zweck des Ladenschlusses entspricht, durch Werbemaßnahmen darauf hinzuwirken, dass sich der Kundenzustrom kurz vor Ladenschluss erhöht. Der angegriffene Werbesatz hat jedoch die Wirkung, dass sich die Anzahl der um 18.30 Uhr anwesenden Kunden erhöht. Eine derart planmäßige Erhöhung der Kundenzahl verstößt deshalb nicht nur gegen die Ordnungsvorschrift des § 3 LadenschlussG, sondern schafft weiterhin einen wettbewerblichen Vorsprung vor anderen Anbietern, die diese Gesetze befolgen. Der so geschaffene wettbewerbliche Vorsprung ist nicht gerechtfertigt und verstößt deshalb gegen § 3 UWG.

Unlauteres Wettbewerbsverhalten wurde auch dem Verleger eines Branchenverzeichnisses vorgeworfen, als er Ärzte unter Verstoß gegen das ärztliche Standes-

---
[193] *Baumbach/Hefermehl*, UWG, § 1 Rdnr. 610.
[194] Zuletzt geändert durch Gesetz zur Änderung des Gesetzes für den Ladenschluss vom 30. Juli 1996, BGBl. I S. 1186: U. a. müssen Verkaufsstellen seit dem 1. November 1996 erst ab 20.00 Uhr geschlossen sein. Zuvor war gesetzlicher Ladenschluss um 18.30 Uhr.
[195] BGH GRUR 1972, 609 – Feierabend-Vergnügen.

recht aufforderte, Anzeigen zu schalten.[196] Ärzten ist es verboten, für ihre Tätigkeit zu werben.[197] Die Aufforderung des Verlegers an die Ärzte, Anzeigen aufzugeben, ist in zwei Tatbestandsformen des § 3 UWG erfüllt. Einerseits wird bei den Ärzten ein fremder unlauterer Wettbewerb gefördert. Andererseits fördert der Verleger seinen Wettbewerb gegenüber sonstigen Anbietern von Branchenverzeichnissen, indem er das wettbewerbswidrige Verhalten anderer ausnutzt.

5.5.2. Vertikale Preisbindungen

Einen wettbewerblichen Verstoß begeht derjenige, der ein zulässiges vertikales Preisbindungssystem missachtet, um einen Wettbewerbsvorteil zu erlangen. Vertikale Preisbindungen können zwischen den Angehörigen verschiedener Wirtschaftsstufen, z. B. zwischen Groß- und Einzelhändler auf dem Gebiet von Verlagserzeugnissen vereinbart werden. Im Übrigen sind solche Verträge nach dem deutschen und europäischen Kartellrecht nichtig.

Ein Händler, der in ein weitgehend lückenloses Preisbindungssystem eingebunden ist, handelt unlauter i.S.d. § 3 UWG, wenn er unter Missachtung der Vertragspflicht auf die Vertragstreue seiner Mitbewerber, die sich an die Preisbindung halten, spekuliert, um sich so einen unverdienten geschäftlichen Vorsprung und mühelosen Gewinn zu verschaffen.[198] Die Unlauterkeit liegt darin, dass die Mitbewerber nur dann wirksam auf das Unterbieten des vertragsbrüchigen Händlers reagieren könnten, wenn sie ihrerseits vertragsbrüchig werden würden.

5.5.3. Vertriebsbindungen

Vertriebs- und Ausschließlichkeitsbindungen ziehen gegenüber dem Abnehmer eine Beschränkung der gelieferten Waren an Dritte bzw. den ausschließlichen Verkehr zwischen den Vertragsparteien nach sich. Vertriebsbindungen können nach den Gruppenfreistellungsverordnungen (EG) 1400/2002 (Kfz-Vertrieb) und 2790/1999 (Vertikal Vereinbarungen) frei gestellt bzw. erlaubt sein.

5.5.4. Beteiligung an fremdem Vertragsbruch

Die bloße Ausnutzung fremden Vertragsbruchs ist nicht unlauter im Sinne des UWG. Anders verhält es sich bei der Verleitung zum Vertragsbruch. Wenn ein Außenseiter auf den Vertragsbruch eines preisgebundenen Händlers hinwirkt, um so durch Unterbietung des Festpreises einen Vorsprung gegenüber vertragstreuen Mitbewerbern zu erlangen, handelt er wettbewerbswidrig.

Z. B. darf man fremde Kunden nicht zum Bezug von Draht veranlassen, wenn man weiß, dass diese Kunden einem Mitbewerber gegenüber verpflichtet sind, nur

---

[196] OLG Hamburg GRUR 1988, 141 – Branchenverzeichnis.
[197] Hier: § 26 Abs. 4 Berufsordnung der Hamburger Ärzte vom 1. Juli 1980.
[198] BGH GRUR 1958, 247 – Verlagserzeugnisse; *Baumbach/Hefermehl*, UWG, § 1 Rdnr. 756.

den bei ihm gekauften Draht zu verarbeiten.[199] Die Verwerflichkeit eines solchen Vorgehens erkannte der BGH bereits darin, dass der Außenseiter ein Verhalten ausnutzt, auf das er selbst hingewirkt habe. Anders als beim bloßen Ausnutzen eines fremden Vertragsbruches wird in diesem Fall auf das Hinzutreten weiterer Unlauterkeitsmerkmale verzichtet, da diese Vorgehensweise bereits den Anschauungen eines anständigen Durchschnittsgewerbetreibenden widerspricht. Wenn der Außenseiter nicht selbst auf den Vertragsbruch hinwirkt, liegen die notwendigen Unlauterkeitsmerkmale jedoch bereits darin begründet, sich durch Unterbieten des Festpreises gegenüber den Mitbewerbern einen Vorsprung zu verschaffen.[200]

5.5.5. Vertragliche Wettbewerbsverbote

Vertragliche Wettbewerbsverbote treten in den verschiedensten Bereichen auf. Häufig sind in Arbeits-, Handelsvertreter- oder Mietverträgen Wettbewerbsverbote vereinbart. Arbeitnehmern werden z. B. nach Beendigung des Arbeitsverhältnisses Wettbewerbsverbote auferlegt, die ihnen Tätigkeiten verbieten, die sie aufgrund z. B. gewerblich geschützter Qualifikationen aus dem ehemaligen Arbeitsverhältnis ausüben könnten. Mangels derartiger Vereinbarungen findet die Zulässigkeit konkurrierender Tätigkeiten ausgeschiedener Arbeitnehmer ihre Grenzen in den §§ 3 UWG, 823, 826 BGB.[201]

Dem Handelsvertreter obliegt während seiner Anstellung aufgrund seiner Interessenwahrungspflicht nach § 86 Abs. 1 HGB ein Wettbewerbsverbot. Nach Beendigung seines Vertrages ist dem Handelsvertreter in den Grenzen des § 90 a) HGB der Wettbewerb untersagt. Danach bedarf die Wettbewerbsvereinbarung einer bestimmten Form und kann nur für höchstens zwei Jahre getroffen werden. Außerdem ist ihm für die Dauer der Wettbewerbsbeschränkung eine Entschädigung zu zahlen.

Bei gewerblicher Vermietung hat der Vermieter den Mieter in den angemessenen Grenzen des jeweiligen Einzelfalls vor Konkurrenz im selben Haus zu schützen. Der Vermieter einer Arztpraxis hat den Mieter vor Konkurrenz zu schützen, die eine nicht unwesentliche Beeinträchtigung der Praxisnutzung nach sich ziehen würde.[202]

5.6. Die Marktstörung

Die Marktstörung ist ein Unterfall der Behinderungsfallgruppe. Dieser Tatbestand der Unlauterkeitsfälle ist im Katalog des § 4 UWG nicht genannt.

Diese Fallgruppe ist relativ jung bzw. sie wurde durch die Rechtsprechung des BGH eingeführt. Unter der Bezeichnung werden die Fälle erfasst, bei denen ein Unternehmen Mittel einsetzt, die geeignet sind, den Wettbewerb auf einem be-

---

[199] BGH GRUR 1956, 273 – Drahtverschluss.
[200] BGHZ 37, 30 – Selbstbedienungsgroßhändler, *Baumbach/Hefermehl*, UWG, § 1 Rdnr. 765 m. w. N.
[201] BGH WM 1977, 618.
[202] BGH NJW 1978, 585.

stimmten Markt durch Beeinträchtigung der Freiheit von Angebot und Nachfrage zu verfälschen. Es kann sich nicht mehr die bessere Leistung auf dem Markt durchsetzen und der Bestand des Wettbewerbs selbst ist gefährdet. Die Fallgruppe der Marktstörung ist zwar nicht im Beispielskatalog von § 4 UWG genannt, fällt aber zumindest unter die Generalklausel des § 3 UWG.[203] Nach Köhler handelt es sich hier um sog. marktbezogenes Unrecht.[204]

Der Begriff Marktstörung ist in Zeiten einer Orientierung der Generalklausel des § 3 UWG am Leistungswettbewerb bzw. an einem funktionalen Wettbewerb nicht sehr glücklich gewählt. Letztlich handelt es sich bei allen Fällen von unlauterem Handeln um Verhaltensweisen, die den Markt stören. Das Unlauterkeitsurteil ist außer in den Fällen der „groben Schufterei" davon abhängig, dass die Wettbewerbsbedingungen durch das Verhalten eines Unternehmens infrage gestellt werden. Mit dem Begriff verhält es sich ähnlich wie mit dem der „Allgemeinheit". Er hatte im Wettbewerbsrecht in früheren Zeiten – zum Teil leider auch noch heute – die Bedeutung einer Leerformel für Beeinträchtigungen, die man ahnte, aber nicht interpretieren konnte. Unter dem Begriff „Allgemeinheit" fanden all die Erwägungen statt, die notwendig waren, um bei scheinbar ausschließlich konkurrenzbedingten Wettbewerbskämpfen zu einem Ergebnis zu kommen; gemeint sind also die Fälle der Grauzone; die Fälle, die sich nicht eindeutig unter Leistungs- oder Nichtleistungswettbewerb fassen lassen. Der abstrakte Begriff „Allgemeinheit" ersetzte eine Einbeziehung der konkreten Verbraucherinteressen in der jeweiligen Situation, deren Betroffensein dann zu richtigen Erwägungen führen konnte. Erst die Einbeziehung der Verbraucherinteressen in die wettbewerbsrechtliche Beurteilung verhalf den Entscheidungen zu mehr Transparenz. Auch der Begriff Marktstörung muss in den kommenden Jahren noch operationalisiert werden, es muss gesagt werden, ob und inwieweit bei einem bestimmten Verhalten das Verbraucherinteresse enttäuscht wird, ob ein Konkurrent unlauter vom Markt verdrängt oder zumindest zur Seite gedrängt wird, ob der Newcomer auf dem Markt seine Chance verliert usw.

Im Moment werden unter Marktstörung insbes. die Fälle der massenhaften Verteilung von Originalware und auch das Plagiieren von bestimmten Waren subsumiert.

Die Verteilung von Warenproben oder Werbeabgaben ist eine Werbemaßnahme, die dem Kunden eine sachgerechte Prüfung der Ware ermöglichen soll. Im Gegensatz dazu steht die unentgeltliche Abgabe von Originalware. Erfolgt diese Maßnahme „dauernd" und vor allem massenhaft, kann eine Veränderung der Marktstruktur die Folge sein. Der Kunde wird das kostenlose Produkt bevorzugen und sich dann im Laufe der Zeit auch daran gewöhnen. Daraus kann sich eine Marktsättigung (-verstopfung) ergeben.

Der Begriff Marktstörung wurde vom Bundesgerichtshof auch im Zusammenhang mit dem Nachmachen von Modeneuheiten (Textilien) benutzt. In der Sache ging es darum, dass von Billigherstellern jeweils kurz nach Markteinführung die

---

[203] *Hefermehl/Köhler/Bornkamm*, UWG, § 4 Rdnr. 12.1.
[204] *Hefermehl/Köhler/Bornkamm*, UWG, § 4 Rdnr. 12.3.

neue Sommer- bzw. Wintermode nachgeahmt wurde. Modeneuheiten sind nur kurzlebig; wenn ein Hersteller nicht innerhalb kurzer Zeit, weniger Monate, seine Investitionen amortisieren kann, so wird er solche Artikel auf Dauer nicht herstellen können. Der Plagiator verhindert also den Markt für Modeneuheiten.

5.6.1. Massenverteilung von Originalware

Es ist zwischen der Verteilung von Probe- und Originalwaren zu unterscheiden. Probepackungen können zumeist unproblematisch auch massenweise verteilt werden, da sie originäre Betätigungen der Mitbewerber nicht behindern. Bei der Verteilung von Originalwaren findet eine strengere wettbewerbsrechtliche Beurteilung statt, da solche Maßnahmen als nicht wettbewerbseigen gelten. Es besteht nämlich die Gefahr, dass eine massenweise Verteilung von Originalwaren zu einer Nachahmung durch kapitalkräftige Mitbewerber führt, die wiederum eine Marktverstopfung für das jeweilige Produkt zur Folge hat und kapitalschwächeren Mitbewerbern die Möglichkeit entzieht, sich für diese Zeit am Wettbewerb zu beteiligen.[205]

Wegen Aufhebung des Wettbewerbsbestandes war die Verteilung von 13.300 Gutscheinen an alle Haushalte einer Kleinstadt, die von Einzelhändlern gegen ein Doppelpaket „Suwa" zu einem Verkaufspreis von 0,85 DM eingelöst werden konnten, unzulässig.[206] Als Missachtung des Probezwecks erkannte das OLG München[207] die kostenlose Verteilung von Originaldosen mit Säuglingsmilchnahrung an alle Mütter, die soeben entbunden hatten. Die Begründung des Herstellers, die Verteilung zu Erprobungszwecken durchzuführen, hielt vor Gericht nicht stand, zumal derartige Verträglichkeitsprüfungen nicht der Mutter, sondern dem Arzt vorbehalten bleiben müssten.

Wettbewerbskonform war die Verteilung von 4,5 Millionen Gutscheinen für Viertelliter-Probeflaschen des Markenweins „Goldener Oktober", den die Weinfirma so auf dem Markt einführen wollte.[208] Bei einer Viertelliter-Probeflasche sei nämlich nicht davon auszugehen, dass der Bedarf des Verbrauchers für einen begrenzten Zeitraum in dem Sinne gedeckt werde, dass er vom Kauf einer normalgroßen Flasche absehen werde. Außerdem bestehe durch die Schenkaktion nicht die Gefahr der Ausschaltung des sonstigen Leistungswettbewerbs.

5.6.2. Umsonstlieferung von Presseerzeugnissen

Die kostenlose Belieferung mit Presseerzeugnissen findet ihre Grenzen im Wettbewerbsrecht. Dabei werden ähnliche Maßstäbe gesetzt wie beim Verschenken von Originalwaren.[209] Die Generalklausel des UWG dient nicht nur Individualinteressen, sondern auch dem Interesse der Allgemeinheit an einem unverfälschten Wett-

---

[205] BGH GRUR 1957, 363 – Sunil, GRUR 1969, 295 – Goldener Oktober.
[206] BGHZ 23, 365 – Suwa.
[207] OLG München, BB 1966, 513 – Säuglingsnahrung.
[208] BGH GRUR 1969, 295 – Goldener Oktober.
[209] BGHZ 72, 40 – Verbandszeitschrift.

bewerb, wie sich aus der Schutzzweckdefinition des § 1 UWG ergibt.[210] Bei der Anwendung der Generalklausel des § 3 UWG sind die rechtlichen und tatsächlichen Besonderheiten des Pressemarktes, also insbesondere auch Art. 5 Abs. 1 GG zu berücksichtigen, der die Pressefreiheit als Institution schützt.

Die Gratisverteilung von Tageszeitungen ist solange erlaubt, wie es zum Zweck der Erprobung notwendig erscheint. Bei Probeabonnements hat sich eine durchschnittliche Testzeit von zwei Wochen als zulässig herausgebildet, ohne eine Marktverstopfung zu verursachen. Aber auch der einmonatige Gratisbezug einer Tageszeitung für Neuvermählte ist wettbewerbsrechtlich nicht beanstandet worden.[211]

Bei Fachzeitschriften ist nach den jeweiligen Umständen des Einzelfalls zu beurteilen, inwieweit eine Umsonstlieferung eine konkrete Existenzgefährdung oder eine Bedrohung des Wettbewerbs durch Marktverstopfung verursacht. Wenn jedoch 40 % einer Auflage einer 14tägig erscheinenden entgeltlichen Fachzeitschrift zeitlich unbegrenzt kostenlos verteilt werden, besteht grundsätzlich ein Wettbewerbsverstoß nach § 3 UWG.[212] Wettbewerbswidrig ist auch die kostenlose Veröffentlichung privater Kleinanzeigen in einer Motorboot-Fachzeitschrift, wenn damit eine allgemeine Gefährdung des Wettbewerbs auf dem geschlossenen Markt der Fachzeitschriften im Bereich des Motorboot- und des Motor-Yachtsports verbunden ist.[213]

Reine Anzeigenblätter dürfen kostenlos verteilt werden. Die Umsonstverteilung von Anzeigenblättern mit redaktionellem Teil ist aber nur in bestimmten Grenzen zulässig. Wenn der redaktionelle Teil in seinem Umfang geeignet ist, einen nicht unerheblichen Teil einer Tageszeitung zu ersetzen und dadurch in der Lage ist, mit einer Tageszeitung bestandsgefährdend zu konkurrieren, liegt ein Verstoß gegen § 3 UWG vor.[214]

5.6.3. Preiskampfmethoden

Grundsätzlich besteht Preisgestaltungsfreiheit. Unter besonderen Umständen kann es aber wettbewerbswidrig sein, Waren unterhalb des Einstandspreises zu verkaufen, nämlich insbesondere dann, wenn die Verkäufe mit der Zielsetzung erfolgen, dass ein bestimmter Wettbewerber verdrängt oder vernichtet werden soll, was nach § 4 Nr. 10 UWG zu beurteilen ist. Es ist wettbewerbswidrig, wenn ein Unternehmen bestimmte Mitbewerber gezielt verdrängen oder vernichten möchte, um sich der Kontrolle durch den Wettbewerb zu entziehen.[215] Sollen allgemein alle übrigen Wettbewerber vom Markt verdrängt werden und so der Markt nahezu aufgehoben wird, ergibt sich die Unlauterkeit unter dem Aspekt der Marktbehinderung aus § 3

---

[210] *Hefermehl/Köhler/Bornkamm*, UWG, § 1 Rdnr. 35.
[211] BGH GRUR 1957, 600 – Westfalenblatt I.
[212] BGH GRUR 1977, 608 – Feld und Wald II.
[213] BGH GRUR 1991, 616 – Motorboot-Fachzeitschrift.
[214] BGHZ 19, 392 – Freiburger Wochenbericht; 92, 191 – Amtsanzeiger: Die Aufnahme eines städtischen Amtsanzeigers in ein Anzeigenblatt ist zulässig.
[215] *Hefermehl/Köhler/Bornkamm*, UWG, § 4 Rdnr. 10.188.

UWG.[216] Es ist grundsätzlich mit § 3 UWG nicht vereinbar, wenn ein Preiskampf den Markt derart stört, dass der Wettbewerb in seinem Bestand gefährdet ist.

In der „Preiskampf"-Entscheidung des OLG Düsseldorf[217] ging es um die Unterbietungsmethoden von zwei Einzelhandelsgeschäften auf dem Gebiet des Schallplattenverkaufs. Die beiden Händler unterboten sich wechselseitig in ihren Preisen für Schallplatten aus den Top-Hitlisten. Zwar ist ein zeitlich begrenztes Angebot einzelner Schallplatten unter Einstandspreis ohne Vorliegen besonderer Umstände nicht ohne Weiteres wettbewerbswidrig. Das OLG sah den Verstoß gegen § 1 UWG a.F. jedoch darin begründet, dass die Auswirkungen dieses Preiskampfes den Bestand des Wettbewerbs unter Berücksichtigung der übrigen unbeteiligten – aber betroffenen – Händler gefährdet sei.

5.6.4. Ausbeutungsmissbrauch

Wenn ein Unternehmen seine wirtschaftliche Machtstellung, die nicht grundsätzlich rechtswidrig ist, dazu ausnutzt, z. B. den Abschluss bestimmter Verträge herbeizuführen, handelt es unlauter. Die Folgen solcher Wettbewerbshandlungen werden nach §§ 134, 138 BGB oder § 20 GWB sanktioniert. Die missbräuchliche Ausnutzung einer marktbeherrschenden Stellung kann durch die zuständige Kartellbehörde untersagt oder daraus erwachsene Verträge können für unwirksam erklärt werden, § 32 ff. GWB. Nach dem Lauterkeitsrecht des UWG beurteilt sich das Ausnutzen einer wirtschaftlichen Machtstellung zur gezielten Behinderung von Mitbewerbern nach § 4 Nr. 10 UWG. Soweit sich dieses Ausnutzen auf die Entscheidungsfreiheit der Mitbewerber (sonstige Marktteilnehmer) auswirkt, beurteilt sich die Frage der Unlauterkeit nach § 4 Nr. 1 UWG.

Der „Obersten nationalen Sportkommission für den Automobilsport in Deutschland (ONS)" wurde – im Ergebnis zu Unrecht[218] – vorgeworfen, sie würde unter missbräuchlicher Ausnutzung einer Monopolstellung von ihr lizenzierte Fahrer oder Funktionäre von den Wettkämpfen des Gegners fernhalten und gleichzeitig ihm den Zugang zu ihren Veranstaltungen willkürlich verwehren. Derartige Vereinbarungen wären sittenwidrig und nichtig.

---

[216] BGH GRUR 1990, 371 – Preiskampf.
[217] BGH GRUR 1990, 371 – Preiskampf.
[218] BGH NJW 1970, 378, 382 – Sportkommission.

6. Irreführungstatbestände, irreführende Werbung

In § 5 UWG war vor der Novellierung des UWG in 2009 die irreführende Werbung als Beispielstatbestand unlauteren Handelns geregelt. § 5 UWG n.F. trägt nun den Titel irreführende geschäftliche Handlungen und dient der Umsetzung von Artikel 6 der Richtlinie 2005/29/EG. Die Irreführung knüpft nun nicht wie bisher an den Begriff der „Werbung" an, sondern an das oben erläuterte Tatbestandsmerkmal der geschäftlichen Handlung im Sinne des § 2 Abs. 1 Nr. 1 UWG. Die Reichweite der Irreführungstatbestände sollte so an den durch die Richtlinie erweiterten Anwendungsbereich des Gesetzes angepasst werden.[219] Unlauter handelt danach, wer eine irreführende geschäftliche Handlung vornimmt.

Maßstab ist, wie schon durch die neuere Rechtsprechung des BGH herausgearbeitet, der durchschnittlich informierte aufmerksame und verständige Verbraucher.[220]

Nach § 5 Abs. 1 Satz 2 UWG ist eine geschäftliche Handlung irreführend, wenn sie unwahre Angaben enthält oder sonstige in den Ziffern 1 bis 7 genannte und zur Täuschung geeignete Angaben enthält. In den Ziffern 1 bis 7 werden einzelne Umstände genannt, die bei der Beurteilung der Frage, ob eine solche Irreführung vorliegt, zu berücksichtigen sind.

§ 5a UWG konstituiert zudem ausdrücklich die Pflicht, Tatsachen, die nach der Verkehrsauffassung für den Vertragsschluss relevant sind, zu offenbaren. Geschieht dies nicht, kommt auch eine Irreführung durch Unterlassen in Betracht.

Anzumerken ist, dass nicht jede unwahre Angabe im Sinne des § 5 Abs. 1 Satz 2 UWG zwangsläufig zur Unzulässigkeit der geschäftlichen Handlung führen soll, sondern diese nur dann vorliegt, wenn die Erheblichkeitsschwelle des § 3 Abs. 1 UWG erreicht ist, eine andere Auslegung der Norm könnte dahin gehen, dass mit der Streichung des Verweises auf die Generalklausel des § 3 UWG auch die dort genannte Spürbarkeitsgrenze obsolet geworden ist.[221] Maßgeblich dürfte allerdings die Betrachtung sein, dass das UWG den Wettbewerb schützt und unterhalb der Spürbarkeitsgrenze auch nur schwerlich eine Wettbewerbsverletzung zu unterstellen ist.

§ 5 UWG verbietet Werbeangaben über geschäftliche Verhältnisse des Werbungstreibenden, welche geeignet sind, das Publikum irrezuführen. Diesem Irreführungsverbot unterliegen Angaben über die Beschaffenheit, den Ursprung, die Herstellungsart und die Preisbemessung von Waren oder gewerblichen Leistungen. Da eine Angabe nur dann irreführend und täuschend sein kann, wenn sie eine sachlich nachprüfbare Information vermittelt (sog. Werbebotschaft), fallen unter § 5 UWG nur solche Werbebehauptungen, die eines Wahrheitsbeweises zugänglich sind.[222]

---

[219] Vgl. Begr. RegE UWG BT-Drucks. 15/1487, S. 44.
[220] Vgl. Begr. RegE UWG BT-Drucks. 15/1487, S. 19.
[221] Vgl. Begr. RegE UWG BT-Drucks. 15/1487, S. 45.
[222] *Emmerich*, Unlauterer Wettbewerb, S. 270 in Abgrenzung zu Werturteilen und allgemeinen Anpreisungen.

Zum Schutz der Verbraucher wird allerdings der Begriff Werbeangabe im denkbar weitesten Sinne gehandhabt.

Hinsichtlich der einzelnen Irreführungstatbestände enthält die Novellierung nichts Neues; sie ist eine Deklaration der bestehenden Rechtsprechung.

§ 5 Abs. 1 UWG ist dabei generalklauselartig gefasst und verbietet alle unwahren Angaben bzw. zur Täuschung geeignete Angaben. In den Ziffern 1 bis 7 werden dann zahlreiche Merkmale genannt, die als Beispiele für solche täuschenden Angaben bzw. verbotenen unwahren Angaben dienen sollen. Aufgrund der regelmäßig sehr abstrakten Umschreibung ist nach wie vor die Aufzählung der Verbotstatbestände anhand der Rechtsprechung geboten.

6.1. Alleinstellungsbehauptung

Wer seine Ware als „meistgekaufte" anpreist, muss zumindest einen Marktanteil haben, der erheblich über den Marktanteilen der Mitbewerber liegt.[223] Für nichts sagende Werbungen dieser und ähnlicher Art gilt dagegen § 5 UWG nicht: Erlaubt ist es, „mit den schönsten Blumen der Welt" zu werben, oder den Satz „Mutti gibt mir immer nur das Beste" für ein Kindernahrungsmittel einzusetzen.[224]

6.2. Beschaffenheitsangaben

Beschaffenheitsangaben im Sinne des § 5 UWG sind in erster Linie falsche Stoffbezeichnungen, etwa Anpreisung von Halbleinen als Leinen, „Heilbrunnen" für künstliches Mineralwasser.[225]

Als wettbewerbswidrig wurde es angesehen, mit „Hühnergegacker" im Rundfunk für Eierteigwaren zu werben, die nur mit Trockenei statt mit Frischei hergestellt worden sind.[226] Viele Stoffbezeichnungen sind darüber hinaus gesetzlich geschützt. Solche Sondervorschriften[227] bestehen für zahlreiche Lebensmittel, z. B. Bier, Branntwein, Butter, Fleisch und Fleischerzeugnisse, Honig.

6.3. Qualitätsangaben

Auch Qualitätsaussagen können gegen § 5 UWG verstoßen, z. B. die Bezeichnung einer Durchschnittsleistung als Spitzenleistung, „Luxusklasse" für Herrenbekleidung allenfalls durchschnittlicher Qualität.[228] Eine Ware darf auch nicht ohne Wei-

---

[223] *Hefermehl/Köhler/Bornkamm*, UWG, § 5 Rdnr. 2.150; BGH NJW 1972, 104 ff.; in Bezug auf den europäischen Markt siehe BGH NJW 1996, 2161 ff.
[224] *Hefermehl/Köhler/Bornkamm*, UWG, § 5 Rdnr.2.140; BGH GRUR 1965, 363 f. – Fertigbrei.
[225] *Hefermehl/Köhler/Bornkamm*, UWG, § 5 Rdnr. 4.9.
[226] BGH GRUR 1961, 544.
[227] *Hefermehl/Köhler/Bornkamm*, UWG, § 5 Rdnrn. 4.36 ff.
[228] *Hefermehl/Köhler/Bornkamm*, UWG, § 5 Rdnr. 4.47.

teres mit Begriffen bezeichnet werden, die auf medizinische Wirkungen schließen lassen.[229]

6.4. Angaben über geographische Herkunft

Der Schutz geographischer Herkunftsangaben steht unter drei Voraussetzungen:

a) Es muss eine Angabe vorliegen, die nach der Auffassung des Verkehrs auf die geographische Herkunft der Ware hinweist,

b) die Herkunftsangabe muss beim Publikum unrichtige Vorstellungen hervorrufen,

c) diese unrichtigen Vorstellungen müssen geeignet sein, die umworbenen Kreise irrezuführen.

Die Rechtsprechung auf diesem Gebiet ist nicht immer verständlich. So soll „Echter Steinhäger" aus Steinhagen stammen, nicht aber „Westfälischer Steinhäger", weil „Steinhäger" Beschaffenheitsangabe sei und der Zusatz „Westfälischer" nur auf das Land hinweist.[230] „Echtes Eau de Cologne" muss aber wieder in Köln hergestellt sein.[231] „Große Rechtsprechung" hat sich zu Bierbezeichnungen entwickelt.[232] So ist die Herkunftsbezeichnung „Bayerisches Bier" zugleich Beschaffenheitsangabe von Bier nach bayerischer Art. Das Wort „Pils" ist dagegen noch keine reine Beschaffenheitsangabe. Die Bezeichnung „Pilsener-Urquell" ist allerdings nur für ein Bier zulässig, das aus Pilsen stammt, ebenso muss „Dortmunder Bier" aus Dortmund kommen.

6.5. Lockvogelwerbung

Es ist irreführend, für eine Ware zu werben, die unter Berücksichtigung der Art der Ware sowie der Gestaltung und Verbreitung der Werbung nicht in angemessener Menge zur Befriedigung der zu erwartenden Nachfrage vorgehalten ist.[233] Unzulässig ist es, eine besonders billige Ware anzukündigen, die im Laden dann nicht vorgezeigt werden kann oder die dem Werbenden nur in unzureichenden Mengen zur Verfügung steht. Eindeutig ist dabei folgender Fall: Ein Kfz-Händler inseriert einen besonders günstigen VW Golf bestimmter Beschaffenheit. Das Fahrzeug ist bei ihm aber nicht vorhanden. Er will nur das interessierte Publikum auf seinen Verkaufsplatz locken, um dann andere Fahrzeuge zu verkaufen. Weiteres Beispiel: Ein Fotofachgeschäft warb in der Zeitung für eine chromfarbene Kamera zu einem besonders günstigen Preis. Am folgenden Montag hatte ein Verkäufer des Geschäfts

---

[229] *Hefermehl/Köhler/Bornkamm*, UWG, § 5 Rdnr. 4.181 ff.
[230] Grundlegend RGZ 137, 182 ff. – *Steinhäger*; BGHZ 51, 216, 222.
[231] NJW 1965, 630 ff. – *Kölnisch Wasser*; weitere Beispiele für Herkunfts- u. Beschaffenheitsangaben s. *Hefermehl/Köhler/Bornkamm*, UWG, §5 Rdnr. 2.183.
[232] *Baumbach/Hefermehl*, UWG, 22. Auflage, § 3 Rdnr. 242.
[233] *Hefermehl/Köhler/Bornkamm*, UWG, § 5 Rdnr. 8.1.

einen nachfragenden Kunden dahin beschieden, dass die annoncierte Kamera nicht vorhanden sei, er aber das gleiche Modell in schwarzer Ausführung zu einem höheren Preis erhalten könne. Im Übrigen hängt hier vieles von den Umständen des Einzelfalles ab. Ein preisgünstiges Einzelangebot darf nicht als Aussage über die besonders günstige Preisbemessung des gesamten Angebots verstanden werden dürfen. „Sonderangebote" sind je nach Geschäftsgröße in einer ausreichenden Zahl vorzuhalten. Letztlich hängt diese Beurteilung jedoch gänzlich von den Umständen des Einzelfalles ab.[234]

6.6. Angaben über die Händlereigenschaft

Es gehört es zu den Untugenden von Gewerbetreibenden, einzelne Artikel in den Kleinanzeigen der örtlichen Tageszeitungen anzubieten. Dadurch wird beim interessierten Publikum der Eindruck erweckt, ein Privatmann verkaufe bislang selbst genutzte Gegenstände.[235] Insbesondere auf dem Gebrauchtwagenmarkt wird dieses Verhalten häufig praktiziert. Die Rechtsprechung legt hier besonders strenge Maßstäbe an. Sie ist der Auffassung, dass Gewerbetreibende sich in den Kleinannoncen eindeutig zu erkennen geben müssen. So soll es z. B. nicht ausreichen, dass ein Gewerbetreibender am Schluss der Annonce die Buchstaben „gew." für gewerblich einsetzt, das Wort „gewerblich" muss ausgeschrieben werden. Ebenso sollen die Abkürzung „Hdl." für Händler nicht ausreichen, die Buchstaben „Imb." nicht für den Immobilienmakler.

6.7. Vergleichende Werbung

Die vergleichende Werbung ist in § 6 UWG geregelt.

Am 14. September 2000 ist das Gesetz zur vergleichenden Werbung und zur Änderung wettbewerbsrechtlicher Vorschriften in Kraft getreten.[236] Mit dem Gesetz wurde die Richtlinie 97/55/EG des Europäischen Parlaments und des Rats vom 6. Oktober 1997 zur Änderung der Richtlinie 84/450/EWG über irreführende Werbung zwecks Einbeziehung der vergleichenden Werbung umgesetzt.

Die erforderlichen Neuregelungen sind heute in § 6 UWG enthalten.

Vergleichende Werbung im Sinne des § 6 Abs. 1 UWG ist grundsätzlich erlaubt, sie bleibt jedoch verboten, wenn eine der im Katalog des § 6 Abs. 2 UWG genannten Ausnahmen vorliegt.

Der BGH hatte bereits zwei Jahre früher auf die Richtlinie reagiert als der deutsche Gesetzgeber und zwar durch die Grundsatzentscheidung „Testpreis-Angebot" aus dem Februar 1998.[237] In der Entscheidung wurde die von der EU erlassene, aber noch nicht in ein deutsches Gesetz transformierte Richtlinie wie

---

[234] *Hefermehl/Köhler/Bornkamm*, UWG, § 5 Rdnr. 8.12.
[235] *Hefermehl/Köhler/Bornkamm*, UWG, § 5 Rdnr. 6.38.
[236] BGBl. I 2000, S. 1374.
[237] BGHZ 138, 55 = NJW 1998, 2208.

inländisches Recht angewandt. Der BGH hat damit begründet, dass die damals maßgeblichen „guten Sitten" in § 1 UWG a.F eine Bewertung erlauben, die „ihren Ausdruck in anderen Bestimmungen der nationalen oder europäischen Rechtsordnung findet". Damit war die vergleichende Werbung schon seit Frühjahr 1998 in Deutschland erlaubt.[238]

Zu den Zulässigkeitsvoraussetzungen vergleichender Werbung:[239]

a) Der Vergleich ist unzulässig, wenn er sich nicht auf Waren oder Dienstleistungen für den gleichen Bedarf oder dieselbe Zweckbestimmung bezieht. Durch dieses „Sachlichkeitsgebot"[240] wird in § 6 Abs. 2 Nr.1 UWG der Kreis der zulässigen Vergleiche auf Waren bzw. Produktmerkmale begrenzt. Außerdem wird dadurch der Vergleich nicht substituierbarer Produkte oder Dienstleistungen ausgeschlossen.

b) Ein pauschaler Vergleich ist verboten. Die vergleichende Werbung ist unlauter, wenn sie sich nicht auf eine oder mehrere wesentliche, relevante, nachprüfbare und typische Eigenschaften oder den Preis dieser Waren oder Dienstleistungen bezieht.

c) Die verglichenen Eigenschaften müssen bei objektiver Betrachtungsweise wesentlich sein, d.h. den Wesen oder den Kern der beworbenen Waren oder Dienstleistungen berühren. Dazu gehört auch, dass die verglichenen Eigenschaften nachprüfbar sind. Dies bedeutet, dass der Kunde auf der Basis der ihm zum Zeitpunkt zur Verfügung stehenden Informationen die Unterschiede tatsächlich nachvollziehen können muss.

d) Eine vergleichende Werbung ist nach § 6 Abs. 2 Nr. 3 UWG unzulässig, wenn sie im geschäftlichen Verkehr zu einer Gefahr von Verwechslungen zwischen dem Werbenden und einem seiner Mitbewerber oder zwischen den Waren, den Dienstleistungen oder den Kennzeichen des Werbenden und jenen eines Mitbewerbers führt. Der Grund für diese Regelung ist sehr einfach nachzuvollziehen: Der Gebrauch fremder Kennzeichen im Rahmen einer vergleichenden Werbung ist grundsätzlich nicht kennzeichenmäßig, sondern rein „bezugnehmend" – quasi zitierend – erfolgt. Nach herrschender Meinung ist aber nur ein kennzeichenmäßiger Gebrauch eine Verletzung im Sinne des Markengesetzes,[241] sodass es eines ergänzenden Schutzes bedurfte.

e) Die vergleichende Werbung darf gem. § 6 Abs. 2 Nr. 4 UWG ferner nicht dazu führen, dass die von einem Mitbewerber verwendeten Kennzeichen beeinträchtigt oder in unlauterer Weise ausgenutzt werden. Diese Regelung steht in einem engen Zusammenhang mit der vorher genannten, dem Verbot der Begründung einer Verwechslung. Hier wird noch einmal darauf abgezielt, dass es durch die

---

[238] Vgl. zur Entwicklung *St. Vogt*, NJW 2001, 3592, 9593; *Henning-Bodewig*, GRUR Int. 1999, 385 ff.; *Ohly und Spence*, GRUR Int. 1999, 681 ff.
[239] § 2 Abs. 2 UWG n. F.; § 3 S 2 UWG n. F.
[240] *Plaß*, in: Heidelberger Komm. Z. WettbewerbsR, 1. Auflage, 2000, § 1 UWG Rdnrn. 413 f.
[241] Vgl. nur *Plaß*, NJW 2000, 3162, 3165.

vergleichende Werbung nicht zu einer Rufausbeutung kommen darf. Der Rufausbeutungsschutz des Markengesetzes greift nicht ein, da die Kennzeichen des Mitbewerbers auch hier im Allgemeinen nicht kennzeichenmäßig, sondern zur Kennzeichnung der eigenen Produkte verwandt werden.[242]

f) Durch die Vergleiche darf gem. § 6 Abs. 2 Nr. 5 UWG die fremde Ware oder Dienstleistung nicht herabgesetzt bzw. verunglimpft werden; dieses Verbot bezieht sich auf die Tätigkeiten des Konkurrenten, seine persönlichen und geschäftlichen Verhältnisse. Die Grenze zum erlaubten Vergleich ist dort überschritten, wo das Konkurrenzangebot im Vergleich mit dem eigenen Angebot des Werbenden als minderwertig herausgestellt wird, indem unwahre Angaben gemacht werden, unnötig abfällige Diktionen verwendet werden, oder das Angebot des Konkurrenten pauschal abgewertet wird.[243]

g) Unzulässig ist gem. § 6 Abs. 2 Nr. 6 UWG der Vergleich weiterhin, wenn er eine Ware oder Dienstleistung als Nachahmung bzw. Imitat einer unter einem geschützten Kennzeichen vertriebenen Ware oder Dienstleistung darstellt. Auf die Bekanntheit des Kennzeichens kommt es nicht an. In den Anwendungsbereich der Vorschrift sind alle geschützten Kennzeichen einbezogen worden, nicht nur geschützte Marken und geschützte Handelsnamen. Es reicht also nach der deutschen Fassung aus, dass nur ein sonstiges geschütztes Kennzeichen vorhanden ist. Dadurch werden entgegen den Vorgaben der Richtlinie auch Waren und Dienstleistungen in den Imitatschutz einbezogen, die z. B. mit einer geographischen Angabe versehen sind. Problematisch erscheint dies deshalb, weil dadurch das durch die geänderte Richtlinie irreführende Werbung abgeschaffte Verbot anlehnender Werbung wieder eingeführt wurde.[244]

h) Schließlich darf der Vergleich wegen § 5 UWG nicht irreführend sein. Hinsichtlich der Grundsätze des § 5 Abs. 3 UWG sind für das Irreführungsverbot dieselben Standards wie für die sonstige Werbung anzulegen. Die Richtlinie geht von den vom EuGH entwickelten Grundsätzen aus, nach denen die Werbung erst dann irreführt, wenn sie geeignet ist, beim durchschnittlich informierten aufmerksamen und verständigen Durchschnittsverbraucher einen Irrtum zu erregen.[245]

6.8. Unzumutbare Belästigungen (§ 7 UWG)

In § 7 UWG ist der Tatbestand der „unzumutbaren Belästigungen" gesondert geregelt. Diese unzumutbare Belästigung war bereits als Fallgruppe des § 1 UWGa.F. anerkannt. Nun ist sie als Beispielstatbestand unlauteren Verhaltens ausführlich geregelt. Die Regelung soll die Verbraucher aber auch die sonstigen Marktteilneh-

---

[242] Vgl. *Piper*, GRUR 1996, 429, 437 f.
[243] BGH NJW 1998, 2208, 2212.
[244] Dazu *Plaß*, NJW 2000, 3162, 3168.
[245] EuGH, NJW 1999, 2430 I – „Verbraucherschutzverein/Sektkellerei Kessler".

mer vor Beeinträchtigungen in ihren privaten oder beruflichen Sphären schützen, sie soll zugleich Schutz vor unangemessener unsachlicher Beeinflussung sein. Der Grundsatz in § 7 Abs. 1 UWG lautet, dass derjenige unlauter handelt, wer in unzumutbarer Weise belästigt. In § 7 Abs. 2 UWG wird dann anhand von Beispielen konkretisiert. § 7 Abs. 2 Nr. 1 UWG stellt klar, dass es sich bei den aufgeführten Beispielen nicht um eine abschließende Regelung handelt. Auch danach nicht benannte Mittel der kommerziellen Kommunikation dürfen zumindest gegenüber den Verbrauchern nicht angewandt werden, wenn die „hartnäckig" angesprochen werden, obwohl sie dies erkennbar nicht wünschen. Die Beispiele erklären dann die Telefonwerbung ohne Einwilligung für unzulässig. Verboten ist weiterhin die Verwendung von automatischen Anrufmaschinen, Faxgeräten, elektronischer Post ohne vorherige ausdrückliche Einwilligung. Schließlich ist die Nachrichtenübermittlung ohne Angabe des Absenders bzw. unter Angabe einer Empfangsadresse bei deren Inanspruchnahme höhere als die Basiskosten (Basistarife) entstehen, verboten.

In § 7 Abs. 3 sind dann Ausnahmen von dem strikten Verbot vorgesehen. Der bedeutsamste Ausnahmetatbestand ist der, dass der Werbende die elektronische Postadresse (e-mail-Adresse, nicht Telefonnummer) des Kunden im Zusammenhang mit Verkauf einer Ware oder Dienstleistung erhalten hat. Regelmäßig wird das der Fall sein, wenn der Kunde über e-mail bestellt. Der Kunde kann der Werbung widersprechen, er kann ihr jederzeit widersprechen. Außerdem ist der Kunde bei jeder Verwendung deutlich darauf hinzuweisen, dass er der Verwendung jederzeit widersprechen kann.

7. Sonderangebote

Sonderangebote sind Angebote im Einzelhandel, die sich auf einzelne nach Güte und Preis gekennzeichnete Waren beziehen und sich in den regelmäßigen Geschäftsbetrieb des Unternehmens einfügen. Sie sind wettbewerbsrechtlich grundsätzlich zulässig und geradezu ein Zeichen funktionierenden Wettbewerbs als „Höhepunkte des regelmäßigen Geschäftsganges".[246] Es gelten die üblichen Maßstäbe u. a. hinsichtlich des Irreführungsverbotes, insbesondere in Bezug auf Lockvogelangebote im Sinne des § 5 UWG.

Mit der UWG-Novelle vom 1. August 1995 wurde auch das Verbot der Angabe von zeitlichen Begrenzungen bei Sonderangeboten aufgehoben. Demnach ist beispielsweise die Anpreisung „Nur diese Woche – ein Pfund Kaffee für 3,– €" zulässig.

---

[246] *Hefermehl/Köhler/Bornkamm*, UWG, § 5 Rdnr. 7.19.

8. Mitarbeiterbestechung

8.1. Bestechung von Angestellten (§ 299 StGB ff.)

Die Mitarbeiterbestechung[247] wurde bis 1997 durch § 12 UWG geregelt. Anstelle von § 12 UWG a.F. ist aufgrund des Art. 4 Nr. 1 des Gesetzes zur Bekämpfung der Korruption[248] § 299 StGB getreten, der inhaltlich dem aufgehobenen § 12 UWG entspricht. § 299 StGB hat in erster Linie den Schutz des freien Wettbewerbs zum Ziel. Der redliche Mitbewerber ist vor denen zu schützen, die sich durch Einsatz unlauterer Mittel einen Vorsprung verdienen wollen. Bei der Bestechung handelt es sich deshalb aus wettbewerbsrechtlicher Sicht um eine Form des Behinderungswettbewerbs.[249]

Die Unparteilichkeit des Angestellten des jeweiligen Unternehmens soll im Interesse des Mitbewerbers sichergestellt werden. Die Parallele zur Beamtenbestechlichkeit ist unverkennbar. Auch in § 299 StGB reicht der durch die verbotene Handlung entstandene Eindruck, der Angestellte habe die Bevorzugung aufgrund des Vorteils vorgenommen. Ein ursächlicher Zusammenhang zwischen Bevorzugung und Vorteilsgewährung muss nicht ausdrücklich festgestellt werden.

8.1.1. Die aktive Bestechung (§ 299 Abs. 2 StGB)

§ 299 StGB verlangt ein Handeln im geschäftlichen Verkehr. Unter den Begriff fallen alle Tätigkeiten, die irgendwie der Förderung eines beliebigen Geschäftszwecks dienen. Jede selbstständige, wirtschaftliche Zwecke verfolgende Tätigkeit, in der eine Teilnahme am Erwerbsleben zum Ausdruck kommt, wird erfasst. Darunter fallen auch freiberufliche Tätigkeiten, wie die von Ärzten und Rechtsanwälten,

---

[247] Unterscheidung der verschiedenen Bestechungsanlässe:
Selektionsproblem: Bestechungsaktivitäten bezwecken in diesem Fall eine Beeinflussung der Güterzuteilung. Gegenstand der Bestechung kann auch die Aufhebung einer Diskriminierung, wie z. B. der Ausschluss aus einem Markt sein. Meistens versucht sich der Unternehmer allerdings, einen Auftrag zu sichern oder beim Bezug von Leistungen bevorzugt zu werden.
Durchsetzung höherer Erträge: Der bereits ausgewählte Anbieter darf hier infolge der Bestechungsmittel einen höheren Preis verlangen, als der Markt es zuließe. Mithilfe der Bestechung kann er auch Lieferbedingungen zu seinen Gunsten beeinflussen oder schlechtere Ware liefern.
Beschleunigung von Entscheidungsabläufen: Bestechung kann auch dazu dienen, Kosten, die durch Zeitaufwand hervorgerufen werden, zu mindern. Hier fallen vor allem Genehmigungsverfahren der öffentlichen Verwaltung ins Gewicht. Bei der Beurteilung dieser Aktivitäten ist immer fraglich, ob die Zeitverzögerung eine Folge der allgemein schwerfälligen Bürokratie ist oder aber von den Betreffenden bewusst herbeigeführt wird, um zusätzliche Einnahmen zu realisieren.
Absicherung anderer illegaler Handlungen: Schließlich kann die Bestechung, z. B. von Verwaltungsbeamten, dazu genutzt werden, dass Bußgeldverfahren nicht eingeleitet werden oder die Bußgeldhöhe herabgemindert wird.
[248] Vom 13. August 1997, BGBl I 2028.
[249] *Emmerich*, Unlauterer Wettbewerb, 6. Aufl. (2002), S. 103 f.

ebenso künstlerische und wissenschaftliche Tätigkeiten, wenn sie dem Erwerbszweck dienen. Es spielt keine Rolle, ob bei der Tätigkeit eine Gewinnabsicht vorliegt. Im geschäftlichen Verkehr handeln danach auch gemeinnützige Unternehmen oder Verbände. Als Abgrenzung zum geschäftlichen Verkehr dient die amtliche oder rein private Betätigung. Das amtliche Handeln scheidet allerdings nur insofern aus dem geschäftlichen Verkehr aus, wie es um rein hoheitliches Handeln geht. Sobald sich die öffentliche Hand erwerbswirtschaftlich betätigt, wird auf sie ebenfalls das Wettbewerbsrecht angewandt.

Eine Handlung zu Zwecken des Wettbewerbs liegt immer dann vor, wenn der Absatz oder Bezug von Leistungen einer Person zuungunsten desjenigen einer anderen Person gefördert werden soll. Im Ergebnis kommt es darauf an, dass die Vorteile, die jemand für sein Unternehmen oder einen Dritten zu erreichen versucht, im Zusammenhang mit den Nachteilen stehen, die ein anderer dann erleidet. Der Bestechende muss dabei nicht unbedingt selber am Wettbewerb teilnehmen, es genügt, wenn es derjenige tut, für den er die Bevorzugung verschaffen will. Der Bestochene selbst braucht nur im geschäftlichen Verkehr, nicht aber zu Wettbewerbszwecken zu handeln.

Die Bestochenen müssen Angestellte oder Beauftragte sein. Vor allem der Begriff des Beauftragten ist weit auszulegen. Es genügt, dass man befugterweise für den Betrieb tätig ist und Einfluss auf die im Rahmen des Betriebs zu treffende Entscheidung hat. Der Geschäftsinhaber selbst kommt als Bestochener nicht in Betracht. Eine dauernde Anstellung des Beauftragten ist nicht erforderlich.[250]

Geschäftlicher Betrieb ist jede Unternehmung, die auf Dauer regelmäßig am Wirtschaftsleben teilnimmt. Der Begriff umfasst mehr als der des Gewerbebetriebes i.S. des HGB. So können auch gemeinnützige, kulturelle und soziale Einrichtungen geschäftliche Betriebe sein. Keine Rolle spielt dabei, ob deren Tätigkeiten gesetzmäßig sind, denn die Bestechung wird nicht dadurch erlaubt, dass sie einen verbotenen Betrieb betrifft.

Der als Bestechungsmittel angebotene Vorteil umfasst alles, was die Lage des Bestochenen in irgendeiner Weise verbessert. Er darf auf die Zuwendung keinerlei Ansprüche haben, und die Zuwendung muss im Bewusstsein mangelnder Verpflichtung erfolgen. Ein auch nur mittelbar, z. B. über Familienangehörige, für den Arbeitnehmer bestehender Vorteil reicht aus, auch wenn er nicht von Dauer ist. Als Zuwendungen kommen infrage: Provisionen oder die Beteiligungsmöglichkeit an einem gewinnträchtigen Unternehmen mit einer nur sehr geringen Vermögenseinlage.

Der Vorteil muss ausdrücklich oder zumindest durch schlüssiges Handeln angeboten, versprochen oder gewährt werden. Dadurch, dass schon das Anbieten oder Versprechen des gegenwärtigen oder künftigen Vorteils in den Tatbestand aufgenommen wurde, ist bereits der Versuch der Bestechung strafbar. Es genügt, wenn die Handlung nach der Vorstellung des Täters geeignet ist, die gewünschte Bevor-

---

[250] *Schönke/Schröder-Heine*, StGB, 27. Aufl., § 299, Rdnr. 8.

zugung zu veranlassen; ob der zu Bestechende das Angebot dann annimmt, ist unerheblich.[251]

Der Vorteil muss als Gegenleistung für die künftige unlautere Bevorzugung angeboten, versprochen oder gewährt worden sein. Es kommt allerdings nicht darauf an, dass der Vorteilnehmer dies auch erkannt hat. Der Vorteil muss aber als Gegenleistung für die Bevorzugung überhaupt geeignet sein. Bei kleinen Aufmerksamkeiten ist dies nicht der Fall. Hier will sich der Vorteilgeber vielmehr das allgemeine Wohlwollen des Vorteilnehmers sichern. Die Grenze zu den unbedenklichen Geschenken ist natürlich fließend.

Die Bevorzugung muss beim Bezug von Waren oder gewerblichen Leistungen erfolgen. Ware ist jedes Erzeugnis, das Gegenstand des Handelnden sein kann und nach dem Tausch für den Täter umsatzfähige Ware bleibt.[252] Unter einer gewerblichen Leistung versteht man jede geldwerte Leistung, allein im wirtschaftlichen Sinne.[253]

Die Bevorzugung liegt in jeder Handlung oder Unterlassung, auf die der Begünstigte keinen rechtlichen Anspruch hat. Es ist unerheblich, ob der Angestellte auch sachliche Gründe hätte, dieselbe Handlung vorzunehmen, oder ein moralischer Anspruch seitens des Täters vorliegt.[254] Die Bevorzugung muss in der Zukunft liegen; eine bloße Belohnung für bereits ausgeführte Leistungen genügt nicht.

Das Merkmal des unlauteren Verhaltens in § 299 StGB wurde in erster Linie für eine Abgrenzung zu den harmlosen Geschenken geschaffen.

Strafbar ist nur die vorsätzliche Bestechung. Der Täter muss wissen, dass seine Handlung die oben aufgeführten Merkmale erfüllt. Ausreichend ist hier bedingter Vorsatz. Der Täter muss den Willen haben, zu Zwecken des Wettbewerbs zu handeln und zu der von ihm angestrebten Unrechtsvereinbarung zu gelangen. Handelt er nur fahrlässig, so bleibt er straflos.

8.1.2. Die passive Bestechung (§ 299 Abs. 1 StGB)

§ 299 StGB erfasst auch die Gegenseite, also diejenigen, die bestechlich sind. Die Tatbestandsmerkmale entsprechen mit Ausnahme der Tathandlung genau den gerade besprochenen. Ein Handeln zu Zwecken des Wettbewerbs ist hier nicht erforderlich.

Das Fordern ist, wie das Anbieten, eine einseitige Erklärung des Täters, die auf den Abschluss einer „Unrechtsvereinbarung" abzielt. Ob diese Handlung ausdrücklich oder in versteckter Form (z. B. durch das Zeigen einer leeren Brieftasche) erfolgt, spielt keine Rolle.[255] Zum sich Versprechenlassen gehört, im Gegensatz zum Fordern, die Mitwirkung des Vorteilgebers. Hier machen sich beide Beteiligten strafbar. Das Annehmen ist die tatsächliche Entgegennahme des Vorteils.

---

[251] *Gloy/Harte-Bavendamm*, Hdb. WettbewerbsR, § 45 Rdnr. 11.
[252] *Schönke/Schröder-Heine*, StGB, 27. Aufl., § 299, Rdnrn. 21 ff.
[253] *v. Gamm*, UWG, § 12 UWG Rdnr. 16.
[254] *Gloy/Harte-Bavendamm*, Hdb. WettbewerbsR, § 49 Rdnr. 14.
[255] *v. Gamm*, UWG, § 12 Rdnr. 14.

Der Täter braucht nicht zu Zwecken des Wettbewerbs zu handeln, also dies auch nicht in seinen Vorsatz aufgenommen zu haben, allerdings muss er wollen, dass der andere den Vorteil als Gegenleistung für die Bevorzugung versteht. Ansonsten gilt das zum subjektiven Tatbestand bei der aktiven Bestechung Gesagte entsprechend.

Die aktive und die passive Bestechung sind auch bei Begehung im ausländischen Wettbewerb unter Strafe gestellt, Vgl. § 299 Abs. 3 StGB.

8.2. Rechtsfolgen

Die strafrechtlichen Folgen sind für aktive und passive Bestechung gleich. Angedroht wird eine Freiheitsstrafe von bis zu drei Jahren oder eine Geldstrafe. In besonders schweren wird Freiheitsstrafe bis zu fünf Jahren angedroht (§ 300 StGB). Es wird nur bei Vorliegen eines besonderen öffentlichen Interesses von Amts wegen verfolgt, ansonsten nur auf Antrag. Antragsberechtigt sind alle, in dessen Rechtskreis der Täter eingegriffen hat sowie Gewerbetreibende, die ähnliche Waren oder Leistungen vertreiben, rechtsfähige Verbände zur Förderung gewerblicher Interessen und die Industrie-, Handels- und Handwerkskammern. Auch der Geschäftsherr ist antragsberechtigt, wenn er den Vorgang nicht gebilligt hat und das Verhalten des Angestellten ihm gegenüber unlauter war.

Die zivilrechtlichen Ansprüche der Mitbewerber und Verbände folgen aus §§ 8 bis 10 UWG. Da § 299 StGB eine Marktverhaltensregelung darstellt, erfüllt er die Voraussetzungen des § 4 Nr. 11 UWG.[256] Damit begründet der Verstoß gegen § 299 StGB wettbewerbsrechtliche Ansprüche. Die Ansprüche des Geschäftsherrn selbst ergeben sich aber nicht aus den Vorschriften des UWG. Unterlassung steht ihm nach § 1004 BGB und Schadensersatz nach den §§ 823, 826 BGB zu. Der Angestellte ist zur Herausgabe des Vorteils an den Geschäftsherrn verpflichtet. Der Vertrag selbst ist nach § 138 BGB nichtig. Der Geschäftsherr kann den Vertrag allerdings aufrechterhalten, wenn er ein Interesse daran hat.[257]

---

[256] *Hefermehl/Köhler/Bornkamm*, UWG, § 4 Rdnr. 11.175.
[257] *Gloy/Harte-Bavendamm*, Hdb. WettbewerbsR, § 49 Rdnr. 24.

9. Schutz von Geschäfts- und Betriebsgeheimnissen

9.1. Schutzvoraussetzungen der §§ 17 Abs. 1 und 17 Abs. 2 UWG

Nach § 17 Abs. 1 UWG wird mit Freiheitsstrafe bis zu drei Jahren bestraft, „wer als bei einem Unternehmen beschäftigte Person ein Geschäfts- oder Betriebsgeheimnis, das ihr im Rahmen des Dienstverhältnisses anvertraut worden oder zugänglich geworden ist, während der Geltungsdauer des Dienstverhältnisses unbefugt an jemand zu Zwecken des Wettbewerbs, aus Eigennutz, zugunsten eines Dritten oder in der Absicht, dem Inhaber des Unternehmens Schaden zuzufügen, mitteilt".

Für den Anwendungsbereich der Vorschrift ist die Beschränkung des Täterkreises auf in dem Unternehmen beschäftigte Personen von großer Bedeutung.

Die wesentliche Restriktion von § 17 Abs. 1 UWG liegt in der zeitlichen Begrenzung der Strafvorschrift auf die Geltungsdauer des Dienstverhältnisses. Hinter diesem, den Interessen der Arbeitnehmer dienenden Tatbestandsmerkmal, steht die Grundsatzentscheidung des Gesetzgebers, dass ein Arbeitnehmer nach Beendigung seines Dienstverhältnisses, insbes. in einem neuen Arbeitsverhältnis, die Geschäftsgeheimnisse des früheren Arbeitgebers verwerten darf.[258] Eine Ausdehnung des strafrechtlichen Schutzes für den Fall einer vertraglich vereinbarten Verlängerung der Schweigepflicht über das Arbeitsverhältnis hinaus kommt wegen des „Analogieverbots" im Strafrecht nicht in Betracht.

Für den außervertraglichen Bereich ist in erster Linie § 17 Abs. 2 UWG maßgebend, der denjenigen mit Strafe bedroht, welcher ein Geschäfts- oder Betriebsgeheimnis, dessen Kenntnis er durch eine gegen § 17 Abs. 1 UWG verstoßene Mitteilung einer im Unternehmen beschäftigten Person oder durch eine gegen das Gesetz – z. B. Diebstahl, Hausfriedensbruch, Nötigung, Erpressung – oder die guten Sitten verstoßende Handlung erlangt hat, zu Zwecken des Wettbewerbs, aus Eigennutz, in Schädigungsabsicht oder zugunsten eines Dritten, verwertet oder sichert. Ausschlaggebend ist demnach die zu missbilligende Art und Weise der Kenntniserlangung. Sie muss entweder auf einem Geheimnisverrat seitens eines Beschäftigten oder auf einer gesetzes- oder sittenwidrigen eigenen Handlung des Dritten beruhen. Eine gegen die guten Sitten verstoßende eigene Handlung eines Dritten liegt z. B. darin, dass dieser sich planmäßig durch Ausforschen früherer Angestellter eines anderen Betriebes, mit dem er im Wettbewerb steht, Kenntnis von dessen Geheimnissen verschafft, um sie zum Schaden des anderen für sich auszubeuten. Auch ein gezieltes Auskundschaften der internen Betriebsvorgänge von Wettbewerbern ist nach der Rechtsprechung sittenwidrig.[259]

Mit der Novellierung des UWG in 1986 ist § 17 Abs. 2 noch erweitert worden. Neben dem Merkmal „zugunsten eines Dritten" ist nun auch die „Absicht, dem Inhaber des Geschäftsbetriebes Schaden zuzufügen" aufgenommen worden. Das Wort „Absicht" macht aber deutlich, dass ein nur bedingter Vorsatz, der dolus eventualis, nicht ausreicht. Von Absicht spricht man dann, wenn der Handlungswil-

---
[258] *Hefermehl/Köhler/Bornkamm*, UWG, § 17 Rdnr. 22; *Junker*, BB 1988, 1334, 1341.
[259] BGH GRUR 1973, 484 – Betriebsspionage.

le des Täters final gerade auf den vom Gesetz bezeichneten Handlungserfolg gerichtet war, dieser als erstrebenswert in den Willen aufgenommen wurde.

Mit der Novellierung des UWG wurden auch bestimmte Methoden näher bezeichnet, durch die ein Betriebsgeheimnis rechtswidrig erlangt wird, nämlich:

a) „durch Anwendung technischer Mittel", z. B. durch Einsatz von Fotoapparaten, Kopiergeräten, Sende- und Empfangsgeräten oder durch Abrufen von Daten aus Datenverarbeitungsanlagen;

b) „durch Herstellung einer verkörperten Wiedergabe des Geheimnisses", z. B. durch Kopien, Zeichnungen, Tonbänder, Abschriften;

c) „durch Wegnahme einer Sache, in der das Geheimnis verkörpert ist".

Nach § 17 Abs. 3 UWG ist auch der Versuch mit Strafe bedroht.

9.2. Zivilrechtlicher Schutz

Jede Verletzung der Straftatbestände der §§ 17 f. UWG kann auch zivilrechtlich über § 823 Abs. 2 BGB verfolgt werden.[260] Gleichzeitig greift bei Erfüllung der Straftatbestände stets §§ 3, 4 Nr. 11 UWG ein, soweit der Täter geschäftlich gehandelt hat.

Die Frage, ob ein Eingriff in ein Geschäfts- oder Betriebsgeheimnis das „Recht am eingerichteten und ausgeübten Gewerbebetrieb" verletzen kann, kann ebenfalls bejaht werden.[261] Die Rechtsprechung hat sich mit diesem Problem noch nicht zu befassen gehabt.[262] In der Literatur hat sich vor allem Pfister mit dem Rechtsschutz des Knowhow gründlich auseinandergesetzt. Den Charakter des Knowhow als sonstiges Recht i.S.d. § 823 Abs. 1 bejaht er. Pfister differenziert dann aber zutreffend zwischen Eingriffen in das Verwendungsrecht, d.h. den Besitz am Knowhow und solchen in das Alleinbenutzungsrecht. Grundsätzlich sei dem Knowhow-Schöpfer der Besitz und die Verwendungsmöglichkeit des Knowhow als subjektives Recht zugeordnet; eine Verletzung dieser von der Rechtsordnung getragenen Zuweisung ziehe die Rechtswidrigkeit nach sich.[263] Das Alleinverwendungsrecht einer Erfindung habe die Rechtsordnung hingegen auf abschließend aufgeführte Fälle, Patente, Gebrauchsmuster, Urheberrechte usw. beschränkt; das Knowhow fällt nicht darunter.[264]

Von besonderem Interesse ist die Frage nach der Verwertungsberechtigung des Beschäftigten nach Beendigung des Beschäftigungsverhältnisses.

Nach ständiger Rechtsprechung des Reichsgerichts und des BGH kann die Verwertung eines auf redliche Weise erfahrenen Betriebsgeheimnisses unabhängig vom

---

[260] Vgl. nur BGH GRUR 1980, 750, 751.
[261] *Ulmer/Reimer*, Das Recht des unlauteren Wettbewerbs in den Mitgliedstaaten der EWG, Bd. III, 1968, Rdnr. 350.
[262] BGH GRUR 1963, 367, 369, wo die Frage offen gelassen wird.
[263] *Pfister*, Das technische Geheimnis „Know-how" als Vermögensrecht, 1974, S. 45 ff., 50.
[264] *Pfister*, Das technische Geheimnis „Know-how" als Vermögensrecht, 1974, S. 45.

Bestand gewerblicher Schutzrechte und außerhalb der Reichweite des § 17 Abs. 1 UWG nur „unter ganz besonderen Umständen" als wettbewerbsrechtlicher Verstoß bewertet werden.[265] Die Begrenzung des in § 17 Abs. 1 UWG vorgesehenen strafrechtlichen Schutzes auf den Zeitpunkt der Zugehörigkeit zum Unternehmen wird von der Rechtsprechung und weiten Kreisen der Literatur auch im Hinblick auf einen Verstoß gegen § 3 UWG anerkannt.

Die Rechtsprechung hat nur vereinzelt unter dem Gesichtspunkt des Sittenverstoßes bzw. der Unlauterkeit nach der Generalklausel des UWG einen Schutz der Geheimnisse auch nach Beendigung des Dienstverhältnisses gewährt, sie hat aber diesen Schutz auf Ausnahmefälle beschränkt. In der Entscheidung „Industrieböden" wurde der Sittenverstoß wesentlich damit begründet, dass kein innerer Zusammenhang zwischen dem Verrat und der Förderung des beruflichen Fortkommens bestand.[266] In der „Stapel-Automat"-Entscheidung des BGH war zulasten des früheren Angestellten ausschlaggebend, dass dieser noch während der Vertragsdauer begonnen hatte, unter Verwendung eines Betriebsgeheimnisses und unter Verleitung anderer Mitarbeiter zum Vertragsbruch, einen für den späteren eigenen Kundenkreis bestimmten Prototyp einer Maschine zu konstruieren und herstellen zu lassen, wobei er darüber hinaus unter Ausnutzung seiner eigenen Vertrauensstellung als Vertriebsleiter und unter täuschender Einschaltung von Mittelsleuten Motore, Bleche etc. bestellt hatte, die er für das eigene Konkurrenzprodukt benötigte.[267] Der BGH hat aber bei den Entscheidungen immer den Grundsatz hervorgehoben, dass redlich erlangtes Wissen nach Beendigung des Beschäftigungsverhältnisses auch frei verwendet werden darf.[268]

9.3. Zum Geheimnisbegriff

Als Tatobjekt werden alle Geschäfts- oder Betriebsgeheimnisse geschützt. Nach einer vom BGH formulierten Definition, der das Schrifttum weitgehend folgt, ist Geschäfts- oder Betriebsgeheimnis jede Tatsache, die im Zusammenhang mit einem Geschäftsbetrieb (Unternehmen) steht, nur einem eng begrenzten Personenkreis bekannt, also nicht offenkundig ist, und nach dem bekundeten oder erkennbaren Willen des Betriebsinhabers aufgrund eines berechtigten Interesses geheim gehalten werden soll.[269]

Auf den Inhalt des Geheimnisses, die Art der Tatsache, um die es geht, kommt es nicht an. Ist die Tatsache für das Unternehmen bedeutungslos, fehlt es allerdings am Geheimhaltungsinteresse. Die Ausgliederung von bedeutungslosem Wissen hat im

---

[265] RGZ 65, 333, 337; BGH GRUR 1983, 179, 181.
[266] BGHZ 38, 391, 395 f.
[267] BGH GRUR 1983, 179, 181.
[268] BGH GRUR 2003, 356, 358 – Präzisionsmessgeräte; BGH GRUR 2007, 1044 Tz 13 – Kundendatenprogramm.
[269] BGH GRUR 1955, 424; BGH GRUR 1961, 4043; RG GRUR 1936, 183; *Ulmer/Reimer*, Das Recht des unlauteren Wettbewerbs in den Mitgliedstaaten der EWG, Bd. III, 1968, Rdnr. 311; *Gloy/Harte-Bavendamm*, Hdb. Wettbewerbsrecht, § 48 Rdnr. 8.

Wesentlichen die Funktion eines Willkürausschlusses. Der Unternehmer soll nicht berechtigt sein, aus willkürlichen, rein subjektiven Erwägungen, Geheimhaltung zu verlangen. Wenn sich für die Geheimhaltung schlechterdings kein begründetes Interesse finden lässt, kann nicht die dann willkürliche Entscheidung des Unternehmers die Strafbarkeit nach § 17 UWG begründen.[270]

Andererseits darf das berechtigte Interesse an der Geheimhaltung auch nicht engherzig aufgefasst werden.[271] Ein berechtigtes Interesse wird dort vorliegen, wo die Geheimhaltung einer Tatsache eine spürbare Auswirkung auf die Wettbewerbsfähigkeit des Betriebes hat. Zutreffend sieht daher die Rechtsprechung ein schutzwürdiges Geheimnis schon in der nicht offenkundigen Beziehung eines bestimmten Betriebes zu einem an sich offenkundigen Wissensbestand; beispielsweise in der nicht offenkundigen Tatsache, dass ein Unternehmen ein bestimmtes, an sich bekanntes Verfahren auch anwendet.[272]

Auch die Anforderungen an den Geheimnisbegriff werden von der Rechtsprechung relativ gering gehalten. Für die Annahme eines Geheimnisses genügt, dass die infrage stehenden Kenntnisse, Erfahrungen oder Informationen in ihrer konkreten Erscheinungsform nur einem begrenzten Personenkreis zugänglich sind. Auch die Weitergabe der Information durch den Geheimnisträger schadet nicht, solange er den Kreis der Mitwisser unter Kontrolle hält. Dies gilt nicht nur für betriebsinterne Mitteilung, sondern auch bei Weitergabe an Lizenznehmer, Lohnhersteller und dergl., denen eine Geheimhaltungspflicht auferlegt wird.[273] Auch die Tatsache, dass einzelne, insbes. Konkurrenten, nicht vom Geheimnisinhaber herrührende Kenntnis über das betreffende Wissen haben, soll die Annahme eines Geheimnisses nicht ausschließen, wenn diese Personen das Wissen „tatsächlich" geheim halten.[274]

Offenkundig ist nach der h. M. in Rechtsprechung und Literatur das, was von jedem Interessierten ohne große Schwierigkeiten und Opfer in Erfahrung gebracht werden kann; geheim ist, was in seiner konkreten Erscheinungsform dem Interessierten nicht ohne Schwierigkeiten oder Opfer zugänglich ist.[275] Hiernach ist beispielsweise eine technische Konstruktion nicht schon deshalb offenkundig, weil ihre Besonderheiten durch eine mühevolle Zerlegung des im Handel erhältlichen fertigen Geräts ermittelt werden können.[276] Die Rezeptur eines Reagenzes ist nicht offenkundig, wenn die quantitative Analyse für ausgebildete Chemiker auch nur

---

[270] Vgl. BGH GRUR 1955, 424, 426.
[271] So mit Recht, *Ulmer/Reimer*, Das Recht des unlauteren Wettbewerbs in den Mitgliedstaaten der EWG, Bd. III, 1968, Rdnr. 311.
[272] BGH GRUR 1963, 207, 211; s. auch *Kraszer*, GRUR 1977, 178, 179.
[273] Vgl. BAG NJW 1983, 134 und *Kraszer*, GRUR 1977, 177, 179 m. w. N.
[274] *Krasser*, GRUR 1977, 177, 179.
[275] So insbes. BGH GRUR 1963, 367, 370 und *Gloy/Harte-Bavendamm*, Hdb. Wettbewerbsrecht, § 48 Rdnr. 10: „Offenkundigkeit tritt erst dann ein, wenn die Kenntnis der betroffenen Tatsache auf normalem Weg allgemein erlangt werden kann, der Gegenstand also beliebigem Zugriff preisgegeben ist." Ebenso *Kraszer*, GRUR 1977, 179; *Ulmer/Reimer*, Das Recht des unlauteren Wettbewerbs in den Mitgliedstaaten der EWG, Bd. III, 1968, Rdnr. 307; *Hefermehl/Köhler/Bornkamm*, UWG, § 17 Rdnr. 6.
[276] Vgl. OLG Celle GRUR 1969, 548; RG GRUR 1929, 232; RG GRUR 1936, 183.

einen mittleren Schwierigkeitsgrad bietet und die sinnvolle Verwendung der Bestandteile nicht ohne Detailkenntnisse und Untersuchungen möglich ist.[277]

---

[277] BAG NJW 1983, 134; BGH GRUR 1980, 750, 751.

Teil F: Firmenrecht

1. Ab- und Eingrenzung des Begriffs „Firma"

Nach § 17 HGB ist die Firma der Name, unter dem der Kaufmann im Handel seine Geschäfte betreibt und die Unterschrift abgibt; unter dem Firmennamen kann der Kaufmann vor Gericht klagen und verklagt werden. Vollkaufleute sind sowohl berechtigt, aber auch verpflichtet, eine Firma zu führen.

Das Firmenrecht bezieht sich sowohl auf das einzelkaufmännische Unternehmen als auch auf die Handelsgesellschaften, namentlich die OHG, die KG, die GmbH und die Aktiengesellschaft.

Die Firma bezeichnet ein Rechtssubjekt. Sie dient dazu, Unternehmen und Unternehmensträger (der Einzelkaufmann, die GmbH, die Aktiengesellschaft, die OHG oder die KG) zu verbinden. Zweck der Firma ist die Individualisierung gegenüber der Öffentlichkeit.

Innerhalb der Unternehmensbezeichnungen ist die Firma abzugrenzen von der Geschäftsbezeichnung (früher: Etablissementbezeichnung), dem Firmenschlagwort (Kurzbezeichnung) und den Markenbezeichnungen. So benennt die Geschäftsbezeichnung ein besonderes Unternehmen und nicht wie die Firma den Unternehmensträger. Zudem wird sie auch von Nichtkaufleuten erlaubterweise benutzt. Beim Firmenschlagwort ist nach dem Vorhandensein eines Inhabervermerks zu differenzieren. So ist das Firmenschlagwort mit Inhabervermerk identisch mit der Firma. Ist dagegen kein Inhabervermerk vorhanden, so wird damit ein „frei gewählter Bestandteil der eingetragenen Firma in Alleinstellung" bezeichnet. Im Gegensatz zur Firma werden mit der Geschäftsbezeichnung und dem Firmenschlagwort keine Rechtssubjekte benannt.

Da das Firmenrecht nach außen wirkt, ist es ein absolutes Recht. Es ist demnach von jedermann zu beachten. Zudem ist es ein Mischrecht zwischen Vermögensrecht (Immaterialgüterrecht) und Namensrecht. Als Vermögensrecht tritt es z. B. in der Insolvenz in Erscheinung. Die Firma rechnet in bestimmten Fällen zur Insolvenzmasse. Die Zugehörigkeit zur Insolvenzmasse wird aber verneint, wenn die Firma den Familiennamen des Gemeinschuldners enthält.[1] Es dominiert in diesem Fall das Namensrecht über das Vermögensrecht. Wegen der Bedeutung des Firmennamens für die Insolvenzmasse hat der BGH aber dahin entschieden, dass nur die Insolvenz des Einzelkaufmanns dieser Beschränkung unterliegt.[2]

---

[1] RGZ 58, 166, 169.
[2] BGHZ 32, 103.

2. Firmengrundsätze

2.1. Firmeneinheit und Firmenöffentlichkeit

Für ein Unternehmen darf nur eine Firmenzeichnung verwendet werden. Dieser Grundsatz der Firmeneinheit gilt auch für Niederlassungen des Unternehmens. Dieser Grundsatz ist aus der Notwendigkeit, den Rechtsverkehr vor Täuschungen zu schützen, entwickelt worden.

Nach h. M. darf ein Einzelkaufmann, wenn er mehrere Unternehmen führt, auch unterschiedliche Firmen benutzen. Es handelt sich in diesem Fall um „ein Rechtssubjekt mit mehreren Vermögensmassen".

Handelsgesellschaften sind an die Firmeneinheit zwingend gebunden, da der Unternehmensträger nur einen Namen haben kann. Es wird somit dem öffentlichen Interesse nach einer eindeutigen Identifikation gefolgt.

Der Grundsatz der Firmenöffentlichkeit berücksichtigt die Funktion der Firma im Geschäftsverkehr nach außen. So hat der Kaufmann die Pflicht, eine Firma zu wählen und diese dann zur Eintragung in das Handelsregister anzumelden. Auch die Änderung der Firma oder der Wechsel ihrer Inhaber und die Verlegung der Niederlassung an einen anderen Ort sind zum Eintrag ins Handelsregister anzumelden. Ebenfalls einzutragen sind die Eröffnung und Aufhebung des Konkurses (§ 32 HGB) sowie das Erlöschen der Firma (§ 1 Abs. 2 HGB). In bestimmten – wenigen – Fällen erfolgt die Eintragung in das Handelsregister von Amts wegen (§§ 31 Abs. 2, S. 2, 32 HGB).

Der Kaufmann ist verpflichtet, den Firmennamen im Handelsverkehr zu führen.

2.2. Firmenwahrheit

Die Hauptfunktion der Firmenbezeichnung ist die Identifikation. So ist der Einzelkaufmann verpflichtet, seinen Familiennamen mit mindestens einem ausgeschriebenen Vornamen zu verwenden (Personenfirma). Dabei gilt ein strenger Bezug zum bürgerlichen Namen. So sind z. B. aus bestimmten Gründen gewählte Veränderungen des Vornamens nicht erlaubt, z. B. „Rudi" statt „Rudolf". Erlaubt ist es nach § 18 Abs. 2 S 2 HGB einen Firmenzusatz hinzuzufügen, welcher zur Unterscheidung der Person oder des Geschäfts dient.

Bei der OHG kann die Firmenbezeichnung alle Namen der Gesellschafter enthalten. Werden nicht alle Namen berücksichtigt, so muss neben dem Namen wenigstens eines Gesellschafters ein gesellschaftsandeutender Zusatz verwendet werden. Diese Option gilt entsprechend für persönlich haftende Gesellschafter einer KG. Bei der GmbH sind beide Optionen möglich. Es kann aber auch ein von dem Gegenstand des Unternehmens entlehnter Name verwendet werden (Sachfirma; aber keine Verwendung von Fantasienamen). Notwendig ist hier jedoch immer der Zusatz „mit beschränkter Haftung". Wird dieser Zusatz nicht verwendet, so führt dies zur persönlichen Haftung der Gesellschafter.[3]

Bei der Aktiengesellschaft wird die Firmenbezeichnung in der Regel ebenfalls von dem Gegenstand des Unternehmens (Sachfirma) entlehnt, wobei der Zusatz „Aktiengesellschaft" erforderlich ist (auch in abgekürzter Form: AG). Zudem muss die Sachfirma auch eine „kennzeichnende Kraft" besitzen, welche sie individualisiert. Es soll dadurch auch vermieden werden, dass eine zu allgemeine Bezeichnung der Sachfirma eine spätere Namenswahl anderer Gesellschaften einschränkt. Ausnahmsweise ist auch bei der Aktiengesellschaft, bei Vorliegen besonderer Interessen, die Personenfirma erlaubt. Eine Entscheidung darüber trifft das Registergericht. Beispielsweise kann eine fehlende Regelung über die Firmenfortführung bei Umwandlung in eine AG eine solche Ausnahme darstellen. Bei einer Kommanditgesellschaft auf Aktien gilt Entsprechendes wie bei der AG, mit dem Zusatz „Kommanditgesellschaft auf Aktien".

Das Gebot des lauteren Wettbewerbs erfordert auch ein Verbot bestimmter Firmenzusätze. Eine entsprechende Regelung enthält § 18 Abs. 2 HGB. So darf kein Firmenzusatz verwendet werden, welcher auf ein falsches Gesellschaftsverhältnis schließen lässt. Zudem darf auch nicht ein anderer Geschäftsinhaber und damit ein anderes Haftungsverhältnis vorgetäuscht werden. Ebenso darf der Firmenzusatz nicht zu einer Täuschung über Art oder Umfang des Geschäfts führen. Diese Beschränkung der Firmenzusätze gilt zudem nicht nur für die Firma des Einzelkaufmanns, sondern auch für die Firma der OHG, KG, AG und GmbH.[4] Für die Beurteilung, wann ein Firmenzusatz geeignet ist, eine Täuschung hervorzurufen, dient die Verkehrsgeltung. So ist vom Registergericht regelmäßig bei jeder Neueintragung oder Änderung von Firmen ein Gutachten der Industrie- und Handelskammer einzuholen (§ 23 S 2 HRV).

2.3. Firmenbeständigkeit

Dieser Grundsatz dient dazu, den wirtschaftlichen Wert (goodwill) der Firma zu erhalten. Für abgeleitete oder derivative Firmen besitzt der Grundsatz der Firmenbeständigkeit (oder Firmenkontinuität) eine höhere Priorität als der Grundsatz der Firmenwahrheit. Dies gilt jedoch nur für den Firmenkern und nicht den Firmenzusatz. Es zeigt sich, dass der Grundgedanke des Firmenrechts darauf beruht, eine Balance zwischen den Erfordernissen der Wahrheit und der Beständigkeit der Firma zu erreichen.

Der Grundsatz der Firmenbeständigkeit kommt in zwei Fällen zum Tragen, wobei besonders der zweite Fall den Grundsatz der Firmenwahrheit gravierend durchbricht.

---

[3] BGHZ 64, 11.
[4] RGZ 127, 77, 80.

Der Grundsatz der Firmenbeständigkeit wirkt einmal bei der Änderung des bürgerlichen Namens, der in der Firma benutzt wird (§ 21 HGB). Auch bei Änderung des Namens, z. B. durch Heirat oder Adoption, bleibt der Firmenname unverändert.
Der zweite Fall berücksichtigt den Wechsel des Inhabers oder Unternehmensträgers. Eine Möglichkeit ist hierbei der völlige Inhaberwechsel durch Erwerb eines Handelsgeschäfts. Angesprochen ist hier neben dem Rechtsgeschäft unter Lebenden auch der Inhaberwechsel bedingt von Todes wegen.
Es kann jedoch auch nur ein teilweiser Inhaberwechsel stattfinden. Die Möglichkeit der Firmenfortführung besteht hier sowohl bei der Aufnahme eines Gesellschafters in ein Handelsgeschäft, als auch bei Eintreten oder Ausscheiden eines Gesellschafters aus einer Handelsgesellschaft. Ist der Name des ausscheidenden Gesellschafters in der Firmenbezeichnung enthalten, so ist dessen ausdrückliche Zustimmung oder die Einwilligung der Erben erforderlich.
Bei der Fortführung der Firma ist das Veräußerungsverbot des § 23 HGB zu beachten. Das Veräußerungsverbot besagt, dass Firma und Handelsgeschäft nur zusammen veräußert werden dürfen. Der Handel mit sog. Mondscheinfirmen oder Firmenmänteln ist nicht zulässig.[5] Ein Verstoß gegen § 23 HGB führt nach § 306 BGB zur Nichtigkeit des Vertrages.
Beim Erwerb eines Handelsgeschäfts unter Lebenden muss zudem der bisherige Inhaber eindeutig in die Firmenfortführung einwilligen.[6] Es besteht auch die Möglichkeit, einen das „Nachfolgeverhältnis andeutenden Zusatz" (§ 22 I HGB) zu verwenden.
Firmenzusätze dürfen nicht irreführend sein. Vor allem dürfen Gesellschafterzusätze nicht zur Täuschung des Publikums führen.[7] So muss beim Eintritt einer GmbH, als alleinige persönlich haftende Gesellschafterin, in eine KG diese Firma zusätzlich die Bezeichnung GmbH enthalten.[8] Wird eine aus zwei Gesellschaftern bestehende OHG als KG fortgeführt, müssen, falls beide Gesellschafternamen in dem Namen der Firma enthalten waren und nun ein Gesellschafter Kommanditist geworden ist, die Haftungsverhältnisse genau aufgezeigt werden.[9]

2.4. Firmenausschließlichkeit

Der fünfte Grundsatz, die Firmenausschließlichkeit, berücksichtigt die Verwendung gleicher oder ähnlicher Firmenbezeichnungen. Ihr Ziel ist es, das Interesse des Rechtsverkehrs nach eindeutiger Identifikation zu bewahren. So muss nach § 30 Abs. 1 HGB jede neue Firma sich von allen Firmen im gleichen Registerbezirk unterscheiden. Es gilt der Prioritätsgrundsatz, welcher die zuerst eingetragene Firma schützt.

---

[5] BGH BB 1977, 1015.
[6] BGHZ 92, 79.
[7] BGH NJW 1981, 342.
[8] BGHZ 62, 226.
[9] OLG Frankfurt NJW 1980, 129.

Die Bezeichnung „deutlich unterscheiden" zielt darauf, jede ernsthafte Verwechslungsgefahr auszuschließen. Verwechslungsgefahr besteht schon dann, wenn insbesondere Firmenzusätze im „Klang" ähnlich sind. Nach der Rechtsprechung des BGH ist das „Klangbild der Firma, wie es sich in Auge und Ohr einprägt" entscheidend.[10]

Von besonderem Interesse ist in diesem Zusammenhang die GmbH & Co. KG. So hat die Firma der KG neben dem Gesellschaftszusatz einen dritten unterscheidbaren Bestandteil zu enthalten.[11] Verwechslungsgefahr besteht dann, wenn bei einer GmbH & Co. KG die Firma der Komplementär-GmbH und die der KG sich nur durch den Zusatz „& Co. KG" unterscheiden.[12] Es muss deutlich werden, dass die KG die eigentliche Unternehmensträgerin ist. Nach der Rechtsprechung des BGH reicht insofern ein Zusatz aus, der die Funktion der Komplementär-GmbH verdeutlicht.[13] Keine Verwechslungsgefahr besteht somit beispielsweise zwischen der „XVerwaltungs-GmbH" und der „XGmbH & Co. KG".

Mit dem Grundsatz der Firmenausschließlichkeit werden nicht nur die Interessen des Rechtsverkehrs berücksichtigt, sondern auch die Interessen des Wettbewerbs.

2.5. Die Firma im Bereich des Immaterialgüterrechts

Die entscheidende Rolle bei der Durchsetzung eines subjektiv-rechtlichen Verständnisses des Firmenschutzes spielte die Rechtsprechung zum Preußischen Allgemeinen Landrecht zum wohlerworbenen und ausschließlichen Firmenrecht, ferner die zahlreichen Prozesse um die Firma Johann Maria Farina, dem Kölnisch Wasser herstellenden Unternehmen. Deren Prozessgeschichte beginnt mit der Klage des Firmeninhabers Johann Maria Farina gegen den Fabrikanten Joseph Wolff zu Köln. Wolff hatte sich aufgrund einer Namensüberlassung der Firma Franz Cahl Maria Farina bedient und war vom rheinischen Appellationsgericht mit Urteil vom 5. Juli 1832 nach Art. 1382 Code civil zum Schadensersatz verurteilt worden.

Im ADHGB wurde dann das Firmenrecht als subjektives Privatrecht normiert und der Firmenschutz als zivilrechtliches Verfahren organisiert. Die Vorschriften über die Handelsfirmen (Art. 15 bis 27 ADHGB) bilden dann auch die Grundlage des handelsrechtlichen Firmenschutzes im geltenden Recht der Vorschriften der §§ 17 bis 37 HGB.

Die Festschreibung eines Firmenrechts als „subjektives Privatrecht" löst nicht die Zweifelsfragen im Firmenrecht, sondern schafft nur Raum für ihre weitere Diskussion. Das Firmenrecht kann unterschiedlich gestaltet werden, je nachdem ob man es mehr individualrechtlich bzw. persönlichkeitsrechtlich sieht oder es vermögensrechtlich, unternehmensrechtlich bzw. immaterialgüterrechtlich einordnet. Die herrschende Lehre orientiert sich heute an der Doppelnatur der Firma. Die Firma wird als ein Mischrecht verstanden. Der Namensbezug der Firma steht für ihren

---

[10] BGHZ 46, 7, 12.
[11] BGHZ 46, 7.
[12] BayObLG BB 1980, 68.
[13] BGHZ 80, 353.

persönlichkeitsrechtlichen Kern; die Möglichkeit die Firma zu übertragen gibt dem Recht einen vermögensrechtlichen Gehalt. Es verhält sich also im Firmenrecht ähnlich wie im Urheberrecht. Auch die urheberrechtliche Berechtigung geht in zwei Richtungen. Es gibt das Urheberpersönlichkeitsrecht und es gibt die wirtschaftlich nutzbaren Verwertungsrechte. Spannungen zwischen beiden treten ebenso auf wie im Firmenrecht, z. B. wenn es darum geht, in welchem Umfange die Urheberrechte der Zwangsvollstreckung unterliegen.[14]

Schon nach der Legaldefinition des Art. 15 ADHGB wird die Firma als der Name des Kaufmanns verstanden, unter welcher er im Handel seine Geschäfte betreibt und zeichnet. § 17 HGB übernimmt in Abs. 1 diesen Begriff der Firma des Kaufmanns und bestimmt in Abs. 2, dass der Kaufmann unter diesem Firmennamen aktiv und passiv legitimiert ist. Ihre Besonderheit weist die Firmenbezeichnung insofern auf, indem die Firma der Name eines Rechtssubjektes, des Kaufmanns, ist, welches durch sie identifiziert wird; die Firma ist aber nicht selbst Rechtssubjekt. Das folgt aus der oben gegebenen Definition und bedeutet, dass Träger von Rechten und Pflichten nicht die Firma ist, sondern der Kaufmann als Inhaber des Unternehmens, als Rechtsträger des Unternehmens. Dieser Kaufmann kann dann eine natürliche Person sein, es kann ein Personenverband sein, wobei zwischen dem rechtsfähigen und dem nichtrechtsfähigen Verband zu unterscheiden ist.

Der vermögensrechtliche Bereich des Firmenrechts kommt durch den Schutz der Unternehmenskennzeichen durch das Markengesetz zum Ausdruck. § 5 Abs. 2 MarkenG enthält einen Katalog der als Unternehmenskennzeichen geschützten geschäftlichen Bezeichnungen. Unternehmenskennzeichen sind dabei als Name, Firma oder besondere Bezeichnung eines Geschäftsbetriebs oder Unternehmens benutzte Zeichen (§ 5 Abs. 2 Satz 1 MarkenG). Geschützt werden ebenfalls nach § 5 Abs. 2 Satz 2 MarkenG Geschäftsabzeichen und sonstige betriebliche Unterscheidungszeichen, die innerhalb der beteiligten Verkehrskreise als Kennzeichen des Geschäftsbetriebes gelten.

2.6. Ordnungsrechtliche Vorschriften des HGB

Das handelsrechtliche Firmenschutzrecht als Ordnungsrecht beruht auf den vorgestellten Firmengrundsätzen (Firmenwahrheit als Grundprinzip des Firmenrechts usw.). Nach § 37 HGB bestehen zwei Möglichkeiten, einem solchen Missbrauch entgegenzutreten. Zum einen gibt es nach § 37 Abs. 1 HGB das Firmenmissbrauchsverfahren, zum anderen besteht nach § 37 Abs. 2 HGB ein Klagerecht des Verletzten. Auf der Grundlage des § 37 Abs. 1 HGB als einem Ordnungswidrigkeitenverfahren (§ 140, 132–139 FGG) kann das Registergericht gegen den unzulässigen Gebrauch der Firma nach dem § 18 ff. HGB einschreiten. Das Registergericht kann verlangen, dass der Gebrauch der Firma nicht fortgeführt wird. Handelt es sich um eine eingetragene Firma, die von Anfang an unzulässig war oder aber nachträg-

---

[14] Zur Rechtsnatur der Firma siehe *Fezer*, ZHR 1997, S. 52 ff.

lich unzulässig wurde, dann wird die Firma nach den §§ 142, 143 FGG von Amts wegen gelöscht.

Wer durch den Gebrauch einer nach den §§ 18 ff. HGB unzulässigen Firma in seinen Rechten verletzt ist, kann auf Unterlassung des Firmengebrauchs klagen. Für den materiellen Rechtsschutz der Firma kommt § 37 Abs. 2 HGB allerdings keine große Bedeutung zu. Das Namens- und Firmenrecht wird auch durch die §§ 12 BGB, 15 Abs. 2 MarkenG geschützt. § 37 Abs. 2 HGB einerseits und die §§ 12 BGB und 15 Abs. 2 MarkenG verfolgen dabei andere Ziele. § 37 Abs. 2 HGB erreicht einen Firmenschutz quasi nur nebenbei, dient aber dem Ziel, eine nach den §§ 18 ff. HGB unzulässige Firmenführung zu verhindern.

2.7. Materieller Firmenschutz

Kernpunkt des materiellen Firmenschutzrechtes ist der Kennzeichenrechtsschutz der Firma nach § 15 Abs. 2 MarkenG und der Namensrechtsschutz der Firma nach § 12 BGB. Als Kennzeichen ist die Firma also nach § 15 Abs. 2 MarkenG kennzeichenrechtlich und als Name ist die Firma nach § 12 BGB namensrechtlich geschützt.

Teil G: Markenrecht

Am 25. Oktober 1994 wurde das Markengesetz im Bundesgesetzblatt verkündet. Das Markengesetz ist das Resultat, das der Ministerrat der Europäischen Gemeinschaften am 21. Dezember 1988 durch Verabschiedung der Ersten Richtlinie des Rates zur Angleichung der Rechtsvorschriften der Mitgliedstaaten über die Marken erreicht hat. Das 165 Paragraphen umfassende Markengesetz löst das 36 Paragraphen umfassende Warenzeichengesetz ab, das am 30. Mai 1874 eingeführt und 1992 das letzte Mal geändert wurde. Mit dieser umfangreichen Reform wurde nicht nur die Anpassung an die EG-Richtlinie vollzogen, sondern auch darüber hinausgehende Regelungen getroffen. Dazu gehört die einheitliche Verwendung des Begriffs der Marke, die Einbeziehung geographischer Herkunftsangaben, geschäftlicher Bezeichnungen (vormals über den abgeschafften § 16 UWG geschützt) und der IR-Marken in das Markengesetz. Weiterhin ist die Schwelle für das Vorliegen ausreichender Unterscheidungskraft herabgesetzt und der Schutz der bekannten Marke festgeschrieben worden. Die Regelungen der Kollisionstatbestände sowie der durch Eintragung und durch Benutzung entstandenen Marken wurden erneuert. Letztlich waren umfassende Verfahrensänderungen Inhalt der Reform.

Mit dem am 1. September 2008 in Kraft getretenen Gesetz zur Verbesserung der Durchsetzung von Rechten des geistigen Eigentums, wurde außerdem die Richtlinie 2004/48/EG (Durchsetzungsrichtlinie) des Europäischen Parlaments und des Rates vom 29. April 2004 umgesetzt. Darüber hinaus dient dieses Gesetz der Anpassung des deutschen Rechts sowohl an die Verordnung (EG) 1383/2003 des Rates vom 22. Juli 2003 (Grenzbeschlagnahmeverordnung) als auch an die Verordnung (EG) Nr. 510/2006 des Rates vom 20. März 2006 zum Schutz von geographischen Angaben und Ursprungsbezeichnungen für Agrarerzeugnisse und Lebensmittel.

Bedeutsame materielle Rechtsquellen neben dem deutschen Markengesetz sind die Pariser Verbandsübereinkunft von 1883 und das Madrider Markenabkommen von 1891. Der Pariser Verbandsübereinkunft (PVÜ) gehören 80 Staaten an, Deutschland ist 1903 beigetreten. Die PVÜ legt fest, dass in allen Verbandsstaaten die Angehörigen von Mitgliedstaaten wie eigene Staatsangehörige behandelt werden. Das Madrider Markenabkommen (MMA) vereinfacht die internationale Registrierung der Marke, indem über eine nationale Registrierung eine internationale Registrierung durch die jeweiligen Patentämter betrieben wird (Verfahren nach §§ 107–118 MarkenG). Formell wird das Markengesetz durch die Verordnung über das Deutsche Patentamt und die Markenverordnung ausgefüllt. Die Markenverordnung regelt im Wesentlichen die Verfahren im Markenschutz, von der Anmeldung bis zur Löschung der Marke. Die Anlage dieser Verordnung nimmt eine Klasseneinteilung von Waren und Dienstleistungen vor.

Das Markengesetz reguliert laut § 1 MarkenG den gewerblichen Rechtsschutz für Marken, geschäftliche Bezeichnungen und geografische Herkunftsangaben. Das Markengesetz bestimmt im Wesentlichen die Voraussetzungen für die Qualität der Marke, ihre Entstehung und ihre Rechtswirkungen. Soweit es sich um Marken und geografische Herkunftsangaben im Sinne des MarkenG handelt, soll die Herkunftsfunktion normiert werden. Während die Marke erkennen lassen soll, welche betriebliche Herkunftsstätte die gekennzeichnete Ware oder Dienstleistung hat, ist die geografische Herkunftsangabe allein an das Faktische geknüpft, nämlich die geografische Herkunft. Geschäftliche Bezeichnungen hingegen individualisieren einen Betrieb soweit es sich um Unternehmenskennzeichen im Sinne des § 5 Abs. 2 handelt oder aber geistig geprägte Werke unabhängig ihrer betrieblichen Herkunft soweit es sich um Werktitel im Sinne des § 5 Abs. 3 handelt.

Aus der Herkunftsfunktion der Marke ergeben sich auch ihre Garantie- und ihre Werbefunktion. Obwohl eine Marke gemäß §§ 3 Abs. 1, 8 Abs. 2 Nr.1 MarkenG grundsätzlich geeignet sein muss, Waren oder Dienstleistungen eines Unternehmens von denen eines anderen zu unterscheiden, verhindert das MarkenG nicht, dass es zu Fehlvorstellungen des Verbrauchers über die konkrete betriebliche Herkunft kommen kann. Anders als nämlich unter der Geltung des früheren § 1 Warenzeichengesetzes (WZG), wonach Voraussetzung für die Anmeldung eines Warenzeichens das Bestehen eines Geschäftsbetriebes war, verlangt der Erwerb des Markenrechts nach dem MarkenG nicht das Bestehen eines Geschäftsbetriebes des Anmelders. Gemäß § 7 MarkenG ist deshalb jede Person zur Anmeldung berechtigt, es bedarf dabei nach § 32 MarkenG nicht der Bezeichnung eines Geschäftsbetriebes. Dementsprechend ist auch die Veräußerung einer Marke nach § 27 MarkenG unabhängig vom Schicksal eines etwaig bestehenden Geschäftsbetriebes, anders als unter Geltung des Warenzeichengesetzes.[1] § 27 Abs. 2 MarkenG stellt deshalb für die Übertragung bzw. den Übergang eines Geschäftsbetriebes die Zweifelsfallregelung auf, dass von der Veräußerung eines Geschäftsbetriebes – soweit nicht von einer möglichen anderweitigen vertraglichen Regelung Gebrauch gemacht wird – auch die dazugehörigen Marken erfasst werden. Nach dem Willen des Gesetzgebers gilt die nicht akzessorische Übertragbarkeit nach § 27 MarkenG jedoch nur für die Rechtsübertragung von Marken, nicht hingegen für die von Unternehmenskennzeichen im Sinne von § 5 Abs. 2 MarkenG.

Damit begründet das heutige MarkenG die Gefahr, dass beim Verbraucher Fehlvorstellungen über eingetretene Änderungen der Herkunftsstätten von Waren oder Dienstleistungen entstehen können. Rechtlich wird diese Fehlvorstellung erst greifbar, wenn über den Hinweis auf die betriebliche Herkunft hinaus weitere Informationen, die beim Verbraucher bestimmte Gütevorstellungen hervorrufen, transportiert werden. In diesem Fall kann neben dem grundsätzlich spezielleren MarkenG auch § 5 UWG zur Anwendung kommen.[2]

---

[1] Vgl. § 8 Abs. 1 Satz 2 WZG.
[2] *Hefermehl/Köhler/Bornkamm* § 5 Rdnr. 4.210.

1. Der Markenbegriff

Nach § 1 MarkenG werden Marken, geschäftliche Bezeichnungen und geographische Herkunftsangaben geschützt. Der vormals verwendete Begriff des Warenzeichens ist durch den der Marke abgelöst worden.

Im Unterschied zum ehemaligen Warenzeichenrecht definiert das Markengesetz einen wesentlich erweiterten Markenbegriff. Schutzfähig sind Personennamen, Abbildungen[3], Buchstaben und Zahlen (deren Schutz war bislang durch § 4 Abs. 2 WZG ausgeschlossen), Hörzeichen, dreidimensionale Gestaltungen einschließlich der Form einer Ware oder ihrer Verpackung und sonstige Aufmachungen einschließlich Farben und Farbzusammenstellungen, die vormals als Ausstattung schutzfähig waren.

Wesentliches Qualitätsmerkmal der Marke ist nach wie vor die Unterscheidungskraft, §§ 3, 8 MarkenG. So hat das BPatG bei bestimmten Flaschenformen, die als Marken für Getränke angemeldet wurden, die Markenfähigkeit bejaht, jedoch wegen der vom üblichen nicht erkennbar abweichenden Gestaltung meist die Unterscheidungskraft verneint.[4] Hinsichtlich der (zweidimensionalen) Abbildungen der Ware selbst hat der BGH seine Rechtsprechung bestätigt, dass einem solchen Zeichen im Allgemeinen die erforderliche Unterscheidungskraft fehlt.[5] Außerdem muss die Marke graphisch darstellbar sein, um ihre Eintragbarkeit zu ermöglichen, § 8 Abs. 1 MarkenG. Bei den Farbmarken hatte das BPatG den Schutz abstrakter Farben oder Farbkombinationen verweigert[6]. Der BGH hat hingegen klargestellt, dass auch konturlose konkrete Farben und Farbzusammenstellungen nicht nur markenfähig, sondern auch durch Einreichung eines Farbmusters oder Bezugnahme auf ein Klassifizierungssystem, wie "RAL" graphisch darstellbar und eintragungsfähig sind.[7]

Vom Markenschutz ausdrücklich ausgenommen sind in § 3 Abs. 2 MarkenG Formen, die die Art der Ware selbst betreffen, die zur Erreichung einer technischen Wirkung erforderlich sind oder die ihr einen wesentlichen Wert verleihen.

Nach § 97 MarkenG sind neben den Individualmarken auch Kollektivmarken schutzfähig, d.h., dass Marken für Waren und Dienstleistungen der Mitglieder des Inhabers der Kollektivmarken eintragungsfähig sind. Diese Regelung bezieht sich vor allem darauf, dass nicht nur die betriebliche, sondern auch die geographische Herkunft der Waren oder Dienstleistungen bei Kollektivmarken schützenswert ist.

---

[3] Abbildungen von Waren waren vor Inkrafttreten des Markengesetzes nicht schutzfähig, BGH, GRUR 1964, 454 – Palmolive.
[4] BPatGE 19, 128 = GRUR 1998, 584.
[5] NJW-RR 1997, 1263; offen gelassen in NJW-RR 1999, 1130 = GRUR 1999, 495 - "Etiketten".
[6] BPatGE 39, 140; BPatG, GRUR 1996, 881.
[7] NJW 1999, 1186 = WRP 1999, 430 - "Farbmarke gelb/schwarz".

1.1. Markenformen

§ 3 MarkenG legt fest, dass alle Zeichen, insbesondere Wörter einschließlich Personennamen, Abbildungen, Buchstaben, Zahlen, Hörzeichen und dreidimensionalen Gestaltungen schutzfähig sind.[8] Zusätzlich sind die Form einer Ware oder ihre Verpackung sowie sonstige Aufmachungen einschließlich Farben und Farbzusammenstellungen schutzfähig, solange sie unterscheidungskräftig sind. Damit ist der Markenbegriff im Markengesetz gegenüber dem Warenzeichengesetz erheblich ausgedehnt worden. Die Ausdehnung betrifft konkret Hörzeichen, dreidimensionale Gestaltungen einschließlich der Form ihrer Ware oder ihrer Verpackung, Farben bzw. Farbkombinationen sowie Zahlen und Buchstaben.[9]

1.1.1. Personennamen

Personennamen i.S.v. § 3 Abs. 1 MarkenG sind nicht nur Namen natürlicher Personen, sondern auch Namen juristischer Personen und namensfähiger Personengemeinschaften. Dazu gehören Vornamen, Nachnamen, Firmennamen, Namenskürzel, Wortbestandteile, Pseudonyme, Künstlernamen u.ä. Schutzfähig sind insofern Einzelworte („Benetton", „Shell") oder auch mehrere Worte oder deren Kombination („United Colours of Benetton", „Jetzt aber Shell!").

1.1.2. Abbildungen

Unterscheidungskräftige Abbildungen sind in vielfältiger Form schutzfähig. Dazu gehören Etiketten, Stempel, Aufnäher, Siegel, Randstreifenmuster, Hologramme, Wasserzeichen, Logos u.V.m. Geometrische Grundformen gelten als unterscheidungskräftig, wenn sie durch ihre besondere Größe, Form oder Farbe gekennzeichnet sind (roter Punkt beim Regenschirm Knirps oder grüne Linie bei Dresdner Bank).[10] Abbildungen von Waren wird nur dann die notwendige Schutzfähigkeit zugeschrieben, wenn gerade die Abbildung der betreffenden Waren eine besondere Eigenart aufweist und dieser Umstand so auch vom Verkehr aufgefasst wird. Die Originalität muss demnach nicht vom Produkt selbst, sondern von der Art seiner Abbildung ausgehen.[11] Für die Schutzfähigkeit der Produktbildmarke muss neben die abstrakte Unterscheidungskraft auch die konkrete Unterscheidungskraft treten. D.h., dass die Produktbildmarke auch neben der konkreten Ware unterscheidungskräftig sein muss. Dieses Erfordernis ist selten gegeben.[12] Diese Grundsätze gelten auch für Abbildungen von Warenverpackungen.

---

[8] Spezifische Anforderungen an die Anmeldung der jeweiligen Markenformen bestimmen §§ 6 ff. MarkenV.
[9] Der Katalog der Markenformen in § 3 MarkenG ist nicht abschließend. Darüber hinaus gibt es Geruchsmarken, Geschmacksmarken, Tastmarken, Bewegungsmarken, Kennfadenmarken und Kombinationsmarken, i.e.S. *Fezer*, MarkenG, § 3 Rdnrn. 235 ff.
[10] I.e.S. *Fezer*, MarkenG, § 3 Rdnr. 256.
[11] BPatG GRUR 1995, 814 – Absperrpoller.
[12] BPatGE 4, 80 – Roter Fleck; 11, 251 – Kirschpraline.

1.1.3. Buchstaben und Zahlen

Nach dem WZG wurde für Buchstaben und Zahlen noch ein Freihaltungsbedürfnis vermutet. In Übereinstimmung mit Art. 3 Europäische Markenrechtsrichtlinie muss nun ein konkretes Freihaltungsbedürfnis nachgewiesen werden, um die Markenfähigkeit zu verneinen. Der Schutz von Zahlen, einstellig[13] oder mehrstellig („4711"), Buchstaben („GTI", „SL", „HB") oder Kombinationen aus Buchstaben und Zahlen („A 4", „R 1") ist jetzt zulässige Markenform nach § 3 Abs. 1 MarkenG, sofern eine konkrete Unterscheidungskraft nach § 8 Abs. 2 Nr. 1 MarkenG vorliegt. Unterscheidungskräftige Buchstaben oder Zahlen sind gem. § 8 Abs. 2 Nr. 2 MarkenG nicht eintragungsfähig, wenn sie zugleich beschreibende Marken darstellen und deshalb ein Freihaltebedürfnis besteht. Diesen Anforderungen sind nicht die Marken unterworfen, die sich aufgrund ihrer Benutzung bei den beteiligten Verkehrskreisen durchgesetzt haben, § 8 Abs. 3 MarkenG.

Fernöstliche Schriftzeichen sind in den europäischen Verkehrskreisen regelmäßig nicht lesbar und wirken hierzulande wie eine Bildmarke.[14] Bei solchen Bildmarken hält der BGH keine über die bei anderen Bild- oder Wortmarken angelegten Maßstäbe hinausgehenden Anforderungen an die Unterscheidungskraft für angebracht.[15]

1.1.4. Hörzeichen

Hörzeichen bestehen in akustischer bzw. auditiver Form, ohne Sprache zu sein. Dabei geht es um Töne, Tonfolgen, Melodien oder sonstige Klänge. Der EuGH hat in Bezug auf die Auslegung des Art. 2 Europäische Markenrechtsrichtlinie entschieden, dass Hörzeichen als Marken anerkannt werden müssen, wenn sie geeignet sind, Waren oder Dienstleistungen eines Unternehmen von denjenigen eines anderen Unternehmens zu unterscheiden.[16] Obwohl Hörzeichen durch klangliche Wiedergabe am genauesten dargestellt werden können, müssen sie stets graphisch darstellbar sein, § 8 Abs. 1 MarkenG.[17] Die graphische Darstellbarkeit von Hörzeichen soll in Form der Notenschrift oder des Sonagramms erfolgen.[18] Um die Einheitlichkeit der Marke zu erhalten, sollte das Hörzeichen eine bestimmte Länge nicht überschreiten, obwohl ein ganzes Lied schutzfähig sein kann, sofern es für ein bestimmtes Produkt komponiert und werbestrategisch so eingeflochten ist, dass es im Verkehr als produktidentifizierendes Hörzeichen verstanden wird.[19]

---

[13] BGH Mitt. 1995, 184 – quattro II.
[14] *Schmieder*, NJW 2001, 2134, 2136.
[15] NJW-RR 2000, 1061 = GRUR 2000, 502.
[16] EuGH GRUR Int. 2004, 126 (Leitsatz).
[17] Diese Auflage wird in der Praxis kritisiert. So wollte das Deutsche Patentamt § 11 Abs. 3 MarkenV dem § 8 Abs. 1 MarkenG hinzuziehen, um neben der graphischen Darstellung die klangliche Wiedergabe des Hörzeichens als Anmeldeerfordernis zu bestimmen. Diese Handhabe wurde jedoch vom BPatG wegen mangelnder Regelungsbefugnis des Verordnungsgebers zurückgewiesen, i.e.S. *Winkler*, Markenartikel 1996, 516, 521.
[18] Sonderheft BlPMZ 1994, 64.
[19] I.e.S. *Fezer*, MarkenG, § 3 Rdnr. 272; *Schmieder*, NJW 2001, 2134, 2137.

1.1.5. Dreidimensionale Gestaltungen

Dreidimensionale Marken sind graphisch darzustellen, wobei Zeichnungen oder Fotos herangezogen werden. Die (praktikablere) graphische Darstellung muss geeignet sein, die räumliche Dimension erkennen zu lassen.[20] Die Markenfähigkeit dreidimensionaler Zeichen hat den verschiedensten Waren zur Anmeldung verholfen.[21] Dazu gehören Nahrungs- und Genussmittel in Gestalt von Menschen oder Tieren, Gläser, Flaschen, Metallkoffer, Designer-Möbel und sogar Endoskope, Pipetten und Spritzbehälter. Die Grenze der Markenfähigkeit von dreidimensionalen Gestaltungen findet sich oft in § 3 Abs. 2 MarkenG, der Funktionalität als Ursache für eine Formgebung den Markenschutz versagt.[22]

1.1.6. Farben

Die Schutzfähigkeit von Farben löste in der Vergangenheit Kontroversen in Bezug auf den Ausstattungsschutz nach § 25 WZG aus.[23] Nach Inkrafttreten des Markengesetzes gibt es Diskussionen über die Schutzfähigkeit von Farben nach § 3 Abs. 1 MarkenG. Es wird vertreten, dass § 3 Abs. 1 MarkenG die Farbe als solche für schutzfähig erachtet.[24] Zur Begründung wird insbesondere vorgetragen, dass die ergänzende Aufzählung von Regelbeispielen in § 3 Abs. 1 MarkenG in Anlehnung an Art. 2 Europäische Markenrechtsrichtlinie ausdrücklich Farben und Farbzusammenstellungen nennt.

Die entgegengesetzte Ansicht orientiert sich ebenfalls an dem Wortlaut des § 3 Abs. 1 MarkenG und betont dabei die Formulierung „Aufmachungen einschließlich Farben und Farbzusammenstellungen". Deshalb sei – unter Rückgriff auf den Ausstattungsschutz nach § 25 WZG – eine flächenmäßige oder figürliche Begrenzung der Farbe für ihre Schutzfähigkeit notwendig. Die Eintragung von konturlosen Farben erscheint in der Tat zweifelhaft, zumal es an der Bestimmtheit der Marke fehlen wird.[25] Mangelnde Bestimmtheit einer Eintragung widerspricht auch dem Schutzgedanken des Markenrechts, nach dem Wettbewerber hinreichend in die Lage versetzt werden sollen, die durch den patentamtlichen Verwaltungsakt der Markeneintragung eingeräumte Monopolstellung respektieren zu können.[26]

So hat dann auch das BPatG wegen fehlender Bestimmtheit der Anmeldung, zum Teil auch mit der Begründung mangelnder graphischer Darstellbarkeit, den Schutz abstrakter Farben oder Farbkombinationen verweigert.[27] Der BGH hat hingegen mehreren Rechtsbeschwerden nun stattgegeben und klargestellt, dass auch konturlose konkrete Farben und Farbzusammenstellungen nicht nur markenfähig,

---

[20] BlPMZ 1995, 378 „Richtlinien für Markenanmeldungen".
[21] Aufzählung bei *Winkler*, Markenartikel 1996, 516, 522.
[22] I.e.S. unten Kap. 1.4: Geschäftliche Bezeichnungen, S. 327.
[23] BGH GRUR 1968, 378 – Maggi, mit Anm. *Hefermehl*; *Beier* in GRUR 1980, 600.
[24] *Wittenzellner*, Festgabe Beier, 1991, S. 333.
[25] *Beier*, GRUR 1980, 605.
[26] *Winkler*, Markenartikel, 1996, 516.
[27] BPatGE 39, 140; BPatG, GRUR 1996, 881.

sondern auch durch Einreichung eines Farbmusters oder Bezugnahme auf ein Klassifizierungssystem graphisch darstellbar und ins Markenregister aufzunehmen sind.[28] Das HABM hat auf europäischer Ebene im gleichen Sinne entschieden, allerdings die Anmeldung dann aus anderen Gründen, wie fehlender graphischer Wiedergabe oder Unterscheidungskraft scheitern lassen.[29]

Von grundlegender Bedeutung für die Frage der graphischen Darstellbarkeit ist die Sieckmann-Entscheidung des EuGH. Dort konkretisiert der Gerichtshof für Zeichen, die als solches nicht visuell wahrnehmbar sind, die Anforderungen an die graphische Darstellbarkeit. Die Markenfähigkeit ist danach dann gegeben, wenn das Zeichen mit Hilfe von Figuren, Linien oder Schriftzeichen graphisch dargestellt werden kann und die Darstellung klar, eindeutig, in sich abgeschlossen, leicht zugänglich, verständlich, dauerhaft und objektiv ist.[30] Hintergrund der Entscheidung war die Frage der Eintragungsfähigkeit einer Geruchs- und Riechmarke, die jedoch mangels entsprechender graphischer Darstellbarkeit des Zeichens abgelehnt worden ist.[31] Von Bedeutung ist diese Entscheidung im Hinblick auf die Anforderungen an die graphische Darstellbarkeit aber auch für Farbmarken, Hörmarken und dreidimensionale Marken sowie neuerdings auch Tastmarken. Selbst wenn es in Zukunft vermehrt zur Eintragung konturenloser Farben bzw. Farbkompositionen kommen sollte, wird diese Eintragung dem Inhaber wenig nützlich sein. Im Streitfall wird die Frage anstehen, wie viel Prozent der „Übernahme" der geschützten Farbe zur Verletzung der Marke genügen. Im Ergebnis wird die Entwicklung dahin gehen, dass wohl nur noch bestimmte farbliche Aufmachungen, die sich auch bereits im Verkehr durchgesetzt haben, einen umfassenden Markenschutz genießen werden.[32]

1.1.7. Tastmarken

Auch ein nur über den Tastsinn wahrnehmbares Zeichen kann eine Marke sein, sofern es geeignet ist, die Waren oder Dienstleistungen eines Unternehmens von denjenigen anderer Unternehmen zu unterscheiden. Wie der EuGH in der Sieckmann-Entscheidung dargelegt hat, ist die Erste Richtlinie des Rates zur Angleichung der Rechtsvorschriften der Mitgliedstaaten über die Marken dahingehend auszulegen, dass auch Zeichen, die nicht visuell wahrnehmbar sind, Marken sein können. Obwohl die Richtlinie nur visuell wahrnehmbare Zeichen als mögliche Markenform nenne, sei die Richtlinie insoweit nicht abschließend.[33] Entscheidend für die Erlangung von Markenschutz ist die graphische Darstellbarkeit des Zeichens im Sinne des § 8 Abs. 1 MarkenG. Auch eine Tastmarke muss sich mit Hilfe von Figuren, Linien oder Schriftzeichen graphisch darstellen lassen. Die Darstellung

---

[28] NJW 1999, 1186 = WRP 1999, 430 - "Farbmarke gelb/schwarz"; weitere Nachweise bei *Schmieder*, NJW 1999, 3088, 3089, Fn. 9.
[29] NJWE-WettbR 1998, 136 = MarkenR 1999, 38 - "orange"; weitere Nachweise bei *Schmieder*, NJW 1999, 3088, 3089, Fn.
[30] EuGH WRP 2003, 249 (1. Leitsatz).
[31] EuGH WRP 2003, 249 (2. Leitsatz).
[32] *Schmieder*, NJW 1999, 3088, 3089.
[33] EuGH WRP 2003, 249.

muss klar, eindeutig, in sich abgeschlossen, leicht zugänglich, verständlich, dauerhaft und objektiv sein. Der BGH weist in einem Beschluss, der die Eintragung eines Teils der Verkleidung eines Kraftfahrzeugsitzes als haptische Marke zum Gegenstand hatte, darauf hin, dass sich die graphische Darstellung nur auf den das Wahrnehmungsgeschehen auslösenden Gegenstand zu beziehen brauche. Die Darstellung habe die maßgeblichen Eigenschaften des Gegenstandes objektiv hinreichend bestimmt zu bezeichnen.[34] Soll etwa der Herkunftshinweis durch eine spezifische haptische Wahrnehmung einer aus einer Vertiefung bestehenden Oberflächenstruktur eines Gegenstandes geführt werden, so kann die Angabe der Größenverhältnisse der Vertiefungen und Erhebungen sowie deren Anordnung zueinander ausreichen.[35]

1.2. Bekannte Marke

Art. 4 Abs. 4 a) Europäische Markenrechtsrichtlinie besagt, dass die Mitgliedstaaten festlegen können, dass einer neuen Markenanmeldung ältere gleiche oder ähnliche nationale Marken entgegenstehen, wenn die ältere Marke in dem Mitgliedstaat bekannt ist. Dieser Grundsatz hat seinen Niederschlag in §§ 9 Abs. 1 Nr. 3, 14 Abs. 2 Nr. 3 MarkenG gefunden. Laut dieser Vorschriften wird die Wertschätzung der bekannten Marke gegenüber der Marke für unähnliche Waren oder Dienstleistungen durch Ansprüche auf Löschung, Unterlassung und Schadensersatz geschützt.

Für die Entstehung einer bekannten oder berühmten Marke bedarf es quantitativer und qualitativer Voraussetzungen. Dazu führt der Gesetzgeber aus: „In quantitativer Hinsicht wird es vor allem auf den durch Verkehrsbefragungen nachweisbaren Grad der Verkehrsbekanntheit ankommen. Eine kategorische Abgrenzung der 'bekannten' Marke etwa in dem Sinne, dass die Bekanntheit über der für den Schutz nicht von Haus aus unterscheidungskräftiger oder freihaltebedürftiger Angaben oder Zeichen geforderten Verkehrsdurchsetzung liegen muss, wird sich aber nicht treffen lassen. Hinsichtlich der qualitativen Elemente wird der Schutz von dem guten Ruf der Marke abhängig sein."

Der BGH hat in seiner „Avon"-Entscheidung[36], in der die Kosmetik-Firma Avon gegen den Hersteller von Tonträgern mit gleicher Unternehmensbezeichnung vorging, Ausführungen über die Anforderungen an die Berühmtheit einer Marke gemacht: „Besteht (...) in den für den Verkaufserfolg der Klägerin maßgeblichen Käuferkreisen ein Durchsetzungsgrad von über 90 % – bei entsprechend niedrigerer Quote in den für den Besitzstand weniger bedeutsamen männlichen Verkehrskreisen, aber noch sehr hoher Bekanntheit bei letzteren – so durfte das Berufungsgericht der Kennzeichnung der Klägerin den für eine berühmte Marke erforderlichen Bekanntheitsgrad nicht absprechen."

Die bekannte geschäftliche Bezeichnung wird gesondert durch § 15 Abs. 3 MarkenG geschützt. Der hier formulierte Schutz der bekannten geschäftlichen Bezeichnung gegen Verwässerungsgefahr oder Rufausbeutung war Gegenstand der BGH-

---

[34] BGH WRP 2007, 69.
[35] BGH WRP 2007, 69.
[36] BGH WRP 1991, 568 – Avon.

Entscheidung „Telefonnummer 4711".[37] Ein regionales Taxiunternehmen wollte für seine insgesamt 10 Taxi-Fahrzeuge mit der Telefonnummer „4711" werben. Das berühmte Unternehmenskennzeichen „4711" für Kölnisch Wasser erfuhr dadurch laut BGH eine Beeinträchtigung der Werbewirkung dieses Schlagwortes, obwohl die für die Anwendung des § 16 UWG (jetzt § 15 Abs. 3 MarkenG) erforderliche Branchennähe fehlte. Der BGH betonte die überragende und einmalige Bekanntheit des betreffenden Unternehmens, weshalb eine Verwendung des Unternehmenszeichens bereits in einem regional abgegrenzten Bereich eine Schutzverletzung begründet.

Für die bekannte geographische Herkunftsangabe bietet § 127 Abs. 3 MarkenG Schutzmöglichkeiten. Die Rufausnutzung bekannter geographischer Herkunftsangaben kommt insbesondere in Betracht, wenn eine Produktannäherung nach Ansicht beteiligter Verkehrskreise einen „Imagetransfer" erzeugen kann.

1.3. Ausschluss des Markenschutzes

Gem. § 3 Abs. 2 MarkenG sind Zeichen nicht als Marke schutzfähig, die ausschließlich aus einer Form bestehen,

- die durch die Art der Ware selbst bedingt ist,
- die zur Erreichung einer technischen Wirkung erforderlich ist,
- die der Ware einen wesentlichen Wert verleiht.

Die Vorschrift beruht auf Art. 3 Abs. 1 e) Europäische Markenrechtsrichtlinie und ist für die Zukunft insbesondere durch den EuGH auszulegen.

Sinngemäß ist eine Ware nicht als Marke schutzfähig, wenn ihr über ihre funktionale Existenz hinaus nicht noch weitere kennzeichnende Merkmale anhaften. In der „Klemmbausteine"-Entscheidung des BGH[38] hieß es zum Ausstattungsschutz von Lego-Spielzeug: „Entscheidend ist (...) allein, ob die äußere Gestaltung als 'Zutat' zur Ware begrifflich von ihr unterscheidbar ist und ob es sich um Gestaltungselemente handelt, die willkürlich wählbar sind und dadurch das 'Gesicht' der Ware bestimmen." Demzufolge war also nicht der Klemmbaustein selbst schutzfähig, da er insgesamt durch seine technische Funktionalität geprägt war. Allerdings war die Form der jeweiligen Klemmnocken durch den Hersteller frei wählbar und somit auch als Kennzeichen schutzfähig.

---

[37] BGH GRUR 1990, 711 – 4711.
[38] BGH GRUR 1964, 621 – Klemmbausteine.

1.4. Geschäftliche Bezeichnungen

Geschäftliche Bezeichnungen (§ 1 Nr. 2 MarkenG) werden durch § 5 MarkenG geschützt und Schutzverletzungen durch § 15 MarkenG sanktioniert. § 5 MarkenG gewährt Unternehmenskennzeichen und Werktiteln Markenschutz. Diese beiden Arten von geschäftlichen Bezeichnungen haben - wie Marken auch – Unterscheidungsfunktion. Unternehmenskennzeichen sind unternehmensidentifizierende Zeichen. Werktitel hingegen identifizieren gem. § 5 Abs. 3 MarkenG Druckschriften, Film-, Ton- und Bühnenwerke oder sonstige vergleichbare Werke.

In § 5 Abs. 2 Satz 1 MarkenG ist näher dargelegt, was als Unternehmenskennzeichen anzusehen ist. Danach sind Unternehmenskennzeichen insbesondere Zeichen, die im geschäftlichen Verkehr als Name, als Firma (Name eines Kaufmanns, § 17 HGB) oder als besondere Bezeichnung eines Geschäftsbetriebes oder Unternehmens benutzt werden. In Ergänzung dazu regelt § 5 Abs. 2 Satz 2 MarkenG, dass Geschäftsabzeichen und sonstige zur Unterscheidung des Geschäftsbetriebs von anderen Geschäftsbetrieben bestimmte Zeichen den besonderen Bezeichnungen eines Geschäftsbetriebs i.S.v. Satz 1 gleichstehen, wenn sie Verkehrsgeltung haben; diese Regelung kommt bei beschreibenden Angaben oder Schlagworten des Unternehmens zum Tragen. Für die Sanktion entsprechender möglicher Rechtsverletzungen und die Werterhaltung von bekannten geschäftlichen Bezeichnungen ist § 15 MarkenG die Rechtsgrundlage.[39]

Den Schutz geschäftlicher Bezeichnungen gewährte vor Verabschiedung des Markengesetzes § 16 UWG, der durch Art. 25 MRRG abgeschafft wurde. § 16 UWG gewährte dem Inhaber einer Firmenbezeichnung das Recht, den Missbrauch dieser Bezeichnung zu versagen. Zusätzlich hatte § 24 WZG die Aufgabe, den Verkehr vor der Irreführung durch missbräuchliche Verwendung von Firmenbezeichnungen für Waren zu schützen. Die Geltung der bisherigen Rechtsprechung zum Schutz geschäftlicher Bezeichnungen soll für §§ 5, 15 MarkenG fortschreibungstauglich sein.[40]

1.4.1. Unternehmenskennzeichen

Voraussetzung für den markenrechtlichen Schutz eines Unternehmenskennzeichens ist das Vorhandensein von Unterscheidungskraft gem. § 8 Abs. 2 MarkenG. Diese Vorschrift betrifft zwar in erster Linie die Schutzfähigkeit von eingetragenen Marken, findet jedoch nach der Rechtsprechung des BGH auch auf Unternehmenskennzeichen Anwendung. Dies ist die Konsequenz des vom BGH vertretenen Grundsatzes der Einheitlichkeit der Kennzeichenrechte.[41] Danach finden bei der Beurteilung der Schutzfähigkeit von Unternehmenskennzeichen grundsätzlich dieselben materiellen Schutzvoraussetzungen Anwendung, die in § 8 Abs. 2 MarkenG, bezogen

---

[39] Zur bekannten geschäftlichen Bezeichnung s.o. Kap. 1.3.: Ausschluss des Markenschutzes, S. 326.
[40] Siehe Begründung zu § 5 MarkenG.
[41] BGH Urt. vom 26. Oktober 2000, I ZR 117/98.

auf Waren und Dienstleistungen, für die Schutzfähigkeit von eingetragenen Marken vorgesehen sind. Der markenrechtliche Schutz kann sich dabei auch auf einen einzelnen Bestandteil einer Firmenbezeichnung erstrecken. Voraussetzung dafür ist, dass es sich bei diesem Bestandteil um einen unterscheidungskräftigen Teil der Firma handelt, der seiner Art nach im Vergleich zu den übrigen Firmenbestandteilen geeignet erscheint, sich im Verkehr als schlagwortartiger Hinweis auf das Unternehmen durchzusetzen.[42] Hat ein Unternehmenskennzeichen Unterscheidungskraft, entsteht der Kennzeichenschutz mit der Aufnahme der Benutzung des Zeichens im geschäftlichen Verkehr.[43] Kommt dem Unternehmenskennzeichen hingegen von Haus aus keine Unterscheidungskraft zu, so entsteht markenrechtlicher Schutz erst zu dem Zeitpunkt, zu dem den im geschäftlichen Verkehr benutzten Zeichen auf Grund des Erwerbs von Verkehrsgeltung Unterscheidungskraft zukommt.[44]

In der „Video-Rent"-Entscheidung stellte der BGH[45] fest, dass es sich bei der Verbindung der Begriffe „Video" und „Rent" um beschreibende Angaben handelt und dieser Umstand auch vom Verkehr so aufgefasst wird. Die Verbindung der beiden Worte begründe jedenfalls nicht eine derart phantasievolle Zusammensetzung, dass sie der Verkehr als individuellen Herkunftshinweis auffassen würde. Die beschreibende Wirkung der Wortkombination „Video-Rent" überwiegt insoweit die unternehmensidentifizierende Wirkung. Da das Unternehmenskennzeichen auch nicht über eine ausreichende Verkehrsgeltung verfügt, wurde ihm der gewerbliche Rechtsschutz versagt.

Um gegen anderweitige Benutzer von unterscheidungskräftigen Unternehmenskennzeichen vorzugehen, muss eine Verwechslungsgefahr vorliegen, § 15 Abs. 2 MarkenG. Dazu hat der BGH[46] erklärt, dass keine Verwechslungsgefahr besteht, wenn dem geschützten Unternehmenskennzeichen ein Zusatz anhängt, der nach Ansicht des beteiligten Verkehrs der prägende Teil dieses Unternehmenskennzeichens ist. Im konkreten Fall ging der Inhaber des „City-Hotel" gegen die Verwendung der Bezeichnung „City-Hilton" vor. Der BGH erkannte darauf, dass der weltweit bekannte Bestandteil der Wortkombination „Hilton" eine Verwechslungsgefahr ausschließe.

1.4.2. Werktitel

Gem. § 5 Abs. 3 MarkenG sind Werktitel „die Namen oder besonderen Bezeichnungen von Druckschriften, Filmwerken, Tonwerken, Bühnenwerken und sonstigen vergleichbaren Werken". Werktitel waren vormals durch § 16 UWG geschützt. Nach wie vor müssen Werktitel unterscheidungskräftig sein, um Markenschutz zu erlangen.

---

[42] BGH GRUR 1997, 845.
[43] *Fezer*, MarkenR, § 5 Rdnr. 3.
[44] *Fezer*, MarkenR, § 5 Rdnr. 3.
[45] BGH WRP 1986, 671 – Video-Rent.
[46] BGH WRP 1995, 615 – City-Hotel.

1.5. Geographische Herkunftsangaben

Der Schutz geografischer Herkunftsangaben ist in den §§ 126 ff. MarkenG festgelegt. Die Regelung entlastet § 3 UWG, der bisher bei irreführenden Angaben über die geografische Herkunft herangezogen wurde. Seine Anwendbarkeit wird durch die Bestimmungen im Markengesetz jedoch nicht ausgeschlossen. Geografische Herkunftsangaben unterscheiden sich von Marken dadurch, dass sie nicht die betriebliche Herkunft von Waren oder Dienstleistungen, sondern ihre geografische Herkunft kennzeichnen. „Anders als Marken sind sie keine individuellen Schutzrechte, sondern können von allen Unternehmen für Waren oder Dienstleistungen benutzt werden, die aus dem gekennzeichneten Ort oder Gebiet stammen. Sie verkörpern damit einen kollektiven Goodwill, der allen berechtigten Unternehmen gemeinsam zusteht. Geografischen Herkunftsangaben kommt vielfach eine erhebliche Bedeutung zu, wie sich z.B. an dem Weltruf der Bezeichnung 'Made in Germany' zeigt.[47]"

Als geografische Herkunftsangaben sind Namen von Orten, Gegenden, Gebieten oder Ländern als unmittelbare Herkunftsangaben (z.B. Badischer Wein, Lübecker Marzipan, Meißener Porzellan) und sonstige herkunftsbedeutende Angaben und Zeichen als mittelbare Herkunftsangaben geschützt (z.B. Bauwerke und Wahrzeichen wie das Lübecker Holstentor[48], Frankfurter Römer[49]), § 126 Abs. 1 MarkenG.

Nicht schutzfähig als geografische Herkunftsangaben sind Gattungsbezeichnungen, § 126 Abs. 2 MarkenG. Gattungsangaben können eine Angabe über die geografische Herkunft enthalten oder von einer solchen Angabe abgeleitet sein, aber dennoch ihre ursprüngliche Bedeutung verloren haben. D.h., dass Gattungsbezeichnungen vom Verkehr nicht als geografische Herkunftsangabe, sondern als Zugehörigkeitskennzeichen zu einer bestimmten Warengattung aufgefasst werden. Die Denaturierung von einer geografischen Herkunftsangabe zu einer Gattungsangabe hat sich z.B. bei „Kölnisch Wasser", „Schweizer Käse" und „Wiener Schnitzel" vollzogen.[50]

§ 127 MarkenG legt fest, dass geografische Herkunftsangaben nicht für Waren oder Dienstleistungen benutzt werden dürfen, die nicht aus dem Gebiet stammen, das die geografische Herkunftsangabe bezeichnet, wenn der Verkehr so in die Irre geführt werden kann. Eine Irreführung liegt bereits vor, wenn ein nicht unerheblicher Teil der beteiligten Verkehrskreise die geografische Angabe als einen Hinweis auf die geografische Herkunft der Produkte verstehen kann.[51] Wenn mit der geografischen Herkunftsangabe eine besondere Qualität oder Eigenschaft verbunden wird, müssen derart gekennzeichnete Waren oder Dienstleistungen entsprechende Merkmale aufweisen, § 127 Abs. 2 MarkenG.

---

[47] Siehe Begründung zum MarkenG, S. 116; a.A: *Fezer*, MarkenG, § 126 Rdnr. 4; *Knaak*, GRUR 1995, 103, 105.
[48] RG GRUR 1939, 919.
[49] BGHZ 14, 15.
[50] Zu den Anforderungen an die Denaturierung s. BGH GRUR 1965, 317 – Kölnisch Wasser; 1965, 681 – de Paris; 1970, 517 – Kölsch-Bier; 1981, 71 – Lübecker Marzipan.
[51] *Knaak*, GRUR 1995, 103, 105.

Der EuGH hat mittlerweile entschieden, dass die EG-Verordnung zum Schutz von geographischen Angaben und Ursprungsbezeichnungen für Agrarerzeugnisse und Lebensmittel nicht der Anwendung einer nationalen Regelung entgegensteht, welche die möglicherweise irreführende Verwendung einer geographischen Herkunftsangabe verbietet, bei der kein Zusammenhang zwischen den Produkteigenschaften und seiner Herkunft besteht.[52] Demnach ist § 127 I MarkenG uneingeschränkt anwendbar, so dass es zur Vermeidung einer Irreführungsgefahr ggfs. entlokalisierender Zusätze bedarf.[53]

Geographische Herkunftsangaben sind auch dann schützenswert, wenn sie mit Zusätzen benutzt werden, es sei denn, diese Zusätze sind geeignet, der Herkunftsangabe die lokalisierende Wirkung zu entziehen, § 127 Abs. 4 MarkenG. Entlokalisierende Qualität fehlt in aller Regel den unmittelbaren Herkunftsangaben, bei mittelbaren Herkunftsangaben kommt diese Wirkung häufiger in Betracht.[54]

Gegen die Verletzung geschützter geographischer Herkunftsangaben gewährt § 128 MarkenG einen Unterlassungs- bzw. Schadensersatzanspruch, der ab Erlangung der Kenntnis der Verletzung für drei Jahre besteht, §§ 129, 20 MarkenG. Nach § 144 MarkenG ist die rechtswidrige Benutzung geographischer Herkunftsangaben strafbar.

Zusätzlich enthalten die §§ 130–139 MarkenG ergänzende Bestimmungen zur Verordnung (EG) Nr. 510/2006 vom 20. März 2006, die zum Schutz von geographischen Angaben und Ursprungsbezeichnungen für Agrarerzeugnisse und Lebensmittel geschaffen wurde und insbesondere deren Schutz auf Gemeinschaftsebene regelt.

---

[52] GRUR 2001,64; BGH, Vorlagebeschluss EuZW 1999,24 = GRUR 1999, 251.
[53] Vgl. dazu den Fall "Warsteiner I, BGH, Vorlagebeschluss EuZW 1999, 24 = GRUR 1999, 251.
[54] BGH GRUR 1971, 29, 32 – Deutscher Sekt; 1971, 255 – Plym Gin; 1982, 564 – Elsässer Nudeln; *Fezer*, MarkenG, § 127 Rdnrn. 17 ff.

2. Entstehung des Markenschutzes

Der Markenschutz entsteht durch die Eintragung eines Zeichens als Marke in das vom Patentamt geführte Register, durch Benutzung eines Zeichens im geschäftlichen Verkehr mit Verkehrsdurchsetzung[55] oder über die notorische Bekanntheit einer Marke i.S.v. Art. 6bis PVÜ[56] (§ 4 MarkenG). Die Voraussetzungen einer Markenanmeldung sind in § 32 MarkenG geregelt, wonach die Anmeldung zur Eintragung in das Register beim Patentamt einzureichen ist, § 32 Abs. 1 MarkenG. Der jeweilige Markenschutz entsteht grundsätzlich dann, wenn die Marke eingetragen ist, die lediglich Anmeldung entfaltet keine konstitutive Wirkung. Der Zeitrang der Marke (Priorität) richtet sich jedoch nicht nach dem Tag der Eintragung, sondern nach dem der Anmeldung. Dem Markeninhaber wird ein ausschließliches Recht gewährt, § 14 MarkenG.

2.1. Markeninhaber

Inhaber von eingetragenen und angemeldeten Marken können natürliche und juristische Personen sein sowie Personengesellschaften, die Rechte erwerben bzw. Verbindlichkeiten eingehen können, § 7 MarkenG, also keine Gesellschaften bürgerlichen Rechts, sondern nur ihre einzelnen Gesellschafter, § 5 Abs. 3 MarkenV. Nachdem aber der II. Zivilsenat die Außenrechtsfähigkeit der Gesellschaft bürgerlichen Rechts anerkannt hat, wird erwartet, dass der u.a. für Rechtsstreitigkeiten aus dem Markenrecht zuständige I. Zivilsenat des BGH die Außengesellschaft für markenrechtsfähig halten wird. Eine solche Außengesellschaft ist zumindest eine Gesellschaft bürgerlichen Rechts, die Gesamthandsvermögen hat.

Im Gegensatz zum Warenzeichengesetz verlangt das Markengesetz keinen akzessorischen Markenschutz, d.h., der Markeninhaber muss künftig nicht zusätzlich einen allgemeinen Geschäftsbetrieb führen. Fortan gilt § 7 MarkenG für In- und Ausländer, also auch für die Ausländer, die nicht in einem der Mitgliedsländer der Pariser Verbandsübereinkunft ansässig sind; auf die zusätzliche Gleichbehandlung von Inländern im Ausland kommt es nicht mehr an.[57]

2.2. Anmeldung und Eintragung

Die Voraussetzungen für die Anmeldung zur Eintragung einer Marke regeln §§ 32–35 MarkenG. Spezifische Formbestimmungen sind in Teil 2 der Markenverordnung reglementiert. Im Unterschied zur Markenrechtsfähigkeit in § 7 MarkenG verlangt § 32 MarkenG u.a. die Markenanmeldefähigkeit des Anmelders, nämlich seine Geschäftsfähigkeit i.S.d. §§ 104 ff. BGB.

---

[55] Zur Verkehrsdurchsetzung s.u. Kap. 2.6: Absolute Schutzhindernisse, S. 335.
[56] Zu notorisch bekannten Marken s.u. Kap. 2.7: Verkehrsdurchsetzung, S. 342.
[57] Vormalig Grundsatz der Gleichbehandlung in § 35 Abs. 3 WZG.

Die Anmeldung beim DPA durch den Anmelder oder einen Vertreter (§ 76 MarkenV, § 96 MarkenG) muss Angaben über die Identität des Anmelders enthalten, § 32 Abs. 2 Nr. 1 MarkenG, um die Zuerkennung eines Anmeldetages zu erlangen, §§ 33 Abs. 1, 36 Abs. 1 Nr. 1 MarkenG; die jeweiligen Anmeldungserfordernisse nach § 32 Abs. 3 MarkenG benennen die §§ 2–14 MarkenV.

Die Anmeldung muss die Wiedergabe der Marke enthalten, § 32 Abs. 2 Nr. 2 MarkenG. Die Marke ist als schutzfähiges Zeichen i.S.v. § 3 MarkenG wiederzugeben. Nach § 6 MarkenV ist in der Anmeldung anzugeben, ob die Marke als Wortmarke, Bildmarke, dreidimensionale Marke, Kennfadenmarke, Hörmarke oder sonstige Markenform eingetragen werden soll.[58] In der Anlage zu § 19 Abs. 1 MarkenV ist die Klasseneinteilung von Waren und Dienstleistungen vorgenommen worden, nach der sich auch die Höhe der jeweiligen Anmeldegebühren bestimmt. Die erste fällige Gebühr umfasst die ersten drei angemeldeten Klassen, für jede weitere fallen zusätzliche Gebühren an, § 32 Abs. 4 MarkenG.

Der Tag der Anmeldung ist der Tag, an dem die notwendigen Unterlagen beim DPA eingegangen sind, § 33 Abs. 1 MarkenG. Der Anmelder, der die Bedingungen der §§ 32 Abs. 2, 36 Abs.1 MarkenG erfüllt, hat einen Anspruch auf Eintragung, wenn dem nicht absolute Eintragungshindernisse (§§ 37 i.V.m. 3, 8, 10 MarkenG) entgegenstehen, § 33 Abs. 2 MarkenG.

Der Zeitrang einer Marke kann sich durch Inanspruchnahme der Priorität einer früheren Auslandsanmeldung vor den Anmeldetag nach § 33 MarkenG schieben, wenn die Marke in Vertragsstaaten (§ 34 Abs. 1 MarkenG) oder auch in Nichtvertragsstaaten (§ 34 Abs. 2 MarkenG) angemeldet wurde. Das gilt ebenfalls für Marken, die auf international anerkannten Ausstellungen zur Schau gestellt und dann innerhalb von sechs Monaten zur Anmeldung eingereicht worden sind, § 35 MarkenG.

2.3. Prüfung

Das DPA prüft, ob formelle und materielle Schutzvoraussetzungen einer Eintragung entgegenstehen, § 36 Abs. 1 MarkenG. Eventuell festgestellte Mängel können vom Anmelder innerhalb einer bestimmten Frist behoben werden; dann gilt der Tag der Mängelbeseitigung als Anmeldetag, § 36 Abs. 2 MarkenG. Die Anmeldung gilt als zurückgenommen, wenn die ausstehenden Gebühren nicht innerhalb eines Monats nach erfolgter Mahnung gezahlt werden, § 36 Abs. 3 Satz 1 MarkenG.

Die formellen Eintragungsvoraussetzungen in § 36 MarkenG sind die Erfüllung der Anmeldebedingungen der §§ 32 Abs. 2, 33 MarkenG, die sonstigen Anmeldungserfordernisse des § 32 Abs. 3 i.V.m. §§ 2–14 MarkenV – z.B. spezifische Eintragungsarten der verschiedenen Markenformen – sowie die Prüfung, ob der Anmelder auch Markeninhaber ist, § 7 MarkenG.

---

[58] Zu den Anmeldungserfordernissen der verschiedenen Markenformen siehe §§ 7 ff. MarkenV.

Die Prüfung absoluter Eintragungshindernisse, § 37 MarkenG umfasst insbesondere, ob die Anmeldung markenfähig ist (§ 3 MarkenG[59]), ob die angemeldete Marke unterscheidungskräftig ist oder ein Freihaltebedürfnis besteht (§ 8 MarkenG[60]), oder ob es sich bei ihr um eine notorisch (amts-)bekannte Marke handelt (§ 10 MarkenG[61]). Werden Eintragungshindernisse wie mangelnde Unterscheidungskraft, Bestehen eines Freihaltebedürfnisses oder Vorliegen einer Gattungsbezeichnung (§ 8 Abs. 2 Nr. 1–3 MarkenG) festgestellt, gilt jedoch nachträglich der Tag als Anmeldetag, an dem ein solches Schutzhindernis weggefallen ist, § 37 Abs. 2 MarkenG. Eine ersichtlich zur Täuschung des Publikums geeignete Marke (§ 8 Abs. 2 Nr. 4) wird zurückgewiesen, § 37 Abs. 3 MarkenG. Auch eine nur teilweise Zurückweisung der Anmeldungen ist möglich, § 35 Abs. 5 MarkenG.

Die Prüfung auf formelle und materielle Schutzvoraussetzungen kann auf Antrag des Anmelders und gegen erhöhte Gebühr beschleunigt durchgeführt werden, § 38 MarkenG. Das Vorliegen einer beschleunigten Prüfung ist für alle Markenanmeldungen von Bedeutung und verlangt nicht mehr das Vorliegen eines berechtigten Interesses des Anmelders, da der Anmeldung der Marke nach der neuen Rechtslage das Widerspruchsverfahren nachgeschaltet ist, das allen Anmeldungen eine rasche Entscheidung über die Eintragung ermöglicht.[62]

Einer positiven Prüfung über die Schutzvoraussetzungen folgt die Eintragung in das Register, § 41 MarkenG. Diese Registrierung wird dann im Markenblatt veröffentlicht, §§ 20, 21 MarkenV.

2.4. Zurücknahme, Einschränkung und Berichtigung

Die Anmeldung der Marke als solche kann zurückgezogen oder die Anzahl der verzeichneten Waren oder Dienstleistungen kann eingeschränkt werden, § 39 Abs. 1 MarkenG.

Es kann nur der produktbezogene Schutzumfang der Marke eingeschränkt werden, eine Reduktion auf lediglich eine bestimmte Zeichengestaltung ist nicht zulässig.[63] Eine Korrektur offensichtlicher Unrichtigkeiten ist jedoch möglich und dann erneut zu veröffentlichen, § 45 MarkenG. Änderungen der Anmeldung verändern die Priorität der Marken. Das folgt aus dem Grundsatz der Marke als unveränderliche Einheit.[64]

Nach dem Markengesetz besteht die Möglichkeit, sowohl die angemeldete (§ 40 MarkenG) als auch die eingetragene Marke (§ 46 MarkenG) zu teilen. Dabei hat der Anmelder den Vorteil, dass ihr jeweiliger Zeitrang bestehen bleibt. Diese Möglichkeit findet vor allem dann Anwendung, wenn nach Prüfung und Widerspruch nur einem Teil der angemeldeten Marken keine absoluten Schutzhindernisse entgegens-

---

[59] Siehe oben Kap. 1.1: Markenformen und Kap. 1.2: Bekannte Marke, S. 321 und S. 325.
[60] Siehe unten Kap. 2.6: Absolute Schutzhindernisse, S. 335.
[61] Siehe unten Kap. 2.8: Relative Schutzhindernisse, S. 344.
[62] *Fezer*, MarkenG, § 38 Rdnr. 1.
[63] BPatGE 36, 29 – Color COLLECTION.
[64] BGH GRUR 1958, 185 – Wyeth, 1975, 135 – KIM-Mohr.

tehen, dem abgetrennten Teil aber sein Zeitrang erhalten bleiben soll. In beiden Fällen ist die Teilungserklärung unwiderruflich. Von der Markenteilung ist der Teilverzicht nach § 48 Abs. 1 MarkenG zu unterscheiden, der die Löschung für einen Teil der Waren oder Dienstleistungen bewirkt.

2.5. Widerspruch

Nach Veröffentlichung der eingetragenen Marke gem. § 41 MarkenG hat der Inhaber einer Marke mit älterem Zeitrang innerhalb einer Frist von drei Monaten ein Widerspruchsrecht gegen diese Eintragung, § 42 MarkenG. Im Unterschied zu § 5 WZG, wonach das Widerspruchsverfahren vor Eintragung in die Warenzeichenrolle durchzuführen war, erfolgt der Widerspruch nun erst nach der Registereintragung. Der Widerspruch kann darauf gestützt werden, dass eine angemeldete oder eingetragene Marke, § 9 Abs. 1 Nr. 1 oder 2 MarkenG, oder eine notorisch bekannte Marke, §§ 10 i.V.m. 9 Abs. 1 Nr. 1 oder 2 MarkenG, einen älteren Zeitrang aufweist. Außerdem kann die Löschung beantragt werden, wenn es sich bei der eingetragenen Marke um eine rechtswidrige Agentenmarke[65] handelt. Dem Inhaber einer älteren bekannten Marke, § 9 Abs. 1 Nr. 3 MarkenG, wird das Widerspruchsrecht nicht zuerkannt. Ein solches Verfahren erfordert nämlich einen erhöhten Aufwand, der ausschließlich über die Durchführung einer Löschungsklage gem. §§ 51 ff. MarkenG zu erledigen ist.[66]

In Ergänzung zu § 42 MarkenG regelt § 43 MarkenG die Einrede mangelnder Benutzung des Widerspruchsgegners gegenüber dem Widerspruchsführer. Wenn der Widerspruchsgegner im Wege der Einrede geltend macht, dass der Widerspruchsführer die Widerspruchsmarke in den letzten fünf Jahren seit der Veröffentlichung der Marke nicht benutzt hat[67], muss der Widerspruchsführer das Gegenteil glaubhaft machen. Zur Glaubhaftmachung einer rechtserhaltenden Benutzung kann sich der Widersprechende aller Beweismittel (Augenschein, Zeugen, Sachverständige, Parteivernehmung, Urkunden) bedienen.[68] Bei Rücknahme der Einrede während des Widerspruchsverfahrens ist die Benutzung nicht mehr zu prüfen. Nach Entscheidung über den Widerspruch ist die Marke für diejenigen Waren oder Dienstleistungen zu löschen, für die der Widerspruch wirkt, § 43 Abs. 2 MarkenG. Gegen die stattgebende Entscheidung im Widerspruchsverfahren kann der Inhaber der Marke vor den ordentlichen Gerichten innerhalb von sechs Monaten nach Unanfechtbarkeit der Entscheidung ein eigenständiges Verfahren anstrengen, § 44 MarkenG; es handelt sich dabei nicht um eine Neuauflage des Widerspruchsverfahrens.[69]

---

[65] Umfassend *Fezer*, MarkenG, § 11.
[66] Siehe Begründung zum MarkenG, S. 189.
[67] Zum Benutzungszwang (§ 26 MarkenG) s.u. Kap. 4.6: Benutzungszwang, S. 363.
[68] *Fezer*, MarkenG, § 43 Rdnr. 10.
[69] *Fezer*, MarkenG, § 44 Rdnr. 2; zur Bindung an die Widerspruchsentscheidung durch die ordentlichen Gerichte s. *ders.*, § 44 Rdnr. 3.

2.6. Absolute Schutzhindernisse

Die absoluten Schutzhindernisse verhindern die Eintragungsfähigkeit der Marke, § 8 MarkenG. § 8 MarkenG stimmt im Wesentlichen mit § 4 WZG überein, obwohl die konkrete Aufzählung in § 8 MarkenG eine großzügigere Handhabung erwarten lässt, als es bei § 4 WZG der Fall war. So ist die Schutzversagung von Zahlen- und Buchstabenmarken als grundsätzlich beschreibende Zeichen aufgehoben. Das Vorliegen von Schutzhindernissen wird nach § 37 MarkenG von Amts wegen geprüft. Liegt eines der Schutzhindernisse der §§ 3, 8 oder 10 MarkenG vor, wird die Eintragung nach § 37 Abs. 1 MarkenG versagt. Erfolgt gleichwohl eine Eintragung, kann die Marke auf Antrag beim DPMA, der von jedermann gestellt werden kann, wegen Nichtigkeit nach § 50 Abs. 1 MarkenG gelöscht werden, § 54 MarkenG. Voraussetzung ist gemäß § 50 Abs. 2 MarkenG stets, dass das Schutzhindernis bereits bei der Eintragung vorgelegen hat und im Zeitpunkt der Entscheidung über die Löschung noch fortbesteht. Etwas anderes gilt nur für die Löschung einer böswillig angemeldeten Marke, hierbei ist auf den Zeitpunkt der Anmeldung abzustellen.[70]

Von der Eintragung ausgeschlossen sind grundsätzlich alle Marken, die sich nicht graphisch darstellen lassen, §§ 8 Abs. 1 i.V.m. 3 MarkenG. Über § 3 MarkenG hat sich auch die Vielfalt der schutzfähigen Markenformen erhöht.

In § 8 Abs. 2 Nr. 1 und 2 MarkenG werden als Schutzhindernisse die fehlende Unterscheidungskraft der Marke und eventuelle Freihaltebedürfnisse aufgezählt. So verneinte der BGH in einem Rechtsbeschwerdeverfahren die konkrete Unterscheidungskraft der Wortmarke „Fußball WM 2006" für sämtliche angemeldete Waren und Dienstleistungen und nahm ein Freihaltebedürfnis an.[71] Die damalige Markeninhaberin war der Auffassung, dass es sich bei dieser Wortmarke um eine „Ereignismarke" oder „Eventmarke" handele, welche geeignet sei, mit ihr gekennzeichnete Waren oder Dienstleistungen von Sponsoren einer Sportveranstaltung als Produkte des sog. Merchandising zu identifizieren und von Produkten der Nichtsponsoren zu unterscheiden. Der BGH stellte in seiner Entscheidungsbegründung jedoch klar, dass auch eine solche Eventmarke die Eintragungsvoraussetzungen des § 8 Abs. 2 MarkenG erfüllen müsse. Die Angabe „Fußball WM 2006" dient jedoch der Bezeichnung einer Fußballweltmeisterschaft im Jahre 2006 und ist damit unmittelbar beschreibend. Der Verkehr sieht deshalb darin nach allgemeiner Lebenserfahrung gerade keinen Hinweis auf den Hersteller oder Anbieter einer Ware oder Dienstleistung. Aus demselben Grunde war auch ein Freihaltebedürfnis nach § 8 Abs. 2 Nr. 2 MarkenG anzunehmen, da beschreibende Zeichen oder Angaben im Sinne dieser Bestimmung von jedermann frei verwendet werden können. Wer seine Leistung zu einem Ereignis unter Benennung dieses Ereignisses mit registerrechtlichem Schutz herkunftshinweisend bezeichnen möchte – so der BGH –, habe eine

---

[70] *Fezer/Fink*, Hdb. Markenpraxis, Bd.1, MarkenVerfR, 1. Teil, 1. Kap., Rdnr. 451.
[71] BGH WRP 2006, 1121.

von der bloßen Beschreibung des Ereignisses unterscheidungskräftig abweichende oder diese ergänzende Angabe zu wählen.[72]

§ 8 Abs. 3 schränkt die Schutzinteressen ein, sofern sich Marken trotz fehlender Unterscheidungskraft, beschreibende Marken und Gattungsbezeichnungen bei den beteiligten Verkehrskreisen durchgesetzt haben.

2.6.1. Fehlende Unterscheidungskraft

Nach § 3 Abs. 1 MarkenG können Marken „geschützt werden, die geeignet sind, Waren oder Dienstleistungen eines Unternehmens von denjenigen anderer Unternehmen zu unterscheiden". In § 3 MarkenG ist die abstrakte Unterscheidungskraft der Marke gemeint. Es ist nach abstrakter Sichtweise zu beurteilen, ob das Zeichen eines Unternehmens zur Unterscheidung von denjenigen anderer Unternehmen geeignet ist; ausreichend ist die Unterscheidungseignung zur Produktidentifikation.[73] Nach § 8 Abs. 2 Nr. 1 MarkenG sind „Marken, denen für die Waren oder Dienstleistungen jegliche Unterscheidungskraft fehlt, von der Eintragung ausgeschlossen". Hier kommt es auf die konkrete Unterscheidungskraft der Marke an, da es um ihre Eintragungsfähigkeit geht. Konkrete Unterscheidungskraft gewinnt die Marke in Bezug auf die jeweiligen Waren oder Dienstleistungen; ausschlaggebend ist die Unterscheidungskraft der Marke durch ihren Produktbezug. Die Abgrenzung von abstrakter und konkreter Unterscheidungskraft spielt auch bei der Bewertung der Verkehrsdurchsetzung als hindernisausschließendes Merkmal (§ 8 Abs. 3 MarkenG) eine Rolle.[74]

Das Erfordernis jeglicher Unterscheidungskraft in § 8 Abs. 2 Nr. 1 MarkenG bringt zum Ausdruck, dass „jede wenn auch noch so geringe Unterscheidungskraft ausreicht, um dieses Schutzhindernis zu überwinden".[75] Diese Formulierung findet sich so auch in Art. 6^{quinquies} B 2 Nr. 2 der Pariser Verbandsübereinkunft. Die auf dieser Vorschrift beruhende „telle-quelle"-Marke[76] wurde bezüglich ihrer Unterscheidungskraft schon mehrfach definiert.[77] Der BGH[78] hielt es für die Unterscheidungskraft eines Zeichens als betrieblichen Herkunftshinweis für bedeutsam, dass 30 % der angesprochenen Verkehrskreise der streitgegenständlichen Kennzeichnung eine Herkunftsfunktion zubilligen und erkannte deshalb: „Je geringer ein allgemeines Interesse an der Freihaltung ist, umso eher kann ein verbleibender Teil des Verkehrs, der das Zeichen nicht als Herkunftshinweis auffasst, vernachlässigt werden."

---

[72] BGH WRP 2006, 1121.
[73] *Fezer*, MarkenG, § 3 Rdnr. 203.
[74] Siehe unten Kap. 2.7: Verkehrsdurchsetzung, S. 342.
[75] Siehe Begründung zu § 8 MarkenG.
[76] Die „telle-quelle"-Marke besagt, dass die im Ursprungsland vorschriftsmäßig eingetragene Fabrik- oder Handelsmarke auch in anderen Verbandsländern zur Hinterlegung zugelassen und geschützt wird.
[77] BGH PMZ 1988, 213 – Rigidité, GRUR 1991, 136 – New Man, GRUR 1991, 839 – FE; Mitt. 1993, 307 – DOS.
[78] BGH, GRUR 1991, 136 – New Man.

In der jüngeren Entscheidungspraxis des BGH wurde die Unterscheidungskraft in „PROTECH"[79] und „TURBO"[80] anhand des neuen Markengesetzes definiert, wobei der BGH betont, dass das MarkenG insofern keine substantielle Veränderung gebracht hat. Bei „PROTECH" begehrte die Anmelderin Schutz für Tennisschläger und Joggingbekleidung, die diese Marke tragen sollten. Der BGH führte in diesem Zusammenhang aus, dass es an der Unterscheidungskraft der anzumeldenden Marke fehlt, wenn ihr ein beschreibender Begriffsinhalt zugeordnet werden kann und es sich um ein gebräuchliches Wort der deutschen oder einer bekannten Fremdsprache handelt, das vom inländischen Verkehr beschreibend verstanden wird. Die Bestandteile des Wortes „PROTECH" sind „PRO" für professionell und „TECH" für Technik. Den Bestandteilen komme zwar ein beschreibender Bedeutungscharakter zu, der jedoch in seiner zusammengesetzten Form wieder aufgehoben werde. Demzufolge hat der BGH in der „TURBO"-Entscheidung entschieden, dass das Wort „TURBO" als Eigenschaftswort für leistungsstark und schnell unbegrenzt verwendbar ist und deshalb nicht unterscheidungskräftig ist – ungeachtet dessen, dass dem Produkt diese Eigenschaft tatsächlich anhaftet.

In der Entscheidung des BPatG zur Anmeldung von „While you wait" wird erklärt, dass die Verwendung englischer Ausdrücke in der Werbung auf dem Bekleidungssektor so verbreitet und üblich geworden ist, dass darin allein kein schutzbegründendes Kriterium erkannt wird, das einer beschreibend zu verstehenden Aussage ein noch hinreichendes Mindestmaß an Unterscheidungskraft verleiht. Dementsprechend zusätzliche und damit ausreichend schutzbegründende Kriterien erkannte der BGH in seiner „NeWMaN"-Entscheidung, in der es hieß, dass maßgebend für die Feststellung hinreichender Unterscheidungskraft eines Zeichens dessen Gesamteindruck sei. Deshalb sei danach zu fragen, ob der Verkehr dem Zeichen, so wie es beansprucht ist, eine betriebliche Herkunftsunterscheidung zuordnet. Dabei sei die graphische Gestaltung des angemeldeten Zeichens einzubeziehen. Bei „NeWMaN" war die Schriftbildwiedergabe durch die spiegelverkehrte Aufeinandersetzung der Wörter „NeW" und „MaN" eigenartig und prägnant und somit unterscheidungskräftig.

Geometrische Figuren selbst sind wegen Bestehens eines Freihaltebedürfnisses nicht eintragungsfähig, jedoch deren wörtliche Umschreibung. In einer Entscheidung des BPatG hieß es, dass „KARO" als Marke für Kanalartikel unterscheidungskräftig ist.

Durch die Aufgabe der Herkunftsfunktion der Marke im Warenzeichengesetz zugunsten der Produktidentifikation der Marke im Markengesetz sind Werbetexte künftig auch dann zu schützen, wenn sie nicht den Namen der Firma oder des Produktes enthalten. Produktidentifizierende Unterscheidungskraft ist deshalb dem Werbetext „Pack den Tiger in den Tank" auch ohne Nennung der Bezugsfirma „Esso" (Markenschutz) zuzuerkennen.[81]

---

[79] BGH NJW 1995, 1221 – PROTECH.
[80] BGH PaMitt. 1995, 224 – Turbo.
[81] *Fezer*, MarkenG, § 8 Rdnr. 97a.

2.6.2. Freihaltebedürfnis

In § 8 Abs. 2 Nr. 2 MarkenG sind beschreibende Marken als schutzunfähig deklariert. Damit sind Zeichen gemeint, für die ein aktuelles und konkretes Freihaltebedürfnis besteht, wobei die Aktualität auch die nahe Zukunft umfasst, sofern die Benutzung der Marke als Sachangabe nach den gegebenen Umständen in Zukunft erfolgen wird.[82]

Die beschreibende Marke besteht aus Zeichen oder Angaben, die im Verkehr zur Bezeichnung der Art, der Beschaffenheit, der Menge, der Bestimmung, des Wertes, der geographischen Herkunft, der Zeit der Herstellung der Waren oder der Erbringung der Dienstleistungen oder zur Bezeichnung der Merkmale der Waren oder Dienstleistungen dienen können, § 8 Abs. 2 Nr. 2 MarkenG.

Der erste Ausschlag für die künftige Rechtsentwicklung über beschreibende Angaben zeigte sich in der Entscheidung „quattro II".[83] Dort wurde eindeutig auf das konkrete Freihaltebedürfnis abgestellt, als es darum ging, die Schutzfähigkeit der eingetragenen Marke „quattro" zu beurteilen. In der Entscheidung hieß es u.a., dass, obwohl es im Zusammenhang mit Personenkraftwagen Beschreibungen wie 4-Gang-Getriebe, viertürig oder Viertaktmotor gebe, die Bezeichnung „quattro" nicht die Funktion einer Mengenangabe hat. Die Zahlenangabe sei allein stehend ohne Aussagekraft und werde erst unter Ergänzung eines weiteren Warenmerkmals konkret beschreibend.

Auch die Bezeichnung „LOTTO" bezeichnet ein bestimmtes Glücksspiel und ist deshalb nach § 8 Abs. 2 Nr. 2 MarkenG nicht eintragungsfähig.[84]

Veränderungen in der Beurteilung von Freihaltebedürfnissen sind auch bei Farbmarken zu erwarten. Bisher war lediglich die durch eine bestimmte Form begrenzte Farbe schutzfähig, und der Schutz konturloser Farben wurde versagt.[85] Durch die generelle Schutzfähigkeit von Farben nach § 3 Abs. 1 MarkenG ist der Markenschutz für die Farbe LILA für Schokolade wohl zuzulassen.[86]

2.6.3. Produktmerkmalsbezeichnungen

Unter Produktmerkmalsbezeichnungen werden nach § 8 Abs. 2 Nr. 2 MarkenG Angaben über Art, Beschaffenheit, Menge, Bestimmung, Wert, geographische Herkunft, Herstellungszeit und sonstige Merkmale zusammengefasst.

So sind Angaben über die Art der Herstellung oder ihre Beschaffenheit nicht schutzfähig. Deshalb ist die Bezeichnung „Zentimeterkleidung" für Maßkleidung[87] nicht eintragungsfähig, aber „Schuss" für Kopfbedeckungen[88], da diesem webtechnischen Fachausdruck nur geringfügige Bedeutung beizumessen ist.

---

[82] *Fezer*, MarkenG, § 8 Rdnr. 119.
[83] BGH Mitt. 1995, 184 – quattro II.
[84] BGH GRUR 2006, 760.
[85] BGH GRUR 1979, 853 – LILA; OLG Frankfurt NJW-RR 1992, 1519 – Gelbe Seiten.
[86] So auch *Fezer*, MarkenG, § 8 Rdnr. 90e.
[87] RPA MuW 1933, 531.
[88] BPatG Mitt. 1970, 172.

Unterscheidungskräftige Beschaffenheitsangaben sind eintragungsunfähig, wenn für sie in der konkreten Warenkategorie ein Freihaltebedürfnis existiert. Eintragungsunfähige Beschaffenheitsangaben sind „Sparordner" für Briefordner[89], „Supergriff" für Luftreifen[90], „Stereocenter" für Rundfunkgeräte[91], „Ur-Pils" für eine Biersorte[92], „Schorli" für eine Mischgetränksform aus Wein und Wasser[93] oder „Premiere" auf dem Dienstleistungssektor.[94] Eintragungsfähige Beschaffenheitsangaben sind „Vita-Malz" für ein Malzbier, weil „Vita" lediglich die Bedeutung eines Phantasiewortes zukommt[95], „Soft Mate" als Reinigungsmittel für Kontaktlinsen, da die Sachbezogenheit des Begriffs nicht ausreicht[96], „Paradies" für Likör, weil dadurch keine wirkliche Produktbeschreibung stattfindet.[97]

Unterscheidungskräftige Bestimmungsangaben geben Auskunft über die jeweilige Bestimmung bzw. den Verwendungszweck der Waren oder Dienstleistungen. Beispielhafte eintragungsunfähige Bestimmungsangaben sind „Kiosk" für eine Verkaufsstelle[98], „After Shave" für Rasierwasser[99], oder „Ironman-Triathlon" für verschiedenste Sportartikel.[100] Hingegen wurden folgende Bestimmungsangaben für eintragungsfähig erachtet: „Sauwohl" für Schweinefutter, weil es sich um ein Schlagwort handelt[101] oder „Capella" für Rundfunkgeräte, weil nicht auf die Wiedergabe von Orchestermusik hingewiesen werden soll.[102]

Geographische Herkunftsangaben geben Auskunft über die Herkunft von Waren oder Dienstleistungen. Ihre Eintragungsfähigkeit bestimmt sich nach den gleichen Kriterien wie bei den übrigen Produktmerkmalsbestimmungen. Als eintragungsunfähige geographische Herkunftsangaben wurden z.B. Straßennamen wie „Broadway"[103], „Avenue"[104] und die in der Schreibweise leicht veränderte „Champs elysee"[105] beurteilt. Für unbestimmte Ortsangaben wie „City"[106] besteht hingegen kein Freihaltebedürfnis.

---

[89] RPA MuW 1933, 532.
[90] RPA Mitt. 1936, 368.
[91] BPatG Mitt. 1970, 229.
[92] BPatG GRUR 1975, 602.
[93] BPatG Mitt. 1971, 22.
[94] BPatG GRUR 1996, 492 – Premiere II.
[95] BGH GRUR 1966, 436.
[96] BPatG 1988, 34.
[97] BPatG GRUR 1996, 499 – Paradies.
[98] KPA, BlPMZ 1901, 176.
[99] DPA Mitt. 1956, 126.
[100] BPatGE 33, 12.
[101] DPA Mitt. 1958, 231.
[102] DPA Mitt. 1958, 50.
[103] BPatGE 7, 54.
[104] BPatGE 12, 215.
[105] BPatGE 4, 74.
[106] BPatG, Mitt. 1975, 15.

Beschreibende Zeitangaben, die sich auf Produkte oder Dienstleistungen beziehen, sind nicht eintragungsfähig; das gilt z.B. für „Sonniger September" für Weine.[107]

2.6.4. Gattungsbezeichnungen

Gattungsbezeichnungen bestehen ausschließlich aus Zeichen oder Angaben, die im allgemeinen Sprachgebrauch oder in Verkehrsgepflogenheiten für Produkt- bzw. Dienstleistungsbezeichnungen üblich geworden sind, § 8 Abs. 2 Nr. 3 MarkenG. Sie sind nicht eintragungsfähig, wenn für sie ein Freihaltebedürfnis besteht. Beispielsweise ist die Bezeichnung „Diesel" nicht für Motorkraftstoffe eintragungsfähig, wohl aber für Bekleidung.[108] Als allgemeiner Sprachgebrauch oder Allgemeingebrauch kommen insbesondere Schlagworte in Betracht, die sich im Verkehr durchgesetzt haben, auch wenn sie einen fremdsprachigen Ursprung haben; so sind „CIAO" für Tabakwaren[109] und „AVANTI" für Möbel[110] für eintragungsunfähig erachtet worden.

Gattungsbezeichnungen sind mit den Freizeichen in § 4 Abs. 1 WZG zu vergleichen, wodurch die Rechtsprechung zur Eintragungsfähigkeit von Freizeichen auch für Gattungsbezeichnungen Geltung erlangt.[111]

2.6.5. Täuschende Marken

Marken, die geeignet sind, das Publikum über Art, Beschaffenheit und geographische Herkunft der Waren oder Dienstleistungen zu täuschen, sind nicht eintragungsfähig, § 8 Abs. 2 Nr. 4 MarkenG. Täuschende Marken entsprechen den irreführenden Marken in § 4 Abs. 2 Nr. 4, 2. Alt. WZG. Der Grundsatz des Verbots der irreführenden Werbung nach §§ 3, 5 UWG wird so in das Markenrecht übertragen. Schutzhindernis sind direkte inhaltliche Täuschungen, die offensichtlich falsche Inhalte in sich tragen oder auch indirekte Täuschungen, die beim Publikum falsche Schlussfolgerungen über die Aussage der Marke hervorrufen.

Als eintragungsunfähige Herkunftsangaben wurden deshalb z.B. „Ein Duft aus Paris" für deutsche Parfümerien[112] und „Mönchenbräu" für ein Bier, das nicht aus München kommt[113], erachtet. Keine Irreführung wurde hingegen bei „Falke-Fleurs" für Strumpfhosen angenommen, da der deutsche Firmenname in die Marke integriert ist.[114]

---

[107] BPatGE 10, 120.
[108] Vgl. *Berlit*, Markenrecht, Rdnr. 101.
[109] BPatG GRUR 1996, 978.
[110] BPatG GRUR 1996, 411.
[111] *Fezer*, MarkenG, § 8 Rdnr. 258.
[112] LG Köln GRUR 1956, 570.
[113] DPA Mitt. 1960, 52.
[114] BPatGE 11, 154.

2.6.6. Sittenwidrige Marken

Marken, die gegen die öffentliche Ordnung oder die guten Sitten verstoßen, sind nicht eintragungsfähig, § 8 Abs. 2 Nr. 5 MarkenG. Dazu zählen auch Ärgernis erregende Darstellungen, die in § 4 Abs. 2 Nr. 4, 1. Alt. WZG noch ausdrücklich genannt wurden. Diese Erkenntnis formulierte das BPatG in der „COSA NOSTRA"-Entscheidung[115]: „Wenn nach dieser Vorschrift (§ 4 Abs. 2 Nr. 4 1. Alt. WZG) sittlich, politisch oder religiös anstößige Zeichen und Marken sowie solche, die eine grobe Geschmacksverletzung enthalten, von der Eintragung bzw. vom Schutz ausgeschlossen waren, so entspricht dies im Wesentlichen dem nunmehrigen Eintragungshindernis des Sittenverstoßes." Dennoch wurde die Marke „COSA NOSTRA" für die Klassen 3, 14 und 25 der Norm nicht als Ärgernis erregende Darstellung verstanden. Diese Entscheidung ist deshalb auch Indiz dafür, dass der Begriff der guten Sitten in diesem Zusammenhang eng auszulegen ist. Ein Verstoß gegen ein gesetzliches Verbot oder gegen die öffentliche Ordnung reicht für die Schutzversagung nicht aus. Grundlage für die Beurteilung nach § 8 Abs. 2 Nr. 5 MarkenG ist ein öffentlichrechtlicher Sittenwidrigkeitsbegriff mit wettbewerbsrechtlicher Ausrichtung[116]; es sind die konkreten Waren oder Dienstleistungen zu berücksichtigen, die zur Eintragung anstehen. Die Sittenwidrigkeit liegt vor allem vor, wenn Gewalt und Unzucht[117] unter Bezug auf den jeweilig gegenwärtigen gesellschaftlichen Kontext dargestellt werden.

2.6.7. Hoheitszeichen

In- und ausländische Staatswappen, Staatsflaggen, staatliche Hoheitszeichen und inländische kommunale Wappen sind nicht eintragungsfähig, § 8 Abs. 2 Nr. 6 MarkenG. Staatliche Hoheitszeichen sind sinnbildliche Darstellungen, die ein Staat als Hinweis auf die Staatsgewalt verwendet. Als staatliche Hoheitszeichen gelten auch Staatssiegel, Geldmünzen und -scheine, Briefmarken, Orden und Nationalhymnen. Nationale Symbole sind keine staatlichen Hoheitszeichen. Das Posthorn als nationales Symbol erlangte erst durch Abbildung auf der Bundespostflagge die Qualität eines staatlichen Hoheitszeichens.[118] Das Schutzhindernis gilt auch für Bestandteile von Hoheitszeichen.

Außerdem sind Wappen, Flaggen oder andere Kennzeichen, Siegel oder Bezeichnungen internationaler zwischenstaatlicher Organisationen als Marke nicht schutzfähig, wenn sie vom Bundesjustizministerium durch Verkündung im Bundesgesetzblatt von der Eintragung ausgeschlossen sind, § 8 Abs. 2 Nr. 8 MarkenG. Die Marke muss insofern geeignet sein, beim Publikum den unzutreffenden Eindruck einer Verbindung mit einer solchen Organisation hervorzurufen, § 8 Abs. 4

---

[115] BPatG GRUR 1996, 408.
[116] BPatG GRUR 1996, 408, 409.
[117] *Fezer*, MarkenG, § 8 Rdnr. 353.
[118] BPatG, Mitt. 1981, 122; inzwischen ist dieser Schutz durch die Neustrukturierung der Post wieder entfallen und gilt nur für Postwertzeichen, § 3 PostG.

Satz 4 MarkenG. Dazu gehören z.B. die Vereinten Nationen, die EFTA oder der Weltpostverein.[119]

Auch die Nachahmung eines Hoheitszeichens ist nicht gestattet, § 8 Abs. 4 Satz 1 MarkenG. Das Eintragungsverbot für Hoheitszeichen gilt nicht, wenn der Anmelder befugt ist, das aufgeführte Zeichen zu führen, auch wenn es mit einem anderen der dort aufgeführten Zeichen verwechselt werden kann, § 8 Abs. 4 Satz 2 MarkenG.

2.6.8. Prüfzeichen

Marken, die amtliche Prüf- oder Gewährzeichen enthalten, die vom Bundesjustizministerium durch Verkündung im Bundesgesetzblatt von der Eintragung ausgeschlossen sind, sind nicht schutzfähig, § 8 Abs. 2 Nr. 7 MarkenG. Eine Ausnahme von diesem Eintragungsverbot besteht dann, wenn die Waren oder Dienstleistungen, für die die Marke angemeldet ist, mit denen, für die das Prüf- oder Gewährzeichen eingeführt ist, weder identisch noch diesen ähnlich ist, § 8 Abs. 4 Satz 3 MarkenG. Für Prüfzeichen gelten außerdem § 8 Abs. 4 Satz 1 und 2 MarkenG.[120] Zu den bekannt gemachten amtlichen Prüf- oder Gewährzeichen gehören z.B. ein Münzprogramm anlässlich der olympischen Spiele in Calgary oder die der Republik Korea für Welt-Klasse-Produkte.[121]

2.7. Verkehrsdurchsetzung

Die absoluten Schutzhindernisse der fehlenden Unterscheidungskraft, der beschreibenden Marke und der Gattungsbezeichnungen stehen nicht entgegen, wenn die Marke sich vor dem Zeitpunkt der Entscheidung über die Eintragung infolge ihrer Benutzung für die Waren oder Dienstleistungen, für die sie angemeldet worden ist, in den beteiligten Verkehrskreisen durchgesetzt hat, § 8 Abs. 3 i.V.m Abs. 2 Nr. 1– 3 MarkenG.

Unter fehlender Unterscheidungskraft i.S.v. § 8 Abs. 2 Nr. 1 MarkenG ist konkrete, produktbezogene Unterscheidungskraft zu verstehen. Das Hindernis der fehlenden abstrakten Unterscheidungskraft in Bezug auf die Markenfähigkeit, § 3 Abs. 1 MarkenG, kann durch Verkehrsdurchsetzung nicht überwunden werden.[122]

Der Begriff der Verkehrsdurchsetzung darf nicht mit dem der Verkehrsgeltung[123] verwechselt werden. Die Verkehrsdurchsetzung bezieht sich auf die Eintragungsfähigkeit eines Zeichens als Marke, die Verkehrsgeltung ist für die Entstehung des Markenschutzes durch Benutzung von Bedeutung. Das jeweilige Kennzeichen muss seine Verkehrsdurchsetzung vor dem Zeitpunkt der Entscheidung über die Eintragung erworben haben; somit muss die Verkehrsdurchsetzung nicht zum Zeitpunkt

---

[119] Aufzählung bei *Fezer*, MarkenG, § 8 Rdnr. 399.
[120] Siehe oben Kap. 2.6.7: Hoheitszeichen, S. 341.
[121] Aufzählung bei *Fezer*, MarkenG, § 8 Rdnr. 388.
[122] Siehe oben Kap. 2.6.1: Fehlende Unterscheidungskraft, S. 341.
[123] Siehe unten Kap. 2.8.5: Verkehrsgeltung, S. 349.

des Anmeldetages, sondern erst bis zum Zeitpunkt der Entscheidung über die Eintragung vorliegen. Auf diesem Weg verschiebt sich die Priorität vom Anmeldetag, §§ 6 Abs. 2, 33 MarkenG, auf den Tag der Entscheidung über die Eintragung.

Eine Marke hat sich bei den beteiligten Verkehrskreisen durchgesetzt, wenn sie als Unterscheidungszeichen für die angemeldeten Waren oder Dienstleistungen des Unternehmens identifiziert wird. Diese Entwicklung ist das Resultat häufiger und langfristiger Benutzung der Marke, besonders über die Werbung. Die Verkehrsdurchsetzung muss sich tatsächlich auf die Ware oder Dienstleistung beziehen, für die die Eintragung auch beantragt wird. Nicht ausreichend ist die Verkehrsdurchsetzung bei ähnlichen Waren oder Dienstleistungen.[124]

Beteiligte Verkehrskreise sind diejenigen, in denen das Zeichen Verwendung finden soll.[125] Es handelt sich dabei i.d.R. um die über Vertriebsweg oder Bestimmungsorientierung anvisierten Verbraucher. Eine Beschränkung der Verkehrskreise auf die der vertrieblichen Handelsstufe reicht für eine Verkehrsdurchsetzung nicht aus. In der „OCM"-Entscheidung[126] wurde darauf hingewiesen, dass das Zeichen „OCM" für Teppiche die notwendige Verkehrsdurchsetzung nicht nur in Handelskreisen, sondern auch in den Kreisen der Endverbraucher vorweisen muss, obwohl diese Marke nur in Handelskreisen verwendet wird. Zu den beteiligten Verkehrskreisen einer Fernsehsendung gehören deshalb nicht nur die abnehmenden Kreise auf der Ebene der Produzenten, sondern auch die Fernsehzuschauer.[127]

Der Grad der Durchsetzung bei den beteiligten Verkehrskreisen lässt sich nicht abstrakt nach Prozentsätzen festlegen. Es ist jedoch davon auszugehen, dass – nach Abzug aller Unsicherheiten – mindestens über 50 % der beteiligten Verkehrskreise die Marke als identifizierendes Unterscheidungszeichen erkennen sollten.[128] Grundsätzlich muss beachtet werden, dass an den Grad der Verkehrsdurchsetzung zugunsten nicht unterscheidungskräftiger Marken geringere Anforderungen zu stellen sind als bei Marken, für die ein einfaches oder erhöhtes Freihaltebedürfnis besteht.[129]

Bei Kombinationsmarken ist es nicht erforderlich, dass alle Bestandteile der Kombinationsmarke sich bei den beteiligten Verkehrskreisen durchgesetzt haben. Es reicht aus, wenn ein Zeichenbestandteil bei den Verkehrskreisen dafür verantwortlich ist, dass der zusammengesetzten Marke oder der Kombinationsmarke die produktidentifizierende Wirkung zukommt. Wenn demzufolge nur ein solcher Zeichenbestandteil zur Eintragung ansteht, muss dieser jedoch der Kombinationsmarke die charakteristische Prägung verleihen.[130] Dementsprechend ist die schraffierte Ovalumrandung, die den Firmennamen „C & A" umgibt, als eintragungsunfähig erkannt worden, da die Umrandung allein nicht herkunftskennzeichnend wirkt.[131]

---

[124] BPatGE 36, 126 – PREMIERE I, BPatG GRUR 1996, 494 – Premiere III.
[125] BGH, GRUR 1986, 894 – OCM.
[126] BGH, GRUR 1986, 894 – OCM.
[127] BGH GRUR 1990, 360 – Apropos Film II.
[128] BGH GRUR 1990, 360 – Apropos Film II; *Fezer*, MarkenG, § 8 Rdnr. 431.
[129] Zu Durchsetzungsgrad und Freihaltebedürfnis s. *Fezer*, MarkenG, § 8 Rdnr. 432.
[130] BGH GRUR 1970, 75 – Streifenmuster.
[131] BGH GRUR 1970, 77 – Ovalumrandung.

2.8. Relative Schutzhindernisse

Relative Schutzhindernisse unterscheiden sich von absoluten Schutzhindernissen dadurch, dass sie nicht in der Marke selbst begründet sind, sondern durch Kollisionen mit prioritätsälteren Rechten entstehen, §§ 9–13 MarkenG. Die Grundbestimmung des § 9 MarkenG regelt in Aufzählung von drei Kollisionstatbeständen den Vorrang der angemeldeten oder eingetragenen Marke mit älterem Zeitrang, die beim Inhaber der prioritätsälteren Marke Löschungsansprüche auslöst, §§ 51, 52, 55 MarkenG. § 9 MarkenG wird erweitert durch § 10 MarkenG, der Marken, die mit notorisch bekannten Marken identisch oder ähnlich sind, von der Eintragung ausschließt. Weitere Löschungsansprüche entstehen gegenüber dem unberechtigten Agenten oder Vertreter, § 11 MarkenG. Einen Löschungsanspruch hat derjenige, der vorrangig durch Benutzung ein Markenrecht erworben hat, § 12 i.V.m. § 4 Nr. 2 MarkenG, und derjenige, der eine vorrangige geschäftliche Bezeichnung erworben hat, § 12 i.V.m. § 5 MarkenG. Sonstige ältere Rechte gegen angemeldete oder eingetragene Marken stellen ebenfalls relative Schutzhindernisse dar, § 13 MarkenG.

2.8.1. Identitäts-, Ähnlichkeits- und Bekanntheitsschutz

Wenn eine prioritätsjüngere Marke mit einer prioritätsälteren Marke identisch ist und die Waren und Dienstleistungen der Marke identisch sind, liegt ein relatives Schutzhindernis i.S.v. § 9 Abs. 1 Nr. 1 MarkenG vor.

Das gleiche gilt, wenn diese kollidierenden Marken nur ähnlich, die betreffenden Waren oder Dienstleistungen aber gleich sind und umgekehrt, wenn die kollidierenden Marken identisch und die betreffenden Waren oder Dienstleistungen nur ähnlich sind. Außerdem ist die Ähnlichkeit von konkurrierenden Marken und die Ähnlichkeit der betreffenden Waren oder Dienstleistungen für das Vorliegen eines relativen Schutzhindernisses ausreichend. Diese abgeschwächten Identitätsformen erfordern jedoch zusätzlich das Vorliegen einer Verwechslungsgefahr oder zumindest ein gedankliches Inverbindungbringen beim Publikum, § 9 Abs. 1 Nr. 2 MarkenG.

Wenn die prioritätsjüngere mit der prioritätsälteren Marke identisch oder ihr ähnlich ist, die betreffenden Waren oder Dienstleistungen aber verschieden, liegt ein relatives Schutzhindernis vor, falls es sich bei der prioritätsälteren Marke um eine bekannte Marke[132] handelt und die Benutzung der prioritätsjüngeren Marke die Unterscheidungskraft oder die Wertschätzung der bekannten Marke ohne rechtfertigenden Grund in unlauterer Weise ausnutzen oder beeinträchtigen würde, § 9 Abs. 1 Nr. 3 MarkenG.

---

[132] Siehe oben Kap. 1.3: Ausschluss des Markenschutzes, S. 326.

2.8.2. Ähnlichkeit und Verwechslungsgefahr

Verwechslungsgefahr ist der Basisbegriff im Markenrecht, da der Schutz vor Verwechslungen im geschäftlichen Verkehr die Intention des gesetzlichen Markenschutzes ist. Die Verwechslungsgefahr ist Folge von Identität oder Ähnlichkeit der kollidierenden Marken, §§ 9 Abs. 1 Nr. 2, 14 Abs. 2 Nr. 2 MarkenG. Deshalb geht die Definition von Ähnlichkeit immer mit dem Begriff der Verwechslungsgefahr einher. Zum Begriff der Ähnlichkeit im Markengesetz heißt es deshalb in der Begründung auch, dass der Schutz der Marke immer so weit reicht, wie Verwechslungsgefahr gegeben ist.[133] Folgende Grundsätze[134] gelten zur Bestimmung der Ähnlichkeit von Waren oder Dienstleistungen als Orientierungshilfen:

- Der Verkaufsort der kollidierenden Waren oder Dienstleistungen ist nicht ausschlaggebend.
- Der identische Produktionsort spricht für die Ähnlichkeit kollidierender Waren.
- Der identische Vertriebsweg spricht für die Ähnlichkeit von Waren oder Dienstleistungen.
- Die amtliche Klasseneinteilung ist für die Bestimmung der Ähnlichkeit nicht anzuwenden.

Maßgeblich für die Bestimmung der Markenähnlichkeit ist der Gesamteindruck.[135] Der Gesamteindruck kann jedoch auch ganz entscheidend durch einen einzelnen Zeichenbestandteil geprägt sein, sodass dieser letztlich die Kennzeichnungskraft des Zeichens ausmacht und für die Beurteilung der Markenähnlichkeit maßgeblich ist.[136] Die Stärke der Markenähnlichkeit ist in Bezug auf die Verwechslungsgefahr eine relative Größe, die in Wechselwirkung zur Produktidentität oder Produktähnlichkeit steht[137], aus der dann die Gefahr der Verwechslungsfähigkeit der kollidierenden Marken zu bemessen ist. Markenähnlichkeit ist also nur in Zusammenhang mit Produktidentität oder Produktähnlichkeit festzustellen.

Das Bestehen der Verwechslungsgefahr ist anhand der Verkehrsauffassung des verständigen Verbrauchers zu bestimmen. Der verständige Verbraucher gehört zu den Verkehrskreisen, die mit den in Frage stehenden kollidierenden Marken und dazugehörigen Produkten auch konfrontiert werden. Die Verwechslungsgefahr bestimmt sich an der Kennzeichnungskraft der Marke im Verkehr. Die Kennzeichnungskraft der Marke ergibt sich durch ihre Bekanntheit. Bei steigender Bekanntheit erweitert sich somit auch der Schutzumfang der Marke.

Von §§ 9 Abs. 1 Nr. 2, 14 Abs. 2 Nr. 2 MarkenG ist die engere und die weitere Verwechslungsgefahr umfasst. Verwechslungsgefahr im engeren Sinne liegt vor, wenn beim Publikum ein Irrtum über die Produktidentität vorliegt. Verwechslungsgefahr im weiteren Sinne liegt vor, wenn beim Publikum die Gefahr eines Irrtums

---

[133] Siehe Begründung zum Markengesetz, S. 147.
[134] *Berlit*, Markenrecht, Rdnr. 133.
[135] BGH GRUR 1996, 777 – JOY, m.w.N.
[136] BGH GRUR 2002, 626 – IMS.
[137] *Fezer*, MarkenG, § 14 Rdnr. 148.

über die Produktidentität vorliegt, wenn z.B. das Wissen besteht, dass die Marken Produkte aus verschiedenen Unternehmen kennzeichnen, jedoch vermutet werden kann, dass beide Unternehmen in einem wirtschaftlichen Zusammenhang stehen.

Unmittelbare Verwechslungsgefahr liegt vor, wenn beim Verkehr trotz Unterschiedlichkeit der Zeichen der Eindruck herrscht, es handelt sich um identische Zeichen. Mittelbare Verwechslungsgefahr liegt vor allem bei den sog. Serienzeichen vor. Serienmarken haben einen gemeinsamen Stammbestandteil, der die Identifikation der Marke prägt und durch verschiedene weitere Bestandteile ergänzt wird.[138] Die strengen Maßstäbe, die an die mittelbare Verwechslungsgefahr angelegt worden sind, sind fortan für die Beurteilung der assoziativen Verwechslungsgefahr, § 9 Abs. 1 Nr. 2 MarkenG, heranzuziehen.[139]

2.8.2.1. Klangwirkung

Zur Feststellung der Verwechslungsgefahr bei Wortmarken kommt es vordergründig auf die Klangwirkung der kollidierenden Marken an. Deshalb spielt die Klangwirkung, die die wesentlichste Form der Verbreitung darstellt, gegenüber der Bildwirkung eine dominante Rolle. Das Zeichen arko und HARKOS wurden demzufolge trotz der optischen Divergenz für verwechslungsfähig erachtet.[140] Es kommt eher auf die Aussprache der Marke als auf ihre Schreibweise an, so dass bei Verwendung fremdsprachlicher Marken deren einheimische Phonetik nicht ausschlaggebend ist. Für die Verwechslungsgefahr kommt es maßgeblich weniger auf die Abweichungen der Kennzeichnungen als auf deren Übereinstimmungen an.[141]

Für das Entstehen der Klangwirkung ist die Vokalfolge von Bedeutung, weniger die umstehenden Konsonanten. Insoweit sind die Begriffe DOSOPAK/DOSTRO[142] oder PARK/LARK[143] als verwechslungsfähig eingestuft worden.

2.8.2.2. Schriftbildwirkung

Die Verwechslungsgefahr kann sich aus der Schriftbildwirkung ergeben. Das Merkmal der Schriftbildwirkung kann für sich bereits eine Verwechslungsgefahr auslösen, aber auch dann als Kriterium herangezogen werden, wenn bei der Verwechslungsgefahr aufgrund von Klangbildwirkung oder Sinnwirkung (s.u.) der Ausschlag zugunsten oder zulasten einer Gesamtbeurteilung zu geben ist. Diese drei Wirkungsparameter können grundsätzlich nebeneinander stehen, da es letztlich auf den Gesamteindruck der zu beurteilenden Marke ankommt. Bei Bildmarken hat die Schriftbildwirkung naturgemäß eine höhere Wirkung als bei Wortmarken.

Bei der Schriftbildwirkung kommt es allein auf die optische Wirkung der Marke im Gesamteindruck an. Um Verwechslungsgefahr auszuschließen, muss das veränderte bildnerische Element vordergründig sein, unerhebliche Abweichungen zur

---

[138] BGHZ 34, 299, 302 – Almglocke/Almquell; BGH GRUR 1959, 420 – Opal/Ecopal.
[139] BPatGE 35, 67 – JACOMO.
[140] BGH GRUR 1961, 535 – arko.
[141] BGH GRUR 1992, 110 – dipa/dib.
[142] BPatG Mitt 1971, 71.
[143] BPatG GRUR 1996, 496.

kollidierenden Marke sind nicht ausreichend.[144] Entlehnte modern-abstrakte Marken ohne Bezugnahme lösen gegenüber der naturalistischen Darstellung keine Verwechslungsgefahr aus.[145] Zur Ermittlung der Verwechslungsgefahr ist auch die Häufigkeit der gezeigten Bildmarke von Bedeutung. Wildwest-Motive für Jeans-Hosen tauchen z.B. verhältnismäßig häufig im Verkehr auf. Bei Kombinationen von Wort- und Bildmarken geben Wortbestandteile in der Regel mehr Ausschlag als der Bildbestandteil.[146]

2.8.2.3. Sinnwirkung

Kollidierende Marken haben dieselbe Sinnwirkung, wenn der Verkehr sie gedanklich miteinander in Verbindung bringt. Das geschieht vor allem, wenn ihnen ein gemeinsamer Begriffsinhalt zugeordnet wird und auf diesem Wege Verwechslungsgefahr besteht. Je allgemeiner der Sinngehalt der Marke gehalten ist, desto eher ist die Ähnlichkeit der kollidierenden Marken zu verneinen.

In diesem Sinne wurde Verwechslungsgefahr für die Würstchen der Marken „Lange Kerls" und „Pfundskerle" angenommen.[147] Bei der Kombinationsmarke aus Wort und Bild „Sieben-Schwaben" ist gegenüber „Sieben Hühnchen" keine Verwechslungsgefahr festgestellt worden, da die abweichenden Bildgestaltungen auch voneinander abweichende Sinnwirkungen erzeugten. Keine eintragungshindernde übereinstimmende Sinnwirkung wurde den Marken „Mon Cheri" und „Cérisio" zugeschrieben, da der Verkehr bei dem Wort „Cérisio" nicht an „Liebling" denkt, wie es bei „Cheri" der Fall ist.[148] Eine Parallelassoziation wurde bedenklicherweise auch für „Hom" und „Hombre" für Oberbekleidung abgelehnt, da sich der gemeinsame Sinngehalt erst aufgrund komplizierter gedanklicher Überlegungen ergebe.[149]

2.8.3. Rufausbeutung

Wenn eine prioritätsjüngere Marke mit einer prioritätsälteren Marke identisch oder ähnlich ist und die Waren und Dienstleistungen beider Marken nicht ähnlich sind, bestehen Löschungs-, Schadensersatz- und Unterlassungsansprüche, sofern die prioritätsältere Marke im Inland bekannt ist und die Benutzung der prioritätsjüngeren Marke die Unterscheidungskraft oder die Wertschätzung der bekannten prioritätsälteren Marke ohne rechtfertigenden Grund in unlauterer Weise ausnutzen oder beeinträchtigen würde, §§ 9 Abs. 1 Nr. 3, 14 Abs. 2 Nr. 3 MarkenG. Auf diesem Wege wurde eine neue markenrechtliche Grundlage gegen die Rufausbeutung geschaffen, die bisher als Verwässerung einer berühmten Marke durch §§ 823, 1004 BGB und als sittenwidrige Rufausbeutung durch §§ 3, 4 Nr. 9b UWG anzugreifen war. Das UWG bleibt jedoch weiter anwendbar, § 2 MarkenG.

---

[144] LG Hamburg GRUR 1991, 677 – West/Mest.
[145] OLG München GRUR 1993, 915 – Verbandsmarke.
[146] BGH GRUR 1961, 628.
[147] OLG Düsseldorf GRUR 1983, 772 – Lange Kerls.
[148] BPatG GRUR 1972, 180 – Cheri.
[149] BPatGE 21, 147.

Zum Begriff der Bekanntheit einer Marke gelten die obigen Ausführungen.[150] Für den Tatbestand der Rufausbeutung muss neben der Bekanntheit der Marke die Unterscheidungskraft oder die Wertschätzung der prioritätsälteren Marke beeinträchtigt oder ausgenutzt werden. Der Ruf einer bekannten Marke muss kommerziell zum eigenen Nutzen ausgebeutet werden. Die Wertschätzung im Verkehr ergibt sich durch einen überragenden Ruf, der einer wirtschaftlichen Verwertung zugänglich ist.[151] Dieser Ruf ergibt sich in der Regel durch Attribute eines bestimmten Lebensstils. Dazu gehören u.a. Prestige, Exklusivität, Luxus, Sportlichkeit und Fitness, Natur und Ökologie und High-Tech-Standards.[152] Die Ausbeutung dieser Attribute vollzieht sich durch einen Imagetransfer auf die prioritätsjüngeren Marken. Wenn der prioritätsjüngere Markenanmelder die Bekanntheit einer Marke benutzt, um auf sein Produkt oder seine Dienstleistung aufmerksam zu machen, spricht man von einer Markenverwässerung, die häufig zu einer Markenverunglimpfung führt.[153]

Die Merkmale „Unlauterkeit" und „ohne rechtfertigenden Grund" sind in Bezug auf Art. 4 Abs. 4 lit. a MarkenRL richtlinienkonform auszulegen.

2.8.4. Notorisch bekannte Marken

Notorisch bekannte Marken i.S.d. Art. 6bis der Pariser Verbandsübereinkunft stellen gegenüber identischen oder ähnlichen prioritätsjüngeren Marken ein Eintragungshindernis dar, wenn die weiteren Voraussetzungen des § 9 Abs. 1 Nr. 1, 2 oder § 3 MarkenG gegeben sind, § 10 Abs. 1 MarkenG. Nach Art. 6bis der Pariser Verbandsübereinkunft ist ein Antrag auf Eintragung einer Marke zurückzuweisen, wenn sie eine verwechslungsfähige Abbildung, Nachahmung oder Übersetzung einer anderen Marke darstellt, bei der es nach Ansicht der zuständigen Behörde des Landes der Eintragung oder des Gebrauchs dort notorisch feststeht, dass sie bereits einer zu den Vergünstigungen dieser Übereinkunft zugelassenen Person gehört und für gleiche oder gleichartige Erzeugnisse benutzt wird. Das Schutzhindernis der Notorietät gilt über § 4 Nr. 3 MarkenG auch für Dienstleistungen.

Für die Bestimmung der Notorietät sind u.a. der Marktanteil der Waren, für die die Marke benutzt wird, die Unterscheidungskraft der Marke, die Warenart, das Verteilungssystem, die Dauer des Gebrauchs und die Verbreitung der Marke ausschlaggebend.[154] Die wesentlichen Abnehmerkreise müssen in erdrückender Mehrheit das Kennzeichen als die bekannte Marke eines anderen Markeninhabers als des Anmelders kennen, und zwar gerade als produktidentifizierendes Unterscheidungszeichen.[155] Zu den notorisch bekannten Marken zählen u.a. „Mercedes Benz", „Ford", „Coca Cola", „Mc Donald's", „Rolex" oder „Marlboro".

---

[150] Siehe oben Kap. 1.3: Ausschluss des Markenschutzes, S. 326.
[151] BGHZ 91, 465 – Salomon.
[152] *Fezer*, MarkenG, § 14 Rdnr. 425.
[153] BGH GRUR 1982, 319 – Lusthansa; BGHZ 91, 117 – Marlboro; BGH GRUR 1994, 495 – Markenverunglimpfung I; BGH GRUR 1995, 57 – Markenverunglimpfung II.
[154] WIPO-Sachverständigenausschuss, s. bei *Fezer*, Markenrecht/PVÜ, Art. 6bis PVÜ, Rdnr. 4.
[155] *Fezer*, PVÜ, Art. 6bis PVÜ, Rdnr. 5.

Bei Kollision mit notorisch bekannten Marken kann Nichtigkeitsklage nach § 51 Abs. 1 MarkenG erhoben werden. Wenn die Notorietät amtsbekannt ist und die Voraussetzungen der § 9 Abs. 1 Nr. 1 oder 2 MarkenG vorliegen, kann die Anmeldung der prioritätsjüngeren Marke von Amts wegen zurückgewiesen werden, § 37 Abs. 4 MarkenG. Bei Ermächtigung zur Anmeldung durch den Markeninhaber ist die Eintragung der notorisch bekannten Marke nicht ausgeschlossen, § 10 Abs. 2 MarkenG.

2.8.5. Verkehrsgeltung

Bei Vorliegen einer prioritätsälteren Marke, die durch Benutzung Verkehrsgeltung erworben hat oder die eine geschäftliche Bezeichnung[156] darstellt, besteht gegenüber der kollidierenden Marke ein Löschungsanspruch nach §§ 12, 51 Abs. 1 MarkenG. So sollen auch nicht eingetragene Kennzeichen Prioritätsschutz erfahren. Die durch Verkehrsgeltung entstandene Marke und die Geschäftsbezeichnung müssen Schutz auf dem gesamten Gebiet der Bundesrepublik Deutschland erlangt haben. Territorial begrenzte Kennzeichen oder Geschäftsbezeichnungen genießen Schutz über Unterlassungs- oder Schadensersatzansprüche nach § 14 MarkenG.[157]

Der Begriff der Verkehrsgeltung entstammt dem Ausstattungsschutz wie er in § 25 Abs. 1 WZG geregelt war und ist jetzt in § 4 Nr. 2 MarkenG normiert. Der Begriff der Verkehrsgeltung darf nicht mit dem der Verkehrsdurchsetzung[158] verwechselt werden. Die Verkehrsdurchsetzung bezieht sich auf die Eintragungsfähigkeit eines Zeichens als Marke, die Verkehrsgeltung ist für die Entstehung des Markenschutzes durch Benutzung von Bedeutung. Verkehrsgeltung bezieht sich nicht nur auf die Herkunftsidentität wie im WZG, sondern auch auf die Produktidentität. Die Marke kann abstrakt durch ihre Einzigartigkeit unterscheidungskräftig sein oder diese Qualität durch Benutzung im Verkehr, vor allem durch fortgesetzte Werbung, erlangen. Je geringer ihre Unterscheidungskraft ist, desto höher muss der Grad der Verkehrsgeltung sein, um Markenschutz zu erwerben.

Die Verkehrsgeltung bestimmt sich innerhalb beteiligter Verkehrskreise. Die Marke muss innerhalb dieser Verkehrskreise beachtliche bzw. nicht unerhebliche Geltung errungen haben. Der Grad der Verkehrsgeltung ist niedriger anzusetzen als bei der Verkehrsdurchsetzung i.S.v. § 8 Abs. 3 MarkenG. Außerdem steigen die Anforderungen an die Verkehrsgeltung proportional zu etwa bestehenden Freihaltebedürfnissen an die Marke. In der „quattro"-Entscheidung des BGH[159] ist der Bekanntheitsgrad der Bezeichnung „quattro" für Automobile bei 61,2 % festgelegt worden. Da jedoch nur 51,2 % der beteiligten Verkehrskreise eine Verbindung zu der Marke

---

[156] Zur geschäftlichen Bezeichnung s.o. Kap. 1.5: Geographische Herkunftsangaben, S. 329 ff.
[157] Vgl. hierzu *Fezer*, MarkenG, § 4 Rdnr. 128: Zwar ist der Schutzbereich territorial auf die BRD beschränkt, so dass ein Anspruch auf bundesweiten Schutz über § 4 Nr.2 MarkenG nur besteht, wenn Verkehrsgeltung im gesamten Bundesgebiet erreicht worden ist. Beschränkt sich die Verkehrsgeltung jedoch nur auf einen Teil des Bundesgebietes, beschränkt sich auch der Markenschutz darauf.
[158] Siehe oben Kap. 2.7: Verkehrsdurchsetzung, S. 342.
[159] BGH GRUR 1992, 72.

der Klägerin herstellten, wurde anhand des starken Freihaltebedürfnisses der Bezeichnung „quattro" ein Ausstattungsschutz gemäß § 25 WZG verneint.

2.8.6. Sonstige ältere Rechte

Sonstige ältere Rechte sind nicht in den §§ 9–12 MarkenG geregelt. Auch ihren Inhabern steht die Erhebung der Nichtigkeitsklage nach § 51 MarkenG offen, § 13 MarkenG. Zu den sonstigen Rechten gehören nach § 13 Abs. 2 MarkenG beispielhaft:

- Namensrechte (§ 12 BGB)
- das Recht an der eigenen Abbildung (§§ 22 KunstUrhG, 141 Nr. 5 UrhG)
- Urheberrechte (§ 11 UrhG)
- Sortenbezeichnungen (§§ 7, 14 SortenschG)
- geographische Herkunftsangaben (§ 126 MarkenG)
- sonstige gewerbliche Schutzrechte (i.d.R. § 1 GeschmMG).

Diese sonstigen Rechte sind vor allem durch Löschungsgründe zu ergänzen, die dem Wettbewerbs- (§§ 1, 3 UWG) und Deliktsrecht (§§ 823, 826, 1004 BGB) entstammen. Das sonstige prioritätsältere Recht muss Wirkung auf dem gesamten Gebiet der Bundesrepublik Deutschland haben.

3. Rechtswirkungen des Markenschutzes

Dem Markeninhaber erwächst das ausschließliche Recht aus der geschützten Marke, bei Verletzung dieses Schutzes Ansprüche gegen den Verletzer geltend zu machen. Zentrale Norm für Ansprüche gegen den Verletzer ist § 14 MarkenG, der die Untersagungserfordernisse[160] und die daraus resultierenden Unterlassungs- und Schadensersatzansprüche regelt. Das Ausschließlichkeitsrecht erweitert § 15 MarkenG für den Inhaber einer geschäftlichen Bezeichnung. An Marken, die entgegen § 11 MarkenG für den Agenten oder Vertreter eingetragen worden sind, hat der Markeninhaber ein Übertragungsrecht gegenüber dem Agenten oder Vertreter, und er kann die Nutzung dieser Marke untersagen, § 17 MarkenG.

Unter den Voraussetzungen der §§ 14, 15, 17 MarkenG verstärkt § 18 MarkenG die gesetzlichen Ansprüche des Schutzrechtsinhabers, indem ihm ein Vernichtungsanspruch zugebilligt wird. Zusätzlich steht ihm ein Auskunftsanspruch gegenüber dem Verletzer über Herkunft und Vertriebswege von widerrechtlich gekennzeichneten Gegenständen zu, § 19 MarkenG. Der Vollzug dieser Rechtswirkungen des Markenschutzes ist in den Straf- und Bußgeldvorschriften der §§ 143–145 MarkenG festgelegt. Außerdem haben die Zollbehörden bei offensichtlichen Rechtsverletzungen ein Beschlagnahmerecht, §§ 146 ff. MarkenG.

3.1. Unterlassungsanspruch

Derjenige, der zu Unrecht ein verwechslungsfähiges Zeichen benutzt, kann vom Markeninhaber auf Unterlassung in Anspruch genommen werden. Der Unterlassungsanspruch ist in § 14 Abs. 5 MarkenG für Markeninhaber und in § 15 Abs. 4 MarkenG für den Inhaber einer geschäftlichen Bezeichnung normiert.

Unterlassung kann gegen denjenigen beansprucht werden, der ein prioritätsjüngeres, identisches oder ähnliches Zeichen für identische oder ähnliche Waren oder Dienstleistungen benutzt und so beim Verkehr eine Verwechslungsgefahr auslöst, § 14 Abs. 2 MarkenG.[161] Eine Verletzungshandlung liegt gem. § 14 Abs. 3 MarkenG vor, wenn

– das Zeichen auf Waren oder ihrer Aufmachung oder Verpackung angebracht ist,
– unter dem Zeichen Waren angeboten, in den Verkehr gebracht oder zu diesen Zwecken in Besitz geführt werden,
– unter dem Zeichen Dienstleistungen angeboten oder erbracht werden,
– unter dem Zeichen Waren ein- oder ausgeführt werden,
– das Zeichen in Geschäftspapieren oder in der Werbung benutzt wird.

---

[160] Siehe oben Kap. 2.8.2: Ähnlichkeit und Verwechslungsgefahr, S. 344.
[161] Siehe oben Kap. 2.8.2: Ähnlichkeit und Verwechslungsgefahr, S. 344.

Nach dem Markengesetz besteht der Unterlassungsanspruch auch bei Benutzung in der mündlichen Werbung, im Warenzeichengesetz war hingegen eine sichtbare Erscheinung der Marke für die Verletzungshandlung notwendig.[162]

Ferner untersagt § 14 Abs. 4 MarkenG, Schutzverletzungen vorzubereiten. Deshalb ist es Dritten untersagt, das verwechslungsfähige Zeichen auf Aufmachung oder Verpackungen oder auf Kennzeichnungsmitteln wie Etiketten, Anhängern, Aufnähern oder dergleichen anzubringen, diese anzubieten, in den Verkehr zu bringen, zu diesen Zwecken zu besitzen, einzuführen oder auszuführen. Diese Verletzungshandlungen erfasste das Warenzeichengesetz als mittelbare Markenrechtsverletzungen. Als Vorbereitungshandlung wurde z.B. das Banderolieren von Zigaretten bezeichnet.[163]

Der Inhaber einer geschäftlichen bzw. bekannten geschäftlichen Bezeichnung[164] kann gegenüber dem unbefugten Benutzer Unterlassungs- und Beseitigungsansprüche[165] geltend machen, wenn ein Dritter im geschäftlichen Verkehr ein identisches oder ähnliches Zeichen, das verwechslungsfähig ist, benutzt, § 15 MarkenG.

Nach § 14 Abs. 7 MarkenG kann ein Unterlassungsanspruch an den Betriebsinhaber gerichtet werden, wenn die Verletzung der Marke oder geschäftlichen Bezeichnung (§ 15 Abs. 6 MarkenG) in einem geschäftlichen Betrieb von einem Angestellten oder Beauftragten herbeigeführt wurde. Der Betriebsinhaber hat insofern nicht die Möglichkeit eines Entlastungsbeweises wie in § 831 BGB; dem Betriebsinhaber soll verwehrt sein, sich hinter den von ihm abhängigen Dritten zu verschanzen.[166]

3.2. Schadensersatzanspruch

Neben dem Unterlassungsanspruch hat der Inhaber einer Marke oder geschäftlichen Bezeichnung einen markenrechtlichen Schadensersatzanspruch (§§ 14 Abs. 6, 7 und 15 Abs. 5, 6 MarkenG), der mit anderen Schadensersatzansprüchen konkurriert.[167] Die anspruchsauslösende Markenrechtsverletzung muss vorsätzlich oder fahrlässig begangen worden sein. Vorsatz verlangt Kenntnis der kollidierenden Marke und das Wissen, ein Markenrecht zu verletzen. Fahrlässig handelt der Verletzer, wenn er infolge der Nichtbeachtung der im Verkehr erforderlichen Sorgfalt das kollidierende Markenrecht nicht kennt (§ 276 BGB). Anfängliche Gutgläubigkeit des Markenrechtsverletzers lösen ab dem Zeitpunkt der Kenntnis der Rechtswidrigkeit Schadensersatzansprüche aus.[168]

Der Neubenutzer hat sich vor der Aufnahme der Benutzung der Marke zu vergewissern, dass die Benutzung nicht in den geschützten Rechtskreis fremder Kenn-

---

[162] *Baumbach/Hefermehl*, WZG, § 15 Rdnr. 66.
[163] RGZ 104, 376 – Ballet.
[164] Siehe oben Kap. 1.4: Geschäftliche Bezeichnungen, S. 327.
[165] *Fezer*, MarkenG, § 15 Rdnr. 184.
[166] *Fezer*, MarkenG, § 14 Rdnr. 531 m.w.N.
[167] *Hefermehl/Köhler/Bornkamm*, § 9 Rdnr. 1.2.
[168] BGH, GRUR 1961, 535 – arko.

zeichen eindringt.[169] Ohne professionelle Markenrecherche ist dem Neubenutzer fahrlässiges Verhalten vorzuwerfen.

Die Höhe des Schadens bestimmt sich nach den durch die Rechtsprechung entwickelten Berechnungsmethoden.[170] In Betracht kommt der konkrete Schaden gem. §§ 249 ff. BGB, zu dessen Berechnung auch der entgangene Gewinn, § 252 BGB, oder Geldentschädigung, § 251 Abs. 1 BGB, heranzuziehen ist. Andernfalls kann der Schaden durch Zahlung einer angemessenen Lizenzgebühr ersetzt werden, was durch das Gesetz zur Verbesserung der Durchsetzung von Rechten des geistigen Eigentums nunmehr ausdrücklich in § 14 Abs. 6 MarkenG genannt wird. Letztlich kommt die Herausgabe des vom Verletzer erzielten Gewinns in Betracht.[171] Darüber hinaus ist zur Sicherung von Schadensersatzansprüchen bei Rechtsverletzungen in gewerblichem Ausmaß in § 19b MarkenG ein Anspruch auf Vorlage von Bank-, Finanz- oder Handelsunterlagen bei Bestehen eines titulierten Schadensersatzanspruches normiert.

Nach § 14 Abs. 7 MarkenG kann ein Schadensersatzanspruch an den Betriebsinhaber gerichtet werden, wenn die Verletzung der Marke oder geschäftlichen Bezeichnung (§ 15 Abs. 6 MarkenG) in einem geschäftlichen Betrieb von einem Angestellten oder Beauftragten vorsätzlich oder fahrlässig herbeigeführt wurde; die Möglichkeit der Exkulpierung i.S.v. § 831 BGB hat der Betriebsinhaber nicht.[172]

3.3. Vernichtungsanspruch, Rückrufanspruch und Anspruch auf Urteilsveröffentlichung

Bei Rechtsverletzungen i.S.d. §§ 14, 15, 17 MarkenG hat der Inhaber einer Marke oder geschäftlichen Bezeichnung einen Vernichtungsanspruch gem. § 18 MarkenG. Der Anspruch erstreckt sich auf die im Besitz oder Eigentum des Verletzers befindlichen widerrechtlich gekennzeichneten Gegenstände, § 18 Abs. 1 Satz 1 MarkenG. Für die im Eigentum des Verletzers stehenden Vorrichtungen, die zur widerrechtlichen Kennzeichnung genutzt werden oder bestimmt sind, gilt § 18 Abs. 1 Satz 1 MarkenG entsprechend.

Widerrechtlich gekennzeichnete Gegenstände sind das Produkt, das Kennzeichnungsmittel und das Werbemittel. Widerrechtlich genutzte Vorrichtungen sind u.a. Siegel, Platten, Steine, Stempel, Druckstücke und Drucksiebe.[173] Die jeweiligen Vorrichtungen müssen fast ausschließlich zur widerrechtlichen Kennzeichnung genutzt worden sein, um dem Vernichtungsanspruch zu unterfallen.

Außerdem regelt das Gesetz zur Verbesserung der Durchsetzung von Rechten des geistigen Eigentums in § 18 Abs. 2 MarkenG einen RückrufanspruchR, der auf die Entfernung der markenverletzenden Waren aus dem Vertriebsweg gerichtet ist.

---

[169] BGH GRUR 1957, 22 – Sultan; 1971, 251 – Oldtimer.
[170] BGHZ 44, 372 – Meßmer-Tee II.
[171] BGH GRUR 1962, 509 – Dia-Rähmchen II.
[172] Siehe oben Kap. 3.2: Schadensersatzanspruch, S. 352.
[173] LG Köln MA 1993, 15 – Vulkollan.

Dieser Anspruch entfällt, wenn es dem Markenverletzer unmöglich ist, die betreffenden Waren aus dem Vertriebsweg zu entfernen.[174]

Die Ansprüche aus § 18 MarkenG stehen unter dem Vorbehalt des Grundsatzes der Verhältnismäßigkeit. Für die Anwendung des Verhältnismäßigkeitsgrundsatzes gem. § 18 Abs. 3 MarkenG sind der Grad der Schuld beim Verletzer, die Schwere des Eingriffs sowie die Höhe des Schadens, der sich auch aus Bekanntheitsgrad und Marktstärke der verletzten Marke ergeben kann, ausschlaggebend. Weiter ist der ökonomische, soziale und gesellschaftliche Wert der zu vernichtenden Waren von Bedeutung.[175] Nicht ausreichend für die Anwendung des Verhältnismäßigkeitsgrundsatzes ist, dass mildere Maßnahmen zur Vernichtung zur Verfügung stehen, da es sich bei der Vernichtung um eine Regelmaßnahme handelt.[176] Es gilt das Verhältnismäßigkeitsprinzip der umfassenden Interessen- und Güterabwägung unter Berücksichtigung der besonderen Umstände des konkreten Einzelfalls.

Ein Anspruch auf Urteilsveröffentlichung für den Fall, dass eine markenrechtliche Streitigkeit durch Urteil entschieden wurde, ergibt sich aus § 19c MarkenG. Dieser Anspruch setzt jedoch ein berechtigtes Interesse des Anspruchsstellers voraus. Dieser Anspruch berührt das informationelle Selbstbestimmungsrecht des Kennzeichenverletzers, weshalb auch hier eine Abwägung der beiderseitigen Interessen vorzunehmen ist. Die dem Anspruchsgegner entstehenden Nachteile dürfen in keinem Missverhältnis zu den zu erwartenden Vorteilen der Urteilsveröffentlichung stehen.

Weitergehende Ansprüche aus anderen Vorschriften neben dem MarkenG sind gem. § 19d MarkenG nicht ausgeschlossen. So kommen vor allem Ansprüche aus §§ 812 ff. BGB in Betracht, wenn der Verletzer nicht schuldhaft gehandelt hat. Auch Ansprüche aus §§ 823, 1004 Abs. 1 BGB sind denkbar.

3.4. Auskunftsanspruch

Der Auskunftsanspruch im Markenrecht nach § 19 MarkenG hat seinen Ursprung in der Rechtsprechung zu § 242 BGB (Treu und Glauben), wonach dieser Anspruch besteht, wenn der Berechtigte über das Bestehen oder Nichtbestehen von Rechten im Unklaren ist und die notwendigen Auskünfte nicht aus eigener Kraft und unter zumutbarem Aufwand erlangen kann.[177] Der Auskunftsanspruch steht dem Inhaber einer Marke oder geschäftlichen Bezeichnung zu, wenn die Fälle der §§ 14, 15, 17 MarkenG vorliegen. Er verpflichtet den Verletzer zur unverzüglichen Auskunft über die Herkunft und den Vertriebsweg von widerrechtlich gekennzeichneten Gegenständen, § 19 Abs. 1 MarkenG. Im Einzelnen hat der Verletzer Angaben zu machen über Namen und Anschrift des Herstellers, der Lieferanten, anderer Vorbesit-

---

[174] Vgl. auch *Berlit*, Markenrecht, Rdnrn. 264 ff.
[175] *Tilmann*, BB 1990, 1565.
[176] Gesetzentwurf der Bundesregierung, Entwurf eines Gesetzes zur Bekämpfung der Produktpiraterie, BR-Drucks. 206/89, S. 27.
[177] BGHZ 10, 385 – Kalkstein.

zer, des Abnehmers, des Auftraggebers und über die Menge der hergestellten, ausgelieferten, erhaltenen oder bestellten Gegenstände, § 19 Abs. 3 MarkenG.

Darüber hinaus kann sich der Auskunftsanspruch künftig – unabhängig von der Frage eines etwaigen Verschuldens - nach § 19 Abs. 2 MarkenG auch gegen Dritte richten. Voraussetzung hierfür ist, dass der Markeninhaber bereits Klage gegen den Verletzer erhoben hat oder die Rechtsverletzung offensichtlich ist. Zudem muss der Dritte in gewerblichen Ausmaß rechtsverletzende Ware in Besitz gehabt, rechtsverletzende Dienstleistungen in Anspruch genommen, für rechtsverletzende Tätigkeiten genutzte Dienstleistungen erbracht haben oder aber an der Herstellung, Erzeugung oder dem Vertrieb solcher Waren oder an der Erbringung solcher Dienstleistungen beteiligt gewesen sein. Das stets erforderliche Merkmal des gewerblichen Ausmaßes ist den Erwägungsgründen der Durchsetzungsrichtlinie 2004/48/EG entnommen. Gewerbliches Ausmaß bedeutet, dass der Umfang der rechtsverletzenden Tätigkeit erheblich sein muss und bedeutet weiterhin, dass auch Handlungen aus dem privaten – nicht nur geschäftlichen – Bereich zugerechnet werden, soweit sie dieses Ausmaß erreichen. Der Drittauskunftsanspruch steht gemäß § 19 Abs. 4 MarkenG immer unter dem Vorbehalt der Verhältnismäßigkeit und setzt voraus, dass dem auf Auskunft in Anspruch genommenen Dritten in einem Prozess gegen den Verletzer kein Zeugnisverweigerungsrecht aus den §§ 383 bis 385 ZPO zusteht, vgl. § 19 Abs. 2 MarkenG. Im Falle der Auskunftsverpflichtung des Dritten kann die Aussetzung des Klageverfahrens gegen den Verletzer verfügt werden.

Wichtig wird künftig auch die Möglichkeit der Heranziehung von Verkehrsdaten (Internet) auf richterliche Anordnung hin sein, vgl. § 19 Abs. 9 und 10.

Bei offensichtlichen Rechtsverletzungen kann der Auskunftsanspruch im Wege der einstweiligen Verfügung nach der Zivilprozessordnung angeordnet werden, § 19 Abs. 7 MarkenG. Die Verwertung der so erlangten Informationen in einem Strafverfahren steht gem. § 19 Abs. 8 MarkenG unter dem Zustimmungsvorbehalt des Auskunftsverpflichteten.

Bedeutsam ist hier das Urteil des EuGH, nach dem die Zollbehörde dem verletzten Markeninhaber Auskunft über den Importeur nachgeahmter Ware geben muss, auch wenn dies ein nationales Datenschutzgesetz ausdrücklich verbietet.[178]

Neben § 19 MarkenG ist in § 19a MarkenG ein Anspruch gegen einen vermeintlichen Verletzer auf Vorlage einer Urkunde oder Besichtigung einer Sache geregelt. Ein wesentlicher Aspekt der Neuregelung des MarkenG aufgrund der Richtlinie 2004/48/EG war es, die beweisrechtlichen Möglichkeiten des Inhabers eines Schutzrechtes nicht nur während eines anhängigen Verfahrens, sondern bereits im Vorfeld eines solchen Verfahrens zu stärken. Der Inhaber eines Markenrechtes wird aufgrund der schwierigen Beweissituation durch § 19a MarkenG gegenüber anderen Gläubigern zivilrechtlicher Ansprüche privilegiert. Voraussetzung des Vorlage- und Besichtigungsanspruches ist, dass die begehrte Information erforderlich ist, um den Anspruch erst noch zu substantiieren. Zudem muss die Rechtsverletzung hinreichend wahrscheinlich sein, was glaubhaft zu machen ist. Der Anspruch wird bei Vorliegen einer gewissen Wahrscheinlichkeit dennoch nur bestehen, wenn dem

---

[178] NJW 2000, 2337.

Anspruchssteller keine anderen zumutbaren Beweisquellen zur Verfügung stehen.[179]

Besteht die hinreichende Wahrscheinlichkeit einer Rechtsverletzung in gewerblichem Ausmaß, so erstreckt sich der Vorlage- und Besichtigungsanspruch auch auf die Vorlage von Bank-, Finanz- und Handelsunterlagen, § 19a Abs. 1 Satz 2 MarkenG.

Der Anspruch steht gem. § 19a Abs. 2 MarkenG unter dem Vorbehalt der Verhältnismäßigkeit, sodass er bei bloß geringfügigen Kennzeichenverletzungen kaum in Betracht kommen dürfte. Das Gericht hat im Einzelfall gem. § 19a Abs. 1 Satz 3 MarkenG die erforderlichen Maßnahmen zur Geheimhaltung zu treffen. Diese können darin bestehen, dass das angerufene Gericht die Vorlage lediglich gegenüber einem zur Verschwiegenheit verpflichteten Dritten anordnet, der anschließend Auskunft darüber gibt.

Eine Durchsetzung im Wege der einstweiligen Verfügung kann nach § 19a Abs. 3 MarkenG erfolgen. Außerdem besteht nach § 19a Abs. 5 MarkenG die Möglichkeit eines Schadensersatzanspruches des vermeintlichen Verletzers gegen den Markeninhaber, wenn die behauptete Kennzeichenverletzung tatsächlich nicht vorlag.

3.5. Beschlagnahme

Die §§ 146–151 MarkenG regeln die Grenzbeschlagnahme. Der Inhaber einer Marke oder einer geschäftlichen Bezeichnung erfährt so Schutz vor der Einfuhr und Ausfuhr von Waren, die widerrechtlich mit einer nach dem Markengesetz geschützten Marke oder einer geschäftlichen Bezeichnung versehen sind.

In §§ 146–148 MarkenG ist das Verfahren in Bezug auf die Beschlagnahme widerrechtlich gekennzeichneter Waren durch die Zollbehörden geregelt, die nicht in den Anwendungsbereich der Verordnung (EG) Nr. 1383/2003, welche die alte Verordnung (EG) Nr. 3295/94 mit Wirkung zum 1. Juli 2004 ablöste, fallen[180]. Die Grenzbehörden haben auf Antrag und gegen Sicherheitsleistung des Rechtsinhabers die Beschlagnahme durchzuführen, wenn die Verletzung offensichtlich ist, § 146 Abs. 1 Satz 1 MarkenG. Bei Anordnung der Beschlagnahme durch die Zollbehörden hat der Antragsteller ein Auskunftsrecht gegenüber den Zollbehörden bezüglich Herkunft, Menge und Lagerort der Waren und Name und Anschrift des Verfügungsberechtigten, § 146 Abs. 2 MarkenG. Nachdem die Zollbehörde den Verfügungsberechtigten und den Antragsteller über die Beschlagnahme unterrichtet hat, zieht sie die Waren ein, wenn der Beschlagnahme nicht innerhalb von zwei Wochen nach Zustellung der Mitteilung widersprochen wurde, § 147 Abs. 1 MarkenG. In § 147 Abs. 2–4 MarkenG sind die Rechtsfolgen der Rücknahme und Aufrechter-

---

[179] Vgl. hierzu *Nägele/Nitsche* WRP 2007, 1047 (1052).
[180] Verordnung (EG) Nr. 1383/2003 regelt die Beschlagnahme von Waren, die aus Drittländern in den zollrechtlich freien Verkehr der EU gelangen. § 146 MarkenG regelt insofern die Beschlagnahme an den Binnengrenzen der EU-Staaten.

haltung von Widersprüchen sowie vollziehbarer gerichtlicher Entscheidungen geregelt. Über Zuständigkeiten und Rechtsmittel gibt § 148 MarkenG Auskunft.

Bei ungerechtfertigter Beschlagnahme gewährt § 149 MarkenG dem Verfügungsberechtigten ein Schadensersatzrecht. Bei Beschlagnahme aufgrund der Verordnung (EG) Nr. 1383/2003 sind mangels ausdrücklicher weiterer Regelung die Vorschriften der §§ 146–149 MarkenG entsprechend anzuwenden, § 150 MarkenG.

Die Durchfuhr von Waren durch Deutschland unterliegt nicht den Beschlagnahmeregeln, da – wie zuletzt von BGH und EuGH entschieden[181] – die ungebrochene Durchfuhr von Waren durch das Gebiet der Bundesrepublik Deutschland mangels „Inverkehrbringens" keine Verletzung einer inländischen Marke darstellen kann. Etwas anderes gilt für Waren, die widerrechtlich mit geographischen Herkunftsangaben gekennzeichnet sind, § 151 MarkenG. Diese Vorschrift weist in Abs. 1 Satz 1 darauf hin, dass die dortigen Regelungen nur gelten, soweit nicht die VO 1383/2003 greift. In diesen Fällen wird auch auf den sonst notwendigen Beschlagnahmeantrag verzichtet. Die Beschlagnahme wird von der Zollbehörde in eigenem Ermessen vorgenommen, das auch durch die Offensichtlichkeit der Rechtsverletzung geprägt ist. Wenn infolge der Beschlagnahme einer Beseitigung der widerrechtlichen Kennzeichnung nicht entsprochen wird oder sie untunlich ist, sind die Waren insgesamt einzuziehen.

3.6. Straf- und Bußgeldverhängung

Wenn die Verletzung von Marken, geschäftlichen Bezeichnungen oder geographischer Herkunftsangaben vorliegt, können die Straf- und Bußgeldvorschriften im Markengesetz eingreifen, §§ 143–145 MarkenG.

Nach § 143 MarkenG ist die vorsätzliche – auch die versuchte – Kennzeichenverletzung strafbar, wenn widerrechtlich im geschäftlichen Verkehr die Verbotstatbestände der §§ 14, 15 MarkenG verwirklicht sind. Die Strafandrohung von bis zu drei Jahren erhöht sich auf bis zu fünf Jahre bei gewerbsmäßigem Vorgehen des Täters. Die Strafverfolgungsbehörde wird jedoch nur auf Antrag tätig, es sei denn, ein besonderes öffentliches Interesse hält ein Einschreiten für geboten, § 143 Abs. 4 MarkenG. Das Einschreiten bei Vorliegen eines öffentlichen Interesses wurde im Zuge der Verabschiedung des Gesetzes zur Bekämpfung der Produktpiraterie in das Warenzeichengesetz aufgenommen.

Geographische Herkunftsangaben (§ 127 MarkenG) werden gesondert in § 144 MarkenG der Strafbarkeit unterstellt. Dort finden sich gesonderte Vorschriften über die gerichtliche Anordnung der Beseitigung von widerrechtlichen Kennzeichnungen oder die Vernichtung der gesamten Waren (diese gelten auch bei Verletzung von Hoheitszeichen, § 145 Abs. 4 MarkenG). Die Urteilsveröffentlichung ist in Abs. 5 geregelt. Die Ermächtigung zum Erlass einer Rechtsverordnung war in Abs. 6 geregelt, welcher jedoch durch das Gesetz zur Verbesserung der Durchsetzung gewerblicher Schutzrechte aufgehoben wird. Insbesondere erfolgt eine Neufassung

---

[181] EuGH GRUR 2007, 146 (Vorabentscheidung); BGH GRUR Int. 2007, 1036 (Diesel II).

des Abs. 2 unter Verweis auf die Verordnung (EG) Nr. 510/2006 vom 20. März 2006

Eine Geldbuße wird gegen denjenigen verhängt, der Hoheitszeichen i.S.v. § 8 Abs. 2 Nr. 6, 7, 8 MarkenG widerrechtlich benutzt oder Mitwirkungs- und Aufklärungspflichten nach § 134 Abs. 3, 4 MarkenG nicht nachkommt, § 145 MarkenG.

4. Schranken des Markenschutzes

Die unter 3. abgehandelten Rechtswirkungen des Markenschutzes sind ihrerseits bestimmten Schranken ausgesetzt. Die Schranken des Markenschutzes ergeben sich durch Verjährung (§ 20 MarkenG), Verwirkung (§ 21 MarkenG), den Anspruchsausschluss bei Löschungsreife der prioritätsälteren Marke (§ 22 MarkenG), Benutzung von Namen und beschreibenden Angaben – insbesondere im Ersatzteilgeschäft – (§ 23 MarkenG), Erschöpfung (§ 24 MarkenG) und mangelnde Benutzung (§ 25 MarkenG).

4.1. Verjährung

Die in §§ 14–19 MarkenG normierten Ansprüche verjähren grundsätzlich nach drei Jahren von dem Zeitpunkt an, an dem der Berechtigte von der Verletzung seines Rechts und der Person des Verpflichteten Kenntnis erlangt, § 20 Abs. 1 MarkenG. Kenntnis bedeutet positives Wissen, wobei es ausreicht, dass sich der Berechtigte die Kenntnis in zumutbarer Weise beschaffen kann; missbräuchliche Nichtkenntnis ist wie positive Kenntnis zu beurteilen.[182] Ohne Rücksicht auf diese Kenntnis verjähren Ansprüche nach dreißig Jahren, und zwar beim Unterlassungs- wie beim Schadensersatzanspruch von dem Zeitpunkt der Rechtsverletzung an. Bei mehreren Verletzern oder Verletzungen ist die Verjährungsfrist für jeden Tatbestand getrennt zu bestimmen.

Die Verjährungshemmung bei schwebenden Verhandlungen ist seit der Schuldrechtsmodernisierung in §§ 203 ff. BGB geregelt, worauf der § 20 MarkenG verweist. Unter schwebenden Verhandlungen zwischen dem Berechtigten und dem Verpflichteten sind neben denen über Schadensersatzansprüche auch die über Ansprüche aus den §§ 14–19c MarkenG zu verstehen. Es soll derjenige geschützt werden, der sich auf Verhandlungen mit dem Verletzer einlässt.[183]

Ansprüche aus ungerechtfertigter Bereicherung bestehen gem. § 20 Satz 2 MarkenG i.V.m. § 852 BGB auch nach Vollendung der regelmäßigen Verjährung. Es handelt sich bei diesem Verweis um eine Rechtsfolgenverweisung, auf die Voraussetzungen der §§ 812 ff. BGB kommt es daher nicht an.[184] Deshalb ist der Verpflichtete zur Herausgabe dessen, was er aufgrund der Verletzung auf Kosten des Berechtigten erlangt hat, über den markenrechtlichen Verjährungszeitraum hinaus, bis zum Ablauf von 10 Jahren seit Entstehung des Anspruches verpflichtet.

---

[182] BGH NJW 1985, 1023.
[183] BGHZ 93, 64.
[184] Vgl. *Ingerl/Rohnke*, Markengesetz, 2. Aufl. (2003), § 20 Rdnr. 34.

4.2. Verwirkung

Der Inhaber einer Marke (§ 4 MarkenG), einer geschäftlichen Bezeichnung (§ 5 MarkenG) oder eines sonstigen Rechts (§ 13 Abs. 2 MarkenG) kann seine Ansprüche (§§ 14–19 MarkenG) gegen prioritätsjüngere Marken verwirken, § 21 MarkenG. Diese markenrechtliche Verwirkung tritt ein, wenn der Rechtsinhaber die Marke während eines Zeitraums von fünf aufeinander folgenden Jahren in (positiver) Kenntnis dieser Benutzung geduldet hat. Der Inhaber der prioritätsjüngeren Marke muss zum Zeitpunkt des Rechtserwerbs gutgläubig hinsichtlich der Rechtmäßigkeit der Benutzung des Kennzeichens gewesen sein. Die Verwirkung für eingetragene Marken i.S.v. § 4 Nr. 1 MarkenG ist in § 21 Abs. 1 MarkenG geregelt. Die Verwirkung für Marken mit Verkehrsgeltung oder Notorietät i.S.v. § 4 Nr. 2 und 3 MarkenG tritt nach § 21 Abs. 2 MarkenG ein. Für Marken mit Verkehrsgeltung beginnt die Verwirkungsfrist erst ab dem Zeitpunkt des Eintritts der Verkehrsgeltung.[185]

Bei Eintreten der Verwirkung hat der Inhaber der prioritätsjüngeren Marke jedoch nicht das Recht, die Benutzung der prioritätsälteren Marke zu verbieten, § 21 Abs. 3 MarkenG.

Die Duldung muss fünf aufeinander folgende Jahre andauern. Sollte der Inhaber gegen den Benutzer eine Abmahnung aussprechen, ansonsten jedoch untätig bleiben, beginnt die fünfjährige Frist ab diesem Zeitpunkt erneut.

Neben diesen Verwirkungsbestimmungen bleibt die Anwendung allgemeiner Grundsätze über die Verwirkung unberührt, § 21 Abs. 4 MarkenG. Es besteht vor allem der Einwand der Verwirkung nach § 242 BGB. Danach tritt eine Verwirkung ein, wenn der Verletzer einen wertvollen Besitzstand am verfolgten Kennzeichen erlangt hat und es den Anschein hatte, dass der Markeninhaber diese Rechtsverletzung dulde, obwohl er sie erkannt hatte oder hätte erkennen können und darüber hinaus eine Rechtsverfolgung auch unter Würdigung aller sonstigen Umstände des konkreten Einzelfalls einen Verstoß gegen Treu und Glauben bedeuten würde.[186] Diesbezüglich kann der Duldungszeitraum auch kürzer als fünf Jahre sein.

4.3. Anspruchsausschluss bei Bestandskraft prioritätsjüngerer Marken

Die Priorität der Marke hat keine Bedeutung, wenn die prioritätsjüngere Marke gegenüber der prioritätsälteren Marke Bestandskraft erlangt, § 22 Abs. 1 MarkenG. Dem Inhaber prioritätsälterer Marken oder Dienstleistungen sind Ansprüche gegen den Inhaber einer jüngeren Marke versagt, wenn

– am Anmeldetag der jüngeren Marke (§ 33 Abs. 1 MarkenG) die Marke oder geschäftliche Bezeichnung mit älterem Zeitrang noch nicht i.S.d. § 9 Abs. 1 Nr.

---

[185] Siehe oben Kap. 2.8.5: Verkehrsgeltung, S. 349.
[186] S.i.e. *Fezer*, MarkenG, § 21 Rdnrn. 24 ff. m.w.N.

3, des § 14 Abs. 2 Nr. 3 oder des § 15 Abs. 3 bekannt war (§ 51 Abs. 3 MarkenG)[187] oder
- am Tag der Veröffentlichung der prioritätsjüngeren Marke die prioritätsältere Marke wegen Verfalls (§ 49 MarkenG) oder wegen absoluter Schutzhindernisse (§ 50 MarkenG) hätte gelöscht werden können (§ 51 Abs. 4 MarkenG).

Demnach hat der Nachweis der Bekanntheit der prioritätsälteren Marke der Geltendmachung von Ansprüchen gegen mögliche Verletzer vorherzugehen. Die prioritätsältere Marke ist gem. § 49 MarkenG verfallen, wenn sie nicht in einem ununterbrochenen Zeitraum von fünf Jahren benutzt wird.[188] Bei Vorliegen absoluter Schutzhindernisse i.S.v. §§ 50 i.V.m. 3, 7, 8 MarkenG tritt für die prioritätsältere Marke ebenfalls Löschungsreife ein.

Wie beim Verwirkungseinwand gibt der Anspruchsausschluss dem Inhaber der prioritätsjüngeren Marke i.S.d. § 22 Abs. 1 MarkenG nicht das Recht, dem Inhaber der prioritätsälteren Marke oder geschäftlichen Bezeichnung deren Benutzung zu untersagen, § 22 Abs. 2 MarkenG.

4.4. Benutzung durch Dritte

Dritte sollen über das Recht verfügen, im geschäftlichen Verkehr ihre Namen oder Anschriften, beschreibende Angaben oder Marken im Zubehör- und Ersatzteilgeschäft zu benutzen, auch wenn an diesen Kennzeichen ein Schutzrecht besteht, § 23 MarkenG.

Die Benutzung des eigenen Namens im geschäftlichen Verkehr können andere nicht durch ein Schutzrecht untersagen. Gemeint ist der bürgerliche Name eines Menschen. Das Recht auf Benutzung des eigenen Namens erstreckt sich im Gegensatz zum Warenzeichengesetz nicht auf Firmennamen, es sei denn, der bürgerliche Name ist der Firmenname oder ein Bestandteil des Firmennamens. Zur Anschrift gehören Staat, Bundesland, Ort, Straße, Hausnummer, Telefon- und Faxnummern.

Dritten ist es gestattet, auch geschützte Kennzeichen im geschäftlichen Verkehr zu nutzen, sofern sie insbesondere Art, Beschaffenheit, Bestimmung, Wert, geographische Herkunft, Herstellungs- oder Erbringungszeit eigener Waren oder Dienstleistungen betreffen.[189] Dabei muss es sich in jedem Fall um Beschreibungen handeln, die Beschreibung darf nicht als Marke benutzt werden.

Weiter ist die Benutzung notwendiger Bestimmungshinweise im Zubehör- und Ersatzteilgeschäft nicht durch Inhaber von Marken oder geschäftlichen Bezeichnungen zu beschränken. Dem Betreiber von Zubehör- oder Ersatzteilgeschäften oder Reparaturbetrieben ist somit gestattet, seine Ware oder Dienstleistung unter Hinweis auf ihr Leistungsangebot, nämlich bestimmte fremde Produkte oder Dien-

---

[187] Zu den Voraussetzungen der bekannten Marke s.o. Kap. 1.2: Bekannte Marke, S. 325.
[188] Siehe unten Kap. 4.6: Benutzungszwang, S. 363 und Kap. 6: Beendigung des Markenschutzes, S. 367.
[189] Siehe oben Kap. 2.6.3: Produktmerkmalsbezeichnungen, S. 338.

ste, zu bezeichnen. Nur so ist es ihm möglich, den Verkehr auf seine Waren oder Dienstleistungen in ausreichendem Maße aufmerksam zu machen.[190]

Diese Schutzbeschränkungen stehen unter dem Vorbehalt eines Verstoßes gegen die guten Sitten. Ein solcher Verstoß kommt unter der Gesamtwürdigung aller Umstände des konkreten Einzelfalls in Betracht. Sittenwidrigkeit in Form der Verkehrsverwirrung nach § 1 UWG a.F. wurde angenommen, als die Wortbildmarke der Illustrierten „Stern", ein asymmetrisch geformter Stern, für andere Illustrierte genutzt wurde.[191] Kein sittenwidriges Verhalten liegt hingegen vor, wenn eine freizuhaltende Gattungsangabe im geschäftlichen Verkehr benutzt wird. So kann die Benutzung der Bezeichnung „Schwarzwald-Sprudel" durch verschiedene Mineralwasserhersteller aus dem Schwarzwald nicht untersagt werden.[192]

4.5. Erschöpfung

Eine weitere Beschränkung erfährt der Markenschutz durch die Erschöpfung des Markenrechts. Es ist dem Inhaber einer Marke (§ 4 MarkenG) oder geschäftlichen Bezeichnung (§ 5 MarkenG) nicht gestattet, einem Dritten zu untersagen, die Marke oder geschäftliche Bezeichnung für Waren zu benutzen, die unter dieser Kennzeichnung von ihm oder mit seiner Zustimmung im Inland, in einem der übrigen Mitgliedstaaten der EU oder in einem Vertragsstaat des EWR in den Verkehr gebracht wurden, § 24 Abs. 1 MarkenG.

Der Erschöpfungsgrundsatz findet seine Ausnahme in § 24 Abs. 2 MarkenG. Nach dieser Vorschrift kann sich der Rechtsinhaber einem weiteren Vertrieb dieser Waren widersetzen, wenn berechtigte Gründe vorliegen. Berechtigte Gründe liegen insbesondere dann vor, wenn der Zustand der Waren nach ihrem Inverkehrbringen verändert oder verschlechtert ist.

Diese Regelung stellt heraus, dass insbesondere Reimporte von Originalwaren innerhalb der Europäischen Union bzw. des Europäischen Wirtschaftsraums nicht durch den Inhaber der Marke oder geschäftlichen Bezeichnung verhindert werden können. So ist einer unzulässigen Beschränkung des freien Warenverkehrs nach Art. 30, 36 EGV begegnet worden. Gleichzeitig findet sich in der Regelung des § 24 MarkenG eine europarechtliche Begrenzung des Erschöpfungsgrundsatzes.[193]

Eine Veränderung oder Verschlechterung der Waren i.S.v. § 24 Abs. 2 MarkenG hat z.B. der BGH festgestellt, als ein Händler Original-Jeans importierte, die Jeans färbte, an den Jeans-Hosen die Beine kürzte und Jeans-Jacken zu Jeans-Westen umarbeitete.[194] § 24 Abs. 2 MarkenG schützt durch die Einschränkung des Erschöpfungsgrundsatzes die Produktidentität.

---

[190] BGH GRUR 1968, 49 – Zentralschlossanlagen.
[191] BGH GRUR 1960, 126.
[192] BGH NJW RR 1994, 1255.
[193] BGH NJW 1996, 994.
[194] BGH NJW 1996, 994.

4.6. Benutzungszwang

In den §§ 25, 26 MarkenG ist geregelt, wie lange und in welcher Form der Inhaber seine eingetragene Marke benutzt haben muss. Auf die Benutzung der Marke kommt es auch in den Widerspruchs- und Löschungsverfahren und beim Verfall der Marke an (§§ 43, 49, 55 Abs. 3 MarkenG). Eine mangelnde Benutzung kann der auf der Grundlage der §§ 14, 18, 19 MarkenG beklagte Verletzer im Wege der Einrede geltend machen, § 25 Abs. 1 MarkenG. Auf diese Einrede des Beklagten hin hat der Kläger nachzuweisen, dass die Marke innerhalb der letzten fünf Jahre vor Erhebung der Klage für die Waren oder Dienstleistungen, auf die er sich zur Begründung seines Anspruchs beruft, benutzt worden ist, § 25 Abs. 2 MarkenG. Der Nachweis der fünfjährigen Benutzung setzt eine Eintragung vor mindestens fünf Jahren voraus.

Die eingetragene Marke muss ernsthaft benutzt worden sein, es sei denn, dass berechtigte Gründe für eine Nichtbenutzung vorliegen, § 26 Abs. 1 MarkenG. Eine ernsthafte Benutzung ist anzunehmen, wenn die Benutzungshandlungen ausreichend sind, um nach Art, Umfang und Dauer dem Zweck des Benutzungszwangs zu entsprechen und die Geltendmachung nur formaler Markenrechte zu verhindern.[195] Dabei sind die besonderen Umstände des konkreten Einzelfalls zu berücksichtigen. Es soll für die Frage einer rechtserhaltenden Benutzung im objektiven Sinne auch auf das Verkehrsverständnis ankommen.[196]

Berechtigte Gründe für eine Nichtbenutzung sind insbesondere anzunehmen, wenn die ausnahmslose Anwendung eine ungerechtfertigte Härte für den Markeninhaber bedeuten oder zu einem wirtschaftlich unvernünftigen Ergebnis führen würde; grundsätzlich muss es sich um schwerwiegende Gründe handeln.[197] Es kommt auf die Zumutbarkeit der Benutzung innerhalb einer Interessenabwägung an.[198]

Die Benutzung der Marke durch einen Dritten gilt als Benutzung durch den Markeninhaber, wenn er der Benutzung zugestimmt hat. Durch die Abschaffung des Akzessorietätsprinzips im Markengesetz kann der Markeninhaber die geschützte Marke auch für Waren oder Dienstleistungen anderer Unternehmen benutzen.

Eine rechtserhaltende Benutzung der Marke liegt auch dann vor, wenn sie von ihrer Eintragung abweicht, ohne den kennzeichnenden Charakter der Marke zu verändern, § 26 Abs. 3 MarkenG. Für die Feststellung des Grades einer zulässigen Abweichung kommt es darauf an, dass der Verkehr die benutzte Form und die eingetragene Form als ein und dieselbe Marke ansieht.[199]

Eine Benutzung liegt bereits dann vor, wenn Marken auf Waren, deren Aufmachung oder Verpackung im Inland angebracht werden, um dann ausschließlich ex-

---

[195] BGH GRUR 1978, 46 – Doppelkamp I; 1979, 707 – Haller I; 1980, 289 – Trend.
[196] So BGH GRUR 1995, 583 – MONTANA; einschränkend *Fezer*, MarkenG, § 26 Rdnr. 11.
[197] Begründung zur BT-Drucks. V/714 vom 16. Juni 1966, S. 45.
[198] *Fezer*, MarkenG, § 26 Rdnr. 41.
[199] BGH GRUR 1975, 135 – KIM-Mohr.

portiert zu werden, § 26 Abs. 4 MarkenG. Diese Vorschrift gilt auch für Dienstleistungsmarken.

Bei Nachschaltung eines Widerspruchsverfahrens nach § 42 MarkenG verschiebt sich der Anfangszeitpunkt für die Berechnung des Benutzungszeitraums vom Zeitpunkt der Eintragung auf den Zeitpunkt des Abschlusses des Widerspruchsverfahrens nach hinten, § 26 Abs. 5 MarkenG.

5. Markenübertragung und Lizenz

In §§ 27–31 MarkenG werden Marken i.S.d. § 4 Nr. 1–3 MarkenG als Gegenstand des Vermögens behandelt. Die Marke als Vermögensgegenstand eines Unternehmens kann mangels Akzessorietät beschränkt oder unbeschränkt auf andere übertragen werden. Nach dem Warenzeichengesetz war die Marke an das zugehörige Unternehmen gebunden und konnte deshalb nicht selbstständig übertragen werden. Übertragungen nach dem Warenzeichengesetz kam deshalb nur eine schuldrechtliche, keine dingliche Wirkung zu. Die unbeschränkte Übertragung einer Marke erfolgt nach § 27 MarkenG durch Rechtsübergang, die beschränkte Übertragung vollzieht sich durch Erteilung einer Lizenz, § 30 MarkenG.

Die Rechtsübertragung ist an eingetragenen Marken (§ 4 Nr. 1 MarkenG), benutzten Marken mit Verkehrsgeltung (§ 4 Nr. 2 MarkenG) und notorisch bekannten Marken (§ 4 Nr. 3) möglich. Für geschäftliche Bezeichnungen (§ 5 MarkenG) kommt eine analoge Anwendung der §§ 27 ff. MarkenG in Betracht, wenn sie soweit verselbstständigt sind, dass sie einen eigenen Vermögenswert i.S.d. Vorschrift darstellen.[200] Geographische Herkunftsangaben sind nicht übertragbar. Die Übertragung kann für alle oder einen Teil der betreffenden Waren oder Dienstleistungen stattfinden. Marken, die nicht eingetragen, aber bereits angemeldet sind, können ebenfalls Gegenstand einer Rechtsübertragung sein, § 31 MarkenG. Die Übertragung der Marke vollzieht sich durch Vertrag oder gesetzlich im Wege der Erbfolge.

Wenn die Marke zu einem Geschäftsbetrieb oder zu einem Teil des Geschäftsbetriebs gehört, wird das Recht an der Marke im Zweifel von der jeweiligen Übertragung des Geschäftsbetriebs, zu dem die Marke gehört, erfasst, § 27 Abs. 2 MarkenG. Es wird trotz der Nichtakzessorietät der Marke eine gesetzliche Vermutung zugunsten einer Verbindung von Geschäftsbetrieb und Marke aufgestellt.

Die beschränkte Rechtsübertragung der Marke erfolgt durch Erteilung einer Lizenz. Es handelt sich dabei um eine Gebrauchsüberlassung des Lizenzgebers gegenüber dem Lizenznehmer, die zwischen den Vertragspartnern genau festgelegt ist. Der Lizenzvertrag kann gem. § 30 Abs. 2 MarkenG Bestimmungen enthalten über

- die Dauer der Lizenz,
- die Form, in der die Marke benutzt werden darf,
- die Art der Waren oder Dienstleistungen, für die die Lizenz erteilt wurde,
- das Gebiet, in dem die Marke angebracht werden darf,
- die Qualität der vom Lizenznehmer hergestellten Produkte oder erbrachten Dienstleistungen.

Verstöße gegen derartige Vertragsbestimmungen lösen nicht nur Vertrags- und Schadensersatzansprüche, sondern auch markenrechtliche Ansprüche aus.[201] Bei Verletzung von dinglichen Lizenzrechten durch den Lizenznehmer tritt die Er-

---

[200] *Fezer*, MarkenG, Vorb § 27 Rdnr. 3.
[201] Siehe oben Kap. 3: Rechtswirkungen des Markenschutzes, S. 351.

schöpfungswirkung des § 24 Abs. 1 MarkenG nicht ein.[202] Wenn Verletzungen des Lizenzvertrages durch den Lizenznehmer vorliegen, ist der Lizenzgeber auch berechtigt, gegen Dritte vorzugehen, die z.B. die lizenzwidrig markierten Produkte vertreiben.

Der Lizenznehmer kann eine Markenverletzungsklage nur mit Zustimmung des Markeninhabers erheben, § 30 Abs. 3 MarkenG, es sei denn, das Zustimmungserfordernis ist vertraglich abbedungen worden. Wenn der Lizenzgeber Klage wegen einer Markenrechtsverletzung erhebt, kann der Lizenznehmer der Klage beitreten, um eigene Schadensersatzansprüche geltend zu machen. Überträgt der Lizenzgeber seine Marke uneingeschränkt, § 27 MarkenG, gehen dem Lizenznehmer keine Rechte aus vorher abgeschlossenen Lizenzverträgen verloren, § 30 Abs. 5 MarkenG.

Die Vorschriften über die Marke als Gegenstand des Vermögens werden ergänzt durch § 28 MarkenG, der eine Vermutungsregel zugunsten des im Register eingetragenen Markeninhabers aufstellt, und durch § 29 MarkenG, der das Markenrecht als Gegenstand eines dinglichen Rechts oder von Maßnahmen der Zwangsvollstreckung bestimmt.

---

[202] Siehe oben Kap. 4.5: Erschöpfung, S. 362.

6. Beendigung des Markenschutzes

Die Schutzdauer einer eingetragenen Marke beginnt mit dem Anmeldetag und endet zehn Jahre nach Ablauf des Monats, in den der Anmeldetag fällt, § 47 Abs. 1 MarkenG. Auf Antrag verlängert sich dieser Schutz um jeweils zehn Jahre, § 47 Abs. 2 MarkenG. So wird der Marke eine zeitlich unbegrenzte Schutzfähigkeit gewährt, was den anderen Schutzgegenständen des gewerblichen Rechtsschutzes nicht zugebilligt wird. Die Verlängerung der Schutzdauer setzt Gebührenzahlungen für die zu kennzeichnenden Waren oder Dienstleistungen voraus, § 47 Abs. 3, 4 MarkenG i.V.m. §§ 38, 39 MarkenV. Wenn die Schutzdauer nicht verlängert wird, wird die Marke mit Wirkung ab dem Ablauf der Schutzdauer gelöscht, § 47 Abs. 6 MarkenG.

Der Markeninhaber kann jederzeit den Antrag stellen, dass die Eintragung für alle oder einen Teil der Waren oder Dienstleistungen gelöscht wird, § 47 MarkenG.

Der Markenschutz kann auf Antrag auch durch Verfall enden, § 49 MarkenG. Eine Amtslöschung wegen Verfalls kennt das Markengesetz nicht.[203] Die eingetragene Marke wird wegen Verfalls gelöscht, wenn sie nach Eintragung nicht innerhalb eines ununterbrochenen Zeitraums von fünf Jahren benutzt worden ist.[204] Benutzt der Markeninhaber seine Marke innerhalb von drei Monaten nach der Nichtbenutzung, bleibt diese Benutzung unberücksichtigt, wenn die Vorbereitungen für die erstmalige oder erneute Benutzung erst nach Kenntnis der beantragten Löschung durch den Markeninhaber erfolgten, § 49 Abs. 1 Satz 3 MarkenG. Außerdem verfällt die eingetragene Marke, die sich zu einer Gattungsbezeichnung entwickelt hat, § 49 Abs. 2 Nr. 1 MarkenG. Diese Gefahr besteht z.B. beim „Walkman" der Firma „Sony" für tragbare Kassettenabspielgeräte oder bei „Rollerblades" der Firma „Rollerblade" für einreihige Rollschuhe. Ein weiterer Verfallsgrund ist gegeben, wenn die Benutzung der Marke zur Täuschung des Publikums geeignet ist, § 49 Abs. 2 Nr. MarkenG. Die Täuschung kann sich u.a. auf Art, Beschaffenheit oder geographische Herkunft der Waren oder Dienstleistungen beziehen.[205] Letztlich ist der Verlust der Markenrechtsfähigkeit (§ 7 MarkenG) ein Grund für den Markenverfall, so z.B. durch die Veränderung einer OHG zu einer GbR, die nicht Inhaber von Markenrechten sein kann.[206]

Die Nichtigkeit der eingetragenen Marke wegen Bestehens absoluter (§§ 50 i.V.m. 3, 7, 8 MarkenG)[207] oder relativer Schutzhindernisse (§§ 51 i.V.m. 9–13 MarkenG)[208] führt auf Antrag bzw. auf dem Klagewege ebenfalls zur Löschung.

Die konstitutive Wirkung der Eintragung der Marke gilt bei Löschung wegen Verfalls von dem Zeitpunkt der Erhebung der Löschungsklage als nicht eingetreten (ex nunc-Wirkung), bei Löschung wegen Nichtigkeit gilt die Wirkung als von An-

---

[203] *Ingerl/Rohnke*, Markengesetz, 2. Aufl. (2003), § 49 Rdnr. 11.
[204] Siehe oben Kap. 4.6: Benutzungszwang, S. 363.
[205] BGH, GRUR 1981, 57 – Jena.
[206] Siehe oben Kap. 2.1: Markeninhaber, S. 331.
[207] Siehe oben Kap. 2.6: Absolute Schutzhindernisse, S. 335.
[208] Siehe oben Kap. 2.8: Relative Schutzhindernisse, S. 344.

fang an nicht eingetreten (ex tunc-Wirkung), § 52 Abs. 1, 2 MarkenG. Rechtskräftig abgeschlossene Verletzungsverfahren und erfüllte Verträge bleiben von der Löschung der Markeneintragung unberührt, § 52 Abs. 3 MarkenG.

Der Antrag auf Löschung wegen Verfalls kann von jedermann (öffentliches Interesse) beim Patentamt oder durch Klage vor den ordentlichen Gerichten gestellt werden, §§ 53, 55 MarkenG. Der Antrag auf Löschung wegen Bestehens absoluter Schutzhindernisse ist beim Patentamt zu stellen. Den Antrag auf Löschung wegen Bestehens relativer Schutzhindernisse kann der Inhaber der in §§ 9–13 MarkenG aufgeführten Rechte vor den ordentlichen Gerichten geltend machen, § 55 MarkenG.

7. Registrierung nach dem Madrider Markenabkommen

In den §§ 107–125 MarkenG finden sich die Regelungen für die internationale Registrierung von Marken nach dem Madrider Markenabkommen (MMA)[209] und nach dem Protokoll zum Madrider Markenabkommen (PMMA)[210]. Die Vorschriften des Markengesetzes gelten für internationale Registrierungen nach dem MMA, die durch Vermittlung des Patentamts vorgenommen wurden oder deren Schutz sich auf das Gebiet der Bundesrepublik erstreckt, soweit nichts anderes bestimmt ist, § 107 MarkenG.

Umgekehrt kann beim Patentamt der Antrag auf die internationale Registrierung der eingetragenen Marke gestellt werden, § 108 MarkenG. Die Zahlung der Eintragungsgebühren bestimmt sich nach § 109 MarkenG i.V.m. Art. 8 Abs. 2 MMA. Das Patentamt leitet den Eintragungsantrag an die „World Intellectual Property Organization" (WIPO) in Genf weiter. Durch die Registrierung erlangt die Marke in jedem Markenverbandsstaat den gleichen Schutz. Eine durch das Patentamt vermittelte internationale Registrierung und die Schutzerstreckung einer international registrierten Marke auf das Gebiet der Bundesrepublik Deutschland wirken wie eine hier eingetragene Marke, § 112 MarkenG. Auch international registrierte Marken unterliegen einer Prüfung auf absolute Schutzhindernisse (§ 113 MarkenG) und einem Widerspruchsvorbehalt aufgrund relativer Schutzhindernisse (§ 114 MarkenG); bei deren Vorliegen wird der Schutz verweigert. Für den Ausschluss von Ansprüchen wegen mangelnder Benutzung berechnet sich die Frist bei international registrierten Marken nach § 115 Abs. 2 MarkenG i.V.m. Art. 5 Abs. 2 MMA. An die Stelle eines Antrags auf Löschung tritt bei international registrierten Marken der Antrag auf Schutzentziehung, § 115 MarkenG. In den §§ 119–125 MarkenG finden sich die Bedingungen zum Schutz von international registrierten Marken nach dem PMMA.

---

[209] Madrider Markenabkommen vom 14.4.1891 über die internationale Registrierung von Fabrik- und Handelsmarken i.d.F. vom 14. Juli 1967.
[210] Protokoll zum Madrider Markenabkommen über die internationale Registrierung von Marken vom 27. Juni 1989.

8. Gemeinschaftsmarken

In den §§ 125a –125i MarkenG finden sich nationale Ausführungsvorschriften zur Gemeinschaftsmarkenverordnung (GMarkenV)[211], die am 25. Juli 1996 in Kraft getreten sind. Die GMarkenV hat nach Art. 189 S. 2 EGV allgemeine, unmittelbare und rechtsverbindliche Bedeutung in allen Mitgliedstaaten. Die Rechte einer Gemeinschaftsmarke müssen somit auf nationaler Ebene durchsetzbar sein.

Wenn das Patentamt Anmeldungen von Gemeinschaftsmarken erhält, wird der Eingangstag vermerkt und die Anmeldungen werden ohne Prüfung unverzüglich an das Harmonisierungsamt für den Binnenmarkt (Marken, Muster und Modelle), das in Alicante eingerichtet wurde, geleitet, § 125a MarkenG.

Um die Gemeinschaftsmarke erfolgreich in das nationale Markenrecht einzubeziehen, bestimmt § 125b) MarkenG, in welchen Fällen Vorschriften des Markengesetzes auf die Gemeinschaftsmarke Anwendung finden:

- Bei Anwendung von § 9 (relative Schutzhindernisse) stehen prioritätsältere Marken prioritätsälteren Gemeinschaftsmarken gleich, mit der Ausnahme, dass die Bekanntheit im Inland (§ 9 Abs. 1 Nr. 3 MarkenG) durch die Bekanntheit in der Gemeinschaft ersetzt wird (Art. 9 Abs. 1 Satz 2 c) GMarkenV).
- Neben den Ansprüchen aus Art. 9–11 GMarkenV stehen dem Inhaber der Gemeinschaftsmarke die Ansprüche auf Schadensersatz (§ 14 Abs. 6, 7 MarkenG), Vernichtung (§ 18 MarkenG) und Auskunftserteilung (§ 19 MarkenG) zu.
- § 21 Abs. 1 MarkenG über die Verwirkung von Ansprüchen ist anzuwenden, wenn aus der Gemeinschaftsmarke Ansprüche gegen die Benutzung prioritätsjüngerer Marken geltend gemacht werden.
- Für die Glaubhaftmachung der Benutzung im Widerspruchsverfahren, § 43 Abs. 1 MarkenG ist bei der Gemeinschaftsmarke nicht § 26 MarkenG, sondern Art. 15 GMarkenV heranzuziehen. Das gilt auch für die Einrede der Benutzung im Löschungsverfahren nach §§ 51, 55 MarkenG.
- Die §§ 146–149 MarkenG (Beschlagnahme) sind ebenfalls durch die Inhaber von Gemeinschaftsmarken anzuwenden.

Der Inhaber einer Gemeinschaftsmarke hat überdies den Anspruch gegenüber dem Patentamt, dass eine wegen Verfalls oder Nichtigkeit gelöschte nationale Marke für ungültig erklärt wird, um so den Zeitrang der gelöschten nationalen Marke für die eigene identische Gemeinschaftsmarke gewinnen zu können, § 125 c) MarkenG. Die formalen Bedingungen für eine Umwandlung einer Gemeinschaftsmarke in eine nationale Marke sind in § 125 d) MarkenG geregelt. In §§ 125 e) – h) MarkenG stehen Verfahrensvorschriften für Gemeinschaftsmarkengerichte.

---

[211] Verordnung (EG) Nr. 40/94 des Rates über die Gemeinschaftsmarke vom 20. Dezember 1993.

9. Registrierung nach dem Madrider Markenabkommen

In den §§ 107–125 MarkenG finden sich die Regelungen für die internationale Registrierung von Marken nach dem Madrider Markenabkommen (MMA)[212] und nach dem Protokoll zum Madrider Markenabkommen (PMMA)[213]. Die Vorschriften des Markengesetzes gelten für internationale Registrierungen nach dem MMA, die durch Vermittlung des Patentamts vorgenommen wurden oder deren Schutz sich auf das Gebiet der Bundesrepublik erstreckt, soweit nichts anderes bestimmt ist, § 107 MarkenG.

Umgekehrt kann beim Patentamt der Antrag auf die internationale Registrierung der eingetragenen Marke gestellt werden, § 108 MarkenG. Die Zahlung der Eintragungsgebühren bestimmt sich nach § 109 MarkenG i.V.m. Art. 8 Abs. 2 MMA. Das Patentamt leitet den Eintragungsantrag an die „World Intellectual Property Organization" (WIPO) in Genf weiter. Durch die Registrierung erlangt die Marke in jedem Markenverbandsstaat den gleichen Schutz. Eine durch das Patentamt vermittelte internationale Registrierung und die Schutzerstreckung einer international registrierten Marke auf das Gebiet der Bundesrepublik Deutschland wirken wie eine hier eingetragene Marke, § 112 MarkenG. Auch international registrierte Marken unterliegen einer Prüfung auf absolute Schutzhindernisse (§ 113 MarkenG) und einem Widerspruchsvorbehalt aufgrund relativer Schutzhindernisse (§ 114 MarkenG); bei deren Vorliegen wird der Schutz verweigert. Für den Ausschluss von Ansprüchen wegen mangelnder Benutzung berechnet sich die Frist bei international registrierten Marken nach § 115 Abs. 2 MarkenG i.V.m. Art. 5 Abs. 2 MMA. An die Stelle eines Antrags auf Löschung tritt bei international registrierten Marken der Antrag auf Schutzentziehung, § 115 MarkenG. In den §§ 119–125 MarkenG finden sich die Bedingungen zum Schutz von international registrierten Marken nach dem PMMA.

---

[212] Madrider Markenabkommen vom 14. April 1891 über die internationale Registrierung von Fabrik- und Handelsmarken i.d.F. vom 14. Juli 1967.
[213] Protokoll zum Madrider Markenabkommen über die internationale Registrierung von Marken vom 27. Juni 1989.

Stichwortverzeichnis

A

Algorithmus 28, 31, 33, 36, 37, 119, 122, 125, 126, 127, 133, 134, 135
- als Erweiterung des Wissensstandes 30
- formale Darstellbarkeit 133
- Freibleiben des gedanklichen Inhalts 36
- Urheberrechtsschutzfähigkeit 33
- Zuordnung zum Patentrecht 26

Alleinstellungsbehauptung 294
Ansprüche bei Verletzung
- Beseitigungsanspruch 99
- Schadensberechnung 100
- Schadensersatzanspruch 100

Arbeitnehmererfindung 190
- „gebundene" und „freie" Erfindungen 190
- Anwendungsbereich 190
- Pflichten von Arbeitnehmer und Arbeitgeber bei der „gebundenen Erfindung" 190
- Regelung für die „freien Erfindungen" 192
- Vergütungsanspruch des Arbeitnehmers 191

ästhetischer Gehalt Siehe Urheberrecht

B

Bearbeitung
- Bearbeitung von Computerprogrammen 65

Bearbeitungen 44
- freie Benutzung 44
- unfreie Bearbeitung 44

Berner Übereinkunft 102
Beschaffenheitsangaben 294

Bestechung Siehe UWG, Mitarbeiterbestechung
Biotechnologie
- Bedeutung 141
- Forschung 142
- patentrechtlicher Schutz biotechnischer/gentechnischer Erfindungen 137
- Verstoß gegen die öffentliche Ordnung und die guten Sitten 142

Boykott 239

C

Computerprogramm 3, 6, 8, 10, 15, 28, 31, 32, 37, 50, 117, 121, 124, 127, 132, 136
- Aufnahme in den Werkkatalog 40
- besondere Bestimmungen im Urheberrecht 59
- Schutzbegründung 26
- Schutzumfangproblem 134
- urheberrechtlicher Schutz 30, 34
- Zuordnung zu wissenschaftlichen Sprachwerken 8, 10

Creative Commons Lizenz
- Grundlizenz 108
- Lizenzentwurf: Nicht kommerzielle Nutzung 113
- Lizenzierung ohne Bearbeitungsrecht 113
- Share Alike 114

D

Datenbankwerke Siehe Sammelwerke
dualistische Theorie Siehe Urheberrecht

E

EPA
- als Organ der EPO 181
- Organisation und Rechtsstellung 181

EPÜ
- europäisches Patent 184
- europäisches Patenterteilungsverfahren 183
- Harmonisierung des nationalen Rechts 179
- Konzeption des koexistenten internationalen Einheitsrechts 178

Erfindung 115, 118, 119, 136
- Arbeitnehmererfindung *Siehe* Arbeitnehmererfindung
- Erfinderehre 160
- freie 190
- gebundene 190
- Miterfindergemeinschaft 159
- Rechte an der 152
- technische 119
- Übertragung 163

Erschöpfungsgrundsatz 56
- bei Computerprogrammen 72
- bei Online-Übertragung 57

Essential-facility-Rechtsprechung 70
Europäische Markenrechtsrichtlinie 327
Europäische Patentorganisation (EPO) 181
Europäisches Patentamt (EPA) *Siehe* EPA
Europäisches Patentübereinkommen (EPÜ) *Siehe* EPÜ

F

Firma 311
- Immaterialgüterrechtsbereich 315
- unzulässig eingetragene 317

Firmen-
- ausschließlichkeit 314
- beständigkeit 313
- bezeichnung 312, 316
- einheit 312
- fortführung 314
- grundsätze 312
- name 314
- öffentlichkeit 312
- recht 311, 316
- schlagwort 311
- schutz 315, 317
- schutzrecht 316
- wahrheit 312, 313
- zusatz 313, 314

Free Software 104
Freihaltungsinteresse 16, *Siehe* Marke bzw. Urheberrecht
Freihaltungsinteressen 6

G

Gattungsbezeichnung 122, 330, 334, 337, 343, 368
Gebrauchsmuster 193, 196
Gebrauchsmusteranmeldung 198
- Anmeldungserfordernisse 198
- Anmeldungsgebühren 200
- Beschreibung 199
- Eintragungsantrag 199
- Prüfung 201
- Recherche 200
- Schutzanspruch 199
- Zeichnung 200

Gebrauchsmustereintragung 201
- Eintragungsverfahren 201
- Scheinrecht 201
- Schutzdauer 201
- Schutzvoraussetzungen (absolute/ relative) 201
- Wirkung der Eintragung 202

Gebrauchsmustergesetz 193
- Löschung, Löschungsgründe 203
- maximale Schutzdauer 198
- Nahrungs-, Genuß- und Arzneimittel 198
- Raumerfordernis 196
- Sachen ohne gegenständliche Einheit 197
- Schutz des eingetragenen Gebrauchsmusters 203
- Schutzzweck/Schutzinhalt 193
- Stoffe ohne feste Gestalt 197
- unbewegliche Sachen 197

Gehilfe 39
geistig persönliche Schöpfung 118
GEMA 79, 80
Gemeinschaftsmarken 371
Generalklausel
- „gezielte" Mitbewerberbehinderung 265

– Absatzbehinderung 272
– aleatorische Anreize 270
– Anschwärzung 264
– Ausbeutungsmißbrauch 292
– außervertragliche Bindungen 286
– Beeinträchtigung der
   Entscheidungsfreiheit der
   Verbraucher 263
– Beteiligung an fremdem
   Vertragsbruch 287
– Boykott 272
– Erschleichen und Vertrauensbruch
   285
– gefühlsbetonte Werbung 267
– Geschäftsehrverletzung 275
– geschmacklose Werbung 267
– getarnte Werbemaßnahmen 269
– Kundenfang 266
– Massenverteilung von Originalware
   290
– Preiskampfmethoden 291
– Schockwerbung 268
– Systematik 262
– Umsonstlieferung von
   Presseerzeugnissen 290
– ungerechtfertigte Herabsetzung der
   Mitbewerber 264
– Verbot der Kopplung 264
– Verlockungen 270
– vertikale Preisbindungen 287
– vertragliche Wettbewerbsverbote
   288
– Vertriebsbindungen 287
Gentechnikgesetz 141, 142, 143
geographische Herkunftsangabe 295,
330, *Siehe* Marke
Geschäftsbezeichnung 311
Geschmacksmustergesetz 193, 206
   – Formgestaltungen 206
   – Verordnung über das
     Gemeinschaftsgeschmacksmuster
     207
   – Wirkung der
     Geschmacksmustereintragung 207
gute Sitten 143, 363

H

Halbleiterschutzgesetz 38, 205

I

Immaterialgüterrecht 2, 14, 35, 37, 49,
115, 152, 164
Innovation 117
Internet
   – Anzuwendendes Recht 77
   – Schützbare Produkte 74
   – Schutzfreie Produkte 76
   – Urheberrecht und Internet 74
Invention 117, 127

K

Kartell 292
Kollektivmarke 321

L

Leistungsschutzrecht 37, 87, 88
   – Ansprüche bei Verletzung 99
   – Ausgaben nachgelassener Werke 88
   – ausübende Künstler 89
   – Datenbankhersteller 90
   – Laufbilder 87
   – Schutz der Lichtbilder 88
   – Sendeunternehmen 89
   – Theater- und
     Konzertveranstaltungen 89
   – Tonaufnahmen 87
   – wissenschaftliche Ausgaben 88
Lizenz 164, 366
   – ausschließliche 165
   – Diensterfindung 191
   – einfache 165
Lockvogelwerbung 295

M

Madrider Markenabkommen (MMA)
319, 370, 372
Marke 215, 319, *Siehe* Markenschutz
   – bekannte 326
   – absolute Schutzhindernisse 362, 369
   – Ähnlichkeit 346
   – bekannte 334, 335
   – eingetragene 334, 335, 368, 370,
     372
   – Eintragungshindernisse 333, 334
   – Freihaltebedürfnis 334, 336, 337,
     340, 341, 351

- geographische Herkunftsangabe 358, *Siehe* geographische Herkunftsangabe
- geschäftliche Bezeichnungen 328
- Löschung 335, 345, 350, 351, 362, 368
- relative Schutzhindernisse 345, 368
- sittenwidrige 342
- täuschende 341
- Unternehmenskennzeichen 328
- Unterscheidungskraft 334, 337, 343, 349, 350
- Verletzung 358
- Verwechslungsgefahr Siehe Verwechslungsgefahr
- Werktitel 329
- Zeitrang 334, 335, 345, 351, 361

Markenbegriff 321
Markenbegriff,- erweiterter 321
Markenbezeichnung 311
Markenblatt 334
Markenformen 322
- Abbildungen 322
- Buchstaben und Zahlen 323
- Dreidimensionale Gestaltungen 324
- Farben 324
- Hörzeichen 323
- Personennamen 322
- Tastmarken 325

Markengesetz 319, 334
Markenrecht 319
Markenrechtsverletzyung
- Vorlage und Besichtigung 356
Markenrechtsverletzung 353, 367
- Drittauskunftsanspruch 356
- gewerbliches Ausmaß 356
- Rückrufanspruch 354
- Urteilsveröffentlichung 355
- Verhältnismäßigkeit 355, 356
- Vorlage 354

Markenschutz 350, *Siehe* Marke
- absolute Schutzhindernisse 336
- Ähnlichkeit und Verwechslungsgefahr 346
- Anmeldung und Eintragung der Marke 332
- Anspruchsausschluß bei Bestandskraft prioritätsjüngerer Marken 361
- Auskunftsanspruch 355, 357
- Ausschluß 327
- Beendigung 368
- Benutzung durch Dritte 362
- Benutzungszwang 364
- Beschlagnahme 357
- Entstehung 332
- Erschöpfung 363
- fehlende Unterscheidungskraft 337
- Freihaltebedürfnis 339
- Gattungsbezeichnungen 341
- Hoheitszeichen 342
- Identitäts-, Ähnlichkeits- und Bekanntheitsschutz 345
- Markeninhaber 332
- Produktmerkmalsbezeichnungen 339
- Prüfung der Eintragung 333
- Prüfzeichen 343
- Rechtswirkungen des Markenschutzes 352
- relative Schutzhindernisse 345
- Schadensersatzanspruch 353
- Schranken 360
- Straf- und Bußgeldverhängung 358
- Unterlassungsanspruch 352
- Verjährung 360
- Verkehrsdurchsetzung 343
- Vernichtungsanspruch 354
- Verwirkung 361
- Widerspruch gegen Markeneintragung 335
- Zurücknahme, Einschränkung und Berichtigung der Marke 334

Markenübertragung 366
Markenverwässerung 349
Mitarbeiterbestechung
- aktive 301
- passive 303
- Rechtsfolgen 304

Miturheber 39
monistische Theorie *Siehe* Urheberrecht
Monopol 115, 117, 139
- Entwicklungshemmung durch Patentierung 134
- Mitteilungs- 7, 14, 15, 22, 24, 26, 27, 29, 33
- Nutzungs- an einer Lehre 22
- Verwendungs- 14

Multimedia-Erzeugnisse 85

O

Open Content 106
Open Source Software 104

P

Pariser Verbandsübereinkunft (PVÜ) 319, 337
Patent 118, 157
- Biotechnologie 141
- Computerprogramme 121
- deutsches 177
- Erfinderehre 160
- europäisches 176, 184
- Folgen von Rechtsverletzungen 166
- Miterfindergemeinschaft 159
- Patentierung von Tieren 144
- Patentkategorien 152
- Prioritätsrecht 156
- Schutzbereiche des Patents/Äquivalente 154
- Schutzrechtsanmeldungen im Ausland und für das Ausland 175
- Schutzumfang 168
- Sozialverträglichkeit 115
- Tierart 139
- Übertragung 163
- Voraussetzungen für die Entstehung des Entschädigungsanspruchs 158
- Wirtschaftsverträglichkeit 115
Patentamt 370, 372
Patentanspruch 155, 156, 168
Patentausschluß 142, 143
- von biologischen Züchtungsverfahren 138
- von Tierarten 138
Patenterteilung 115
- Begründung 115
- erfinderische Tätigkeit 148, 149
- gewerbliche Anwendbarkeit 151
- Kritik 117
  Neuheit der Erfindung 146
- Schutzumfangproblem 134
- Stand der Technik 146, 148, 149, 156
- Voraussetzungen 119
Patenterteilungsverfahren
- Anmeldung 168
- Beschwerdeverfahren 173
- Einspruchsverfahren 172

- Offenlegung 171
- Offensichtlichkeitsprüfung 171
- Patenterteilungsbeschluß/ Zurückweisungsbeschluß 172
- Prüfungsverfahren 172
- Rechercheantrag 171
- Verfahrensablauf 171
Patentinformationssysteme
- Patentdatenbanken 186
- Patente als Informationsquelle 186
Patentrecht 13, 14, 115
- Rechte an der Erfindung 152
Patentrechtsschutz 117
Patentschutz 123, 140
- Reichweite 154
persönliche geistige Schöpfung 2, 11, 18, 32, 36
Piratenware 217, 219, 221, 226
- Vernichtung 218
Plagiat 117, 278, 279, 281, 285, 290
- kopieren von Standardsoftware 35
Produktpiraterie 211, 215, *Siehe auch* Produktpirateriegesetz
- Beispiele 212
- Definition 211
- geschichtliche Entwicklung 212
- volkswirtschaftliche Schäden 212
Produktpirateriegesetz 209, *Siehe auch* Produktpiraterie
- Auskunftsanspruch 220, 221, 222
- Einführung, Entstehung 209
- Erweiterung des Strafrahmens 216
- Gestaltung der qualifizierten Straftat als Offizialdelikt 217
- Grenzbeschlagnahme, Art und Voraussetzungen 224
- Schadensersatzpflicht bei unbegründeter Beschlagnahme 226
- Strafbarkeit des Versuchs 216
- Überblick 214
- Vernichtungs- und Einziehungsmöglichkeiten 217
- Widerspruchsmöglichkeiten gegen Beschlagnahme 225
- Ziele und Inhalte 214
Programm 132, 135, *Siehe auch* Computerprogramm
- Logik 28
- nichttechnisches 128
- Schutzbegrenzung, Zweck 132

– technisch wirksames 129
– technisches 126

Q

Qualitätsangaben 294

R

Registergericht 316
Reverse Engineering 68
Revidierte Berner Übereinkunft 77

S

Sammelwerke 44
Schöpfung
 – persönliche geistige *Siehe* persönliche geistige Schöpfung
Schranken des Urheberrechts
 – eigener wissenschaftlicher Gebrauch 95
 – elektronische Leseplätze in öffentlichen Bibliotheken, Museen und Archiven 94
 – Kopienversand 94
 – öffentlichen Zugängigmachung für Bildungs- und Forschungseinrichtungen 94
 – private Nutzung 95
 – Rechtspflege und öffentliche Sicherheit 92
 – Rundfunkkommentare 93
 – Schul- und Unterrichtsgebrauch 92
 – Senderecht 109
 – technische Schutzmaßnahmen 98
 – Teile von Werken 92
 – vermischte Nachrichten tatsächlichen Inhalts und Nachrichten von Tagesereignissen 93
 – Vervielfältigung eines erschienenen Werkes 92
 – vorübergehende Vervielfältigungshandlungen 91
 – Zeitungsartikel 93
 – Zitieren 93
Schutzbegründung *Siehe* Urheberrecht
Schutzumfang *Siehe* Urheberrecht
sklavische Nachahmung 194, 211, 237, 264, 266, 276

– wettbewerbsrechtlicher Schutz 278
Sortenschutzgesetz 38, 139

T

Technikdefinition 122
 – am Beispiel der Biotechnologie 137
 – am Beispiel der Computerprogramme 123
 – Technikbegriff 140
TRIPS-Abkommen 102

U

Unlauterkeit
 – Materialisierung, Leistungsprinzip 239
 – Rückblick von der Sittenwidrigkeit zur Unlauterkeit 236
Unzumutbare Belästigungen 298
Urheber 39
Urheberpersönlichkeitsrecht 46, 47
 – Entstellung 48
 – Interessenkonflikt 48
 – Unübertragbarkeit 47
Urheberrecht 1, 4, 6, 11, 17, 32, 118
 – Ansprüche bei Verletzung 99
 – Arbeits- und Dienstverhältnis 63, 82
 – ästhetischer Gehalt 15
 – Basisalgorithmen, Compleyalgorithmen 61
 – Dekompilierung von Computerprogrammen 68
 – Differenzierung zwischen Schutzbegründung und Schutzumfang 33
 – digitalisierte Werke 65
 – dualistische Theorie 48
 – dualistische Theorie 49
 – dualistische Theorie 49
 – dualistische Theorie 50
 – erheblich weiter Abstand vom Können des Durchschnittsfachmanns 23, 24, 29
 – Erschöpfung bei Online-Übertragung 57
 – Erschöpfungsgrundsatz 56, 72
 – Essential-facility-Rechtsprechung 70
 – Form, äußere 15, 21

– Freihaltungsinteresse 3, 6, 7, 11, 12, 14, 15, 16, 21, 23, 24, 28, 30, 31, 33, 34, 36
- Gehilfen 39
– Gemeingutpostulat 20
– Grundlagen des Reverse Engineering 68
– Inhalte 46
– innere Form 16, 19, 20, 31
– internationale Abkommen 102
– Kabelfernsehen 54
– monistische Theorie 49
- OEM-Software 72
- On-Demand-Diensten 53
- Pay-TV 54
- Satellitenfernsehen 55
– Schranken des Urheberrechts 91
– Schutzbereich 21
– Schutzdauer 86
– Sozialschranke 6, 35, 36
– unbefugte Wiedergabe des Werkes 13
- urheberrechtliche Schutz 14
– Vergabe von Nutzungsrechten 81
– vorüberhendes Einspeichern 64
– Zustimmungsbedürftige Handlung 63
– Zweck des Urheberrechtsgesetzes 5
- Zweckübertragungslehre 82
–Miturheber 39
urheberrechtlicher Schutz 2, 4, 6, 7, 10, 13, 14, 18, 27, 31, 34, 36, 37
    – Abgrenzung zum patentrechtlichen Schutzbereich 14
    – äußere Form 35
    – Beispiel für Ausschluss 19
    – handwerkliche Leistungsergebnisse 36
    – Merkmal, schutzbegründendes 23
    – Schutzausschluss 15
    – Schutzbegrenzung 13, 22
    – Sozialschranke 24
    – topographischer Werke 25
    – von Registerband als Beispiel 25
    – von Verstandesleistungen 20, 22
    – Voraussetzungen 40
    – wissenschaftliche Arbeitsergebnisse 33
Urheberrechtsgesetz 8, 14
Urheberrechtsschutzfähigkeit 23
UWG

– Änderung des UWG in 2004 227
– Änderung des UWG in 2009 228
– Ausbeutung 276
– Behinderung 271
– Beispieltatbestand 263
– Belästigungen 298
– Dilemma-Konzept 250
– Diskriminierung 274
– Geheimnisbegriff 307
– Geschäftliche Handlung 258
– Geschäfts- und Betriebsgeheimnisse 305, 306
– gute Sitten 236
– Irreführung durch Unterlassen 293
– Irreführungstatbestände, irreführende Werbung 293
– Katalog von Beispieltatbeständen 262
– Leistungsprinzip 240
– Leistungswettbewerb 239
– Marktschwierigkeit 284
– Marktstörung 288
– Mitarbeiterbestechung 301
– more economic approach 252
– neoklassisches Konzept 251
– new rule of reason - Konzept 250
– Nichtleistungswettbewerb 240
– Novellierung 305
– Rechtsbruch 285
– Regelungen des Kataloges von § 4 229, 263
– Rufausbeutung 283
– Schutz der Entscheidungsfreiheit 266
– Schutzzweck 235
– Sonderangebote 300
– systematisches Anhängen 283
– unmittelbare Leistungsübernahme 277
– Vergleichende Werbung 296
– Verhältnis von Wettbewerbsrecht und Wettbewerbstheorie 244
– vermeidbare Herkunftstäuschung 280
– vollständige Konkurrenz 248
– Wettbewerbsverhältnis 259, 265
– Wirtschaftspolitik 245
– workable competition 246

V

Vergabe von Nutzungsrechten
 – ausschließliches 81
 – Berechnung einer angemessenen Vergütung 83
 – einfaches 81
 – Rückrufsrecht 82
 – unverzichtbarer Anspruch auf eine angemessene Vergütung 83
Vergleichende Werbung 296
Verstandeswerk *Siehe* Werk
Verwandte Schutzrechte *Siehe* Leistungsschutzrecht
Verwechslungsgefahr 346
 – Klangwirkung 347
 – notorisch bekannte Marken 349
 – Rufausbeutung 348
 – Schriftbildwirkung 347
 – Sinnwirkung 348
 – sonstige ältere Rechte 351
 – Verkehrsgeltung 350
Verwertungsgesellschaft
 – Pflichten der 80
 – Rechte der 79
Verwertungsrecht 46, 47
 – Auflistung 50
Verwertungsrechte
 - Verbreitungsrecht 50
 - Vervielfältigungsrecht 50
 - Verwertungsrechte im Einzelnen 50

W

Warenzeichen 321
Warenzeichengesetz 319, 353, 362, 366
Welturheberrechtsabkommen 102
Werbegeschenk 270
Werk 1
 – Ansatz zum Schutz der Verstandeswerke 26
 – Anschauungsweise des Schöpfers im 4
 – Definition 40
 – Gestaltungshöhe 2, 3, 4, 5, 27, 29
 – im Sinne des Gesetzes 1
 – individuelle Züge des Schöpfers 2
 – Schutzbereich 26
 – Verstandeswerk 3, 4, 5, 7, 16, 19, 31, 32, 50
Werkart
 – Auflistung, Inhalt 40
 – Computerprogramm 1
 – Datenbankwerk 90
 – persönliche geistige Schöpfung 12
 – Rede 1
 – Schriftwerk 1, 17
 – Sprachwerk 1, 8, 9, 11, 14, 15, 17, 20, 23, 24, 35
Werkbegriff
 – persönliche geistige Leistung 25
 – persönliche geistige Schöpfung 2
 – urheberrechtlicher 1
Werkkatalog 40
Wettbewerb 302
 – unlauterer 287
Wettbewerbsrecht 227
 – Das UWG 2004 und 2009 227
 – Verbotsliste 230
World Intellectual Property Organization (WIPO) 370, 372

If you have any concerns about our products,
you can contact us on
ProductSafety@springernature.com

In case Publisher is established outside the EU,
the EU authorized representative is:
**Springer Nature Customer Service Center GmbH
Europaplatz 3, 69115 Heidelberg, Germany**

Printed by Libri Plureos GmbH
in Hamburg, Germany